Creo 6.0 工程应用精解

Creo 6.0 高级应用教程

北京兆迪科技有限公司 编著

机 械 工 业 出 版 社

本书是进一步学习 Creo 6.0 高级功能的书籍，其内容包括 Creo 软件工具的使用、高级基准特征（如图形特征）及一些高级特征（如扫描混合、可变截面扫描、图形参数）的创建、特征的变形工具、装配高级功能（如挠性元件的装配、Top-Down 产品设计等）、模型的外观设置与渲染、ISDX 曲面模块、运动仿真、动画、行为建模、柔性建模等。

在内容安排上，本书结合大量的范例对 Creo 高级功能中的一些抽象概念进行讲解，对其使用方法和技巧进行了详细的介绍，这些范例都是实际生产一线工程设计中具有代表性的实例，这样安排能使读者较快地进入高级产品设计实战状态；在写作方式上，本书紧贴软件的实际操作界面，采用软件中真实的对话框、操控板和按钮等进行讲解，帮助读者提高学习效率。通过学习本书，读者能掌握更多的 Creo 设计功能和技巧，进而能够从事复杂产品的设计工作。

本书附带 1 张多媒体 DVD 学习光盘，盘中包含大量高级设计技巧和具有针对性的范例教学视频。并进行了详细的语音讲解。另外，光盘中还包含本书所有的模型文件、范例文件和练习素材文件。本书内容全面，条理清晰，范例丰富，讲解详细，可作为工程技术人员的 Creo 高级自学教程和参考书籍，也可作为大中专院校学生和各类培训学校学员的 Creo 课程上课或上机练习的教材。

图书在版编目（CIP）数据

Creo 6.0 高级应用教程/北京兆迪科技有限公司编著.
—北京：机械工业出版社，2020.6（2022.1 重印）
（Creo 6.0 工程应用精解丛书）
ISBN 978-7-111-65418-6

I. ①C… Ⅱ. ①北… Ⅲ. ①产品设计—计算机辅助设计—应用软件—教材 Ⅳ. ①TB472-39

中国版本图书馆 CIP 数据核字（2020）第 065701 号

机械工业出版社（北京市百万庄大街 22 号 邮政编码：100037）
策划编辑：丁锋 责任编辑：丁锋
责任校对：李杉 张晓蓉 封面设计：张静
责任印制：张博
涿州市般润文化传播有限公司印刷
2022 年 1 月第 1 版第 2 次印刷
184mm×260 mm・28 印张・552 千字
1501—3000 册
标准书号：ISBN 978-7-111-65418-6
ISBN 978-7-89386-229-8（光盘）
定价：89.90 元 （含多媒体 DVD 光盘 1 张）

电话服务 网络服务
客服电话：010-88361066 机 工 官 网：www.cmpbook.com
010-88379833 机 工 官 博：weibo.com/cmp1952
010-68326294 金 书 网：www.golden-book.com

 机工教育服务网：www.cmpedu.com

前　言

Creo是由美国PTC公司推出的一套博大精深的机械三维CAD/CAM/CAE参数化软件系统，整合了PTC公司的三个软件Pro/ENGINEER的参数化技术、CoCreate的直接建模技术和ProductView的三维可视化技术。Creo内容涵盖了产品从概念设计、工业造型设计、三维模型设计、分析计算、动态模拟与仿真、工程图输出到生产加工成产品的全过程，应用范围涉及航空航天、汽车、机械、数控（NC）加工以及电子等诸多领域。Creo 6.0是美国PTC公司目前推出的最新版本，它构建于Pro/ENGINEER野火版的成熟技术之上，新增了许多功能，技术水准又上了一个新的台阶。本书是进一步学习Creo 6.0高级功能的书籍，其特色如下。

- 内容丰富，涉及众多的Creo高级模块（包括Creo特有的柔性建模功能），图书的性价比较高。
- 范例丰富，对软件中的主要命令和功能，先结合简单的范例进行讲解，然后安排一些较复杂的综合范例帮助读者深入理解、灵活运用。
- 讲解详细，条理清晰，保证自学的读者能独立学习书中介绍的Creo高级功能。
- 写法独特，采用Creo 6.0软件中真实的对话框、操控板和按钮等进行讲解，使读者能够直观、准确地操作软件，从而大大提高学习效率。
- 附加值高，本书附带1张多媒体DVD学习光盘，盘中包含大量高级设计技巧和具有针对性的范例教学视频，并进行了详细的语音讲解，可以帮助读者轻松、高效地学习。

本书由北京兆迪科技有限公司编著，参加编写的人员有詹友刚、王焕田、刘静、詹路、冯元超。本书已经过多次校对，如有疏漏之处，恳请广大读者予以指正。

本书随书光盘中含有本书“读者意见反馈卡”的电子文档，请认真填写本反馈卡，并E-mail给我们。E-mail：兆迪科技 zhanygjames@163.com，丁锋 fengfener@qq.com。

电子邮箱：zhanygjames@163.com。咨询电话：010-82176248，010-82176249。

编　者

读者回馈活动：

为了感谢广大读者对兆迪科技图书的信任与支持，兆迪科技针对读者推出“免费送课”活动，即日起读者凭有效购书证明，即可领取价值100元的在线课程代金券1张，此券可在兆迪科技网校（http://www.zalldy.com/）免费换购在线课程1门。活动详情可以登录兆迪科技网校或者关注兆迪公众号查看。

兆迪网校

兆迪公众号

本书导读

为了能更好地学习本书的知识，请您仔细阅读下面的内容。

写作环境

本书使用的操作系统为64位的Windows 7，系统主题采用Windows经典主题。本书采用的写作蓝本是Creo 6.0。

光盘使用

为方便读者练习，特将本书所有的素材文件、已完成的范例文件、配置文件和视频语音讲解文件等放入随书附带的光盘中，读者在学习过程中可以打开相应的素材文件进行操作和练习。

本书附多媒体DVD光盘1张，建议读者在学习本书前，先将DVD光盘中的所有文件复制到计算机硬盘的D盘中，在D盘上creo6.2目录下共有3个子目录。

（1）Creo6.0_system_file 子目录：包含一些系统配置文件。

（2）work 子目录：包含本书讲解中所用到的文件。

（3）video 子目录：包含本书讲解中所有的视频文件（含语音讲解），学习时，直接双击某个视频文件即可播放。

光盘中带有“ok”扩展名的文件或文件夹表示已完成的实例。

相比于老版本的软件，Creo 6.0在功能、界面和操作上变化极小，经过简单的设置后，几乎与老版本完全一样（书中已介绍设置方法）。因此，对于软件新老版本操作完全相同的内容部分，光盘中仍然使用老版本的视频讲解，对于绝大部分读者而言，并不影响软件的学习。

本书约定

- 本书中有关鼠标操作的简略表述说明如下。
  - ☑ 单击：将鼠标指针移至某位置处，然后按一下鼠标的左键。
  - ☑ 双击：将鼠标指针移至某位置处，然后连续快速地按两次鼠标的左键。
  - ☑ 右击：将鼠标指针移至某位置处，然后按一下鼠标的右键。
  - ☑ 单击中键：将鼠标指针移至某位置处，然后按一下鼠标的中键。
  - ☑ 滚动中键：只是滚动鼠标的中键，而不能按中键。
  - ☑ 选择（选取）某对象：将鼠标指针移至某对象上，单击以选取该对象。
  - ☑ 拖移某对象：将鼠标指针移至某对象上，然后按下鼠标的左键不放，同时移动鼠标，将该对象移动到指定的位置后再松开鼠标的左键。
- 本书中的操作步骤分为Task、Stage和Step 3个级别，说明如下。
  - ☑ 对于一般的软件操作，每个操作步骤以Step字符开始。

- ☑ 每个 Step 操作视其复杂程度，其下面可含有多级子操作。例如 Step1 下可能包含（1）、（2）、（3）等子操作，（1）子操作下可能包含①、②、③等子操作，①子操作下可能包含 a）、b）、c）等子操作。
- ☑ 如操作较复杂，需要几个大的操作步骤才能完成，则每个大的操作冠以 Stage1、Stage2、Stage3 等，Stage 级别的操作下再分 Step1、Step2、Step3 等操作。
- ☑ 对于多个任务的操作，则每个任务冠以 Task1、Task2、Task3 等，每个 Task 操作下则可包含 Stage 和 Step 级别的操作。

- 由于已建议读者将随书光盘中的所有文件复制到计算机硬盘的 D 盘中，书中在要求设置工作目录或打开光盘文件时，所述的路径均以“D：”开始。

软件设置

- 设置 Creo 系统配置文件 config.pro：将 D:\creo6.2\Creo6.0_system_file\下的 config.pro 复制至 Creo 安装目录的\text 目录下。假设 Creo 6.0 的安装目录为 C:\Program Files\PTC\Creo 6.0，则应将上述文件复制到 C:\Program Files\PTC\Creo 6.0\Common Files\F000\text 目录下。退出 Creo，然后再重新启动 Creo，config.pro 文件中的设置将生效。
- 设置 Creo 界面配置文件 creo_parametric_customization.ui：选择“文件”下拉菜单中的 文件 → 选项 命令，系统弹出“Creo Parametric 选项”对话框；在“Creo Parametric 选项”对话框中单击 功能区 区域，单击 导入 按钮，系统弹出“打开”对话框。选中 D:\creo6.2\Creo6.0_system_file\文件夹中的 creo_parametric_customization.ui 文件，单击 打开 按钮。

技术支持

本书主要编写人员来自北京兆迪科技有限公司，该公司专门从事 CAD/CAM/CAE 技术的研究、开发、咨询及产品设计与制造服务，并提供 Creo、Ansys 和 Adams 等软件的专业培训及技术咨询。读者在学习本书的过程中如果遇到问题，可通过访问该公司的网站 http://www.zalldy.com 来获得技术支持。

为了感谢广大读者对兆迪科技图书的信任与厚爱，兆迪科技面向读者推出免费送课、光盘下载、最新图书信息咨询、与主编在线直播互动交流等服务。

- 免费送课。读者凭有效购书证明，可领取价值 100 元的在线课程代金券 1 张，此券可在兆迪科技网校（http://www.zalldy.com/）免费换购在线课程 1 门，活动详情可以登录兆迪网校查看。
- 光盘下载。本书随书光盘中的所有文件已经上传至网络，如果您的随书光盘丢失或损坏，可以登录网站 http://www.zalldy.com/page/book 下载。

  咨询电话：010-82176248，010-82176249。

目　录

第 1 章　软件的基本设置

本章提要　在使用本书学习 Creo 前，建议进行下列必要的操作和设置，这样可以保证后面学习中的软件配置和软件界面与本书相同，从而提高学习效率。`

- 设置 Windows 操作系统的环境变量。
- 创建用户文件目录。
- 设置软件的启动目录。
- 设置系统配置文件和界面配置文件。

1.1　设置 Windows 操作系统的环境变量

在使用 Creo 6.0 时，建议设置 Windows 系统变量 lang，并将该变量的值设为 chs，这样可确保 Creo 软件的界面是中文的。

Step1. 选择 Windows 的 开始 → 控制面板 命令，系统弹出“所有控制面板项”对话框，在“所有控制面板项”对话框的 类别 下拉列表中选择 小图标(S) 选项，单击 系统 选项。

Step2. 在系统弹出的“系统”对话框中单击 高级系统设置 选项，此时系统弹出“系统属性”对话框。

Step3. 在系统弹出的“系统属性”对话框中单击 高级 选项卡，单击 环境变量(N) 按钮。

Step4. 在系统弹出的“环境变量”对话框中单击 系统变量(S) 区域下的 新建(W) 按钮。

Step5. 在图 1.1.1 所示的“新建系统变量”对话框中创建 变量名(N): 为 lang、变量值(V): 为 chs 的系统变量。

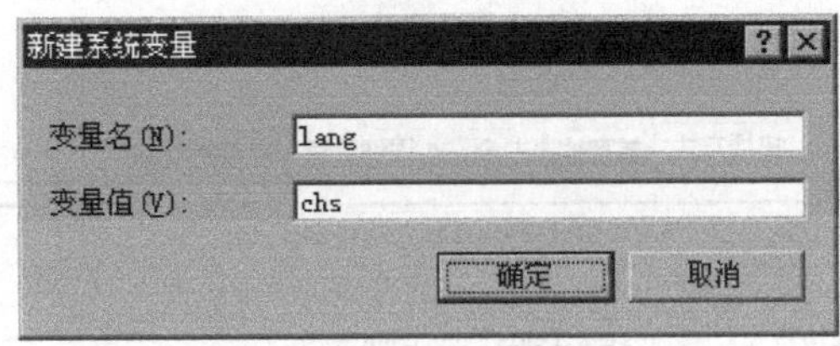

图 1.1.1　“新建系统变量”对话框

Step6. 单击“新建系统变量”对话框中的 确定 按钮。

Step7. 单击“环境变量”对话框中的 确定 按钮。

Step8. 单击“系统属性”对话框中的 确定 按钮。

说明：

（1）使用 Creo 6.0 软件时，系统可自动显示中文界面，因而可以不用设置环境变量 lang。

（2）如果在“系统属性”对话框的 高级 选项卡中创建环境变量 lang，并将其值设为 eng，则 Creo 6.0 软件界面将变成英文的。

1.2 创建用户文件目录

使用 Creo 软件，应注意文件的目录管理。如果文件管理混乱，会造成系统找不到正确的相关文件，从而严重影响 Creo 文件的相关性，同时也会使文件的保存、删除等操作产生混乱。因此在进行产品设计前，应先按照操作者的姓名、产品名称（或型号）建立用户文件目录。本书要求在 D 盘上创建一个名为 creo-course 的文件目录。

1.3 设置软件的启动目录

Creo 软件正常安装完毕后，其默认的启动目录为 C:\Documents and Settings\Administrator\My Documents。该目录也是 Creo 软件默认的工作目录，但该目录路径较长，不利于文件的管理和软件的设置。因此本书将把 Creo 软件启动目录设置为 D:\creo-course，操作步骤如下。

Step1. 右击桌面上的 Creo 图标，在系统弹出的快捷菜单中选择 属性(R) 命令。

Step2. 此时桌面上弹出图 1.3.1 所示的“Creo Parametric 6.0.0.0 属性”对话框，单击该对话框中的 快捷方式 标签，然后在 起始位置(S): 文本框中输入 D:\creo-course，并单击 确定 按钮。

说明：进行以上操作后，双击桌面上的 Creo 图标进入 Creo 6.0 软件系统后，其工作目录便自动地设为 D:\creo-course。

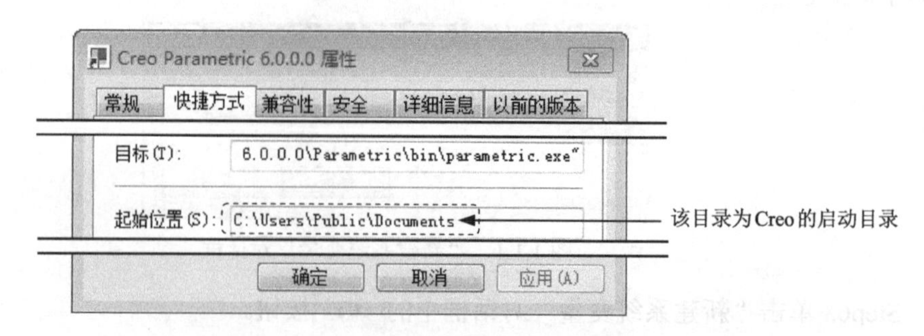

图 1.3.1 “Creo Parametric 6.0.0.0 属性”对话框

1.4　系统配置文件 config

1.4.1　设置系统配置文件 config.pro

用户可以用一个名为 config.pro 的系统配置文件预设 Creo 6.0 软件的工作环境和进行全局设置。例如，Creo 软件的界面是中文还是英文或者中英文双语，是由 menu_translation 选项来控制的。这个选项有三个可选的值 yes、no 和 both，它们分别可以使软件界面为中文、英文和中英文双语。

本书附带 DVD 多媒体光盘中的 config.pro 文件对一些基本的选项进行了设置，读者进行如下操作后，可使该 config.pro 文件中的设置有效。

Step1. 复制系统文件。将目录 D:\Creo6.2\Creo 6.0_system_file\下的 config.pro 文件复制至 Creo 6.0 安装目录的\text 目录下。假设 Creo 6.0 安装目录为 C:\Program Files，则应将上述文件复制到 C:\Program Files\PTC\Creo 6.0\F000\Common Files\text 目录下。

Step2. 如果 Creo 6.0 启动目录中存在 config.pro 文件，建议将其删除。

1.4.2　配置文件 config 的加载顺序

在运用 Creo 软件进行产品设计时，还必须了解系统配置文件 config 的分类和加载顺序。

1. 两种类型的 config 文件

config 文件包括 config.pro 和 config.sup 两种类型。其中 config.pro 是一般类型的系统配置文件，config.sup 是受保护的系统配置文件，即强制执行的配置文件。如果有其他配置文件里的选项设置与这个文件里的选项设置相矛盾，系统以 config.sup 文件里的设置为准。例如，在 config.sup 中将选项 ang_units 的值设为 ang_deg，而在其他的 config.pro 中将选项 ang_units 的值设为 ang_sec，系统启动后则以 config.sup 中的设置为准，即角度的单位为度。由于 config.sup 文件具有这种强制执行的特点，一般用户应创建 config.sup 文件，用于配置一些企业需要的强制执行标准。

2. config 文件加载顺序

首先假设：

- Creo 软件的安装目录为 C:\Program Files\PTC。
- Creo 软件的启动目录为 D:\creo-course。

其次，假设在 Creo 的安装目录和启动目录中放置了不同的 config 文件。

- 在 C:\Program Files\PTC\Creo 6.0\F000\Common Files\text 下，放置了一个 config.sup 文件，在该 config.sup 文件中可以配置一些企业需要的强制执行标准。
- 在 C:\Program Files\PTC\Creo 6.0\F000\Common Files\text 下，放置了一个 config.pro 文件，在该 config.pro 文件中可以配置一些项目组级要求的标准。
- 在 Creo 的启动目录 D:\creo-course 下，放置了一个 config.pro 文件，在该 config.pro 文件中可以配置设计师自己爱好的设置。

启动 Creo 软件后，系统会依次加载 config.sup 文件和各个目录中的 config.pro 文件。加载后，对于 config.sup 文件，由于该文件是受保护的文件，其配置不会被覆盖。对于 config.pro 文件中的设置，后加载的 config.pro 文件会覆盖先加载的 config.pro 文件的配置；对于所有 config 文件中都没有设置的 config.pro 选项，系统保持它为默认值。具体来说，config 文件的加载顺序如下。

（1）首先加载 Creo 安装目录\text（即 C:\Program Files\PTC\Creo 6.0\F000\Common Files\text）下的 config.sup 文件。

（2）然后加载 Creo 安装目录\text（即 C:\Program Files\PTC\Creo 6.0\F000\Common Files\text）下的 config.pro 文件。

（3）最后加载 Creo 启动目录（即 D:\creo-course）下的 config.pro 文件。

1.5 设置工作界面配置文件

用户可以利用一个名为 creo_parametric_customization.ui 的系统配置文件预设 Creo 软件工作环境的工作界面（包括工具栏中按钮的位置）。

本书附赠光盘中的 creo_parametric_customization.ui 对软件界面进行了一定的设置，建议读者进行如下操作，使软件界面与本书相同，从而提高学习效率。

Step1. 进入配置界面。选择“文件”下拉菜单中的 文件 → 选项 命令，系统弹出“Creo Parametric 选项”对话框。

Step2. 导入配置文件。在“Creo Parametric 选项”对话框中单击 功能区 选项，单击 导入 按钮，系统弹出“打开”对话框。

Step3. 选中 D:\creo6.2\Creo 6.0_system_file\文件夹中的 creo_parametric_customization.ui 文件，单击 打开 按钮。

第 2 章　使用 Creo 的工具

本章提要　本章将介绍 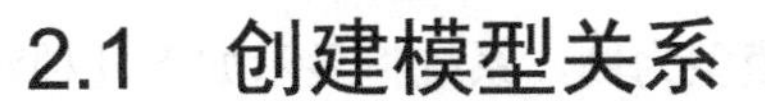 工具 选项卡中的几个命令，使用这些命令将能极大地提高产品设计的质量和效率，其中关系和参数功能可以极大地提高产品更新换代的速度，用户自定义特征（UDF 库）和家族表有助于完善用户零部件标准化设计。

2.1　创建模型关系

2.1.1　关于关系

1. 关系的基本概念

关系（也称参数关系）是用户定义的尺寸（或其他参数）之间关系的数学表达式。关系能捕捉特征之间、参数之间或装配元件之间的设计联系，是捕捉设计意图的一种方式。用户可用它驱动模型——改变关系也就改变了模型。例如在图 2.1.1 所示的模型中，通过创建关系 d26＝2*d23，可以使孔特征 1 的直径总是孔特征 2 的直径的两倍，而且孔特征 1 的直径始终由孔特征 2 的直径所驱动和控制。

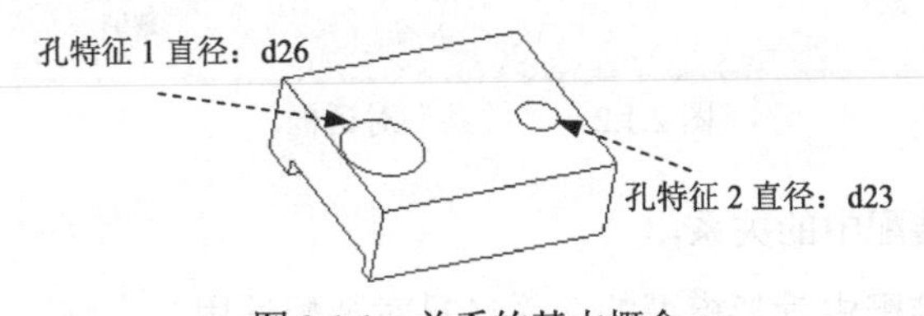

图 2.1.1　关系的基本概念

➢　**关系类型**

有两种类型的关系。

- 等式：使等式左边的一个参数等于右边的表达式。这种关系用于给尺寸和参数赋值。例如：简单的赋值 d1 = 4.75，复杂的赋值 d5 = d2*（SQRT（d7/3.0+d4））。
- 比较：比较左边的表达式和右边的表达式。这种关系一般是作为一个约束或用于逻辑分支的条件语句。例如：

  作为约束（d1 + d2）>（d3 + 2.5）

  在条件语句中 IF（d1 + 2.5）>= d7

➢ **关系层次**

可以把关系增加到：

（1）特征的截面草图中（在二维草绘模式下）。

（2）特征中（在零件或装配模式下）。

（3）零件中（在零件或装配模式下）。

（4）装配中（在装配模式下）。

➢ **进入关系操作界面**

要进入关系操作界面，可在功能选项卡区域的 工具 选项卡中单击 d=关系 按钮，系统弹出图 2.1.2 所示的“关系”对话框，可在 查找范围 区域指定要查看其中关系的对象的类型，然后选取某个对象。以装配模型为例，系统将显示如下几种对象类型。

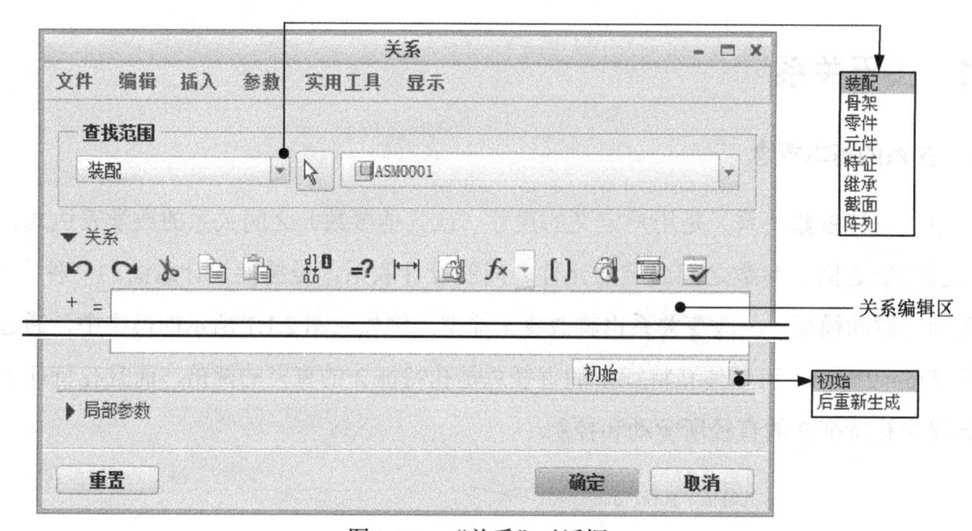

图 2.1.2 “关系”对话框

- 装配：访问装配中的关系。
- 骨架：访问装配中骨架模型的关系（只对装配适用）。
- 零件：访问零件中的关系。
- 元件：访问元件中的关系（只对装配适用）。
- 特征：访问特征中的关系。
- 继承：访问继承关系。适用于“零件”“装配”。
- 截面：如果特征有一个截面，那么用户就可对截面中的关系进行访问。
- 阵列：访问阵列所特有的关系。

2. 关系中使用的参数符号

在关系中，Creo 支持四种类型的参数符号。

（1）尺寸符号。

—d#：零件模式下的尺寸。

—d#:#：装配模式下的尺寸。第二个 # 为装配或元件的进程标识。

—sd#：草绘环境中截面的尺寸。

—rd#：零件模式下的参考尺寸。

—rd#:#：装配模式中的参考尺寸。第二个 # 为装配或元件的进程标识。

—rsd#：草绘环境中截面的参考尺寸。

—kd#：在草绘环境中，截面中的已知尺寸（在父零件或装配中）。

（2）公差：当尺寸由数字转向参数的时候，会同时出现公差参数。

—tpm#：加减对称格式中的公差，#是尺寸数。

—tp#：加减格式中的正公差，#是尺寸数。

—tm#：加减格式中的负公差，#是尺寸数。

（3）实例数：这是整数参数，比如阵列方向上的实例个数。

注意：如果将实例数定义为一个非整数值，系统将截去其小数部分。例如，2.90 将变为 2。

（4）用户参数：这是由用户所定义的参数。

例如：Volume = d0*d1*d2　　　　Vendor = "TWTI Corp."

注意：

- 用户参数名必须以字母开头（如果它们要用于关系的话）。
- 用户参数名不能包含非字母数字字符，例如!、@、#、$。
- 不能使用 d#、kd#、rd#、tm#、tp#或 tpm#作为用户参数名，因为它们是尺寸符号保留使用的。
- 下列参数是由系统保留使用的。

  PI（几何常数）：3.14159（不能改变该值）。

  G（引力常数）：9.8m/s^2。

  C1、C2、C3 和 C4 是默认值，分别等于 1.0、2.0、3.0 和 4.0。

3．关系中的运算符

下列三类运算符可用于关系中。

（1）算术运算符。

+ 加	- 减	/ 除
* 乘	^ 指数	() 分组括号

（2）赋值运算符。

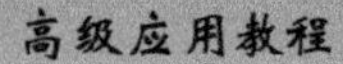

= 是一个赋值运算符，它使得两边的式子或关系相等。应用时，等式左边只能有一个参数。

（3）比较运算符：只要能返回 TRUE 或 FALSE 值，就可使用比较运算符。

系统支持下列比较运算符。

==	等于	<=	小于或等于
>	大于	|	或
>=	大于或等于	&	与
<	小于	～或！	非
～=	不等于		

运算符 |、&、! 和 ～ 扩展了比较关系的应用，它们使得能在单一的语句中设置若干条件。例如，当 d1 在 2 和 3 之间且不等于 2.5 时，下面关系返回 TRUE：

d1 > 2 & d1 < 3 & d1 ～= 2.5

4．关系中使用的函数

（1）数学函数。

cos（）余弦	asin（）反正弦	cosh（）双曲线余弦
tan（）正切	acos（）反余弦	tanh（）双曲线正切
sin（）正弦	atan（）反正切	
sqrt（）平方根	sinh（）双曲线正弦	

log（）	以 10 为底的对数	abs（）	绝对值
ln（）	自然对数	ceil（）	不小于其值的最小整数
exp（）	e 的幂	floor（）	不超过其值的最大整数

注意：

- 所有三角函数都使用单位“度”。
- 可以给函数 ceil 和 floor 加一个可选的自变量，用它指定要保留的小数位数。

  这两个函数的语法如下。

  ceil（参数名或数值，小数位数）

  floor（参数名或数值，小数位数）

  其中，小数位数是可选值。

  ☑ 可以被表示为一个数或一个用户自定义参数。如果该参数值是一个实数，则被截尾成为一个整数。

  ☑ 它的最大值是 8。如果超过 8，则不会舍入要舍入的数（第一个自变量），并使用其初值。

☑ 如果不指定它，则功能同前期版本一样。

使用不指定小数部分位数的 ceil 和 floor 函数，举例如下。

ceil （10.2） 值为 11　　　　　　floor （10.2） 值为 10

使用指定小数部分位数的 ceil 和 floor 函数，举例如下。

ceil （10.255, 2） 等于 10.26　　　　floor （10.255, 1） 等于 10.2

ceil （10.255, 0） 等于 11　　　　　floor （10.255, 2） 等于 10.25

（2）曲线表计算：曲线表计算使用户能用曲线表特征通过关系来驱动尺寸。尺寸可以是截面、零件或装配尺寸。格式如下。

evalgraph（"graph_name", x）

其中 graph_name 是曲线表的名称，x 是沿曲线表 x 轴的值，返回 y 值。

对于混合特征，可以指定轨道参数 trajpar 作为该函数的第二个自变量。

注意：

曲线表特征通常是用于计算 x 轴上所定义范围内 x 值对应的 y 值。当超出范围时，y 值是通过外推的方法来计算的。对于小于初始值的 x 值，系统通过从初始点延长切线的方法计算外推值；同样，对于大于终点值的 x 值，系统将通过切线从终点往外延伸的方法计算外推值。

（3）复合曲线轨道函数：在关系中可以使用复合曲线的轨道参数 trajpar_of_pnt。该函数返回一个 0.0 和 1.0 之间的值，函数格式如下。

trajpar_of_pnt（"trajname", "pointname"）

其中，trajname 是复合曲线名，pointname 是基准点名。

5. 关系中的条件语句

- IF 语句

IF 语句可以加到关系中以形成条件语句。例如：

```
IF d1 > d2
length = 24.5
ENDIF
IF d1 <= d2
length = 17.0
ENDIF
```

条件是一个值为 TRUE（或 YES）或 FALSE （或 NO）的表达式，这些值也可以用于条件语句。例如：

```
IF ANSWER == YES
```

IF ANSWER == TRUE

IF ANSWER

- ELSE 语句

即使再复杂的条件结构，都可以通过在分支中使用 ELSE 语句来实现。用这一语句，前一个关系可以修改成如下的样子。

IF d1 > d2

length = 24.5

ELSE

length = 17.0

ENDIF

在 IF、ELSE 和 ENDIF 语句之间可以有若干个特征。此外，IF-ELSE-ENDIF 结构可以在特征序列（它们是其他 IF-ELSE-ENDIF 结构的模型）内嵌套。IF 语句的语法如下。

IF <条件>

若干个关系的序列或 IF 语句

ELSE （可选项）

若干个关系的序列或 IF 语句

ENDIF

注意：

- ENDIF 必须作为一个字来拼写。
- ELSE 必须占一行。
- 条件语句中的相等必须使用两个等号 （==），赋值号必须是一个等号（=）。

6. 关系中的联立方程组

联立方程组是指若干个关系，在其中必须联立解出若干变量或尺寸。例如有一个宽为 d1、高为 d2 的长方形，并要指定下列条件：其面积等于 200，且其周长要等于 60。

可以输入下列方程组。

SOLVE

d1*d2 = 200

2*（d1+d2）= 60

FOR d1 d2（或 FOR d1,d2）

所有 SOLVE 和 FOR 语句之间的行成为方程组的一部分，FOR 行列出要求解的变量。所有在联立方程组中出现而在 FOR 列表中不出现的变量被解释为常数。

联立方程组中的变量必须预先初始化。

由联立方程组定义的关系可以同单变量关系自由混合。选择“显示关系”时，两者都显示，并且它们可以用“编辑关系”进行编辑。

注意：即使方程组有多组解，也只返回一组。但用户可以通过增加额外的约束条件来确定他所需要的那一组方程解。比如，上例中有两组解，用户可以增加约束 d1 <= d2，程序为：

```
IF d1 >d2
temp = d1
d1 = d2
d2 = temp
ENDIF
```

7. 用参数来传递字符串

可以给参数赋予字符串值，字符串值放在双引号之间。例如，在工程图注释内可使用参数名，参数关系可以表示如下。

```
IF d1 > d2
MIL_REF = "MIL-STD XXXXA"
ELSE
MIL_REF = "MIL-STD XXXXB"
ENDIF
```

8. 字符串运算符和函数

字符串可以使用下列运算符。

==	比较字符串的相等。
!=, <>, ~=	比较字符串的不等。
+	合并字符串。

下面是与字符串有关的几个函数。

（1）itos（int）：将整数转换为字符串。其中，int 可以是一个数或表达式，非整数将被舍入。

（2）search（字符串，子串）：搜索子串。结果值是子串在串中的位置（如未找到，返回 0）。

（3）extract（字符串，位置，长度）：提取一个子串。

（4）string_length（）：返回某参数中字符的个数。例如，串参数 material 的值是 steel，则 string_length（material）等于 5，因为 steel 有 5 个字母。

（5）rel_model_name（）：返回当前模型名。例如，当前在零件 A 中工作，则 rel_model_name（）等于 A。要在装配的关系中使用该函数，关系应为：

名称 =rel_model_name:2（）　　　　注意：括号内是空的。

（6）rel_model_type（）：返回当前模型的类型。如果正在“装配”模式下工作，则 rel_model_type（）等于装配名。

（7）exists（）：判断某个项目（如参数、尺寸）是否存在。该函数适用于正在计算关系的模型。例如：

if exists（"d5:20"）检查运行时标识为 20 的模型的尺寸是否为 d5。

if exists（"par:fid_25:cid_12"）检查元件标识 12 中特征标识为 25 的特征是否有参数 par。该参数只存在于大型装配的一个零件中。例如，在机床等大型装配中有若干系统（如液压、气动、电气系统），但大多数对象不属于任何系统。在这种情况下，为了进行基于参数的计算评估，只需给系统中所属的模型指派适当的参数。例如，电气系统中的项目需要使用 BOM 报表中的零件号，而不是模型名，则可以创建一个报表参数 bom_name，并写出如下关系。

```
if exists（"asm_mbr_cabling"）
bom_name = part_no
else
bom_name = asm_mbr_name
endif
```

9. 关系错误信息

系统会检查编辑的文件中关系的有效性。如果发现了关系文件中的错误，则立即返回到编辑模式，并给错误的关系打上标记，然后可以修正有标记的关系。

在关系文件中可能出现三种类型的错误信息。

（1）长行：关系行超过 80 个字符。编辑该行，或把该行分成两行（其方法是输入反斜杠符号\，以表示关系在下一行继续）。

（2）长符号名：符号名超过 31 个字符。

（3）错误：发生语法错误。例如，出现没有定义的参数。此时可检查关系中的错误并编辑。

注意：这种错误检查捕捉不到约束冲突。如果联立关系不能成立，则在消息区出现警告；如果遇到不确定的联立关系，则在最后一个关系行下的空行上出现错误信息。

2.1.2 创建关系举例

1. 在零件模型中创建关系

在本节中，将给图 2.1.3 所示的零件模型中两个孔的直径添加关系，注意这里的两个孔应该是两个独立的特征。

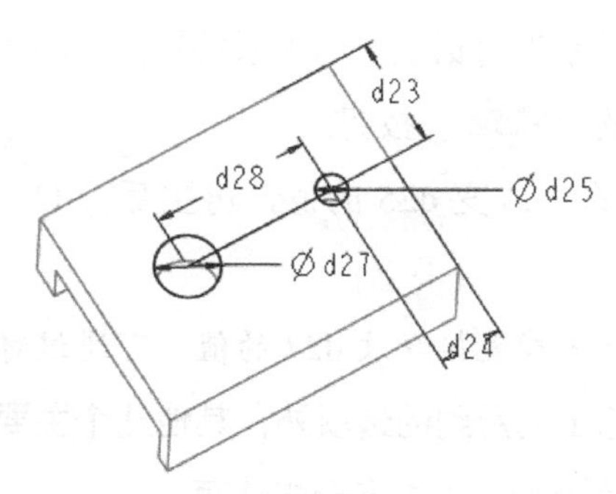

图 2.1.3 在零件模型中创建关系

Step1. 先将工作目录设置至 D:\creo6.2\work\ch02.01，然后打开模型 relation.prt。

Step2. 在零件模块中，在功能选项卡区域的 工具 选项卡中单击 d=关系 按钮。

Step3. 系统弹出“关系”对话框，在“查找范围”下拉列表中选择 零件 选项。

Step4. 分别单击两个孔特征，此时模型上显示出两个孔特征的所有尺寸参数符号；在“关系”对话框的按钮区（图 2.1.4）单击 按钮，可以将模型尺寸在符号与数值间切换。

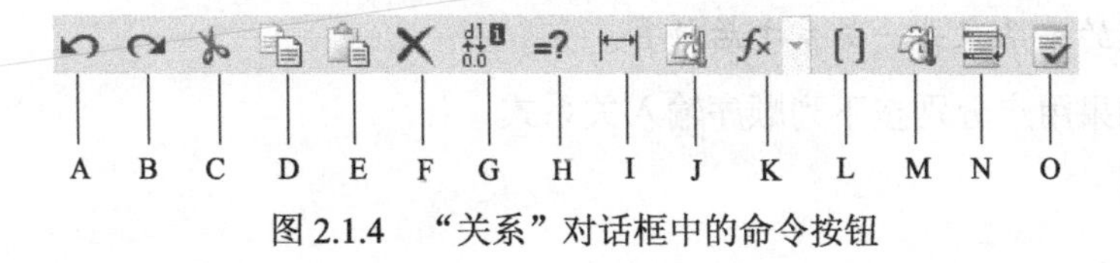

图 2.1.4 “关系”对话框中的命令按钮

图 2.1.4 所示的“关系”对话框中的各命令按钮的说明如下。

A: 撤销。

B: 重做。

C: 剪切。

D: 复制。

E: 粘贴。

F: 删除。

G: 在尺寸值和名称间切换。

H: 提供尺寸、参数或表达式的值。

I: 显示当前模型中的特定尺寸。

J: 将关系设置为对参数和尺寸的单位敏感。

K：从列表中插入函数。

L：从列表中插入参数名称。

M：从可用值列表中选取单位。

N：排序关系。

O：执行/校验关系并按关系创建新参数。

Step5. 添加关系。在“关系”对话框中的关系编辑区，输入关系式 d27=2*d25。

Step6. 单击该对话框中的 确定 按钮。

Step7. 验证所创建的关系。改变 d25 的值，再生后，d27 的值按关系式的约束自动改变。

注意：添加关系后，用户不能直接修改 d27 的值，可通过对特征的编辑来实现。

在“关系”对话框中，除上例用到的选项外，其他几个主要选项的说明如下。

- 在“关系”对话框的 参数 菜单中有如下选项。
  - ☑ 添加参数：通过该命令，可在模型中增加用户参数。
  - ☑ 删除参数：通过该命令，可在模型中删除用户参数。
- 单击 按钮后，再输入一个尺寸名（即尺寸参数符号，如 d26），系统即在模型上显示该参数符号的位置。
- 通过按钮 =?，可计算某个参数或某一个表达式（可为单一参数或等式）的值。
- 无论何时选择按钮，系统将对模型中的关系进行排序，从而使得依赖于另一关系值的关系在另一关系之后计算。

例如，如果用户分别按下列顺序输入关系式。

d0 = 2*d1

d1 = d2 + d3

则单击“排序关系”后，关系式的顺序如下。

d1 = d2 + d3

d0 = 2*d1

这就是计算关系时应该有的次序。

注意：

- 如果模型内存在多个关系式，关系的计算从输入的第一个关系开始，以最近输入的关系结束。因此，如果两个关系驱动一个参数，则后一个关系覆盖前一个关系。在有些情况下，在不同层级定义的关系会相互矛盾。可使用有关工具查看关系，确保实现设计意图。
- 如果尺寸由关系驱动，则不能直接修改它。如果用户试图修改它，系统会显示错误信息。例如，本例中已输入关系 d27 = 2*d25，则不能直接修改 d27 的值，如果

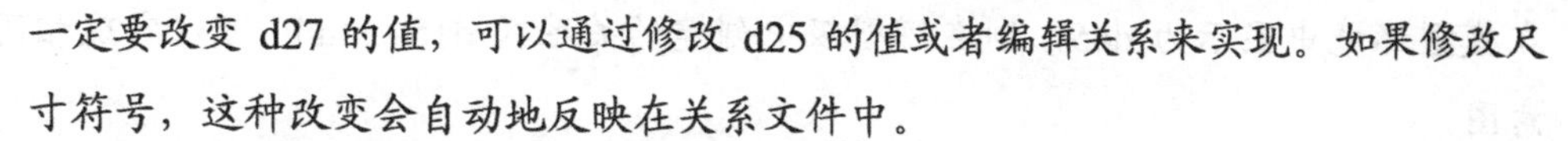

一定要改变 d27 的值，可以通过修改 d25 的值或者编辑关系来实现。如果修改尺寸符号，这种改变会自动地反映在关系文件中。

- 关系式 d27 = 2*d25 和 d25 = 0.5*d27 的区别：在关系式 d27 = 2*d25 中，d25 是驱动尺寸，d27 是被驱动尺寸，d27 的值由 d25 驱动和控制；而在关系式 d25 = 0.5*d27 中，d25 是被驱动尺寸，d27 则是驱动尺寸，d25 的值由 d27 驱动和控制。

2．在特征的截面中创建关系

下面将给图 2.1.3 所示的零件模型中的基础特征的截面添加关系。该特征的截面草图如图 2.1.5 所示。

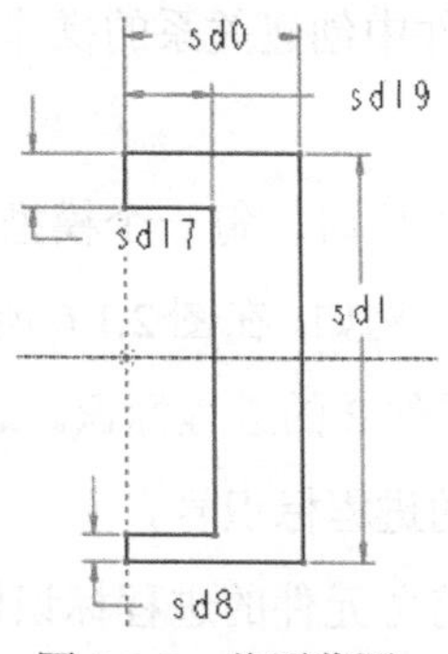

图 2.1.5　截面草图

Step1. 通过编辑定义，进入截面的草绘环境。

Step2. 在草绘环境中，在功能选项卡区域的 工具 选项卡中单击 d= 关系 按钮。

Step3. 通过单击 按钮，可以使截面尺寸在符号与数值间进行切换。

Step4. 添加关系。在系统弹出的“关系”对话框的编辑区中，输入关系式 sd19＝0.5*sd0，单击该对话框中的 确定 按钮，此时可立即看到刚才输入的关系已经起作用了。

在截面中创建或修改关系时的注意事项。

（1）截面关系与截面一起存储，不能在零件模型环境中编辑某个特征截面中的关系，但可以查看。

（2）不能在一个特征的截面关系式中，直接引入另一个特征截面的尺寸。

例如 sd3 是一个截面中的草绘尺寸，而 sd40 是另一特征（特征标识 fid_10）截面中的草绘尺寸，系统不会接受截面关系：

sd3 =5*sd40:fid_10

但在模型级中，可以使用不同截面中的等价尺寸（d#）来创建所需的关系。另外，也可以在模型中创建一个过渡用户参数，然后可以从截面中访问它。

例如，在前面的 sd3 = 5*sd40:fid_10 中，如果 sd3 在模型环境中显示为 d15，sd40:fid_10

在模型环境中显示为 d45，则在模型级中创建的关系式 d15=5*d45 可以实现相同的设计意图。

（3）在截面级（草绘环境）中，只能通过关系创建用户参数（因为此时“增加参数”命令不能用），然后可在模型级中像任何其他参数一样使用它们。

例如，在前面的基础特征的截面环境中，可以通过关系 aaa = sd17 + sd8 来创建用户参数 aaa，再在模型中添加新的关系 sd1 = aaa，然后再单击“关系”对话框中的 （排序关系）命令按钮。

3. 在装配体中创建关系

在装配体中创建关系与在零件中创建关系的操作方法和规则基本相同。不同的是，要注意装配中的进程标识。

当创建装配或将装配带入工作区时，每一个模型（包括顶层装配、子装配和零件）都被赋予一个进程标识（Session Id）。例如，在图 2.1.6 所示的装配模型中，尺寸符号后面的 0、1 和 2 分别是装配体、零件 1 和零件 2 的进程标识。通过“关系”对话框中的 显示 菜单下的 会话 ID 选项，可以查看各元件的进程标识号。

在装配中创建关系时，必须将各元件的进程标识作为后缀包括在尺寸符号中。

例如，装配关系式 d0:1=0.5*d2:0 是正确的关系式，而不带进程标识的关系式 d0=2*d2 则是无效的。

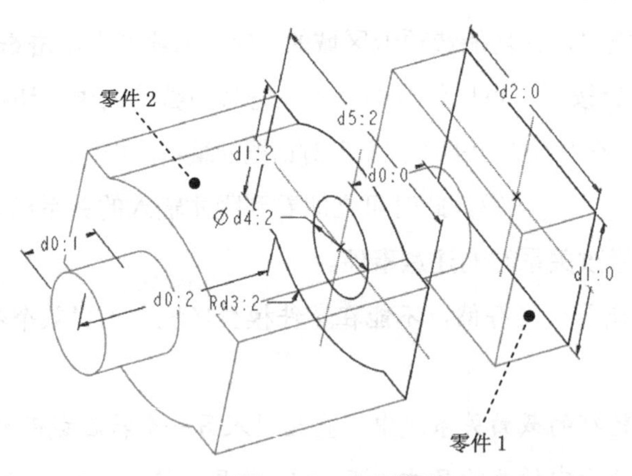

图 2.1.6　装配模型

2.2　设置用户参数

2.2.1　关于用户参数

在功能选项卡区域的 工具 选项卡中单击 参数 按钮，可以创建用户参数并给其赋值。

也可以使用“模型树”将参数增加到项目中。用户参数同模型一起保存，不必在关系中定义。

用户参数的值不会在再生时随模型的改变而更新，即使是使用系统参数（如模型的尺寸参数或质量属性参数）定义的用户参数值也是这样。例如，假设系统将 d5 这个参数自动分配给模型中的某一尺寸 100，而又用 [] 参数 命令创建了一个用户参数 LENGTH，那么可用关系式 LENGTH = d5，将系统参数 d5 的值 100 赋给用户参数 LENGTH。当尺寸 d5 的值从 100 修改为 120 时，LENGTH 的值不会随 d5 的改变而更新，仍然为值 100。

注意：如果把用户参数的值赋给系统参数，则再生时系统参数的值会随用户参数值的改变而更新。例如，如果用 [] 参数 命令，创建 LENGTH=150，然后建立关系 d5=LENGTH，那么在模型再生后，d5 将更新为新的值 150。

2.2.2 创建用户参数举例

下面以零件模型连杆（connecting_rod.prt）为例，说明创建用户参数的一般操作步骤。

Step1. 将工作目录设置至 D:\creo6.2\work\ch02.02，打开 connecting_rod.prt 零件模型，在功能选项卡区域的 工具 选项卡中单击 [] 参数 按钮。

Step2. 在系统弹出的图 2.2.1 所示的“参数”对话框的 查找范围 区域中选取对象类型为 零件，然后单击 + 按钮。

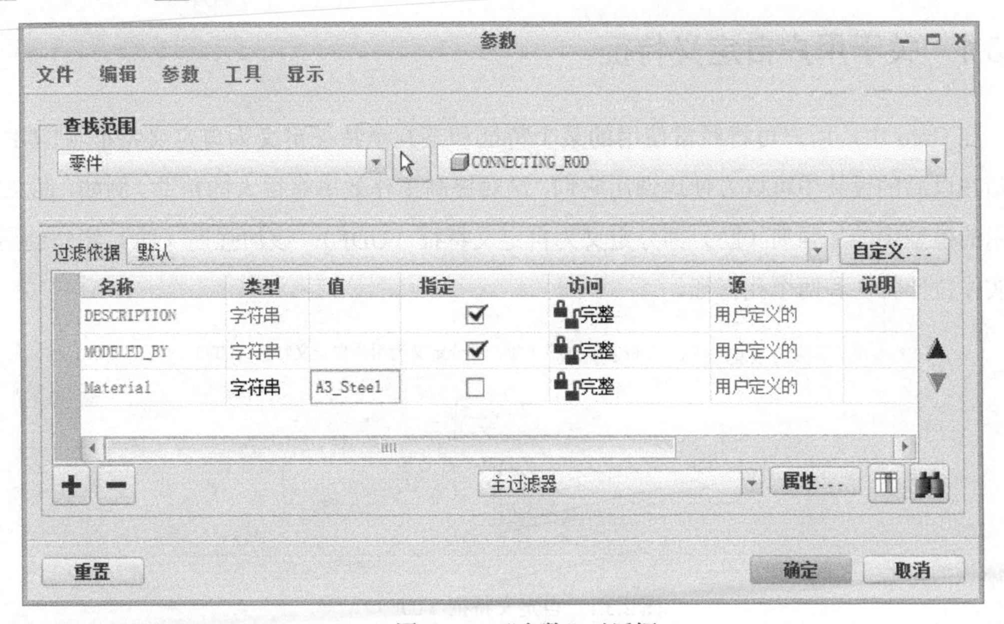

图 2.2.1 “参数”对话框

Step3. 在 名称 栏中输入参数名 Material，按 Enter 键。

注意：参数名称不能包含非字母字符，如!、"、@和#等。

Step4. 定义用户参数的类型。在 类型 栏下拉列表中选择“字符串”。

Step5. 在 值 栏中输入参数 Material 的值 A3_Steel，按 Enter 键。

Step6. 单击该对话框中的 确定 按钮。

图 2.2.1 所示的“参数”对话框中的其他选项栏说明如下。

- 指定：如果选定此选项，则在 PDM 中此参数是可见的。
- 访问：选取此参数的可访问类型，包括以下几项。
  - ☑ 完整：完整访问参数是在参数中创建的用户定义的参数，可在任何地方修改它们。
  - ☑ 限制的：完整访问参数可被设置为“受限制的”访问，这意味着它们不能被“关系”修改。“受限制的”参数可由“族表”和 Pro/PROGRAM 修改。
  - ☑ 锁定：锁定访问意味着参数是由“外部应用程序”(数据管理系统、分析特征、关系、Pro/PROGRAM 或族表）创建的。被锁定的参数只能从外部应用程序内进行修改。
- 源：反映参数的访问情况，如用户定义。
- 说明：对已添加的新参数进行注释。

2.3 用户自定义特征

2.3.1 关于用户自定义特征

在 Creo 中，用户可将经常使用的某个特征和某几个特征定义为自定义特征（UDF)，然后在以后的设计中可以方便地调用它们，这对提高工作效率有很大的帮助。例如，图 2.3.1 所示的模型中的加强筋（肋）部分定义为自定义特征（UDF)。该加强筋（肋）部分包括一个实体拉伸特征和两个孔特征。

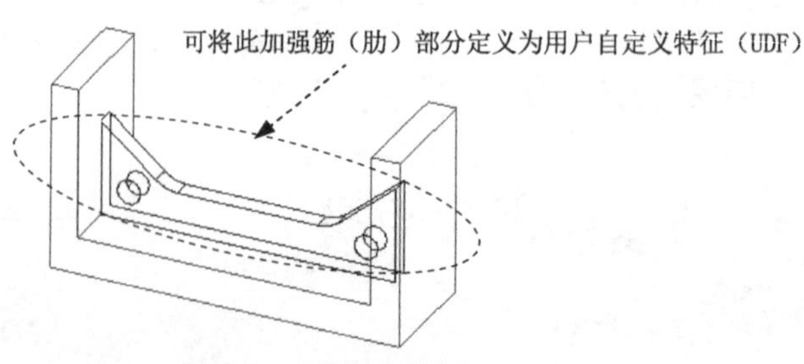

图 2.3.1 自定义特征（UDF）

1. UDF 包含的要素

每个 UDF 包括选定的特征、它们的所有相关尺寸、选定特征之间的任何关系以及在零件上放置UDF的参考列表。在创建和修改UDF的过程中，UDF的对话框提供这些UDF元素的运行状态。

2．使用 UDF 的建议

- 确保有预期的标注形式。
- 在创建 UDF 之前，需提供定义的特征之间的必要关系。

3．UDF 的使用限制

- 在创建UDF时，不能将合并几何组及其外部特征作为用户自定义特征。
- 关系中未使用的参数不能与UDF一起复制到其他零件。
- 如果复制带有包含用户定义过渡的高级倒圆角的组，系统将从生成的特征中删除用户定义的过渡，并在新特征中重新定义适当的倒圆角过渡。

2.3.2　创建用户自定义特征

下面将把图2.3.1所示的部分定义为用户自定义特征。

1．创建原始模型

首先创建一个图2.3.1所示的零件模型，创建过程如下。

Step1. 先将工作目录设置至 D:\creo6.2\work\ch02.03，然后新建一个零件模型（udf_create.prt）。

Step2. 创建图2.3.2所示的拉伸特征。单击 模型 功能选项卡 形状▼ 区域中的“拉伸”按钮 拉伸；选取FRONT基准平面为草绘平面，选取TOP基准平面为参考平面，方向为 上；绘制图2.3.3所示的截面草图；拉伸深度选项为 日，深度值为50.0。

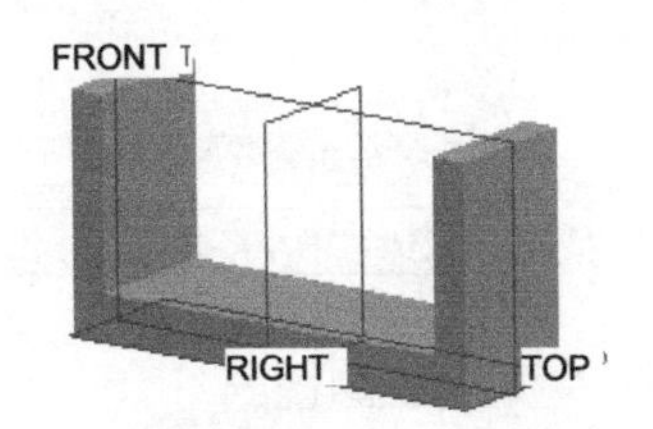

图2.3.2　创建实体拉伸特征

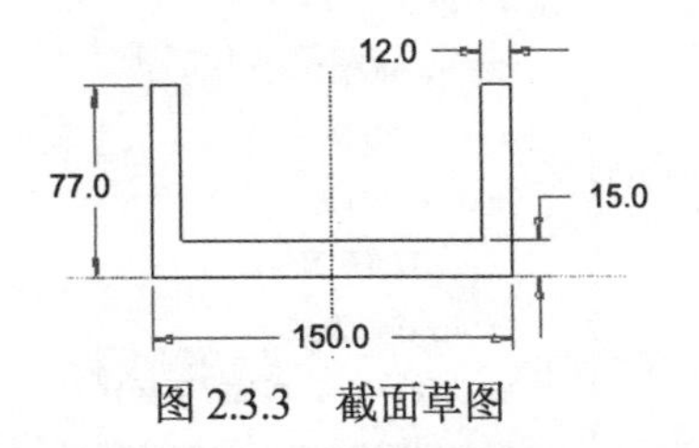

图2.3.3　截面草图

Step3. 创建图2.3.4所示的拉伸特征，产生加强筋（肋）。单击 模型 功能选项卡 形状▼ 区域中的“拉伸”按钮 拉伸；选取FRONT基准平面为草绘平面，选取TOP基准平面为参考平面，方向为 上；绘制图2.3.5所示的截面草图；拉伸深度选项为 日，深度值为8.0。

Step4. 创建图2.3.6所示的左侧孔特征。单击 模型 功能选项卡 工程▼ 区域中的 孔 按

钮，孔放置的主参考面和次参考面如图 2.3.6 所示，其偏移的距离值均为 12.0（参见放大图）；孔的类型为直孔；孔直径值为 10.0；孔深选项为⫫，选取主参考面后面的平面为孔终止面。

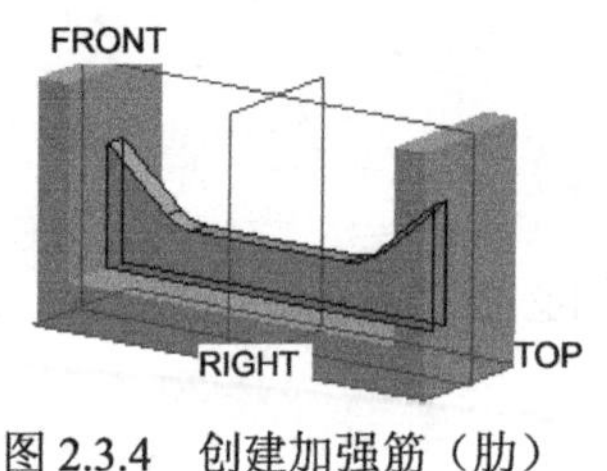

图 2.3.4 创建加强筋（肋）

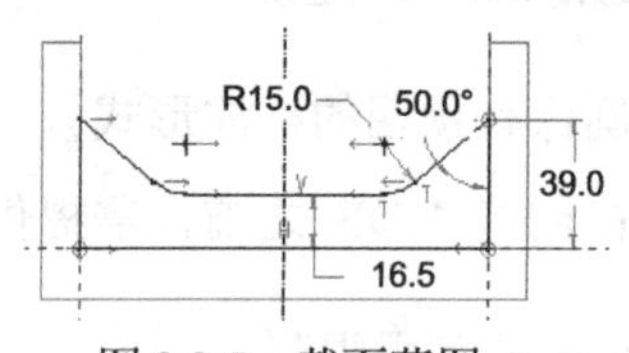

图 2.3.5 截面草图

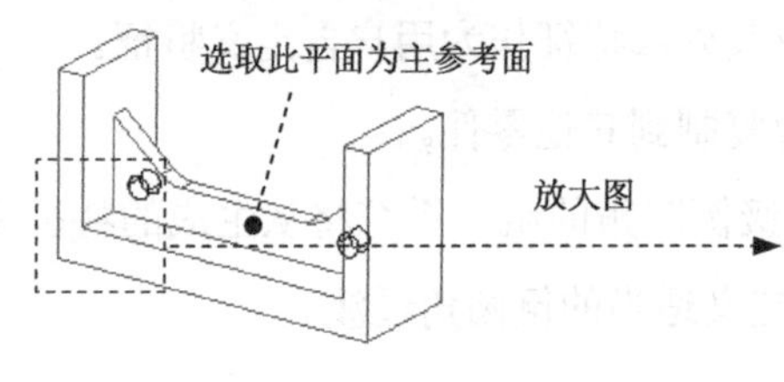

图 2.3.6 创建左侧孔特征

Step5. 以同样的方法创建右侧孔特征。

2. 创建用户自定义特征

创建了上面的零件模型后，就可以创建用户自定义特征。

Step1. 在功能选项卡区域的 工具 选项卡中单击 UDF 库 按钮。

Step2. 在系统弹出的图 2.3.7 所示的 ▼ UDF (UDF) 菜单中选择 Create (创建) 命令。

Step3. 在系统 UDF名[退出]: 的提示下，输入 UDF 的名称 udf_rib，并按 Enter 键。

Step4. 在图 2.3.8 所示的“UDF 选项”菜单中选择 Stand Alone (独立) 命令，然后选择 Done (完成) 命令。

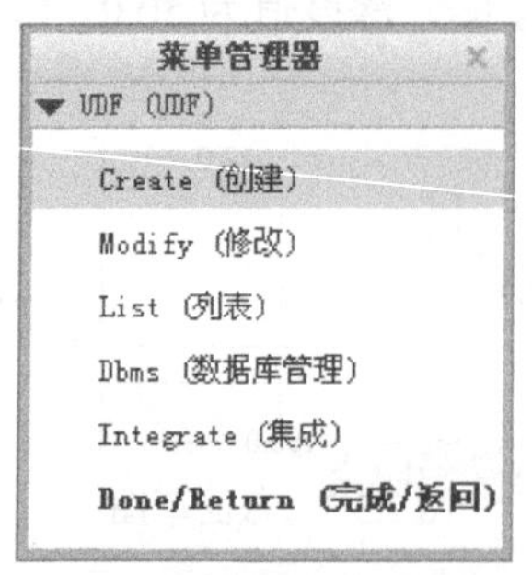

图 2.3.7 “UDF”菜单

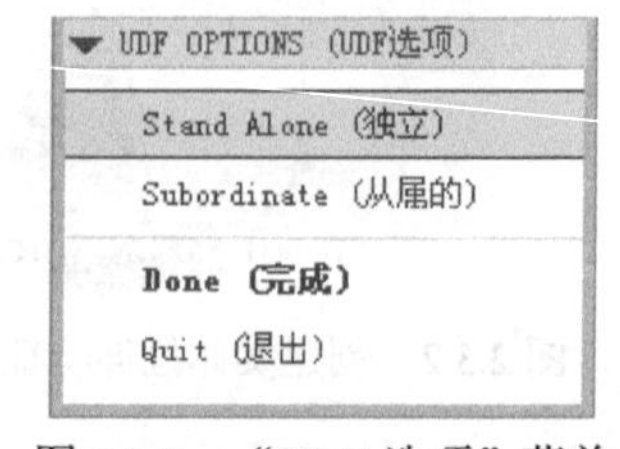

图 2.3.8 “UDF 选项”菜单

图 2.3.8 所示的“UDF 选项”菜单的说明如下。

- Stand Alone (独立) 表明所创建的用户自定义特征（UDF）是“独立的”，即相对于原始模型是独立的。如果改变原始模型，其变化不会反映到 UDF 中。创建独立的 UDF 时，通过对从中生成该 UDF 的原始零件进行复制，可创建参考零件。参考零件与 UDF 名称相同，只是多了一个扩展名_gp。例如，本例中将 UDF 命名为 udf_rib，则参考零件命名为 udf_rib_gp.prt。参考零件通过原始参考显示 UDF 参考和元素。注意：在钣金模块中，冲孔和切口 UDF 应该是“独立”的。

- Subordinate (从属的) 从属的 UDF 直接从原始模型获得其值。如果在原始模型中改变尺寸值，它们会自动反映到 UDF 中。

Step5. 系统弹出图 2.3.9 所示的“确认”对话框，单击该对话框中的 是(Y) 按钮。

注意：这里回答“是”，则在以后放置该 UDF 特征时，系统会显示一个包含原始模型的窗口，这样便于用户放置 UDF 特征，所以建议用户在这里都回答“是”。

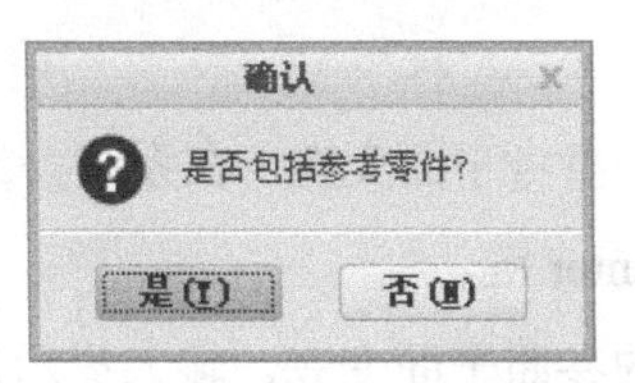

图 2.3.9 “确认”对话框

Step6. 完成上步操作后，系统弹出图 2.3.10 所示的“UDF：udf_rib，独立”对话框和图 2.3.11 所示的“UDF 特征”菜单，选择 Add (添加) ➡ Select (选择) 命令，然后按住 Ctrl 键，选取拉伸的加强筋（肋）特征及其上面的两个孔特征（建议从模型树上选取这些特征）；选择 Done (完成) ➡ Done/Return (完成/返回) 命令。

图 2.3.10 “UDF：udf_rib，独立”对话框

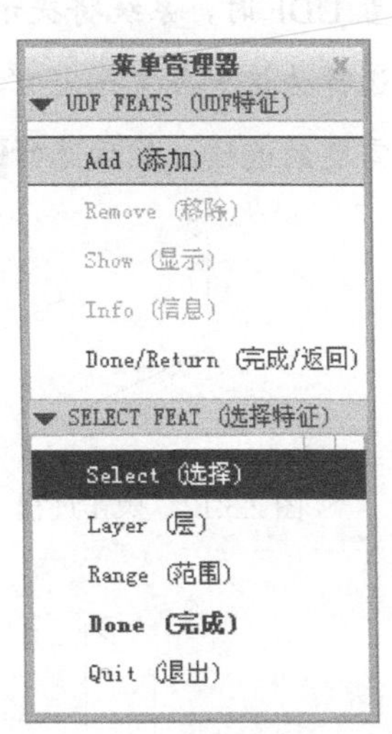

图 2.3.11 “UDF 特征”菜单

图 2.3.10 所示的“UDF：udf_rib，独立”对话框中各元素的含义说明如下。

- Features (特征)：定义选取要包括在 UDF 中的特征。
- Ref Prompts (参考提示)：(必需的) 为指定放置参考，输入提示。放置 UDF 时，系统将显示这些提示作为指导。
- Var Elements (可变元素)：(可选的) 在零件中放置 UDF 时，指定要重定义的特征元素。

- Var Dims（可变尺寸）:（可选的）在零件中放置 UDF 时，选取要修改的尺寸，并为它们输入提示。
- Dim Values（尺寸值）:（可选的）选取属于 UDF 的尺寸，并输入其新值。
- Var Parameters（可变参数）:（可选的）添加/移除可变参数。
- Family Table（族表）:（可选的）创建 UDF 的族表。
- Units（单位）:（已定义）改变当前单位。
- Ext Symbols（外部符号）:（可选的）在 UDF 中包括外部尺寸和参数。

Step7. 为参考输入提示。

（1）模型中图 2.3.12 所示的参考平面变亮，在系统以参考颜色为曲面输入提示:的提示下，输入提示信息 middle_plane，按 Enter 键。

（2）模型中图 2.3.13 所示的参照平面变亮，输入提示信息 top_plane，按 Enter 键。

（3）模型中图 2.3.14 所示的参考平面变亮，输入提示信息 center_plane，按 Enter 键。

注意：由于模型中各特征创建的顺序、方法、选取的草绘平面和草绘参考等均不一样，加亮的参考（包括参考的个数）及其顺序也会不一样。

说明：系统加亮每个参考，并要求输入提示。例如，为加亮曲面输入 [选择底面]，那么在放置 UDF 时，系统将提示“选择底面”。为 UDF 中多个特征共同的放置参考指定提示时，可选择为这个参考指定“单一”或“多个”提示，可从图 2.3.15 所示的“提示”菜单中选择需要的选项，然后选择 Done/Return (完成/返回) 命令。

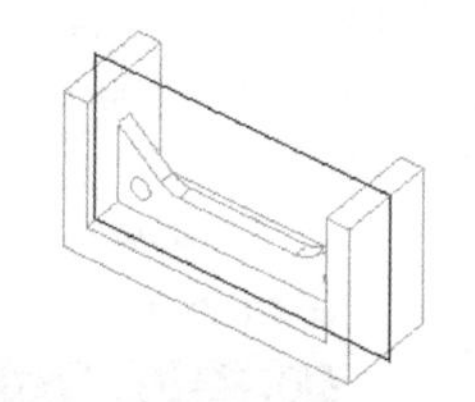
图 2.3.12　操作过程（一）

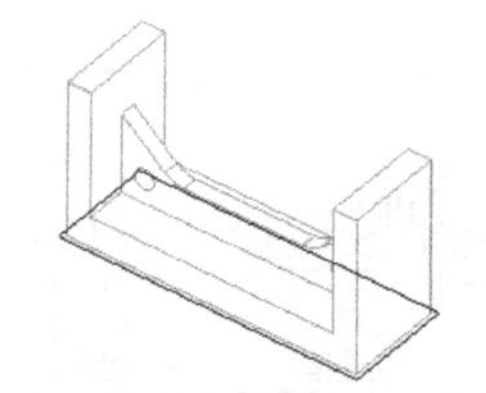
图 2.3.13　操作过程（二）

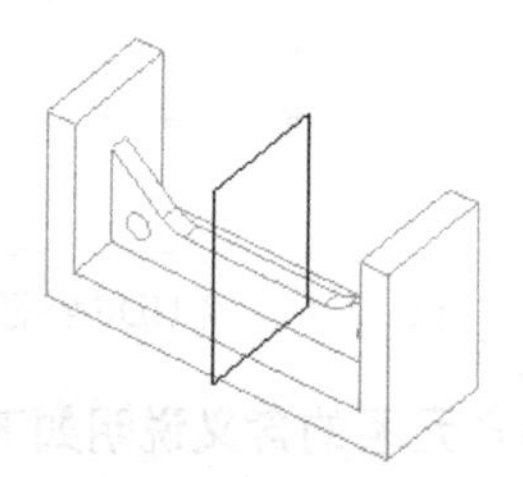
图 2.3.14　操作过程（三）

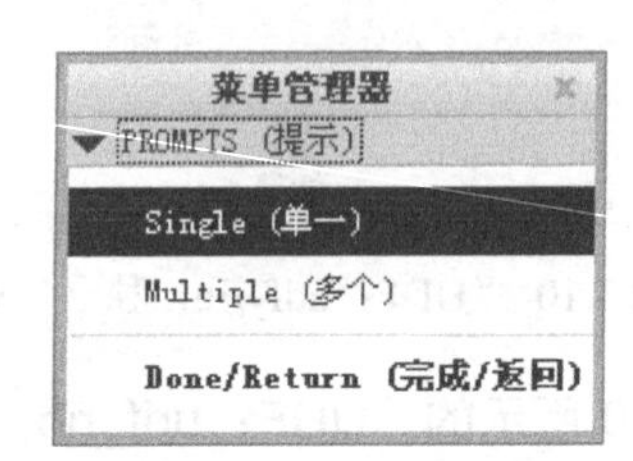

图 2.3.15　“提示”菜单

图 2.3.15 所示的“提示”菜单中各选项的说明如下。

- Single (单一): 为使用这个参考的所有特征指定单一提示。
- Multiple (多个): 为使用这个参考的每个特征指定各自的提示。系统将加亮使用该

参考的每个特征，这样就可为每个特征输入不同的提示。

（4）此时模型中图 2.3.16 所示的参考平面变亮，在图 2.3.15 所示的▼ PROMPTS (提示)菜单中选择Single (单一) ➡ Done/Return (完成/返回)命令，然后输入提示信息 left_plane，按 Enter 键。

（5）此时模型中图 2.3.17 所示的参考平面变亮，在系统弹出的▼ PROMPTS (提示)菜单中选择Single (单一) ➡ Done/Return (完成/返回)命令，然后输入提示信息 bottom_plane，按 Enter 键。

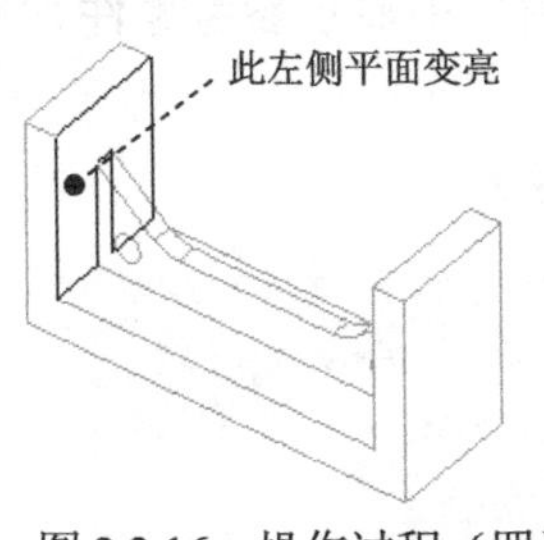

图 2.3.16 操作过程（四）

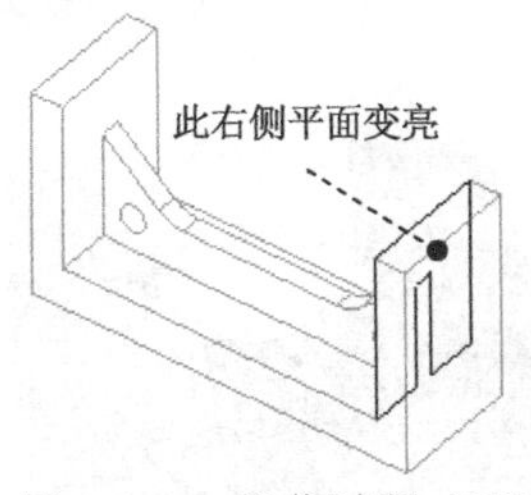

图 2.3.17 操作过程（五）

（6）此时模型中图 2.3.18 所示的参考平面变亮，在系统弹出的▼ PROMPTS (提示)菜单中选择Single (单一) ➡ Done/Return (完成/返回)命令，然后输入提示信息 right_plane，按 Enter 键。

注意：因为这个侧面既是拉伸加强筋（肋）的参考平面，又是孔特征的线性定位平面，所以系统在这里提示该平面是多个特征的参考。

（7）所有的参考提示完以后，系统弹出图 2.3.19 所示的▼ MOD PRMPT (修改提示)菜单，该菜单给用户再次修改参考提示的机会，通过单击Next (下一个)和Previous (先前)可以找到某个参考，通过选择Enter Prompt (输入提示)命令可以对该参考重新输入提示，通过选择Done/Return (完成/返回)命令可退出该菜单。

Step8. 单击“UDF”对话框中的 确定 按钮；系统返回至图 2.3.7 所示的“UDF”菜单，单击Done/Return (完成/返回)命令，完成 UDF 特征的创建，然后保存零件模型。

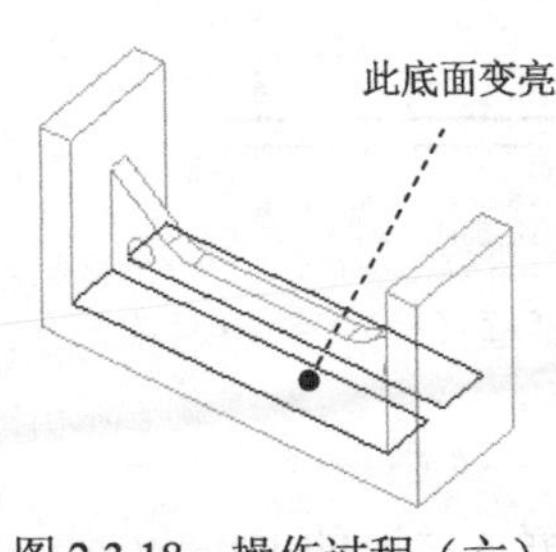

图 2.3.18 操作过程（六）

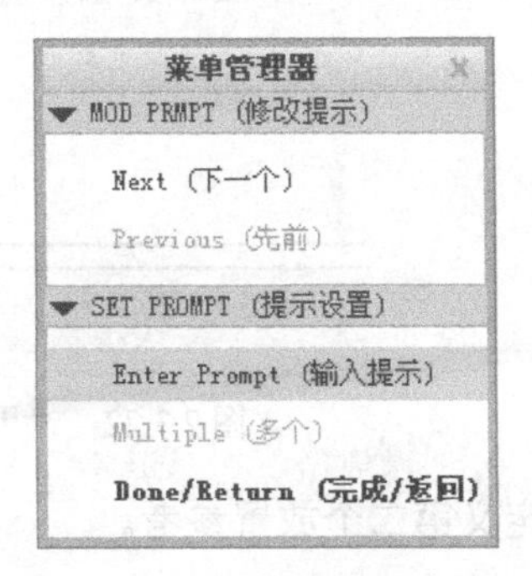

图 2.3.19 “修改提示”菜单

2.3.3 放置用户自定义特征

先创建图 2.3.20 所示的模型，然后按下列步骤放置前面创建的 UDF。

Step1. 先将工作目录设置至 D:\creo6.2\work\ch02.03，然后打开文件 udf_place.prt。

Step2. 单击 模型 功能选项卡 获取数据 ▾ 区域中的“用户定义特征”按钮 用户定义特征，在系统弹出的“打开”对话框中打开文件 udf_rib.gph。

Step3. 在图 2.3.21 所示的“插入用户定义的特征”对话框中选中 ☑ 高级参考配置 和 ☑ 查看源模型 复选框，然后单击 确定 按钮，系统将会在子窗口中显示参考零件。

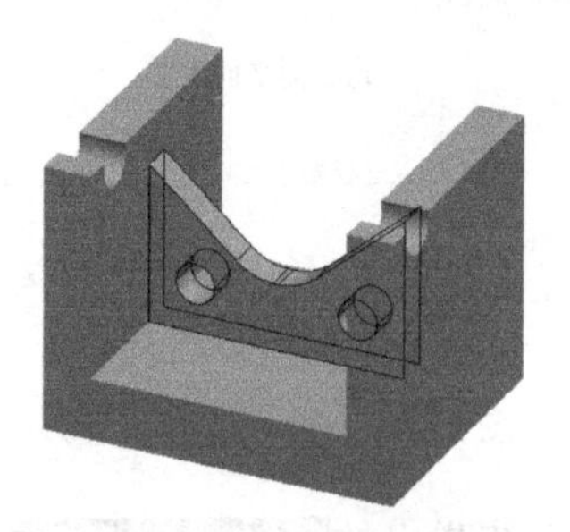

图 2.3.20 创建模型

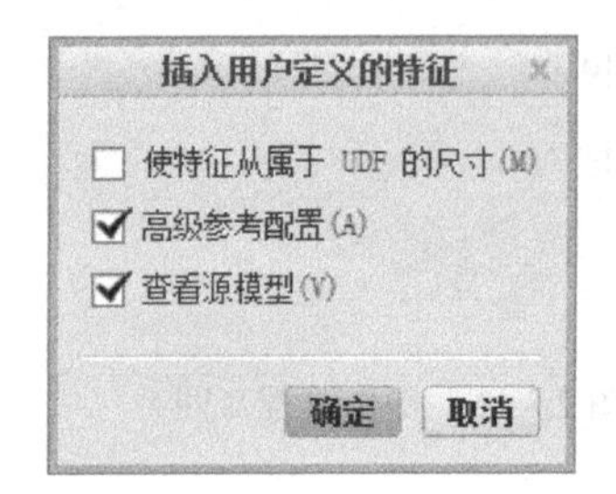

图 2.3.21 “插入用户定义的特征”对话框

Step4. 在当前的零件模型上选取放置 UDF 的对应参考。

（1）此时系统弹出 UDF 参考模型的窗口和图 2.3.22 所示的“用户定义的特征放置”对话框（一）。

（2）定义第一个放置参考。此时如果含有 UDF 参考模型的窗口显示为整屏，应将该窗口边界调小，以便看到后面的工作模型。请注意参考模型中的第一个原始参考（FRONT 基准平面）会加亮，可在当前零件模型上选取对应的参考（FRONT 基准平面）。

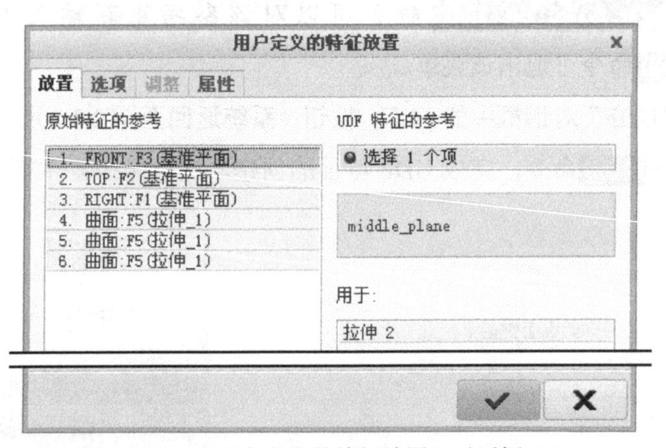

图 2.3.22 “用户定义的特征放置”对话框（一）

（3）定义第二个放置参考。

① 在图 2.3.23 所示的“用户定义的特征放置”对话框（二）的 原始特征的参考 区域中选取原始特征的第二个参考 2. TOP:F2(基准平面)，则该参考面在参考模型上加亮。

② 在当前模型上选取TOP基准平面，该基准平面将与参考模型上的加亮参考面相对应。

（4）按照同样的操作方法，在模型上选择其他的参考，详细操作过程如图2.3.24所示。至此，工作模型上的六个参考已全部被选取。

（5）在“用户定义的特征放置”对话框中单击“完成”按钮 ✓。

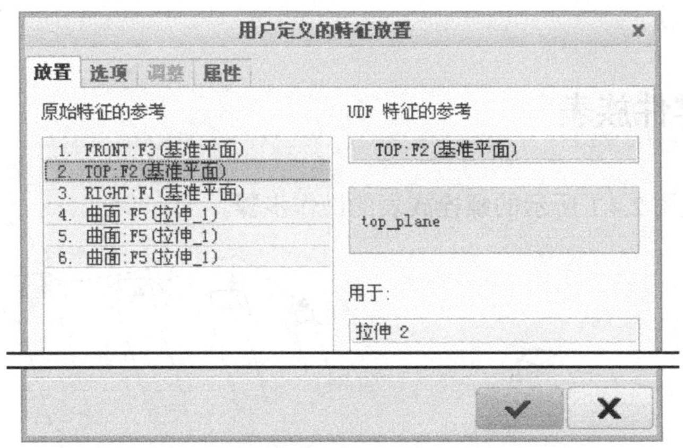

图2.3.23 “用户定义的特征放置”对话框（二）

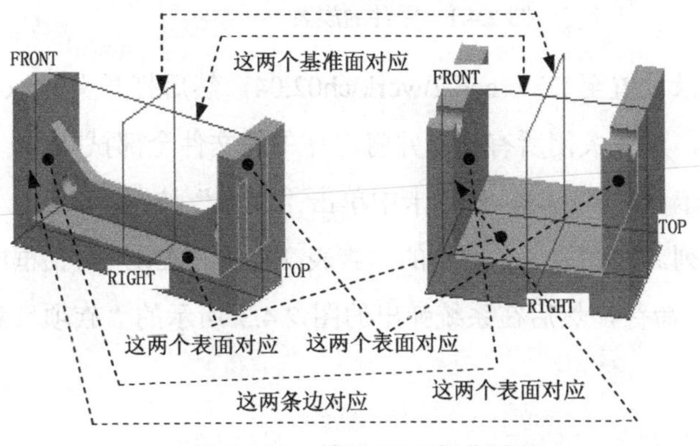

图2.3.24 放置UDF操作过程

2.4 Creo软件中的族表

2.4.1 关于族表

族表是本质上相似零件（或装配或特征）的集合，它们在一两个方面稍有不同。例如，虽然图2.4.1所示的这些螺钉的尺寸各不相同，但它们看起来本质是一样的，并且具有相同的功能。这些零件构成一个“族表”，“族表”中的零件也称为表驱动零件。

“族表”的功能与作用如下。

- 把零件生成标准化，既省时又省力。

- 从零件文件中生成各种零件而无须重新构造。
- 可以对零件产生细小的变化而无须用关系改变模型。
- 族表提高了标准化元件的用途。它们允许在 Creo 中表示实际的零件清单。此外，族表使得装配中的零件和子装配容易互换，因为来自同一族表的实例互相之间可以自动互换。

2.4.2 创建零件族表

下面介绍创建图 2.4.1 所示的螺栓族表的操作步骤。

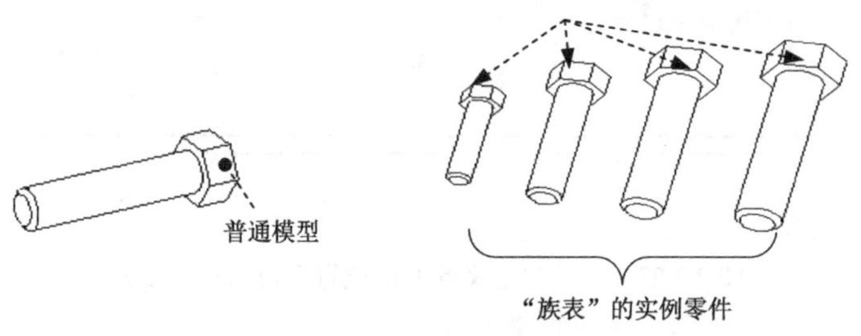

图 2.4.1 零件的族表

Step1. 先将工作目录设置至 D:\creo6.2\work\ch02.04，然后打开文件 bolt_fam.prt。

注意：打开文件前，建议关闭所有窗口并将内存中的文件全部拭除。

Step2. 在功能选项卡区域的 工具 选项卡中单击“族表”按钮。

Step3. 增加族表的列。在图 2.4.2 所示的“族表 BOLT_FAM”对话框中选择下拉菜单 插入(I) ➡ 列(C)... 命令，然后在系统弹出的图 2.4.3 所示的“族项”对话框中进行如下操作。

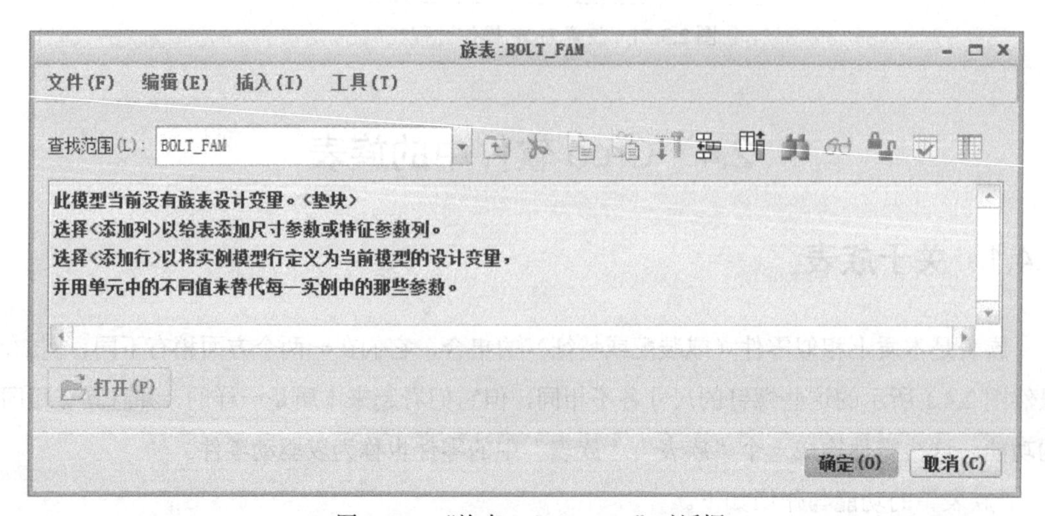

图 2.4.2 “族表 BOLT_FAM”对话框

（1）在 增加项 区域下选中 ◉尺寸 单选项。

（2）单击模型中的圆柱体和六边形特征，系统立即显示这两个特征的所有尺寸，如图 2.4.4 所示。

（3）分别选择模型中显示的尺寸 Φ12.0、17.2、9.0 和 55.0 后（图 2.4.4），这四个尺寸的参数代号 d1、d7、d2 和 d0 立即显示在图 2.4.3 所示的“族项”对话框的项目列表中。

（4）单击“族项”对话框中的 确定 按钮，系统返回“族表 BOLT_FAM”对话框，此时可看到族表中自动添加了一个实例行，此实例为普通模型。

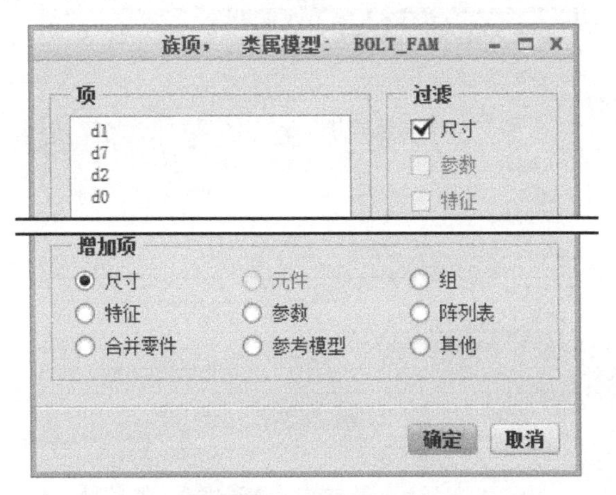

图 2.4.3　“族项”对话框

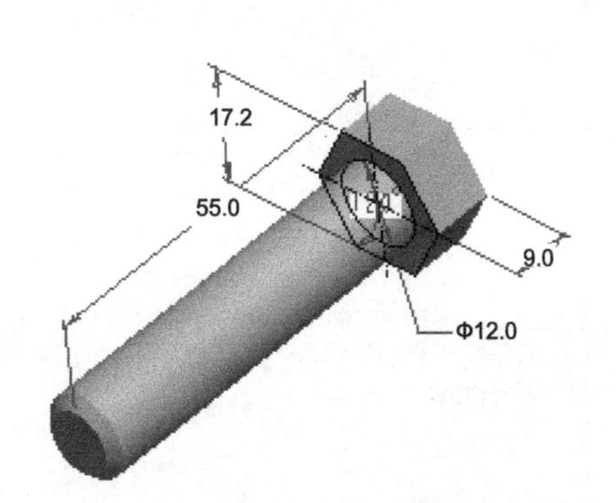

图 2.4.4　选择尺寸

Step4. 增加实例行。

（1）在该对话框中选择下拉菜单 插入(I) → 实例行(R) 命令，系统立即添加新的一行，如图 2.4.5 所示。

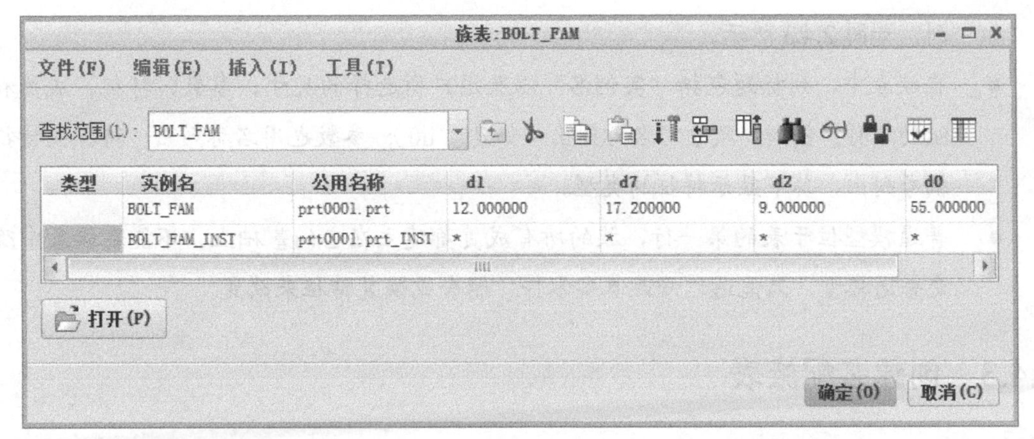

类型	实例名	公用名称	d1	d7	d2	d0
	BOLT_FAM	prt0001.prt	12.000000	17.200000	9.000000	55.000000
	BOLT_FAM_INST	prt0001.prt_INST	*	*	*	*

图 2.4.5　增加实例行（一）

（2）分别在 d1、d7、d2 和 d0 列中输入值 10、14.4、8 和 45，这样便产生了该螺栓的一个实例，该实例像其他模型一样可以检索和使用。

（3）重复上面的操作步骤，添加其他新的实例，如图 2.4.6 所示。

Step5. 单击“族表”对话框中的 确定(O) 按钮，完成族表的创建。

Step6. 选择下拉菜单 文件 → 保存(S) 命令。保存模型或它的一个实例时，系统会自动保存该模型的所有“族表”信息。

Step7. 验证已定义的族表。退出 Creo，再重新进入 Creo，然后选择下拉菜单 文件 → 打开(O) 命令，查找并打开零件 bolt_fam.prt，系统将显示该零件的族表清单，可选取普通模型或其他实例零件并将其打开。

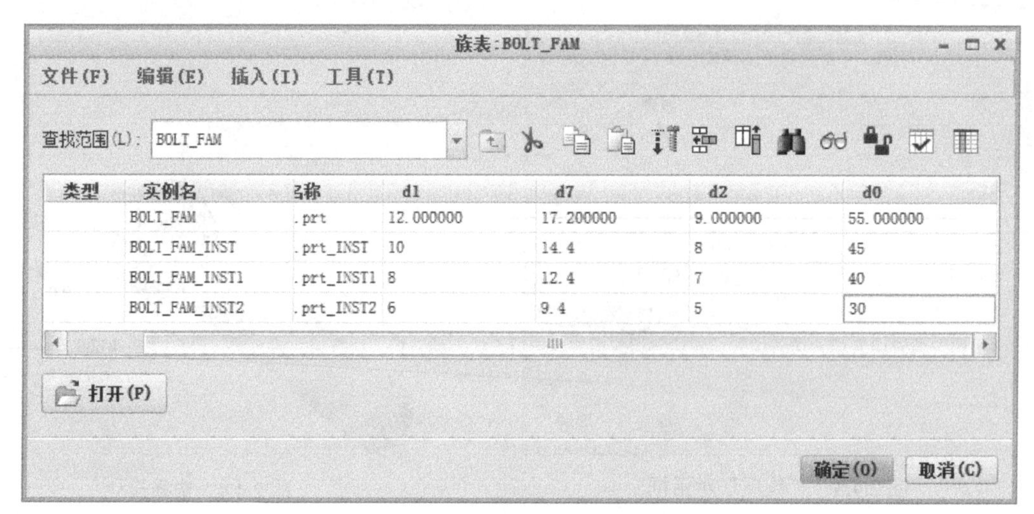

图 2.4.6　增加实例行（二）

族表结构的说明如下。

如图 2.4.6 所示，族表本质上是电子数据表，由行和列组成。

- 在族表中，尺寸和参数、特征、自定义特征、装配成员等都可作为表驱动的项目列，如图 2.4.3 所示。
- 在族表中，列标题包括“实例名”以及用户所选择的尺寸、参数、特征、成员和组的名称。例如，尺寸用名称列出（如 d1、d0）；参数也用名称列出；特征按特征编号列出，其下显示特征的类型。
- 普通模型位于表的第一行，族的所有成员都建立在它的基础上。不能在族表中改变普通模型，只能通过修改真实零件，隐含或恢复特征来改变。

2.4.3　创建装配族表

本节将介绍装配族表的创建过程。装配族表以装配体中零件的族表为基础，也就是说，要创建一个装配体的家族表，该装配体中应该至少有一个元件家族表。下面以图 2.4.7 所示的装配（螺栓和垫圈的装配）为例，说明创建装配族表的一般操作过程。

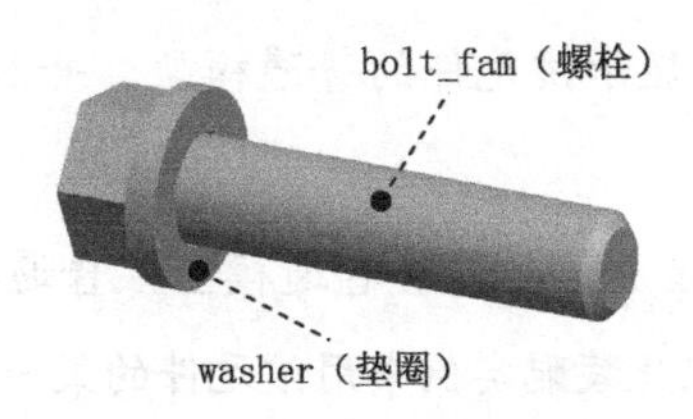

图 2.4.7 螺栓和垫圈的装配

Step1. 将工作目录设置至 D:\creo6.2\work\ch02.04\asm_fam，打开文件 asm_fam.asm。

注意：打开文件前，建议关闭所有窗口并将内存中的文件全部拭除。

该普通装配模型包含两个零件：螺钉和垫圈。其中螺钉是 2.4.2 节螺钉族表中的普通模型，垫圈也是其族表中的普通模型。

Step2. 在装配模块中，在功能选项卡区域的 工具 选项卡中单击“族表”按钮，系统弹出“族表 ASM_FAM”对话框。

Step3. 增加族表的列。在“族表 ASM_FAM”对话框中选择下拉菜单 插入(I) → 列(C)... 命令，在系统弹出的图 2.4.3 所示的“族项”对话框中进行下列操作。

（1）在 增加项 区域选中 元件 单选项。

（2）在装配模型中选取螺栓和垫圈零件，系统即将这两个零件添加到项目列表中。

（3）单击“族项”对话框中的 确定 按钮，系统返回“族表 ASM_FAM”对话框。

Step4. 增加实例行。在“族表 ASM_FAM”对话框中选择下拉菜单 插入(I) → 实例行(R) 命令，添加三个实例行。此时族表如图 2.4.8 所示，利用该族表可以生成许多装配实例。关于装配实例的生成，要明白一个道理：装配实例的构成是由各元件的家族实例所决定的。

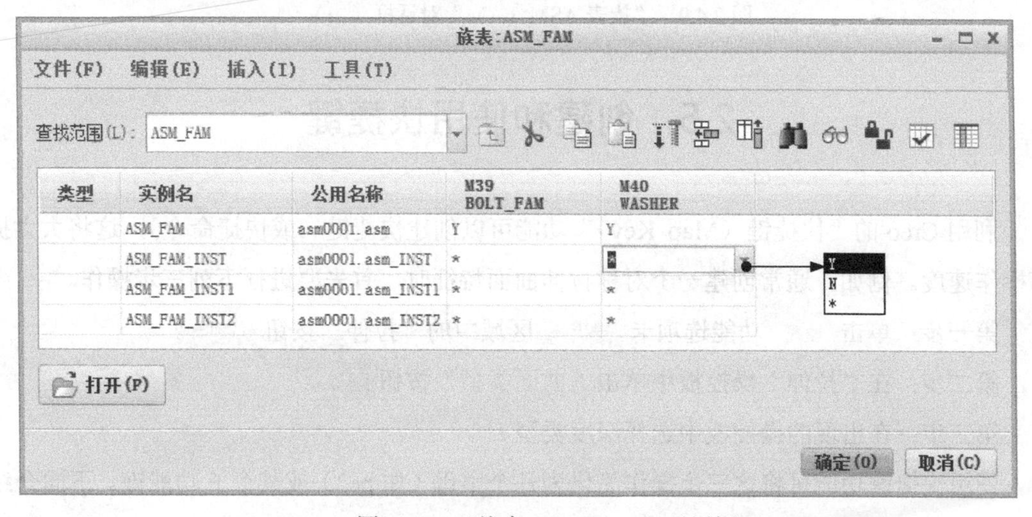

图 2.4.8 “族表 ASM_FAM”对话框（一）

图 2.4.8 所示的“族表 ASM_FAM”对话框（一）中，元件项目列取值的意义如下。

- Y：在此装配实例中显示该元件的普通模型，并且普通模型中的隐含特征会被恢复。

- N：在装配实例中显示该元件的普通模型，并且普通模型中的隐含特征会被继续隐含。
- *：在装配实例中显示该元件的普通模型，普通模型中的任何特征都会显示。
- 元件的某个实例名：在此装配实例中用该元件的某一个实例替代该元件的普通模型。

Step5. 完成后的装配族表如图 2.4.9 所示，操作提示如下。

（1）在螺栓（bolt_fam）列及垫圈（washer）列下分别输入两个元件各自的实例名。在本例中，由于装配实例名与螺栓元件的实例名部分相同，可用该对话框中 编辑(E) 菜单下的 复制单元(C) 和 粘贴单元(P) 命令来快速完成族表中螺栓（bolt_fam）实例名的填写。

（2）完成族表后，单击该对话框中的 确定(O) 按钮。

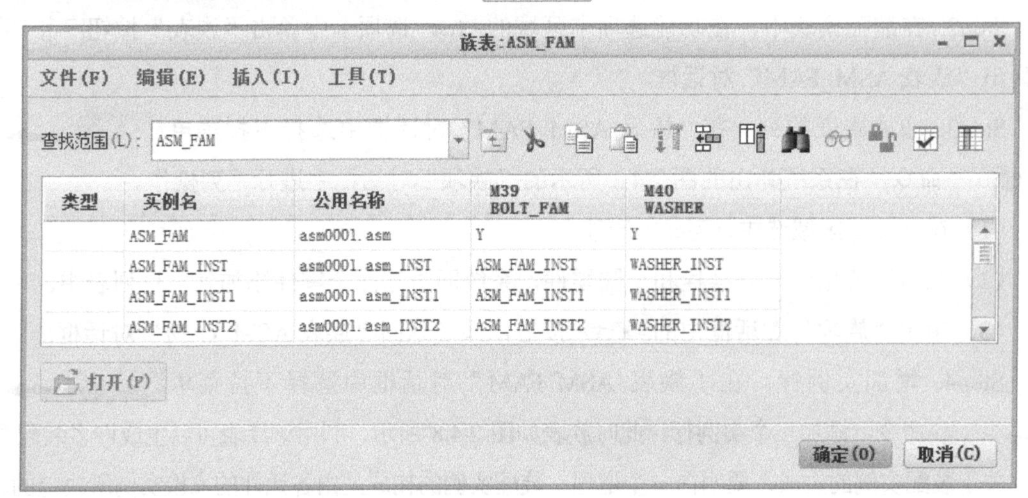

图 2.4.9 “族表 ASM_FAM”对话框（二）

2.5 创建和使用快捷键

利用 Creo 的“快捷键（Map Key）”功能可以创建快捷键（或快捷命令），这将大大提高操作速度。例如，通常创建一个对称拉伸曲面特征时，首先要进行下列三步操作。

第一步：单击 模型 功能选项卡 形状 ▾ 区域中的“拉伸”按钮 拉伸。

第二步：在“拉伸”操控板中单击“曲面类型”按钮。

第三步：在出现的操控板中选择深度类型。

使用快捷键功能可将这三步操作简化为几个字母（如 pe2）或某个 F 功能键。下面介绍其操作方法。

Step1. 选择下拉菜单 文件 ➡ 选项 命令，系统弹出“Creo Parametric 选项”对话框，在该对话框的左侧列表区域中选择 环境 选项，在该对话框的 普通环境选项 区域中单击 映射键设置... 按钮。

Step2. 系统弹出图 2.5.1 所示的“映射键”对话框，在该对话框中单击 新建... 按钮。

Step3. 系统弹出图 2.5.2 所示的“录制映射键”对话框，在其中进行下列操作。

（1）在 键序列 文本框中输入快捷命令字符 pe2，将来在键盘上输入该命令，系统会自动执行相应的操作；也可在此区域输入某个 F 功能键，此时要注意在 F 功能键前加一符号$，例如$F12。

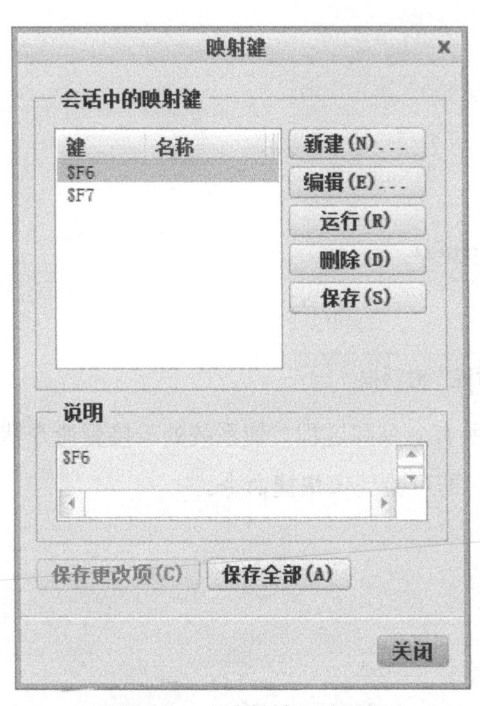

图 2.5.1 “映射键”对话框

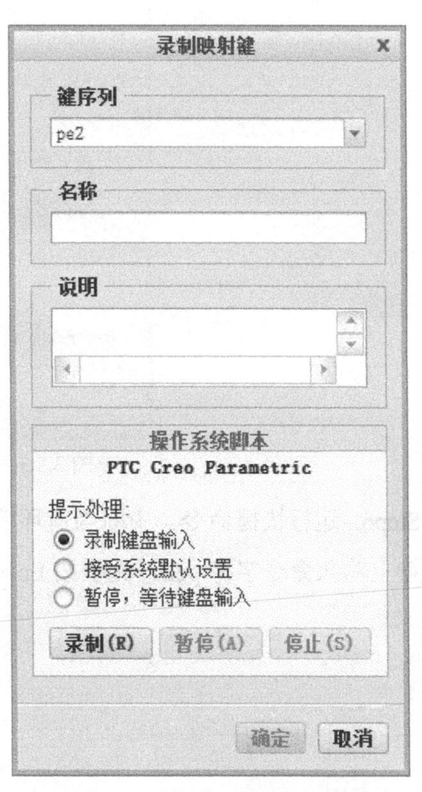

图 2.5.2 “录制映射键”对话框

（2）在 名称 文本框中输入快捷命令的主要含义，在此区域也可以不填写内容。

（3）在 说明 文本框中输入快捷命令的相关说明，在此区域也可以不填写内容。

（4）在 提示处理 区域中选中 录制键盘输入 单选项，然后单击该对话框中的 录制(R) 按钮。

（5）按前面所述的三个操作步骤进行操作，完成操作后单击 停止(S) 按钮。

（6）单击该对话框中的 确定 按钮。

Step4. 试运行快捷命令。在图 2.5.3 所示的“映射键”对话框中，先在列表中选取刚创建的快捷命令 pe2，再单击 运行(R) 按钮，可进行该快捷命令的试运行。如发现问题，可单击 编辑(E)... 按钮进行修改或者单击 删除(D) 按钮将其删除，然后重新创建。

Step5. 保存快捷命令。单击“映射键”对话框中的 保存(S) 按钮，可将快捷命令 pe2 保存在配置文件 config.pro 中。这样该快捷命令将永久保存在系统中，然后关闭“映射键”对话框。

图 2.5.3 “映射键”对话框

Step6. 运行快捷命令。中断当前环境中的所有命令和过程，使系统处于接受命令状态。在键盘上输入命令字符 pe2（无须按 Enter 键），即可验证该快捷命令。

说明：

为了回馈广大读者对本书的支持，除随书光盘中的视频讲解之外，我们将免费为您提供更多的 Creo 学习视频，内容包括各个软件模块的基本理论、背景知识、高级功能和命令的详解以及一些典型的实际应用案例等。

由于图书篇幅和随书光盘的容量有限，我们将这些视频讲解制作成了在线学习视频，并在本书相关章节的最后对讲解的内容做了简要介绍，读者可以扫描二维码直达视频讲解页面，登录兆迪科技网站免费学习。

第3章 高级基准特征

本章提要 在 Creo 中，基准点、坐标系和基准曲线的创建方法十分灵活和方便。本章先介绍创建它们的一些高级方法，然后介绍图形特征、参考特征和计算特征等几个高级基准特征的创建和应用。

3.1 基准点的高级创建方法

3.1.1 创建曲面上的基准点

创建曲面上的基准点时，应选取该曲面为参考，同时参考两平面（或两边）来定位基准点。定位尺寸可作为基准点阵列的引导尺寸。如果在属于面组的曲面上创建基准点，则该点参考整个面组，而不是特定的曲面。

下面将在某个模型表面上创建一个基准点 PNT0，操作步骤如下。

Step1. 将工作目录设置至 D:\creo6.2\work\ch03.01，打开文件 point_on_suf.prt。

Step2. 单击 模型 功能选项卡 基准 ▼ 区域中的“点”按钮 点 ▼，系统弹出“基准点”对话框。

说明：单击“点”按钮 点 ▼ 后的 ▼，系统弹出图 3.1.1 所示的“点”下拉菜单，各命令的说明如下。

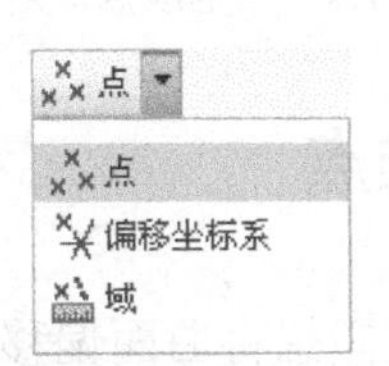

图 3.1.1 “点”下拉菜单

- 点：通过选取放置参考并定义约束关系来创建基准点。
- 偏移坐标系：通过偏移坐标系创建基准点。
- 域：创建域基准点。

Step3. 在图 3.1.2 所示的圆柱表面上创建基准点。

（1）选取放置参考。在圆柱表面上单击，则单击处产生一个缺少定位的基准点 PNT0（图 3.1.3），同时该表面被添加到“基准点”对话框的“参考”列表中，如图 3.1.4 所示。

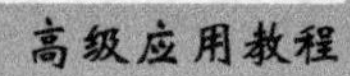

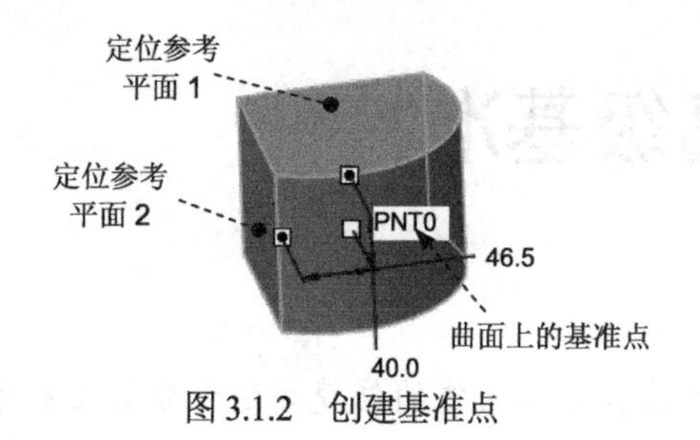

图 3.1.2 创建基准点

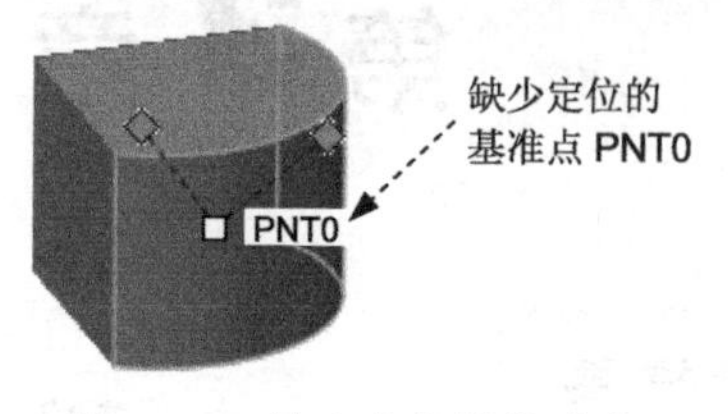

图 3.1.3 缺少定位的基准点

（2）定位基准点。在“基准点”对话框中进行如下操作。

① 选取偏移参考。在 偏移参考 下面的空白区单击，以激活此区域，然后按住 Ctrl 键，选取图 3.1.2 所示的两个表面为偏移参考。

② 在“基准点”对话框中修改定位尺寸。

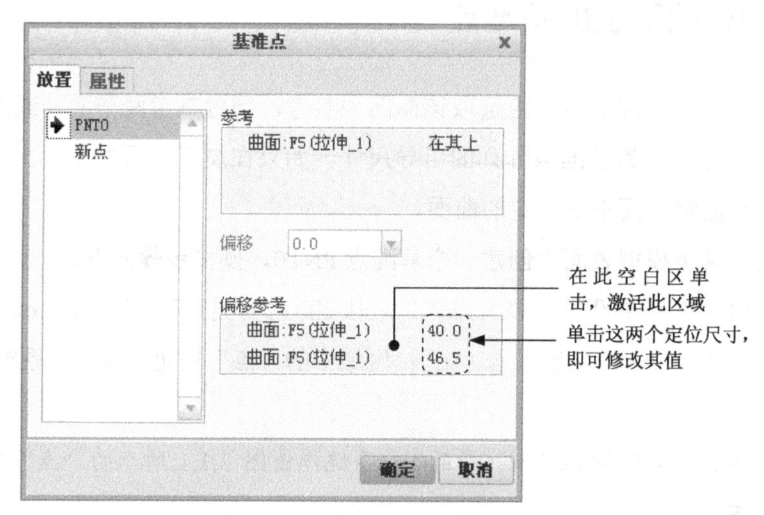

图 3.1.4 “基准点”对话框

3.1.2 创建曲面的偏距基准点

创建曲面的偏距基准点，就是先假想将曲面偏移一定距离，然后在其上创建基准点。此时应选取该曲面为参考并指定偏移距离，然后参考两平面（边）对基准点进行定位。

如图 3.1.5 所示，现需要在模型圆柱表面的外部创建一个基准点 PNT0，则操作方法如下。

Step1. 将工作目录设置至 D:\creo6.2\work\ch03.01，打开文件 point_off_suf.prt。

Step2. 单击 模型 功能选项卡 基准 ▾ 区域中的“点”按钮 点 ▾，系统弹出“基准点”对话框。

Step3. 选取基准点的放置参考。在图 3.1.5 所示的圆柱曲面上单击，单击处产生一个缺少定位的基准点 PNT0。

Step4. 设置约束关系。在“基准点”对话框的“参考”列表区，设置基准点与参考曲面间的约束关系为“偏移”，并在其下的“偏移”文本框中修改偏移值，如图 3.1.6 所示。

Step5. 选取偏移参考。在 偏移参考 下的空白区单击以激活此区域，然后按住 Ctrl 键，选取图 3.1.5 所示的两个表面为偏移参考，并修改定位尺寸。

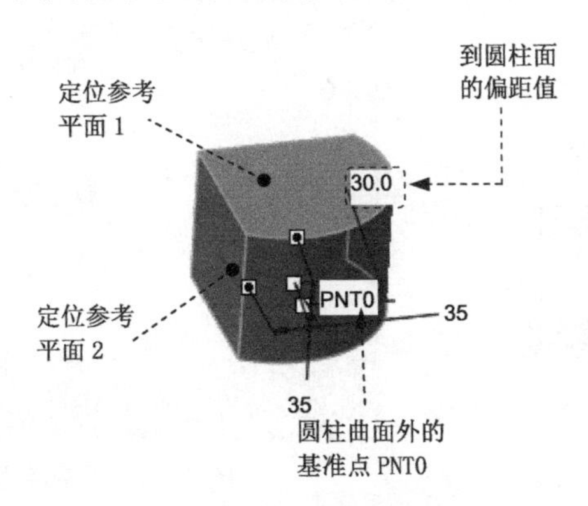

图 3.1.5 创建基准点

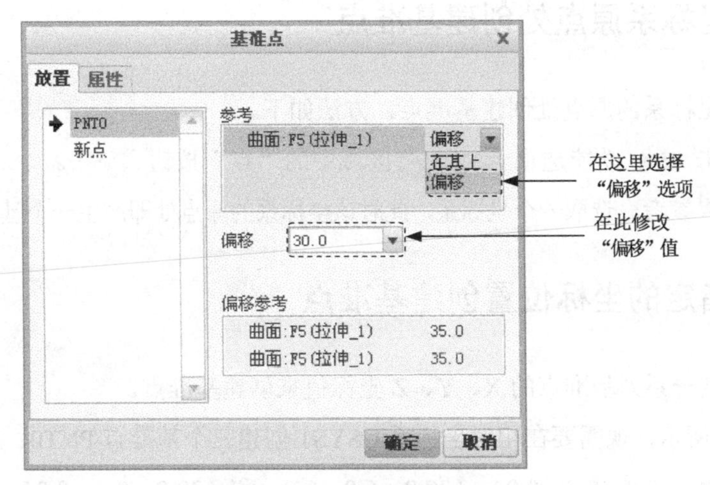

图 3.1.6 “基准点”对话框

3.1.3 在曲线与曲面的相交处创建基准点

可在一条曲线和一个曲面的相交处创建基准点。曲线可以是零件边、曲面特征边、轴、基准曲线或输入的基准曲线；曲面可以是零件曲面、曲面特征或基准平面。

如图 3.1.7 所示，需要在曲面 A 与模型边线的相交处创建一个基准点 PNT0，操作步骤如下。

Step1. 将工作目录设置至 D:\creo6.2\work\ch03.01，打开文件 point_int_suf.prt。

Step2. 单击 模型 功能选项卡 基准 ▾ 区域中的“点”按钮 点 ▾，系统弹出“基准点”对话框。

Step3. 选取参考。选取图 3.1.7 所示的曲面 A，再按住 Ctrl 键，选取图中的模型边线，则其相交处立即产生一个基准点 PNT0，此时“基准点”对话框如图 3.1.8 所示。

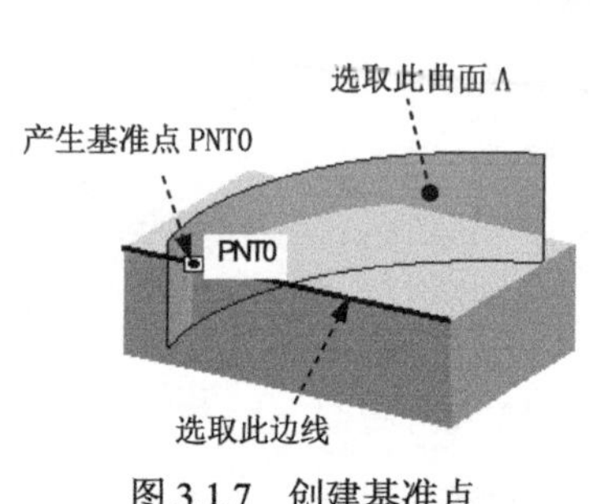

图 3.1.7 创建基准点

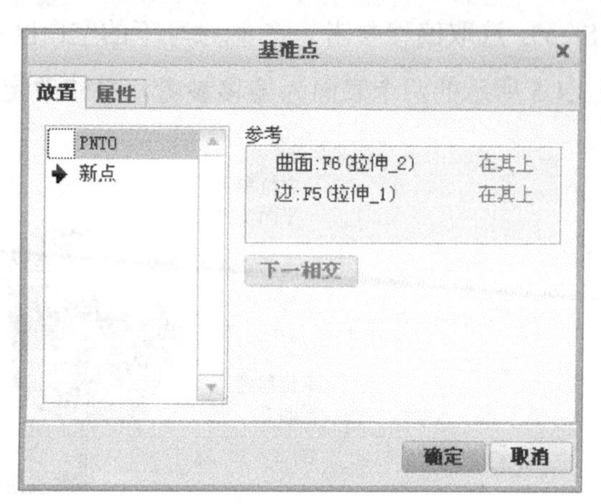

图 3.1.8 “基准点”对话框

3.1.4 在坐标系原点处创建基准点

可在一个坐标系的原点处创建基准点，方法如下。

Step1. 单击 模型 功能选项卡 基准 ▾ 区域中的“点”按钮 点 ▾。

Step2. 选取参考。选取一个坐标系，此时该坐标系的原点处即产生一个基准点 PNT0。

3.1.5 在指定的坐标位置创建基准点

可通过给定一系列基准点的 X、Y、Z 坐标值来创建基准点。

如图 3.1.9 所示，现需要在相对坐标系 CSYS1 创建三个基准点 PNT0、PNT1 和 PNT2，其坐标值分别为（10.0，5.0，0.0)、(20.0，5.0，0.0）和（30.0，0.0，0.0)。操作步骤如下。

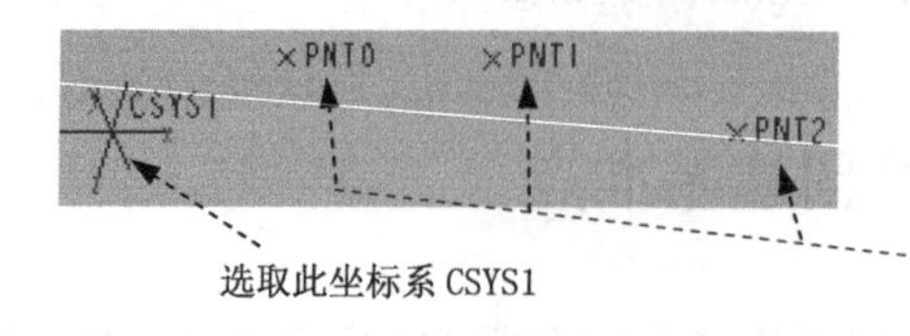

图 3.1.9 创建基准点

Step1. 将工作目录设置至 D:\creo6.2\work\ch03.01，打开文件 point_csys1.prt。

Step2. 在 模型 功能选项卡的 基准 ▾ 区域中选择 点 ▾ ➡ 偏移坐标系 命令。系统弹出“基准点”对话框。

Step3. 系统提示选取一个坐标系，选取坐标系 CSYS1。

Step4. 如图 3.1.10 所示，在“基准点”对话框中单击 名称 下面的方格，则该方格中显示出 PNT0；分别在 X 轴 、Y 轴 和 Z 轴 下的方格中输入坐标值 10.0、5.0 和 0.0。以同样的方

法创建点 PNT1 和 PNT2。

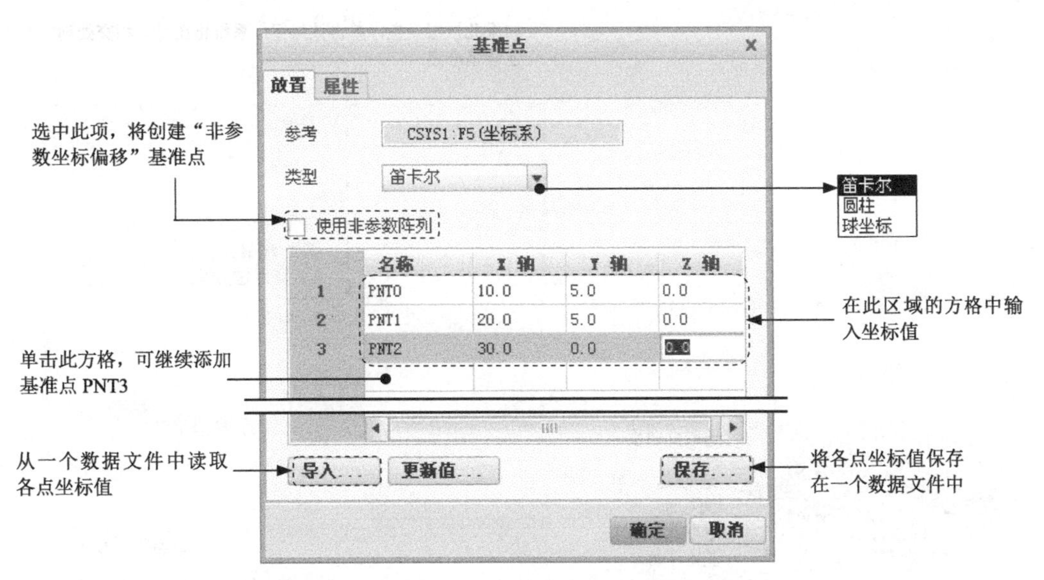

图 3.1.10 “基准点”对话框

说明： 在图 3.1.10 所示的“基准点”对话框中，用户在给出各点坐标值后，如果选中 ☑使用非参数阵列 复选框，系统将弹出图 3.1.11 所示的“转换阵列类型”对话框。单击该对话框中的 确定 按钮，则系统将这些基准点转化为非参数坐标偏移基准点，这样用户以后不能用“编辑”命令修改各点的坐标值。

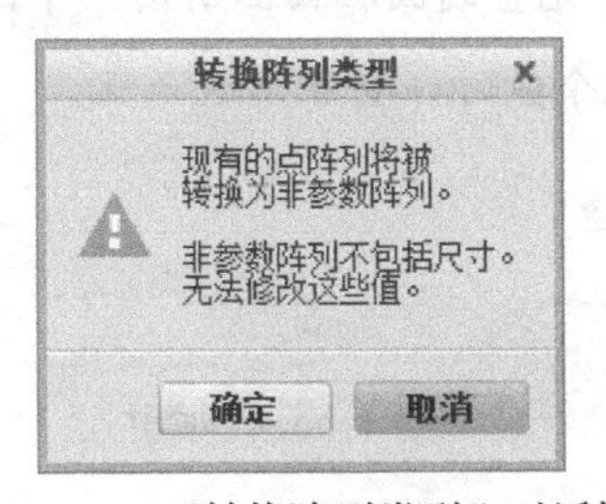

图 3.1.11 “转换阵列类型”对话框

3.1.6 在三个曲面相交处创建基准点

可在三个曲面的相交处创建基准点。每个曲面都可以是零件曲面、曲面特征或基准面。

如图 3.1.12 所示，现需要在曲面 A、模型圆柱曲面和 RIGHT 基准平面相交处创建一个基准点 PNT0，操作步骤如下。

Step1. 将工作目录设置至 D:\creo6.2\work\ch03.01，打开文件 point_ 3suf_a.prt。

Step2. 单击 模型 功能选项卡 基准 ▾ 区域中的“点”按钮 ×× 点 ▾。

Step3. 选取参考。按住 Ctrl 键，选取图 3.1.12 所示的曲面 A、模型圆柱曲面和 RIGHT 基准平面，则其相交处即产生一个基准点 PNT0。此时“基准点”对话框如图 3.1.13

所示。

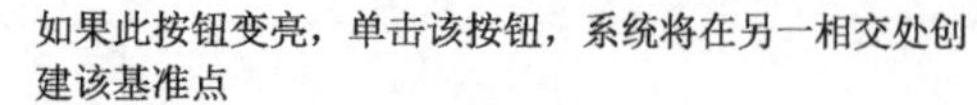

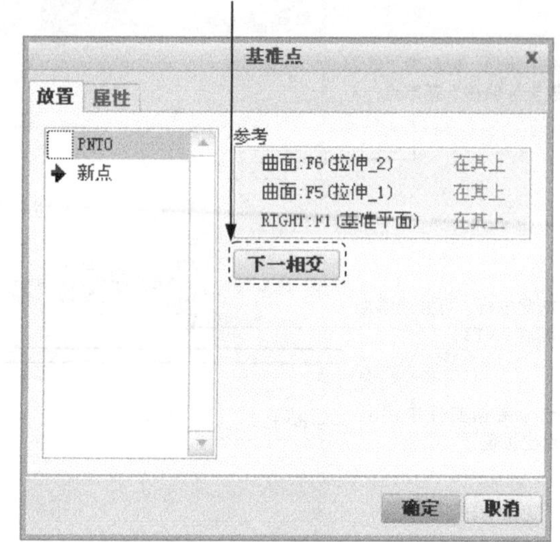

图 3.1.12　创建基准点

图 3.1.13　“基准点”对话框

注意：

（1）如果三个曲面有两个或两个以上的交点，则“基准点”对话框中的 **下一相交** 按钮将变亮（图 3.1.13），单击该按钮，系统则在另一相交处创建该基准点，如图 3.1.14 所示。

（2）在 Creo 软件中，一个完整的圆柱曲面由两个半圆柱面组成（图 3.1.15），在计算曲面与曲面、曲面与曲线的交点个数时，要注意这一点。

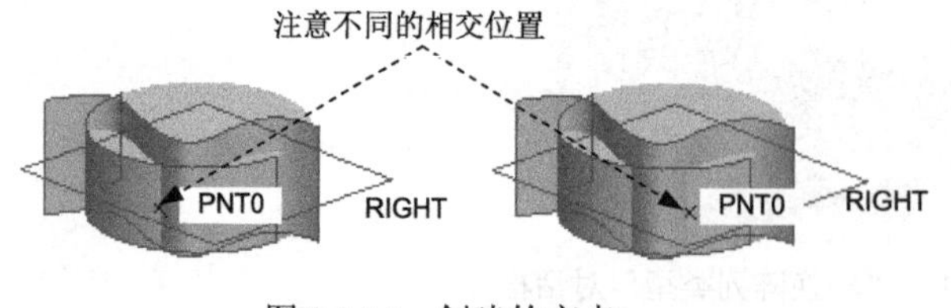

图 3.1.14　创建的交点

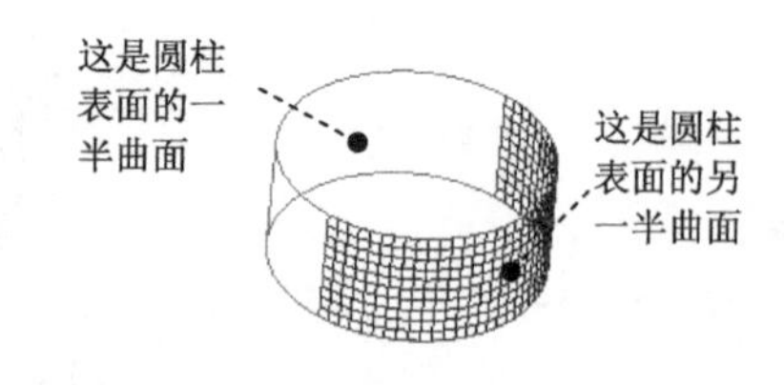

图 3.1.15　圆柱曲面的组成元素

3.1.7　利用两条曲线创建基准点

创建基准点时，如果选取两条曲线为参考（不要求其相交），则系统将在一条曲线上距另一曲线最近的位置创建基准点。曲线可以是零件边、曲面特征边、轴、基准曲线或输入的基准曲线。

如图 3.1.16 所示，曲线 A 是模型表面上的一条基准曲线，现需在曲线 A 和模型边线的相交处创建一个基准点 PNT0，操作步骤如下。

Step1. 将工作目录设置至 D:\creo6.2\work\ch03.01，打开文件 point_int_2suf.prt。

Step2. 单击 模型 功能选项卡 基准 ▾ 区域中的“点”按钮 点 ▾。

Step3. 选取参考。按住 Ctrl 键，选取图 3.1.16 所示的曲线 A 和模型边线，其相交处即产生一个基准点 PNT0。

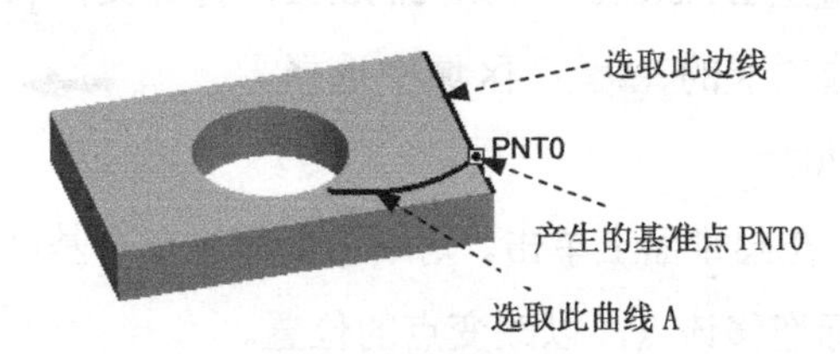

图 3.1.16　曲线与曲线相交

3.1.8　创建某点的偏距以创建基准点

可沿某一方向在与一个基准点（或顶点）有一定距离的位置创建新的基准点。

如图 3.1.17 所示，现需要创建模型顶点 A 的偏距点，该偏距点沿边线 B 偏移 60.0。操作步骤如下。

Step1. 将工作目录设置至 D:\creo6.2\work\ch03.01，打开文件 point_off_p.prt。

Step2. 单击 模型 功能选项卡 基准 ▾ 区域中的“点”按钮 点 ▾。

Step3. 选取参考。按住 Ctrl 键，选取图 3.1.17 所示的模型顶点 A 和边线 B（此边线定义偏移方向）。

Step4. 在图 3.1.18 所示的“基准点”对话框中输入偏移值 60.0，并按 Enter 键。

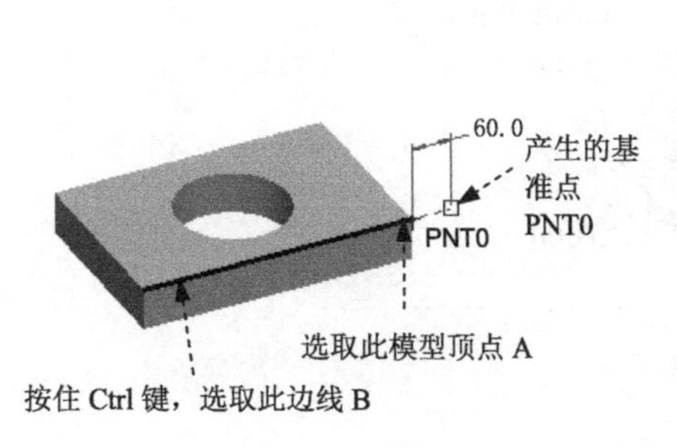

图 3.1.17　偏距点

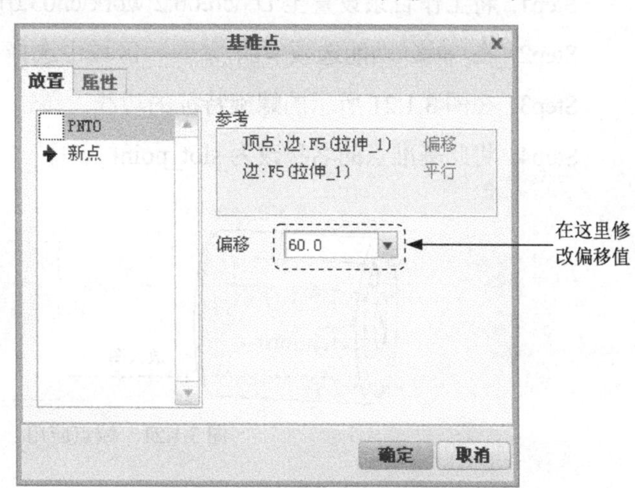

图 3.1.18　“基准点”对话框

3.1.9　创建域点

可在一个曲面、曲线或模型边线上的任意位置创建基准点而无须进行尺寸定位，这样的基准点称为域点。

1．域点创建的一般过程

如图 3.1.19 所示，现需要在模型的圆锥面上创建一个域点 FPNT0，操作步骤如下。

Step1．将工作目录设置至 D:\creo6.2\work\ch03.01，打开文件 point_fie.prt。

Step2．在 模型 功能选项卡的 基准 ▾ 区域中选择 点 ▾ ➡ 域 命令。系统弹出“基准点”对话框（图 3.1.20）。

Step3．选取放置参考。在圆锥面上单击，则单击处产生一个基准点 FPNT0（图 3.1.19），这就是域点。用户可用鼠标拖移该点，以改变点的位置。

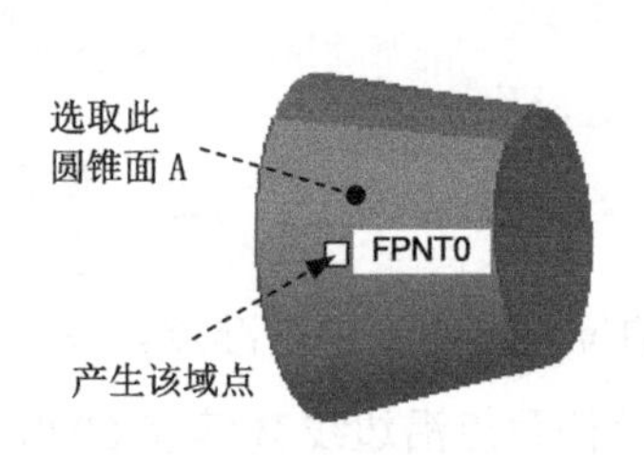

图 3.1.19　域点

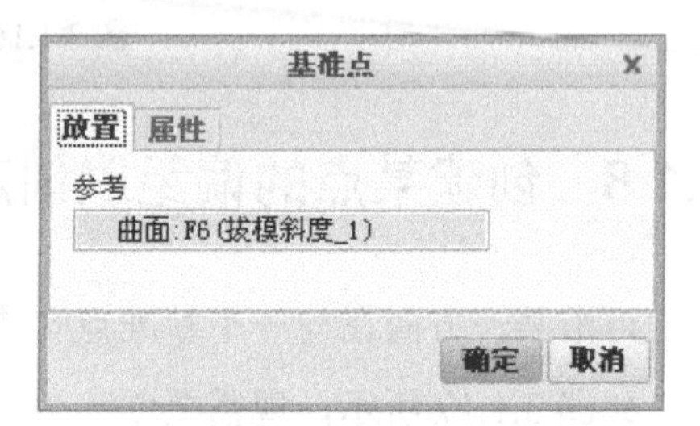

图 3.1.20　“基准点”对话框

2．域点的应用

练习要求：打开图 3.1.21 所示的 reverse_block. prt 零件模型，在螺旋特征上的某一位置创建一个基准点（在后面的章节中，在定义“定义槽-从动机构”时，会用到该基准点）。操作过程如下。

Step1．将工作目录设置至 D:\creo6.2\work\ch03.01，打开文件 reverse_block.prt。

Step2．在 模型 功能选项卡的 基准 ▾ 区域中选择 点 ▾ ➡ 域 命令。

Step3．在图 3.1.21 所示的螺旋特征的边线上单击，系统即创建基准点。

Step4．将此基准点的名称改为 slot_point。

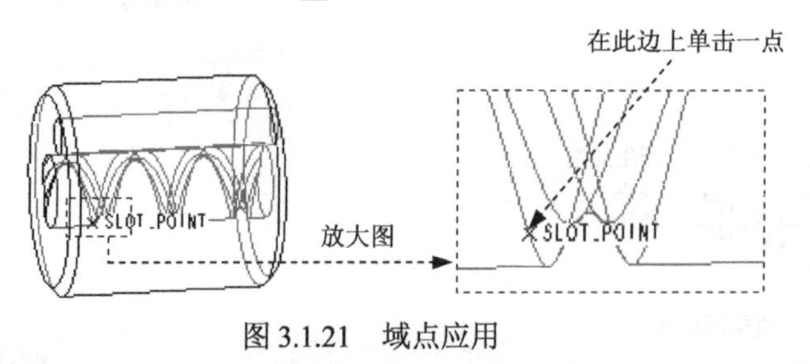

图 3.1.21　域点应用

3.2　坐标系的高级创建方法

3.2.1　利用一点和两个边（轴）创建坐标系

创建坐标系时，可以先选取一个参考点来定义坐标系原点，然后利用两个边（轴）来确定坐标系两个轴的方向。点可以是基准点、模型顶点和曲线的端点；轴可以是模型边线、曲面边线、基准轴和特征中心轴线。

如图 3.2.1 所示，现需在模型顶点上创建一个坐标系 CSO，可按如下方法进行操作。

Step1. 将工作目录设置至 D:\creo6.2\work\ch03.02，打开文件 offset_csys.prt。

Step2. 单击 模型 功能选项卡 基准 ▾ 区域中的“坐标系”按钮 坐标系。系统弹出“坐标系”对话框。

Step3. 选取放置参考。选取图 3.2.1 所示的模型顶点，则该顶点处产生一个临时坐标系，此时“坐标系”对话框如图 3.2.2 所示。

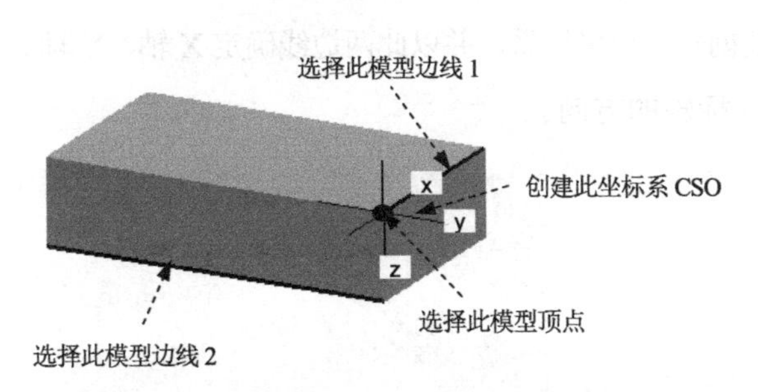

图 3.2.1　由点和两个不相交的轴创建坐标系

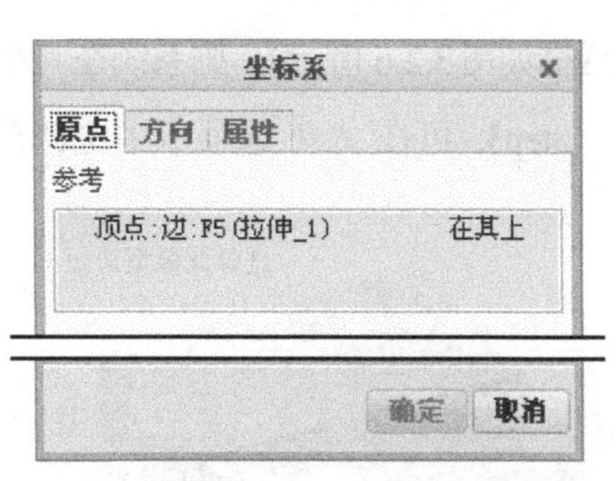

图 3.2.2　“坐标系”对话框

Step4. 定义坐标系两个轴的方向。

（1）在“坐标系”对话框中单击 方向 选项卡，此时对话框如图 3.2.3 所示。

（2）在 方向 选项卡中，单击第一个 使用 后的文本框，然后选取图 3.2.1 所示的模型边线 1，并确定其方向为 X 轴；单击第二个 使用 后的文本框，选取模型边线 2，并确定其方向为 Y 轴，如图 3.2.4 所示。此时即创建了图 3.2.1 所示的坐标系 CSO。

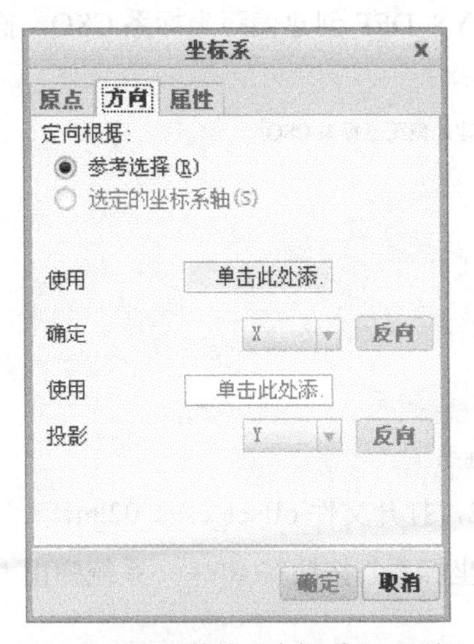

图 3.2.3　操作前的“坐标系”对话框

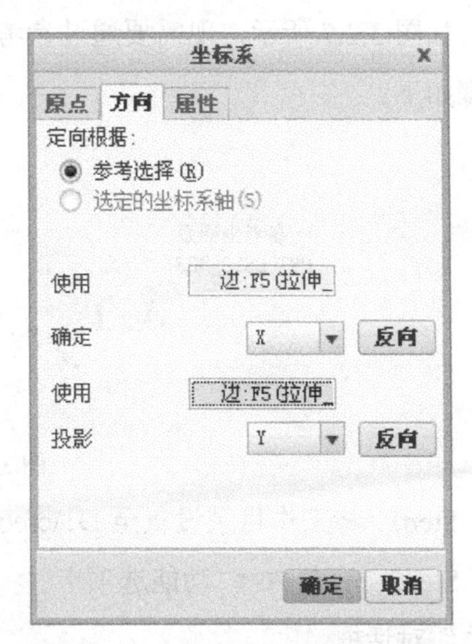

图 3.2.4　操作后的“坐标系”对话框

3.2.2 利用两个相交的边（轴）创建坐标系

可以参考两条相交的边（轴）来创建坐标系。系统将在其相交处设置原点，并默认以第一条边为 X 轴、以第二条边确定 Y 轴的大致方向。

例如要创建图 3.2.5 所示的坐标系，可按如下方法进行操作。

Step1. 单击 模型 功能选项卡 基准 ▾ 区域中的“坐标系”按钮 坐标系。系统弹出“坐标系”对话框。

Step2. 选取放置参考。按住 Ctrl 键，选取图 3.2.5 所示的边线 1 和边线 2（此时“坐标系”对话框如图 3.2.6 所示），则系统在其相交处创建一个坐标系，并以此两边线确定 X 轴、Y 轴。

Step3. 可在 方向 选项卡中更改两个坐标轴的方向。

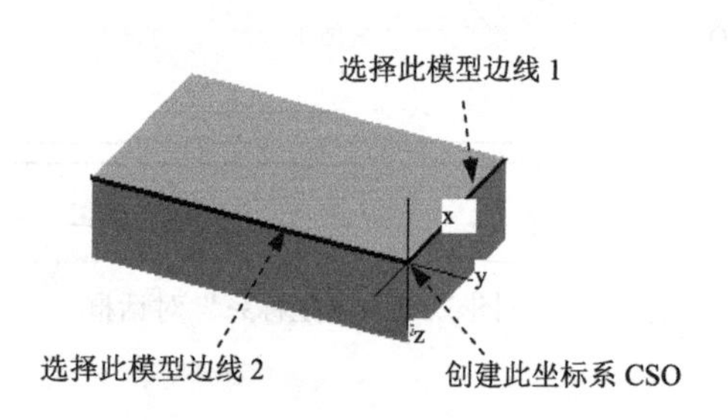

图 3.2.5 由两相交轴创建坐标系

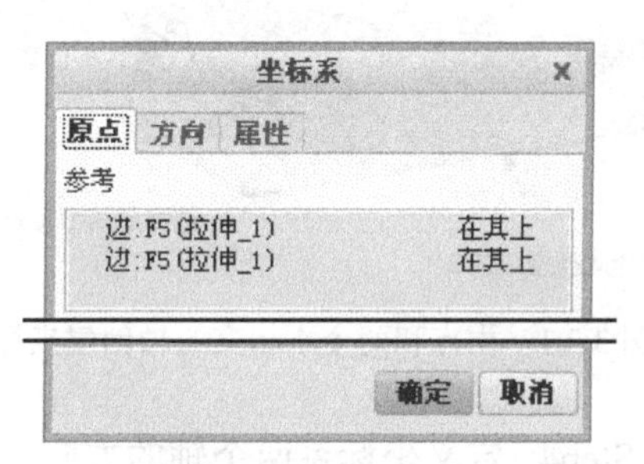

图 3.2.6 “坐标系”对话框

3.2.3 创建偏距坐标系

可通过对参考坐标系进行偏移和旋转来创建新的坐标系。

如图 3.2.7 所示，现需要通过参考坐标系 PRT_CSYS_DEF 创建偏距坐标系 CSO，操作步骤如下。

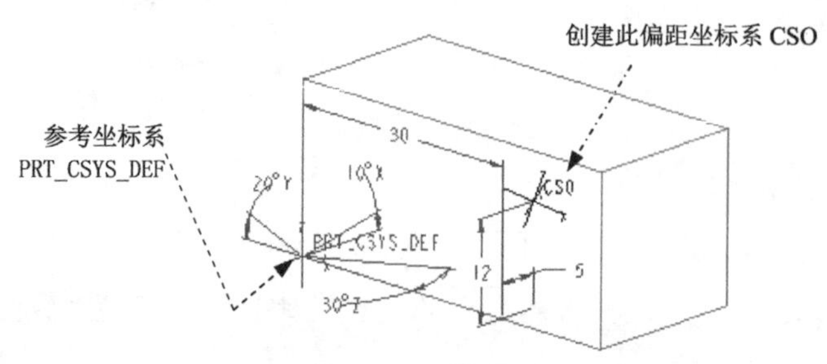

图 3.2.7 创建偏距坐标系

Step1. 将工作目录设置至 D:\creo6.2\work\ch03.02，打开文件 offset_csys_02.prt。

Step2. 单击 模型 功能选项卡 基准 ▾ 区域中的“坐标系”按钮 坐标系，系统弹出“坐标系”对话框。

Step3. 选取放置参考。选取图 3.2.7 中的坐标系 PRT_CSYS_DEF。

Step4. 在“坐标系”对话框中，输入偏距坐标系与参考坐标系在 X、Y、Z 三个方向上的偏距值（图 3.2.8）。

Step5. 在图 3.2.9 所示的 方向 选项卡中，输入偏距坐标系与参考坐标系在 X、Y、Z 三个方向的旋转角度值。

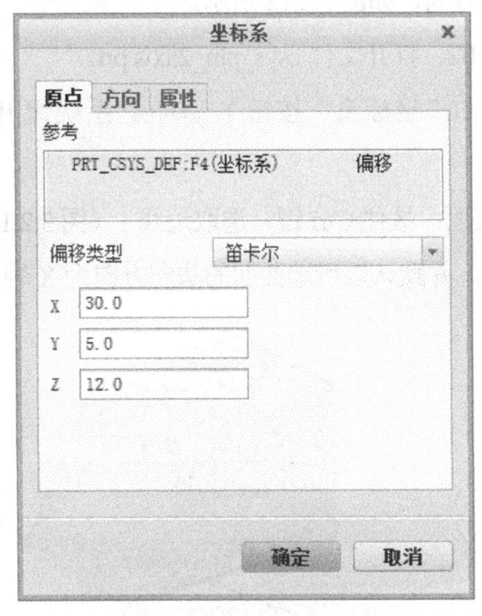

图 3.2.8 “原点”选项卡

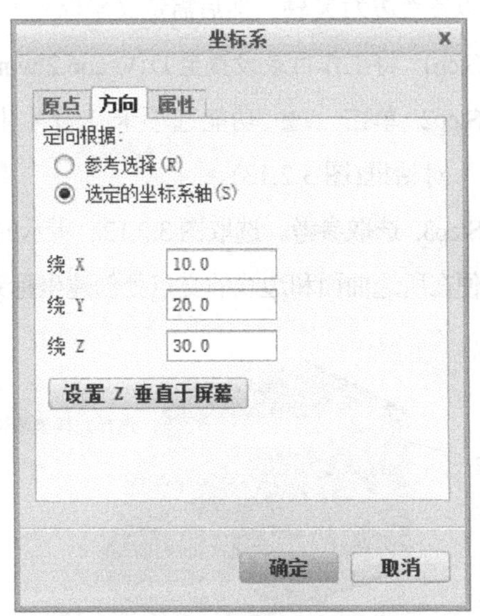

图 3.2.9 “方向”选项卡

3.2.4 创建与屏幕正交的坐标系

可以利用参考坐标系创建与屏幕正交的坐标系（Z 轴垂直于屏幕并指向用户）。在图 3.2.10 所示的“坐标系”对话框的 方向 选项卡中，如果单击 设置 Z 垂直于屏幕 按钮，系统将自动对坐标系进行旋转，使 Z 轴垂直于屏幕，同时给出各轴的旋转角度值，如图 3.2.11 所示。

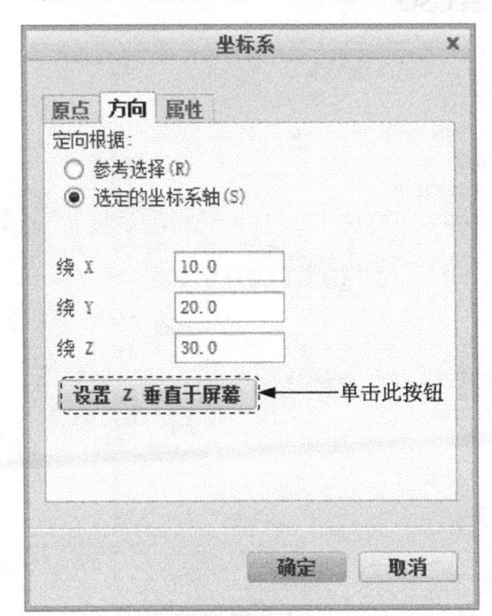

图 3.2.10 操作前

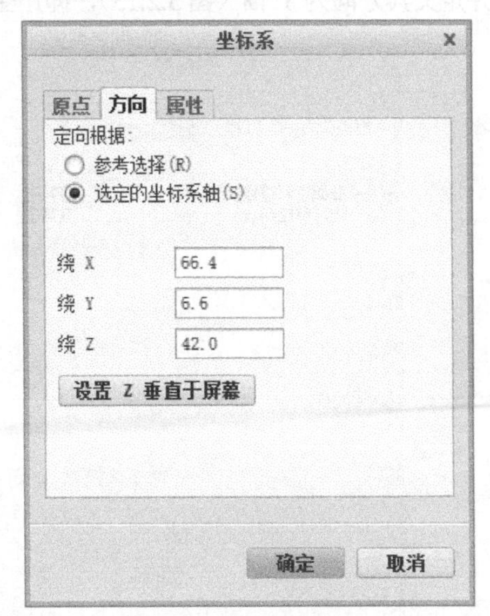

图 3.2.11 操作后

3.2.5 利用一个平面和两个边（轴）创建坐标系

创建坐标系时，可先选取一个平面和一个边（轴）为参考，系统将在其相交处设置原点，并默认以参考边为X轴，然后需定义坐标系另一轴的方向，如图3.2.12所示。

Step1. 将工作目录设置至D:\creo6.2\work\ch03.02，打开文件csys_pln_2axis.prt。

Step2. 单击 模型 功能选项卡 基准 ▾ 区域中的“坐标系”按钮 坐标系。系统弹出“坐标系”对话框(图3.2.13)。

Step3. 选取参考。选取图3.2.12a所示的模型表面；按住Ctrl键，选取边线1（图3.2.12a），系统便在所选曲面和边线的交点处创建坐标系CSO，并默认以所选曲面的法向方向为X轴。

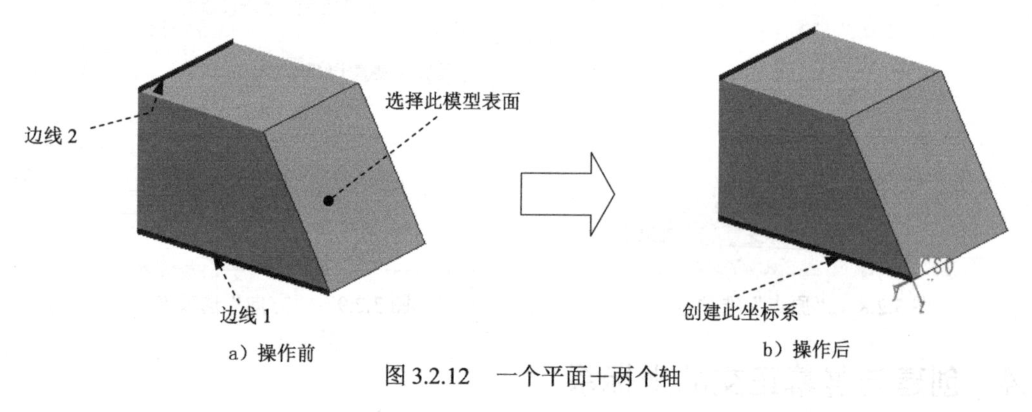

图3.2.12　一个平面＋两个轴

Step4. 定义坐标系另一轴的方向。

（1）在“坐标系”对话框中选择 方向 选项卡，此时对话框如图3.2.14所示。

（2）在 方向 选项卡中，单击第二个 使用 后的文本框，然后选取图3.2.12 a所示的模型边线2，并定义其方向为Y轴（图3.2.15），即产生了所需的坐标系CSO。

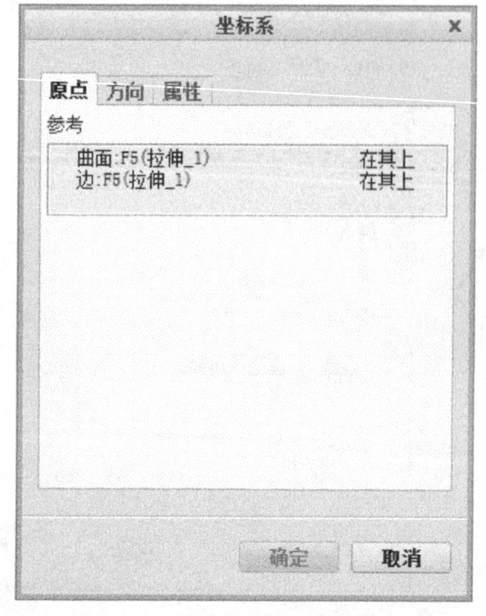

图3.2.13　“坐标系”对话框（一）

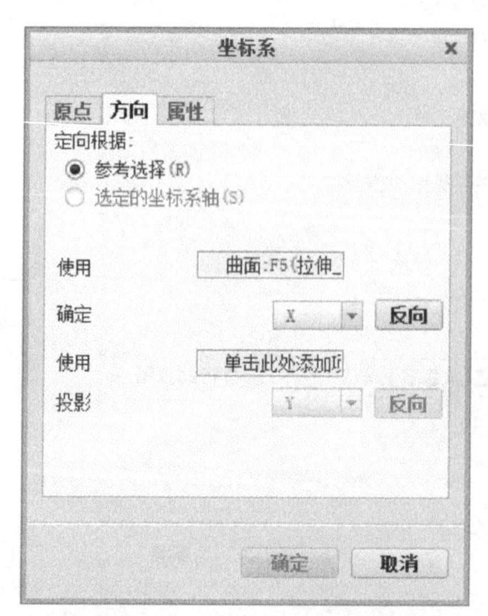

图3.2.14　“坐标系”对话框（二）

（3）在该对话框中单击 确定 按钮。

3.2.6 从文件创建坐标系

先指定一个参考坐标系，然后在“坐标系”对话框中选择“自文件”选项（图 3.2.16），可利用数据文件来创建相对参考坐标系的偏距坐标系。

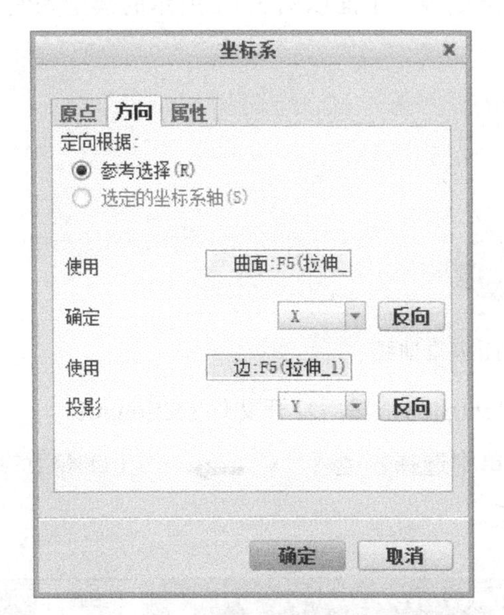

图 3.2.15 “坐标系”对话框（三）

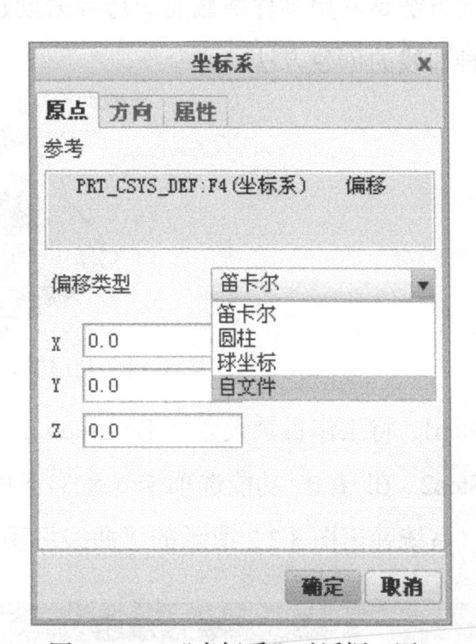

图 3.2.16 “坐标系”对话框（四）

3.2.7 坐标系的应用

如图 3.2.17 所示，现需在零件的端部外创建一个坐标系。

Step1. 将工作目录设置至 D:\creo6.2\work\ch03.02，打开文件 claw_csys.prt。

Step2. 创建一个基准平面，其偏移模型端面的距离为 2。

Step3. 单击 模型 功能选项卡 基准 ▾ 区域中的“坐标系”按钮 坐标系。选取图 3.2.17 中的 RIGHT 基准平面、TOP 基准平面和前面创建的基准平面为参考，则系统在其相交处创建一个坐标系。

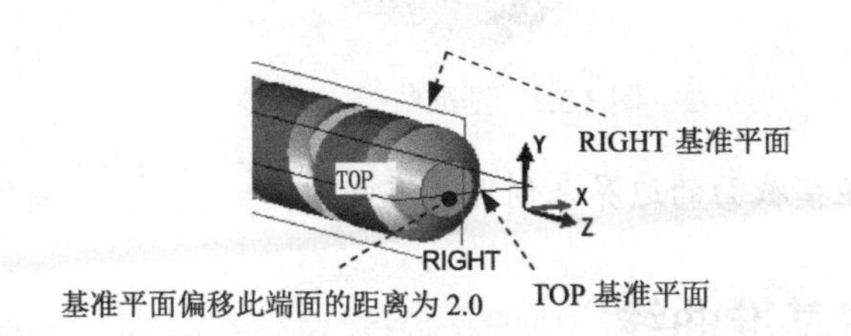

图 3.2.17 坐标系的应用

3.3 基准曲线的高级创建方法

3.3.1 利用横截面创建基准曲线

此方法是利用零件横截面的边界来创建基准曲线。下面以图 3.3.1 所示的模型为例，介绍这种曲线的创建方法。

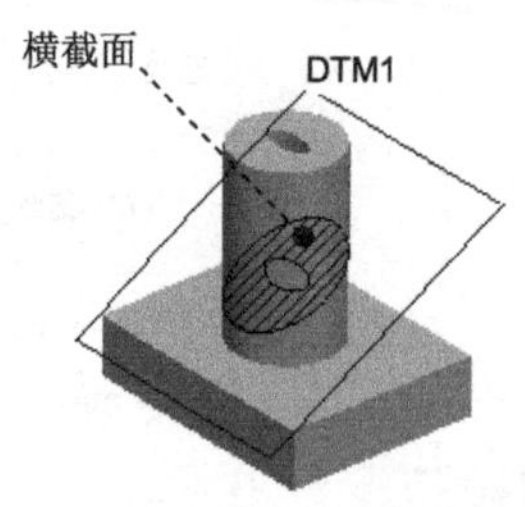

图 3.3.1 利用横截面创建基准曲线

Step1. 将工作目录设置至 D:\creo6.2\work\ch03.03，然后打开文件 section.prt。

Step2. 在 模型 功能选项卡 基准 ▾ 下拉菜单中选择 ∼ 曲线 ▸ → ∿ 来自横截面的曲线 命令，系统弹出图 3.3.2 所示的“曲线”操控板。

图 3.3.2 “曲线”操控板

Step3. 在图形区选取图 3.3.1 所示的横截面，此时即在模型上创建了图 3.3.3 所示的基准曲线。

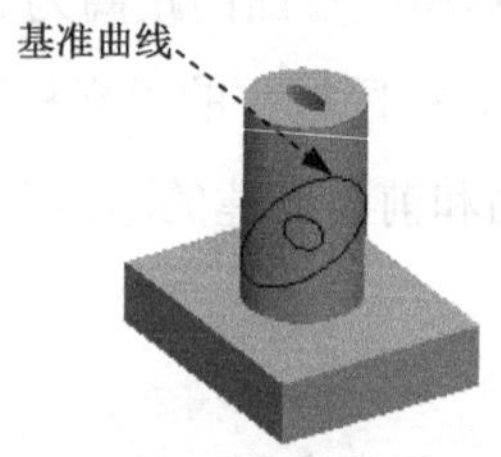

图 3.3.3 基准曲线

注意：不能利用偏距横截面的边界来创建基准曲线。

3.3.2 从方程创建基准曲线

该方法是使用一组方程来创建基准曲线。下面以图 3.3.4 所示的模型为例，说明用方程

创建螺旋基准曲线的操作过程。

螺旋基准曲线

图 3.3.4 从方程创建基准曲线

Step1. 将工作目录设置至 D:\creo6.2\work\ch03.03，打开文件 claw_curve.prt。

Step2. 单击 模型 功能选项卡，在 基准 ▾ 下拉菜单中选择 ～曲线 ▸ → ～来自方程的曲线 命令，系统弹出图 3.3.5 所示的“曲线：从方程”操控板。

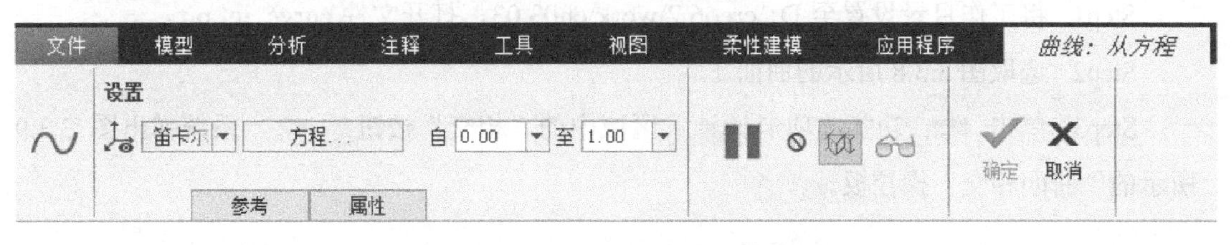

图 3.3.5 “曲线：从方程”操控板

Step3. 选取图 3.3.6 所示的坐标系 CSO，在该操控板的坐标系类型下拉列表中选择 柱坐标 选项。

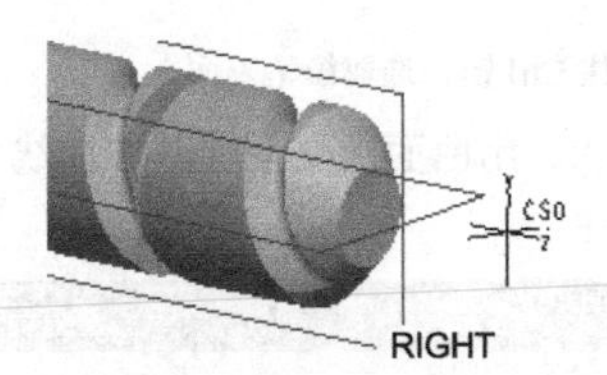

图 3.3.6 选取坐标系

Step4. 输入螺旋曲线方程。在该操控板中单击 方程... 按钮，系统弹出“方程”对话框，在“方程”对话框的编辑区域输入曲线方程，结果如图 3.3.7 所示。

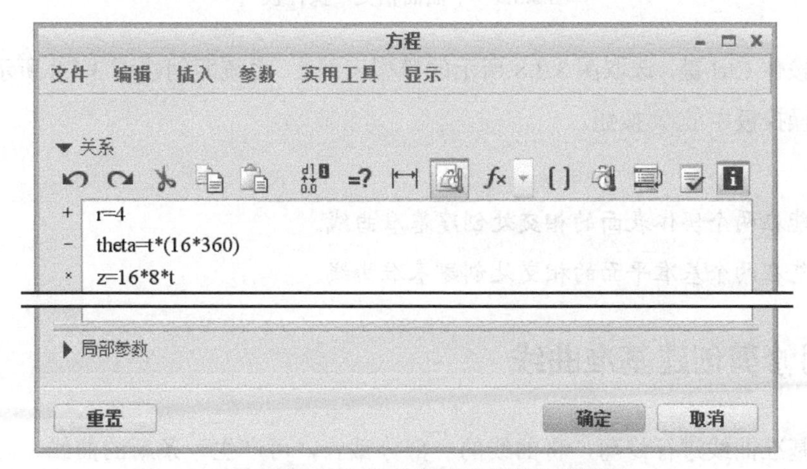

图 3.3.7 输入螺旋曲线的方程组

Step5. 单击该对话框中的 确定 按钮，完成曲线的创建。

3.3.3 用曲面求交创建基准曲线

此方法可在模型表面、基准平面或曲面特征两者的交截处，任意两个曲面特征的交截处创建基准曲线。

每对交截曲面产生一个独立的曲线段，系统将相连的段合并为一条复合曲线。

如图 3.3.8 所示，现需要在曲面 1 和模型表面 2 的相交处创建一条曲线，操作方法如下。

Step1. 将工作目录设置至 D:\creo6.2\work\ch03.03，打开文件 curve_int.prt。

Step2. 选取图 3.3.8 所示的曲面 1。

Step3. 单击 模型 功能选项卡 编辑 ▾ 区域中的“相交”按钮 相交，系统弹出图 3.3.9 所示的“曲面相交”操控板。

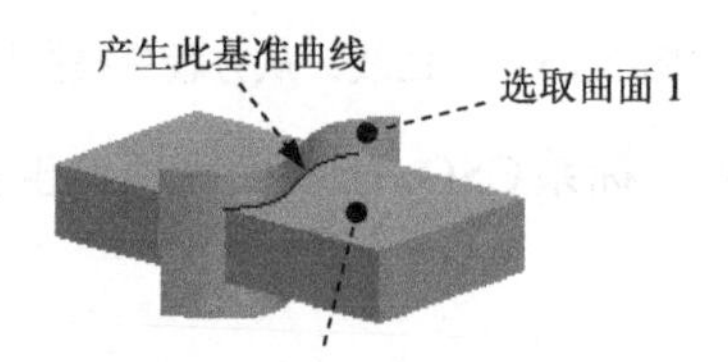

图 3.3.8 用曲面求交创建基准曲线

图 3.3.9 “曲面相交”操控板

Step4. 按住 Ctrl 键，选取图 3.3.8 所示的模型表面 2，系统即创建图 3.3.8 所示的基准曲线，单击该操控板中的 ✓ 按钮。

注意：

- 不能在两个实体表面的相交处创建基准曲线。
- 不能在两个基准平面的相交处创建基准曲线。

3.3.4 用修剪创建基准曲线

通过对基准曲线进行修剪，将曲线的一部分截去，可产生一条新的曲线。创建修剪曲线后，原始曲线将不可见。

如图 3.3.10a 所示，曲线 1 是实体表面上的一条草绘曲线，FPNT0 是曲线 1 上的基准点，

需在点 FPNT0 处修剪该曲线，则操作步骤如下。

Step1. 将工作目录设置至 D:\creo6.2\work\ch03.03，打开文件 curve_trim.prt。

Step2. 选取图 3.3.10a 所示的草绘曲线 1。

Step3. 单击 模型 功能选项卡 编辑 ▾ 区域中的“修剪”按钮 修剪，系统弹出图 3.3.11 所示的“曲线修剪”操控板。

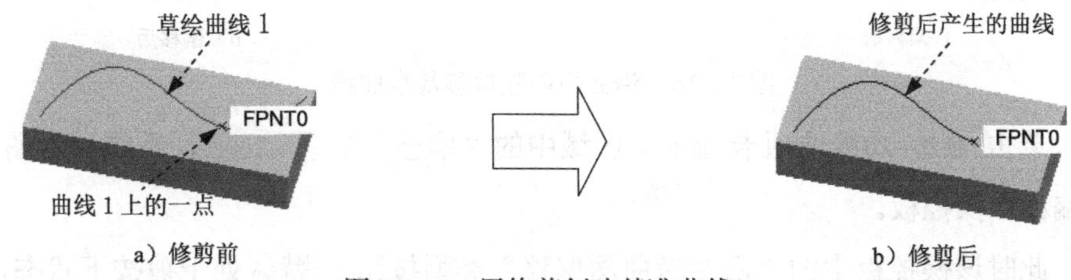

图 3.3.10 用修剪创建基准曲线

图 3.3.11 “曲线修剪”操控板

Step4. 选取基准点 FPNT0。此时基准点 FPNT0 处出现一方向箭头（图 3.3.12），该箭头指向修剪后的保留侧。

说明：

- 单击“曲线修剪”操控板中的按钮 ，可切换箭头的方向，如图 3.3.13 所示，这是本例所要的方向。
- 再次单击按钮 ，出现两个箭头（图 3.3.14），这意味着将保留整条曲线。

Step5. 在“曲线修剪”操控板中单击“完成”按钮 ，即产生图 3.3.10b 所示的修剪曲线。

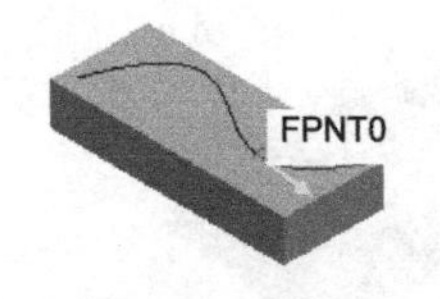

图 3.3.12 切换方向 1

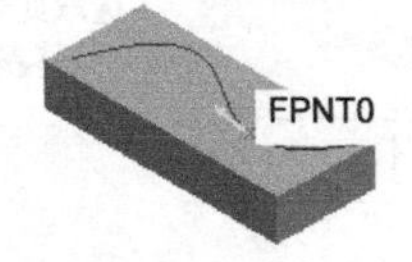

图 3.3.13 切换方向 2

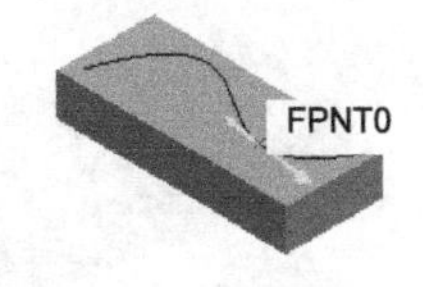

图 3.3.14 切换方向 3

3.3.5 沿曲面创建偏移基准曲线

可以沿曲面对现有曲线进行偏移来创建基准曲线，可使用正、负尺寸值修改偏移方向。如图 3.3.15a 所示，曲线 1 是实体表面上的一条草绘曲线，现需要创建图 3.3.15b 所示的偏移曲线，操作步骤如下。

Step1. 将工作目录设置至 D:\creo6.2\work\ch03.03，打开文件 curve_along_surface.prt。

Step2. 选取图 3.3.15a 所示的曲线 1。

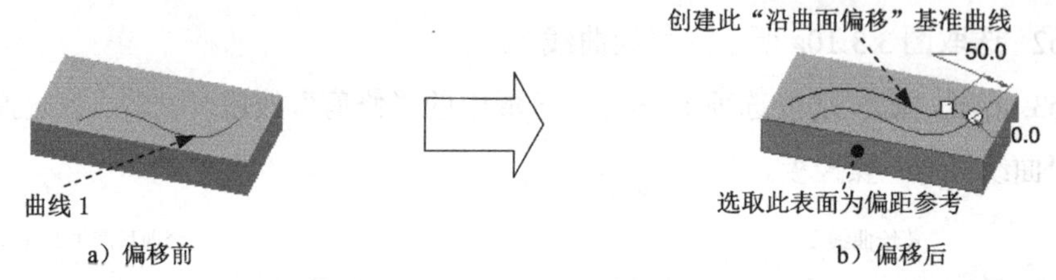

图 3.3.15 沿曲面创建偏移基准曲线

Step3. 单击 模型 功能选项卡 编辑 ▾ 区域中的“偏移”按钮 偏移，系统弹出图 3.3.16 所示的“偏移”操控板。

Step4. 此时该操控板中的“沿参考曲面偏移”类型按钮默认处于被按下状态，选取图 3.3.15b 所示的模型表面，并在该操控板的文本框中输入偏移距离值 50.0，此时即产生图 3.3.15b 所示的偏移曲线；单击“完成”按钮。

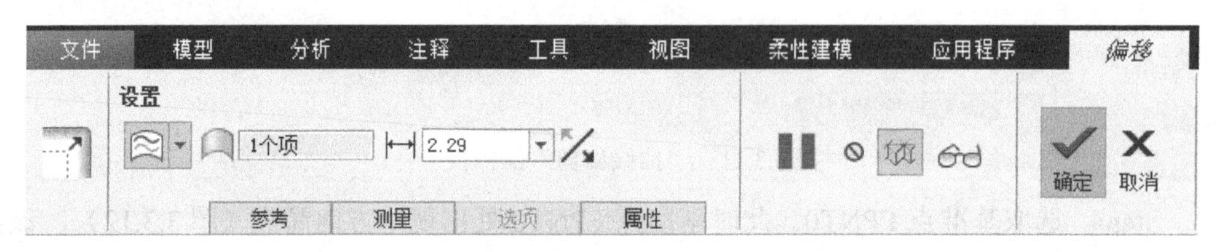

图 3.3.16 “偏移”操控板

3.3.6 垂直于曲面创建偏移基准曲线

可以垂直于曲面对现有曲线进行偏移来创建基准曲线。

如图 3.3.17a 所示，曲线 1 是实体表面上的一条草绘曲线，现需要垂直于该表面创建一条偏移曲线，其偏移值由一图形特征来控制，如图 3.3.18 所示。操作步骤如下。

图 3.3.17 垂直于曲面创建偏移基准曲线

Step1. 将工作目录设置至 D:\creo6.2\work\ch03.03，然后打开文件 curve_offset_surface.prt。在打开的模型中，已经创建了一个图 3.3.18 所示的图形特征。

Step2. 选取图 3.3.17 a 所示的曲线 1。

Step3. 单击 模型 功能选项卡 编辑 ▾ 区域中的“偏移”按钮 偏移，系统弹出图 3.3.19

所示的“偏移”操控板。

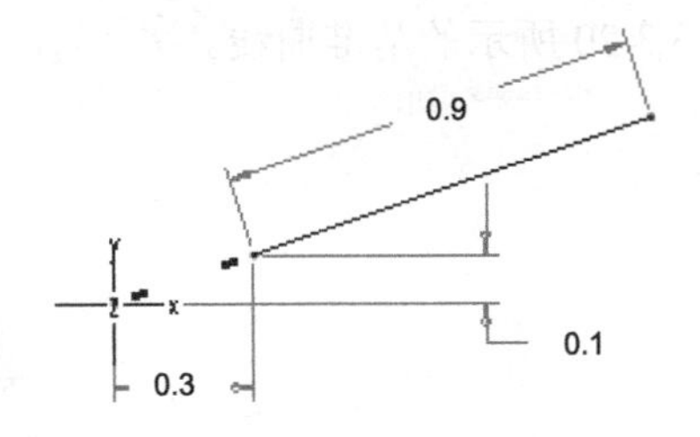

图 3.3.18　图形特征

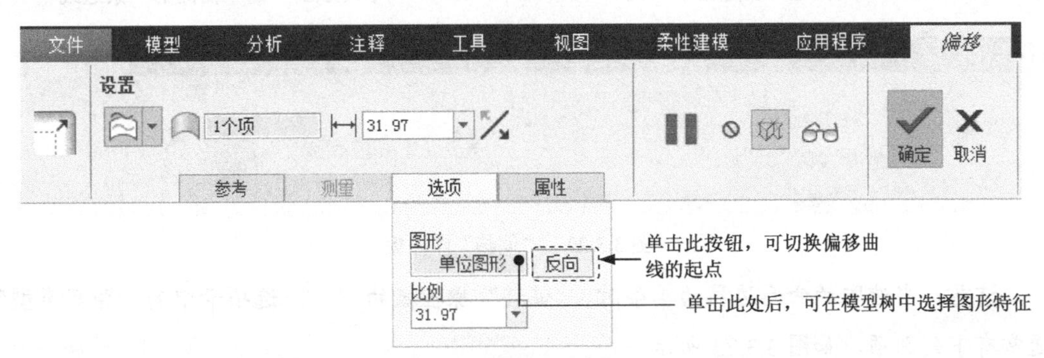

图 3.3.19　“偏移”操控板

Step4. 在图 3.3.19 所示的操控板中选择按钮，然后单击 选项 选项卡，在其界面中单击“图形”文本框中的“单位图形”字符，然后在模型树中选择 图形1 特征；再在操控板的文本框中输入偏移曲线的端点距偏移平面的距离值 60.0，即产生图 3.3.17b 所示的偏移曲线；单击该操控板中的“完成”按钮。

注意：

- 用于创建偏移基准曲线的图形特征，其 X 轴的取值范围应该从 0 到 1。范围超出 1 时，只使用从 0 到 1 的部分。
- 图形特征中的曲线只能是单个图元。

3.3.7　由曲面边界创建偏移基准曲线

可以利用曲面的边界来创建偏移基准曲线。

如图 3.3.20 所示，现需要对一个曲面特征的边界进行偏移来创建基准曲线，操作步骤如下。

Step1. 将工作目录设置至 D:\creo6.2\work\ch03.03，打开文件 curve_from_ boundary.prt。

Step2. 在图 3.3.20 所示的模型中，选中曲面的一条边线，如图 3.3.21 所示。

Step3. 单击 模型 功能选项卡 编辑 ▾ 区域中的“偏移”按钮 偏移，系统弹出图 3.3.22 所示的“偏移”操控板。

Step4. 按住 Shift 键，将曲面的所有边线都选取；在该操控板中输入偏距值 45.0，并单击“反向”按钮，即产生图 3.3.20 所示的基准曲线。

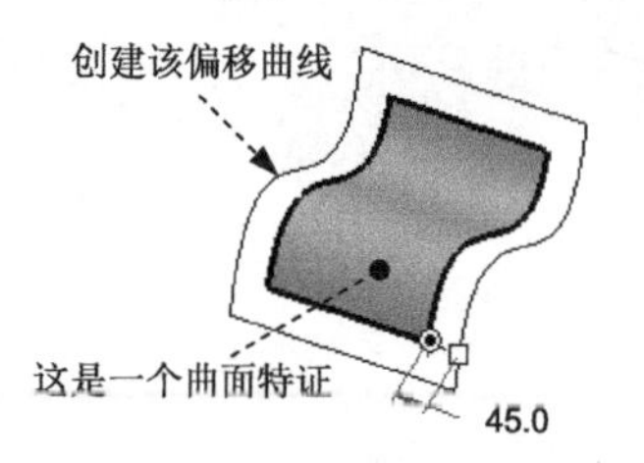

图 3.3.20　由曲面边界创建基准曲线

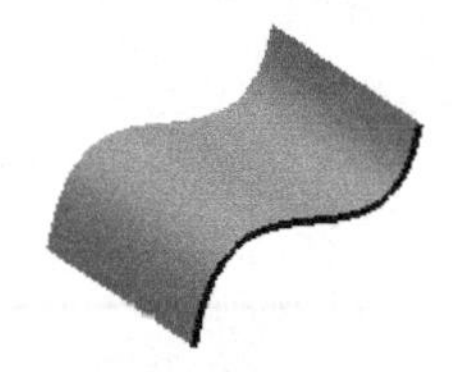

图 3.3.21　选中曲面的一条边线

图 3.3.22　“偏移”操控板

注意：当选取的曲面边界为单条时，“偏移”操控板的 测量 选项卡中的“距离类型”通常有下列选项，如图 3.3.23 所示。

- 垂直于边：垂直于边界边测量偏移距离。
- 沿边：沿测量边测量偏移距离。
- 至顶点：偏移曲线经过曲面上的某个顶点。

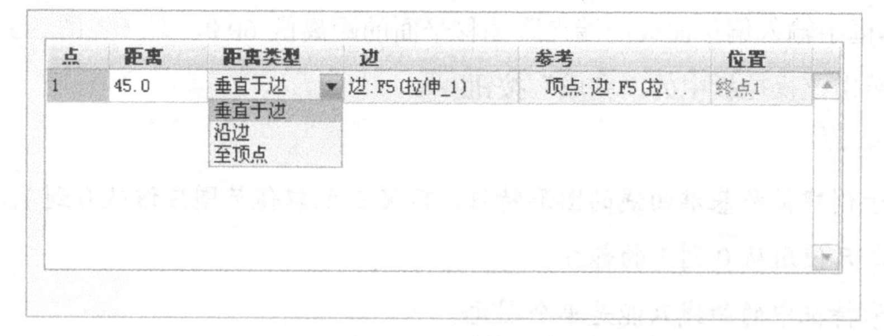

点	距离	距离类型	边	参考	位置
1	45.0	垂直于边	边:F5(拉伸_1)	顶点:边:F5(拉...	终点1

垂直于边
沿边
至顶点

图 3.3.23　“测量”选项卡

Step5. 在该操控板的 测量 界面中的空白处右击，选择 添加 命令，可增加新的偏距条目（图 3.3.24）。编辑新条目中的“距离”“距离类型”“边”“参考”“位置”等选项可改变曲线的形状。

点	距离	距离类型	边	参考	位置
1	45.0	垂直于边	边:F5(拉伸_1)	顶点:边:F5(拉...	0.0
2	45.0	垂直于边	边:F5(拉伸_1)	顶点:边:F5(拉...	1.0
3	45.0	垂直于边	边:F5(拉伸_1)	点:边:F5(拉伸_1)	0.5

此比例值用于确定“点：边：F5（拉伸_1）”在“边：F5（拉伸_1）”上的位置

图 3.3.24　增加新的偏距条目

3.3.8 创建投影基准曲线

通过将原有基准曲线投影到一个或多个曲面上，可创建投影基准曲线。投影基准曲线将“扭曲”原始曲线。

可将基准曲线投影到实体表面、曲面、面组或基准平面上。投影的曲面或面组不必是平面。

如果曲线是通过在平面上草绘来创建的，那么可对其进行阵列。

注意：剖面线基准曲线无法进行投影。如果对其进行投影，那么系统将忽略该剖面线。

如图 3.3.25 所示，曲线 1 是 DTM1 基准平面上的一条草绘曲线，现需在曲面特征 A 上创建其投影曲线，则操作步骤如下。

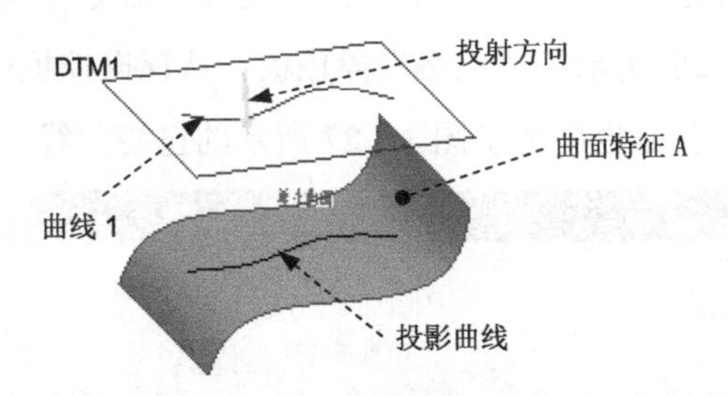

图 3.3.25 创建投影基准曲线

Step1. 将工作目录设置至 D:\creo6.2\work\ch03.03，打开文件 curve_project.prt。

Step2. 选取图 3.3.25 所示的曲线 1。

Step3. 单击 模型 功能选项卡 编辑 ▾ 区域中的“投影”按钮 投影，系统弹出图 3.3.26 所示的“投影曲线”操控板。

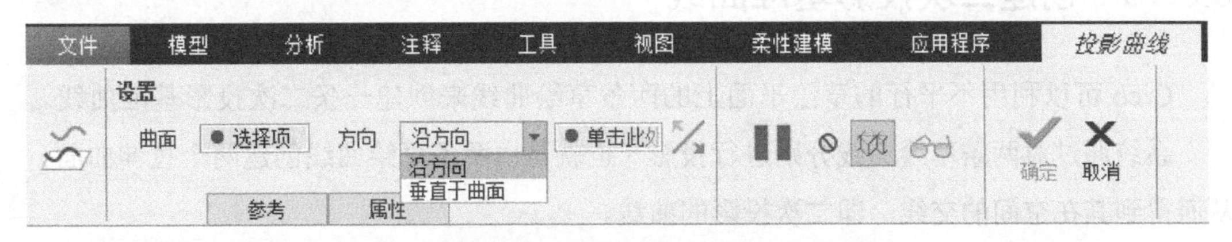

图 3.3.26 “投影曲线”操控板

Step4. 选取曲面特征 A，此时即产生图 3.3.25 所示的投影曲线。

Step5. 在该操控板中单击“完成”按钮 ✔。

3.3.9 创建包络基准曲线

通过将原有基准曲线印贴到曲面上，可创建包络（印贴）曲线，就像将贴花转移到曲面上一样。基准曲线只能在可展开的曲面（如平面、圆锥面和圆柱面）上印贴。包络曲线

将保持原曲线的长度。

如图 3.3.27 所示，现需要将 DTM1 基准平面上的草绘曲线 1 印贴到圆柱面上，产生图中所示的包络曲线，操作步骤如下。

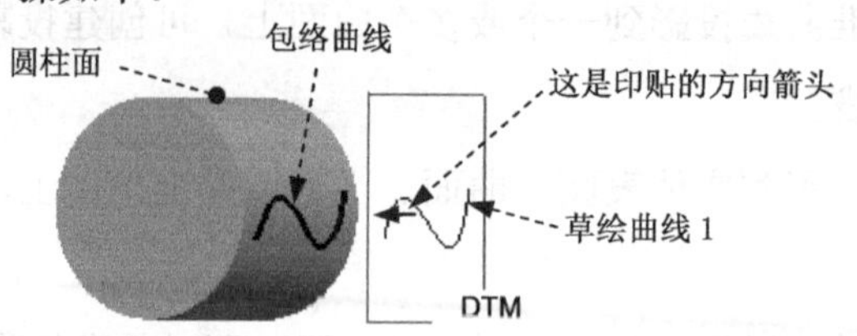

图 3.3.27　创建包络曲线

Step1. 将工作目录设置至 D:\creo6.2\work\ch03.03，打开文件 curve_wrap.prt。

Step2. 选取图 3.3.27 所示的草绘曲线 1。

Step3. 选择 模型 功能选项卡 编辑 ▾ 节点下的“包络”命令 包络。

Step4. 系统弹出图 3.3.28 所示的“包络”操控板。从该操控板中可看出，系统自动选取了圆柱面作为包络曲面，因而也产生了图 3.3.27 所示的包络曲线。

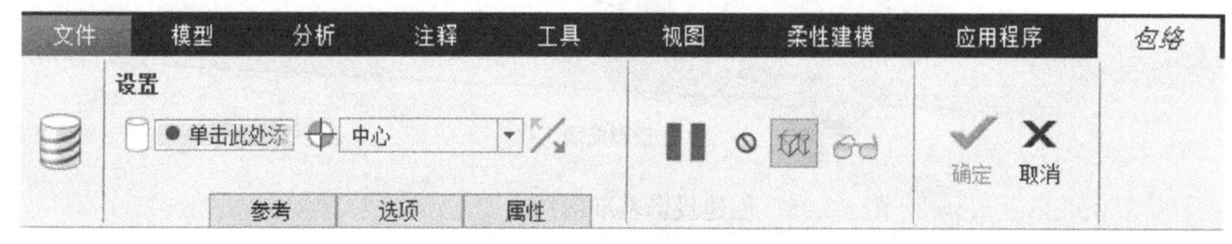

图 3.3.28　“包络”操控板

说明：系统通常在与原始曲线最近的一侧实体曲面上产生包络曲线。

Step5. 在该操控板中单击“完成”按钮✔。

3.3.10　创建二次投影基准曲线

Creo 可以利用不平行的草绘平面上的两条草绘曲线来创建一条二次投影基准曲线。

系统通过对两条草绘曲线分别进行投影（也就是由两条草绘曲线创建两个拉伸曲面），从而得到其在空间的交线，即二次投影的曲线。

如图 3.3.29a 所示，草绘曲线 1 是基准平面 DTM1 上的草绘曲线，草绘曲线 2 是基准平面 DTM2 上的草绘曲线，需创建这两条曲线的二次投影曲线（图 3.3.29b），操作步骤如下。

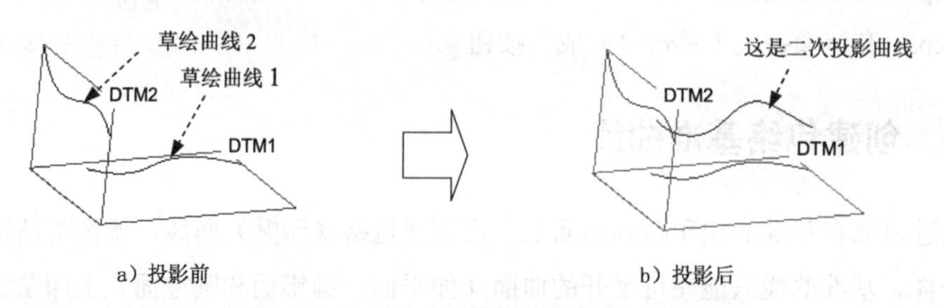

图 3.3.29　创建二次投影基准曲线

Step1. 将工作目录设置至 D:\creo6.2\work\ch03.03，打开文件 curve_2_project.prt。

Step2. 按住 Ctrl 键，选取图 3.3.29a 所示的草绘曲线 1 和草绘曲线 2。

Step3. 单击 模型 功能选项卡 编辑 ▾ 区域中的“相交”按钮 相交，即产生图 3.3.29b 所示的二次投影曲线。

3.3.11 基准曲线应用范例——在特殊位置创建筋特征

在下面的练习中，先创建基准曲线，然后借助于该基准曲线创建图 3.3.30 所示的筋（Rib）特征，操作步骤如下。

Step1. 将工作目录设置至 D:\creo6.2\work\ch03.03，打开文件 curve_ex1.prt。

Step2. 创建基准曲线。

（1）按住 Ctrl 键，选取图 3.3.31 中的两个圆柱表面。

（2）单击 模型 功能选项卡 编辑 ▾ 区域中的“相交”按钮 相交。

（3）按住 Ctrl 键，选取图 3.3.31 所示的 TOP 基准平面。

（4）单击 按钮，预览所创建的基准曲线，然后单击“完成”按钮 。

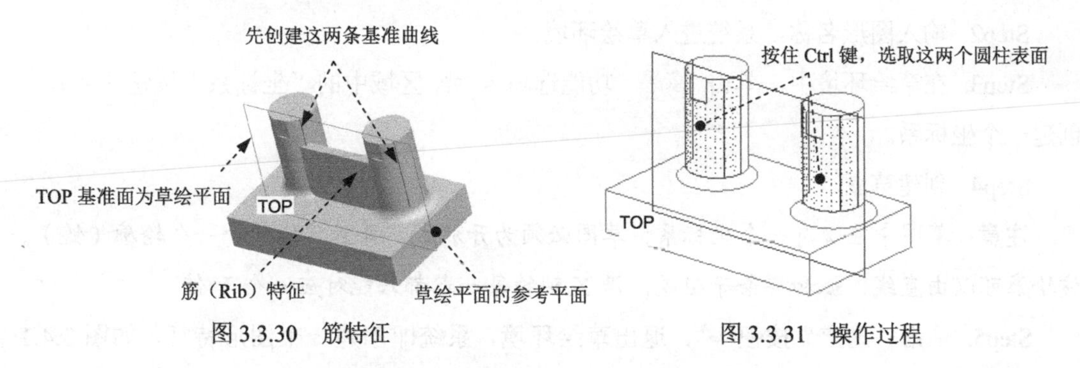

图 3.3.30　筋特征　　　　图 3.3.31　操作过程

Step3. 创建筋特征。选择 模型 功能选项卡 工程 ▾ 区域中 筋 ▾ 节点下的 轮廓筋 命令；在绘图区中右击，从快捷菜单中选择 定义内部草绘... 命令。选取 TOP 基准平面为草绘平面，选取图 3.3.30 所示的模型表面为参考面，方向为 右；选取图 3.3.32 所示的基准曲线为草绘参考，绘制如该图所示的截面草图；加材料的方向如图 3.3.33 所示；筋的厚度值为 2。

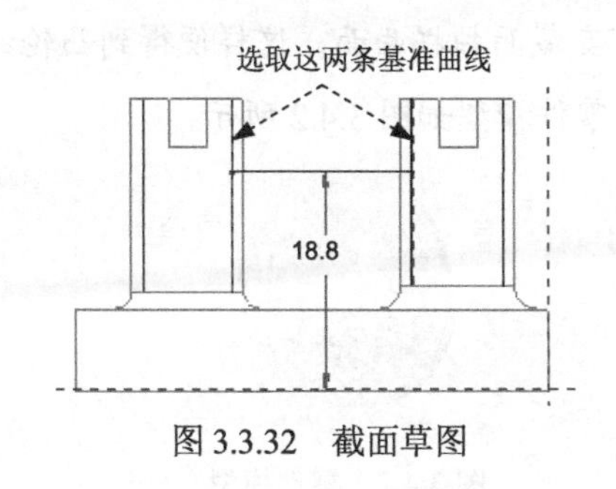

图 3.3.32　截面草图

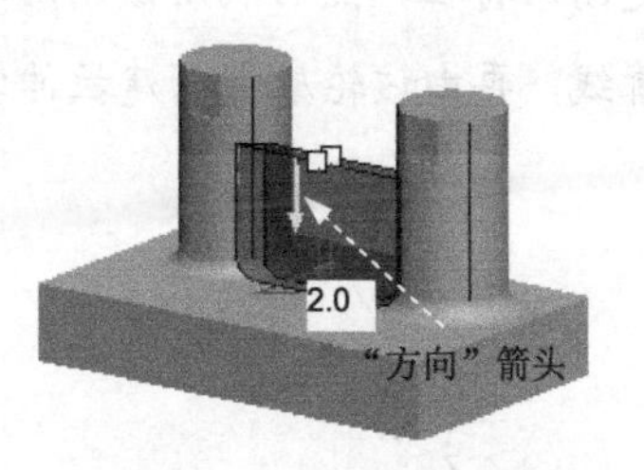

图 3.3.33　定义加材料的方向

3.4 图形特征

3.4.1 图形特征基础

1. 图形特征概述

图形特征允许将功能与零件相关联。图形用于关系中，特别是多轨迹扫描中。

Creo 通常按其定义的 X 轴值计算图形特征。当图形计算超出定义范围时，Creo 外推计算 Y 轴值：对于小于初始值的 X 值，系统通过从初始点延长切线的方法计算外推值；同样，对于大于终点值的 X 值，系统将通过切线从终点往外延伸的方法计算外推值。

图形特征不会在零件上的任何位置显示——它不是零件几何，它的存在反映在零件信息中。

2. 图形特征的一般创建过程

Step1. 新建一个零件模型，选择 模型 功能选项卡 基准 ▾ 节点下的 图形 命令。

Step2. 输入图形名称，系统进入草绘环境。

Step3. 在草绘环境中，单击 草绘 功能选项卡 草绘 区域中的“坐标系”按钮 坐标系，创建一个坐标系。

Step4. 创建草图。

注意：草图中应含有一个坐标系。草图必须为开放式，并且只能包含一个轮廓（链）。该轮廓可以由直线、弧和样条等组成，沿 X 轴的每一点都只能对应一个 Y 值。

Step5. 单击“确定”按钮 ✔，退出草绘环境，系统即创建一个图形特征，如图 3.4.1 所示。

3.4.2 Creo 图形特征实际应用

本范例运用了一些很新颖、技巧性很强的创建实体的方法。首先利用从动件的位移数据表创建图形特征，然后利用该图形特征及关系式创建可变截面扫描曲面。这样便得到凸轮的外轮廓线，再由该轮廓线创建拉伸实体得到凸轮模型。零件模型如图 3.4.2 所示。

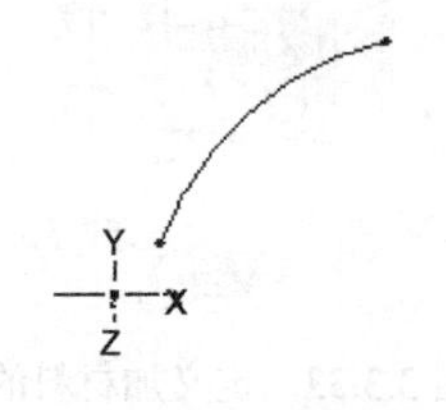

图 3.4.1 图形特征

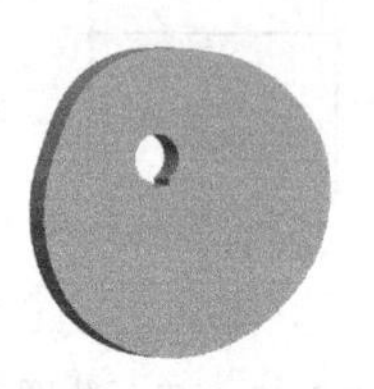

图 3.4.2 零件模型

Step1. 先将工作目录设置至 D:\creo6.2\work\ch03.04，然后新建一个零件模型，命名为 instance_cam.prt。

Step2. 利用从动件的位移数据表创建图 3.4.3 所示的图形特征。

（1）选择 模型 功能选项卡 基准 ▾ 区域中的 图形 命令。

（2）在系统提示为feature 输入一个名字时，输入图形名称 cam1 并按 Enter 键。

（3）系统进入草绘环境，单击 草绘 功能选项卡 草绘 区域中的“坐标系”按钮 坐标系，创建一个坐标系。

（4）通过坐标原点分别绘制水平、垂直中心线。

（5）绘制图 3.4.4 所示的样条曲线（绘制此样条曲线时，首尾点的坐标要正确，其他点的位置及个数可任意绘制，它们将由后面的数据文件控制）。

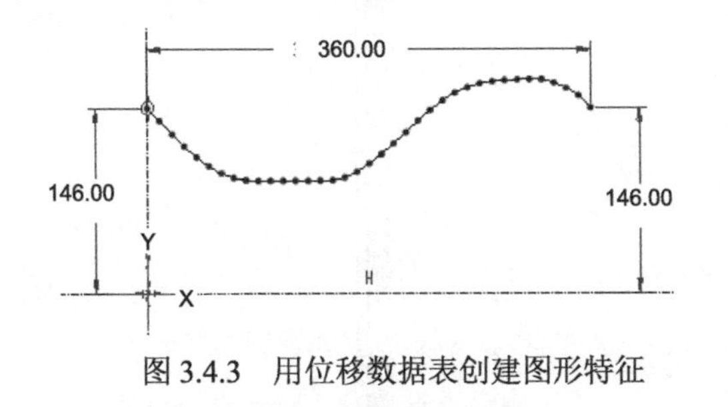

图 3.4.3 用位移数据表创建图形特征

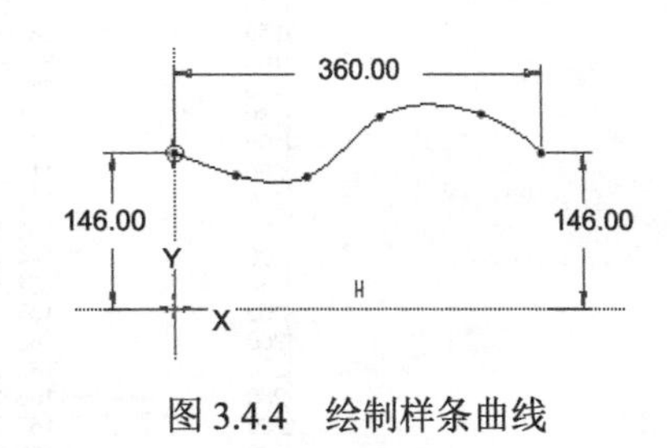

图 3.4.4 绘制样条曲线

（6）生成数据文件。

① 双击样条曲线，系统弹出图 3.4.5 所示的“样条”操控板。

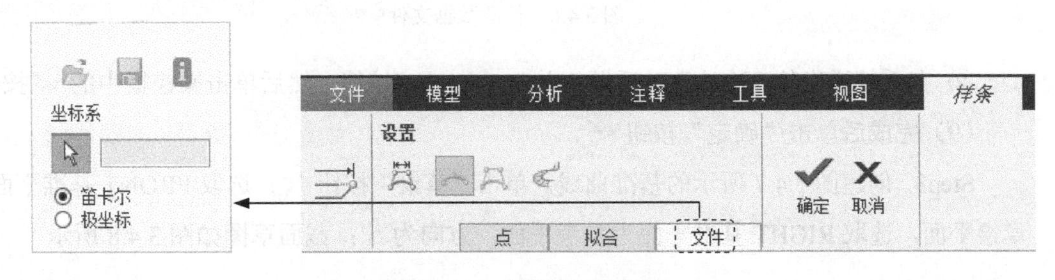

图 3.4.5 “样条”操控板

② 单击该操控板中的 文件 选项卡，在系统弹出的界面中选中 ◉ 笛卡尔 单选项，并选取图中的草绘坐标系，然后单击“保存”按钮，输入数据文件名 cam1.pts；在“保存副本”对话框中单击 确定 按钮。

（7）利用编辑软件如记事本等，修改上面所生成的数据文件 cam1.pts，最后形成的数据如图 3.4.6 所示（此数据文件为从动件的位移数据文件）；存盘退出。

（8）利用数据文件重新生成样条曲线。

① 双击样条曲线，在出现的操控板中单击 文件 选项卡，再单击“打开”按钮，打开数据文件 cam1.pts。

```
cam1.pts - 记事本
文件(F) 编辑(E) 格式(O) 帮助(H)
             Coordinates of spline points:
(they may be edited using available editor; changes in X and Y
 coordinates of the first and the last points will be ignored)

CARTESIAN COORDINATES:

X               Y               Z
0               146.00          0
10              135.50          0
20              125.13          0
30              115.53          0
40              107.03          0
50              99.93           0
60              94.37           0
70              90.80           0
80              88.83           0
90              88.37           0
100             88.47           0
110             88.53           0
120             88.57           0
130             88.43           0
140             88.57           0
150             88.90           0
160             90.97           0
170             95.40           0
180             101.97          0
190             109.37          0
200             117.70          0
210             126.53          0
220             135.57          0
230             144.07          0
240             151.53          0
250             157.80          0
260             162.10          0
270             165.20          0
280             166.83          0
290             167.77          0
300             168.23          0
310             168.50          0
320             168.37          0
330             165.77          0
340             161.37          0
350             155.30          0
360             146.00          0
```

图 3.4.6　修改数据文件

② 在系统弹出的“确认”对话框中单击 是(Y) 按钮，然后单击操控板中的✔按钮。

（9）完成后单击“确定”按钮✔。

Step3. 创建图 3.4.7 所示的基准曲线。单击“草绘”按钮；选取 FRONT 基准平面为草绘平面，选取 RIGHT 基准平面为参考平面，方向为 右；截面草图如图 3.4.8 所示。

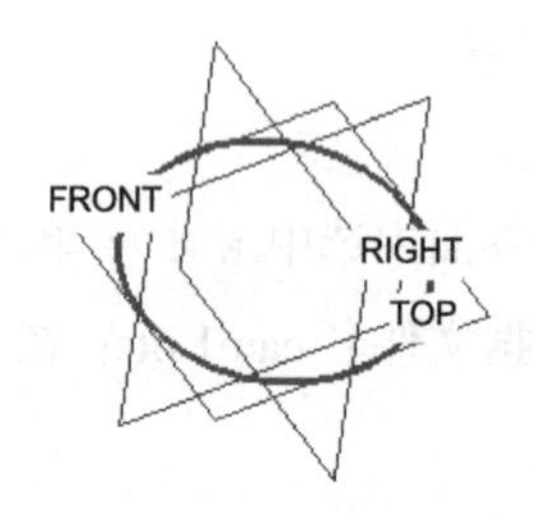

图 3.4.7　创建基准曲线

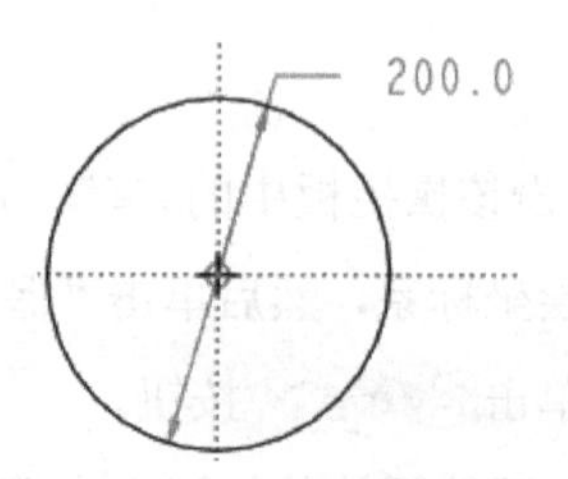

图 3.4.8　截面草图

Step4. 创建图 3.4.9 所示的基准点 PNT0。

（1）在 模型 功能选项卡 基准 ▾ 区域中单击“点”按钮 ×× 点 ▾，系统弹出图 3.4.10 所示的“基准点”对话框。

（2）选择基准曲线——圆，设置约束为“居中”；单击该对话框中的 确定 按钮。

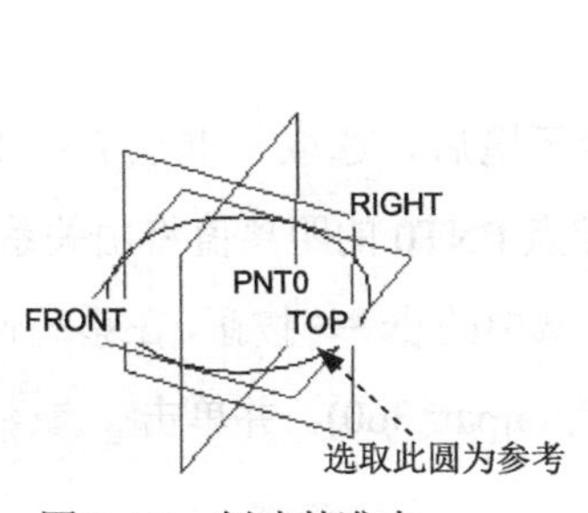

图 3.4.9 创建基准点

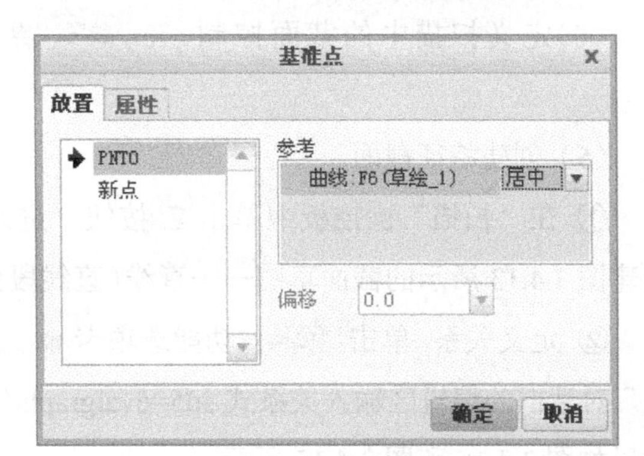

图 3.4.10 “基准点”对话框

Step5. 创建图 3.4.11 所示的可变截面扫描曲面。

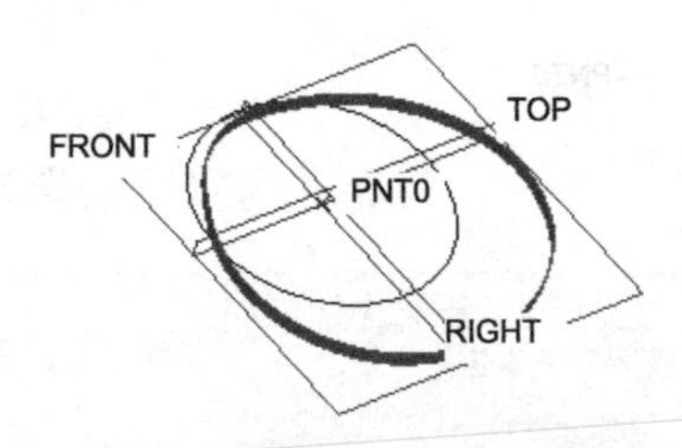

图 3.4.11 创建可变截面扫描曲面

（1）单击 模型 功能选项卡 形状 ▾ 区域中的 扫描 ▾ 按钮，系统弹出图 3.4.12 所示的“扫描”操控板。

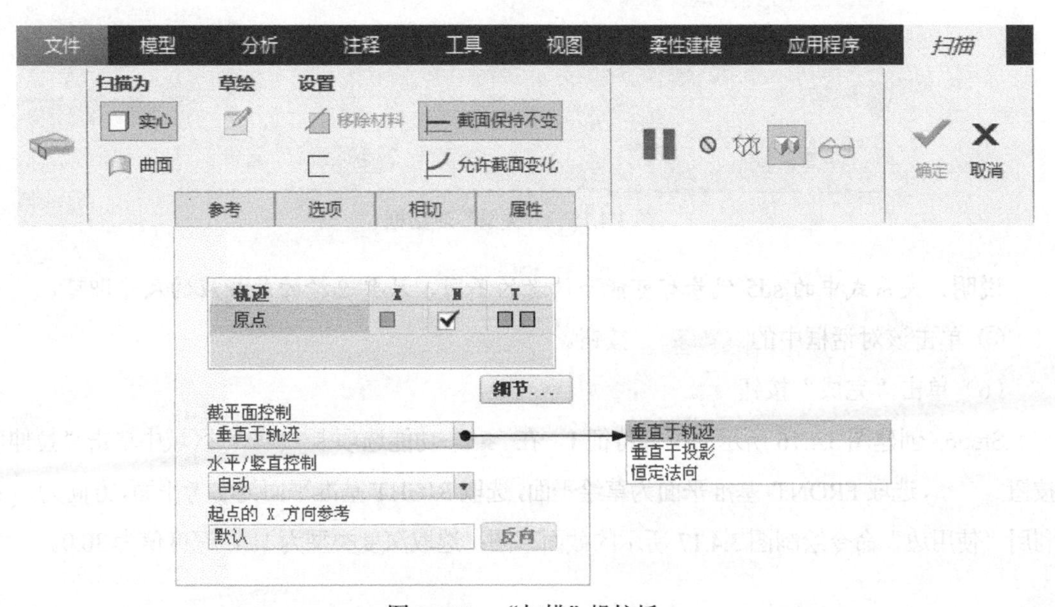

图 3.4.12 “扫描”操控板

（2）定义扫描特征类型。在该操控板中按下“曲面”类型按钮和按钮。

（3）定义扫描轨迹。单击该操控板中的 参考 选项卡，在系统弹出的界面中，选取前面创建的基准曲线——圆作为原始轨迹。

（4）定义扫描中的截面控制。在 参考 界面的截平面控制下拉列表中选择垂直于轨迹选项。

（5）创建特征截面。

① 在“扫描”操控板中单击按钮；进入草绘环境后，选取基准点 PNT0 为参考，创建图 3.4.13 所示的截面草图——直线（直线段到基准点 PNT0 的距离值将由关系式定义）。

② 定义关系。单击 工具 功能选项卡 模型意图 区域中的 d=关系 按钮，在系统弹出的“关系”对话框的编辑区输入关系式 sd5=evalgraph("cam1",trajpar*360)，并单击 确定 按钮；结果如图 3.4.14 和图 3.4.15 所示。

图 3.4.13 截面草图　　图 3.4.14 切换至符号状态

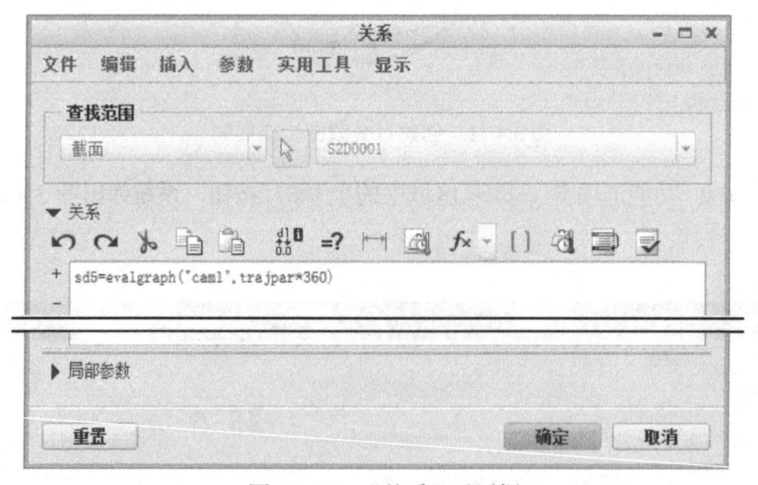

图 3.4.15 “关系”对话框

说明：关系式中的 sd5 代号有可能与读者的不同，只要选择的是相应的尺寸即可。

③ 单击该对话框中的 确定 按钮。

（6）单击“完成”按钮。

Step6. 创建图 3.4.16 所示的拉伸特征 1。在 模型 功能选项卡 形状 区域中单击“拉伸”按钮 拉伸，选取 FRONT 基准平面为草绘平面，选取 RIGHT 基准平面为参考平面，方向为右；利用“使用边”命令绘制图 3.4.17 所示的截面草图；选取深度类型为，深度值为 30.0。

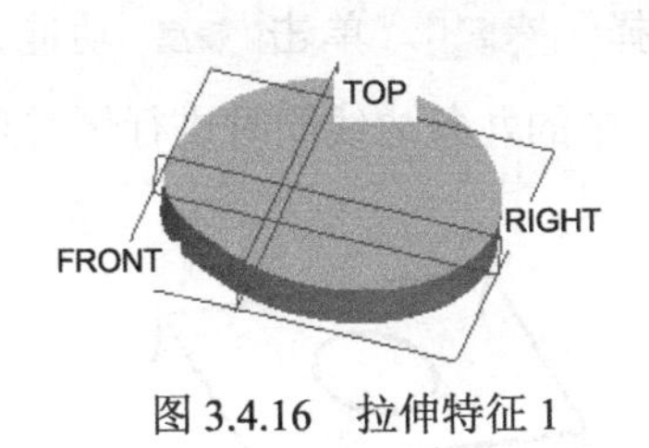

图 3.4.16 拉伸特征 1

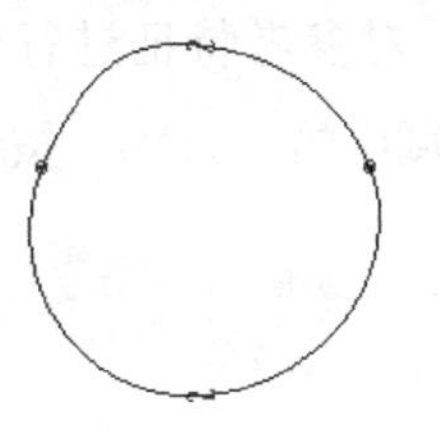

图 3.4.17 截面草图

Step7. 创建图 3.4.18 所示的拉伸特征 2。在 模型 功能选项卡 形状 ▾ 区域中单击“拉伸”按钮 拉伸，按下“移除材料”按钮；选取 FRONT 基准平面为草绘平面，选取 RIGHT 基准平面为参考平面，方向为 右；截面草图如图 3.4.19 所示；单击按钮调整拉伸方向，深度类型为。

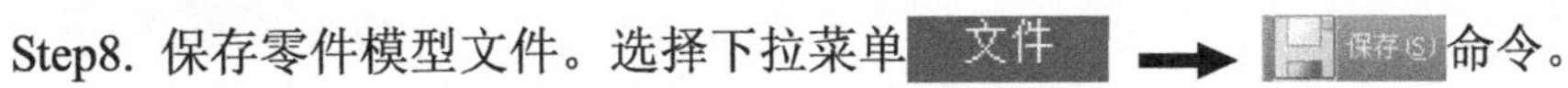

Step8. 保存零件模型文件。选择下拉菜单 文件 ➡ 保存(S) 命令。

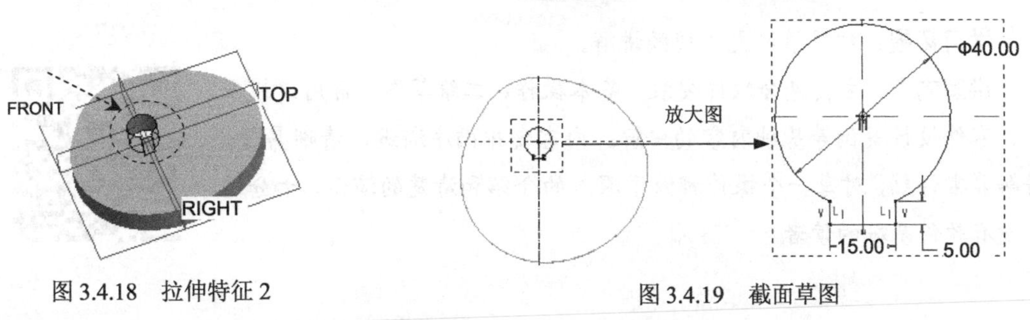

图 3.4.18 拉伸特征 2

图 3.4.19 截面草图

3.5 参考特征

3.5.1 关于参考特征

参考特征是模型中现有边或曲面的自定义集合。与目的边或目的曲面类似，可以将参考特征用作另一特征的基础。例如，如果要在零件中根据一组边创建一个倒圆角，可以收集这一组边作为参考特征，然后创建倒圆角。参考特征会作为模型中的一项存在，可重命名、删除、修改及查看。

3.5.2 Creo 参考特征实际应用

Step1. 将工作目录设置至 D:\creo6.2\work\ch03.05，打开文件 ref.prt。

Step2. 创建参考特征。

（1）在屏幕右下方的“智能选择栏”中选择 几何 选项，然后选取图 3.5.1 所示的边线。

（2）按住 Ctrl 键，选取图 3.5.2 所示的其余八条边线，在 模型 功能选项卡区域选择 基准 ▾ ➡ 参考 命令，在系统弹出的“基准参考”对话框中单击 确定 按钮。

Step3. 对参考特征进行倒圆角。在模型树中选择参考 1，单击 模型 功能选项卡 工程 ▼ 区域中的 倒圆角 ▼ 按钮，即可一次性对参考 1中的九条边线同时进行倒圆角。

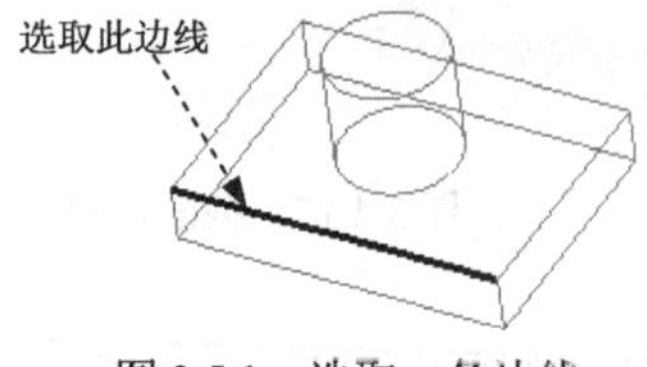

图 3.5.1 选取一条边线

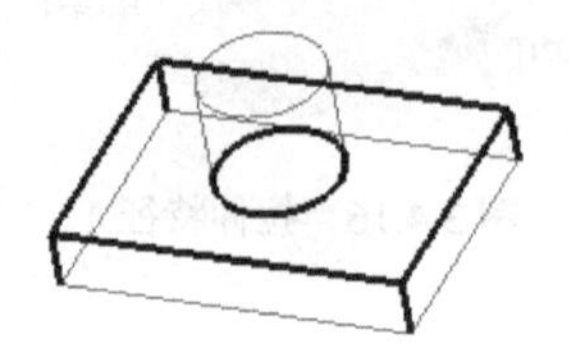

图 3.5.2 选取剩余的八条边线

学习拓展：扫码学习更多视频讲解。

讲解内容：主要包含软件安装、基本操作、二维草图、常用建模命令、零件设计案例等基础内容的讲解。内容安排循序渐进，清晰易懂，讲解非常详细，对每一个操作都做了深入的介绍和清楚的演示，十分适合没有软件基础的读者。

注意：

为了获得更好的学习效果，建议读者采用以下方法进行学习。

方法一：使用台式机或者笔记本计算机登录兆迪科技网校，开启高清视频模式学习。

方法二：下载兆迪网校 APP 并缓存课程视频至手机，可以免流量观看。

具体操作请打开兆迪网校帮助页面 http://www.zalldy.com/page/bangzhu 查看（手机可以扫描右侧二维码打开），或者在兆迪网校咨询窗口联系在线老师，也可以直接拨打技术支持电话 010-82176248，010-82176249。

第 4 章 其他高级特征

本章提要 本章将介绍一些高级特征的应用，包括拔模特征、混合特征、旋转混合特征、扫描混合（Swept Blend）特征、扫描（Sweep）特征以及环形折弯（Toroidal Bend）特征。

4.1 复杂的拔模特征

4.1.1 草绘分割的拔模特征

图 4.1.1a 所示为拔模前的模型，图 4.1.1b 所示是进行草绘分割拔模后的模型。在此例中，拔模面被草绘图形分离成两个拔模区，这两个拔模区可以有独立的拔模角度和方向。下面以此模型为例，介绍如何创建一个草绘分割的拔模特征。

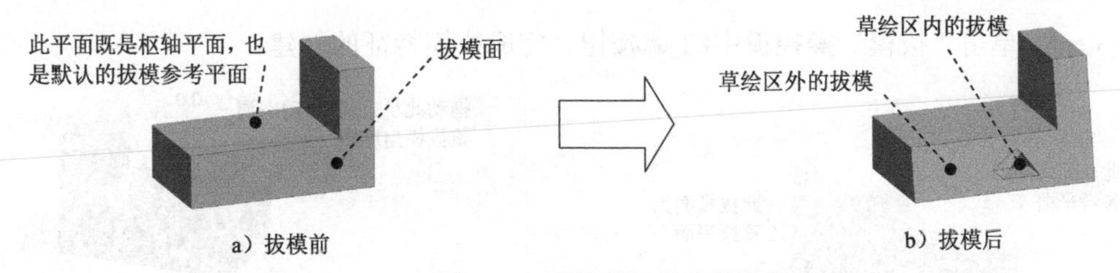

图 4.1.1 草绘分割的拔模特征

Step1. 将工作目录设置至 D:\creo6.2\work\ch04.01，打开文件 draft_sketch.prt。

Step2. 单击 模型 功能选项卡 工程 ▾ 区域中的 拔模 ▾ 按钮。

Step3. 选取图 4.1.2 中的模型表面为拔模面。

Step4. 选取图 4.1.3 中的模型表面为拔模枢轴平面。

Step5. 采用系统默认的拔模方向参考，如图 4.1.4 所示。

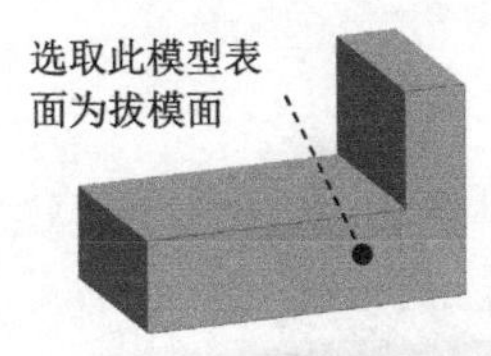

图 4.1.2 拔模面

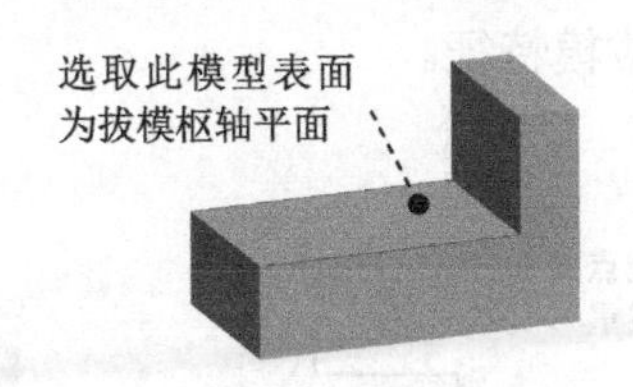

图 4.1.3 拔模枢轴平面

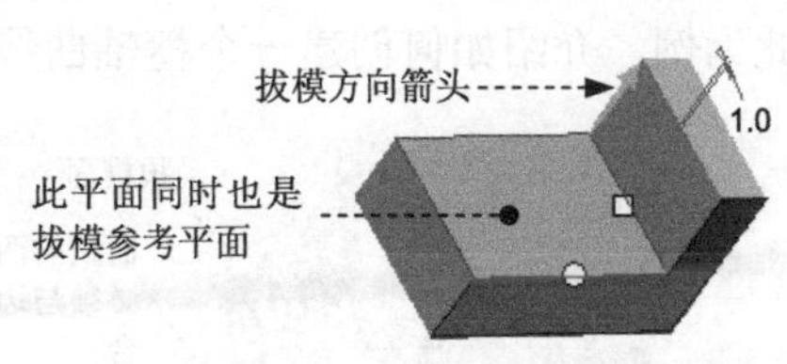

图 4.1.4 拔模方向

Step6. 选取分割选项，绘制分割草图。

（1）在图 4.1.5 所示的“拔模”操控板中单击 分割 选项卡，在其界面的 分割选项 下拉

列表中选择根据分割对象分割方式。

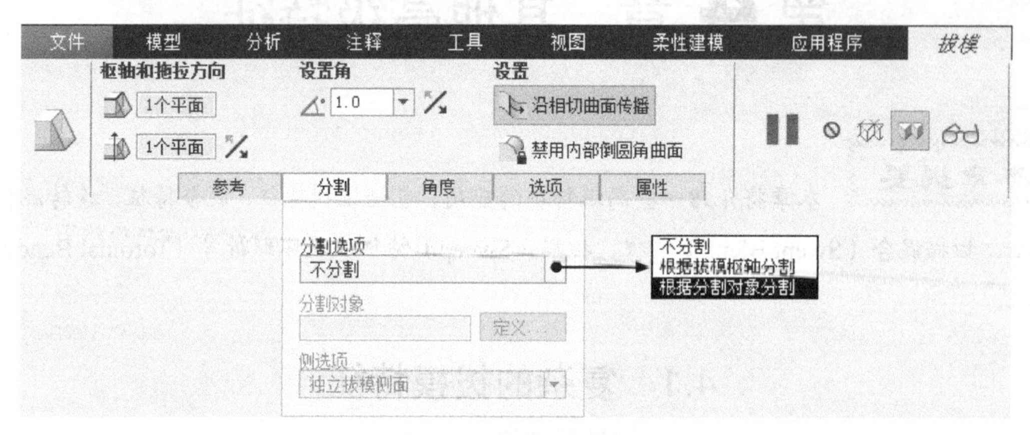

图 4.1.5 “拔模”操控板

（2）在 分割 选项卡中单击 定义... 按钮，进入草绘环境；选取图 4.1.6 所示的拔模面为草绘平面，图中另一表面为参考平面，方向为左；绘制图 4.1.6 所示的草图（三角形）。

Step7. 在“拔模”操控板的相应区域修改两个拔模区的拔模角度和方向；也可在模型上动态修改拔模角度，如图 4.1.7 所示。

Step8. 单击“拔模”操控板中的✔按钮，完成拔模特征的创建。

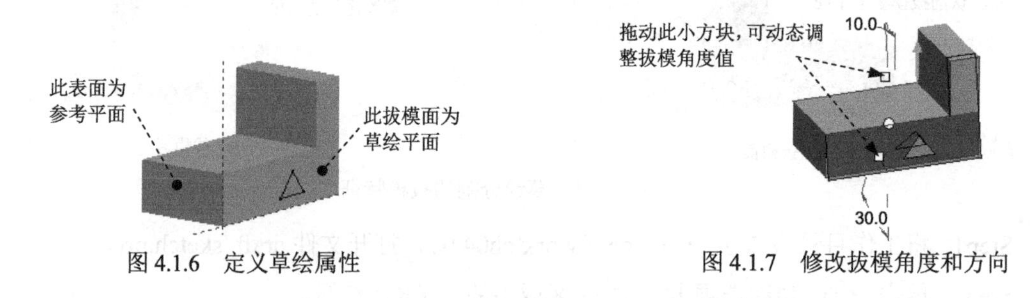

图 4.1.6 定义草绘属性

图 4.1.7 修改拔模角度和方向

4.1.2 根据枢轴曲线拔模

图 4.1.8a 所示为拔模前的模型，图 4.1.8b 所示是进行枢轴曲线拔模后的模型。下面以此为例，介绍如何创建一个枢轴曲线拔模特征。

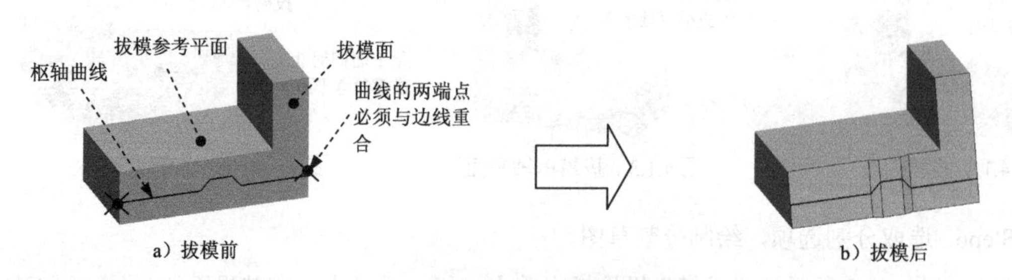

图 4.1.8 枢轴曲线的拔模

先在模型上绘制一条基准曲线（图 4.1.8a），方法为：在操控板中单击“草绘”按钮，草绘一条由数个线段构成的基准曲线，注意曲线的两端点必须与模型边线重合。

Step1. 将工作目录设置至 D:\creo6.2\work\ch04.01，打开文件 draft_curve.prt。

Step2. 单击 模型 功能选项卡 工程 区域中的 拔模 按钮。

Step3. 选取图 4.1.9 所示的模型表面为拔模面。

Step4. 选取图 4.1.10 所示的草绘曲线为拔模枢轴曲线，此时模型如图 4.1.11 所示。

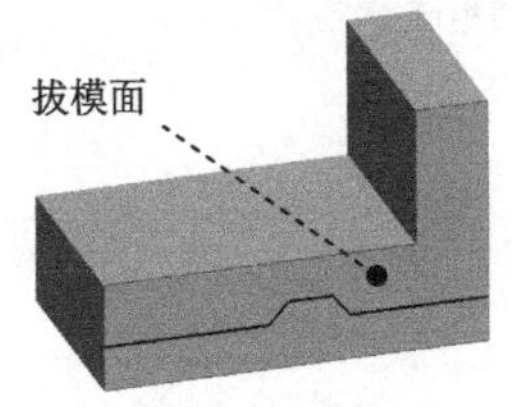

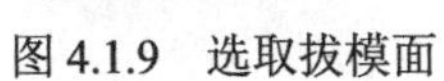
图 4.1.9 选取拔模面

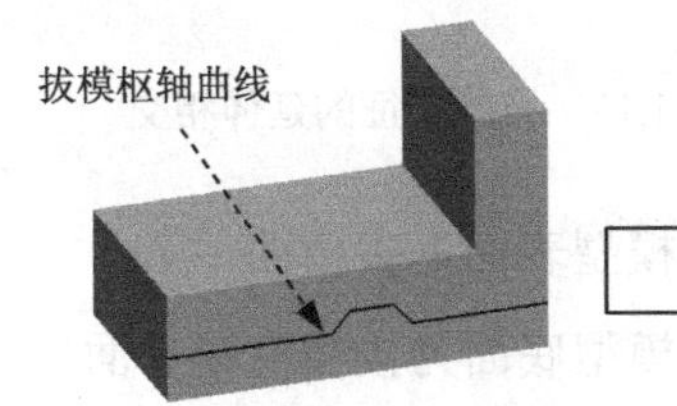

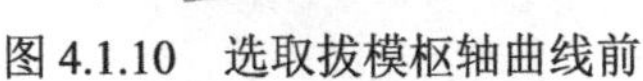
图 4.1.10 选取拔模枢轴曲线前

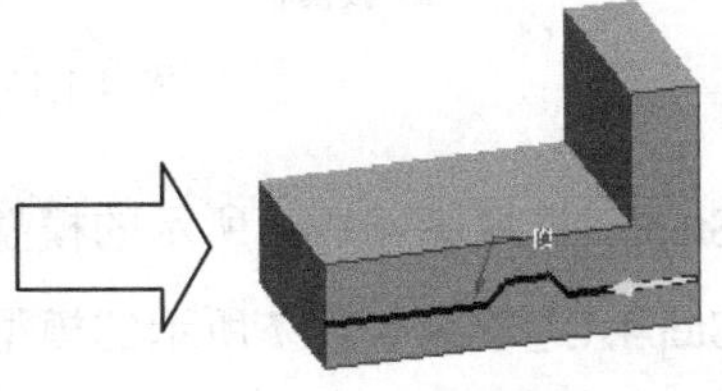
图 4.1.11 选取拔模枢轴曲线后

Step5. 选取图 4.1.12 所示的模型表面为拔模方向参考。

Step6. 动态修改拔模角度，如图 4.1.13 所示；也可在操控板中修改拔模角度和方向，如图 4.1.14 所示。

Step7. 单击“拔模”操控板中的“完成”按钮，完成操作。

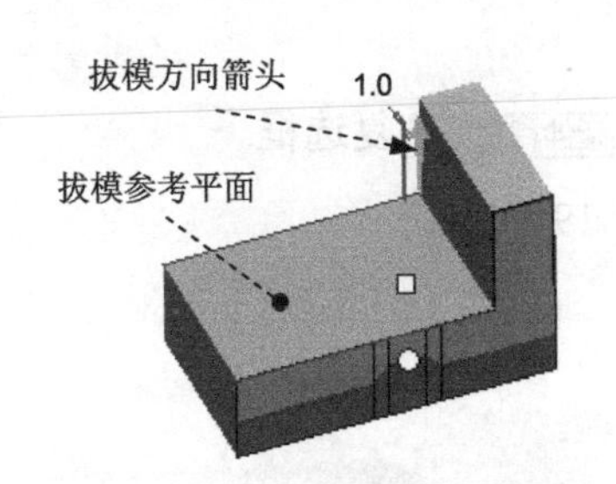

图 4.1.12 选取拔模方向参考

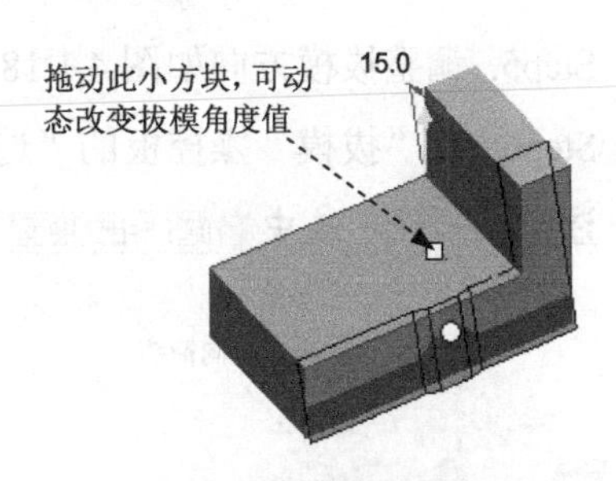

图 4.1.13 调整拔模角度

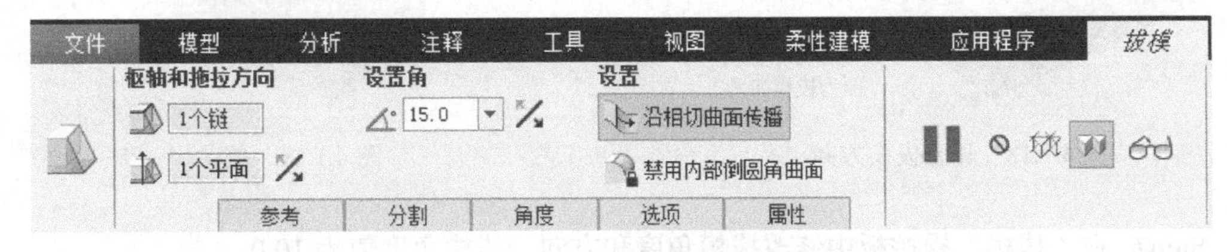

图 4.1.14 “拔模”操控板

4.1.3 拔模特征的延伸相交

在图 4.1.15a 所示的模型中，有两个特征（实体拉伸特征和旋转特征），现需对拉伸特征的表面进行拔模，该拔模面势必会遇到旋转特征的边。此时如果在操控板中选择了合适的选项和拔模角，可以创建图 4.1.15b 所示的延伸相交拔模特征。下面说明其操作过程。

Step1. 将工作目录设置至 D:\creo6.2\work\ch04.01，打开文件 draft_extend.prt。

Step2. 单击 模型 功能选项卡 工程 ▾ 区域中的 拔模 ▾ 按钮。

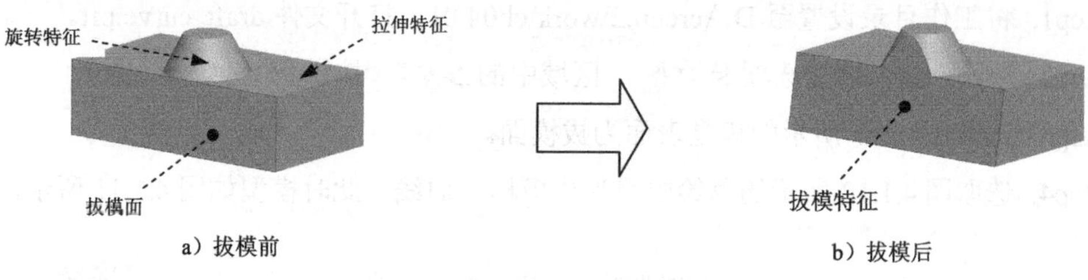

a）拔模前　　　　b）拔模后

图 4.1.15　拔模特征的延伸相交

Step3. 选取图 4.1.16 所示的模型表面为拔模面。

Step4. 选取图 4.1.17 所示的模型底面为拔模枢轴平面。

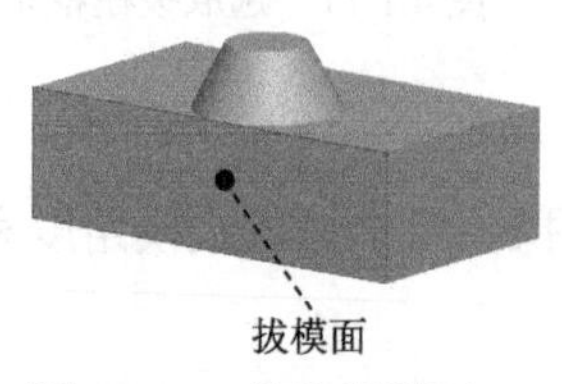

图 4.1.16　选取拔模面

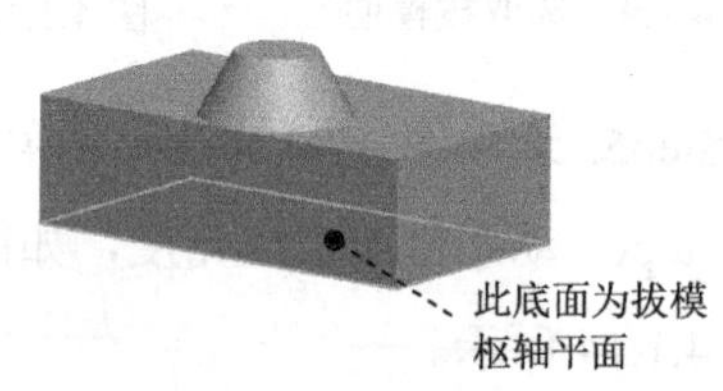

图 4.1.17　选取拔模枢轴平面

Step5. 调整拔模方向如图 4.1.18 所示。

Step6. 在“拔模”操控板的“选项”选项卡中选中 ☑ 延伸相交曲面 复选框。

注意：如果不选中 ☐ 延伸相交曲面 复选框，结果如图 4.1.19 所示。

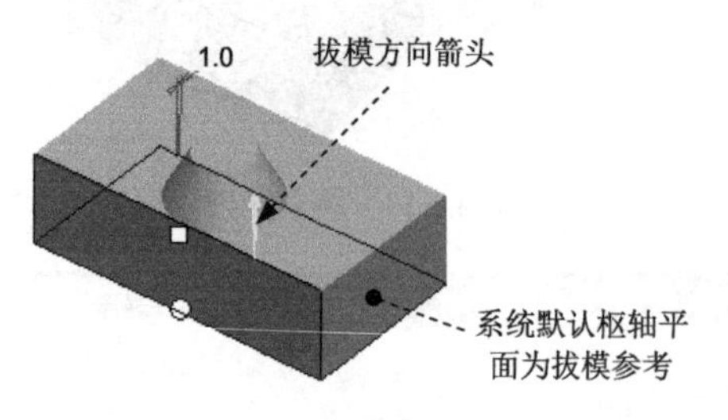

图 4.1.18　调整拔模方向

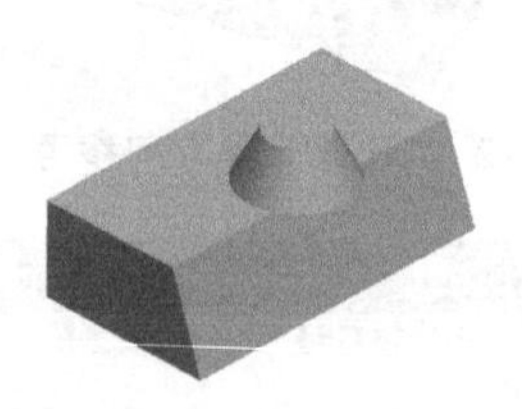

图 4.1.19　结果

Step7. 在“拔模”操控板中修改拔模角度和方向，拔模角度值为 10.0。

注意：如果拔模角度太大，拔模面将超出旋转特征的圆锥面，此时即使选中了 ☑ 延伸相交曲面 复选框，系统也将创建悬垂在模型边上的拔模斜面，与未选中 ☐ 延伸相交曲面 复选框的结果一样。

Step8. 单击“拔模”操控板中的按钮 ✔，完成拔模特征的创建。

4.2 混合特征

4.2.1 混合选项简述

在 模型 功能选项卡中选择 形状 ▾ ➡ 混合 命令，系统弹出图 4.2.1 所示的“混合”操控板。各部分的基本功能介绍如下。

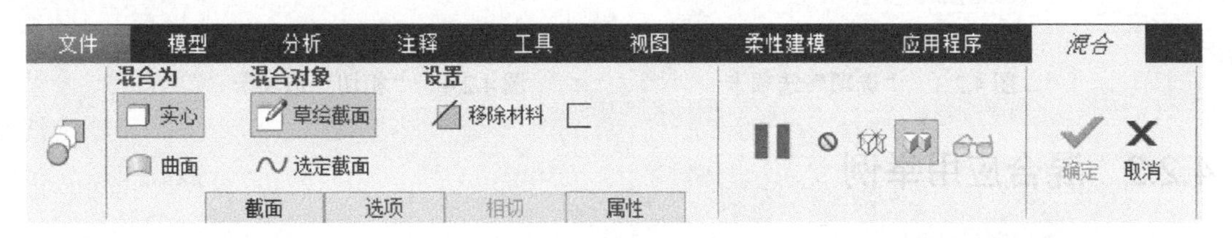

图 4.2.1 “混合”操控板

1. “截面”选项卡

单击“混合”操控板中的 截面 选项卡，系统弹出图 4.2.2 所示的“截面”选项卡。在该选项卡中选中 ◉ 草绘截面 单选项，可以绘制草绘截面作为混合截面；选中 ◉ 选定截面 单选项，可以选定已有的截面作为混合截面。

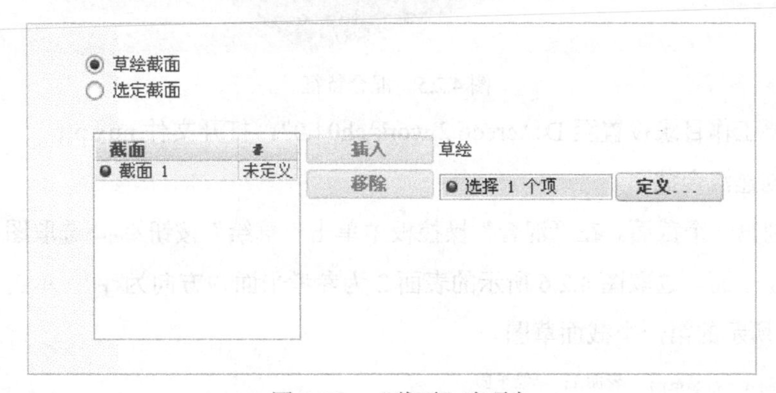

图 4.2.2 “截面”选项卡

2. “选项”选项卡

单击“混合”操控板中的 选项 选项卡，系统弹出图 4.2.3 所示的“选项”选项卡。在该选项卡中可设置混合属性，还可以对混合曲面进行封闭端处理。

3. “相切”选项卡

单击“混合”操控板中的 相切 选项卡，系统弹出图 4.2.4 所示的“相切”选项卡。在该选项卡中可设置混合曲面的边界属性。

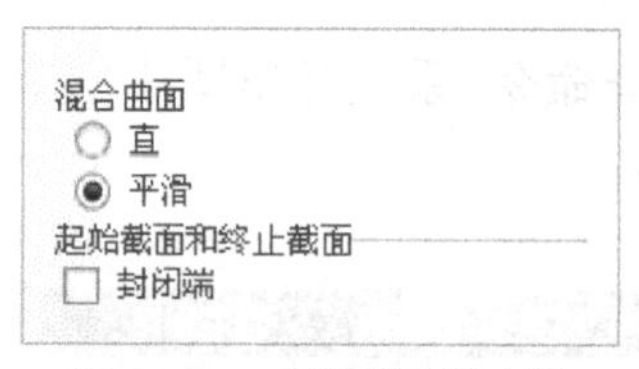

图 4.2.3　“选项”选项卡

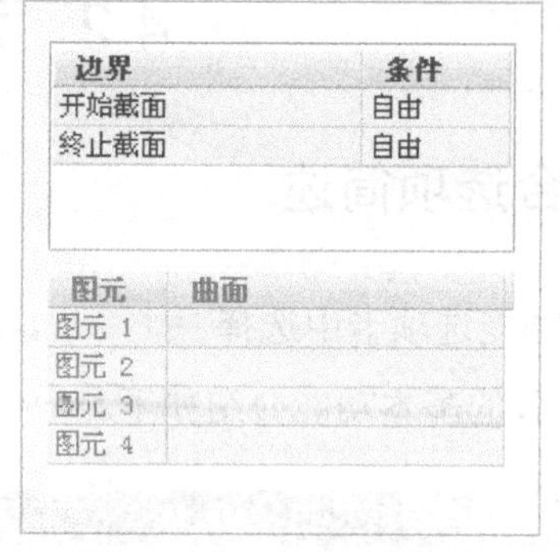

边界	条件
开始截面	自由
终止截面	自由

图元	曲面
图元 1	
图元 2	
图元 3	
图元 4	

图 4.2.4　“相切”选项卡

4.2.2　混合应用举例

下面以图 4.2.5 所示的模型为例，介绍根据选定截面创建混合特征的一般过程。

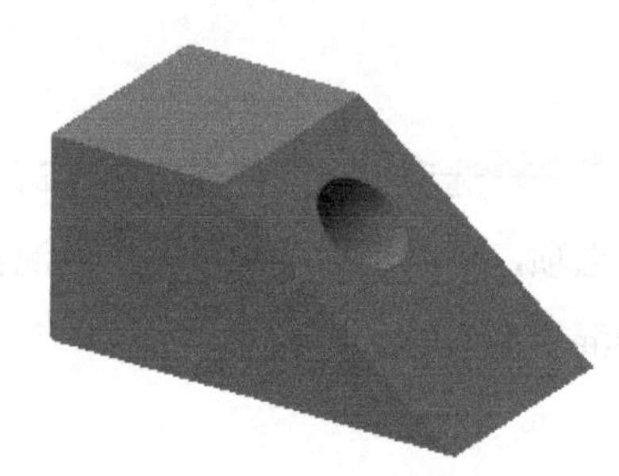

图 4.2.5　混合特征

Step1. 将工作目录设置至 D:\creo6.2\work\ch04.02，打开文件 mix.prt。

Step2. 创建混合截面。

（1）绘制第一个截面。在“混合”操控板中单击“草绘”按钮，选取图 4.2.6 所示的表面 1 为草绘平面，选取图 4.2.6 所示的表面 2 为参考平面，方向为上；单击 草绘 按钮，绘制图 4.2.7 所示的第一个截面草图。

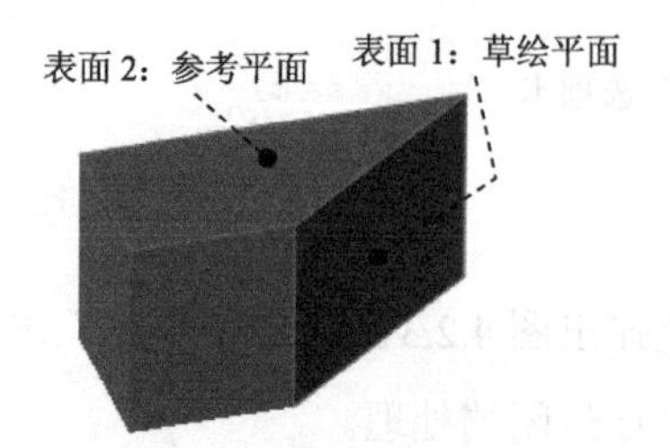

图 4.2.6　选取草绘平面

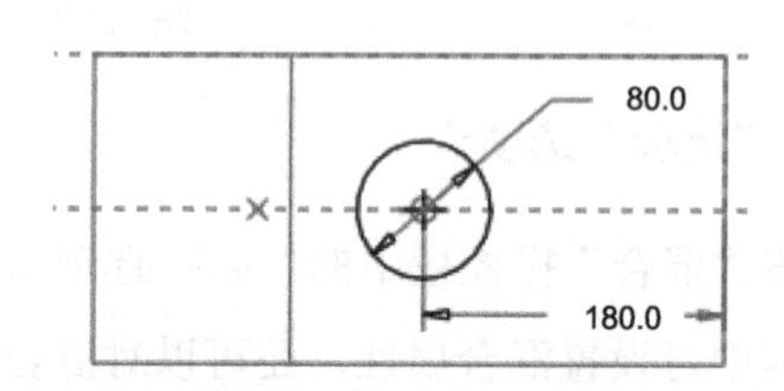

图 4.2.7　第一个截面草图

（2）绘制第二个截面。在“混合”操控板中单击“草绘”按钮，选取图 4.2.8 所示的表面 1 为草绘平面，选取图 4.2.8 所示的表面 2 为参考平面，方向为上；单击 草绘 按钮，绘制图 4.2.9 所示的第二个截面草图。

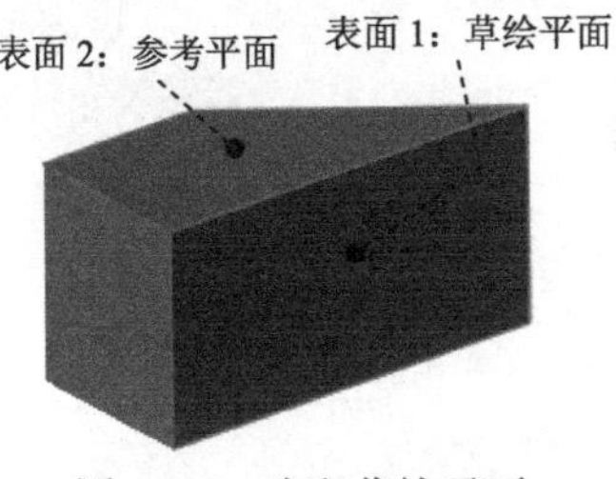

图 4.2.8　选取草绘平面

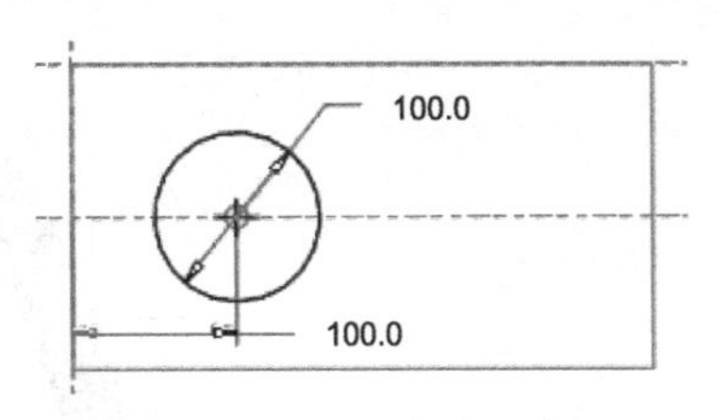

图 4.2.9　第二个截面草图

Step3. 创建混合特征。

（1）选择命令。在 模型 功能选项卡中选择 形状 ▾ ➡ 混合 命令。

（2）定义截面 1。单击“混合”操控板中的 截面 选项卡，在系统弹出的选项卡中选中 ◉ 选定截面 单选项，选取 Step2 中创建的第一个截面为混合截面 1。

（3）定义截面 2。单击选项卡中的 插入 按钮，然后选取 Step2 中创建的第二个截面为混合截面 2。

（4）单击“混合”操控板中的“移除材料”按钮，单击✔按钮，完成混合特征的创建，结果如图 4.2.6 所示。

4.3　旋转混合特征

4.3.1　旋转混合简述

使用“旋转混合”命令可以使用互成角度的若干截面来创建混合特征，其操作方法和混合类似。在 模型 功能选项卡中选择 形状 ▾ ➡ 旋转混合 命令，系统弹出图 4.3.1 所示的“旋转混合”操控板。

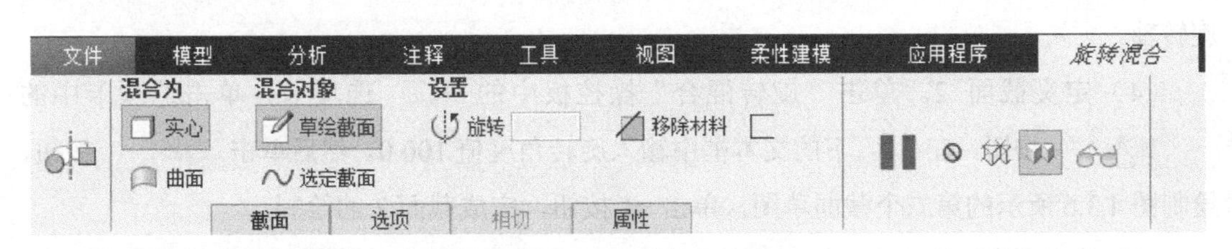

图 4.3.1　“旋转混合”操控板

4.3.2　混合应用举例

下面以图 4.3.2 所示的模型为例，介绍根据选定截面创建混合特征的一般过程。

图 4.3.2 混合特征

Step1. 将工作目录设置至 D:\creo6.2\work\ch04.03，打开文件 revolution.prt。

Step2. 创建混合特征。

（1）选择命令。在 模型 功能选项卡中选择 形状 ▾ ➡ 旋转混合 命令。

（2）定义截面 1。单击“旋转混合”操控板中的 截面 选项卡，在系统弹出的选项卡中选中 ◉ 草绘截面 单选项，单击 定义... 按钮，选取图 4.3.3 所示的模型表面为草绘平面，选取 TOP 基准面为参考平面，方向为 左；绘制图 4.3.4 所示的第一个截面草图，单击 ✔ 按钮，完成截面 1 的绘制。

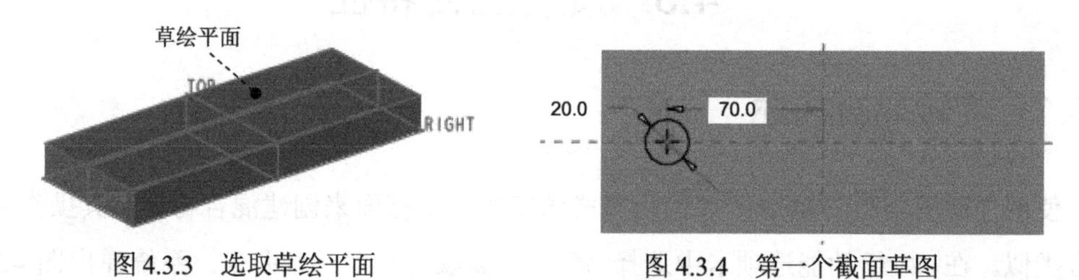

图 4.3.3 选取草绘平面　　图 4.3.4 第一个截面草图

（3）定义旋转轴。在系统 ➡ Select axis of revolution. 的提示下，选取图 4.3.5 所示的边线为旋转轴。

（4）定义截面 2。单击“旋转混合”操控板中的 截面 选项卡，单击选项卡中的 插入 按钮，在 偏移自 下的文本框中输入旋转角度值 100.0。然后单击 草绘... 按钮，绘制图 4.3.6 所示的第二个截面草图，单击 ✔ 按钮，完成截面 2 的绘制。

（5）单击“旋转混合”操控板中的 ✔ 按钮，完成旋转混合特征的创建，结果如图 4.3.2 所示。

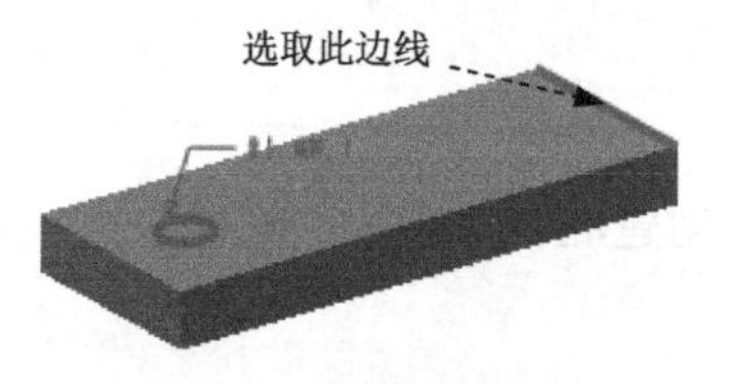

图 4.3.5 选择旋转轴

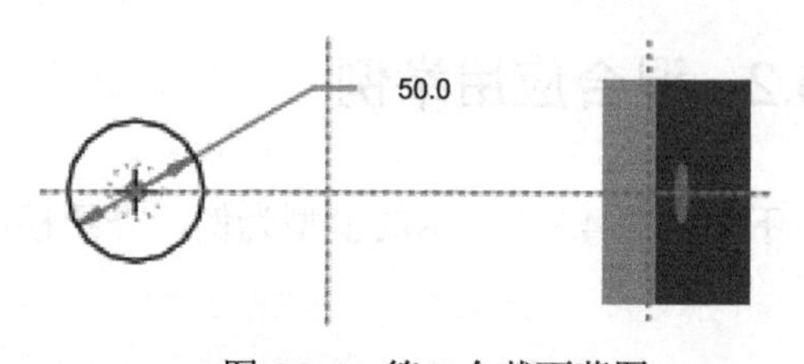

图 4.3.6 第二个截面草图

4.4 扫描混合特征

4.4.1 扫描混合特征简述

将一组截面的边用过渡（渐变）曲面沿某一条轨迹线进行连接，就形成了扫描混合（Swept Blend）特征。它既具有扫描特征的特点，又有混合特征的特点。扫描混合特征需要一条扫描轨迹和至少两个截面。图 4.4.1 所示的扫描混合特征是由三个截面和一条轨迹线扫描混合而成的。

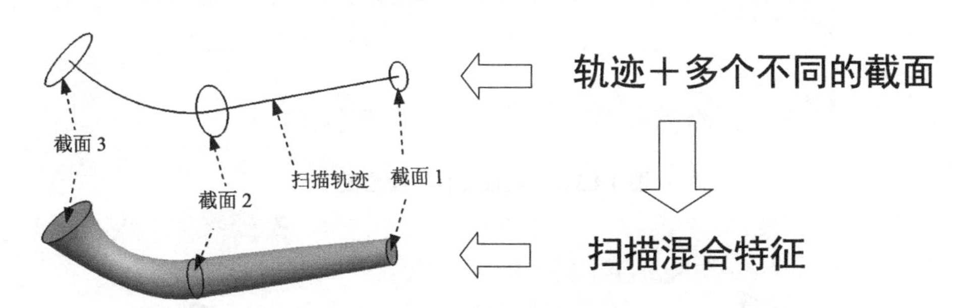

图 4.4.1　扫描混合特征

4.4.2 创建扫描混合特征的一般过程

下面以图 4.4.2 所示的例子来介绍创建扫描混合特征的一般过程。

Step1. 设置工作目录和打开文件。将工作目录设置至 D:\creo6.2\work\ch04.04，然后打开文件 sweepblend_nrmtoorigintraj.prt。

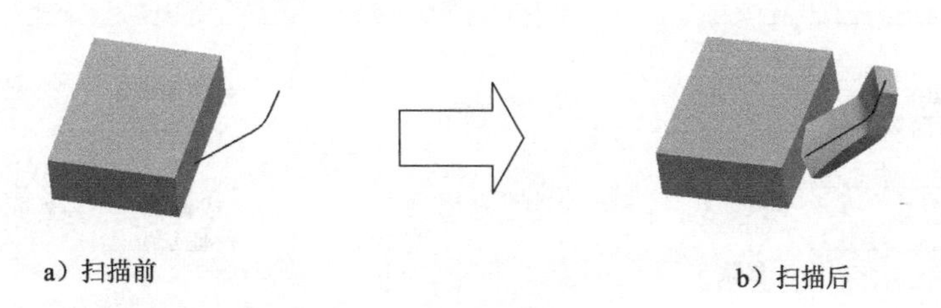

图 4.4.2　扫描混合特征

Step2. 单击 模型 功能选项卡 形状 ▾ 区域中的 扫描混合 按钮，系统弹出图 4.4.3 所示的“扫描混合”操控板，在该操控板中按下“实体”类型按钮。

Step3. 定义扫描轨迹。选取图 4.4.4 所示的曲线，箭头方向如图 4.4.5 所示。

Step4. 定义扫描中的截面控制。在该操控板中单击 参考 选项卡，在其界面的截平面控制下拉列表中选择垂直于轨迹选项（此为默认选项）。

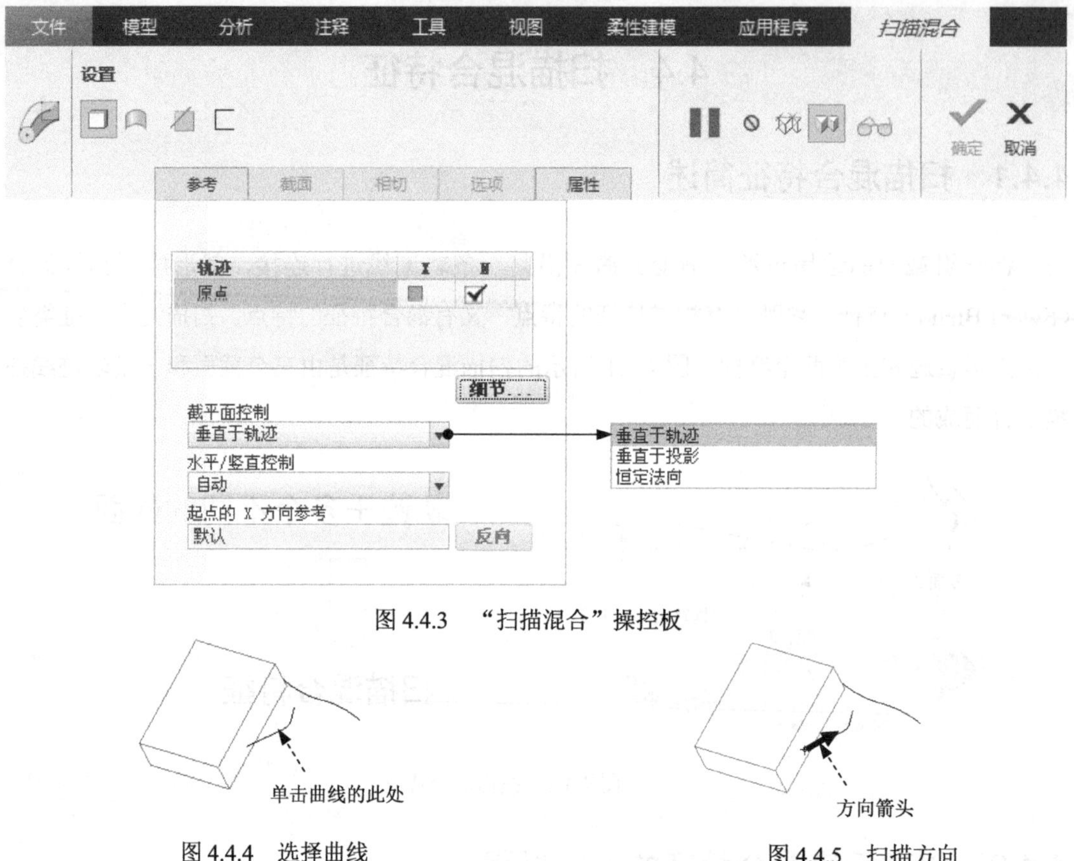

图 4.4.3 “扫描混合”操控板

图 4.4.4 选择曲线

图 4.4.5 扫描方向

Step5. 创建扫描混合特征的第一个截面。

（1）定义第一个截面上 X 轴的方向。在“扫描混合”操控板中单击 截面 选项卡，在图 4.4.6a 所示的界面中，单击 截面 X 轴方向 文本框中的 默认 字符，然后选取图 4.4.7 所示的边线，接受图 4.4.7 所示的箭头方向。

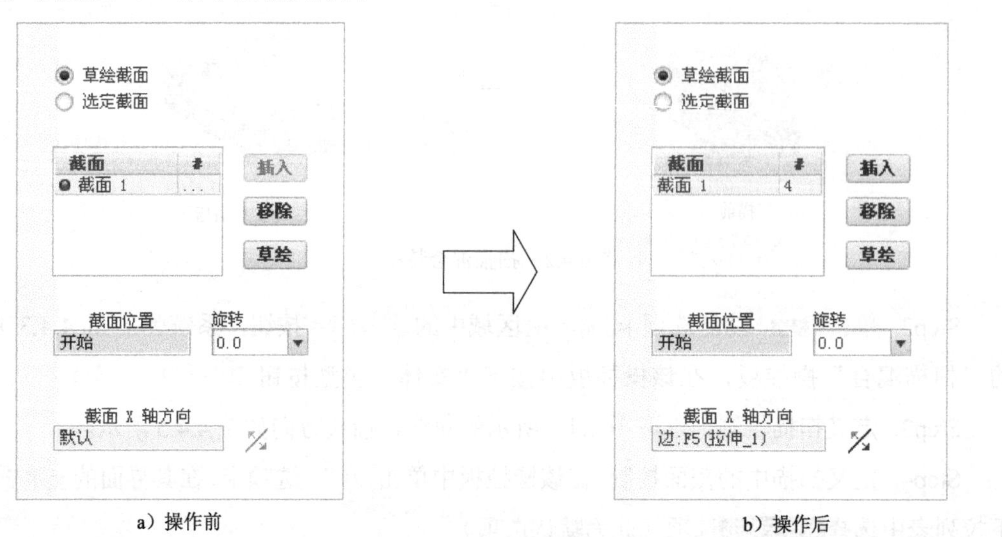

a）操作前

b）操作后

图 4.4.6 “截面”界面

（2）定义第一个截面在轨迹线上的位置点。在 截面 界面中单击 截面位置 文本框中的 开始 字符，系统默认选取图 4.4.8 所示的轨迹的起始点作为该截面在轨迹线上的位置点。

（3）在 截面 界面中，将“截面 1”的 旋转 角度值设置为 0.0。

（4）在 截面 界面中单击 草绘 按钮，此时系统进入草绘环境。

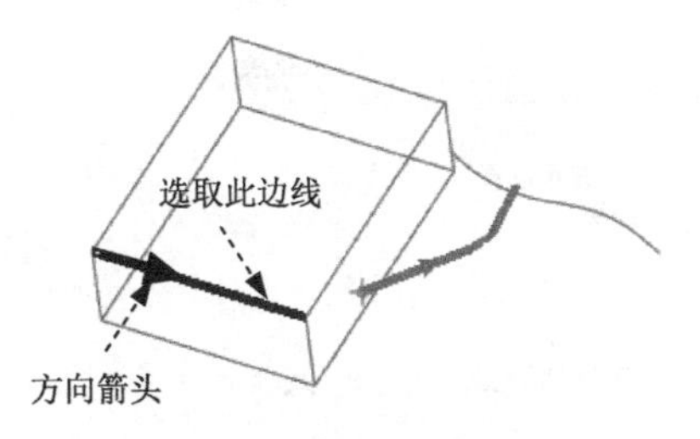

图 4.4.7　定义截面 X 轴方向

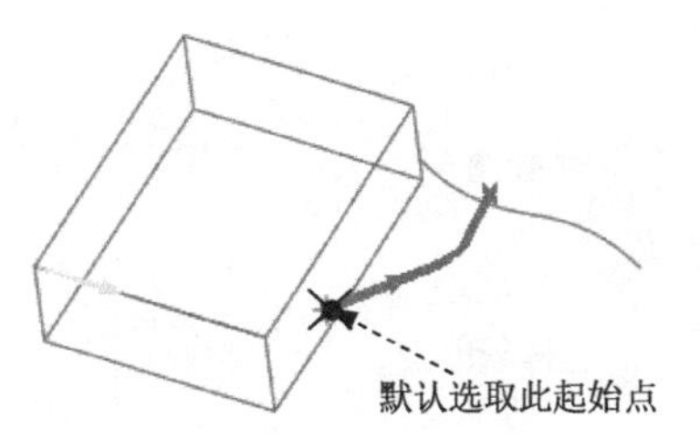

图 4.4.8　选取轨迹线的起始点

（5）进入草绘环境后，绘制和标注图 4.4.9 所示的第一个截面草图，单击“确定”按钮 ✔。

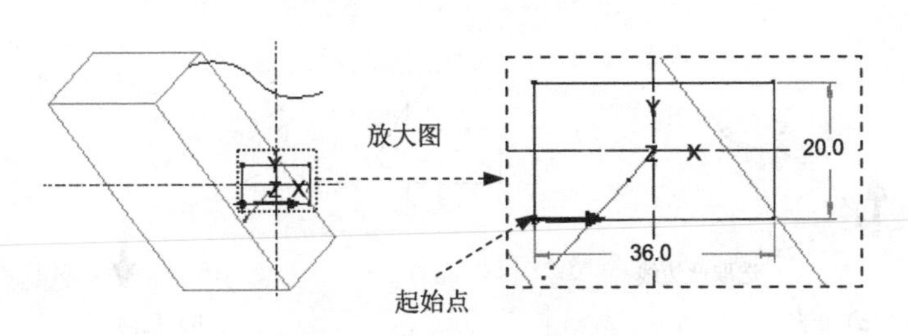

图 4.4.9　第一个截面草图

Step6. 创建扫描混合特征的第二个截面。

（1）在 截面 界面中单击 插入 按钮。

（2）定义第二个截面上 X 轴的方向。在图 4.4.10a 所示的 截面 界面中单击 截面 X 轴方向 文本框中的 默认 字符，然后选取图 4.4.11a 所示的边线，此时该边线上的箭头方向如图 4.4.11a 所示。在 截面 界面中单击 ⁄ 按钮，将箭头方向切换到图 4.4.11b 所示的方向。

（3）定义第二截面在轨迹线上的位置点。在 截面 界面中单击 截面位置 文本框中的 结束 字符，系统默认选取图 4.4.12 所示的轨迹线的终点作为该截面在轨迹线上的位置点。

（4）在 截面 界面中，将“截面 2”的 旋转 角度值设置为 0.0。

（5）在 截面 界面中单击 草绘 按钮，此时系统进入草绘环境。

（6）绘制和标注图 4.4.13 所示的第二个截面草图，单击“确定”按钮 ✔。

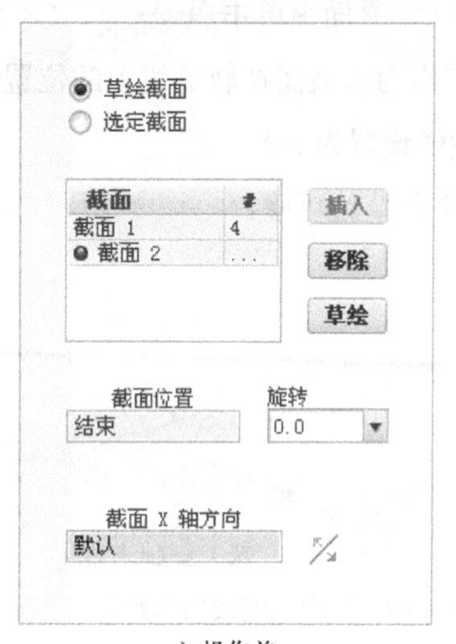

a）操作前

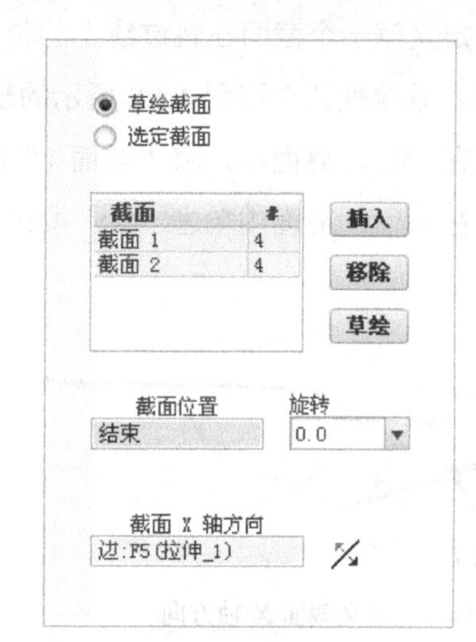

b）操作后

图 4.4.10 “截面”界面

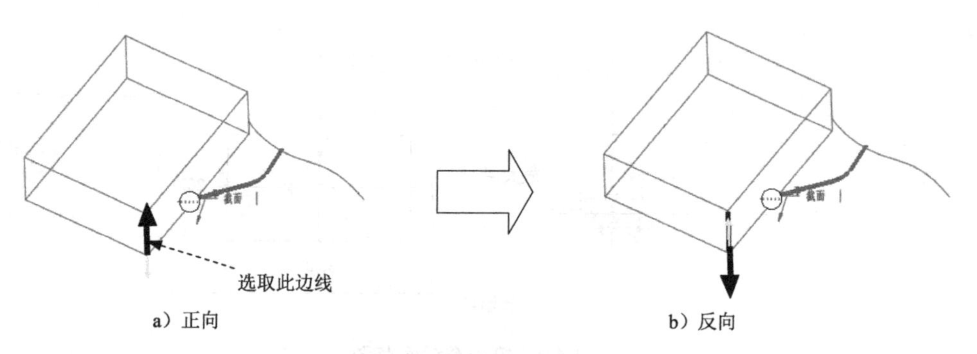

a）正向　　b）反向

图 4.4.11 切换方向

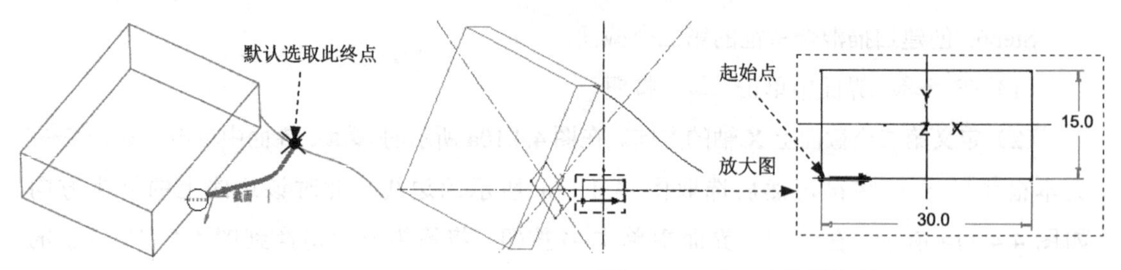

图 4.4.12 选取轨迹线的终点　　图 4.4.13 第二个截面草图

Step7. 在“扫描混合”操控板中单击 按钮，预览所创建的扫描混合特征。

Step8. 在“扫描混合”操控板中单击 按钮，完成扫描混合特征的创建。

Step9. 编辑特征。

（1）在模型树中选择 扫描混合 1，右击，从系统弹出的快捷菜单中选择 编辑 命令。

（2）在图 4.4.14 a 所示的图形中双击 0Z，然后将该值改为-90（图 4.4.14b）。

（3）单击“再生”按钮 ，对模型进行再生。

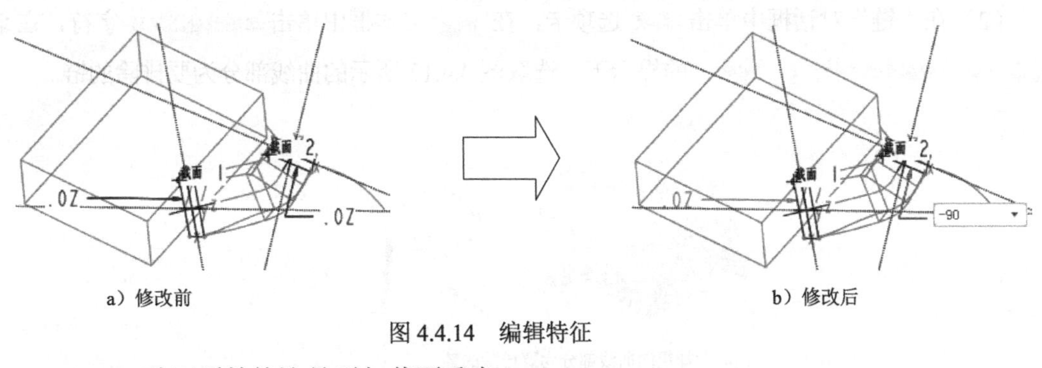

a）修改前　　b）修改后

图 4.4.14 编辑特征

Step10. 验证原始轨迹是否与截面垂直。

（1）单击 分析 功能选项卡中 测量 ▼ 下的按钮，系统弹出“测量：角度”对话框。

（2）按住 Ctrl 键，选取图 4.4.15 所示的曲线部分和模型表面。

（3）将“测量：角度”对话框中的“结果”区域展开，此时在“结果”区域中显示角度值为 90°，如图 4.4.16 所示。这个结果表示原始轨迹与截面垂直，验证成功。

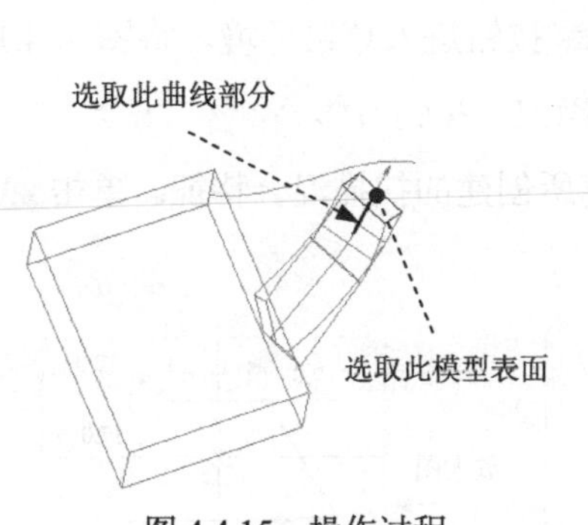

图 4.4.15 操作过程

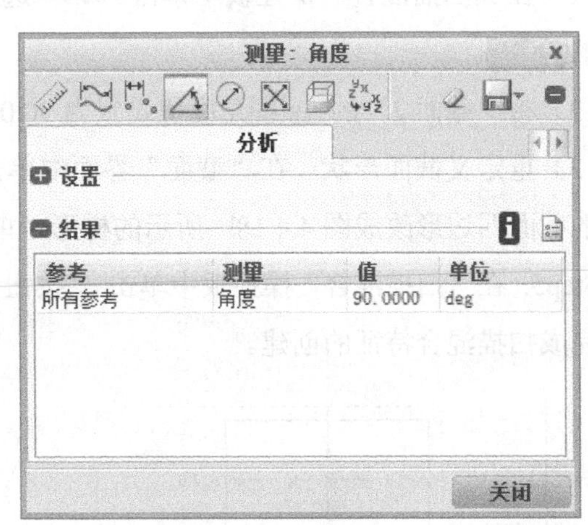

图 4.4.16 测量结果

4.4.3 重定义扫描混合特征的轨迹和截面

下面举例说明如何重新定义扫描混合特征的轨迹和截面。

Step1. 设置工作目录和打开文件。将工作目录设置至 D:\creo6.2\work\ch04.04，然后打开文件 sweepblend_redefine.prt。

Step2. 在模型树中选择 扫描混合 1，右击，从系统弹出的快捷菜单中选择命令。系统弹出“扫描混合”操控板。

Step3. 重定义轨迹。

（1）在“扫描混合”操控板中单击 参考 选项卡，在系统弹出的“参考”界面中单击 细节... 按钮，系统弹出“链”对话框。

（2）在“链”对话框中单击 选项 选项卡，在 排除 文本框中单击 单击此处添加项 字符，在系统 ➡选择一个或多个边或曲线以从链尾排除. 的提示下，选取图 4.4.17 所示的曲线部分为要排除的链。

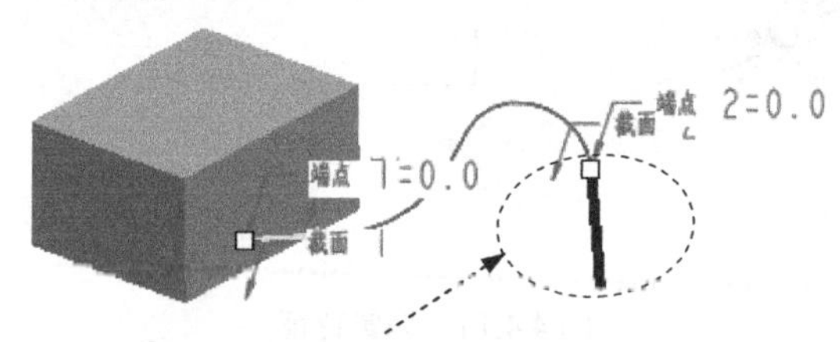

图 4.4.17 选取要排除的链

（3）在“链”对话框中单击 确定 按钮。

Step4. 重定义第二个截面。

（1）在“扫描混合”操控板中单击 截面 选项卡，在“截面”界面中单击“截面”列表中的 截面 2。

（2）将“截面 2”的 旋转 角度值设置为 90.0。

（3）重定义截面形状。在“截面”界面中单击 草绘 按钮进入草绘环境，将图 4.4.18a 所示的截面四边形改成图 4.4.18b 所示的梯形，单击“确定”按钮 ✔。

Step5. 在“扫描混合”操控板中单击 按钮，预览所创建的扫描混合特征。单击 ✔ 按钮，完成扫描混合特征的创建。

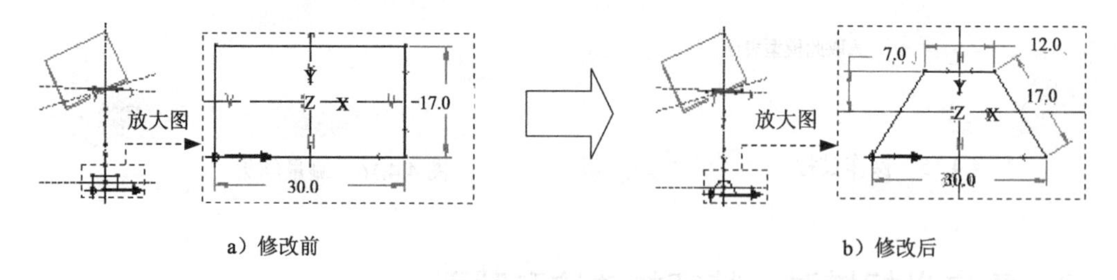

图 4.4.18 截面草图

4.4.4 扫描混合特征选项说明

1. 剖面控制

其三个选项的说明如下。

➢ 垂直于轨迹

特征的每个截面在扫描过程中保持与“原始轨迹”垂直，如图 4.4.19a 所示。此选项为系统默认的设置。如果用“截面”界面中的 截面 X 轴方向 确定截面的 X 向量，则截面的 X 向量（即截面坐标系的 X 轴方向）可与某个平面的法向、某个边线/轴线方向或坐标系的某个

坐标轴方向一致，如图 4.4.19b 所示。

查看模型 D:\creo6.2\work\ch04.04\sweepblend_normtotraj_ok.prt。

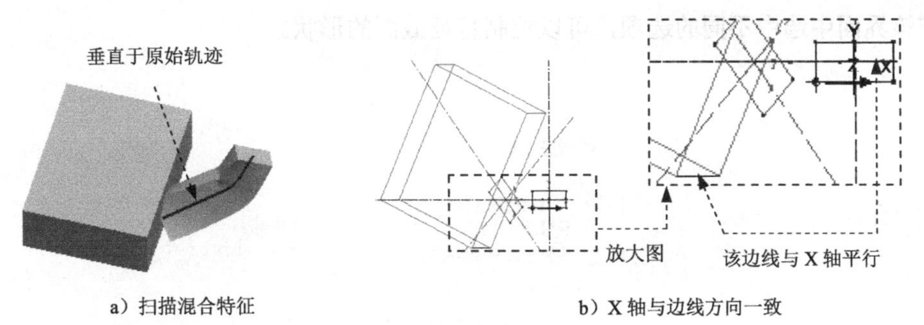

图 4.4.19 垂直于轨迹

➢ 垂直于投影

沿投影方向看去，特征的每个截面在扫描过程中保持与“原始轨迹”垂直，Z 轴与指定方向上的“原始轨迹”的投影相切。此时需要首先选取一个方向参考，并且截面坐标系的 Y 轴方向与方向参考一致，如图 4.4.20b 所示。

查看模型 D:\creo6.2\work\ch04.04\sweepblend_normtopro_ok.prt。

➢ 恒定法向

每个截面的 Z 轴方向在扫描过程中始终平行于所选参考的方向，此时需要先选取一个方向参考，如图 4.4.21b 所示。

查看模型 D:\creo6.2\work\ch04.04\sweepblend_consnormdire_ok.prt。

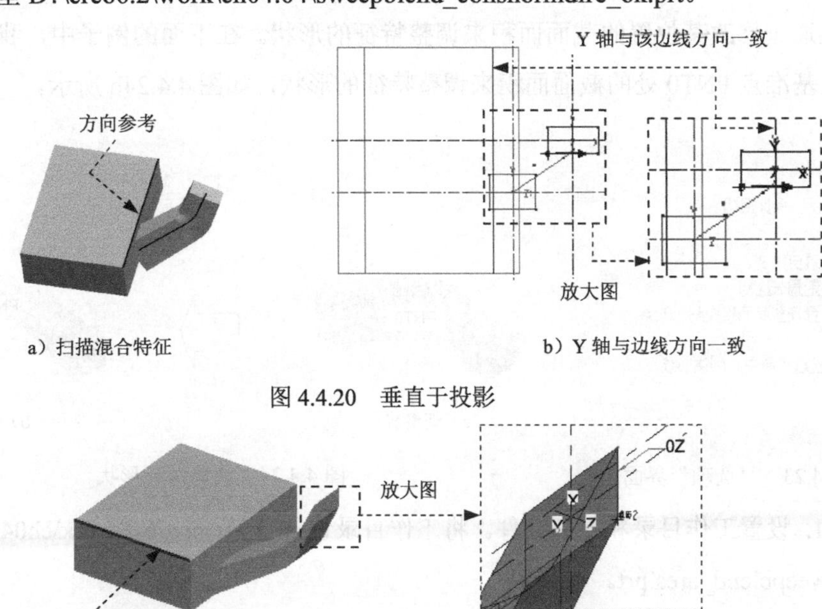

图 4.4.20 垂直于投影

图 4.4.21 恒定法向

2. 混合控制

在"扫描混合"操控板中单击 选项 选项卡，系统弹出图 4.4.22 所示的"选项"界面，通过在该界面中选中不同的选项，可以控制特征截面的形状。

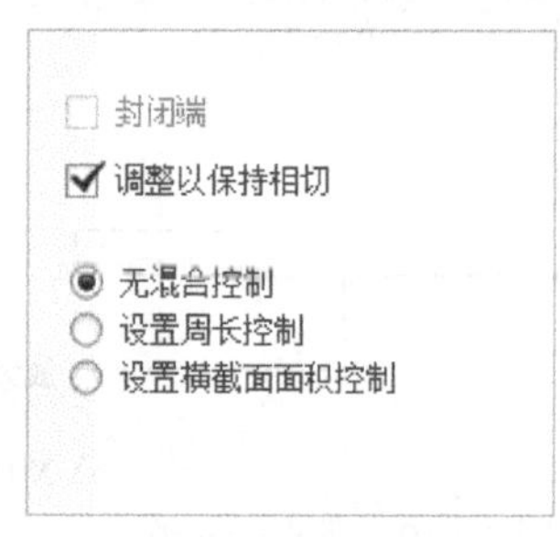

图 4.4.22 "选项"界面

➢ 封闭端 复选框

设置曲面的封闭端点。

➢ 无混合控制 单选项

将不设置任何混合控制。

➢ 设置周长控制 单选项

混合特征中各截面的周长将沿轨迹线呈线性变化，这样通过修改某个已定义截面的周长便可以控制特征中各截面的形状。当选中 设置周长控制 单选项时，"选项"界面如图 4.4.23 所示，如选中 通过折弯中心创建曲线 复选框，可将曲线放置在扫描混合的中心。

➢ 设置横截面面积控制 单选项

可以通过修改某位置的截面面积来调整特征的形状。在下面的例子中，我们将通过调整轨迹上基准点 PNT0 处的截面面积来调整特征的形状，如图 4.4.24b 所示。

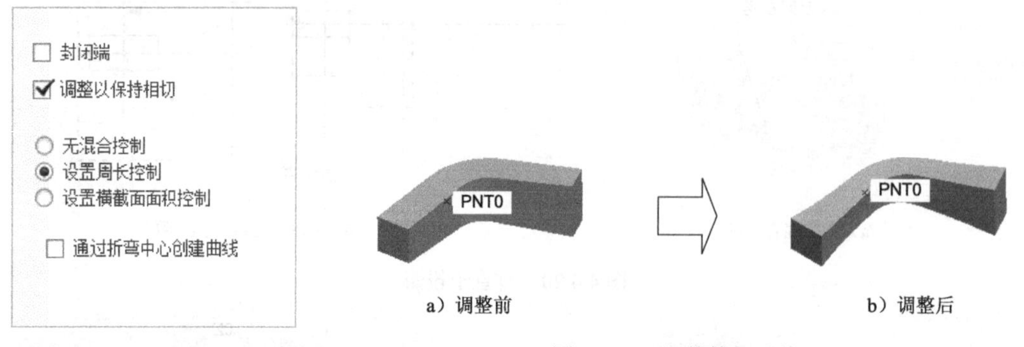

图 4.4.23 "选项"界面 图 4.4.24 调整特征形状

Step1. 设置工作目录和打开文件。将工作目录设置至 D:\creo6.2\work\ch04.04，然后打开文件 sweepblend_area.prt。

Step2. 在模型树中选择 扫描混合 1，右击，从系统弹出的快捷菜单中选择 编辑定义 命令。在"扫描混合"操控板中单击 选项 选项卡，在"选项"界面中选中 设置横截面面积控制

单选项（图 4.4.25）。

Step3. 定义控制点。

（1）在系统 在原点轨迹上选择一个点或顶点以指定区域。 的提示下，选取图 4.4.26 所示的基准点 PNT0。

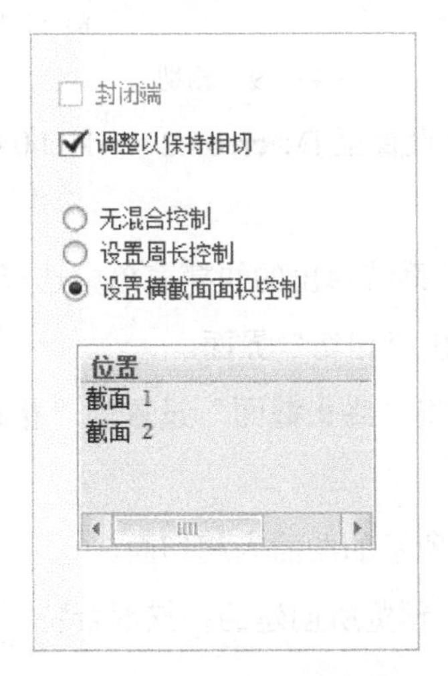

图 4.4.25 “选项”选项卡

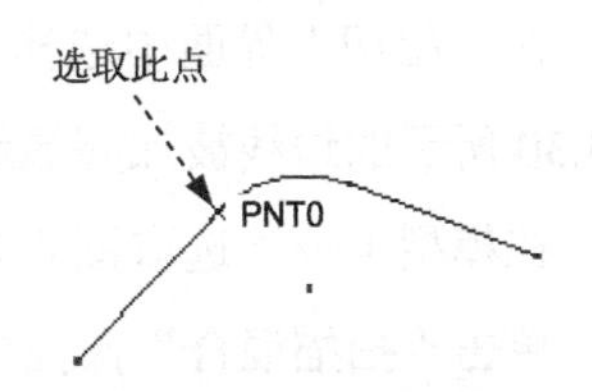

图 4.4.26 选择基准点

（2）在图 4.4.27 所示的“选项”选项卡中，将“PNT0：F6（基准点）”的“面积”改为 300.0。

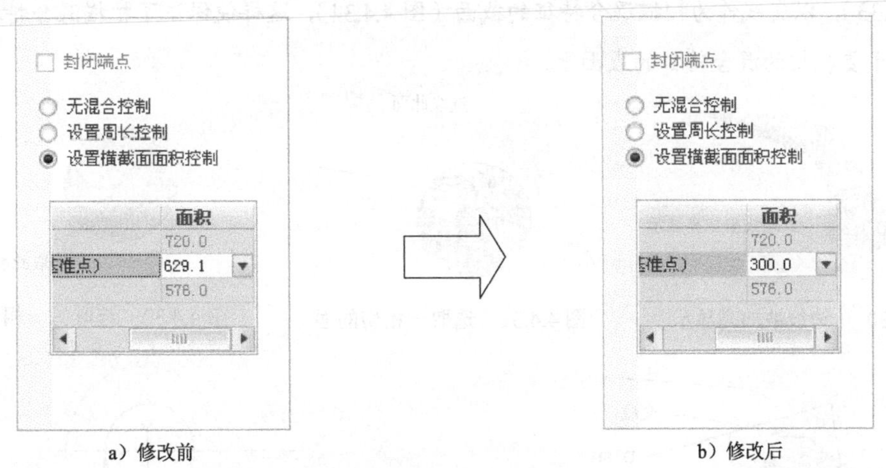

图 4.4.27 “选项”选项卡

Step4. 单击“完成”按钮 ✔，完成扫描混合特征的创建。

3. 相切

在“扫描混合”操控板中单击 相切 选项卡，系统弹出图 4.4.28 所示的“相切”选项卡，用于控制扫描混合特征与其他特征的相切过渡，如图 4.4.29b 所示。

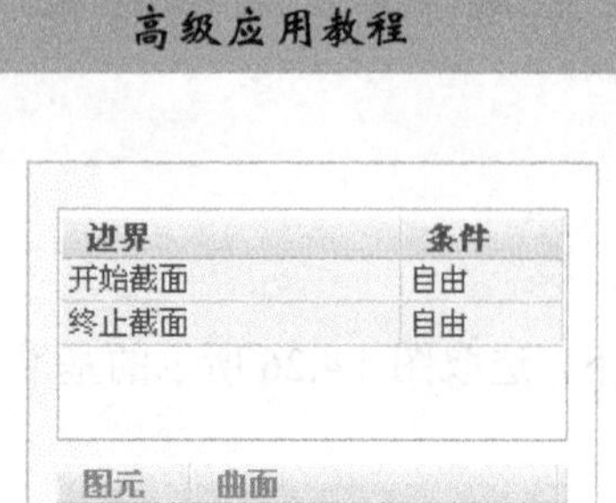

图 4.4.28 “相切”选项卡

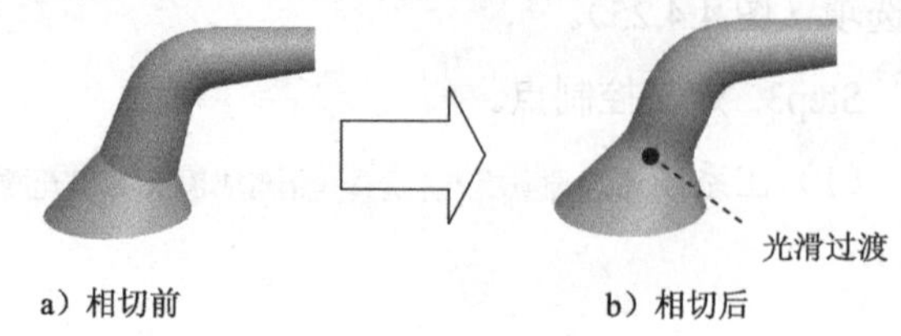

图 4.4.29 相切

Step1. 设置工作目录和打开文件。将工作目录设置至 D:\creo6.2\work\ch04.04，然后打开文件 sweepblend_tangent.prt。

Step2. 在模型树中选择 扫描混合 1，右击，从系统弹出的快捷菜单中选择命令。在“扫描混合”操控板中单击 相切 选项卡，系统弹出“相切”界面。

Step3. 在“相切”界面中选择“终止截面”，将“终止截面”设置为“相切”，此时模型中图 4.4.30 所示的边线被加亮显示。

Step4. 在模型上依次选取图 4.4.31、图 4.4.32 所示的曲面为相切面。

Step5. 单击“扫描混合”操控板中的按钮，预览所创建的扫描混合特征；单击按钮，完成扫描混合特征的创建。

说明：要注意特征截面图元必须位于要选取的相切面上。本例中，可先在轨迹的端点处创建一个与轨迹垂直的 DTM1 基准平面，然后用“相交”命令得到 DTM1 与混合特征的交线（图 4.4.33），以交线作为扫描混合特征的截面（图 4.4.34），这样便保证了扫描混合特征的截面图元位于要相切的混合特征的表面上。

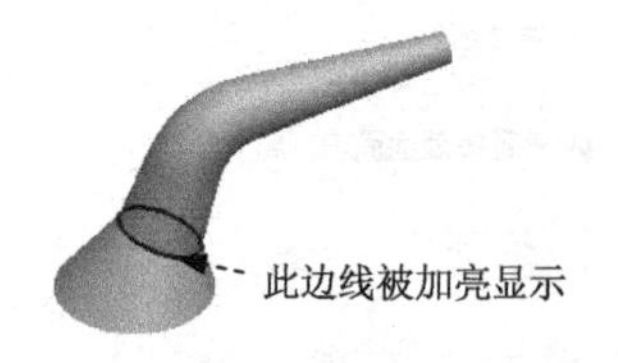

图 4.4.30 边线被加亮显示

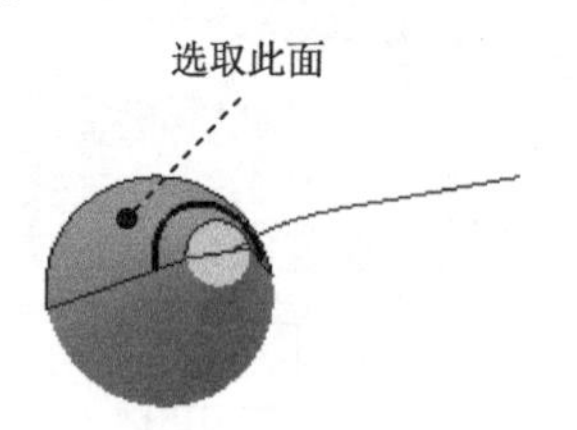

图 4.4.31 选取一相切的面

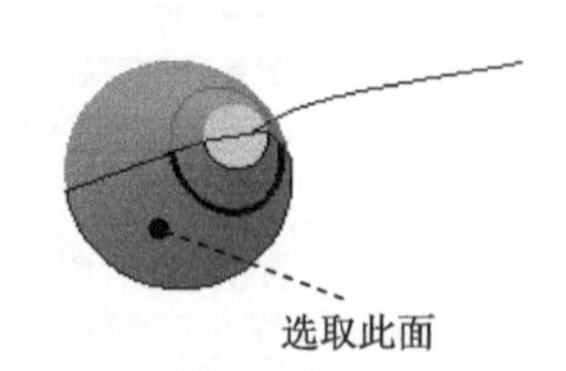

图 4.4.32 选取另一相切的面

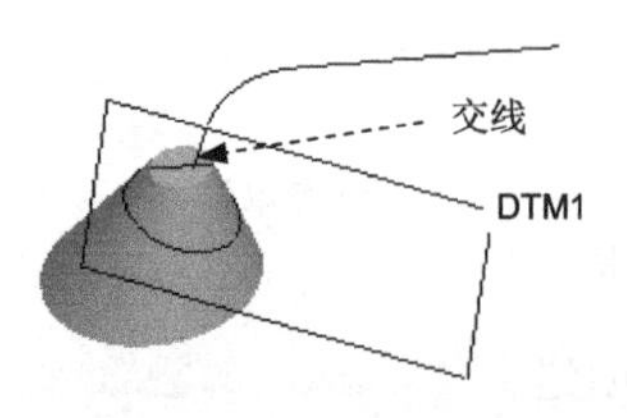

图 4.4.33 创建交线

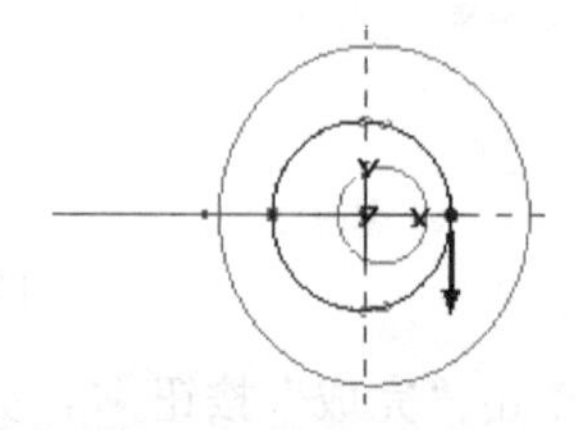

图 4.4.34 扫描混合特征的一个截面

4.4.5 Creo 扫描混合特征实际应用

零件模型及模型树如图 4.4.35 所示。

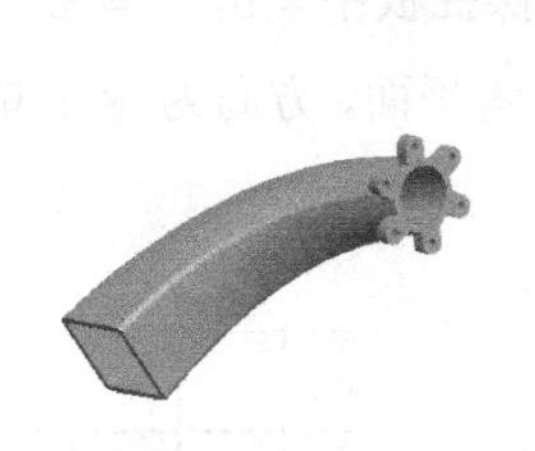

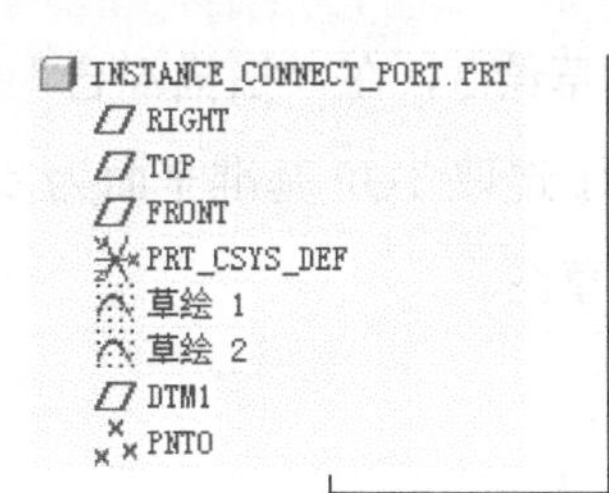

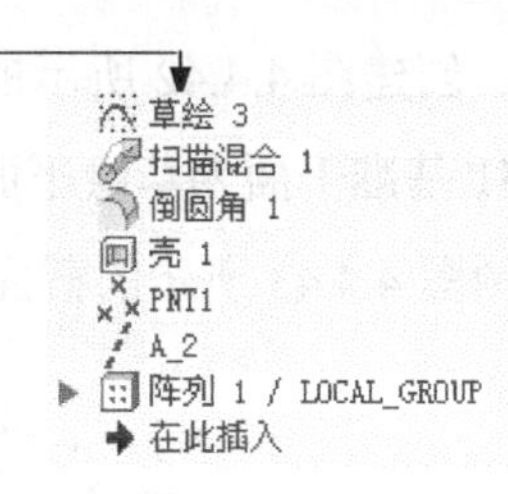

图 4.4.35 零件模型及模型树

Step1. 新建一个零件模型，将其命名为 INSTANCE_CONNECT_PORT.PRT。

Step2. 创建图 4.4.36 所示的草绘 1。在“扫描混合”操控板中单击“草绘”按钮，选取 TOP 基准平面为草绘平面，选取 RIGHT 基准平面为参考平面，方向为右；单击草绘按钮，绘制图 4.4.37 所示的截面草图。

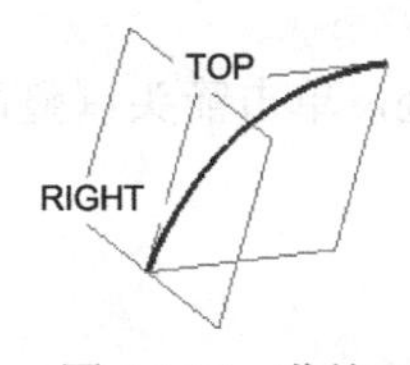

图 4.4.36 草绘 1

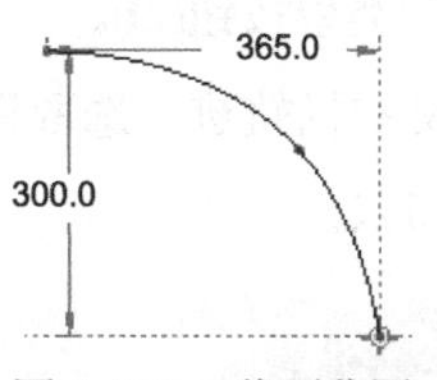

图 4.4.37 截面草图

Step3. 创建图 4.4.38 所示的草绘 2。在“扫描混合”操控板中单击“草绘”按钮，选取 FRONT 基准平面为草绘平面，选取 RIGHT 基准平面为参考平面，方向为右；单击草绘按钮，绘制图 4.4.39 所示的截面草图（截面草图被分割成四个部分）。

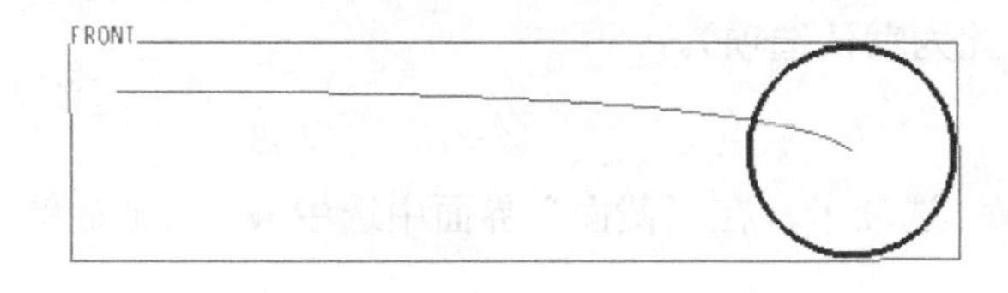

图 4.4.38 草绘 2

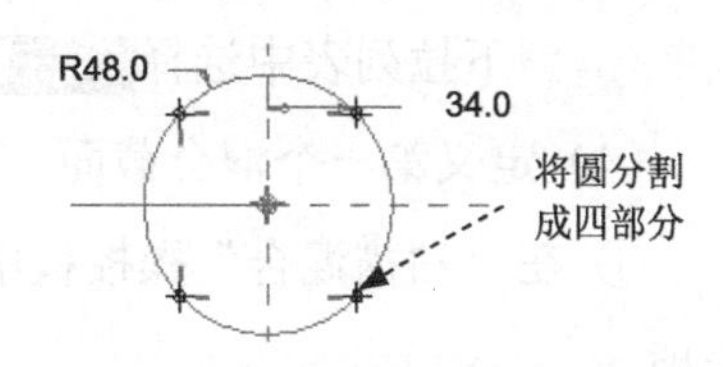

图 4.4.39 截面草图

Step4. 创建图 4.4.40 所示的基准平面 DTM1。单击模型功能选项卡基准区域中的“平面”按钮，在模型树中选取 RIGHT 基准平面为偏距参考面，在“基准平面”对话框中输入偏移距离值 362.0，单击该对话框中的确定按钮。

Step5. 创建图 4.4.41 所示的基准点 PNT0。单击模型功能选项卡基准区域中的“点”按钮点，选取图 4.4.41 所示的曲线 1 的端点，此端点处即产生一个基准点 PNT0，单击“基准点”对话框中的确定按钮。

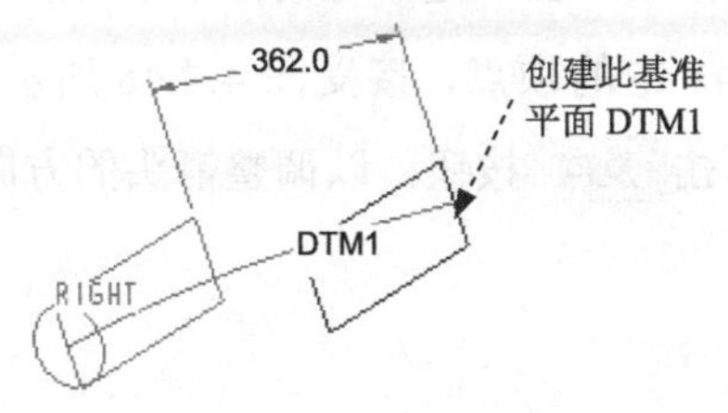

图 4.4.40 平面

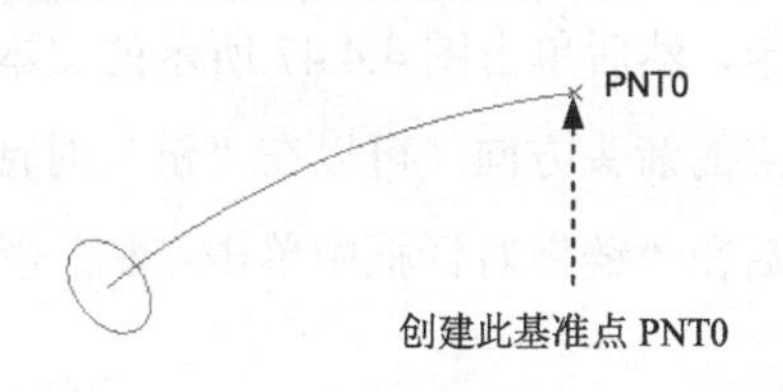

图 4.4.41 点

Step6. 创建图 4.4.42 所示的草绘 3。在“扫描混合”操控板中单击“草绘”按钮，选取 DTM1 基准平面为草绘平面，选取 TOP 基准平面为参考平面，方向为下；单击草绘按钮，绘制图 4.4.43 所示的截面草图。

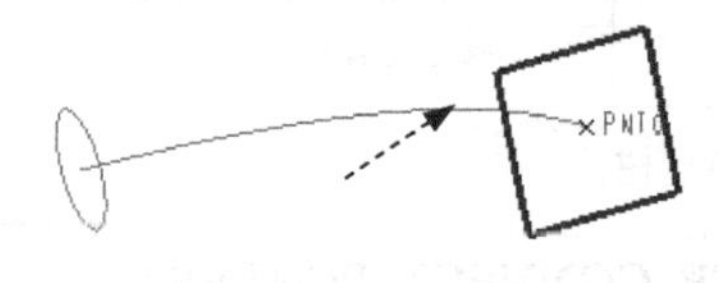
图 4.4.42 草绘 3

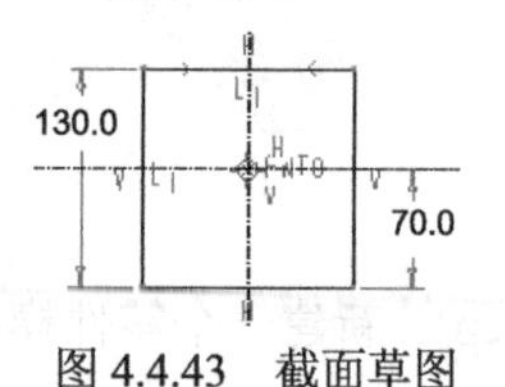

图 4.4.43 截面草图

Step7. 创建图 4.4.44 所示的扫描混合特征，相关操作如下。

（1）单击模型功能选项卡形状区域中的扫描混合按钮，在“扫描混合”操控板中按下“实体”类型按钮。

（2）定义扫描轨迹。选取图 4.4.45 所示的曲线为扫描的轨迹，单击箭头调整箭头方向，如图 4.4.45 所示。

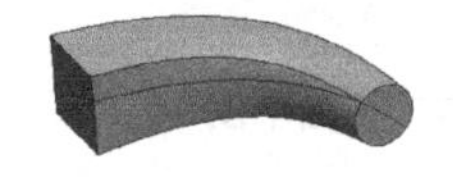
图 4.4.44 创建扫描混合特征

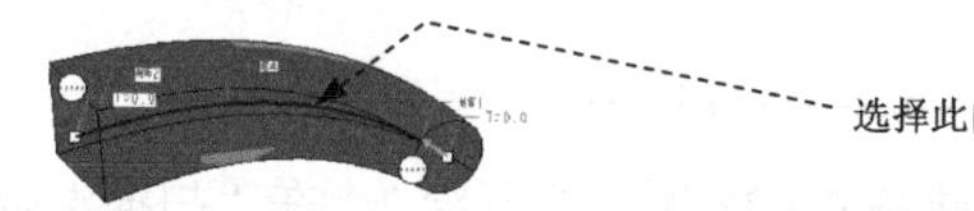

图 4.4.45 选取扫描轨迹

（3）定义混合类型。在“扫描混合”操控板中单击参考选项卡，在“参考”界面的截平面控制下拉列表中选择垂直于轨迹选项（此为默认选项）。

（4）定义第一个混合截面。

① 在“扫描混合”操控板中单击截面选项卡，在“截面”界面中选中 ◉ 选定截面单选项。

② 在系统选择一个链曲线/边的提示下，单击图 4.4.46 中的圆弧。

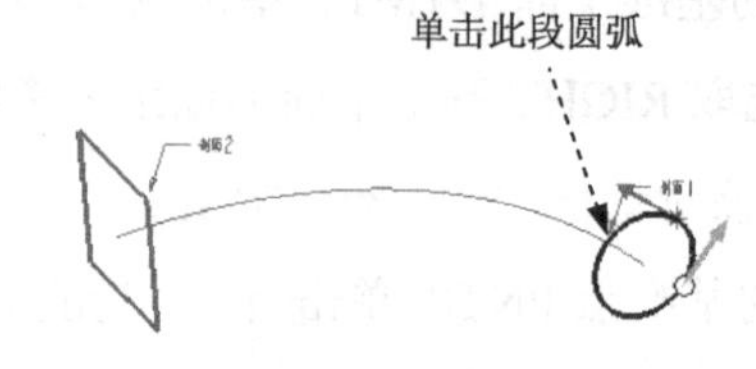

图 4.4.46 选择圆弧

③ 定义起始点。在“截面”界面中单击细节...按钮，在“链”对话框中单击选项选项卡，然后单击图 4.4.47 所示的文本框。单击图 4.4.48 中的顶点，接受图 4.4.48 所示的起始点的箭头方向（可以在“链”对话框的方向:区域单击反向按钮，以调整箭头的方向），然后在“链”对话框中单击确定按钮。

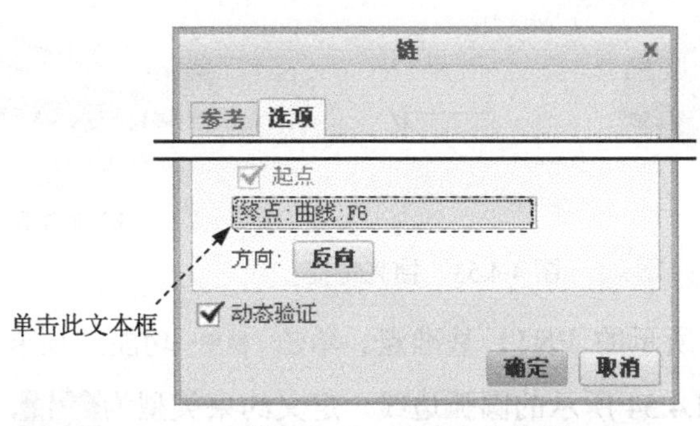

图 4.4.47 “链”对话框

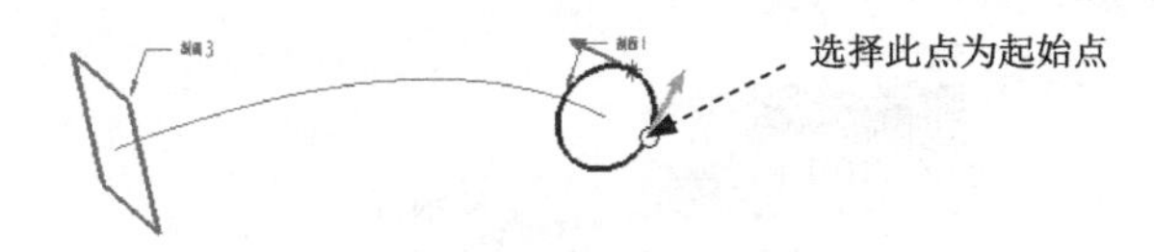

图 4.4.48 选择起始点

（5）定义第二个混合截面。

① 在“截面”界面中单击 插入 按钮，在“截面”界面中选中 ◉ 选定截面 单选项。

② 在系统 ➪选择一个链曲线/边 的提示下，单击图 4.4.49 中的矩形曲线。

③ 调整该截面的混合起点和方向，使两个截面的混合起点接近且方向相同。这样才不会使特征扭曲，起始点的箭头方向如图 4.4.50 所示。

（6）在“扫描混合”操控板中单击“预览”按钮，预览所创建的扫描混合特征。单击“完成”按钮✔，完成扫描混合特征的创建。

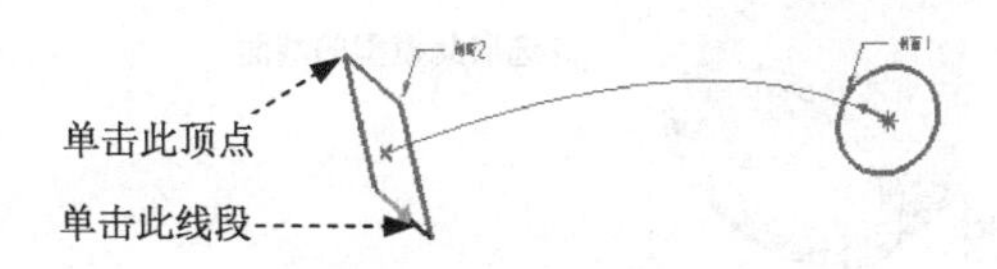

图 4.4.49 选择矩形曲线

图 4.4.50 设置起始点

Step8. 创建图 4.4.51 所示的倒圆角特征。倒圆角边线为图 4.4.52 所示的四条边线，倒圆角半径值为 10.0。

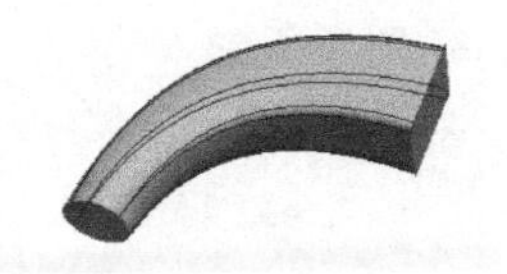

图 4.4.51 创建倒圆角特征

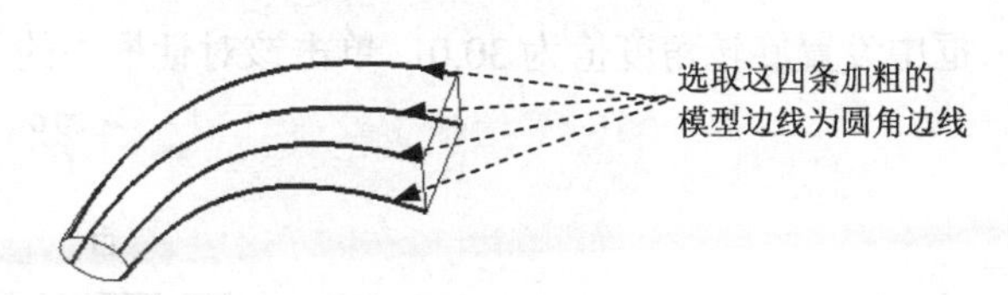

图 4.4.52 选取模型边线

Step9. 创建图 4.4.53b 所示的抽壳特征，厚度值为 9.0。

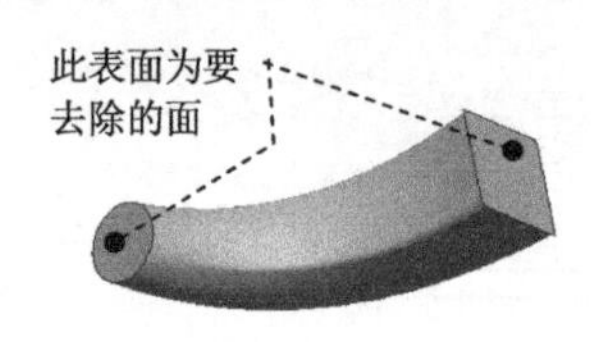

a）抽壳前

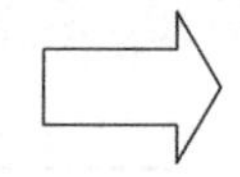

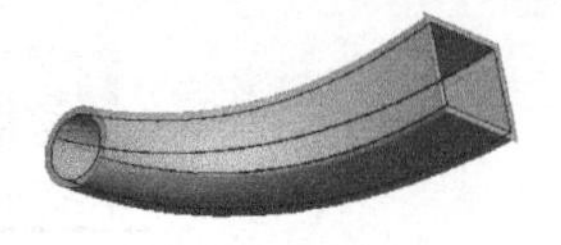

b）抽壳后

图 4.4.53　抽壳特征

Step10. 创建图 4.4.54 所示的 PNT1 基准点。单击 模型 功能选项卡 基准 ▾ 区域中的“点”按钮 点 ▾，选取图 4.4.54 所示的圆弧边线，定义约束类型为 居中，系统即在此圆弧的圆心处产生一个基准点 PNT1。

图 4.4.54　选取圆弧边线

Step11. 创建图 4.4.55 所示的 A_2 基准轴。该基准轴经过 PNT1 基准点，并且与图中所示的端面垂直，相关操作如下。

（1）单击 模型 功能选项卡 基准 ▾ 区域中的“点”按钮 / 轴。

（2）选取基准点 PNT1。

（3）按住 Ctrl 键，选取图 4.4.55 中模型的端面，系统即创建经过 PNT1 基准点且垂直于该端面的 A_2 基准轴。

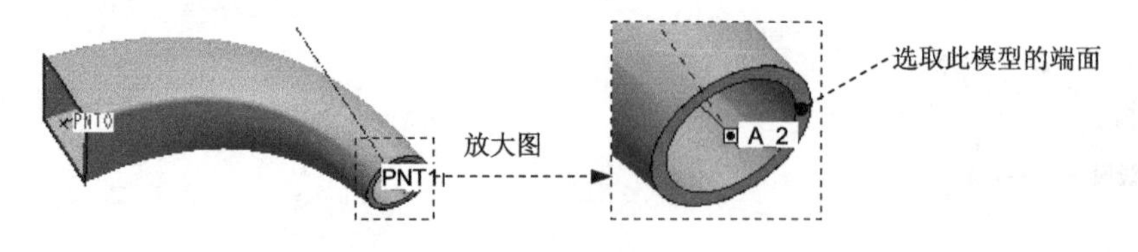

图 4.4.55　轴

Step12. 创建图 4.4.56 所示的基准平面 DTM2。单击 模型 功能选项卡 基准 ▾ 区域中的“平面”按钮，选取基准轴 A_2，选取 RIGHT 基准平面为参考面，在“基准平面”对话框中设置旋转角度值为 30.0，单击该对话框中的 确定 按钮。

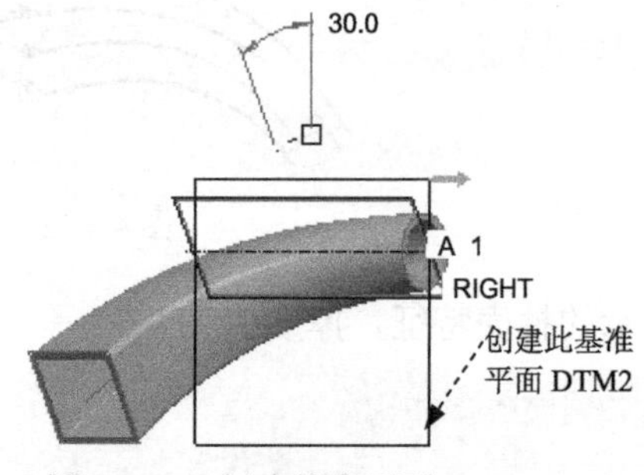

图 4.4.56　创建基准平面 DTM2

Step13. 创建图 4.4.57a 所示的拉伸特征 1。在“扫描混合”操控板中单击“拉伸”按钮 拉伸，选取图 4.4.57b 所示的模型表面为草绘平面，选取 DTM2 基准平面为参考平面，方向为上；绘制图 4.4.58 所示的截面草图，在该操控板中定义拉伸类型为，输入深度值 20.0；单击按钮调整拉伸方向，单击“完成”按钮，完成拉伸特征 1 的创建。

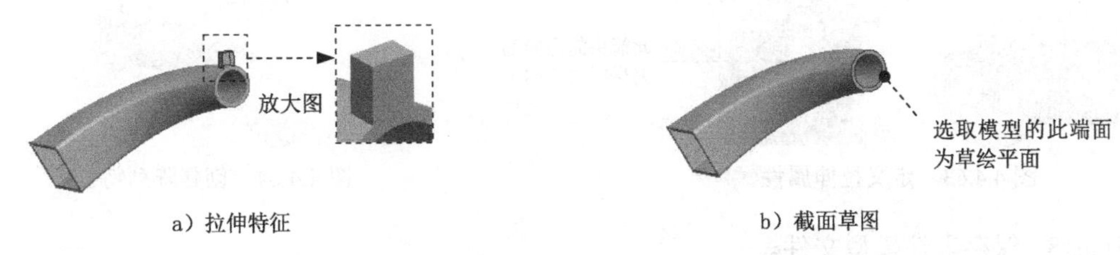

a）拉伸特征　　b）截面草图

图 4.4.57　拉伸特征 1

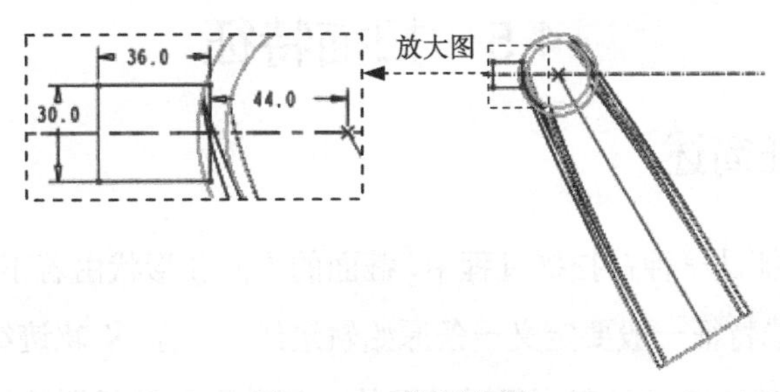

图 4.4.58　截面草图

Step14. 创建图 4.4.59 所示的完全倒圆角特征。选取图 4.4.60 中的两条边线，在 集 选项卡中单击 完全倒圆角 按钮。

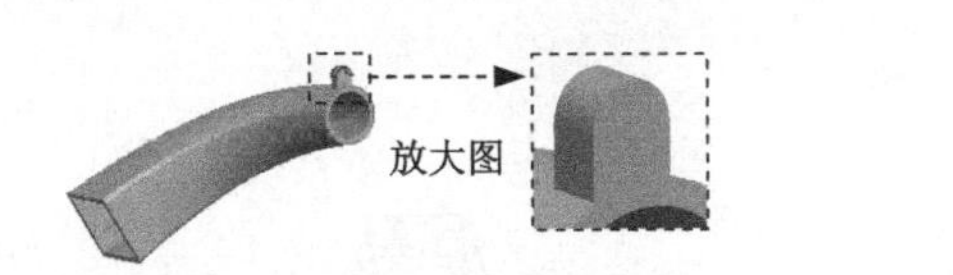

图 4.4.59　创建完全倒圆角特征

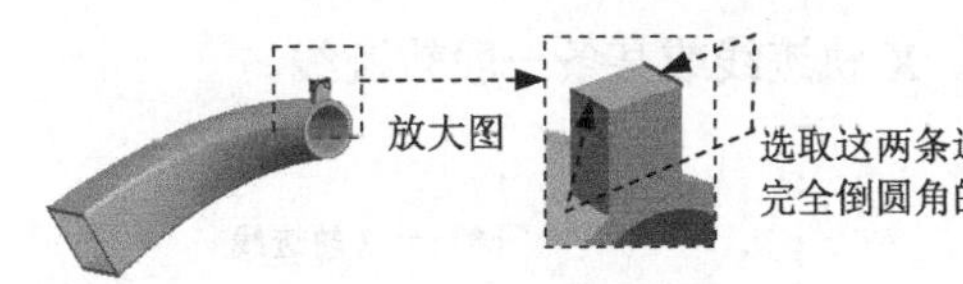

图 4.4.60　选取参考边线

Step15. 创建图 4.4.61 所示的拉伸特征 2。在“扫描混合”操控板中单击“拉伸”按钮，按下“移除材料”按钮，选取图 4.4.61 所示的模型表面为草绘平面，选取 DTM2 基准平面为参考平面，方向为上；选取图 4.4.62 所示的边线为草绘参考，绘制图 4.4.62 所示的截面草图。在“扫描混合”操控板中定义拉伸类型为，然后再选取图 4.4.63 中模型的背面为拉伸的终止面，单击“完成”按钮，完成拉伸特征 2 的创建。

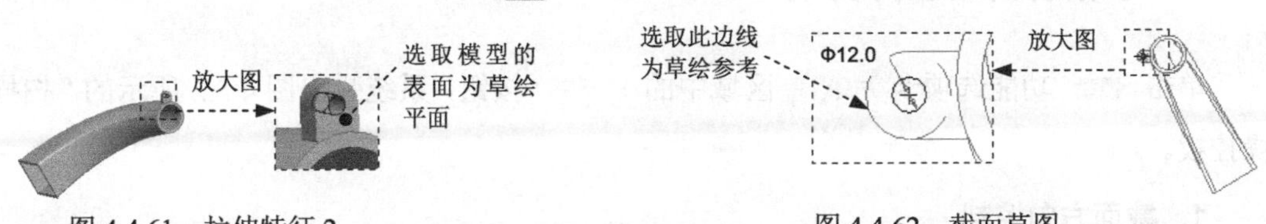

图 4.4.61　拉伸特征 2　　图 4.4.62　截面草图

Step16. 创建组特征。按住 Ctrl 键，选取模型树中的 DTM2、拉伸特征 1、完全倒圆角特征及拉伸特征 2 并右击，在系统弹出的快捷菜单中选择 组 命令，完成组特征的创建。

Step17. 创建图 4.4.64 所示的特征阵列。在模型树中选取组特征并右击，在系统弹出的快捷菜单中选择 命令，定义阵列控制方式为 轴 ，选择模型中的轴 A_1，阵列个数为 6，角度增量值为 60.0，单击“完成”按钮 ，完成阵列特征的创建。

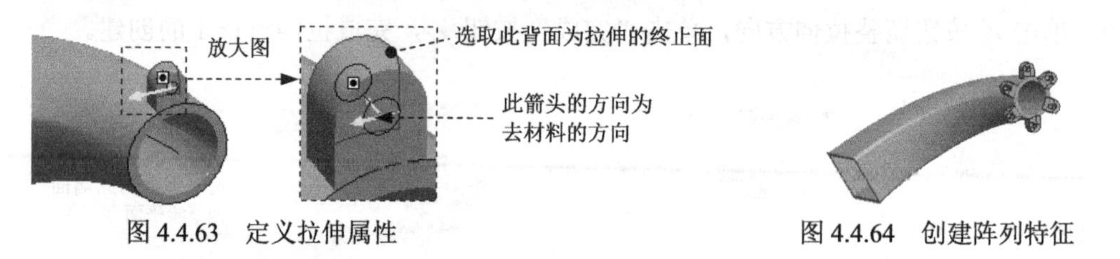

图 4.4.63 定义拉伸属性　　图 4.4.64 创建阵列特征

Step18. 保存零件模型文件。

4.5 扫描特征

4.5.1 扫描特征简述

扫描（Sweep）特征是一种在扫描过程中，截面的方向和形状由若干轨迹线所控制的特征。如图 4.5.1 所示，扫描特征一般要定义一条原始轨迹线、一条 X 轨迹线、多条一般轨迹线和一个截面。其中，原始轨迹线是截面经过的路线，即截面开始于原始轨迹线的起点，终止于原始轨迹线的终点；X 轨迹线决定截面上坐标系的 X 轴方向；多条一般轨迹线用于控制截面的形状。另外，还需要定义一条法向轨迹线以控制特征截面的法向，法向轨迹线可以是原始轨迹线、X 轨迹线或某条一般轨迹线。

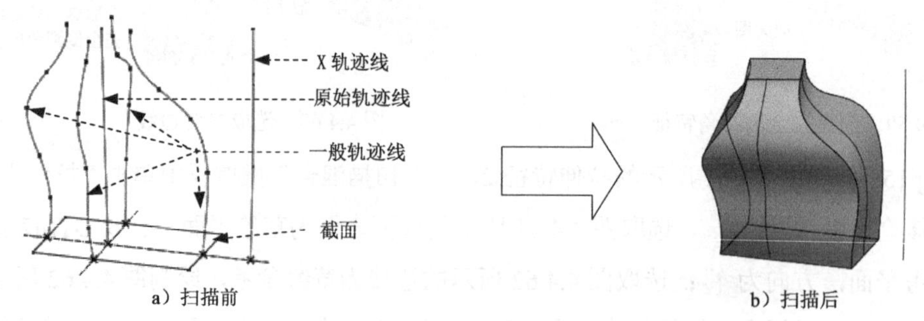

图 4.5.1 扫描特征

4.5.2 扫描特征选项说明

单击 模型 功能选项卡 形状 ▾ 区域中的 扫描 ▾ 按钮，系统弹出图 4.5.2 所示的“扫描”操控板。

1. 截面方向控制

在“扫描”操控板中单击 参考 选项卡，在其界面中可看到，截平面控制下拉列表中有如下三个选项。

- 垂直于轨迹：扫描过程中，特征截面始终垂直于某个轨迹，该轨迹可以是原始轨迹线、X轨迹线或某条一般轨迹线。
- 垂直于投影：扫描过程中，特征截面始终垂直于一条假想的曲线，该曲线是某个轨迹在指定平面上的投影曲线。
- 恒定法向：截面的法向与指定的参考方向保持平行。

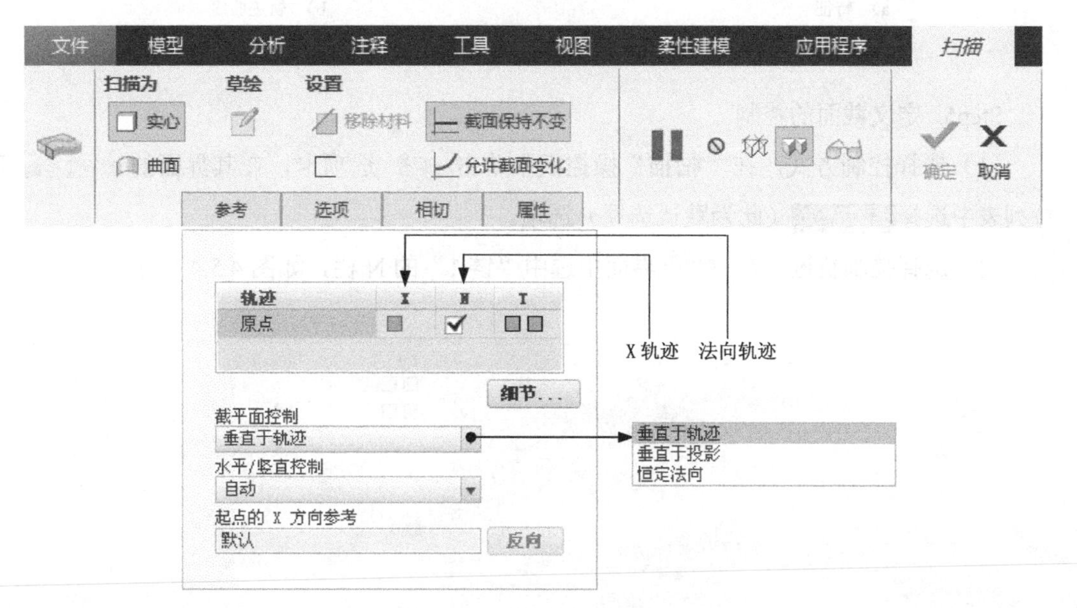

图 4.5.2　“扫描”操控板

2. 截面形状控制

- 按钮：草绘截面在扫描过程中可变。
- 按钮：草绘截面在扫描过程中不变。

4.5.3　用“垂直于轨迹”确定截面的法向

在图 4.5.3a 中，特征的截面在扫描过程中始终与曲线 2 垂直，该特征的创建过程如下。

Step1. 设置工作目录和打开文件。将工作目录设置至 D:\creo6.2\work\ch04.05，然后打开文件 varsecsweep_normtraj.prt。

Step2. 单击 模型 功能选项卡 形状 ▾ 区域中的 扫描 ▾ 按钮。

Step3. 在“扫描”操控板中按下“实体”类型按钮。

Step4. 选择轨迹曲线。第一个选择的轨迹必须是原始轨迹，在图 4.5.3a 所示的模型中，先选取基准曲线 1，然后按住 Ctrl 键，选取基准曲线 2。

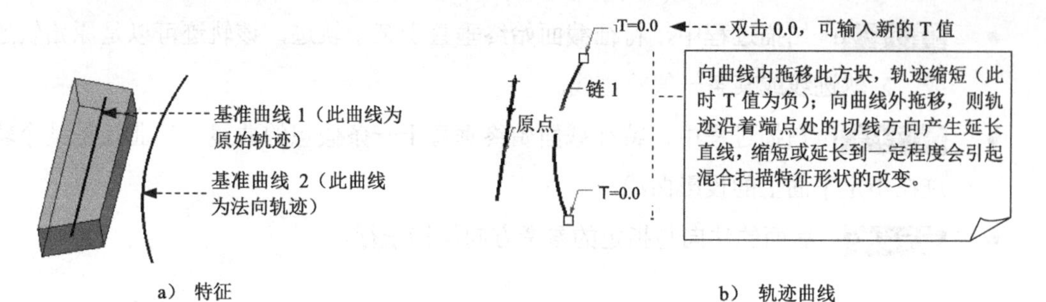

图 4.5.3　截面垂直于轨迹

Step5. 定义截面的控制。

（1）选择控制方式。在“扫描”操控板中单击 参考 选项卡，在其界面的 截平面控制 下拉列表中选择 垂直于轨迹（此为默认选项）选项。

（2）选择控制轨迹。在 参考 界面中选中“链 1”的 N 栏，如图 4.5.4 所示。

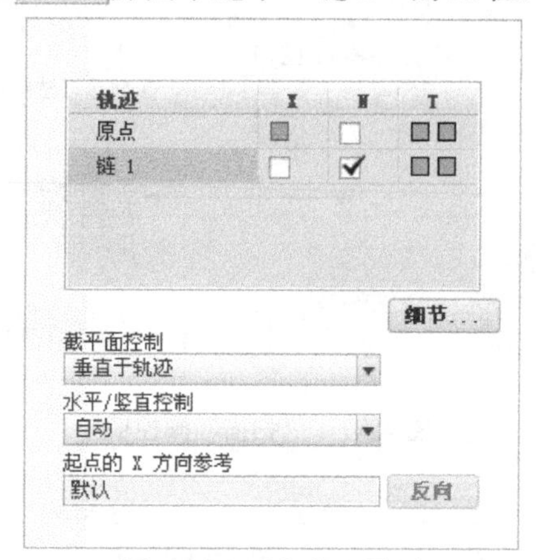

图 4.5.4　“参考”界面

Step6. 创建特征截面。在“扫描”操控板中单击“创建或编辑扫描截面”按钮；进入草绘环境后，创建图 4.5.5 所示的截面草图，然后单击“确定”按钮。

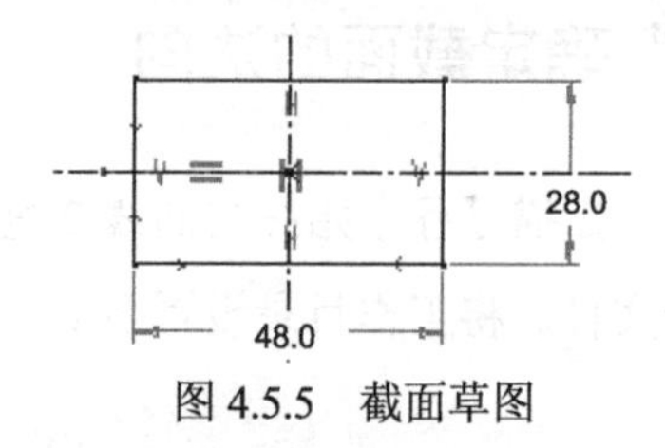

图 4.5.5　截面草图

Step7. 单击“扫描”操控板中的按钮，完成特征的创建。

4.5.4　用“垂直于投影”确定截面的法向

在图 4.5.6 中，特征的截面在扫描过程中始终垂直于曲线 2 的投影，该特征的创建过程

如下。

Step1. 设置工作目录和打开文件。将工作目录设置至 D:\creo6.2\work\ch04.05，然后打开文件 varsecsweep_normproject.prt。

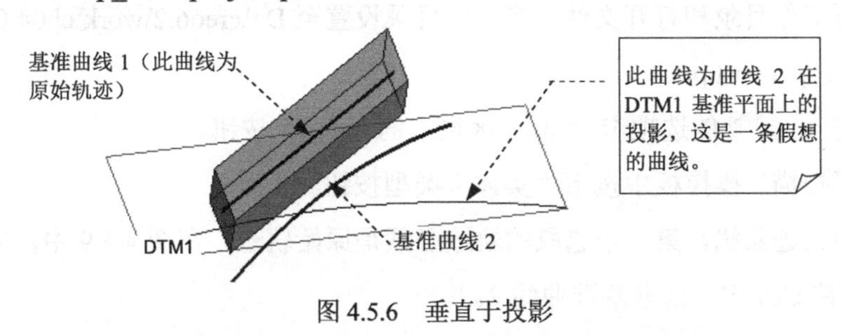

图 4.5.6 垂直于投影

Step2. 单击 模型 功能选项卡 形状 ▾ 区域中的 扫描 ▾ 按钮。

Step3. 在“扫描”操控板中按下“实体”类型按钮。

Step4. 选择轨迹曲线。第一个选取的轨迹必须是原始轨迹，在图 4.5.6 中，先选取基准曲线 1，然后按住 Ctrl 键，选取基准曲线 2。

Step5. 定义截面的控制。

（1）选择控制方式。在“扫描”操控板中单击 参考 选项卡，在 截平面控制 下拉列表中选择 垂直于投影 选项。

（2）选择方向参考。在图 4.5.6 所示的模型中选取基准平面 DTM1，此时 参考 界面如图 4.5.7 所示。

Step6. 创建特征截面。在“扫描”操控板中单击“创建或编辑扫描截面”按钮，进入草绘环境；创建图 4.5.8 所示的截面草图，然后单击“确定”按钮。

Step7. 单击“扫描”操控板中的按钮，完成特征的创建。

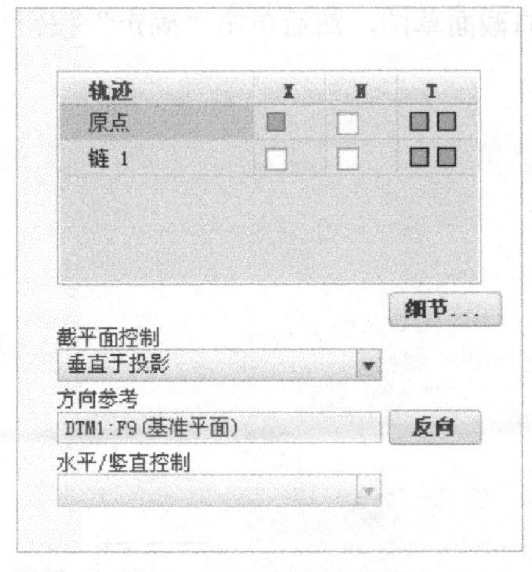

图 4.5.7 “参考”界面

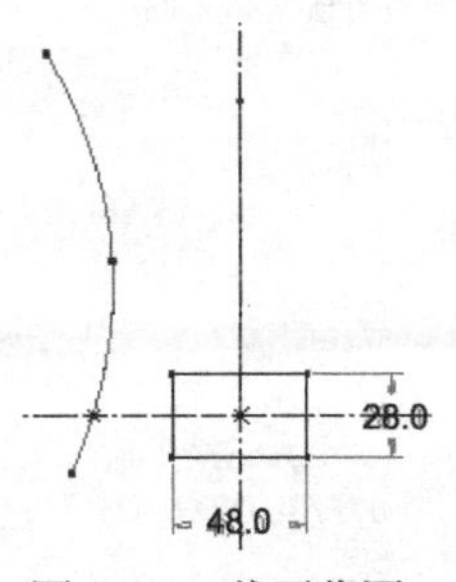

图 4.5.8 截面草图

4.5.5 用“恒定法向”确定截面的法向

在图 4.5.9 中，特征截面的法向在扫描过程中是恒定的，该特征的创建过程如下。

Step1. 设置工作目录和打开文件。将工作目录设置至 D:\creo6.2\work\ch04.05，然后打开文件 varsecsweep_const.prt。

Step2. 单击 模型 功能选项卡 形状 ▾ 区域中的 扫描 ▾ 按钮。

Step3. 在“扫描”操控板中按下“实体”类型按钮。

Step4. 选择轨迹曲线。第一个选取的轨迹必须是原始轨迹，在图 4.5.9 中，先选取基准曲线 1，然后按住 Ctrl 键，选取基准曲线 2。

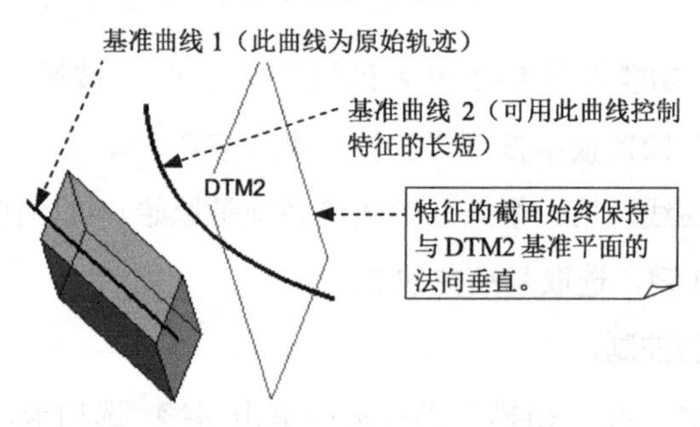

图 4.5.9 恒定的法向

Step5. 定义截面的控制。

（1）选择控制类型。在“扫描”操控板中单击 参考 选项卡，在 截平面控制 下拉列表中选择 恒定法向 选项。

（2）选择方向参考。在图 4.5.9 所示的模型中选取 DTM2 基准平面，此时“参考”界面如图 4.5.10 所示。

Step6. 创建扫描特征的截面。在“扫描”操控板中单击“创建或编辑扫描截面”按钮，进入草绘环境后，创建图 4.5.11 所示的扫描特征的截面草图，然后单击“确定”按钮。

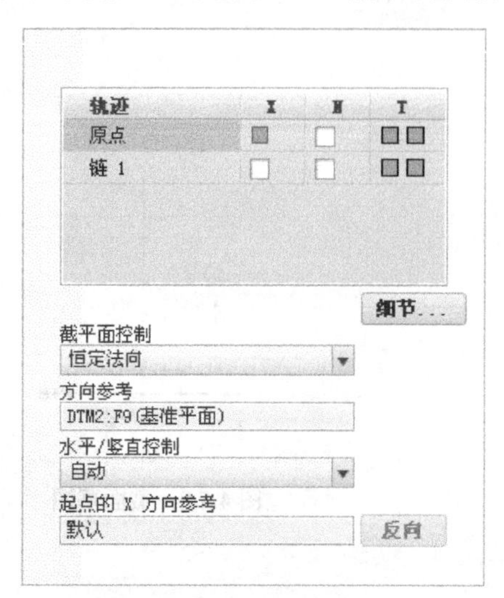

图 4.5.10 “参考”界面

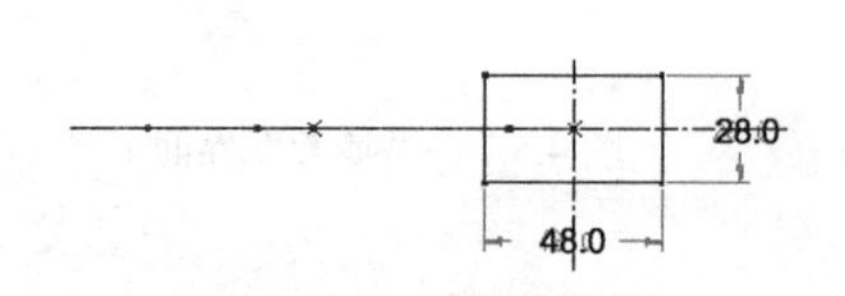

图 4.5.11 截面草图

Step7. 单击"扫描"操控板中的✔按钮，完成特征的创建。

4.5.6 使用 X 轨迹线

在图 4.5.12 中，特征截面坐标系的 X 轴方向在扫描过程中由曲线 2 控制，该特征的创建过程如下。

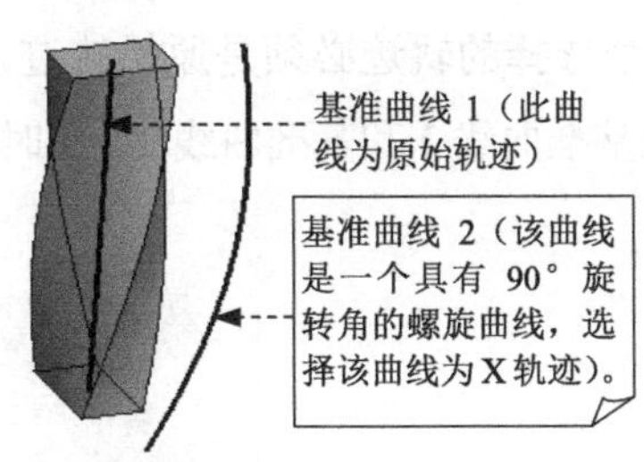

图 4.5.12　使用 X 轨迹线

Step1. 设置工作目录和打开文件。将工作目录设置至 D:\creo6.2\work\ch04.05，然后打开文件 varsecsweep_xvector.prt。

Step2. 单击 模型 功能选项卡 形状 ▾ 区域中的 扫描 ▾ 按钮。

Step3. 在"扫描"操控板中按下"实体"类型按钮□。

Step4. 选择轨迹曲线。第一个选取的轨迹必须是原始轨迹，在图 4.5.12 中，先选取基准曲线 1，然后按住 Ctrl 键，选取基准曲线 2。

Step5. 定义截面控制。在"扫描"操控板中单击 参考 选项卡，在图 4.5.13 所示的参考界面中选中"链 1"的 X 栏。

Step6. 创建特征截面。在"扫描"操控板中单击"创建或编辑扫描截面"按钮，创建图 4.5.14 所示的特征截面草图，然后单击"确定"按钮✔。

Step7. 单击"扫描"操控板中的✔按钮，完成特征的创建。

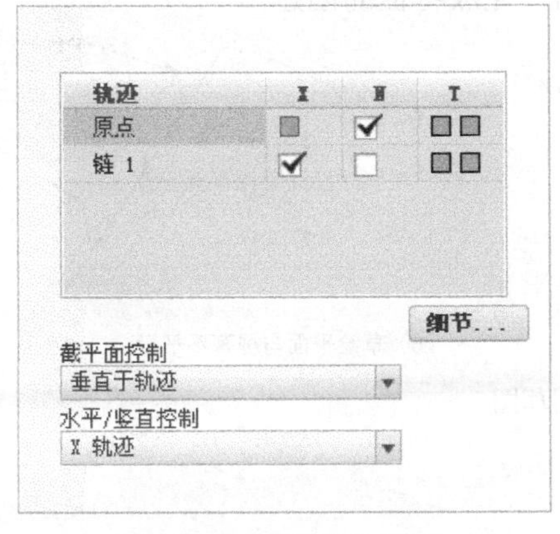

图 4.5.13　"参考"界面

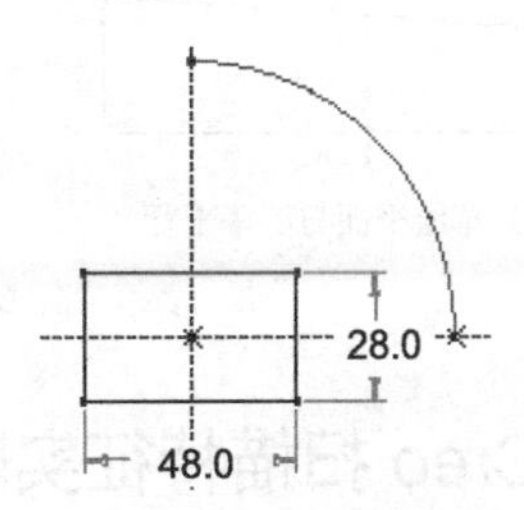

图 4.5.14　截面草图

4.5.7 使用轨迹线控制特征的形状

在图 4.5.15 中，特征的形状由基准曲线 2 和基准曲线 3 控制，该特征的创建过程如下。

Step1. 将工作目录设置至 D:\creo6.2\work\ch04.05，打开文件 varsecsweep_traj.prt。

Step2. 单击 模型 功能选项卡 形状 区域中的 扫描 按钮。

Step3. 在“扫描”操控板中按下“实体”类型按钮。

Step4. 选择轨迹曲线。第一个选择的轨迹必须是原始轨迹，在图 4.5.15 中，先选取基准曲线 1，然后按住 Ctrl 键，选取基准曲线 2 和基准曲线 3。此时 参考 界面如图 4.5.16 所示。

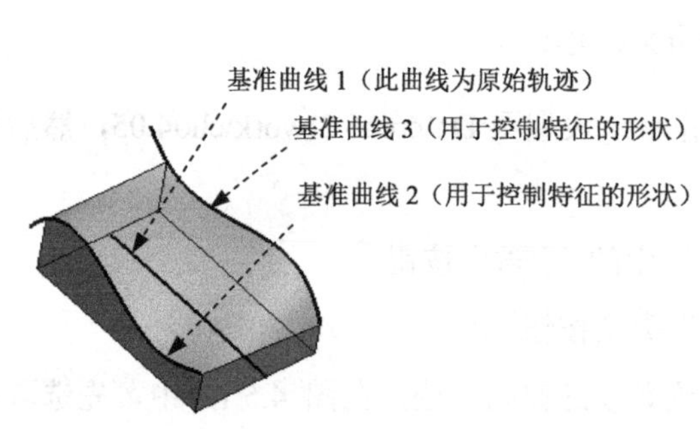

图 4.5.15 用轨迹线控制特征的形状

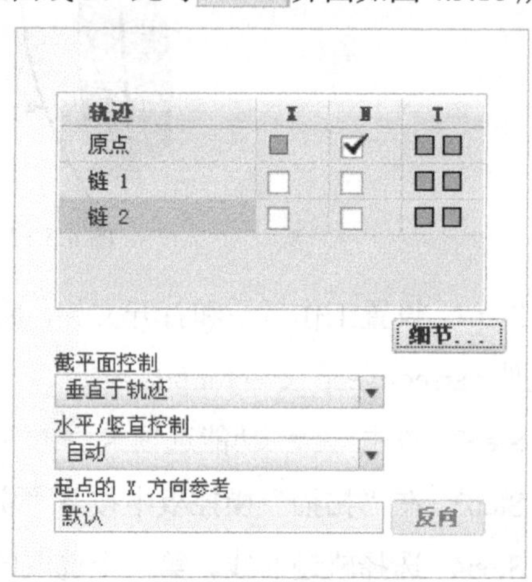

图 4.5.16 “参考”界面

Step5. 创建扫描特征的截面。在“扫描”操控板中单击“创建或编辑扫描截面”按钮，进入草绘环境后，创建图 4.5.17 所示的截面草图。

注意：点 P0、P1 是基准曲线 2 和基准曲线 3 的端点，为了使基准曲线 2 和基准曲线 3 能够控制可变扫描特征的形状，截面草图必须与点 P0、P1 对齐。绘制完成后，单击“确定”按钮。

Step6. 单击“扫描”操控板中的按钮，完成特征的创建。

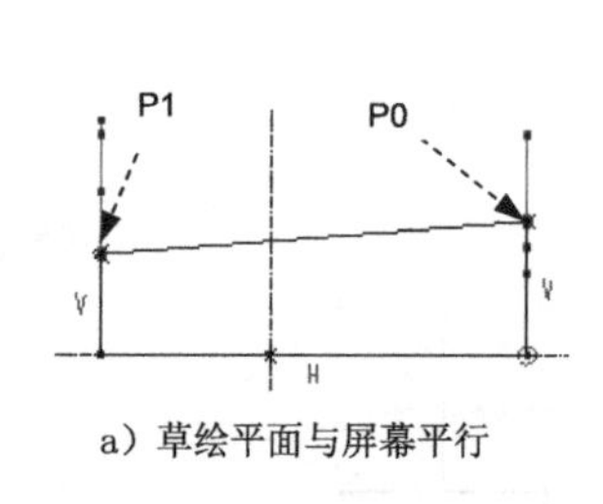

a）草绘平面与屏幕平行

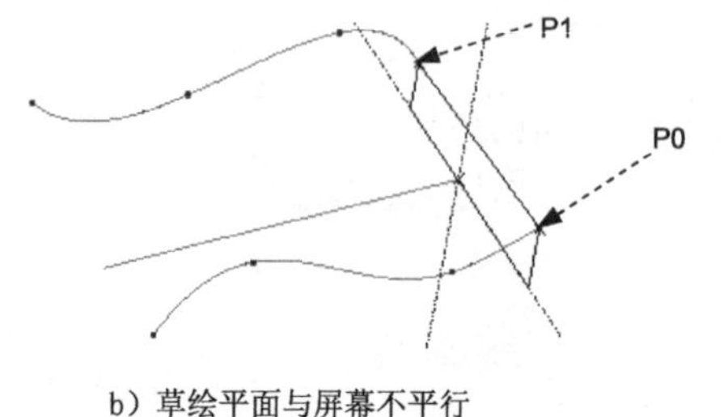

b）草绘平面与屏幕不平行

图 4.5.17 截面草图

4.5.8 Creo 扫描特征实际应用 1

图 4.5.18 所示的模型是用扫描特征创建的异形壶，这是一个关于扫描特征的综合练习，

下面介绍其操作过程。

Step1. 将工作目录设置至 D:\creo6.2\work\ch04.05，打开文件 tank.prt。在打开的文件中，基准曲线 0、基准曲线 1、基准曲线 2、基准曲线 3 和基准曲线 4 是一般的平面草绘曲线，基准曲线 5 是用方程创建的螺旋基准曲线。

Step2. 创建扫描特征。

（1）单击 模型 功能选项卡的 形状 ▾ 区域中的 扫描 ▾ 按钮。

（2）在“扫描”操控板中按下“实体”类型按钮。

（3）选择轨迹曲线。第一个选择的轨迹必须是原始轨迹，在图 4.5.19 中，先选择基准曲线 0，然后按住 Ctrl 键，选择基准曲线 1～基准曲线 5。

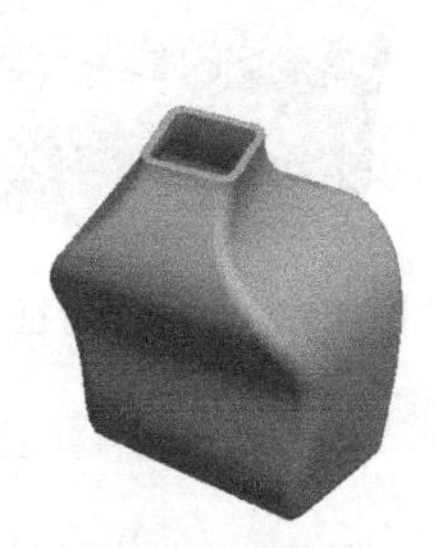

图 4.5.18 异形壶

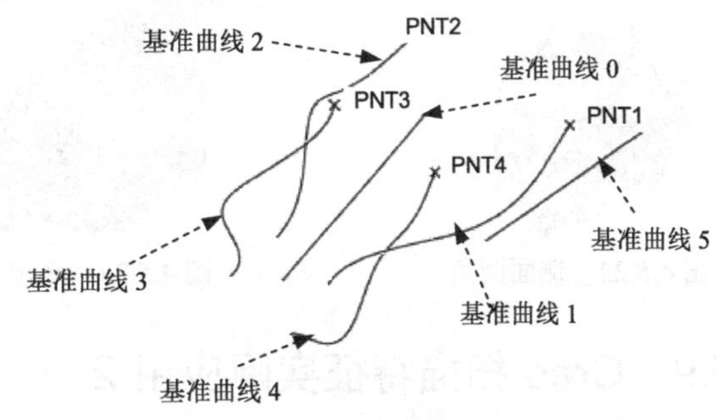

图 4.5.19 选择曲线

（4）定义 X 轨迹。在“扫描”操控板中单击 参考 按钮，选中“链 5”中的 X 栏，如图 4.5.20 所示。

（5）创建扫描特征的截面。在“扫描”操控板中单击“创建或编辑扫描截面”按钮，进入草绘环境后，创建图 4.5.21 所示的截面草图。完成后单击“确定”按钮✔。

注意：

- P1、P2、P3 和 P4 是基准曲线 1、基准曲线 2、基准曲线 3 和基准曲线 4 的端点，为了使这四条曲线能够控制可变扫描特征的形状，截面草图必须与点 P1、P2、P3 和 P4 对齐。
- 基准曲线 5 是一条具有 15° 旋转角的螺旋曲线。

图 4.5.20 “参考”界面

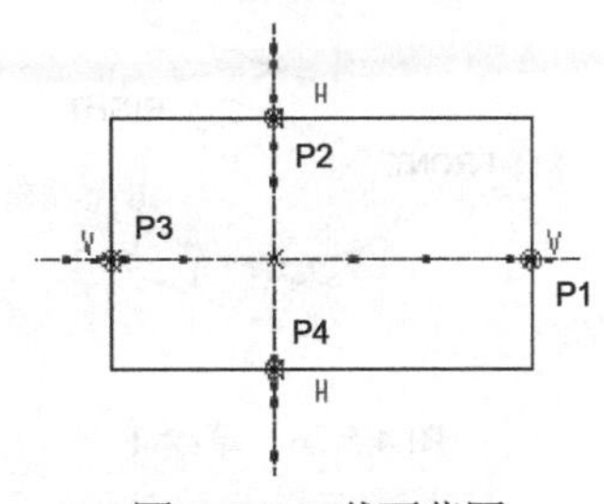

图 4.5.21 截面草图

（6）在“扫描”操控板中单击按钮，预览所创建的特征，单击“完成”按钮。

Step3. 对模型的侧面进行倒圆角。

（1）单击 模型 功能选项卡 工程 ▾ 区域中的 倒圆角 ▾ 按钮。

（2）选取图 4.5.22 所示的四条边线，倒圆角半径值为 15.0。

Step4. 对图 4.5.23 所示的模型底部进行倒圆角，倒圆角半径值为 20.0。

Step5. 创建抽壳特征。

（1）单击 模型 功能选项卡 工程 ▾ 区域中的“壳”按钮 壳。

（2）要去除的面如图 4.5.24 所示，抽壳厚度值为 8.0。

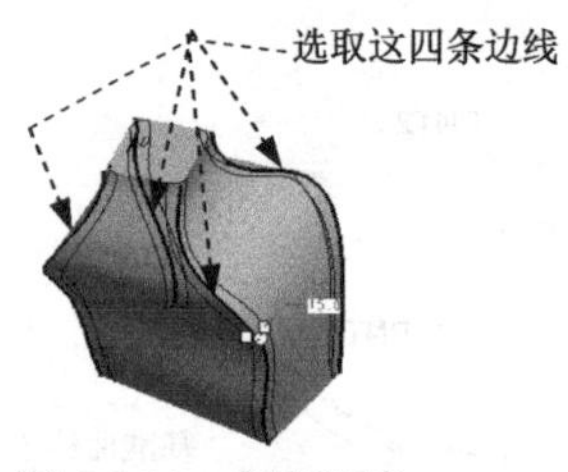

图 4.5.22 侧面圆角

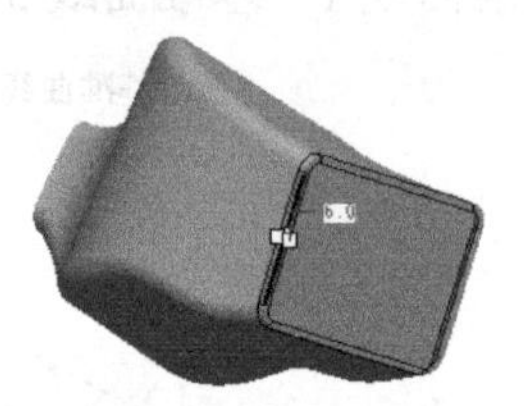
图 4.5.23 底部圆角

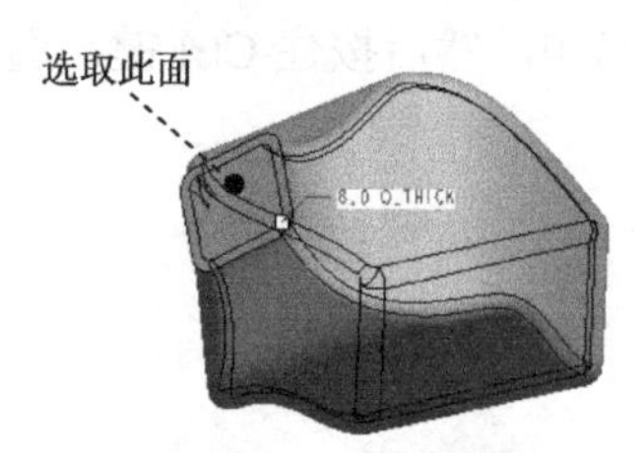

图 4.5.24 抽壳特征

4.5.9 Creo 扫描特征实际应用 2

练习概述：转向盘中的波浪造型是通过扫描特征创建的，其截面是由关系式控制的，运用得很巧妙。零件模型如图 4.5.25 所示。

图 4.5.25 零件模型

Step1. 新建并命名零件的模型为 INSTANCE_WHEEL.PRT。

Step2. 创建图 4.5.26 所示的草绘 1。在“扫描”操控板中单击“草绘”按钮，选取 FRONT 基准平面为草绘平面，选取 RIGHT 基准平面为参考平面，方向为 右；单击 草绘 按钮进入草绘环境，绘制图 4.5.27 所示的截面草图。

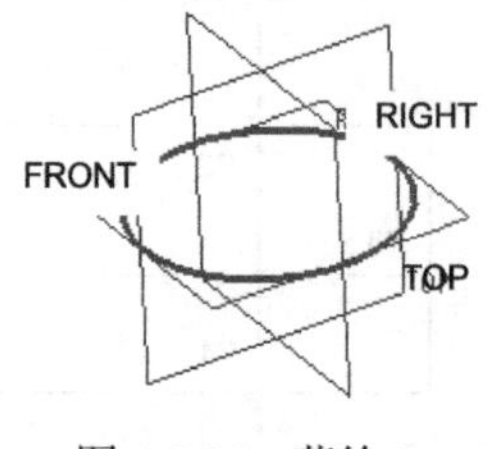

图 4.5.26 草绘 1

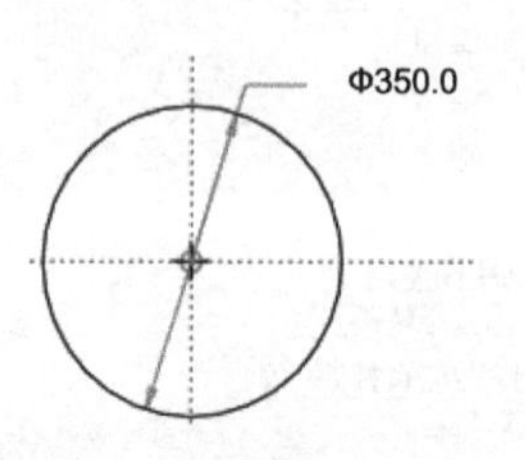

图 4.5.27 截面草图

Step3. 创建图 4.5.28 所示的扫描特征 1。

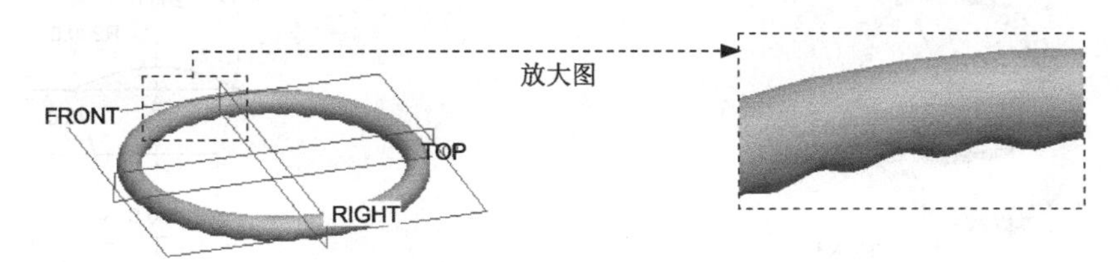

图 4.5.28 扫描特征 1

（1）单击 模型 功能选项卡 形状 ▾ 区域中的 扫描 ▾ 按钮，系统弹出“扫描”操控板。

（2）在“扫描”操控板中按下“实体”类型按钮和“可变截面”按钮。

（3）定义扫描的轨迹。选取 Step2 创建的曲线作为轨迹。

（4）定义截面控制。单击“扫描”操控板中的 参考 按钮，在 截平面控制 下拉列表中选择 垂直于轨迹 选项。

（5）创建特征截面。

① 在“扫描”操控板中单击按钮进入草绘环境，创建图 4.5.29 所示的特征截面（图形下半部分为两个相切的锥形弧，圆锥的 rho 参数为 0.5）。

② 定义关系。单击 工具 功能选项卡 模型意图 ▾ 区域中的 d= 关系 按钮，此时图 4.5.29 所示的截面草图切换至图 4.5.30 所示的符号状态，然后在系统弹出的“关系”对话框的编辑区输入关系式 sd5=sd3*(1-(sin(trajpar*360*36)+1)/8)。

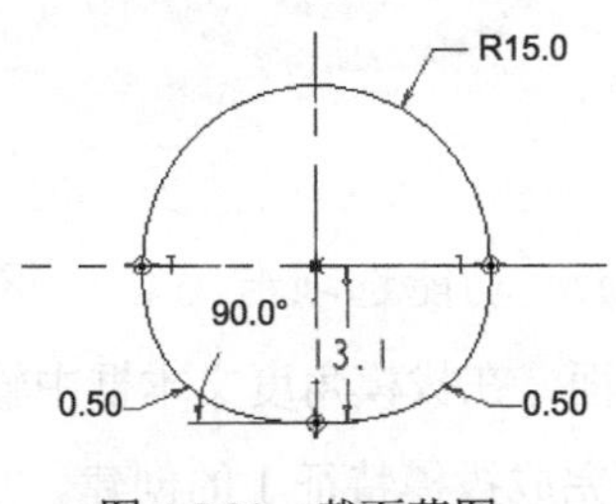

图 4.5.29 截面草图

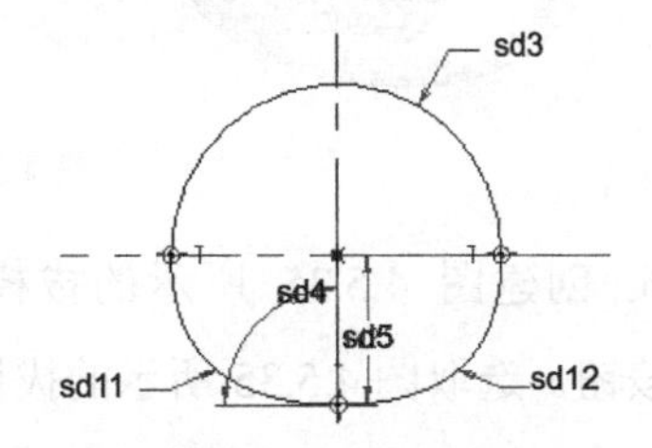

图 4.5.30 切换至符号状态

③ 在草绘工具栏中单击“确定”按钮。

（6）完成扫描特征的创建。单击“扫描”操控板中的按钮，完成扫描特征 1 的创建。

Step4. 创建图 4.5.31 所示的拉伸特征 1。在“扫描”操控板中单击“拉伸”按钮 拉伸，选取 FRONT 基准平面为草绘平面，选取 RIGHT 基准平面为参考平面，方向为 左，绘制图 4.5.32 所示的截面草图。在“扫描”操控板中定义拉伸类型为，再在深度文本框中输入深度值，侧 1 为 15.0，侧 2 为 32.0，如图 4.5.33 所示。单击按钮，完成拉伸特征 1 的创建。

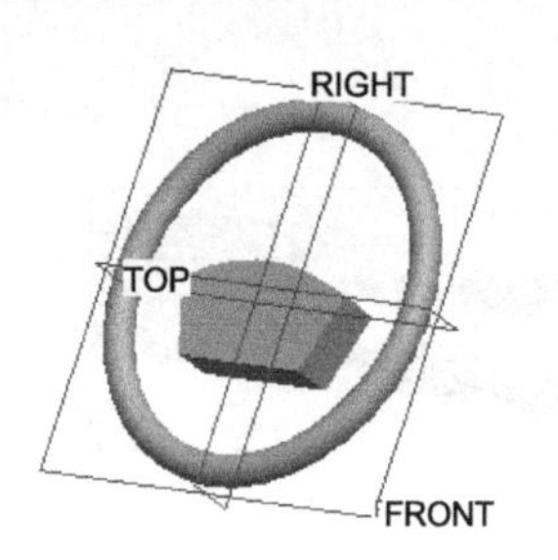

图 4.5.31　拉伸特征 1

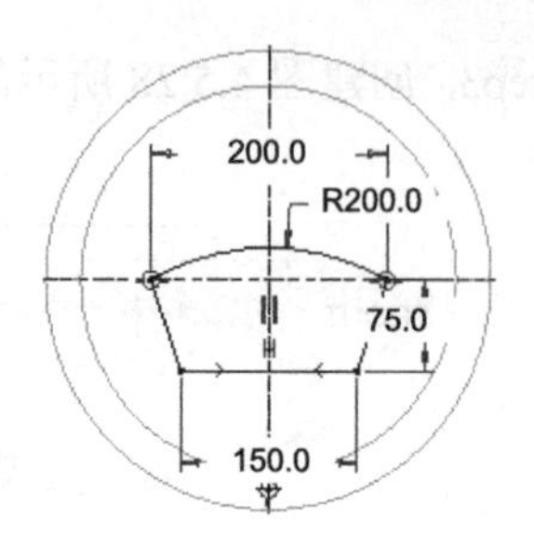

图 4.5.32　截面图形

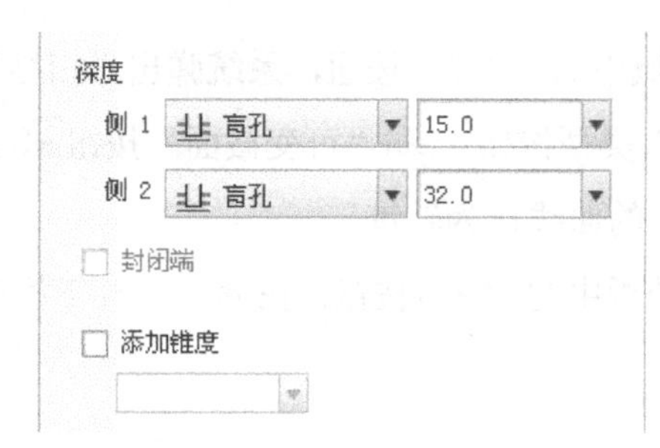

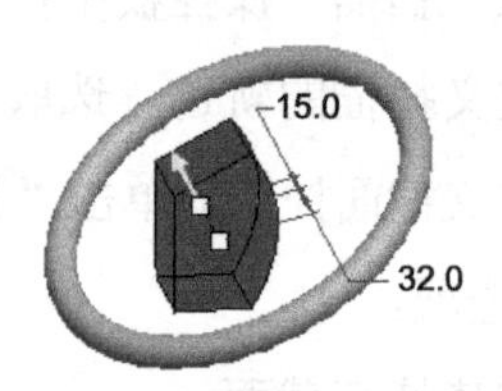

图 4.5.33　定义深度

Step5. 创建图 4.5.34 所示的倒圆角特征 1。选取图 4.5.34 所示的四条边线为倒圆角的边线，倒圆角半径值为 25.0。

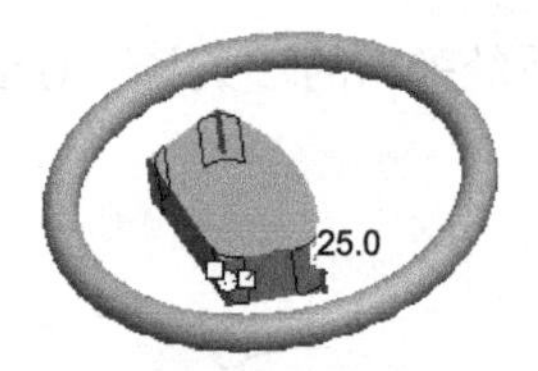

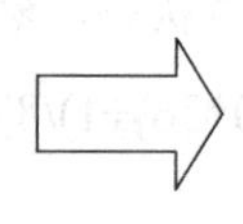

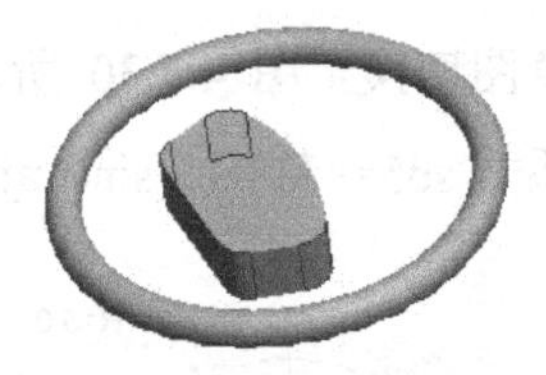

图 4.5.34　倒圆角特征 1

Step6. 创建图 4.5.35 所示的拔模特征 1。单击 模型 功能选项卡 工程 ▾ 区域中的 拔模 ▾ 按钮。选取图 4.5.35 所示的拔模面和拔模枢轴平面，在拔模角度文本框中输入拔模角度值 15.0，单击 ⁄ 按钮调整拔模方向，单击 ✔ 按钮，完成拔模特征 1 的创建。

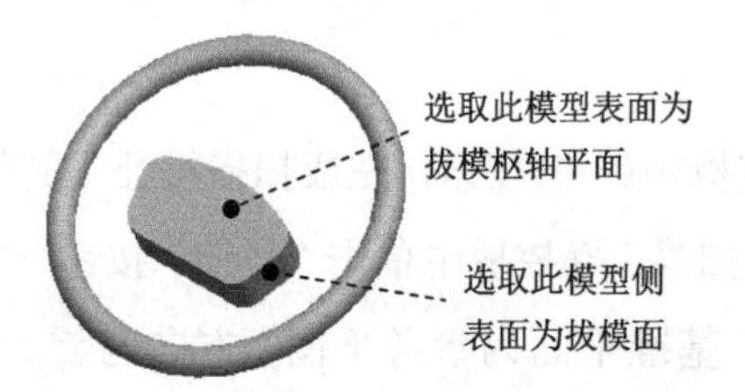

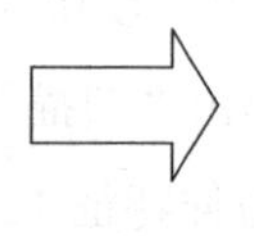

图 4.5.35　拔模特征 1

Step7. 创建图 4.5.36 所示的基准轴 A_1。单击 模型 功能选项卡 基准 ▾ 区域中的“轴”按钮 ⁄ 轴，按住 Ctrl 键，选取 TOP 基准平面和 RIGHT 基准平面，系统即创建基准轴线 A_1。

Step8. 创建图 4.5.37 所示的 DTM1 基准平面。单击 模型 功能选项卡 基准 ▾ 区域中的“平面”按钮，按住 Ctrl 键，选取 A_1 基准轴和 TOP 基准平面，设置旋转角度值为-10。

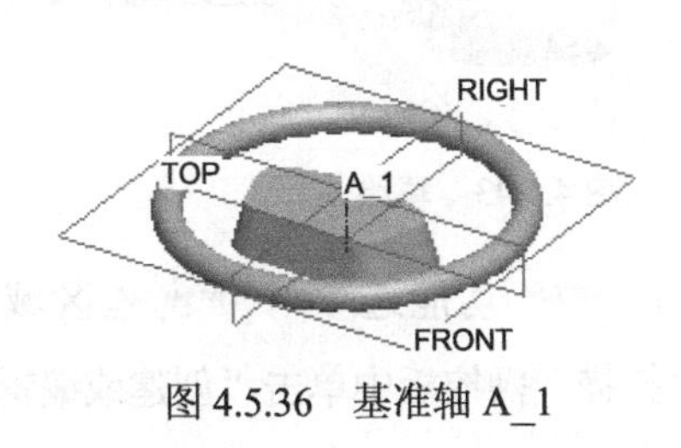

图 4.5.36　基准轴 A_1

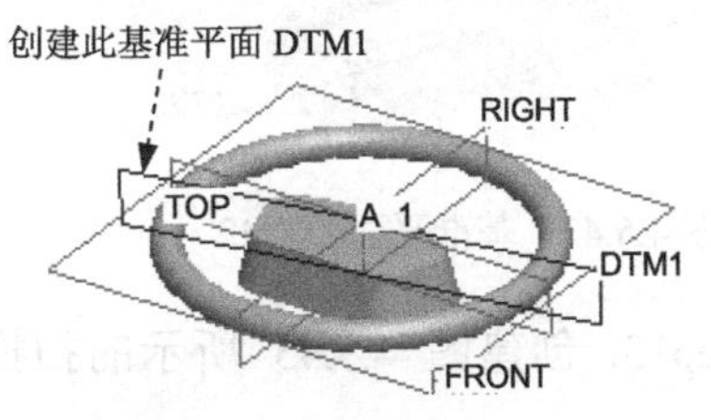

图 4.5.37　基准平面 DTM1

Step9. 创建图 4.5.38 所示的草绘 2。在“扫描”操控板中单击“草绘”按钮，选取 DTM1 基准平面为草绘平面，选取图 4.5.38 所示的模型表面为参考平面，方向为 上，绘制图 4.5.39 所示的截面草图。

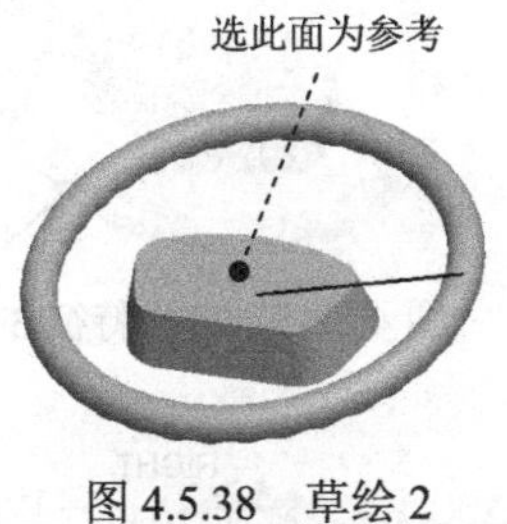

图 4.5.38　草绘 2

图 4.5.39　截面草图

Step10. 创建图 4.5.40 所示的扫描特征 2。单击 模型 功能选项卡 形状 ▾ 区域中的 扫描 ▾ 按钮，在图形区选取草绘 2 为扫描轨迹。在“扫描”操控板中单击“创建或编辑扫描截面”按钮，绘制图 4.5.41 所示的扫描截面草图，单击 ✔ 按钮，完成扫描特征 2 的创建。

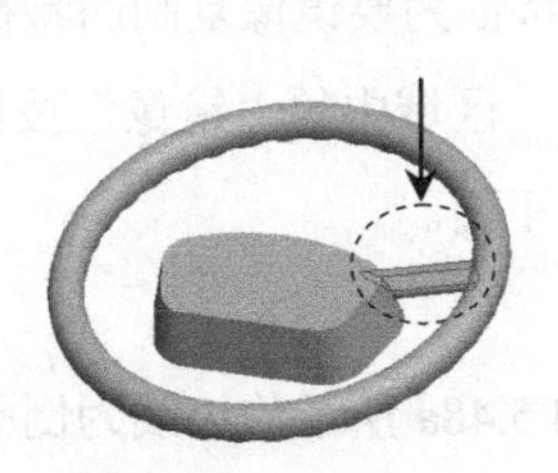
图 4.5.40　扫描特征 2

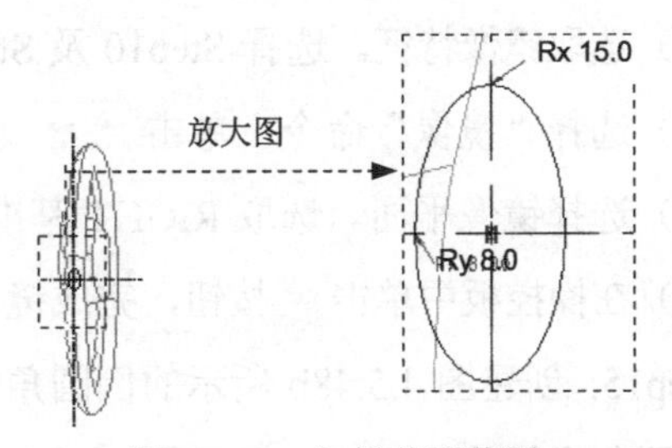

图 4.5.41　扫描截面草图

Step11. 创建图 4.5.42 所示的基准平面 DTM2。单击 模型 功能选项卡 基准 ▾ 区域中的“平面”按钮，按住 Ctrl 键，选取 A_1 基准轴和 TOP 基准平面，设置旋转角度值为-45。

Step12. 创建图 4.5.43 所示的草绘 3。在“扫描”操控板中单击“草绘”按钮，选取基准平面 DTM2 为草绘平面，选取图 4.5.43 所示的模型表面为参考平面，方向为 上，绘制图 4.5.44 所示的截面草图。

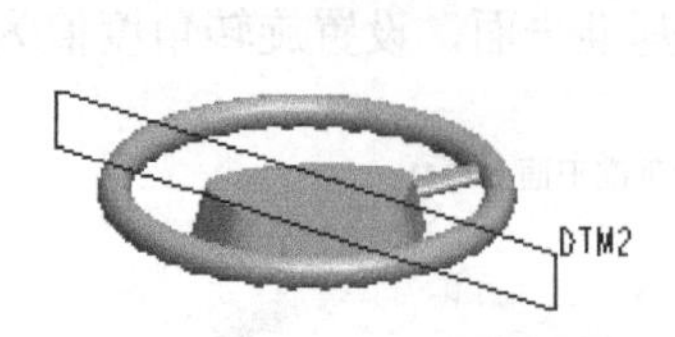

图 4.5.42　基准平面 DTM2

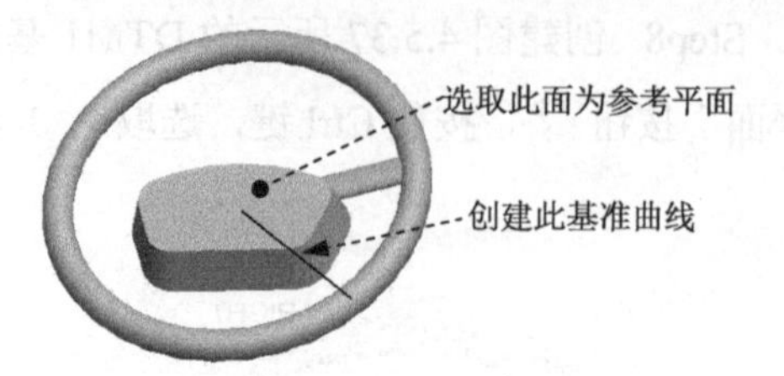

图 4.5.43　草绘 3

Step13. 创建图 4.5.45 所示的扫描特征 3。单击 模型 功能选项卡 形状 ▾ 区域中的 扫描 ▾ 按钮，在图形区选取草绘 3 为扫描轨迹，在“扫描”操控板中单击“创建或编辑扫描截面”按钮，绘制图 4.5.46 所示的扫描截面草图，单击 ✔ 按钮，完成扫描特征 3 的创建。

Step14. 创建图 4.5.47 所示的镜像复制特征，相关操作如下。

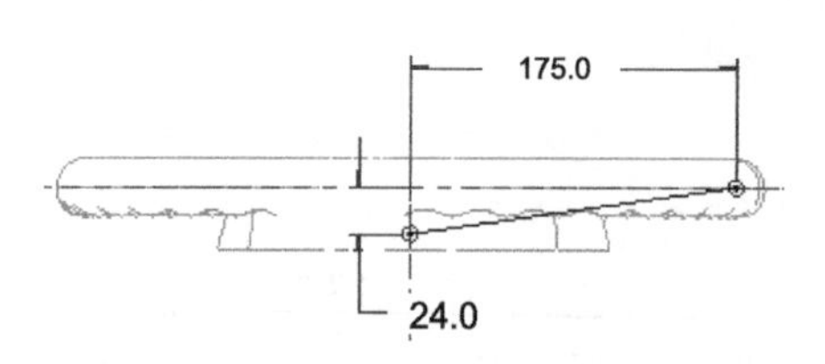

图 4.5.44　截面草图

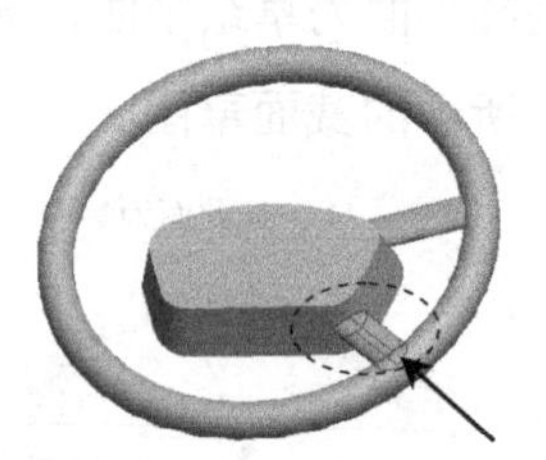

图 4.5.45　扫描特征 3

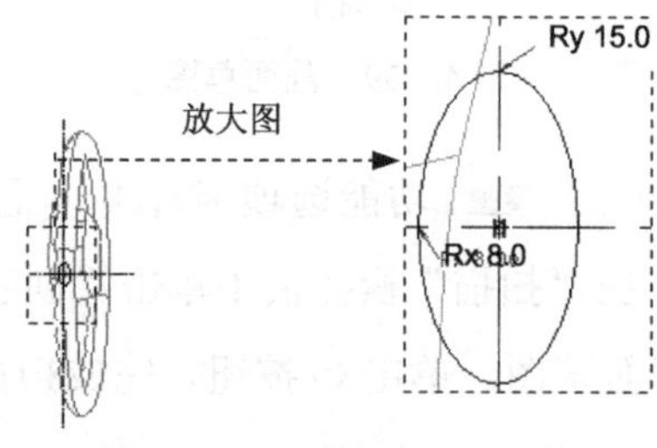

图 4.5.46　扫描截面草图

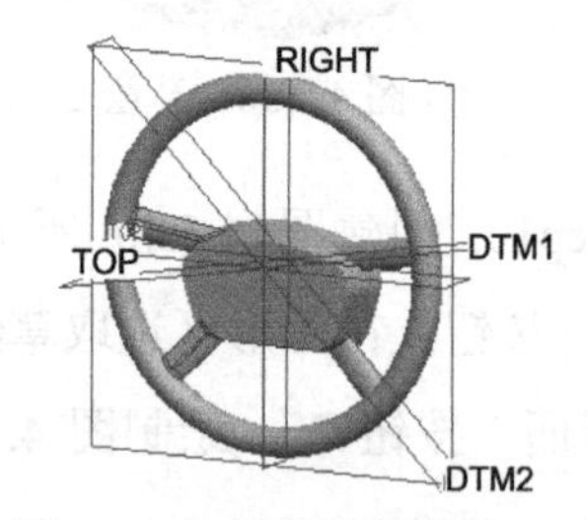

图 4.5.47　镜像复制特征

（1）选取镜像特征。选择 Step10 及 Step13 创建的扫描特征为要镜像复制的特征。

（2）选择“镜像”命令。单击 模型 功能选项卡 编辑 ▾ 区域中的“镜像”按钮。

（3）选择镜像平面。选取 RIGHT 基准平面为镜像中心平面。

（4）在操控板中单击 ✔ 按钮，完成镜像特征 1 的创建。

Step15. 创建图 4.5.48b 所示的倒圆角特征 2。选取图 4.5.48a 所示的边线为倒圆角的边线，倒圆角半径值为 20.0。

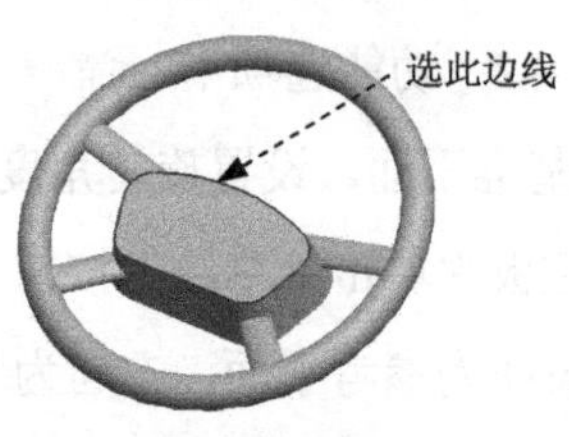

a）倒圆角前

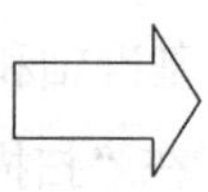

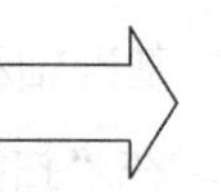

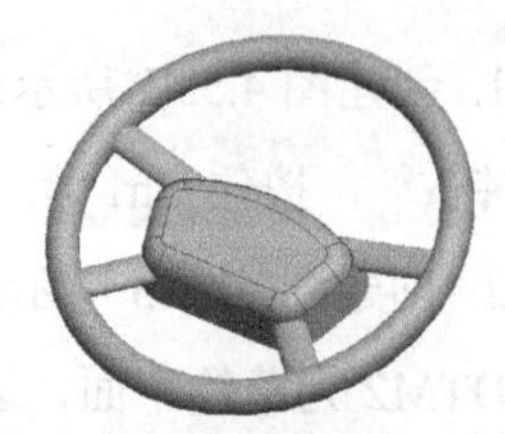

b）倒圆角后

图 4.5.48　倒圆角特征 2

Step16. 创建图 4.5.49b 所示的倒圆角特征 3。选取图 4.5.49a 所示的边线为倒圆角的边线，倒圆角半径值为 8.0。

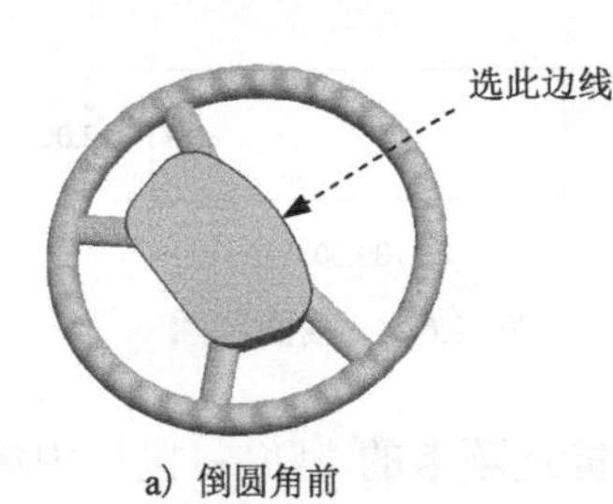

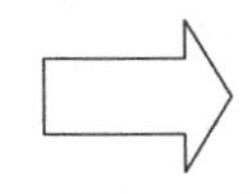
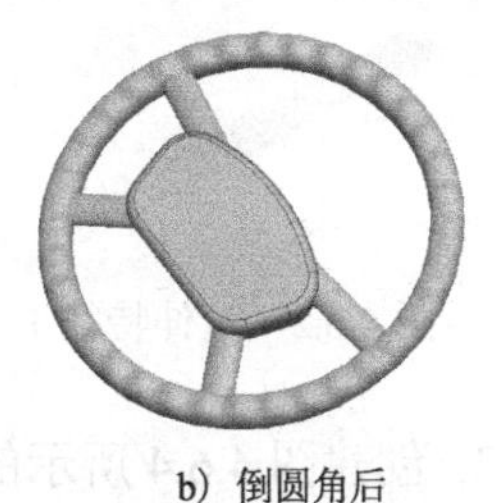

a）倒圆角前　　b）倒圆角后

图 4.5.49　倒圆角特征 3

Step17. 创建图 4.5.50b 所示的倒圆角特征 4，相关操作参见 Step15，倒圆角半径值为 10.0。

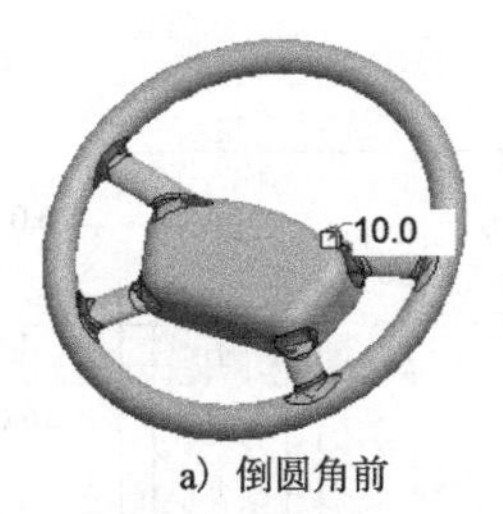

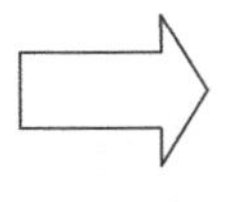

a）倒圆角前　　b）倒圆角后

图 4.5.50　倒圆角特征 4

4.6　环形折弯特征

环形折弯（Toroidal Bend）命令是一种改变模型形状的操作，它可以对实体特征、曲面和基准曲线进行环状的折弯变形。图 4.6.1 所示的模型是使用“环形折弯”命令产生的汽车轮胎，轮胎的创建方法是先在平直的实体上构建切削花纹并进行阵列，然后用“环形折弯”命令将模型折弯成环形，再镜像成为一个整体轮胎模型。下面介绍其操作过程。

图 4.6.1　零件模型

Step1. 新建一个零件模型，命名为 INSTANCE_TYRE.PRT。

Step2. 创建图 4.6.2 所示的拉伸特征 1。在 模型 功能选项卡的 形状 ▾ 区域中单击“拉伸”按钮 拉伸，选取 FRONT 基准平面为草绘平面，选取 RIGHT 基准平面为参考平面，

方向为右；绘制图 4.6.3 所示的截面草图，深度类型为⊥⊥，深度值为 600.0。单击✔按钮，完成拉伸特征 1 的创建。

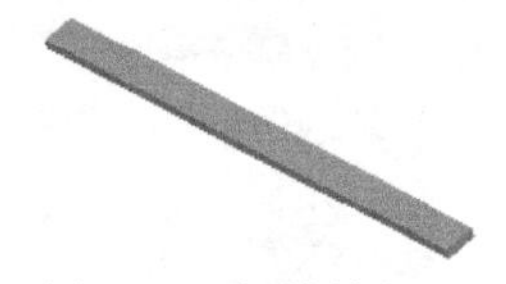

图 4.6.2 拉伸特征 1

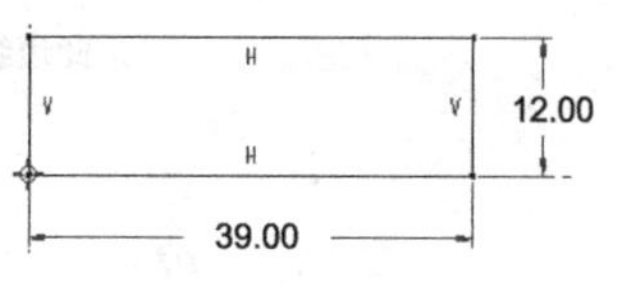

图 4.6.3 截面草图

Step3. 创建图 4.6.4 所示的拉伸特征 2。在 模型 功能选项卡的 形状 ▾ 区域中单击“拉伸”按钮 拉伸，单击“移除材料”按钮；选取图 4.6.4 所示的草绘平面和参考平面，方向为右；绘制图 4.6.5 所示的截面草图，定义拉伸类型为⊥⊥，输入深度值 3.0。单击✔按钮，完成拉伸特征 2 的创建。

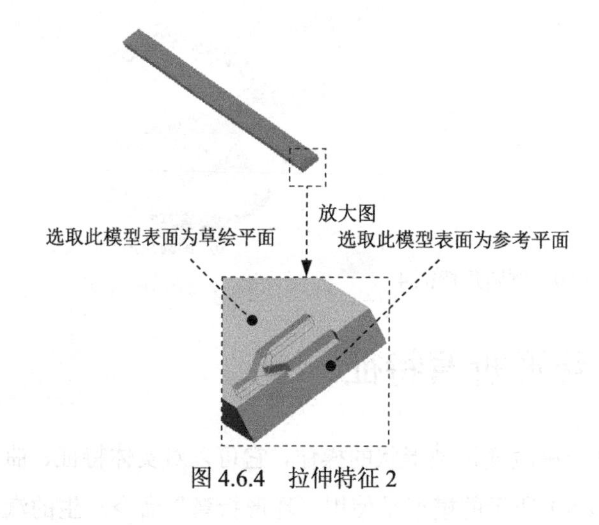

图 4.6.4 拉伸特征 2

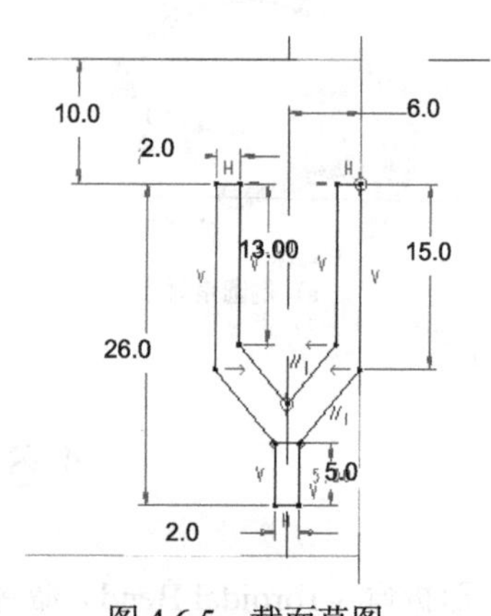

图 4.6.5 截面草图

Step4. 创建图 4.6.6 所示的移动复制特征。

（1）在模型树中选取上步创建的拉伸特征 2，然后单击 模型 功能选项卡 操作 ▾ 区域中的“复制”按钮。

（2）单击 模型 功能选项卡 操作 ▾ 区域中的“粘贴”按钮 ▾ 下的 选择性粘贴 选项，系统弹出“选择性粘贴”对话框。

（3）在“选择性粘贴”对话框中设置图 4.6.7 所示的参数，然后单击 确定(O) 按钮。系统弹出“移动（复制）”操控板。

（4）在“移动（复制）”操控板中单击“平移特征”按钮，选取图 4.6.8 所示的面为方向参考，并在其后的文本框中输入值-12，按 Enter 键确认。

（5）在“移动（复制）”操控板中单击✔按钮，完成特征移动复制的操作。

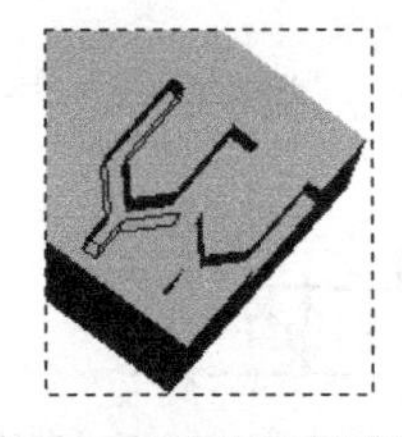

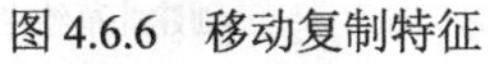

图 4.6.6 移动复制特征

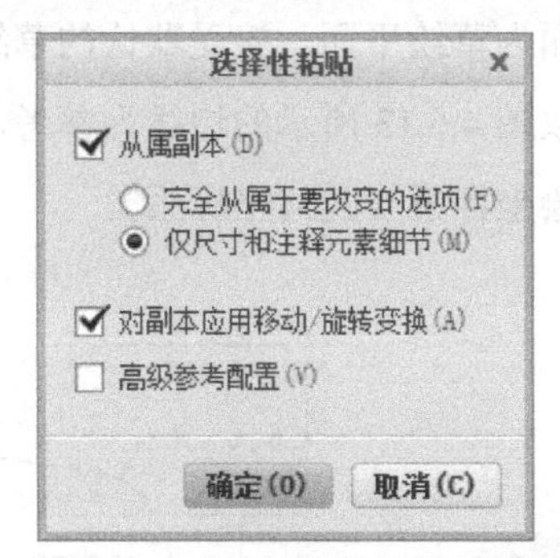

图 4.6.7 “选择性粘贴”对话框

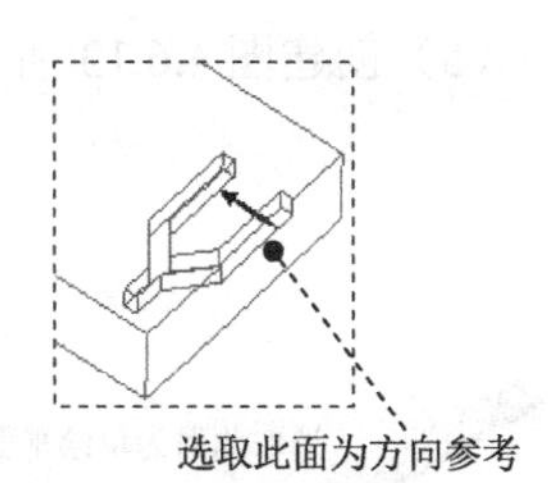

图 4.6.8 选取方向参考

Step5. 创建图 4.6.9 所示的阵列特征。选取 Step4 创建的平移复制特征并右击，在系统弹出的快捷键菜单中选择 命令。在阵列控制方式下拉列表中选择 尺寸 选项，单击 尺寸 选项卡，选取图 4.6.10 所示的尺寸值 12.0 作为第一方向阵列参考尺寸。在 方向1 区域的 增量 文本栏中输入增量值 12.0，在操控板的第一方向阵列个数栏中输入值 49。单击 按钮，完成阵列特征的创建。

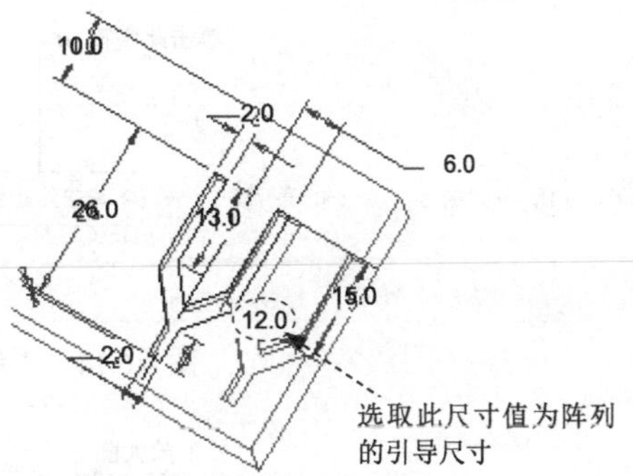

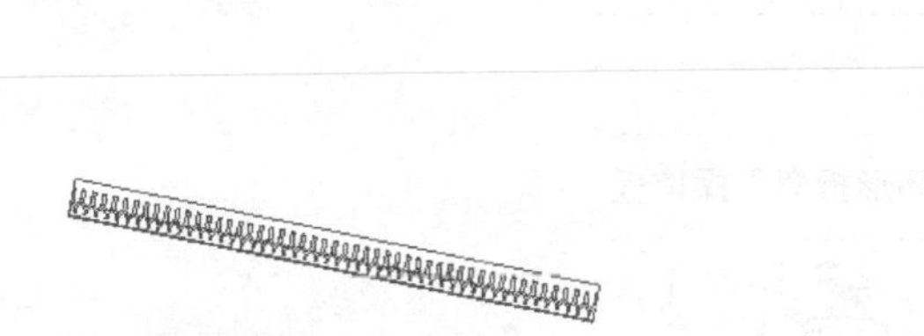

图 4.6.9 阵列特征

图 4.6.10 选取引导尺寸

Step6. 创建图 4.6.11 所示的环形折弯特征，操作步骤如下。

(1) 在 模型 功能选项卡选择 工程 ▾ ➡ 环形折弯 命令。

(2) 在图形区右击，然后在系统弹出的快捷菜单中选择 定义内部草绘... 命令。

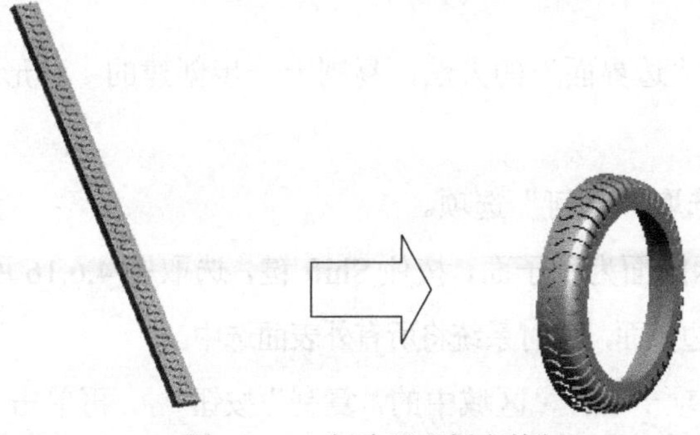

图 4.6.11 创建环形折弯特征

（3）选取图 4.6.12 所示的端面为草绘平面，接受默认的草绘参考。

（4）进入草绘环境后，先选取图 4.6.13 所示的边线为参考，然后绘制特征截面草图。

（5）创建图 4.6.13 所示的草绘坐标系（几何坐标系）。

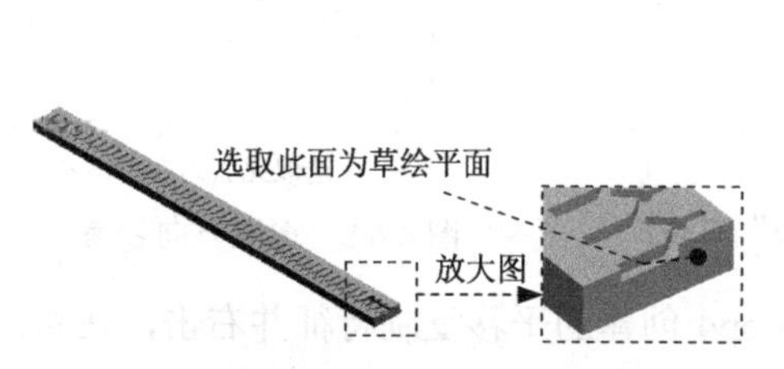

图 4.6.12　选取草绘平面

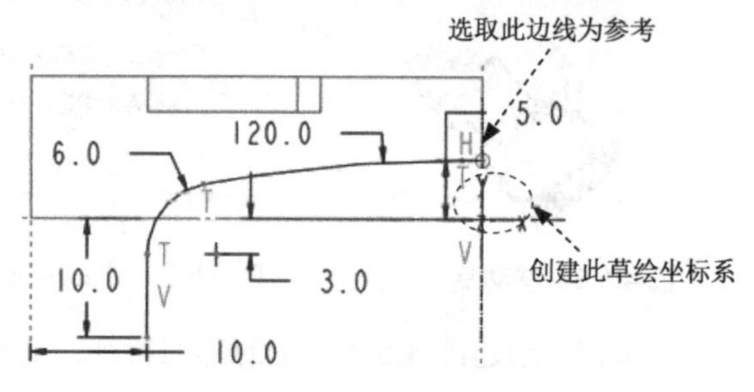

图 4.6.13　特征截面草图

（6）在图 4.6.14 所示的“环形折弯”操控板的“折弯类型”下拉列表中选择 360 度折弯 选项；然后分别单击其后的 单击此处添加项 字符，并分别选取图 4.6.15 所示的两个端面。

（7）在“环形折弯”操控板中单击 参考 选项卡，选中 实体几何复选框，单击✔按钮。

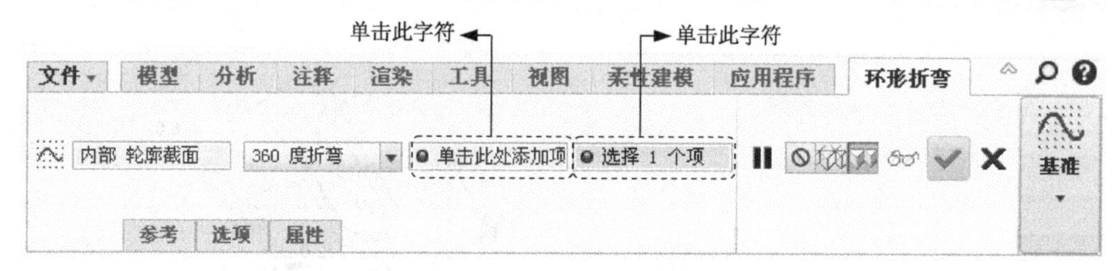

图 4.6.14　“环形折弯”操控板

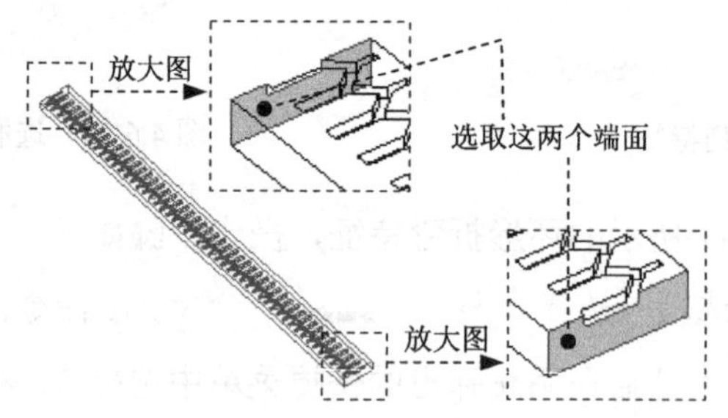

图 4.6.15　选取端面

Step7. 利用“种子面”“边界面”的方法，复制上一步创建的“环形折弯”特征的外表面，具体操作如下。

（1）在智能选取栏中选取“几何”选项。

（2）选取图 4.6.16 所示的面为种子面，按住 Shift 键，选取图 4.6.16 所示的面为边界面，再按住 Ctrl 键，然后再选取边界面，此时系统将所有外表面选中。

（3）单击 模型 功能选项卡 操作 ▾ 区域中的“复制”按钮，再单击“粘贴”按钮，系统弹出“曲面：复制”操控板。

（4）在操控板中单击✓按钮，完成外表面的复制。

Step8. 创建图 4.6.17 所示的镜像特征，相关操作如下。

（1）选取镜像特征。在模型树中选择上一步创建的复制特征为要镜像的特征。

（2）选择“镜像”命令。单击 模型 功能选项卡 编辑▼ 区域中的“镜像”按钮。

（3）选择镜像平面。选取图 4.6.16 所示的面为镜像中心平面。

（4）在操控板中单击✓按钮，完成镜像特征 1 的创建。

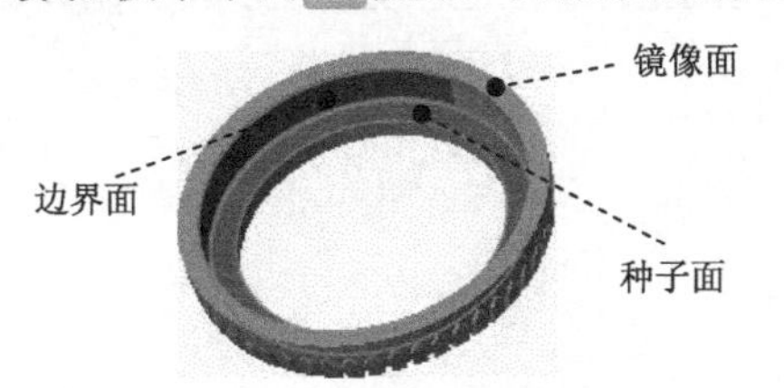

图 4.6.16 定义种子面和边界面

图 4.6.17 镜像特征

Step9. 对镜像后的曲面进行实体化操作。

（1）在智能选取栏中选取“面组”选项，在模型上选取上一步创建的镜像特征。

（2）单击 模型 功能选项卡 编辑▼ 区域中的 实体化 按钮，系统弹出“实体化”操控板。

（3）在操控板中单击✓按钮，完成曲面实体化的操作。

Step10. 将 Step8 中创建的曲面隐藏，至此，完成模型的创建。

4.7 特征阵列的高级操作

4.7.1 填充阵列

填充阵列就是用阵列的成员来填充草绘的区域，如图 4.7.1b 所示。

以下说明填充阵列的创建过程。

Step1. 将工作目录设置至 D:\creo6.2\work\ch04.07，打开文件 pattern_2.prt。

Step2. 在模型树中单击拉伸特征 2，右击，从系统弹出的快捷键菜单中选择命令。

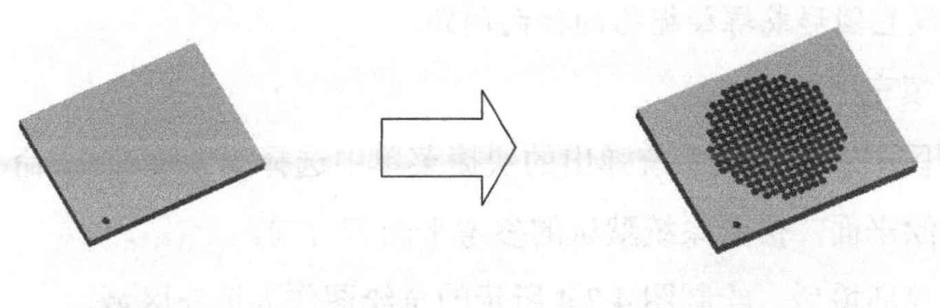

a）阵列前　　b）阵列后

图 4.7.1 创建填充阵列

Step3. 选取阵列类型。在“阵列”操控板 选项 选项卡的下拉列表中选择 常规 选项。

Step4. 选取控制阵列方式。在“阵列”操控板中选取以“填充”方式来控制阵列，此时“阵列”操控板界面如图 4.7.2 所示。

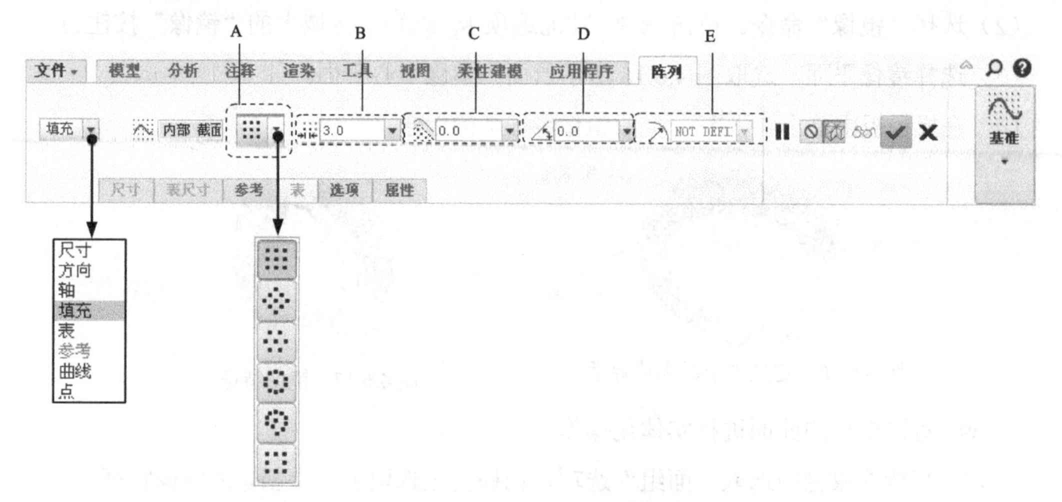

图 4.7.2 “阵列”操控板

图 4.7.2 所示的“阵列”操控板中各区域的功能说明如下。

A 区域用来为阵列选取不同的阵列模式。

- ：以正方形阵列方式来排列成员。
- ：以菱形阵列方式来排列成员。
- ：以六边形阵列方式来排列成员。
- ：以同心圆形阵列方式来排列成员。
- ：以螺旋形阵列方式来排列成员。
- ：沿填充区域边界来排列成员。

B 区域用来设置阵列成员中心之间的间距。

C 区域用来设置阵列成员中心和草绘边界之间的最小距离。如果为负值，则表示中心位于草绘边界之外。

D 区域用来设置栅格绕原点的旋转角度。

E 区域用来设置圆形或螺旋栅格的径向间距。

Step5. 绘制填充区域。

（1）在绘图区中右击，从系统弹出的快捷菜单中选择 定义内部草绘... 命令，选取图 4.7.3 所示的表面为草绘平面，接受系统默认的参考平面和方向。

（2）进入草绘环境后，绘制图 4.7.4 所示的草绘图作为填充区域。

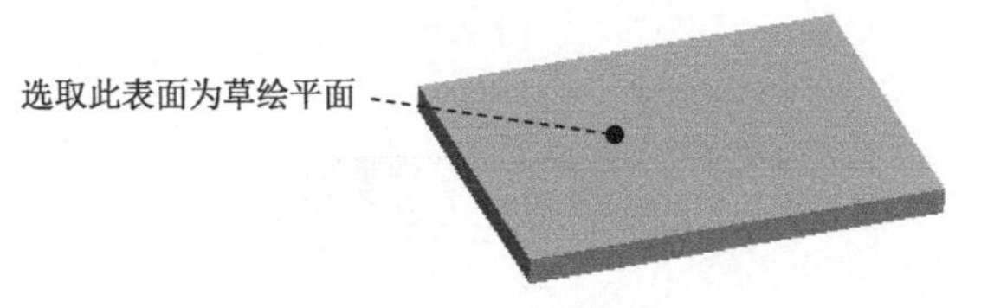

图 4.7.3　选取草绘平面

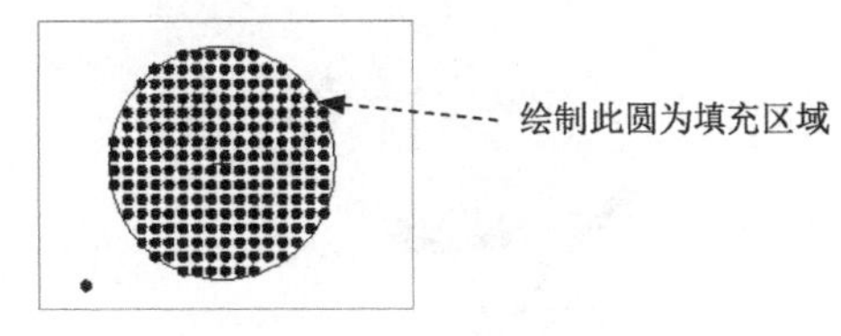

图 4.7.4　绘制填充区域

说明：图 4.7.4 所示的圆的定位在此并没有做严格的要求，用户如有需要可对其进行精确定位。

Step6. 设置填充阵列形式并输入控制参数值。在“阵列”操控板的 A 区域中选取“正方形”作为排列阵列成员的方式；在 B 区域中输入阵列成员中心之间的距离值 3.0；在 C 区域中输入阵列成员中心和草绘边界之间的最小距离值 0.0；在 D 区域中输入栅格绕原点的旋转角度 0.0。

Step7. 在“阵列”操控板中单击✔按钮，完成操作。

4.7.2　表阵列

图 4.7.5 所示的几个孔是用“表阵列”的方法创建的。下面介绍其操作方法。

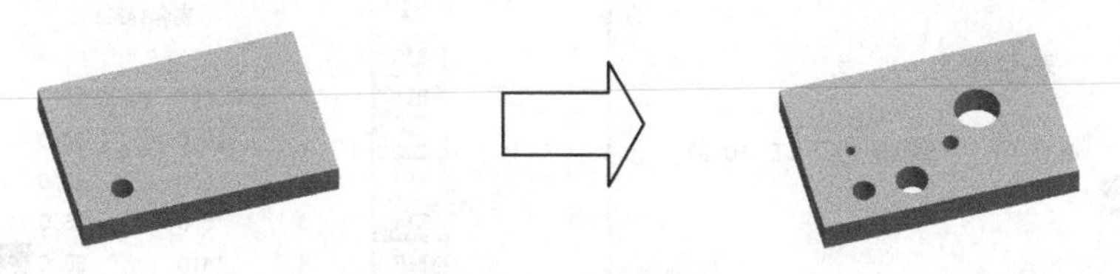

图 4.7.5　创建表阵列

Step1. 将工作目录设置至 D:\creo6.2\work\ch04.07，打开文件 table.prt。

Step2. 在模型树中选择拉伸特征 2，右击，从系统弹出的快捷菜单中选择⊞命令。

Step3. 在图 4.7.6 所示的“阵列”操控板的下拉列表中选择“表”选项。

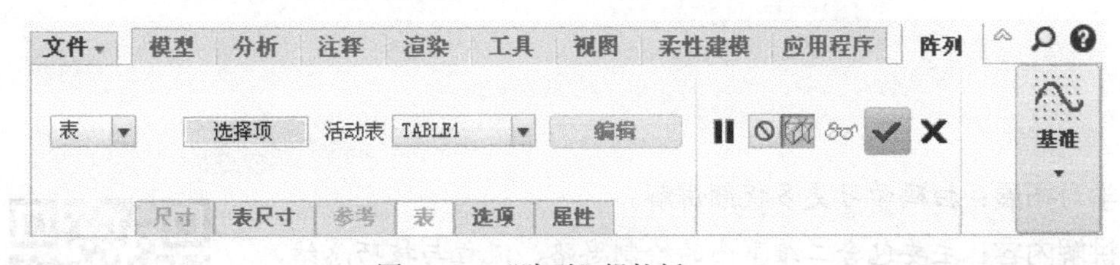

图 4.7.6　“阵列”操控板

Step4. 选择表阵列的尺寸。在“阵列”操控板中单击 表尺寸 选项卡，系统弹出图 4.7.6 所示的界面，按住 Ctrl 键，在图 4.7.7 中分别选取尺寸 Φ7、15、10，此时“表尺寸”界面如图 4.7.8 所示。

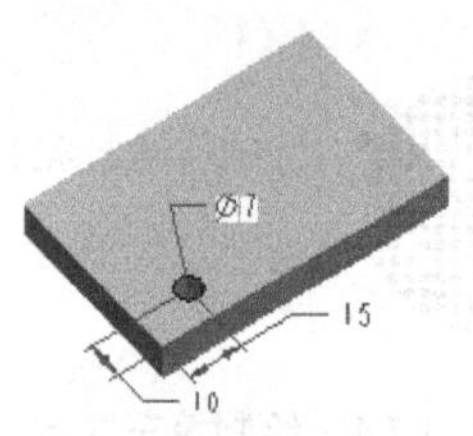

图 4.7.7　选取尺寸

d6:F7(拉伸_2_1)
d4:F7(拉伸_2_1)
d5:F7(拉伸_2_1)

图 4.7.8　“表尺寸”界面

Step5. 编辑表。在“阵列”操控板中单击 编辑 按钮，系统弹出图 4.7.9a 所示的窗口，按照图 4.7.9b 所示的窗口修改值，修改完毕后退出窗口。

Step6. 在“阵列”操控板中单击✔按钮，完成操作。

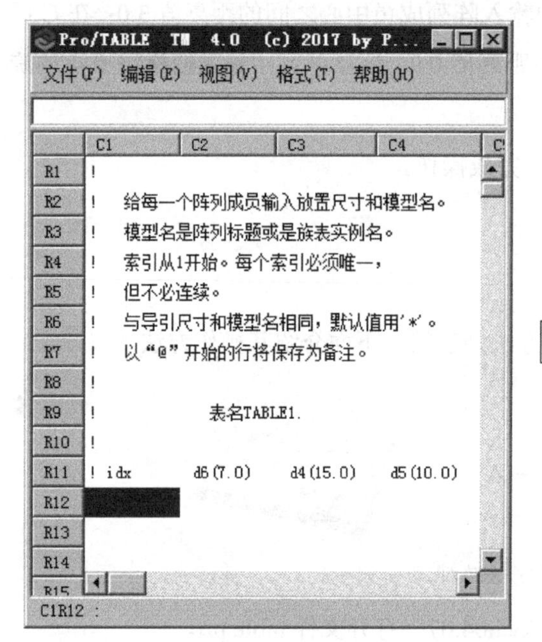

a）修改前

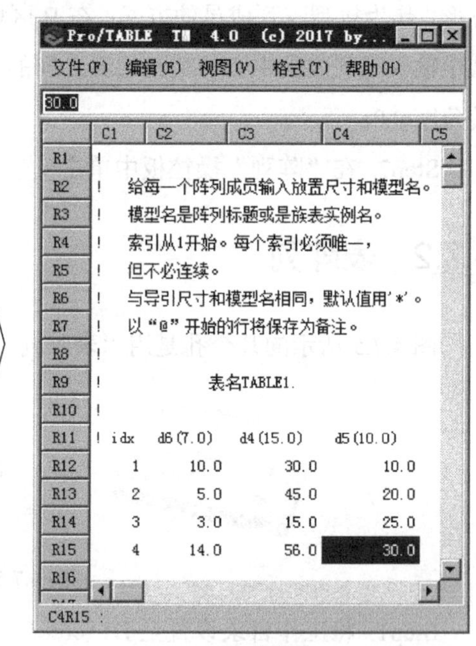

b）修改后

图 4.7.9　“Pro/TABLE”（表）窗口

学习拓展： 扫码学习更多视频讲解。

讲解内容： 主要包含二维草图的绘制思路、流程与技巧总结，另外还有二十多个来自实际产品设计中草图案例的讲解。形状复杂的钣金壁，其草图往往也十分复杂，掌握高效的草图绘制技巧，有助于提高钣金设计的效率。

第 5 章 特征的变形工具

本章提要 在实际的产品设计过程中，有些零件模型的形状特别怪异，通过一般的特征命令可能很难创建，这就需要用到特征的变形工具。本章将主要介绍特征的变形操作工具，包括特征的变换、扭曲、骨架、拉伸、折弯、扭转和雕刻。

5.1 进入扭曲（Warp）操控板

使用特征的扭曲（Warp）命令可以对实体、曲面和曲线的结构与外形进行变换。为了便于学习“扭曲”命令的各项功能，下面先打开一个图 5.1.1 所示的模型，然后启动“扭曲”命令，进入其操控板。具体操作如下。

Step1. 设置工作目录和打开文件。将工作目录设置至 D:\creo6.2\work\ch05.01，打开文件 instance.prt。

Step2. 在 模型 功能选项卡中选择 编辑 ▾ ➡ 扭曲 命令。

Step3. 系统弹出“扭曲”操控板（此时操控板中的各按钮以灰色显示，表示其未被激活），选取图 5.1.1 所示的模型。

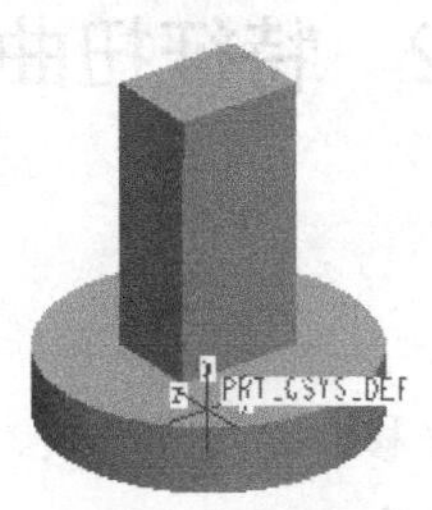

图 5.1.1 模型

Step4. 此时，“扭曲”操控板中的各按钮加亮显示（图 5.1.2），然后就可以选择所需工具按钮进行模型的各种扭曲操作了。

图 5.1.2 所示“扭曲”操控板中的各按钮说明如下。

A：启动变换工具； B：启动扭曲工具； C：启动骨架工具； D：启动拉伸工具；
E：启动折弯工具； F：启动扭转工具； G：启动雕刻工具。

- 参考：单击该选项卡，在打开的界面中可以设定要进行扭曲操作的对象及其操作参考。

  ☑ 隐藏原件：在扭曲操作过程中，隐藏原始几何体。

☑ ✔复制原件：在扭曲操作过程中，仍保留原始几何体。

☑ ✔小平面预览：启用小平面预览。

- 列表：单击该选项卡，在打开的界面中将列出所有的扭曲操作过程，选择其中的一项，图形窗口中的模型将显示在该操作状态时的形态。
- 选项：单击该选项卡，在打开的界面中可以进行一些扭曲操作的设置，选择不同的扭曲工具，界面中显示的内容各不相同。

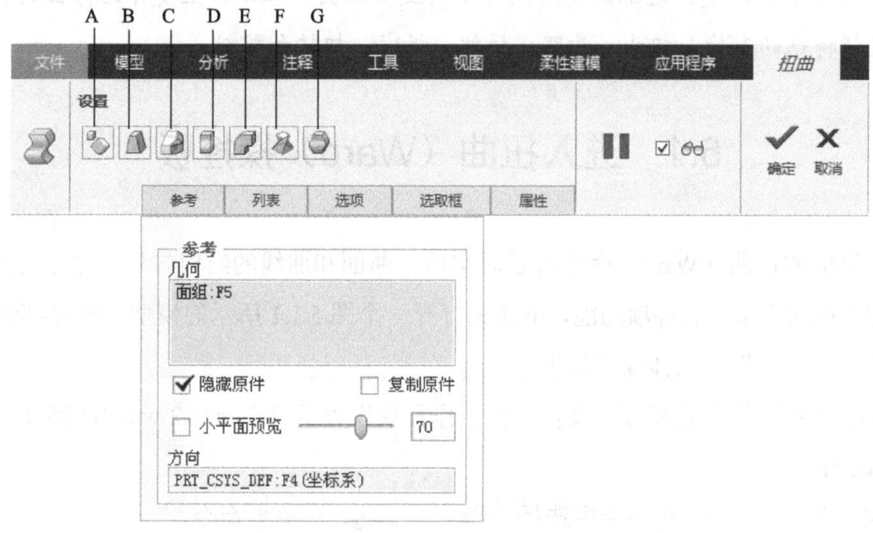

图 5.1.2 “扭曲”操控板

5.2 特征扭曲

5.2.1 特征的变换工具

使用变换工具，可对几何体进行平移、旋转或缩放。下面以打开的文件模型 instance.prt 为例，说明其操作过程。

Step1. 在操控板中按下“变换”按钮，操控板进入图 5.2.1 所示的“变换”操作界面，同时图形区中的模型周围出现图 5.2.2 所示的控制杆和背景选取框。

Step2. “变换”操作。利用控制杆和背景选取框，可进行旋转和缩放操作（操作中，可用多级撤销功能），下面分别介绍。

- “旋转”操作：拖动控制杆的某个端点（图 5.2.3），可对模型进行旋转。
- “缩放”操作分以下几种情况。

  ☑ 三维缩放操作：用鼠标拖动背景选取框的某个拐角，如图 5.2.4a 所示，可以对模型进行三维缩放。

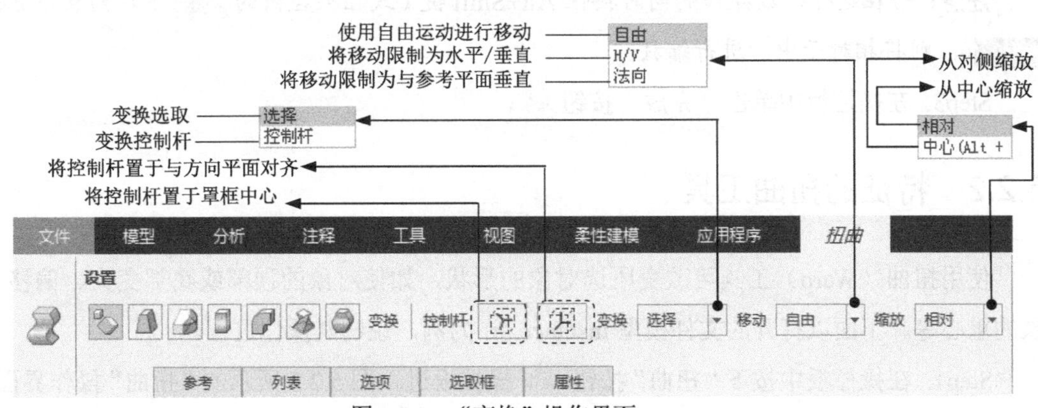

图 5.2.1　“变换”操作界面

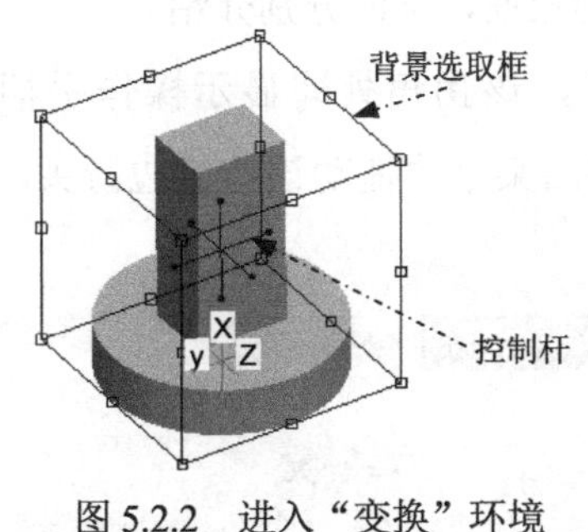

图 5.2.2　进入“变换”环境

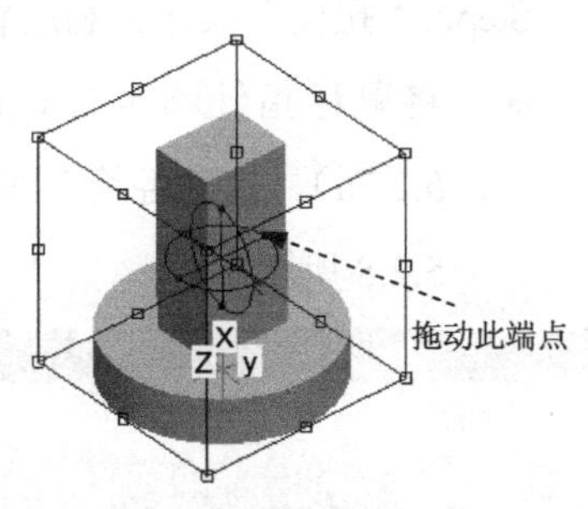

图 5.2.3　“旋转”操作

说明：用鼠标拖动某点的操作方法是将指针移至某点处，按下左键不放，同时移动鼠标，将该点移至所需位置后再松开左键。

☑　二维缩放：用鼠标拖动边线上的边控制滑块，可以对模型进行二维缩放。

☑　一维缩放：将鼠标指针移至边线上的边控制滑块时，立即显示图 5.2.4b 所示的操作手柄，若只拖动图 5.2.4b 中的操作手柄的某个箭头，则相对于该边的对边进行一维缩放。

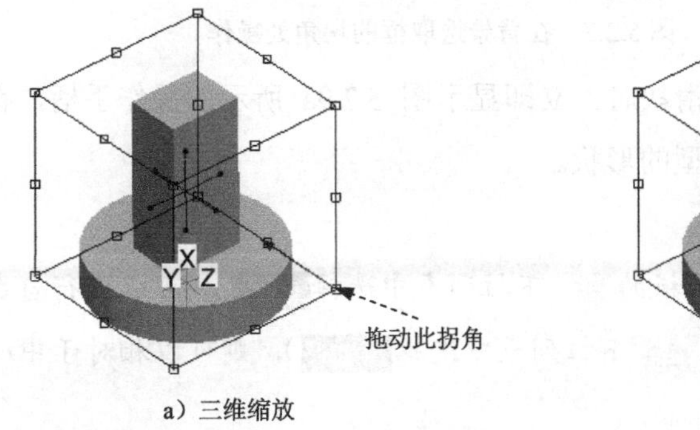

a）三维缩放

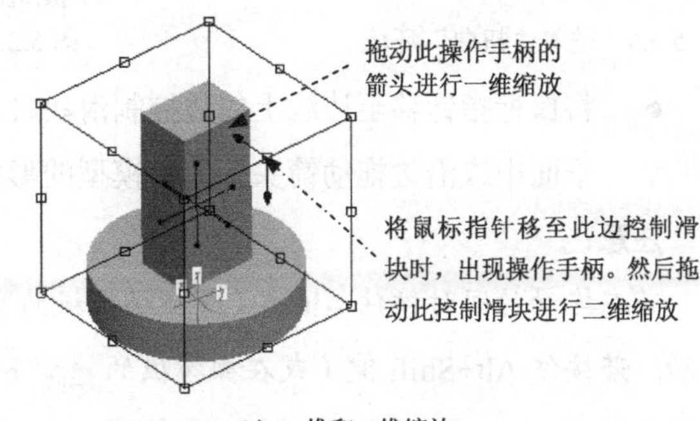

b）一维和二维缩放

图 5.2.4　“缩放”操作

注意：若在进行缩放操作的同时按住 Alt+Shift 键（或在操控板的 缩放 下拉列表中选择 中心 ），则将相对于中心进行缩放。

Step3. 在操控板中单击“完成”按钮✔。

5.2.2 特征的扭曲工具

使用扭曲（Warp）工具可改变所选对象的形状，如使对象的顶部或底部变尖、偏移对象的重心等。下面以打开的文件模型 instance.prt 为例，说明其操作过程。

Step1. 在操控板中按下“扭曲”按钮，操控板进入图 5.2.5 所示的“扭曲”操作界面，同时图形区中的背景选取框上出现图 5.2.6 所示的控制滑块。

Step2.“扭曲”操作。利用背景选取框可进行不同的扭曲，下面分别介绍。

- 将鼠标指针移至背景选取框的某个拐角处时，该拐角处即显示操作手柄（图 5.2.7a），拖动各箭头可调整模型的形状，其中沿某个边拖动该边的边箭头，如图 5.2.8 所示。

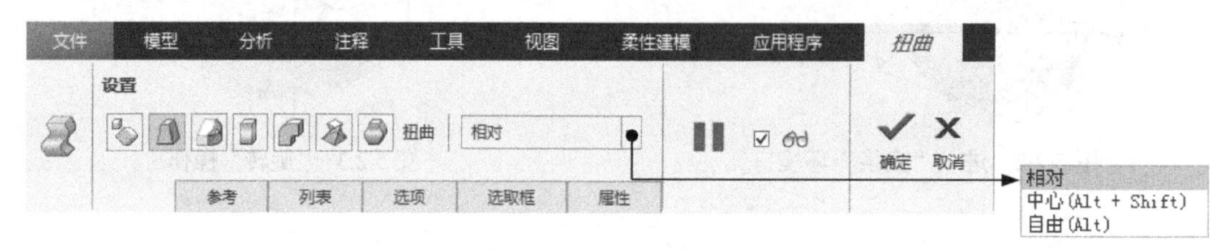

图 5.2.5 “扭曲”操作界面

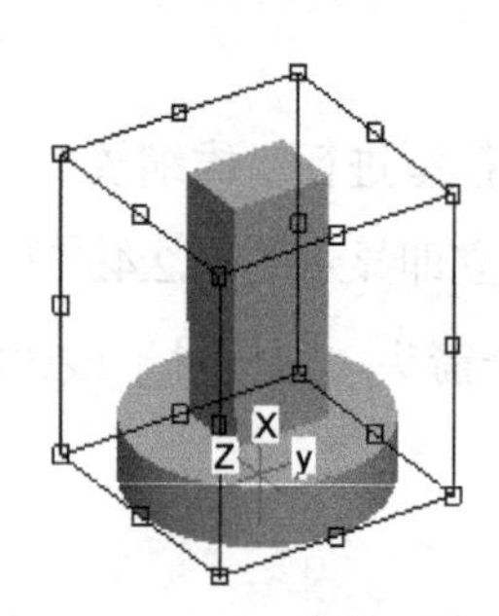

图 5.2.6 进入“扭曲”环境

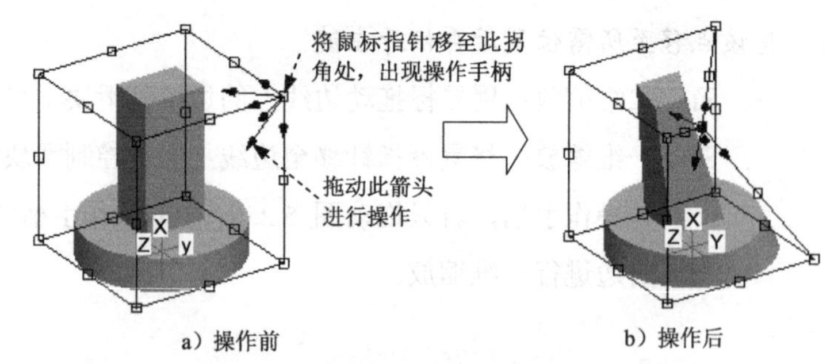

图 5.2.7 在背景选取框的拐角处操作

- 将鼠标指针移至边线上的边控制滑块时，立即显示图 5.2.9a 所示的操作手柄，在平面中或沿边拖动箭头可调整模型的形状。

注意：

若在拖动的同时按住 Alt 键（或在操控板的 扭曲 下拉列表中选择 自由 ），可以进行自由拖动；若按住 Alt+Shift 键（或在操控板的 扭曲 下拉列表中选择 中心 ），则可以相对于中心进行拖动。

Step3. 在操控板中单击“完成”按钮✔。

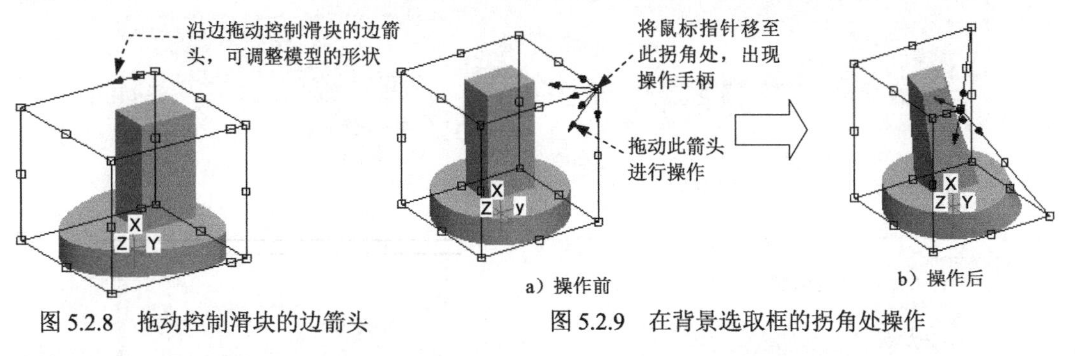

图 5.2.8 拖动控制滑块的边箭头

图 5.2.9 在背景选取框的拐角处操作

5.2.3 骨架工具

骨架（Spline）操作是通过选取模型上的某边线而对模型进行变形操作。下面以打开的文件模型 instance.prt 为例，说明其操作过程。

Step1. 在操控板中按下“骨架”按钮，操控板进入图 5.2.10 所示的“骨架”操作界面。

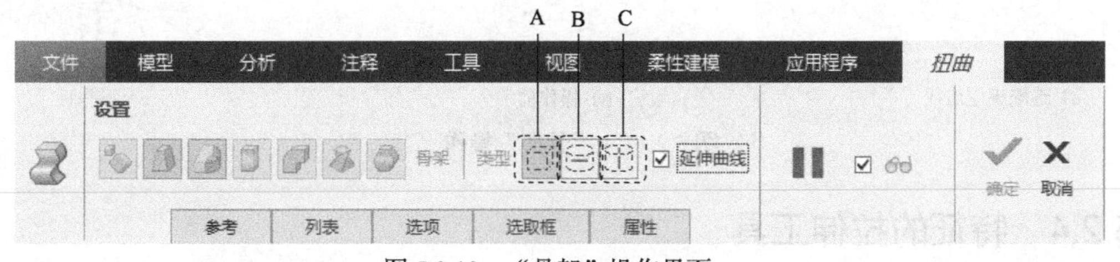

图 5.2.10 “骨架”操作界面

图 5.2.10 所示“骨架”操作界面中的各按钮说明如下。

A: 相对于矩形罩框扭曲。

B: 从中心快速扭曲。

C: 沿轴快速扭曲。

Step2. 定义参考。

（1）在“骨架”操作界面中按下按钮，然后选择操控板中的 参考 选项卡，在图 5.2.11 所示的“参考”界面中单击 细节 按钮，此时系统弹出图 5.2.12 所示的“链”对话框。

（2）选取图 5.2.13a 所示的模型边线，并单击“链”对话框中的 确定 按钮。

Step3. 完成以上操作后，在图形区的所选边线上出现图 5.2.13b 所示的若干控制点和控制线。

Step4. 骨架操作：拖动控制点和控制线可使模型发生变形（图 5.2.13c）。

Step5. 在操控板中单击“完成”按钮。

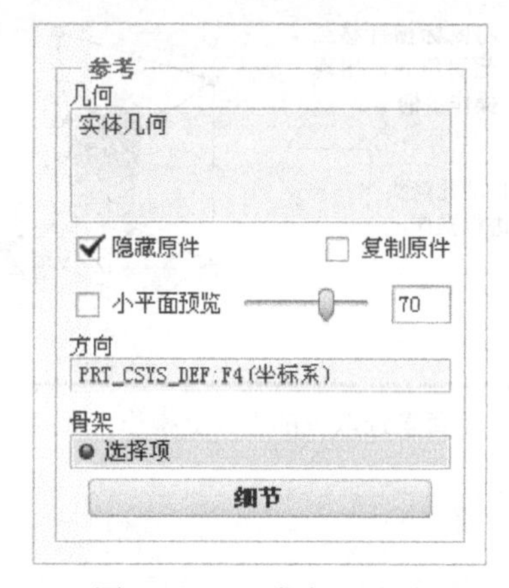

图 5.2.11 “参考”界面

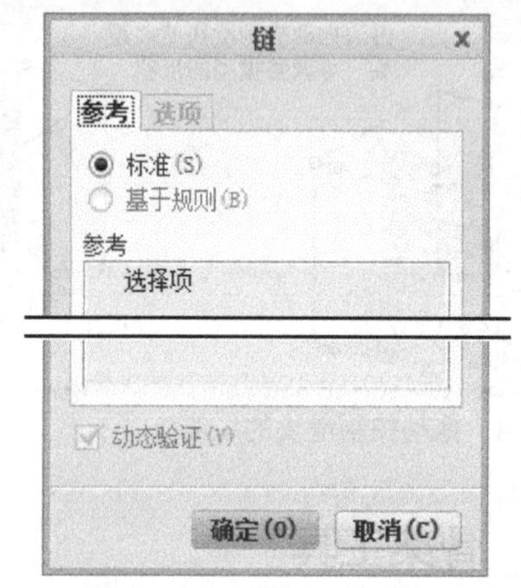

图 5.2.12 “链”对话框

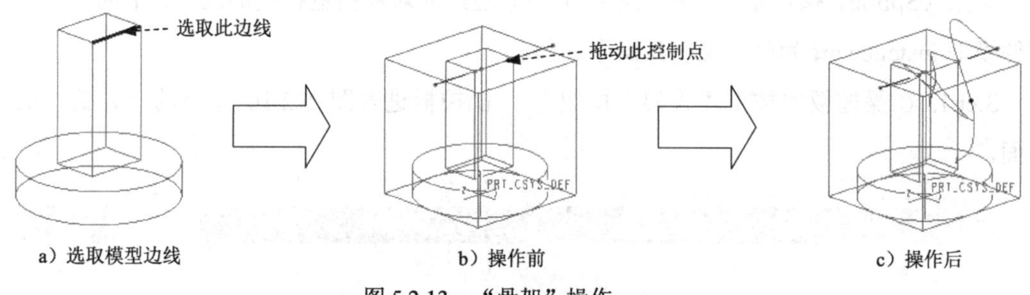

图 5.2.13 “骨架”操作

5.2.4 特征的拉伸工具

使用拉伸（Stretch）工具，可在指定的坐标轴方向对选择的对象进行拉长或缩短。下面以打开的模型 instance.prt 为例，说明其操作过程。

Step1. 在操控板中按下“拉伸”按钮，操控板进入图 5.2.14 所示的“拉伸”操作界面，同时图形区中出现图 5.2.15 所示的背景选取框和控制柄。

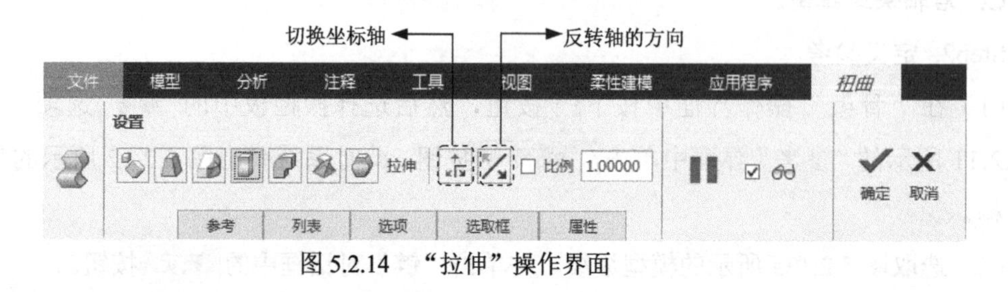

图 5.2.14 “拉伸”操作界面

Step2. 在该界面中选中 ☑比例 复选框，然后输入拉伸比例值 2.0，并按 Enter 键，此时模型如图 5.2.16 所示。

Step3. 可进行如下“拉伸”操作。

- 拖动背景选取框可以进行定位或调整大小（按住 Shift 键不放，进行法向拖动）。

- 拖动控制柄可以对模型进行拉伸，如图 5.2.17 所示。
- 拖动加亮面，可以调整拉伸的起点和长度。

Step4. 在操控板中单击“完成”按钮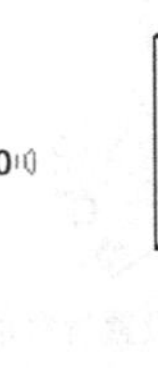。

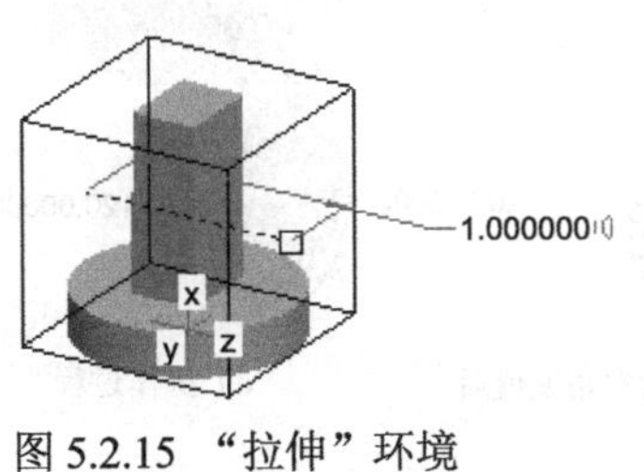

图 5.2.15 “拉伸”环境

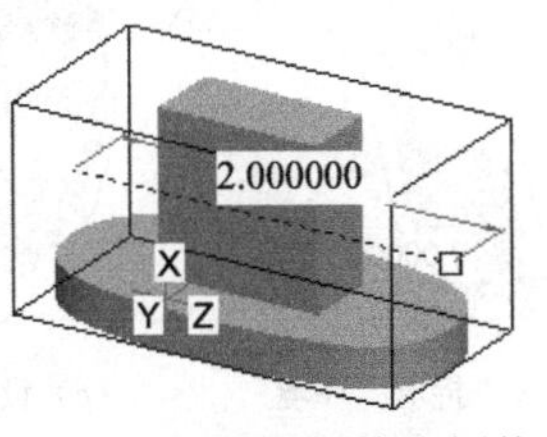

图 5.2.16 设置拉伸比例值后

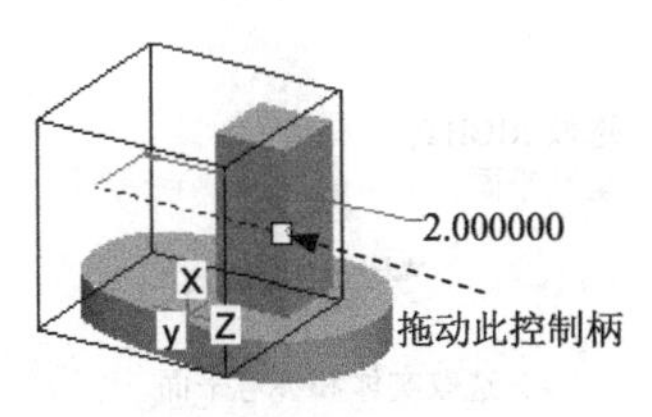

图 5.2.17 操作过程

5.2.5 特征的折弯工具

使用折弯（Bend）工具，可以沿指定的坐标轴方向对所选对象进行弯曲。下面说明其操作过程，“折弯”操作界面如图 5.2.18 所示。

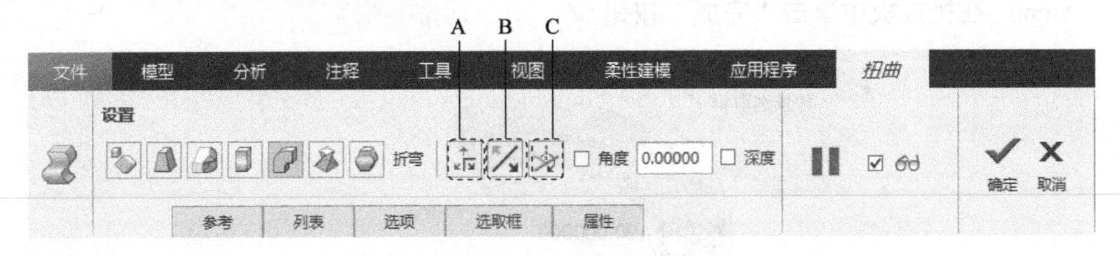

图 5.2.18 “折弯”操作界面

图 5.2.18 所示“折弯”操作界面中的各按钮说明如下。

A：切换到下一个轴。

B：反转轴的方向。

C：以 90° 增大倾角。

Step1. 将工作目录设置至 D:\creo6.2\work\ch05.02，打开文件 bend.prt。

Step2. 在 模型 功能选项卡中选择 编辑 ▾ → 扭曲 命令。

Step3. 在系统 ➡选择要扭曲的实体、面组、小平面或曲线. 的提示下，在图形区中选取图 5.2.19a 所示的模型。单击操控板中的 参考 选项卡，在“参考”选项卡的 方向 区域下单击 PRT_CSYS_DEF:F4(坐标系) 字符，再在模型树中选取 RIGHT 基准平面。

Step4. 此时“扭曲”操控板被激活，在操控板中按下“折弯”按钮，操控板进入图 5.2.18 所示的“折弯”操作界面，同时图形区中的模型进入“折弯”环境，如图 5.2.19b 所示。

Step5. “折弯”操作。

- 在操控板中选中 ☑角度 复选框，输入折弯角度值 120.0，并按 Enter 键。此时模型

按指定的角度折弯，如图 5.2.19c 所示。

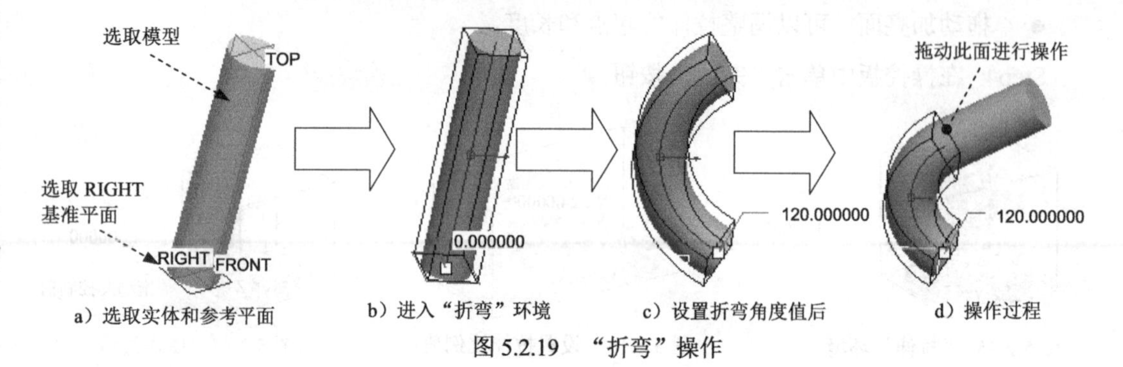

a）选取实体和参考平面　b）进入“折弯”环境　c）设置折弯角度值后　d）操作过程

图 5.2.19 “折弯”操作

- 拖动控制柄（图 5.2.20），可以控制折弯角度的大小。
- 拖动图 5.2.19 d 中的面，可以调整拉伸的起点和长度。
- 拖动背景选取框（按住键盘上的 Alt 键，进行法向拖动）。
- 拖动轴心点或拖动斜箭头（图 5.2.20），可以旋转背景选取框。

Step6. 在操控板中单击“完成”按钮✔。

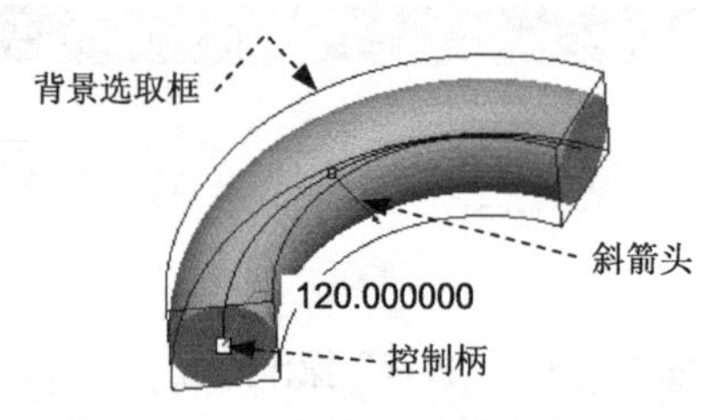

图 5.2.20 “折弯”环境中的各元素

5.2.6 特征的扭转工具

使用扭转（Twist）工具可将所选对象进行扭转。下面以模型 instance.prt 为例，说明其操作过程。

Step1. 将工作目录设置至 D:\creo6.2\work\ch05.02，打开文件 instance.prt。

Step2. 在 模型 功能选项卡选择 编辑 ▾ ➡ 扭曲 命令。

Step3. 在系统 ◆选择要扭曲的实体、面组、小平面或曲线. 的提示下，选取图形区中的模型。单击操控板中的 参考 选项卡，在“参考”选项卡的 方向 区域下单击 PRT_CSYS_DEF:F4(坐标系) 字符，再在模型树中选取 RIGHT 基准平面。

Step4. 在操控板中按下“扭转”按钮，操控板进入图 5.2.21 所示的“扭转”操作界面，同时图形区中的模型进入“扭转”环境，如图 5.2.22a 所示。

图 5.2.21 所示“扭转”操作界面中的各按钮说明如下。

A：切换到下一个轴。

B：反转轴的方向。

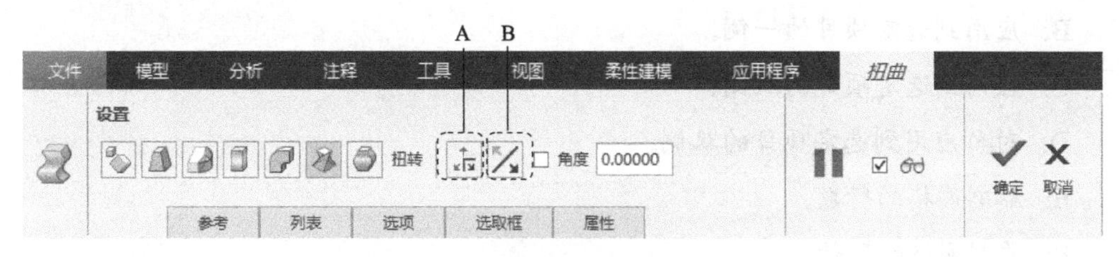

图 5.2.21 “扭转”操作界面

Step5. 扭转操作。

- 拖动图 5.2.22b 中的控制柄可以进行扭转。
- 拖动面调整拉伸的起点和长度，拖动背景选取框进行定位（按住 Shift 键不放，进行法向拖动），如图 5.2.22c 所示。

Step6. 在操控板中单击“完成”按钮✔。

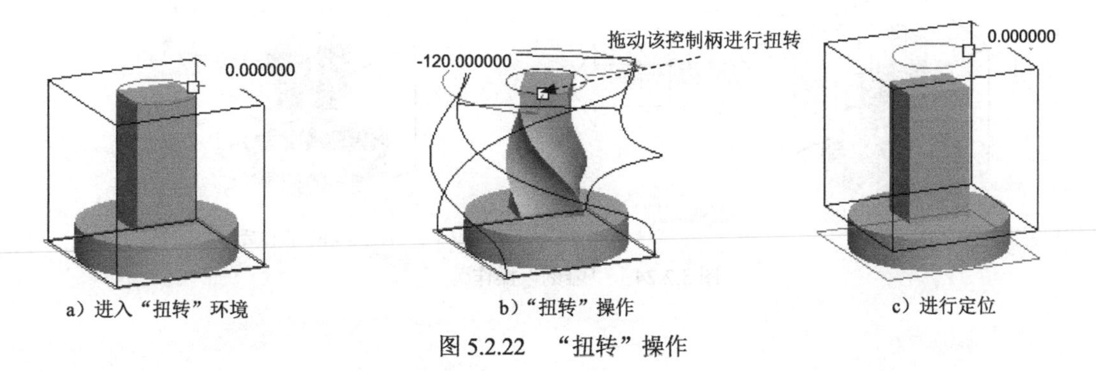

a）进入“扭转”环境　　b）“扭转”操作　　c）进行定位

图 5.2.22 “扭转”操作

5.2.7 特征的雕刻工具

雕刻（Sculpt）操作是通过拖动网格的点而使模型产生变形。下面以打开的文件模型 instance.prt 为例，说明其操作过程。

Step1. 在操控板中按下“雕刻”按钮，操控板进入图 5.2.23 所示的“雕刻”操作界面，同时图形区中的模型进入“雕刻”环境，如图 5.2.24a 所示。

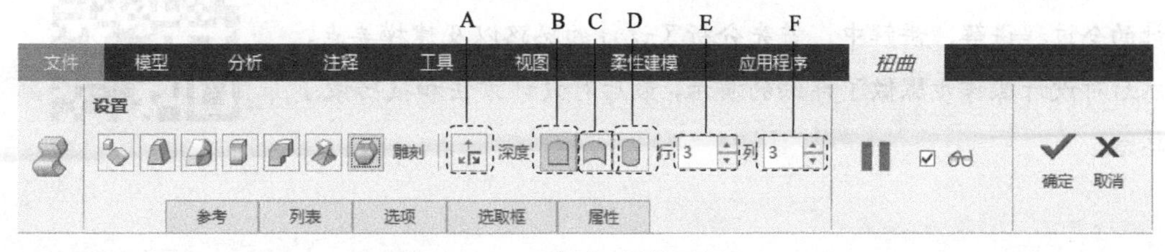

图 5.2.23 “雕刻”操作界面

图 5.2.23 所示“雕刻”操作界面中的各按钮说明如下。

A：将雕刻网格的方位切换到下一选取框面。

B：应用到选定项目的一侧。

C：应用到选定项目的双侧。

D：对称应用到选定项目的双侧。

E：雕刻网格的行数。

F：雕刻网格的列数。

Step2. 雕刻操作。

（1）在操控板中按下按钮，然后在 行 文本框中输入雕刻网格的行数 3，在 列 文本框中输入雕刻网格的列数 3。

（2）拖动网格控制点进行雕刻操作，如图 5.2.24b 所示。

Step3. 在操控板中单击“完成”按钮 ✔。

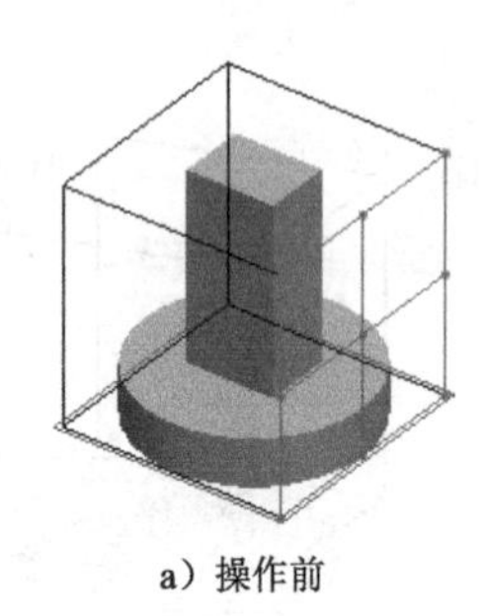
a）操作前

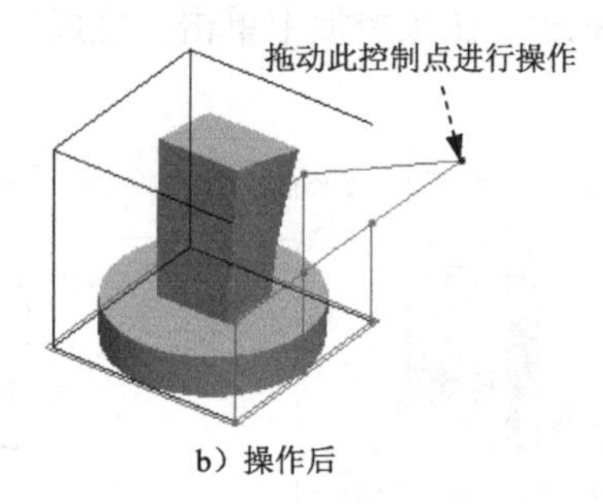

b）操作后

图 5.2.24 “雕刻”操作

学习拓展：扫码学习更多视频讲解。

讲解内容：零件设计实例精选，包含六十多个各行各业零件设计的全过程讲解。讲解中，首先分析了设计的思路以及建模要点，然后对设计操作步骤做了详细的演示，最后对设计方法和技巧做了总结。

第 6 章 装配高级功能

本章提要 本章将先介绍如何在装配体中创建零件，然后介绍装配的几个高级功能，包括挠性元件的装配、装配中的布尔运算、在装配体中替换元件和骨架零件模型。通过本章的学习，可以进一步掌握装配的技巧，提高产品设计水平。

6.1 在装配体中创建零件

6.1.1 概述

在实际产品开发过程中，产品中的一些零部件的尺寸、形状可能依赖于产品中其他零部件。这些零件如果在零件模块中单独进行设计，会存在极大的困难和诸多不便，同时也很难建立各零部件间的相关性。Creo 软件提供在装配体中直接创建零部件的功能，下面用两个例子说明在装配体中创建零部件的一般操作过程。

6.1.2 在装配体中创建零件举例

如图 6.1.1 所示，需要在装配体 asm_exercise2.asm 中创建一个用于固定 socket 零件的紧固螺钉，操作过程如下。

Step1. 先将工作目录设置至 D:\creo6.2\work\ch06.01，然后打开文件 ASM_EXERCISE2.ASM。

Step2. 打开装配体模型文件后，保留零件 Socket 和 Body，将其他元件隐藏。

Step3. 单击 模型 功能选项卡 元件▼ 区域中的“创建”按钮。

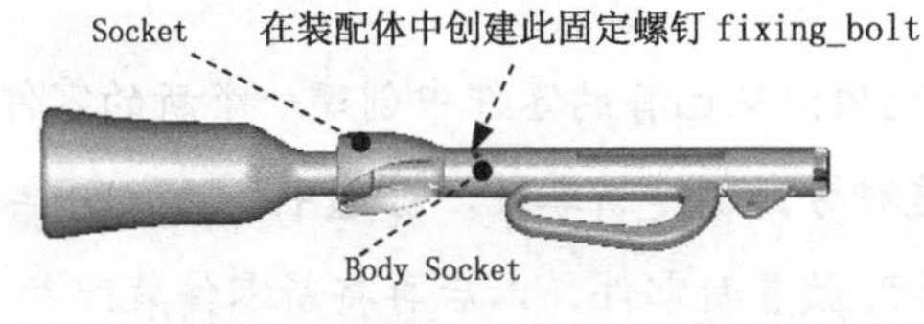

图 6.1.1 练习 1

相关说明：在模型树中启动元件的创建命令，要注意选取合适的对象，否则会出现不同的结果，如图 6.1.2 和图 6.1.3 所示。如果通过激活模型树中的 ASM_EXERCISE2.ASM 创建零件固定螺钉 fixing_bolt，则该螺钉属于装配体 ASM_EXERCISE2.ASM。如果通过激活

BOTTLE_ASM.ASM，则该螺钉属于子装配体 BOTTLE_ASM.ASM。

图 6.1.2 结果 1　　图 6.1.3 结果 2

Step4. 定义元件的类型及创建方法。

（1）此时系统弹出图 6.1.4 所示的“创建元件”对话框，选中类型选项组中的 零件单选项，选中子类型选项组中的 实体单选项，然后在名称文本框中输入文件名 fixing_bolt，单击确定(O)按钮。

（2）此时系统弹出图 6.1.5 所示的“创建选项”对话框，选中 创建特征单选项，并单击确定(O)按钮。

图 6.1.4 “创建元件”对话框

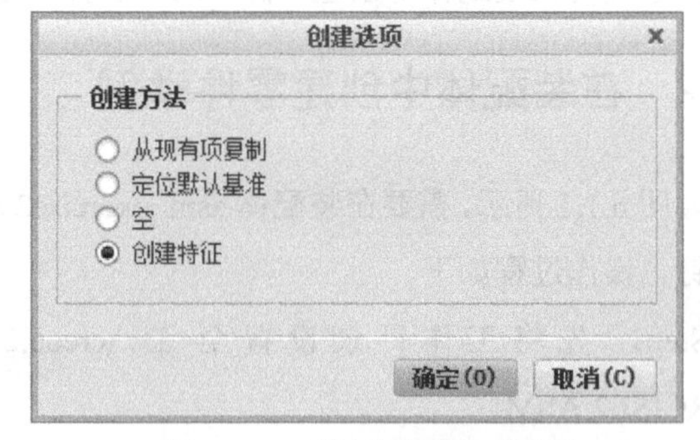

图 6.1.5 “创建选项”对话框

相关说明：在装配体中，零件的创建有如下几种方式（图 6.1.5 所示的“创建选项”对话框）。

- 从现有项复制单选项：从已有的零件中创建一个新的零件，新零件与原零件没有相关关系。通过这种方式创建新零件，可选中 不放置元件复选框（图 6.1.6），以在装配体中“包装”放置新零件，以后再将新零件装配约束。
- 定位默认基准单选项：可创建一个零件并进行装配约束。通过这种方式创建新零件，可以避免建立外部参考元素。用户可从装配体中选取参考，以便定位新零件的默认基准平面。选取装配体的参考有三个命令，如图 6.1.7 所示。

☑ 三平面单选项：从装配体中选择三个正交基准平面，作为新零件的默认基

准平面。

☑ 轴垂直于平面单选项：从装配体中选择一个基准平面和垂直于它的轴来定位新零件。

☑ 对齐坐标系与坐标系单选项：从装配体的顶级组件中选择一个坐标系来定位新零件。

- 空单选项：创建一个无初始几何形状的空零件，空零件的名称会在模型树中列出。通过这种方式创建新零件，可选中☑不放置元件复选框，以在装配体中“包装”放置新零件，以后可添加零件中的特征并创建新零件的装配约束。
- 创建特征单选项：创建新零件的特征。通过这种方式创建新零件，常常会产生外部参考元素。

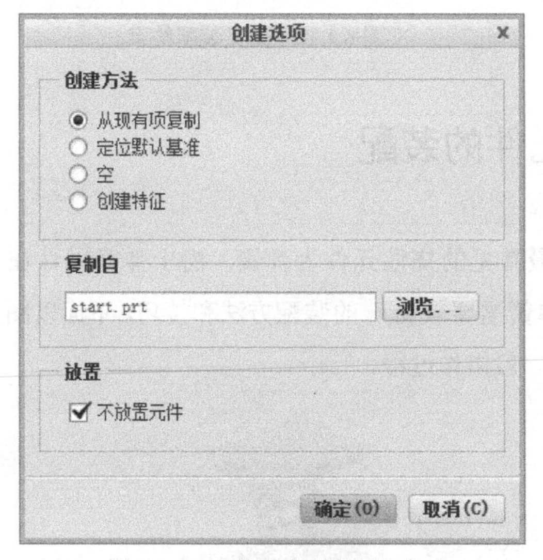

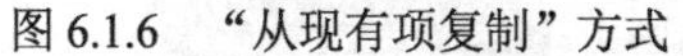

图 6.1.6 “从现有项复制”方式

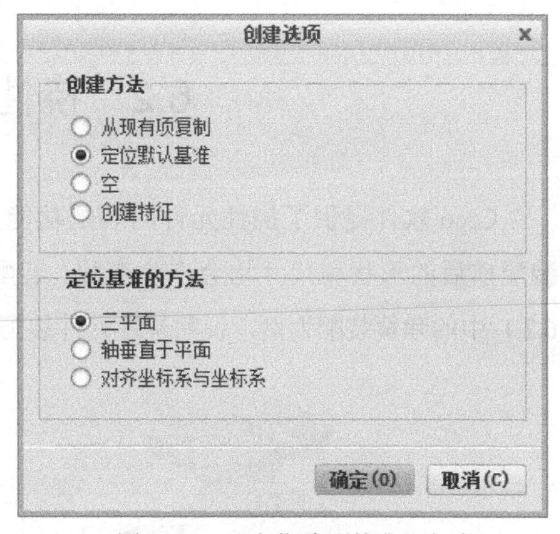

图 6.1.7 “定位默认基准”方式

Step5. 创建旋转特征。在操控板中单击“旋转”按钮旋转，设置零件 body 的 FRONT 基准平面为草绘平面（图 6.1.8），TOP 基准平面为参考平面，方向为右；选取螺孔特征的边线为草绘参考，绘制图 6.1.9 所示的截面草图；选取旋转角度类型为⊥，角度值为 360.0。

Step6. 创建该螺钉的其他特征（例如螺钉的螺纹修饰、倒角等）。在模型树中右击 FIXING_BOLT.PRT，选择命令，系统进入零件模型环境，即可添加其他零件特征，然后保存。

Step7. 在该装配体中需要两个同样的紧固螺钉 fixing_bolt，其中一个已在装配体中创建并装配完毕，另一个紧固螺钉可装配到装配体上，方法如下。

注意：操作此步骤前，请切换到总装配模型下。

（1）单击 模型 功能选项卡 元件▾ 区域中的“组装”按钮，打开 FIXING_BOLT.PRT 文件。

（2）如图 6.1.10 所示，定义第一个装配约束，选择 重合。定义第二个装配约束，选择 距离，偏距值为 14.5。

（3）创建装配体 asm_exercise2.asm 的文件副本。选择 文件 → 另存为(A) → 保存副本(A) 保存活动窗口中对象的副本。命令，在“保存副本”对话框中输入副本文件名 asm_exercise3，单击 确定 按钮。

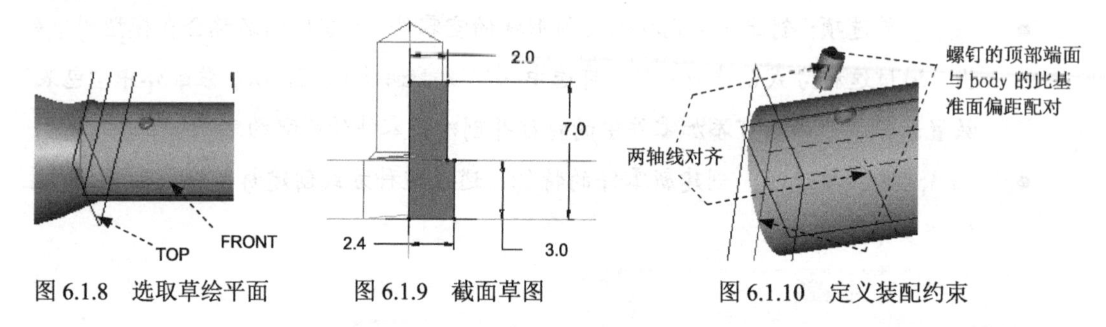

图 6.1.8　选取草绘平面　　图 6.1.9　截面草图　　图 6.1.10　定义装配约束

6.2　挠性元件的装配

Creo 软件提供了挠性元件的装配功能，最常见的挠性元件为弹簧。由于弹簧零件在装配前后的形状和尺寸均会产生变化，装配弹簧需要较特殊的装配方法和技巧。下面以图 6.2.1 中的弹簧装配为例，说明挠性元件装配的一般操作过程。

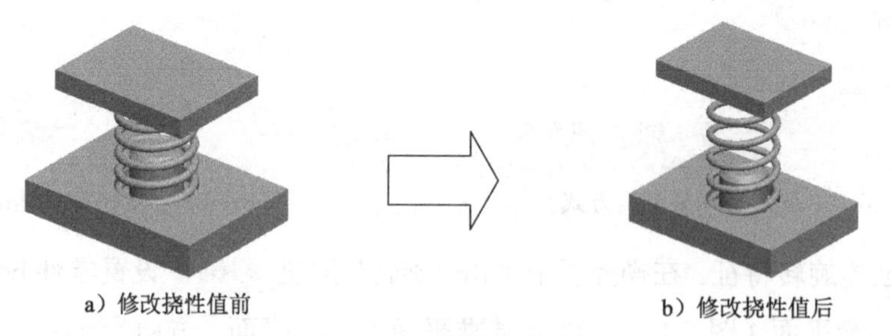

a）修改挠性值前　　b）修改挠性值后

图 6.2.1　挠性元件的装配

Stage1．设置目录

将工作目录设置至 D:\creo6.2\work\ch06.02，打开文件 spring.prt。

Stage2．建立关系

Step1．在功能选项卡区域的 工具 选项卡中单击 d= 关系 按钮，系统弹出图 6.2.2 所示的“关系”对话框。

Step2．在绘图区选取弹簧零件模型，在系统弹出的菜单管理器中选择 Specify (指定) → 轮廓 → Done (完成) 命令，如图 6.2.3 所示。此时尺寸参数符号如图 6.2.4 所示。

Step3. 在“关系”对话框中输入关系式：

cmass=mp_mass("")

d2=d29/6

然后单击“关系”对话框中的 确定 按钮。

Step4. 保存零件模型文件，然后关闭文件。

Stage3. 装配图 6.2.5 所示的弹簧

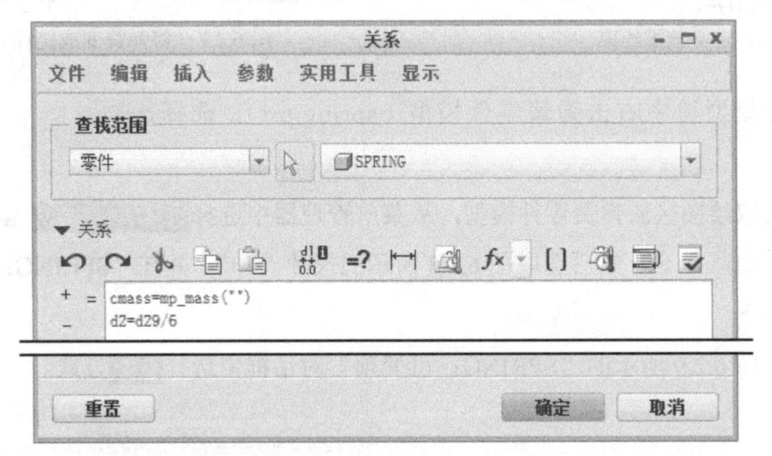

图 6.2.2 “关系”对话框

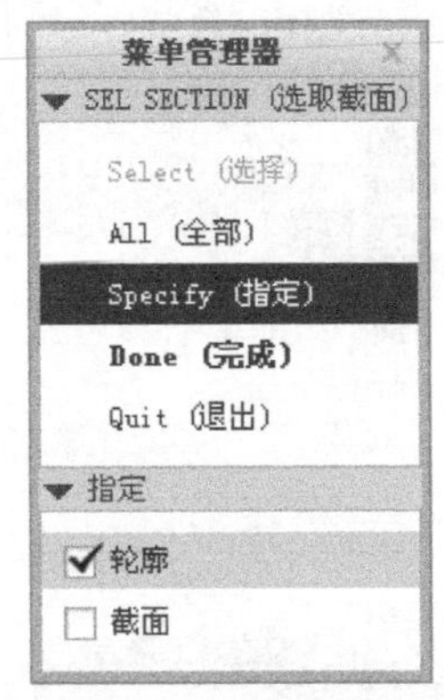

图 6.2.3 菜单管理器

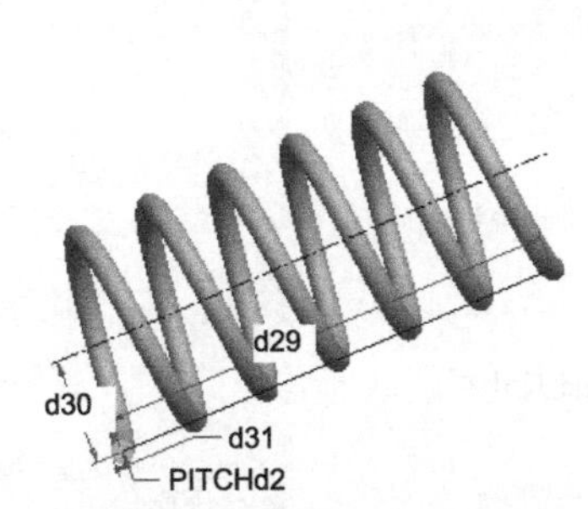

图 6.2.4 显示尺寸参数符号

图 6.2.5 装配弹簧

Step1. 打开装配体文件 spring_asm.asm。

Step2. 单击 模型 功能选项卡 元件 ▾ 区域中的“组装”按钮，打开零件模型文件 spring.prt。

Step3. 如图 6.2.6 所示，定义第一个约束 重合（SPRING 零件的 TOP 基准平面和 BASE_DOWN 零件的圆柱形特征周围的凹面）。定义第二个约束 重合（两轴线对齐），在“元件放置”操控板中单击✓按钮。

Stage4．将弹簧变成挠性元件（图 6.2.7）

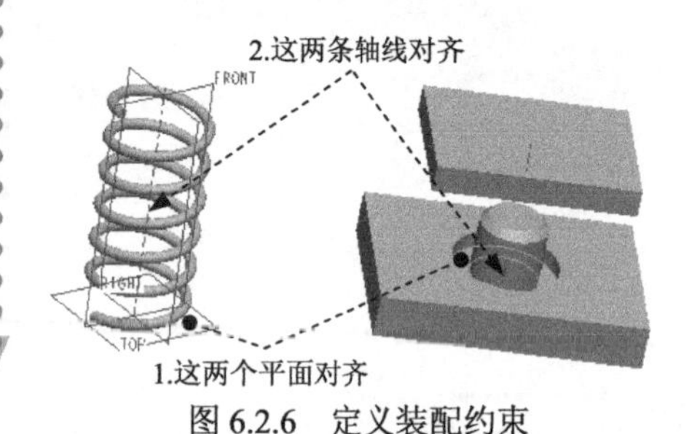

图 6.2.6　定义装配约束

a）变成挠性元件前　　b）变成挠性元件后

图 6.2.7　将弹簧变成挠性元件

Step1. 在模型树中右击弹簧零件模型（spring.prt），选择 挠性化 → 挠性化 命令。

Step2. 选取绘图区的弹簧零件模型，从菜单管理器中选择 Specify（指定） → 轮廓 → Done（完成）命令，然后选取图 6.2.8 所示的尺寸“40”，并在“SPRING：可变项”对话框中单击一下。

Step3. 在图 6.2.9 所示的“SPRING：可变项”对话框中选择 距离 方式。

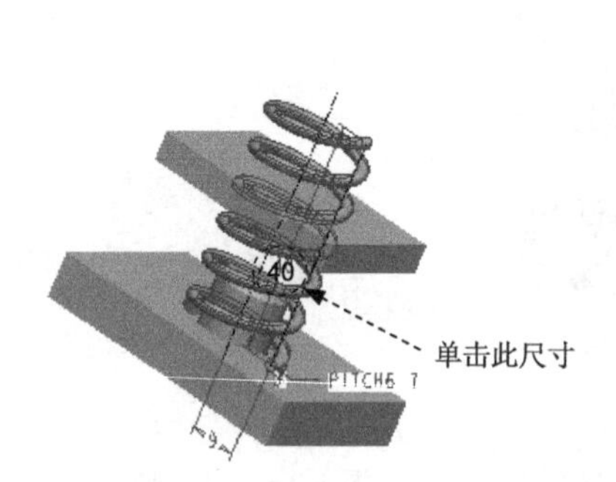

图 6.2.8　选取尺寸

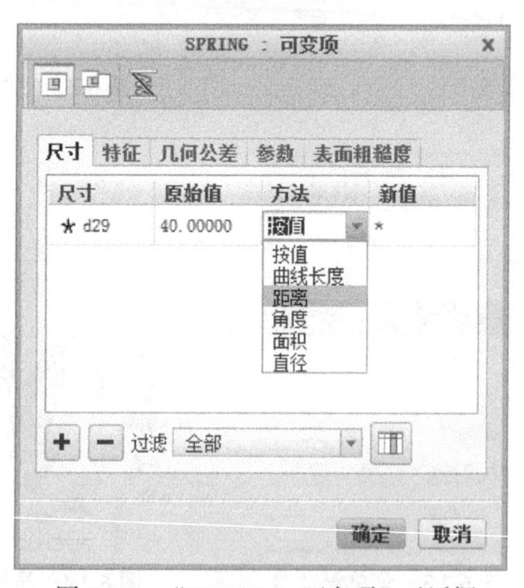

图 6.2.9　“SPRING：可变项”对话框

Step4. 此时，系统弹出图 6.2.10 所示的“距离”对话框。测量图 6.2.11 中两个模型表面的距离后，单击 ✔ 按钮，再单击“SPRING：可变项”对话框中的 确定 按钮。

Step5. 在“元件放置”操控板中单击 ✔ 按钮。

Stage5．验证弹簧的挠性

Step1. 在模型树中右击 BASE_UP.PRT 零件，选择 命令。

Step2. 系统弹出“元件放置”操控板，在“元件放置”操控板中单击 放置 选项卡，系统弹出图 6.2.12 所示的界面。在此界面中单击距离，然后将“配对偏移值”修改为 50.0，单击✓按钮。

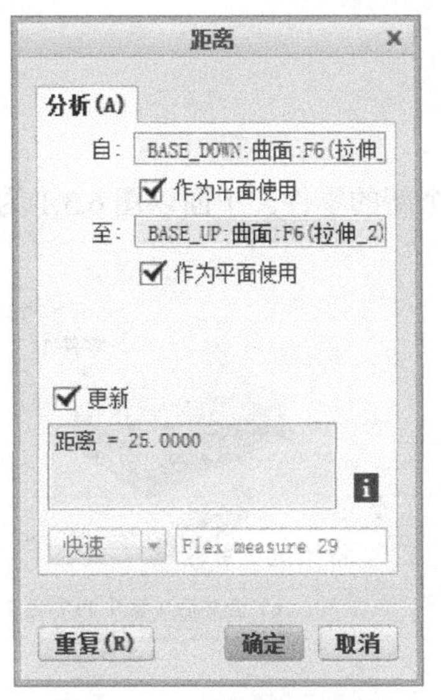

图 6.2.10　“距离”对话框

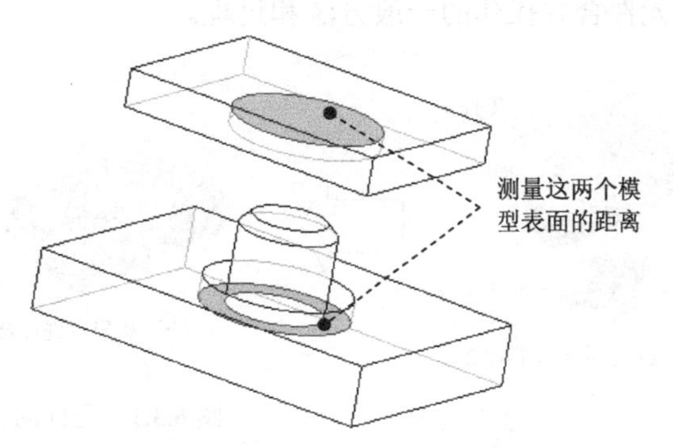

图 6.2.11　测量距离

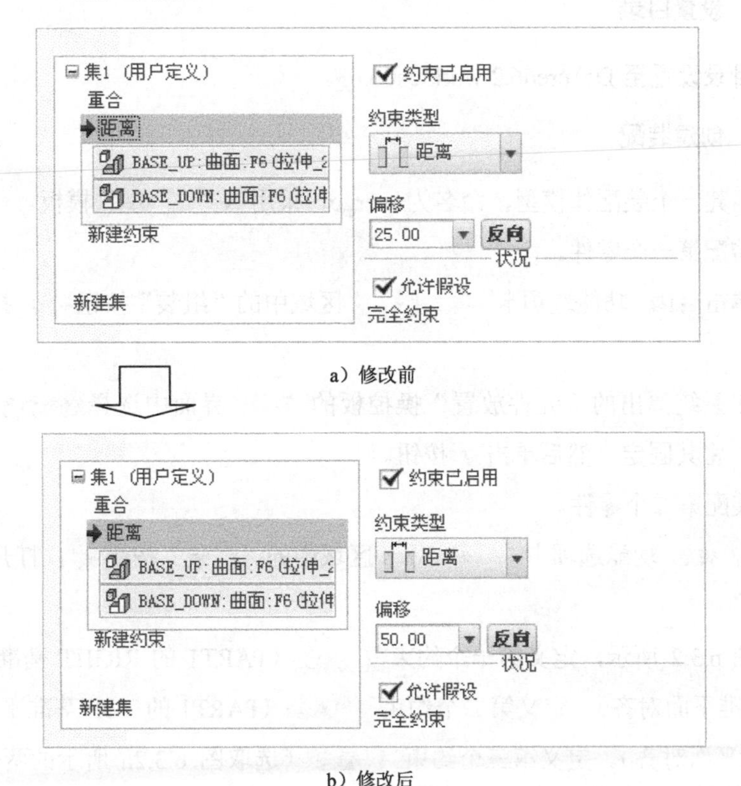

图 6.2.12　验证挠性

Step3. 在系统工具栏中单击“再生模型”按钮，此时绘图区的弹簧零件模型将按新“偏移值”拉长，表明挠性元件——弹簧已成功装配。

6.3 装配中的布尔运算操作

6.3.1 元件合并

元件合并操作就是将装配体中的两个零件合并成一个新的零件。下面以图 6.3.1 为例，说明元件合并操作的一般方法和过程。

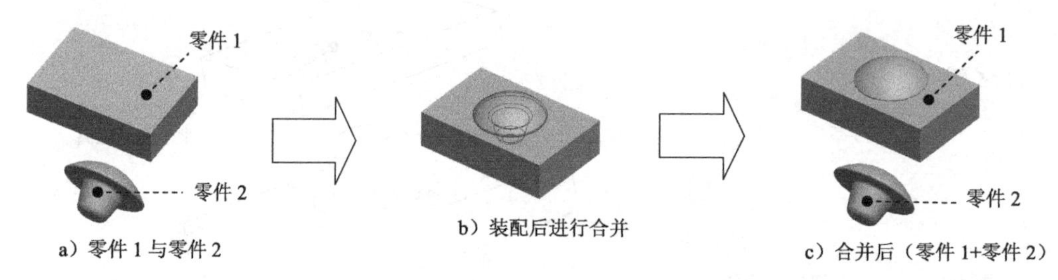

图 6.3.1 元件的合并

Stage1. 设置目录

将工作目录设置至 D:\creo6.2\work\ch06.03。

Stage2. 创建装配

Step1. 新建一个装配体模型，命名为 merge，采用 mmns_asm_design 模板。

Step2. 装配第一个零件。

Step3. 单击 模型 功能选项卡 元件 ▾ 区域中的“组装”按钮，打开零件模型文件 part1.prt。

Step4. 在系统弹出的“元件放置”操控板的 放置 界面中选择 约束类型 下拉列表中的 默认 选项，将其固定，然后单击✔按钮。

Step5. 装配第二个零件。

（1）单击 模型 功能选项卡 元件 ▾ 区域中的“组装”按钮，打开零件模型文件 part2.prt。

（2）如图 6.3.2 所示，定义第一个约束 重合（PART1 的 RIGHT 基准平面与 PART2 的 RIGHT 基准平面对齐）。定义第二个约束 重合（PART1 的 TOP 基准平面与 PART2 的 FRONT 基准平面对齐）。定义第三个约束 重合（选取图 6.3.2a 所示的两个面），在“元件放置”操控板中单击✔按钮。

Stage3. 创建合并

Step1. 在 模型 功能选项卡中选择 元件 ▾ ➡ 元件操作 命令，系统弹出图 6.3.3

所示的“元件”菜单，然后选择 Boolean Operations (布尔运算) 命令，此时系统弹出图 6.3.4 所示的“布尔运算”对话框。

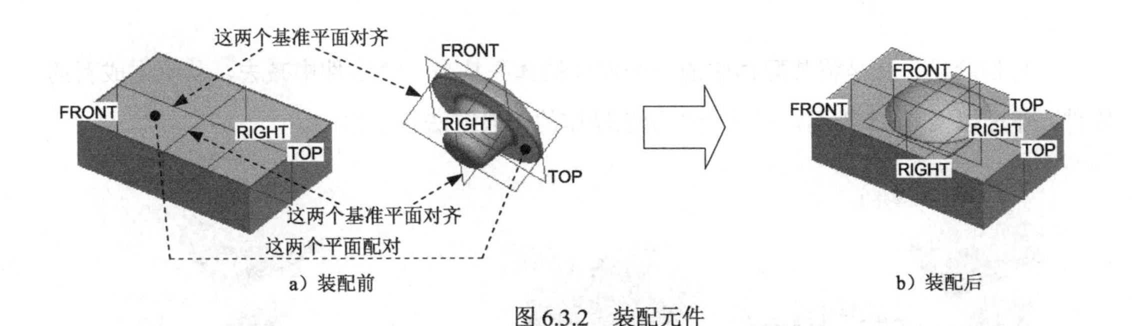

a）装配前　　b）装配后

图 6.3.2 装配元件

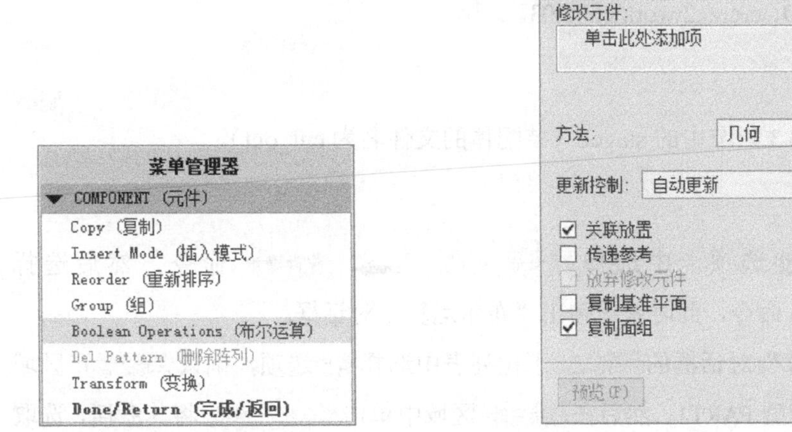

图 6.3.3 “元件”菜单　　图 6.3.4 “布尔运算”对话框

Step2. 在“布尔运算”对话框的布尔运算:下拉列表中选择合并选项，确认被修改模型:区域为激活状态，选取零件模型 PART1；然后在修改元件:区域中单击单击此处添加项将其激活，选取零件模型 PART2。

Step3. 在“布尔运算”对话框中单击 确定 按钮，然后在“元件”菜单中选择 Done/Return (完成/返回) 命令。

Step4. 保存装配体模型。

Stage4. 验证结果

打开零件模型 PART1，可看到此时的零件 PART1 是由原来的 PART1 和 PART2 合并而

成的，如图 6.3.1c 所示。

6.3.2 元件切除

元件切除操作就是将装配体中的一个零件的体积从另一个零件中减去，从而生成新的零件。下面以图 6.3.5 为例，说明元件切除操作的一般方法和过程。

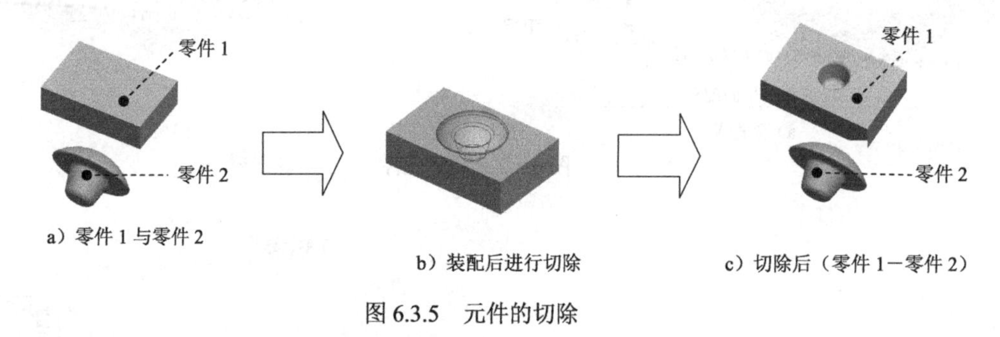

图 6.3.5 元件的切除

Stage1．设置目录

将工作目录设置至 D:\creo6.2\work\ch06.03。

Stage2．创建装配

详细操作过程参见 6.3.1 节中的 stage2（装配体的文件名为 cut_out）。

Stage3．创建切除

Step1. 在 模型 功能选项卡中选择 元件▾ ➡ 元件操作 命令，然后选择 Boolean Operations (布尔运算) 命令，此时系统弹出“布尔运算”对话框。

Step2. 在“布尔运算”对话框的 布尔运算: 下拉列表中选择 剪切 选项，确认 被修改模型: 区域为激活状态，选取零件模型 PART1；然后在 修改元件: 区域中单击 单击此处添加项 将其激活，选取零件模型 PART2。

Step3. 在“布尔运算”对话框中单击 确定 按钮，然后在“元件”菜单中选择 Done/Return (完成/返回) 命令。

Stage4．验证结果

打开零件模型 PART1，可看到此时的零件 PART1 如图 6.3.5c 所示。

6.3.3 创建相交零件

创建相交零件就是将装配体中的两个零件互为重叠的体积部分生成新的零件。下面以图 6.3.6 为例，说明其一般操作方法和过程。

Stage1. 设置目录

将工作目录设置至 D:\creo6.2\work\ch06.03。

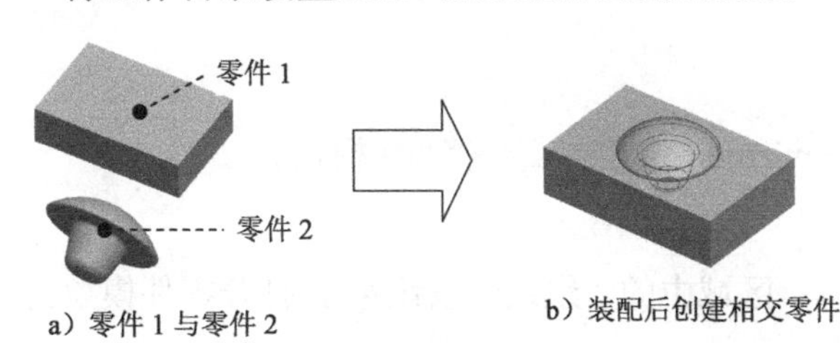

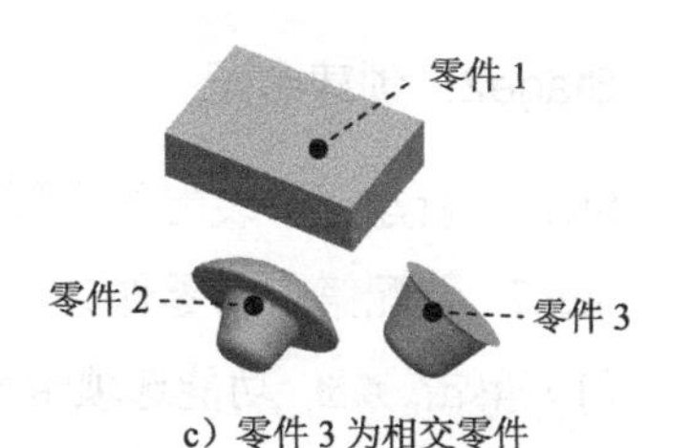

图 6.3.6 创建相交零件

Stage2. 创建装配

详细操作过程参见 6.3.1 节中的 Stage2（装配体的文件名为 intersect）。

Stage3. 创建相交零件

Step1. 单击 模型 功能选项卡 元件▾ 区域中的“创建”按钮。在图 6.3.7 所示的“创建元件”对话框中选择 类型 中的 零件 单选项，选中 子类型 中的 相交 单选项，输入文件名 PART3，然后单击 确定(O) 按钮。

Step2. 在 ➡选择第一个零件. 的提示下，在模型树中选取 PART1。

Step3. 在 ➡选择零件求交. 的提示下，在模型树中选取 PART2，然后单击“选择”对话框中的 确定 按钮，此时系统提示 • 已经创建交集零件PART3.。

Step4. 保存装配模型。

Stage4. 验证结果

打开零件模型 PART3，可看到此时的零件模型 PART3 如图 6.3.6c 所示。

6.3.4 创建镜像零件

创建镜像零件就是将装配体中的某个零件相对一个平面进行镜像，从而产生另外一个新的零件。下面以图 6.3.8 为例，说明其一般操作方法和过程。

图 6.3.7 “创建元件”对话框

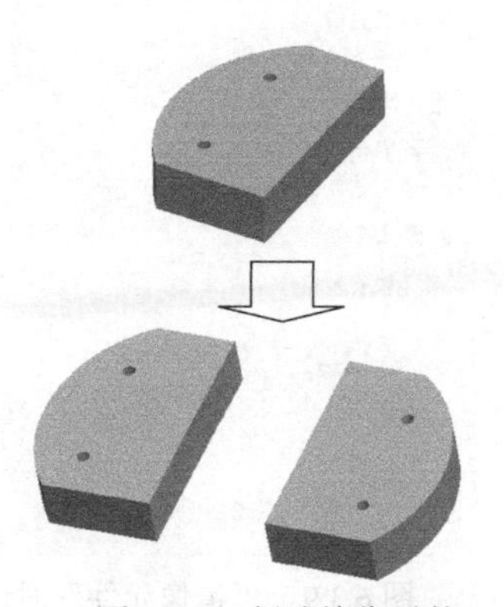

图 6.3.8 创建镜像零件

Stage1. 设置目录

将工作目录设置至 D:\creo6.2\work\ch06.03。

Stage2. 创建装配

Step1. 新建一个装配体模型，命名为 mirror，选用 mmns_asm_design 模板。

Step2. 装配第一个零件。

（1）单击 模型 功能选项卡 元件 ▾ 区域中的“组装”按钮，打开零件模型文件 block.prt。

（2）在系统弹出的“元件放置”操控板的 放置 界面中选择 约束类型 下拉列表中的 默认 选项，将其固定，然后单击 ✓ 按钮。

Stage3. 创建镜像零件

Step1. 单击 模型 功能选项卡 元件 ▾ 区域中的“镜像元件”按钮，此时系统弹出图 6.3.9 所示的“镜像元件”对话框。

Step2. 在系统 ➡选择要进行镜像的零件. 的提示下，在模型树中选取 BLOCK.PRT。

Step3. 在系统 ➡选择一个平面或创建一个基准以其作镜象. 的提示下，选取图 6.3.10 中的 RIGHT 基准平面（此时可以隐藏总装配文件的基准平面）。

Step4. 在 名称: 文本框中将其名称更改为 BLOCK_MIR，并按 Enter 键确认。

Step5. 在“镜像元件”对话框中单击 确定 按钮，此时系统提示 • 成功创建镜像零件.。

镜像元件
元件: 选择项
镜像平面: 单击此处添加项
新建元件
◉ 创建新模型
名称:
公用名称:
○ 重新使用选定的模型
镜像
◉ 仅几何
○ 具有特征的几何
相关性控制:
☑ 几何从属
☑ 放置从属
对称分析:
☐ 执行对称分析
选项
高级...
☐ 预览(P) 确定 取消

图 6.3.9 “镜像元件”对话框

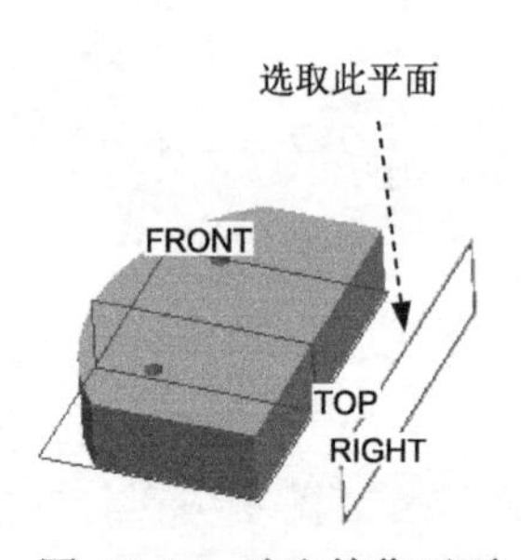

图 6.3.10 选取镜像平面

6.4 元件的替换

下面以装配体 asm_exercise3.asm 为例，说明元件替换的概念。如图 6.4.1 所示，假如当含有零件 body 的装配体创建完毕后，发现零件 body 形状或结构不合适，而此时另一个设计师已经设计好了另一个与 body 作用相同的零件 body_sweep，并且零件 body_sweep 的设计更符合要求，所以希望用该零件替代 body，替换后要求装配体中的装配约束关系、父子关系保持不变，这就是装配体中元件替换的概念。元件的替换也叫元件的互换。

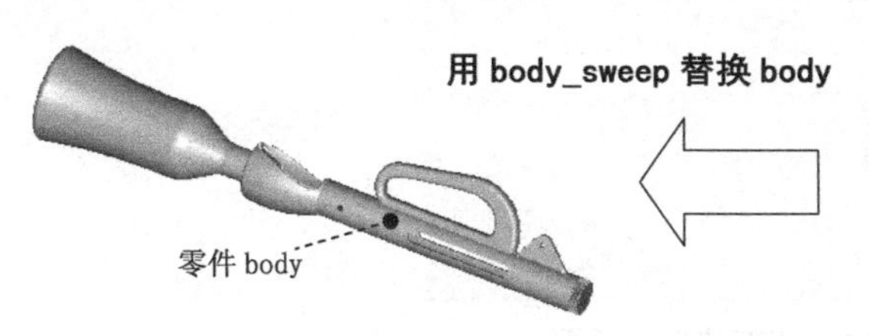

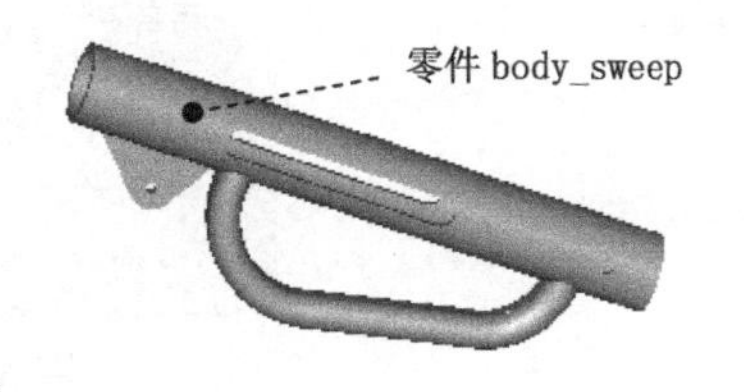

图 6.4.1 元件的替换

6.4.1 元件替换的一般操作过程

下面以在装配体 asm_exercise3.asm 中替换零件 body 为例，说明元件替换的一般操作过程。

Stage1．创建一个 Interchange（互换）装配模式下的装配文件

Step1. 将工作目录设置至 D:\creo6.2\work\ch06.04。

Step2. 单击“新建”按钮，在图 6.4.2 所示的“新建”对话框中选中 类型 中的 ◉ 装配 单选项，选中 子类型 中的 ◉ 互换 单选项，然后输入文件名 body_interchange，单击 确定 按钮。

Step3. 分别添加有替换关系的两个元件。

（1）添加 body.prt。单击 模型 功能选项卡 元件 ▾ 区域中的“功能”按钮，然后打开文件 body.prt。

（2）添加 body_sweep.prt。

① 继续单击 模型 功能选项卡 元件 ▾ 区域中的“功能”按钮。

② 系统弹出文件“打开”对话框，打开文件 body_sweep.prt。

③ 此时系统弹出“元件放置”操控板，在这里可以不对两个元件进行装配约束，而直接单击 ✓ 按钮。

Step4. 定义参考标签。

我们知道，元件装配实际是通过一系列元件参考和组件参考的对齐、配对等来实现的，因此在一个已装配完成的元件要被替换时，系统需要知道新旧元件间的所有装配参考的对应关系。参考标签正是指明这种对应关系的。

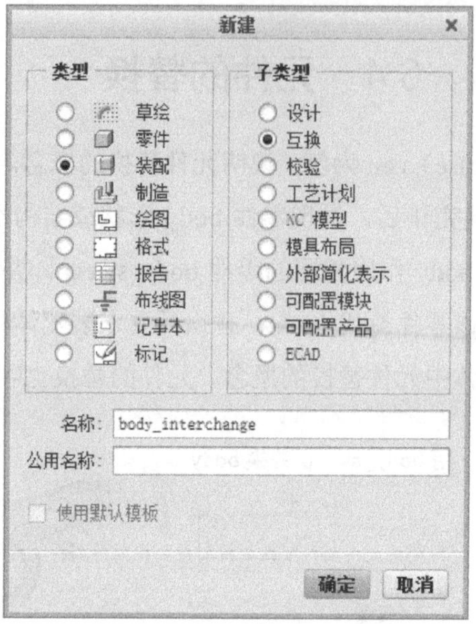

图 6.4.2 “新建”对话框

特别注意：定义参考标记前，一定要在原来的装配模型中查看被替换的元件（比如 body.prt）中哪些点、线、面曾被用于参考（包括元件参考和组件参考），在定义的参考标签中要一一将它们与新元件（比如 body_sweep .prt）中相应的点、线、面对应起来，不能遗漏和弄错，否则在后面的元件替换时，会出现某些元件“丢失参考”的错误提示。

本例中要定义的各参考标签如图 6.4.3 所示。

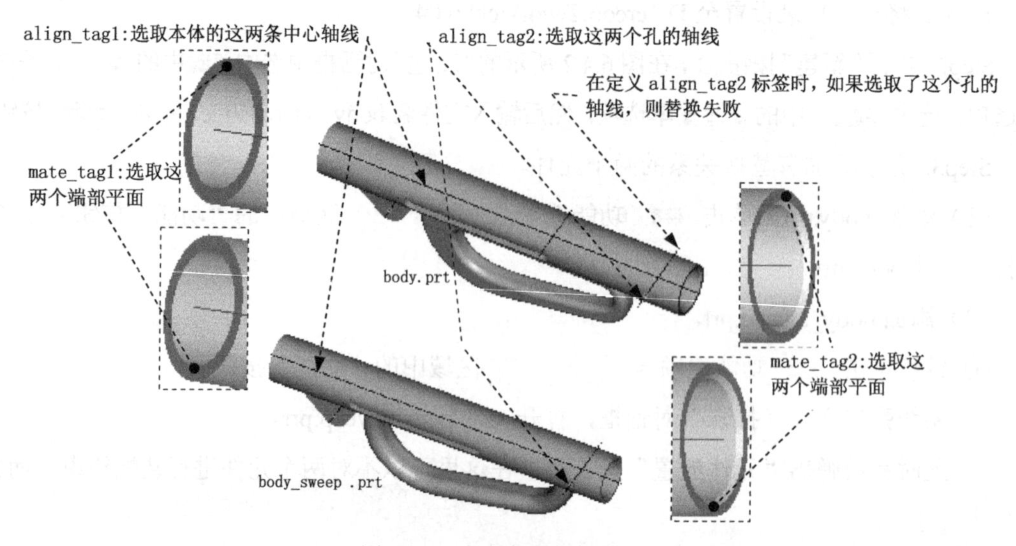

图 6.4.3 定义各参考标签

- mate_tag1：这个标签中的两个平面控制本体盖（body_cap）与本体（body 或 body_sweep）的配对约束装配关系。
- mate_tag2：这个标签中的两个平面控制瓶口座（socket）与本体的配对约束装配

关系。

- align_tag1：这个标签中的两条轴线控制本体盖（body_cap）、瓶口座（socket）与本体的轴向对齐约束。
- align_tag2：这个标签中的两条轴线控制瓶口座（socket）与本体的径向对齐约束。

（1）单击 模型 功能选项卡 参考配对 区域中的“参考配对表”按钮，系统弹出图 6.4.4 所示的“参考配对表”对话框。

图 6.4.4 “参考配对表”对话框

（2）定义参考标签。

① 在“参考配对表”对话框中单击 + 按钮，在 标记 文本框中输入第一个参考标签名 MATE_TAG1，并按 Enter 键。

② 按住 Ctrl 键，分别选取图 6.4.3 中模型的两个端部平面（图中左边的端面）。

③ 定义其余三个标签。然后重复与步骤①、②相似的操作。

④ 最后单击“参考配对表”对话框中的 确定 按钮。

Step5. 保存该“互换”装配模式下的装配文件。

Stage2．用新元件替换旧元件

Step1. 打开装配文件 asm_exercise3.asm。

Step2. 在 模型 功能选项卡中选择 操作 ▾ ➡ 替换 命令，系统弹出图 6.4.5 所示的“替换”对话框。

Step3. 选取要被替换的元件。在模型树或模型中选择本体（body）。

Step4. 进行替换操作。

（1）在图 6.4.5 所示的“替换”对话框中选中 ◉ 互换 单选项。

（2）单击该对话框中的 按钮，系统弹出图 6.4.6 所示的“族树”对话框。将

body_interchange.asm 展开，从中选取 body_sweep.prt，单击 确定 按钮。

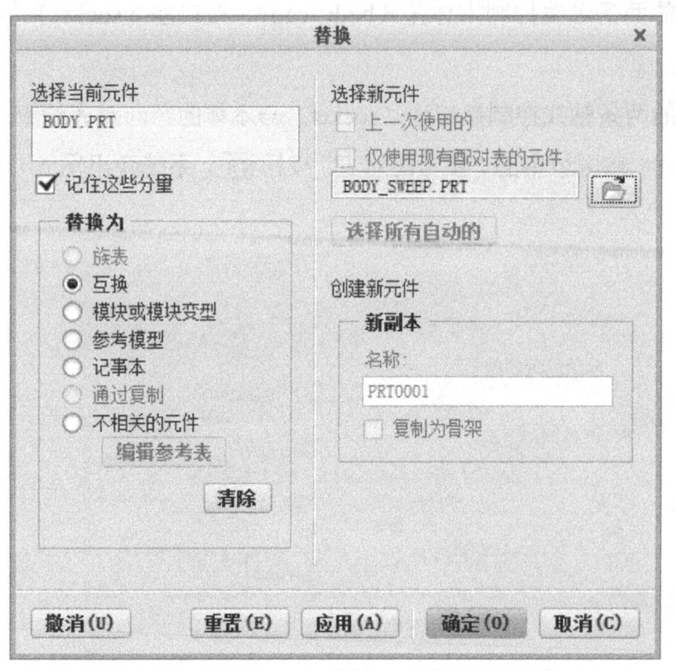

图 6.4.5 “替换”对话框

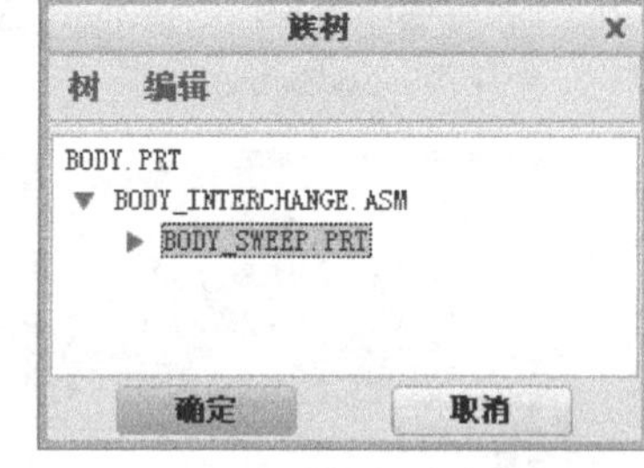

图 6.4.6 “族树”对话框

（3）单击“替换”对话框中的 确定(O) 按钮。如果替换失败，请参见下一节的介绍。

6.4.2 替换失败的处理

在上节的 Stage1 中，如果在定义 align_tag2 参考标签时，body.prt 上的轴线选择另一个孔的轴线，如图 6.4.3 所示，那么在进行元件替换时，会出现图 6.4.7 所示的“错误提示”窗口。一般说来，解决这类问题有下面两种方法。

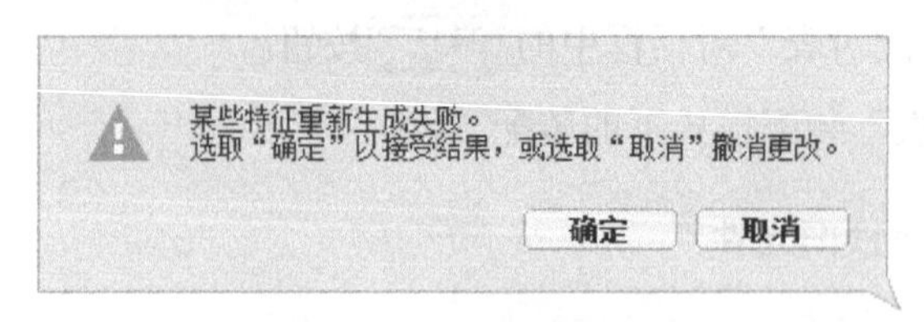

图 6.4.7 “错误提示”窗口

注意：图 6.4.3 中的两个孔轴线虽然在同一条直线上，但它们是两个特征孔的轴线，在装配瓶口座（socket）零件时，其中一个孔的轴线在装配体中被用作组件参考，如果创建标签时，选取的不是该孔的轴线，就会产生替换失败。另外，假如这两个孔是同一个特征，就不会出现这种替换失败的问题。

方法一：重新定义缺少的参考。

Step1. 在图 6.4.7 所示的“错误提示”窗口中单击 确定 按钮，然后在模型树中选

中 SOCKET.PRT并右击，在系统弹出的快捷菜单中选择命令。

Step2. 选取缺少的参考。此时系统弹出图 6.4.8 所示的“元件放置”操控板，从该操控板中可看到，瓶口座（socket）与零件 body_sweep 的对齐装配约束中缺少“组件参考”，原因是在定义 align_tag2 参考标签时，body.prt 上的孔的轴线选择有误，从而导致替换后的组件缺少参考。解决办法是，查询选取零件 body_sweep 中相应孔的轴线作为组件对齐参考，在“元件放置”操控板中单击按钮，此时系统提示 成功重定义元件.。

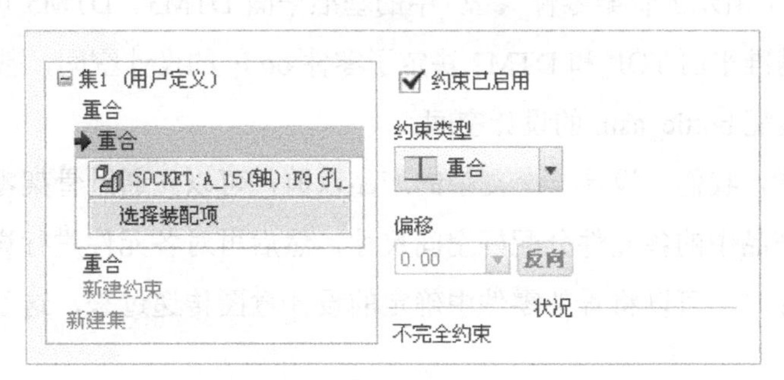

图 6.4.8 “元件放置”操控板

方法二：重定义参考标签。

Step1. 将窗口切换到 body_interchange 窗口。

Step2. 重定义参考标签。

（1）单击 模型 功能选项卡 参考配对 区域中的“参考配对表”按钮。

（2）在系统弹出的对话框中选择 ALIGN_TAG2 参考标签，再选择 参考 区域中的 body，然后查询选取图 6.4.3 所示的孔的轴线。按住 Ctrl 键，选取图 6.4.3 所示的 body_sweep 中的孔的轴线，并保存该“互换”装配模式下的装配文件。

（3）切换到 asm_exercise3 窗口，然后单击按钮，此时系统提示 零件的自动再生已经完成.。

6.5 骨架零件模型简介

6.5.1 概述

骨架零件模型是根据一个装配体内各元件之间的关系而创建的一种特殊的零件模型，或者说它是一个装配体的 3D 布局。它是自顶向下设计（Top_Down Design）的一个强有力的工具。如图 6.5.1 所示，图中下面部分是前面练习中的一个装配体，图中上面的部分是该装配体的骨架零件模型，该骨架主要由一些基准面和轴线组成。下面简要介绍一下骨架零件模型的主要作用。

1．作为装配体中各元件的装配参考

例如，图 6.5.1 所示骨架零件中的轴线 CENTER_AXIS，可以作为元件 body、body_cap、socket 和 bottle_asm 装配约束的中心轴对齐的公共参考，这样可以减少装配体中的父子关系，便于设计的调整和更改。

2．控制装配体的总体尺寸以及为装配体中各元件分配空间尺寸

例如，图 6.5.1 所示的骨架零件 模型 中的基准平面 DTM3、DTM5 可以控制装配体的总体高度尺寸，基准平面 TOP 和 DTM2 决定了零件 body 的设计空间，基准平面 DTM4 和 DTM5 决定了子装配 bottle_asm 的设计空间。

通过这种功能，我们在设计一个复杂的产品以前，可以先通过骨架零件确定产品的总体尺寸，并且为产品中的各元件分配好空间尺寸，然后再对各元件进行详细的设计。在进行元件的详细设计时，可以将骨架零件中确定的设计意图传递过来，这就是自顶向下设计的概念和方法。

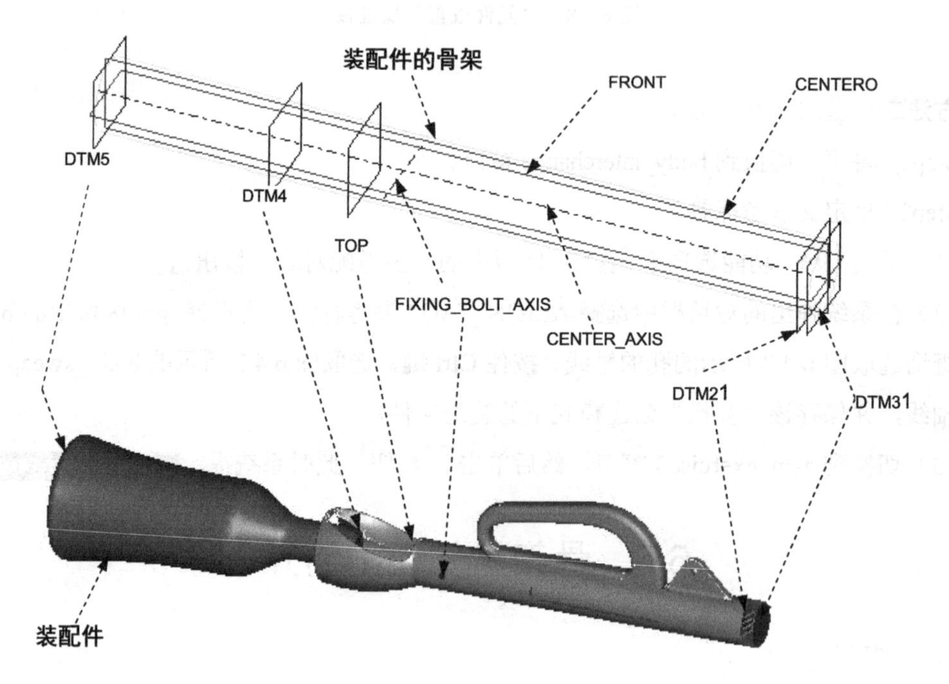

图 6.5.1　骨架零件模型

3．作为装配体中元件的设计界面

例如，电话机的外壳一般是由上、下两个外壳组成的，它们都是一个独立的零件模型。在电话机的设计过程中，可以创建一个骨架零件模型，在该骨架中创建一个曲面，作为上、下外壳的设计界面。在设计上、下外壳时，可以分别复制骨架零件模型中的边界面、曲面，这样既可以减少设计工作量，又能保证上、下外壳完好地装配在一起。

4. 控制装配体的运动

在骨架零件中可以提前定义一个装配体中各元件间的运动位置关系，并把骨架中的这种运动位置关系传递到实际的装配体中，这样在实际的装配体设计完成以后，可以通过修改骨架中的运动位置关系，就能迅速完成实际装配体的运动修改。

6.5.2 骨架零件模型的创建和应用

下面以图 6.5.2 为例，说明如何创建和使用骨架零件模型。

1. 创建一个普通的零件模型

Step1. 新建一个零件模型，文件名为 skeleton，选用 mmns_part_solid 模板。

Step2. 将 RIGHT 基准平面改名为 CENTER。

Step3. 创建 CENTER_AXIS 基准轴。单击“轴”按钮 轴，选取 FRONT 和 CENTER 基准平面为参考，将创建的基准轴改名为 CENTER_AXIS。

Step4. 创建基准平面 DTM1。

（1）单击“平面”按钮，选取 TOP 基准平面为参考，偏移值为 20.0。

（2）创建 FIXING_BOLT_AXIS 基准轴。单击“轴”按钮 轴；选取 FRONT 基准平面和 DTM1 基准平面为参考，将创建的基准轴改名为 FIXING_BOLT_AXIS。

Step5. 创建 DTM2 基准平面。参考为 TOP 基准平面，偏移值为 225.5。

Step6. 创建 DTM3 基准平面。DTM3 与 DTM2 基准平面的偏移值为 5.0。

Step7. 创建 DTM4 基准平面。DTM4 与 TOP 基准平面的偏移值为-45.0。

Step8. 创建 DTM5 基准平面。DTM5 与 DTM4 基准平面的偏移值为 200.0。

Step9. 保存该零件模型。

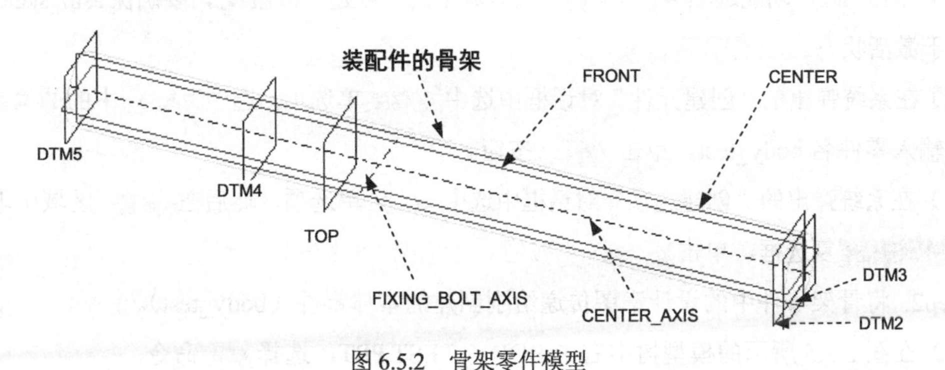

图 6.5.2 骨架零件模型

2. 创建一个含骨架零件的装配体

Step1. 新建一个装配体模型，文件名为 asm_skeleton，选用 mmns_asm_design 模板。

Step2. 在装配体中创建骨架零件模型。

（1）单击 模型 功能选项卡 元件 ▾ 区域中的“创建”按钮 。在“元件创建”对话框中选中 ◉ 骨架模型 单选项，接受系统默认的名称 ASM_SKELETON_SKEL，然后单击 确定(O) 按钮。

（2）在系统弹出的图 6.5.3 所示的“创建选项”对话框中选中 ◉ 从现有项复制 单选项，再单击 浏览... 按钮，查找到前面创建的 skeleton.prt 零件模型。将其打开，然后单击 确定(O) 按钮，此时系统在装配体中创建了一个骨架零件模型，此时模型树如图 6.5.4 所示。

图 6.5.3 “创建选项”对话框

3. 传递骨架零件中的设计意图

下面将在含有骨架零件的装配体中，创建一个本体零件（body_test）。在创建该零件时，将骨架中的设计意图传递给该零件。

Step1. 在装配体中创建一个零件 body_test。

（1）单击 模型 功能选项卡 元件 ▾ 区域中的“创建”按钮 ，要确保 asm_skeleton.asm 处于激活状态。

（2）在系统弹出的“创建元件”对话框中选中 ◉ 零件 单选项，选中 子类型 中的 ◉ 实体 单选项，输入零件名 body_test，单击 确定 按钮。

（3）在系统弹出的“创建选项”对话框中选中 ◉ 空 单选项，然后在 放置 区域中取消选中 不放置元件 复选框，单击 确定 按钮。

Step2. 将骨架零件中的设计意图传递给刚创建的本体零件（body_test）。

（1）在图 6.5.5 所示的模型树中右击 BODY_TEST.PRT，选择 激活 命令。

图 6.5.4 模型树

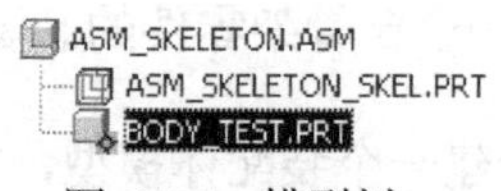

图 6.5.5 模型树

（2）单击 模型 功能选项卡 获取数据 ▾ 区域中的“复制几何”按钮。系统弹出图 6.5.6 所示的“复制几何”操控板，在该操控板中进行下列操作。

① 在图 6.5.6 所示的“复制几何”操控板中先确认“将参考类型设置为组件上下文”按钮被按下，然后单击“仅限发布几何”按钮（使此按钮为弹起状态）。

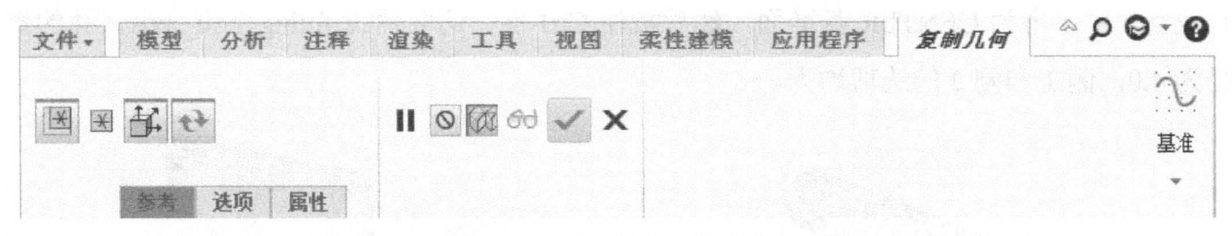

图 6.5.6 “复制几何”操控板

② 复制几何。

a）在“复制几何”操控板中单击 参考 选项卡，系统弹出“参考”界面。

b）单击参考文本框中的 单击此处添加项 字符。

c）在“智能选取栏”中选择“基准平面”，然后选取骨架零件模型中的基准平面 CENTER、TOP、FRONT 和 DTM2。

d）在“智能选取栏”中选择“轴”，然后选取骨架零件模型中的基准轴 FIXING_BOLT_AXIS 和 CENTER_AXIS。

③ 在“复制几何”操控板中单击 选项 按钮，将“选项”设置为 按原样复制所有曲面。

④ 在“复制几何”操控板中单击“完成”按钮 ✔。

⑤ 完成操作后，所选的基准平面和基准轴便复制到 body_test.prt 中，这样就把骨架零件模型中的设计意图传递到零件 body_test.prt 中。

4．继续创建含有骨架设计意图的零件

下面将利用从骨架零件模型传递过来的信息（基准面和基准轴），进行本体零件（body_test）其他特征的创建。由于篇幅有限，本例中只介绍一个薄壁拉伸基础特征和一个孔特征的创建。

Step1．打开零件 body_test.prt，可看到图 6.5.7 所示的基准平面和基准轴，它们都是从骨架传递过来的信息。

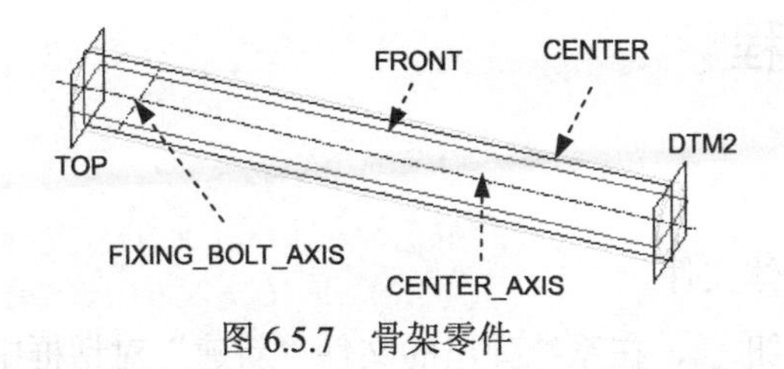

图 6.5.7 骨架零件

Step2．创建图 6.5.8 所示的薄壁拉伸特征。在操控板中单击“拉伸”按钮 拉伸，按下

“薄板”类型按钮；设置 TOP 基准平面为草绘面，FRONT 基准平面为参考面，方向为上；草图的参考为 CENTER 基准平面；特征截面草图为直径是 29.0 的一个圆；壁厚为 3.0；拉伸方式为，选取基准平面 DTM2 为终止曲面。

Step3. 创建图 6.5.9 所示的孔特征。单击 模型 功能选项卡 工程 区域中的 孔 按钮，孔放置的主参考为 CENTER 基准面，然后按住 Ctrl 键，选取轴线 fixing_bolt_axis，孔的直径为 4.0，侧 1 和侧 2 的选项均为。

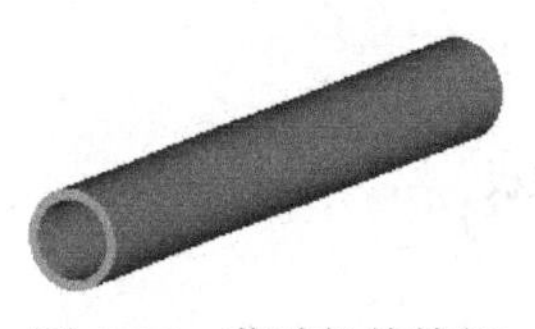

图 6.5.8　薄壁拉伸特征

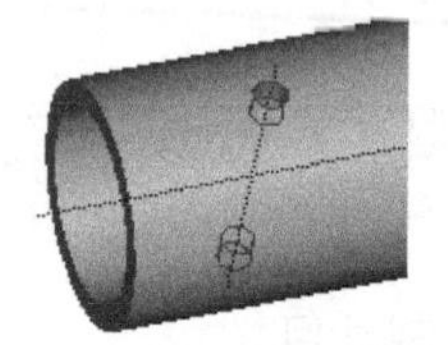

图 6.5.9 孔特征

6.6　自顶向下（Top-Down）设计鼠标

本节介绍了一个简易鼠标（图 6.6.1）的主要设计过程，采用的设计方法是自顶向下的方法（Top-down Design）。许多家用电器（如手机、吹风机和固定电话）都可以采用这种方法进行设计，以获得较好的整体造型。

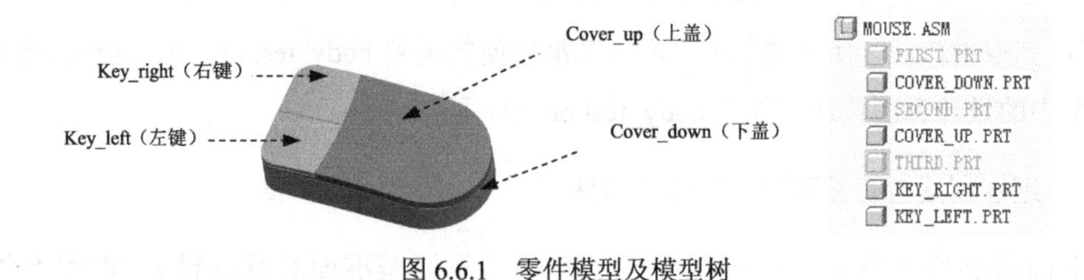

图 6.6.1　零件模型及模型树

6.6.1　设计流程图

鼠标的设计流程图如图 6.6.2 所示。

6.6.2　详细操作过程

1. 建立主装配体

Step1. 新建一个装配体文件。

(1) 单击“新建”按钮，在系统弹出的文件“新建”对话框中进行下列操作。

① 选中类型选项组下的 装配 单选项。

② 选中 子类型 选项组下的 ◉ 设计 单选项。

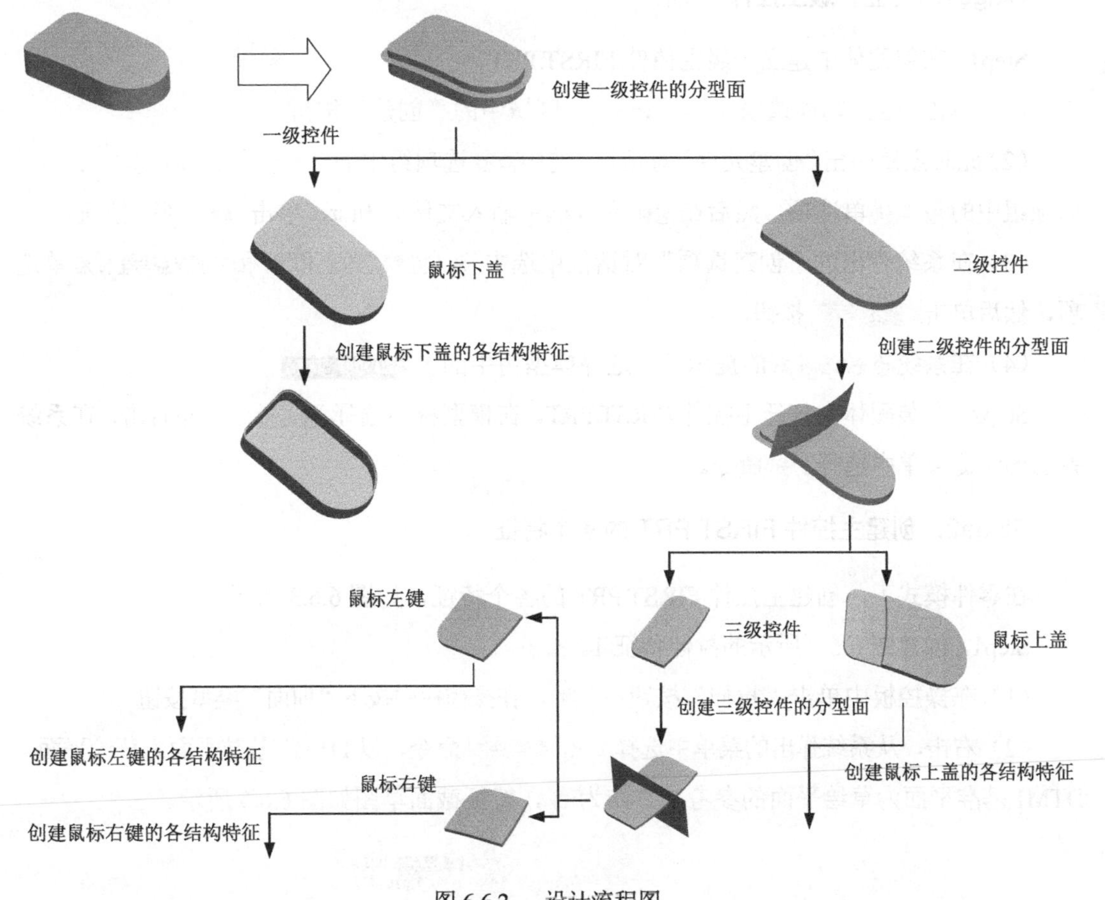

图 6.6.2　设计流程图

③ 在 名称 文本框中输入文件名 MOUSE。

④ 取消选中 □ 使用默认模板 复选框。

⑤ 单击该对话框中的 确定 按钮。

（2）选取适当的装配模板。

① 系统弹出“新文件选项”对话框，在模板选项组中选取 mmns_asm_design 模板。

② 单击该对话框中的 确定 按钮。

Step2. 设置模型树的显示。在模型树操作界面中选择 → 树过滤器(F)... 命令，然后在系统弹出的“模型树项”对话框中选中 特征 复选框，并单击 确定 按钮。

Step3. 隐藏装配基准平面。

（1）隐藏装配基准平面 ASM_RIGHT。在模型树中选择 ASM_RIGHT，右击，在系统弹出的快捷菜单中选择 隐藏 命令，隐藏 ASM_RIGHT 基准平面。

（2）用同样的方法隐藏基准平面 ASM_TOP 和 ASM_FRONT。

2. 创建一级主控件 FIRST.PRT

Stage1. 建立一级主控件

Step1. 在装配体中建立一级主控件 FIRST.PRT。

（1）单击 模型 功能选项卡 元件 ▾ 区域中的“创建”按钮。

（2）此时系统弹出“创建元件”对话框，选中 类型 选项组中的 零件 单选项，选中 子类型 选项组中的 实体 单选项，然后在 名称 文本框中输入文件名 first，单击 确定(O) 按钮。

（3）在系统弹出的“创建选项”对话框中选中 定位默认基准 和 对齐坐标系与坐标系 单选项，然后单击 确定(O) 按钮。

（4）在系统 选择坐标系. 的提示下，选择模型树中的 ASM_DEF_CSYS。

Step2. 在装配体中打开主控件 FIRST.PRT，在模型树中选择 FIRST.PRT 并右击，在系统弹出的快捷菜单中选择 打开 命令。

Stage2. 创建主控件 FIRST.PRT 的各个特征

在零件模式下，创建主控件 FIRST.PRT 的各个特征，如图 6.6.3 所示。

Step1. 创建图 6.6.4 所示的拉伸特征 1。

（1）在操控板中单击“拉伸”按钮 拉伸，在操控板中按下“曲面”类型按钮。

（2）右击，从系统弹出的菜单中选择 定义内部草绘... 命令，以 DTM2 基准平面为草绘平面，DTM1 基准平面为草绘平面的参考，方向为 右，特征截面草图如图 6.6.5 所示。

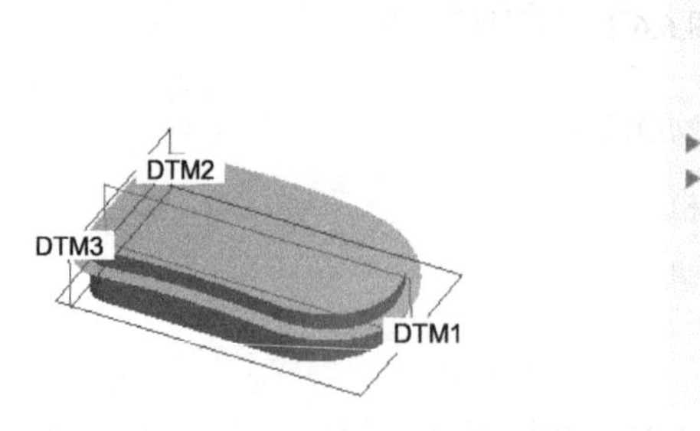

图 6.6.3 模型及模型树

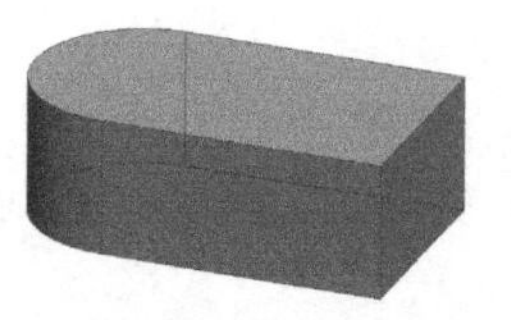

图 6.6.4 拉伸特征 1

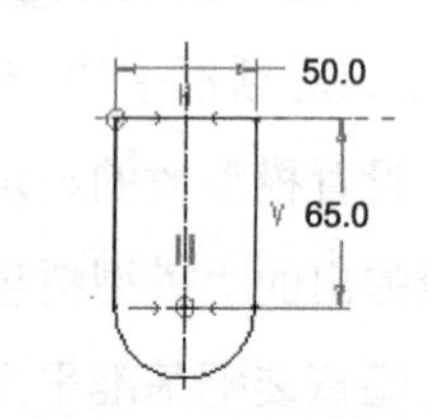

图 6.6.5 截面草图

（3）单击操控板中的 选项 选项卡，在其界面中选中 封闭端 复选框。

（4）选取深度类型及其深度。选取深度类型，输入深度值 30.0。

（5）在操控板中单击“完成”按钮，完成拉伸特征 1 的创建。

Step2. 创建图 6.6.6 所示的拉伸特征 2。

（1）在操控板中单击“拉伸”按钮 拉伸，在操控板中按下“曲面”类型按钮。

（2）右击，从菜单中选择 定义内部草绘... 命令，以 DTM1 基准平面为草绘平面，DTM2 基准平面为草绘平面的参考，方向为 下，特征截面草图如图 6.6.7 所示。

（3）选取深度类型及其深度。选取深度类型，输入深度值 102.0。

（4）在操控板中单击“完成”按钮，完成拉伸特征 2 的创建。

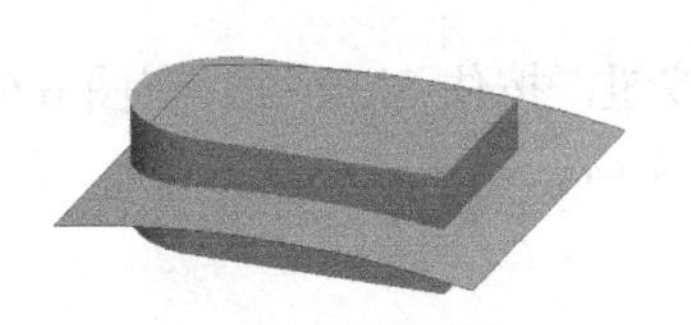

图 6.6.6 拉伸特征 2

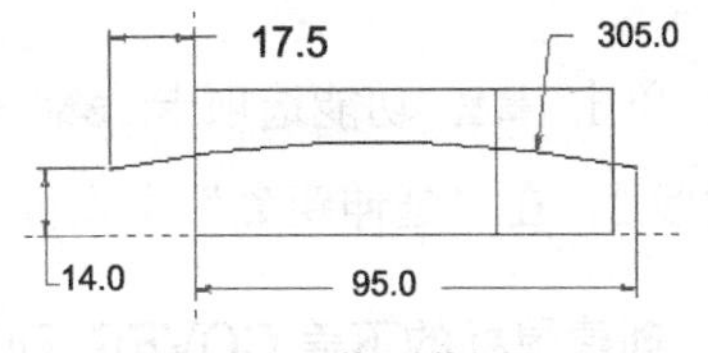

图 6.6.7 截面草图

Step3. 创建曲面合并特征 1。按住 Ctrl 键，选取图 6.6.8a 所示的曲面 1 和曲面 2 为合并对象。单击 合并 按钮，单击按钮，完成曲面合并特征 1 的创建。

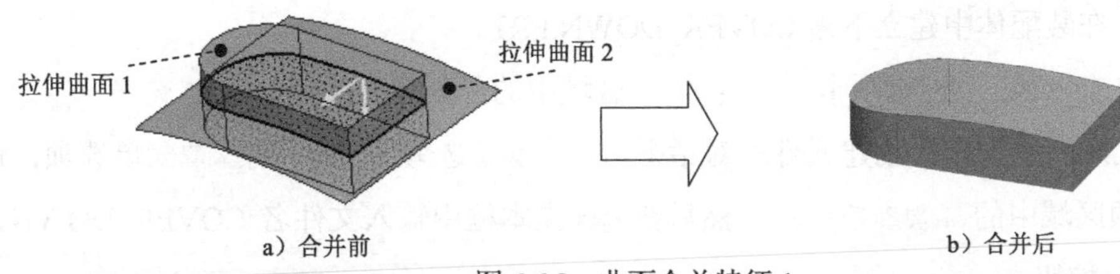

图 6.6.8 曲面合并特征 1

Step4. 将封闭曲面面组变成实体特征。选取上步创建的合并面组，单击 模型 功能选项卡 编辑 区域中的 实体化 按钮，单击“完成”按钮，完成实体化操作。

Step5. 创建图 6.6.9 所示的圆角特征 1。单击 模型 功能选项卡 工程 区域中的 倒圆角 按钮，选取图 6.6.9 所示的边线为圆角放置参考，在圆角半径文本框中输入值 8.0。

图 6.6.9 圆角特征 1

Step6. 创建控件的分型曲面。

（1）创建一个偏距曲面。选取图 6.6.10 所示的模型表面，单击 偏移 按钮。在操控板中定义偏移类型为，输入偏距值 5.0 并单击按钮调整偏移方向，单击“完成”按钮。

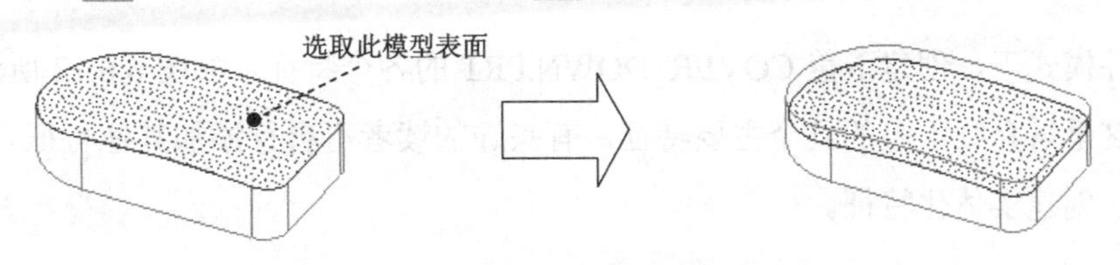

图 6.6.10 创建偏距曲面

（2）将偏距曲面进行延伸。

① 选取图 6.6.11 中的边线 1 作为要延伸的边。

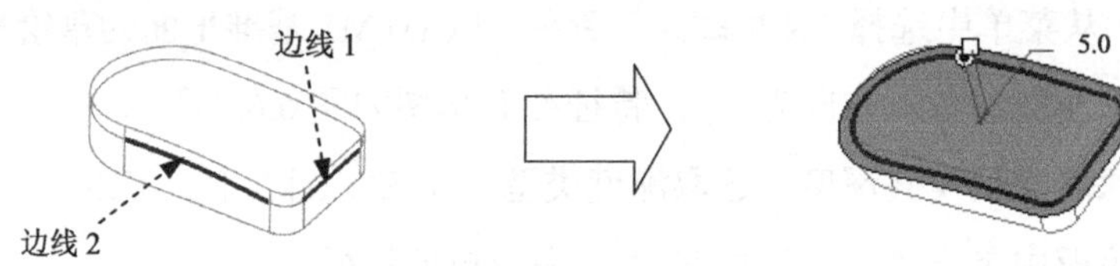

图 6.6.11　将偏距曲面进行延伸

② 单击 模型 功能选项卡 编辑 ▾ 区域中的 延伸 按钮，按住 Shift 键，在图 6.6.11 中选取边线 2，在“延伸距离”文本框中输入数值 5.0，单击“完成”按钮✓。

3. 创建鼠标的下盖 COVER_DOWN.PRT

Stage1. 建立鼠标的下盖

Step1. 返回到 MOUSE.ASM。

Step2. 在装配体中建立下盖 COVER_DOWN.PRT。

（1）单击 模型 功能选项卡 元件 ▾ 区域中的“创建”按钮。

（2）此时系统弹出“创建元件”对话框，选中 类型 选项区域中的 ◉ 零件 单选项，选中 子类型 选项区域中的 ◉ 实体 单选项，然后在 名称 文本框中输入文件名 COVER_DOWN，单击 确定(O) 按钮。

（3）在“创建选项”对话框中选中 ◉ 定位默认基准 和 ◉ 对齐坐标系与坐标系 单选项，然后单击 确定(O) 按钮。

（4）在系统 ◆选择坐标系. 的提示下，选择模型树中的 ASM_DEF_CSYS。

Step3. 将一级主控件 FIRST.PRT 合并到下盖 COVER_DOWN.PRT 中。

（1）单击 模型 功能选项卡中的 获取数据 ▾ 按钮，在系统弹出的菜单中选择 合并/继承 命令，系统弹出“合并/继承”操控板。

（2）先在模型树中选择 FIRST.PRT，然后在“合并/继承”操控板中单击✓按钮。

说明：在进行合并前，要注意下盖 COVER_DOWN.PRT 需处于激活状态。

Step4. 在装配体中打开下盖 COVER_DOWN.PRT。在模型树中右击 COVER_DOWN.PRT，从快捷菜单中选择 打开 命令。

Stage2. 创建下盖 COVER_DOWN.PRT 的各个特征

在零件模式下，创建下盖 COVER_DOWN.PRT 的各个特征，如图 6.6.12 所示。由于篇幅有限，这里只介绍下盖的几个主要特征，有兴趣的读者可自行添加其他特征。

Step1. 创建实体化特征。

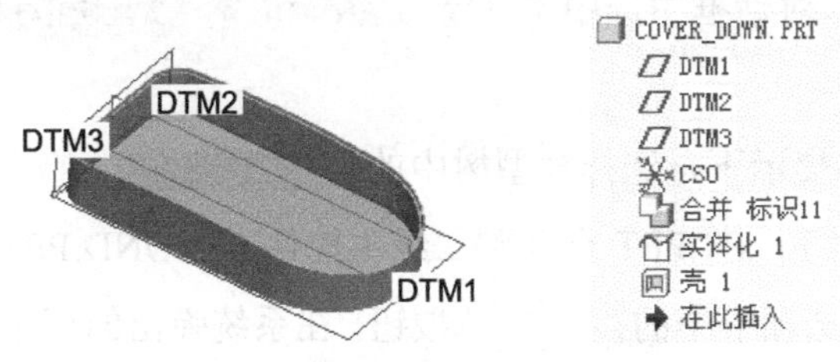

图 6.6.12 模型和模型树

（1）选取图 6.6.13 所示的曲面为实体化的曲面对象。

（2）单击 模型 功能选项卡 编辑 ▾ 区域中的 实体化 按钮，并按下“移除材料”按钮。

（3）确定要保留的实体。单击调整图形区中的箭头使其指向要去除的实体，如图 6.6.13 所示。

（4）单击“完成”按钮，完成实体化操作。

图 6.6.13 创建实体化特征

Step2. 创建抽壳特征。

（1）单击 模型 功能选项卡 工程 ▾ 区域中的“壳”按钮 壳。

（2）选取图 6.6.14 所示的模型表面为要去除的面。

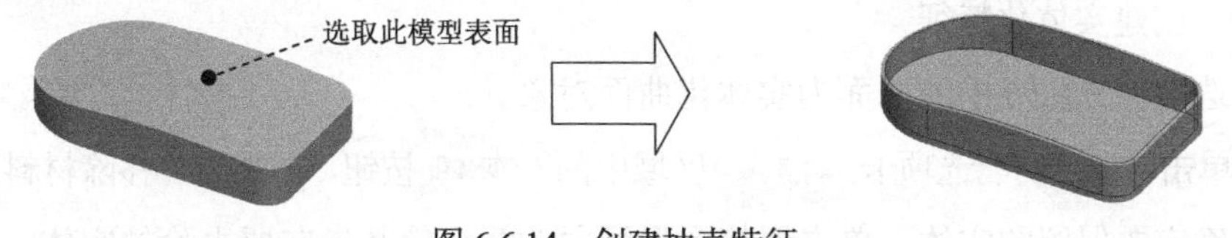

图 6.6.14 创建抽壳特征

（3）抽壳的壁厚值为 1.2。

4. 创建二级主控件 SECOND.PRT

Stage1. 建立二级主控件 SECOND.PRT

Step1. 返回到 MOUSE.ASM。

Step2. 在装配体中建立二级主控件 SECOND.PRT。

（1）单击 模型 功能选项卡 元件 ▾ 区域中的“创建”按钮。

（2）此时系统弹出“创建元件”对话框，选中 类型 选项组中的 零件 单选项，选中 子类型 选项组中的 实体 单选项，然后在 名称 文本框中输入文件名 SECOND，单击 确定(O) 按钮。

（3）在“创建选项”对话框中选中 ◉ 定位默认基准 和 ◉ 对齐坐标系与坐标系 单选项，然后单击 确定(O) 按钮。

（4）在 ➡选择坐标系. 的提示下，选择模型树中的 ASM_DEF_CSYS。

Step3. 将一级主控件 FIRST.PRT 合并到二级主控件 SECOND.PRT。

（1）单击 模型 功能选项卡中的 获取数据 ▾ 按钮，在系统弹出的菜单中选择 合并/继承 命令，系统弹出“合并/继承”操控板。

（2）先在模型树中选择 FIRST.PRT，然后在“合并/继承”操控板中单击 ✓ 按钮。

Step4. 在装配体中打开二级主控件 SECOND.PRT。在模型树中右击 SECOND.PRT，从快捷菜单中选择 打开 命令。

Stage2. 创建二级主控件 SECOND.PRT 的各个特征

在零件模式下，创建二级主控件 SECOND.PRT 的各个特征，如图 6.6.15 所示。

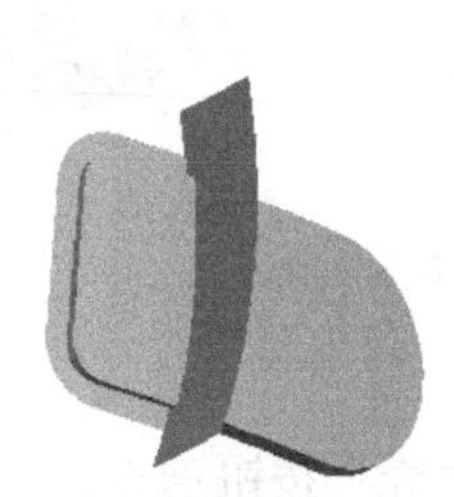

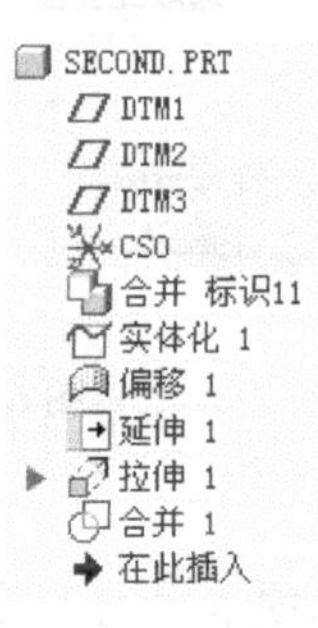

图 6.6.15　模型和模型树

Step1. 创建实体化特征

（1）选取图 6.6.16 中的曲面为实体化曲面对象。

（2）单击 模型 功能选项卡 编辑 ▾ 区域中的 实体化 按钮，并按下“移除材料”按钮。

（3）确定要保留的实体。单击调整图形区中的箭头使其指向要去除的实体，如图 6.6.16 所示。

（4）单击“完成”按钮 ✓，完成实体化操作。

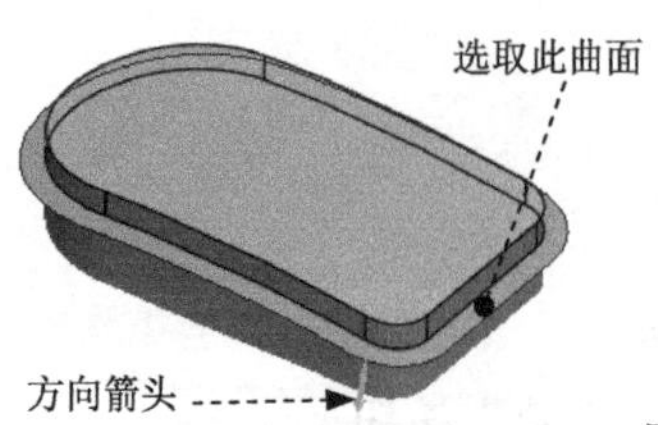

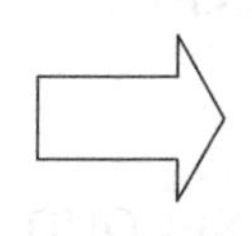

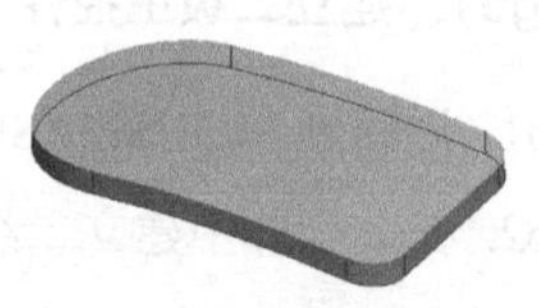

图 6.6.16　创建实体化特征

Step2. 创建控件的分型曲面。

（1）创建偏距曲面。选取图 6.6.17 所示的模型表面，单击偏移按钮。在操控板中定义偏移类型为，输入偏距值 2.5 并单击按钮调整偏移方向，单击“完成”按钮。

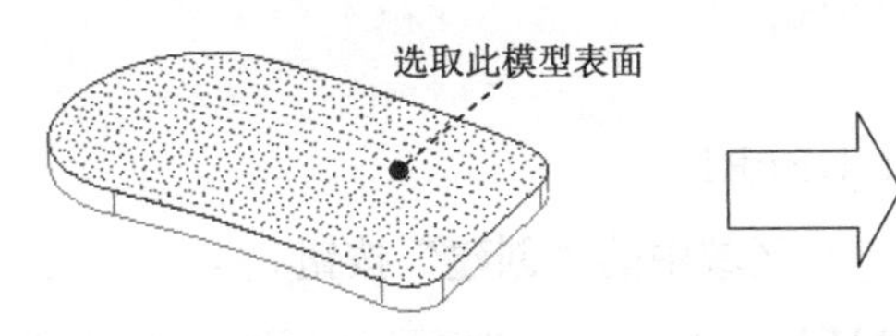

图 6.6.17　创建偏距曲面

（2）将偏距曲面进行延伸。

① 选取图 6.6.18 所示的边线 1 作为要延伸的边。

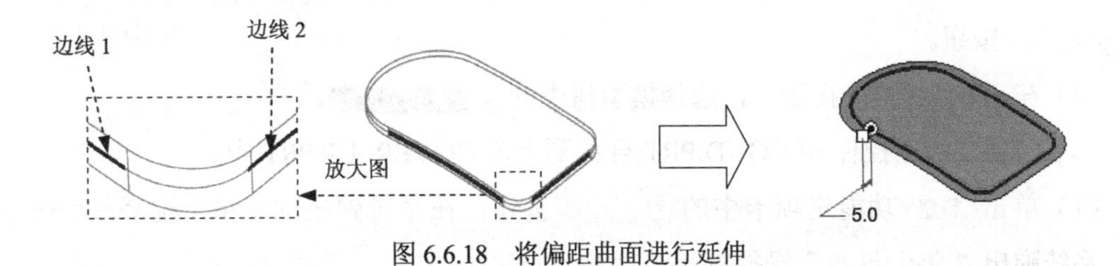

图 6.6.18　将偏距曲面进行延伸

② 单击 模型 功能选项卡 编辑 ▾ 区域中的延伸按钮，按住 Shift 键。在图 6.6.18 中选取边线 2，在“延伸距离”文本框中输入数值 5.0，单击“完成”按钮。

（3）创建图 6.6.19 所示的拉伸特征 1。在操控板中单击“拉伸”按钮拉伸，在操控板中按下“曲面”类型按钮；设置草绘平面为 DTM2 基准平面，参考平面为 DTM1 基准平面，方向为上；特征截面草图如图 6.6.20 所示；选取深度类型，深度值为 41.0；单击“完成”按钮，完成拉伸特征 1 的创建。

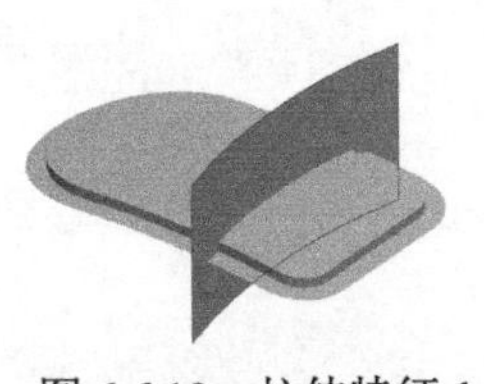

图 6.6.19　拉伸特征 1

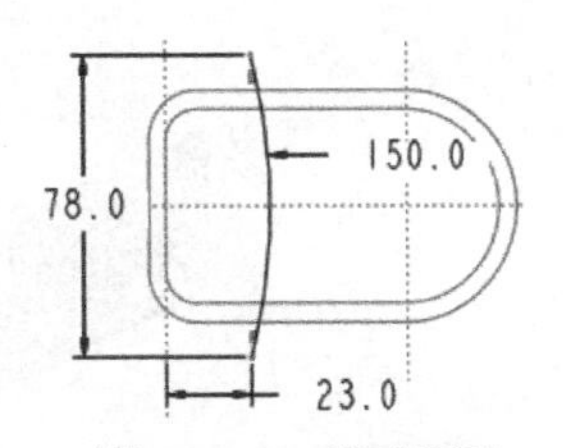

图 6.6.20　截面草图

（4）将延伸的偏距曲面与拉伸曲面 1 进行合并。按住 Ctrl 键，选取图 6.6.21 所示的拉伸曲面 1 和偏距曲面。单击合并按钮，单击按钮，完成曲面合并 1 的创建。

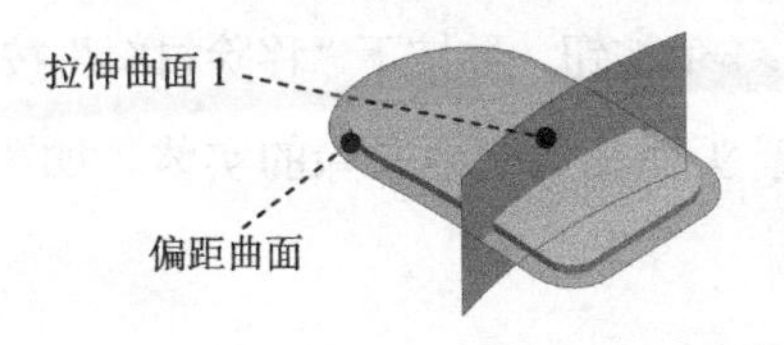

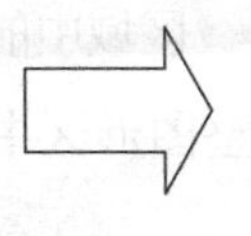

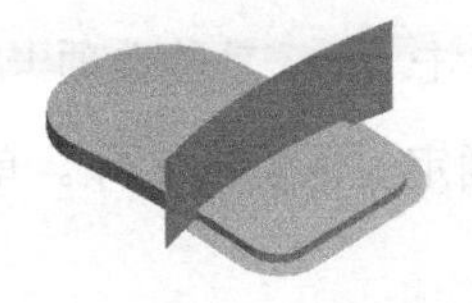

图 6.6.21　合并曲面

5. 创建鼠标的上盖 COVER_UP.PRT

Stage1. 建立鼠标的上盖 COVER_UP.PRT

Step1. 返回到 MOUSE.ASM。

Step2. 在装配体中建立上盖 COVER_UP.PRT。

（1）单击 模型 功能选项卡 元件▼ 区域中的“创建”按钮。

（2）此时系统弹出“创建元件”对话框，选中 类型 选项组中的 ◉ 零件 单选项，选中 子类型 选项组中的 ◉ 实体 单选项，然后在 名称 文本框中输入文件名 COVER_UP，单击 确定(O) 按钮。

（3）在“创建选项”对话框中选中 ◉ 定位默认基准 和 ◉ 对齐坐标系与坐标系 单选项，然后单击 确定(O) 按钮。

（4）在 ➜选择坐标系. 的提示下，选择模型树中的 ASM_DEF_CSYS。

Step3. 将二级主控件 SECOND.PRT 合并到上盖 COVER_UP.PRT 中。

（1）单击 模型 功能选项卡中的 获取数据▼ 按钮，在系统弹出的菜单中选择 合并/继承 命令，系统弹出“合并/继承”操控板。

（2）先在模型树中选择 SECOND.PRT，然后在“合并/继承”操控板中单击✔按钮。

Step4. 在装配体中打开上盖 COVER_UP.PRT。在模型树中选择 COVER_UP.PRT，右击，从快捷菜单中选择 打开 命令。

Stage2. 创建上盖 COVER_UP.PRT 的各个特征

在零件模式下，创建上盖 COVER_UP.PRT 的各个特征，如图 6.6.22 所示。

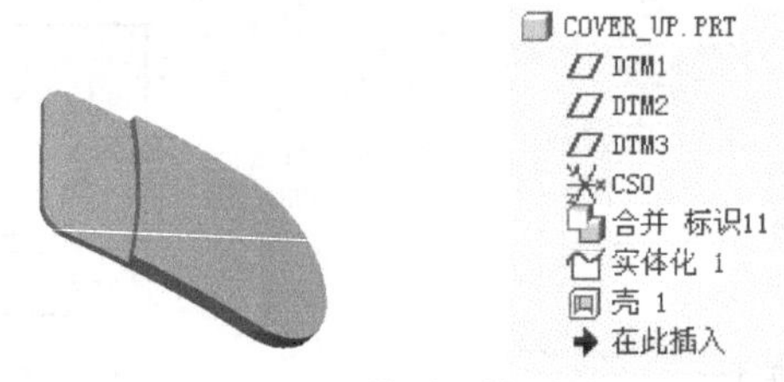

图 6.6.22 模型和模型树

Step1. 创建实体化特征。

（1）选取图 6.6.23 中的曲面为实体化曲面对象。

（2）单击 模型 功能选项卡 编辑▼ 区域中的 实体化 按钮，并按下“移除材料”按钮。

（3）确定要保留的实体。单击调整图形区中的箭头使其指向要去除的实体，如图 6.6.23 所示。

（4）单击“完成”按钮✔，完成实体化操作。

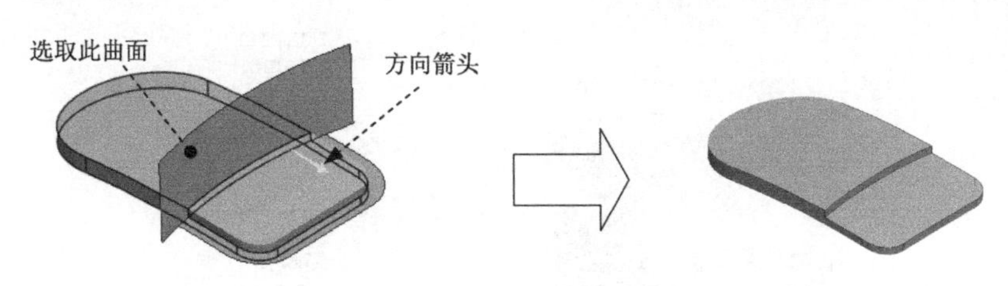

图 6.6.23 创建实体化特征

Step2. 创建抽壳特征。

（1）单击 模型 功能选项卡 工程 ▾ 区域中的“壳”按钮 壳。

（2）选取图 6.6.24 所示的模型表面为要去除的面。

（3）抽壳的壁厚值为 1.2。

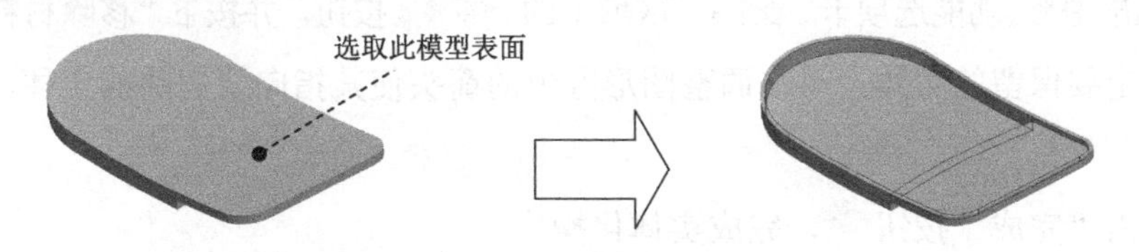

图 6.6.24 创建抽壳特征

6. 创建三级主控件 THIRD.PRT

Stage1. 建立三级主控件 THIRD.PRT

Step1. 返回到 MOUSE.ASM。

Step2. 在装配体中建立三级主控件 THIRD.PRT。

（1）单击 模型 功能选项卡 元件 ▾ 区域中的“创建”按钮。

（2）此时系统弹出“创建元件”对话框，选中 类型 选项组中的 零件 单选项，选中 子类型 选项组中的 实体 单选项，然后在 名称 文本框中输入文件名 THIRD，单击 确定(O) 按钮。

（3）在“创建选项”对话框中选中 定位默认基准 和 对齐坐标系与坐标系 单选项，然后单击 确定(O) 按钮。

（4）在 选择坐标系. 的提示下，选择模型树中的 ASM_DEF_CSYS。

Step3. 将二级主控件 SECOND.PRT 合并到三级主控件 THIRD.PRT。

（1）单击 模型 功能选项卡中的 获取数据 ▾ 按钮，在系统弹出的菜单中选择 合并/继承 命令，系统弹出“合并/继承”操控板。

（2）先在模型树中选择 SECOND.PRT，然后在“合并/继承”操控板中单击 ✔ 按钮。

Step4. 在装配体中打开三级主控件 THIRD.PRT。在模型树中选择 THIRD.PRT，右击，从快捷菜单中选择 打开 命令。

Stage2. 创建三级主控件 THIRD.PRT 的各个特征

在零件模式下，创建三级主控件 THIRD.PRT 的各个特征，如图 6.6.25 所示。

图 6.6.25　模型和模型树

Step1. 创建实体化特征。

（1）选取图 6.6.26 中的曲面为实体化曲面对象。

（2）单击 模型 功能选项卡 编辑 ▾ 区域中的 实体化 按钮，并按下“移除材料”按钮。

（3）确定要保留的实体。单击调整图形区中的箭头使其指向要去除的实体，如图 6.6.26 所示。

（4）单击“完成”按钮 ✔，完成实体化操作。

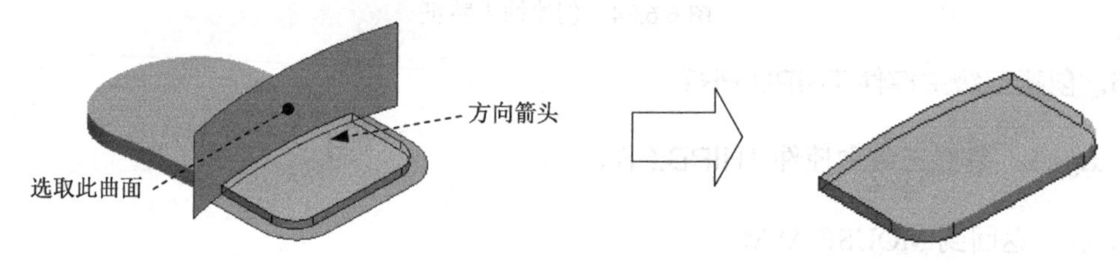

图 6.6.26　创建实体化特征

Step2. 创建偏距曲面。选取图 6.6.27 所示的模型表面，单击 偏移 按钮。在操控板的偏移类型栏中选取，在操控板中输入偏距值 0.7，并单击按钮调整偏移方向，然后单击“完成”按钮 ✔。

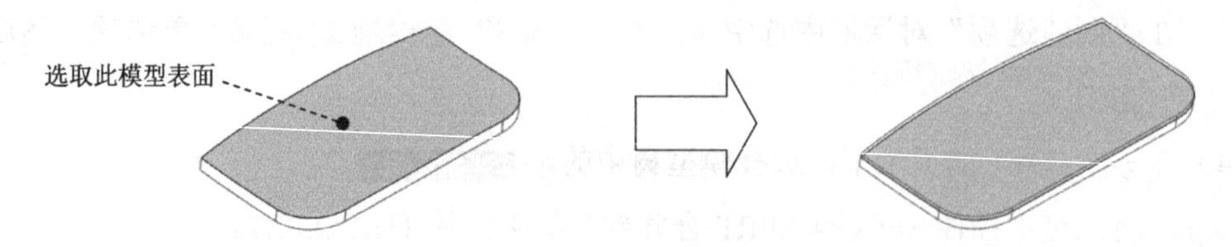

图 6.6.27　创建偏距曲面

说明：图 6.6.27 所示的视图与图 6.6.26 正好是反向的。

Step3. 将偏距曲面进行延伸。选取图 6.6.28 中的边线 1 作为要延伸的边，单击 模型 功能选项卡 编辑 ▾ 区域中的 延伸 按钮，按住 Shift 键。在图 6.6.28 中选取边线 2 和边线 3，在操控板的延伸距离文本框中输入数值 5.0，单击“完成”按钮 ✔。

Step4. 创建实体化特征。选取图 6.6.29 中的曲面，单击 模型 功能选项卡 编辑 ▾ 区域中的 实体化 按钮，并按下“移除材料”按钮，调整方向箭头如图 6.6.29 所示。单击“完

成”按钮✓，完成实体化操作。

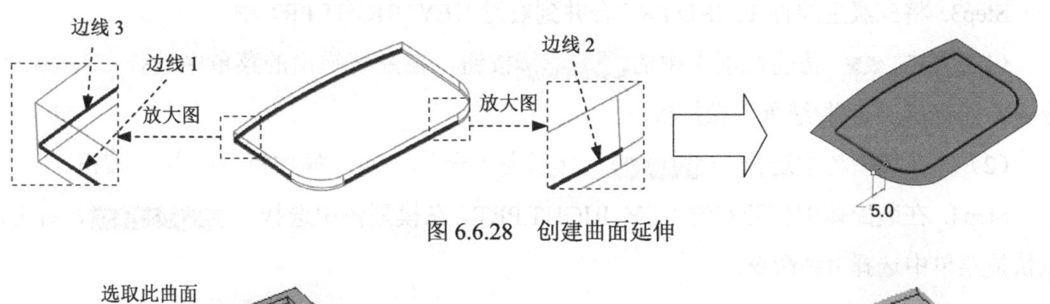

图 6.6.28 创建曲面延伸

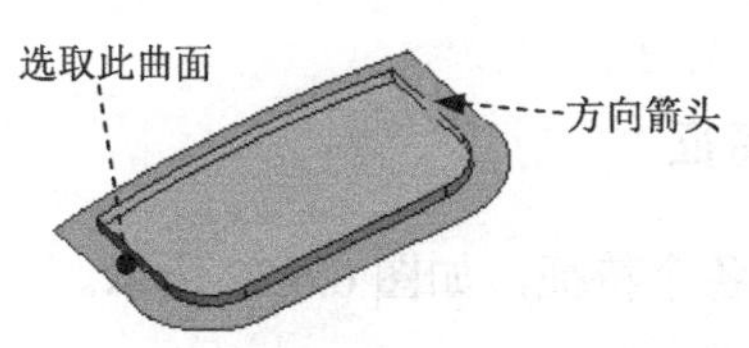

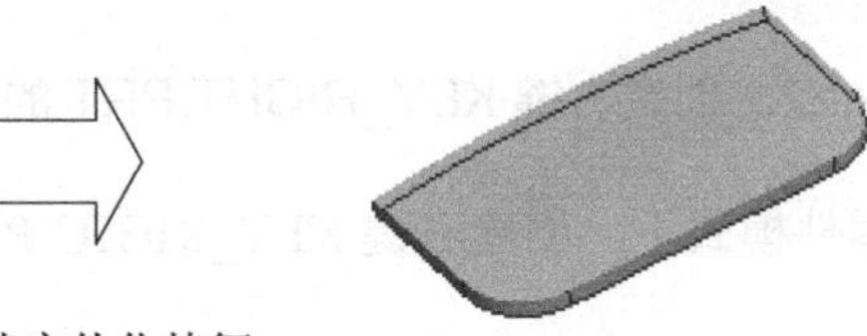

图 6.6.29 创建实体化特征

Step5. 创建图 6.6.30 所示的拉伸曲面 1 作为控件的分型曲面。

（1）在操控板中单击“拉伸”按钮 拉伸，在操控板中按下“曲面”类型按钮。

（2）右击，从菜单中选择 定义内部草绘... 命令，以 DTM2 基准平面为草绘平面，DTM1 基准平面为草绘平面的参考，方向为 上，特征截面草图如图 6.6.31 所示。

图 6.6.30 拉伸曲面 1

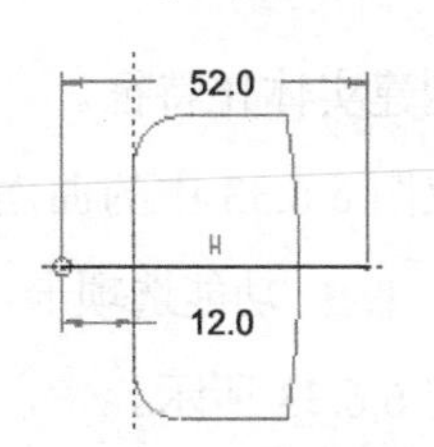

图 6.6.31 截面草图

（3）选取深度类型及其深度。选取深度类型为，输入深度值 27.0。

（4）在操控板中单击“完成”按钮✓，完成拉伸曲面 1 的创建。

7. 创建鼠标的右键 KEY_RIGHT.PRT

Stage1. 建立右键 KEY_RIGHT.PRT

Step1. 返回到 MOUSE.ASM。

Step2. 在装配体中建立右键 KEY_RIGHT.PRT。

（1）单击 模型 功能选项卡 元件▾ 区域中的“创建”按钮。

（2）此时系统弹出“创建元件”对话框，选中 类型 选项组中的 ◉ 零件 单选项，选中 子类型 选项组中的 ◉ 实体 单选项，然后在 名称 文本框中输入文件名 KEY_RIGHT，单击 确定(O) 按钮。

（3）在“创建选项”对话框中选中 ◉ 定位默认基准 和 ◉ 对齐坐标系与坐标系 单选项，然后单击 确定(O) 按钮。

（4）在系统◆选择坐标系.的提示下，选择模型树中的 ASM_DEF_CSYS。

Step3. 将三级主控件 THIRD.PRT 合并到右键 KEY_RIGHT.PRT 中。

（1）单击 模型 功能选项卡中的 获取数据 ▾ 按钮，在系统弹出的菜单中选择 合并/继承 命令，系统弹出“合并/继承”操控板。

（2）先在模型树中选择 THIRD.PRT，然后在“合并/继承”操控板中单击✔按钮。

Step4. 在装配体中打开右键 KEY_RIGHT.PRT。在模型树中选择 KEY_RIGHT.PRT，右击，从快捷菜单中选择 打开 命令。

Stage2. 创建右键 KEY_RIGHT.PRT 的各个特征

在零件模式下，创建右键 KEY_RIGHT.PRT 的各个特征，如图 6.6.32 所示。

图 6.6.32 模型和模型树

Step1. 创建实体化特征。

（1）选取图 6.6.33 中的曲面为实体化曲面对象。

（2）单击 模型 功能选项卡 编辑 ▾ 区域中的 实体化 按钮，并按下“移除材料”按钮。方向箭头如图 6.6.33 所示。

（3）单击“完成”按钮✔，完成实体化操作。

Step2. 创建图6.6.34所示的倒角特征。单击 模型 功能选项卡 工程 ▾ 区域中的 倒角 ▾ 按钮，选取图 6.6.34 所示的边线为倒角的边线，在操控板的倒角尺寸文本框中输入数值 0.2。

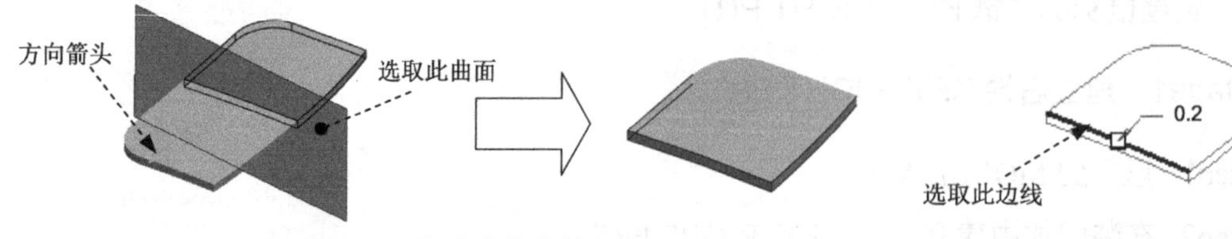

图 6.6.33 创建实体化特征

图 6.6.34 创建倒角特征

8. 创建鼠标的左键 KEY_LEFT.PRT

Stage1. 建立左键 KEY_LEFT.PRT

Step1. 返回到 MOUSE.ASM。

Step2. 在装配体中建立左键 KEY_LEFT.PRT。

（1）单击 模型 功能选项卡 元件 ▾ 区域中的“创建”按钮。

（2）此时系统弹出“创建元件”对话框，选中 类型 选项组中的 ◉ 零件 单选项，选中 子类型 选项组中的 ◉ 实体 单选项，然后在 名称 文本框中输入文件名 KEY_LEFT，单击 确定(O) 按钮。

（3）在“创建选项”对话框中选中 ◉ 定位默认基准 和 ◉ 对齐坐标系与坐标系 单选项，然后单击 确定(O) 按钮。

（4）在 ➡选择坐标系. 的提示下，选择模型树中的 ASM_DEF_CSYS。

Step3. 将三级主控件 THIRD.PRT 合并到左键 KEY_LEFT.PRT 中。

（1）单击 模型 功能选项卡中的 获取数据 ▾ 按钮，在系统弹出的菜单中选择 合并/继承 命令，系统弹出“合并/继承”操控板。

（2）先在模型树中选择 THIRD.PRT，然后在“合并/继承”操控板中单击 ✔ 按钮。

Step4. 在装配体中打开左键 KEY_LEFT.PRT。在模型树中选择 KEY_LEFT.PRT，右击，从快捷菜单中选择 打开 命令。

Stage2. 创建左键 KEY_LEFT.PRT 的各个特征

在零件模式下，创建左键 KEY_LEFT.PRT 的各个特征，如图 6.6.35 所示。

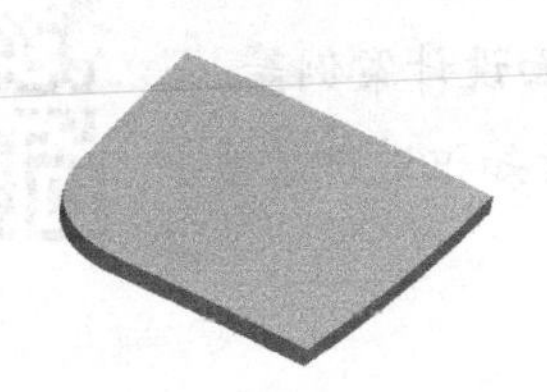

KEY_LEFT.PRT
- DTM1
- DTM2
- DTM3
- CS0
- 合并 标识11
- 实体化 1
- 倒角 1
- 在此插入

图 6.6.35 模型和模型树

Step1. 创建实体化特征。

（1）选取图 6.6.36 中的曲面为实体化曲面对象。

（2）单击 模型 功能选项卡 编辑 ▾ 区域中的 实体化 按钮，按下“去除材料”按钮，方向箭头如图 6.6.36 所示。

（3）单击“完成”按钮 ✔，完成实体化操作。

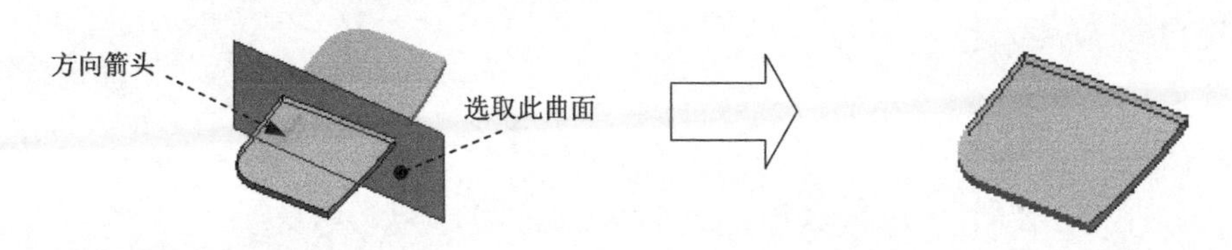

图 6.6.36 创建实体化特征

Step2. 创建图 6.6.37 所示的倒角特征。单击 模型 功能选项卡 工程 ▾ 区域中的 倒角 ▾ 按钮，选取图 6.6.37 所示的边线为倒角的边线，在该操控板的倒角尺寸文本框中输入数值 0.2。

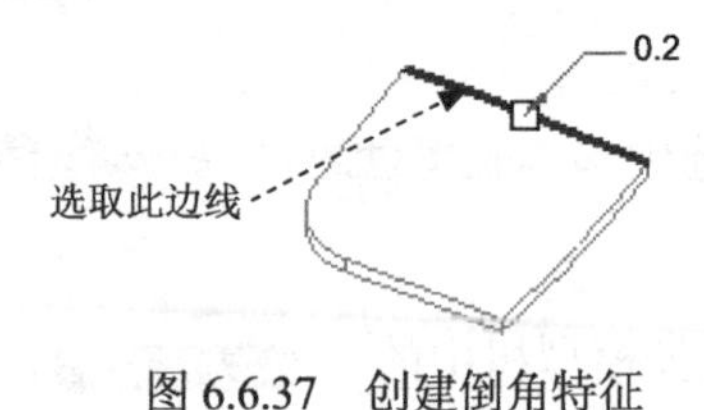

图 6.6.37　创建倒角特征

学习拓展：扫码学习更多视频讲解。

讲解内容：主要包含产品设计基础、曲面设计的基本概念、常用的曲面设计方法及流程、曲面转实体的常用方法、典型曲面设计案例等。特别是对曲线与曲面的阶次、连续性及曲面分析这些背景知识进行了系统讲解。

学习拓展：扫码学习更多视频讲解。

讲解内容：曲面设计实例精选。本部分首先对常用的曲面设计思路和方法进行了系统的总结，然后讲解了数十个典型曲面产品设计的全过程，并对每个产品的设计要点都进行了深入剖析。

第 7 章 模型的外观设置与渲染

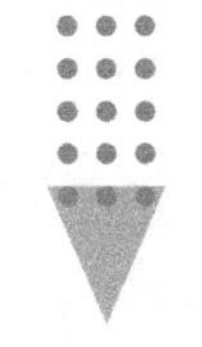

本章提要 产品的三维建模完成以后，为了更好地观察产品的造型、结构和外观颜色及纹理情况，需要对产品模型进行外观设置和渲染处理。本章重点介绍渲染过程中的光源、材质和贴图等设置。

7.1 概 述

7.1.1 关于模型的外观设置与渲染

在创建零件和装配三维模型时，通过单击工具按钮、、、和，可以使模型显示为不同的线框（Frame）状态和着色（Shading）状态。但在实际的产品设计中，这些显示状态是远远不够的，因为它们无法表达出产品的颜色、光泽和质感等外观特点。要表达产品的这些外观特点，还需要对模型进行必要的外观设置，然后再对模型进行进一步的渲染处理。

1．模型的外观

在 Creo 中，可以为产品赋予各种不同的外观，以表达产品材料的颜色、表面纹理、粗糙度、反射、透明度，照明效果及表面图案等。

在实际的产品设计中，可以为产品（装配模型）中的各个零件设置不同的材料外观，其作用如下。

- 不同的零件以不同的颜色表示，则更容易进行分辨。
- 对于内部结构复杂的产品，可以将产品的外壳设置为透明材质，这样便可查看产品的内部结构。
- 为模型赋予纹理外观，可以使产品的图像更加丰富，也使产品的立体感增强。
- 为模型的渲染做准备。

2．模型的渲染

“渲染”（Rendering）是一种高级的三维模型外观处理技术，就是使用专门的“渲染器”模拟出模型的真实外观效果。在对模型渲染时，可以设置房间，设置多个光源，设置阴影、反射及添加背景等，这样渲染后的效果非常真实。

为了使产品的效果图更加具有美感，可以将渲染后的图形文件拿到一些专门的图像处理软件（如 Photoshop）中进行进一步的编辑和加工。

模型渲染时，因为系统需要进行大量的计算，并且在渲染后需要在屏幕上显示渲染效果，所以要求计算机的显卡、CPU 和内存等硬件的性能比较高。

7.1.2 外观与渲染的主要术语

- Alpha：图像文件中可选的第四信道，通常用于处理图像，就是将图像中的某种颜色处理成透明。

注意：只有 TIFF、TGA 格式的图像才能设置 Alpha 通道，常用的 JPG、BMP、GIF 格式的图像不能设置 Alpha 通道。

- 凹凸贴图：单信道材料纹理图，用于建立曲面凹凸不平的效果。
- 凹凸高度：凹凸贴图的纹理高度或深度。
- 颜色纹理：三信道纹理贴图，由红、绿和蓝的颜色值组成。
- 贴花：四信道纹理贴图，由标准颜色纹理贴图和透明度（如 Alpha）信道组成。
- 光源：所有渲染均需要光源，模型曲面对光的反射取决于它与光源的相对位置。光源具有位置、颜色和亮度。有些光源还具有方向性、扩散性和汇聚性。光源的四种类型为环境光、远光源（平行光源）、灯泡（点光源）和聚光灯。
- 环境光源：平均作用于渲染场景中所有对象各部分的一种光。
- 远光源（平行光）：远光源会投射平行光线，以同一个角度照亮所有曲面（无论曲面的方位是怎样的）。此类光照模拟太阳光或其他远光源。
- 灯泡（点光源）：光源的一种类型，光从灯泡的中心辐射。
- 聚光灯：一种光源类型，其光线被限制在一个锥体中。
- 环境光反射：一种曲面属性，用于决定该曲面对环境光源光的反射量，而不考虑光源的位置或角度。
- RGB：红、绿、蓝的颜色值。
- 像素：图像的单个点，通过三原色（红、绿和蓝）的组合来显示。
- 颜色色调：颜色的属性阴影或色泽。
- 颜色饱和度：颜色中色调的纯度。“不饱和”的颜色以灰阶显示。
- 颜色亮度：颜色的明暗程度。
- Gamma：计算机显示器所固有的对光强度的非线性复制。
- Gamma 修正：修正图像数据，使图像数据中的线性变化在所显示图像中产生线性变化。

- PhotoRender：Creo 提供的一种渲染程序（渲染器），专门用来建立场景的光感图像。
- Photolux：Creo 提供的另一种高级渲染程序（渲染器），实际应用中建议采用这种渲染器。
- 房间：模型的渲染背景环境。房间分为长方体和圆柱形两种类型。一个长方体房间具有四个壁、一个天花板和一个地板。一个圆柱形房间具有一个壁、一个地板和一个天花板，可以对房间应用材质纹理。

7.2　模型的外观

7.2.1　“外观管理器”对话框

模型的外观设置是通过“外观管理器”对话框进行的，单击 视图 功能选项卡 外观 区域中的“外观”按钮 外观，系统弹出图 7.2.1 所示的“外观库”界面。在界面中单击 外观管理器... 按钮，系统弹出图 7.2.2 所示的“外观管理器”对话框。下面对该对话框中各区域的功能分别进行说明。

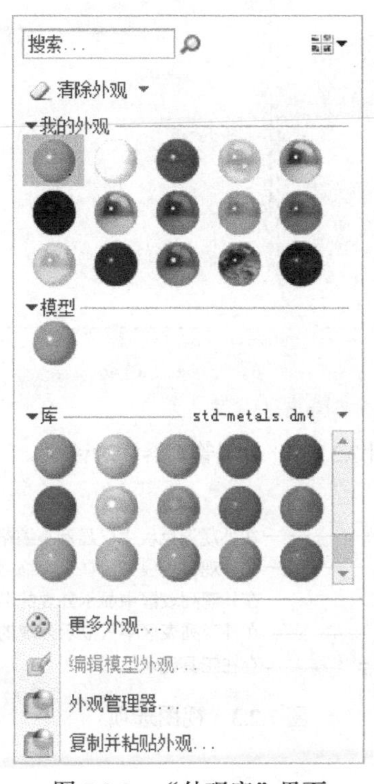

图 7.2.1　“外观库”界面

1. 下拉菜单区

“外观管理器”对话框中的下拉菜单区包括“视图选项”，各菜单的解释参见图 7.2.3。

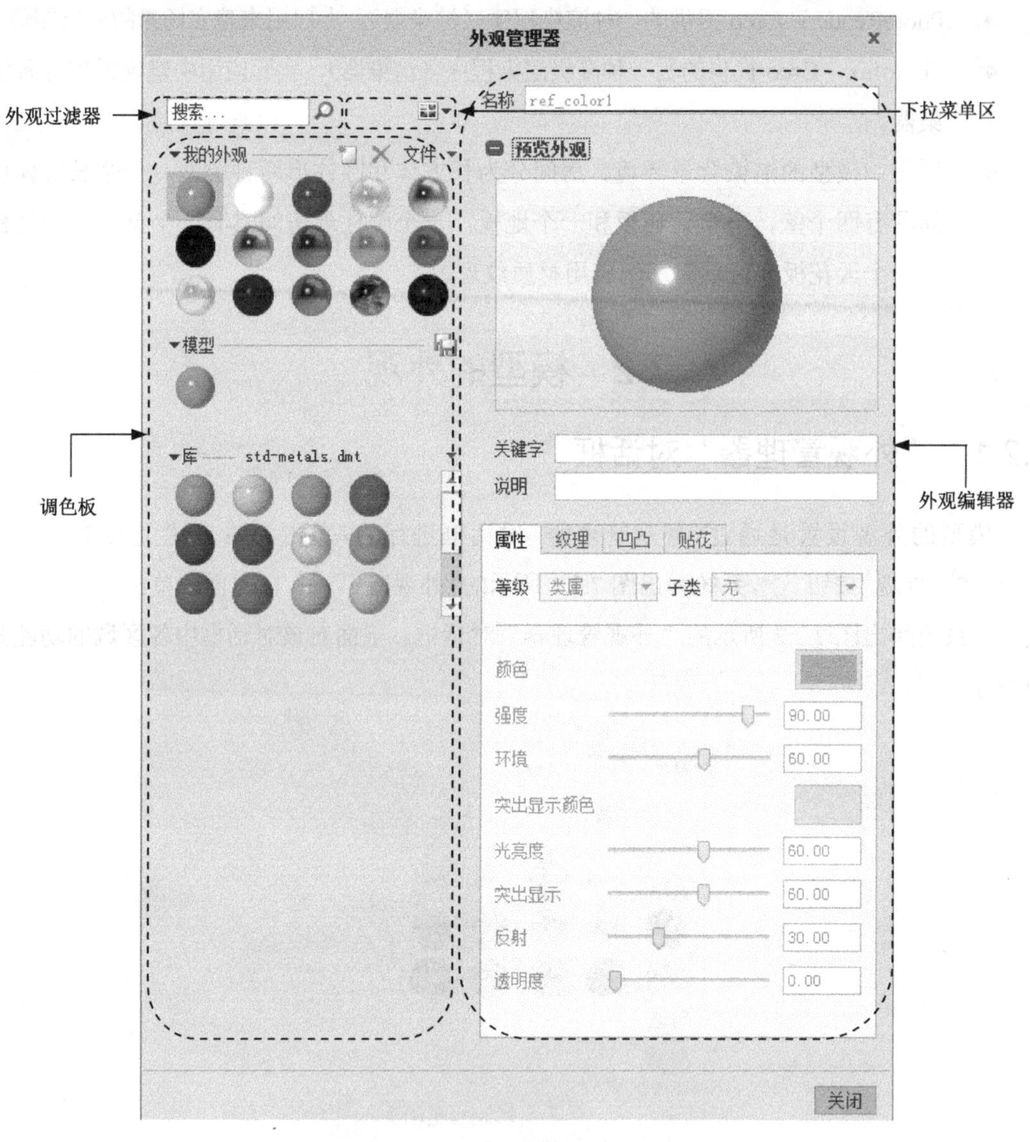

图 7.2.2 “外观管理器”对话框

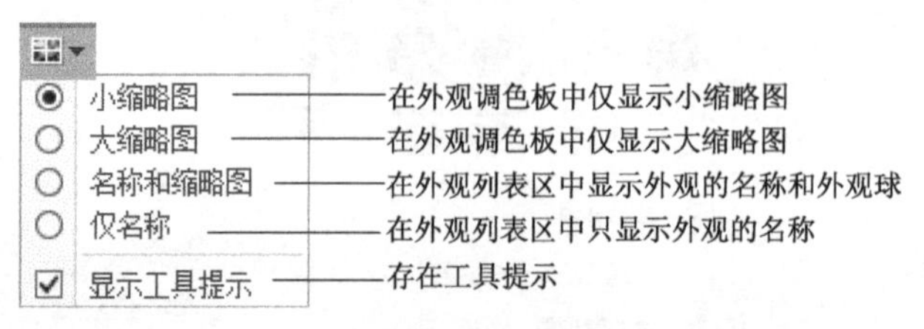

图 7.2.3 视图选项

2. 外观过滤器

外观过滤器可用于在“我的外观”“模型”“库”调色板中查找外观，要过滤调色板中显示的外观列表，可以在外观过滤器文本框中指定关键字符串，然后单击🔍。单击☒可取

消搜索，并显示调色板中的所有外观。

3. 调色板

（1）“我的外观”调色板。

每次进入 Creo 6.0 后，打开“外观管理器”对话框，“我的外观”调色板中会载入 15 种默认的外观以供选用（图 7.2.4），当鼠标指针移至某个外观球（外观的缩略图）上，系统将显示该外观的名称。用户可将所需的外观文件载入外观库中，还可对某一外观进行修改（第一个外观 ref_color1 为默认的外观，不能被修改及删除）或创建新的外观。

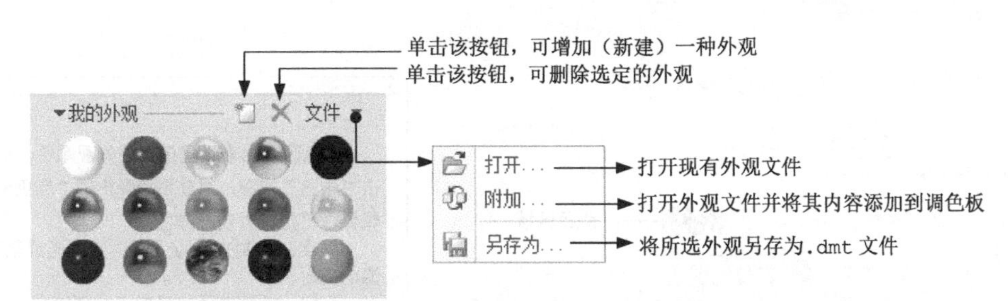

图 7.2.4 “我的外观”调色板

（2）“模型”调色板。

“模型”调色板会显示在活动模型中存储和使用的外观。如果活动模型没有任何外观，则“模型”调色板显示默认外观。新外观应用到模型后，它会显示在“模型”调色板中。

（3）“库”调色板。

“库”调色板将 Photolux 库和系统库中的预定义外观显示为缩略图颜色样本。

说明： 如果没有安装系统图形库（或者安装了系统图形库，但没有对 Creo 进行正确的配置），那么图 7.2.2 所示的“外观管理器”对话框中“库”调色板下的外观球不显示或者显示不完全。

4. 外观编辑器

该区域主要包含 属性 、 纹理 、 凹凸 和 贴花 四个选项卡。当外观库中的某种外观被选中时，该外观的示例（外观球）即出现在外观预览区，在外观预览区上方的 名称 文本框中可修改其外观名称，在 属性 、 纹理 、 凹凸 和 贴花 选项卡中可对该外观的一些参数进行修改，修改过程中可从外观预览区方便地观察到变化。但在默认情况下，外观预览区不显示某些外观特性（如凹凸高度、光泽、光的折射效果等）。“外观编辑器”对话框如图 7.2.5 所示。

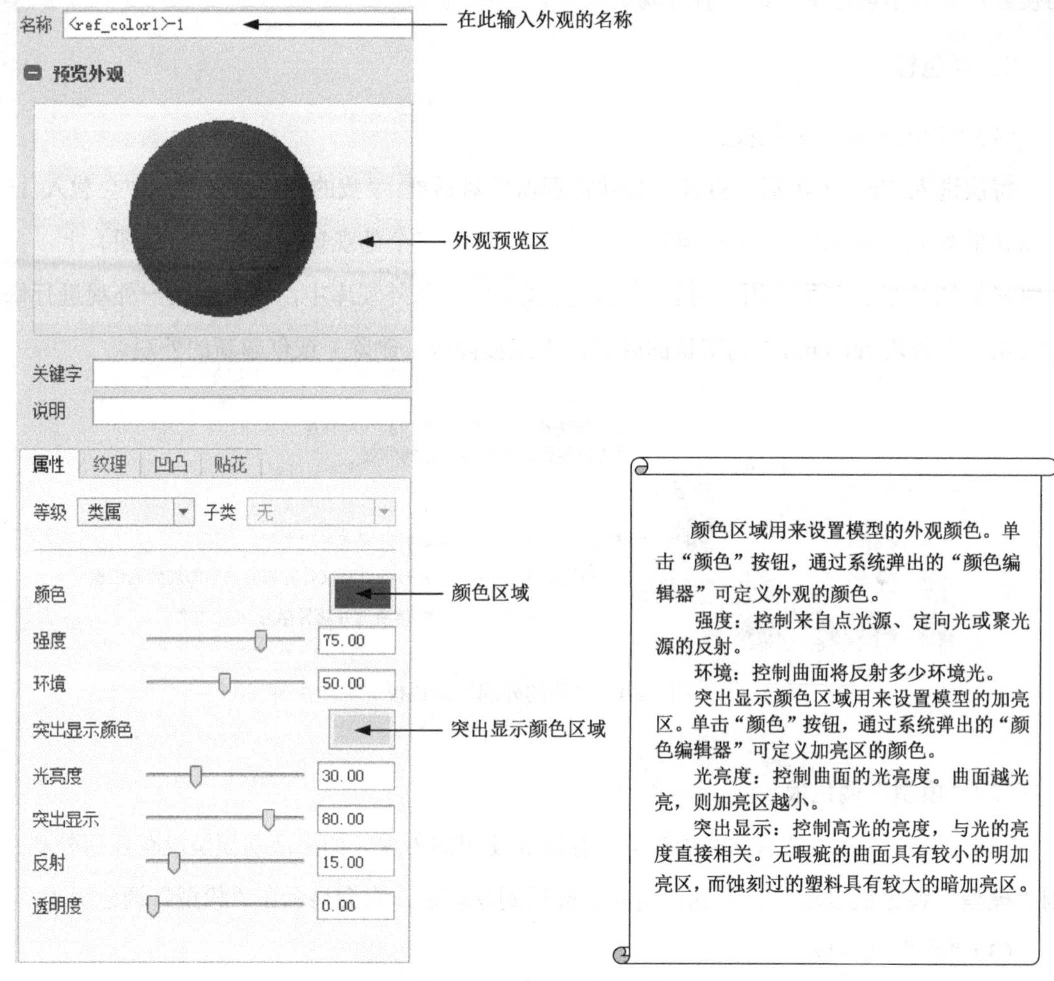

图 7.2.5 “外观编辑器”对话框

7.2.2 “属性”外观

1. 关于“属性”外观

现在人们越来越追求产品的颜色视觉效果，颜色设置合理的产品往往更容易吸引消费者的目光，这就要求产品设计师在产品设计中，不仅要注重产品的功能，还要注意产品的颜色外观。在 Creo 的外观管理器中，“属性”外观便是用于表达产品的颜色。

2. “属性”外观设置界面—— 属性 选项卡

属性 选项卡用于设置模型的属性外观，该选项卡界面中包含 颜色 和 突出显示颜色 两个区域（图 7.2.6）。

注意：须先从“外观库”中选取一个外观（除第一个外观 ref_color1）或新建一个外观，

才能激活 颜色 和 突出显示颜色 两个区域的所有选项。

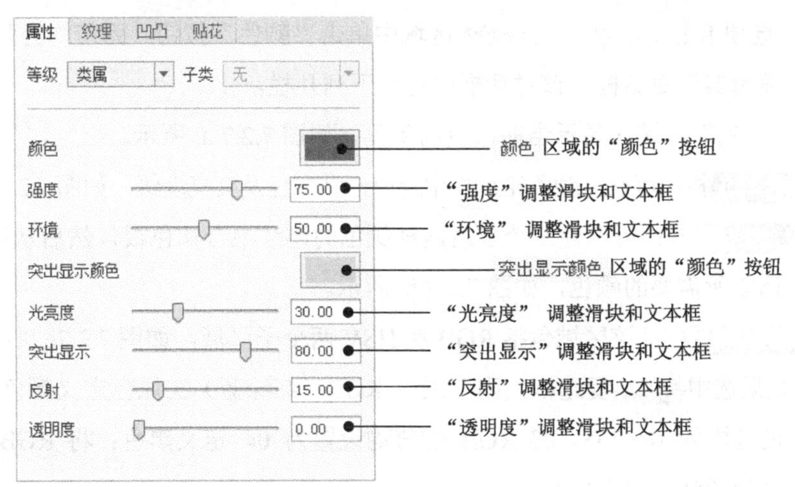

图 7.2.6 “属性”选项卡

- 颜色 区域：该区域用于设置模型材料本体的颜色、强度和环境效果。
  - ☑ “颜色”按钮：单击该按钮，系统将弹出图 7.2.7 所示的“颜色编辑器”对话框，用于定义模型材料本体的颜色。
  - ☑ 强度 选项：控制模型表面反射光源（包括点光源、定向光或聚光源）光线程度，反映在视觉效果上是模型材料本体的颜色变明或变暗。调整时，可移动该项中的调整滑块或在其后面的文本框中输入值。
  - ☑ 环境 选项：控制模型表面反射环境光的程度，反映在视觉效果上是模型表面变明或变暗。调整时，可移动该项的调整滑块或在其后的文本框中输入值。
- 突出显示颜色 区域：用于控制模型的加亮区。当光线照射在模型上时，一般会在模型表面上产生加亮区（高光区）。
  - ☑ “颜色”按钮：单击该按钮，系统将弹出“颜色编辑器”对话框，可定义加亮区的颜色。对于金属，加亮区的颜色为金属的颜色，所以其颜色应设置成与金属本身的颜色相近，这样金属在光线的照射下更有光泽。而对于塑料，加亮区的颜色则是光源的颜色。
  - ☑ 光亮度 选项：控制加亮区的范围大小。加亮区越小，则模型表面越有光泽。
  - ☑ 突出显示 选项：控制加亮区的光强度，它与光亮度和材质的种类直接相关。高度抛光的金属应设置成较“明亮”，使其具有较小的明加亮区。而蚀刻过的塑料应设置成较“暗淡”，使其具有较大的暗加亮区。
  - ☑ 反射 选项：控制局部对空间的反射程度。阴暗的外观比光亮的外观对空间的反射要少。例如织品比金属反射要少。
  - ☑ 透明度 选项：控制透过曲面可见的程度。

3. 关于“颜色编辑器”对话框

在 属性 选项卡的 颜色 和 突出显示颜色 区域中单击“颜色”按钮，系统均会弹出图 7.2.7 所示的“颜色编辑器”对话框，该对话框中包含下列几栏。

- “当前颜色”区域：显示当前选定的颜色，如图 7.2.7 a 所示。
- ▼颜色轮盘栏：可在“颜色轮盘”中选取一种颜色及其亮度级，如图 7.2.7 a 所示。
- ▼混合调色板栏：可创建一个多达四种颜色的连续混合调色板，然后从该混合调色板中选取所需要的颜色，如图 7.2.7 b 所示。
- ▼RGB/HSV滑块栏：该区域包括 RGB 和 HSV 两个子区域，如图 7.2.7c 所示。
  - ☑ 如果选中 ☑RGB 复选框，则可采用 RGB（红绿蓝）三原色定义颜色，RGB 值的范围为 0～255。将 RGB 的值均设置为 0，定义黑色；将 RGB 的值均设置为 255，定义白色。
  - ☑ 如果选中 ☑HSV 复选框，可采用 HSV（即色调、饱和度和亮度）来定义颜色。色调用于定义主光谱颜色，饱和度则决定颜色的浓度，亮度可控制颜色的明暗。色调值的范围为 0～360，而饱和度和亮度值的范围是 0～100（这里的值为百分值）。

说明：在“场景”对话框的“光源”选项卡中，单击颜色按钮，也可打开“颜色编辑器”（Color Editor） 对话框。

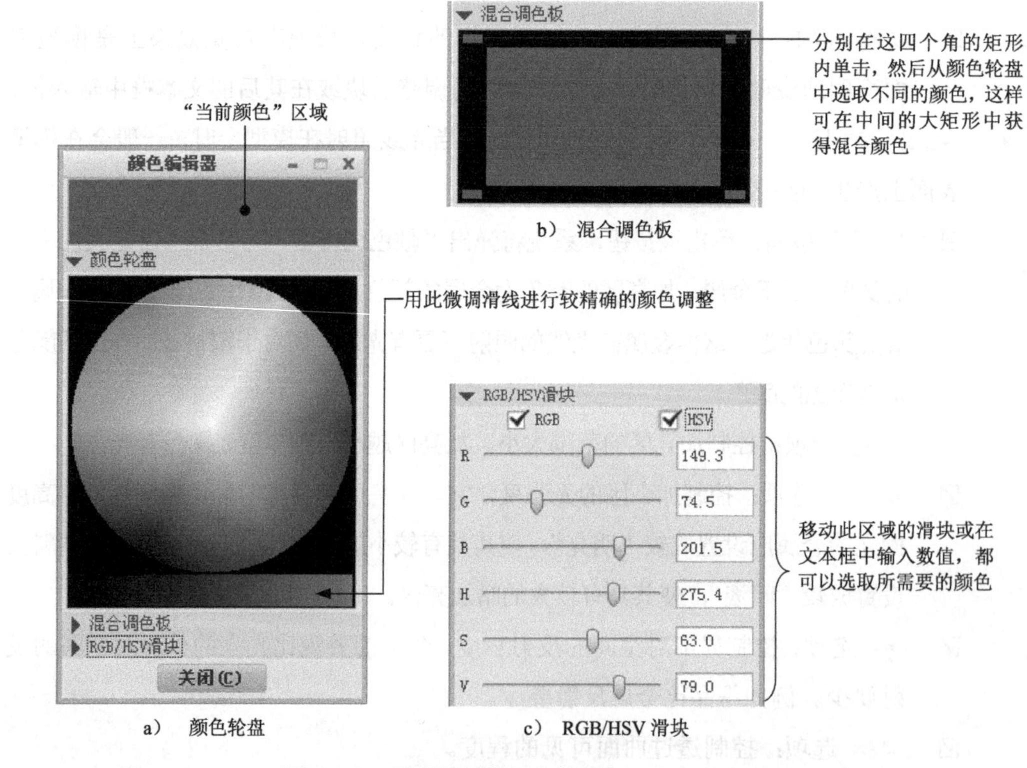

a） 颜色轮盘　b） 混合调色板　c） RGB/HSV 滑块

图 7.2.7 “颜色编辑器”对话框

4．将某种外观设置应用到零件模型和装配体模型上

（1）选定某种外观后，在“外观管理器”对话框中单击 关闭 按钮。

（2）单击 视图 功能选项卡 外观▼ 区域中的“外观”按钮●，此时光标在图形区显示为“毛笔”状态。

（3）选取要设置此外观的对象，然后单击“选择”对话框中的 确定 按钮。

☑ 在零件模式下，如果在“智能选取栏”中选择列表中的“零件”，则系统将对整个零件模型应用指定的外观；如果选取列表中的“曲面”，则系统将仅对选取的模型表面应用指定的外观。

☑ 在装配模式下，如果在“智能选取栏”中选择列表中的“全部”，则系统将对整个装配体应用指定的外观；如果选取列表中的“元件”，则系统仅对装配体中的所选零件（或子装配）应用外观。

（4）如果要清除所选外观，在“外观库”界面中单击 清除外观▼ 按钮（如果要清除所有外观，选择 清除外观▼ 下拉列表中的 清除所有外观 命令。在系统弹出的“确认”对话框中单击 是(Y) 按钮），然后选取此前设置外观的对象，单击“选择”对话框中的 确定 按钮。

5．控制模型颜色的显示

当定义的外观颜色应用到模型上后，可用下面的方法控制模型上的外观颜色的显示。

选择下拉菜单 文件 ➡ 选项 命令，系统弹出图 7.2.8 所示的“Creo Parametric 选项”对话框，在对话框左侧列表中选中 图元显示 选项，在对话框的 几何显示设置 区域中选中 ☑ 显示为模型曲面分配的颜色 复选框，可以显示模型颜色属性。

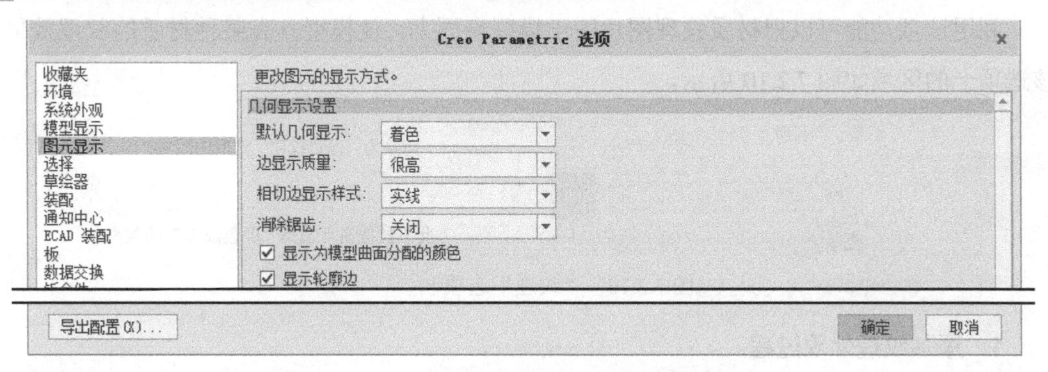

图 7.2.8 “Creo Parametric 选项”对话框

6．属性外观设置练习

在 Creo 6.0 中，系统提供了 15 种外观，用户可直接使用。在本练习中，将从“外观库”中选取系统提供的外观 ptc-metallic-gold，将其应用到零件模型上。操作步骤如下。

Step1．将工作目录设置至 D:\creo6.2\work\ch07.02\ex1，打开文件 plate.prt。

Step2. 在调色板中选取一种外观设置。在图 7.2.9 所示的“外观管理器”对话框的“我的外观”区域中，单击选取一种外观颜色。

Step3. 将选中的外观球外观应用到模型上。在“外观管理器”对话框中单击 关闭 按钮，然后单击 视图 功能选项卡 外观 区域中的“外观”按钮，此时光标在图形区显示为“毛笔”状态，在“智能选取栏”的下拉列表中选择“零件”，选取模型，然后单击“选择”对话框中的 确定 按钮，此时可看到图形区中的模型立即被赋予了所选中的外观。

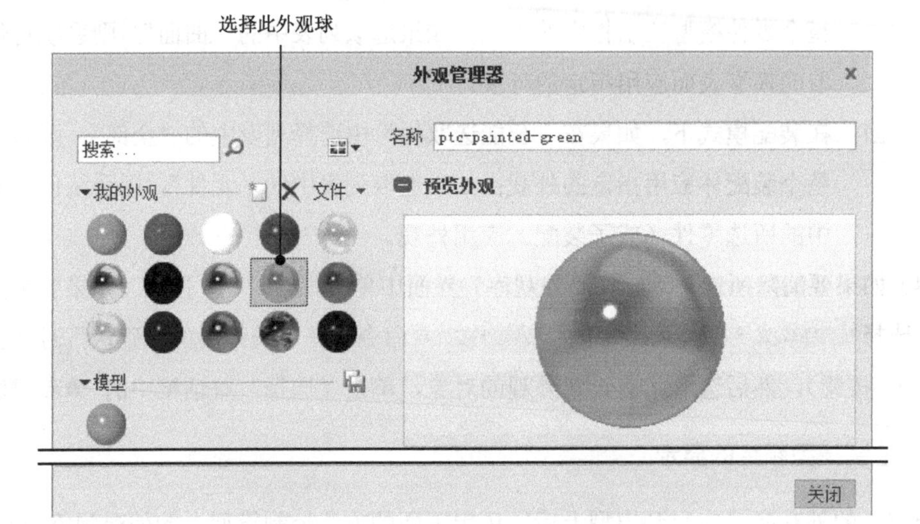

图 7.2.9 “外观管理器”对话框

7.2.3 “纹理”外观

利用该项功能可以把材质纹理图片附于模型表面上，使模型具有某种材质的纹理效果。该选项卡的区域如图 7.2.10 所示。

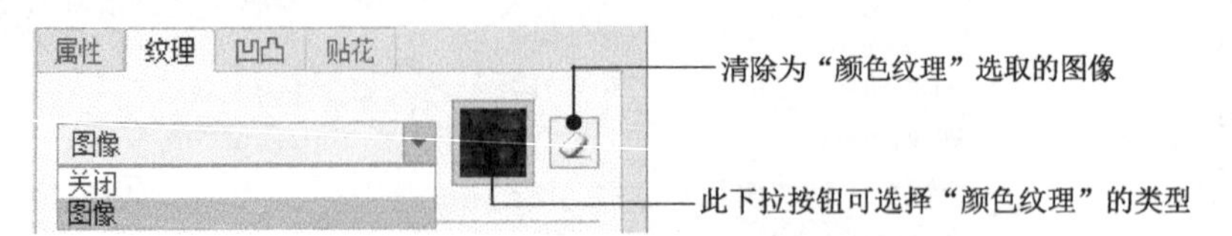

图 7.2.10 “纹理”选项卡

1. 添加纹理外观过程

Step1. 将工作目录设置至 D:\creo6.2\work\ch07.02.03，然后打开文件 plate.prt。

Step2. 单击 视图 功能选项卡 外观 区域中的“外观”按钮，系统弹出“外观库”界面。在界面中单击 外观管理器... 按钮，系统弹出“外观管理器”对话框。

Step3. 在调色板中选取一种纹理外观设置。在图 7.2.9 所示的“外观管理器”对话框的“我的外观”区域中，单击选取一种纹理外观颜色。

Step4. 在“外观管理器”对话框中单击按钮以添加新外观。如果需要，可为外观输入一个名称。

Step5. 在“纹理”选项卡的下拉列表中选择“图像”选项，然后单击“图像”按钮，在系统弹出的“打开”对话框中选取纹理文件，如图 7.2.11 所示。

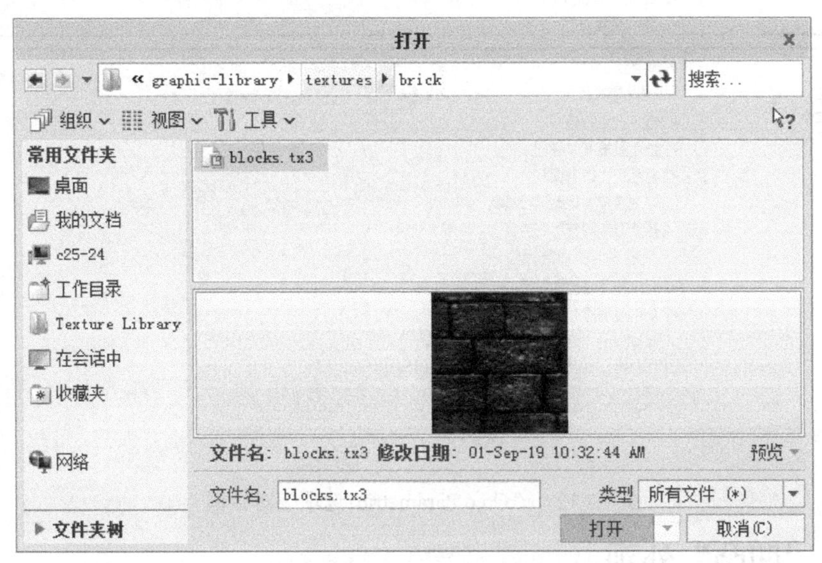

图 7.2.11 “打开”对话框

Step6. 在“打开”对话框中单击 打开 按钮，然后在“外观管理器”对话框中单击 关闭 按钮。

Step7. 单击 视图 功能选项卡 外观 区域中的“外观”按钮，此时光标在图形区显示“毛笔”状态，选取要设置此外观的对象，然后在“选择”对话框中单击 确定 按钮。

说明：虽然可以一次在多个曲面上放置纹理，但最好在各个曲面上单独放置纹理图，以确保纹理图能正确定向。根据不同的纹理，需要经过多次试验才能获得满意的结果。

2. 控制模型上的纹理显示

当定义的外观纹理应用到模型上后，可用下面的方法控制模型上的外观纹理的显示。

选择下拉菜单 文件 ➡ 选项 命令，系统弹出图 7.2.12 所示的“Creo Parametric 选项”对话框，在对话框左侧列表中选中 模型显示 选项，在对话框的 着色模型显示设置 区域中选中 ☑ 显示着色模型的纹理 复选框，可以显示模型颜色属性。

3. 外观设置中的注意事项

定义外观时，最常见的一种错误是使外观变得太亮。在渲染中可使用醒目的颜色，但要确保颜色不能太亮。太亮的模型看起来不自然，或者像卡通。如果图像看起来不自然，可以使用“外观管理器”对话框来降低外观的色调，可在 属性 选项卡中降低加亮区的光泽

度和强度，并将反射滑块向标尺中的无光泽端降低。使用 纹理 选项卡中的纹理图可增加模型的真实感。

图 7.2.12 “Creo Parametric 选项”对话框

7.2.4 “凹凸”外观

利用该项功能可以把图片附于模型表面上，使模型表面产生凸凹不平状，这对创建具有粗糙表面的材质很有用。选择 关闭 下拉列表中的某一类型（图像、程序图像、毛坯、注塑或泡沫），然后单击该区域前面的“凹凸”放置按钮（图 7.2.13），系统会弹出“打开”对话框，通过选取某种图像，可在模型上放置凹凸图片。

注意：只有对模型进行渲染后，才能观察到凸凹效果。只有将渲染器设置为 PhotoLux 时，用于“凹凸”的“图像”“毛坯”“注塑”“泡沫”值才可用。

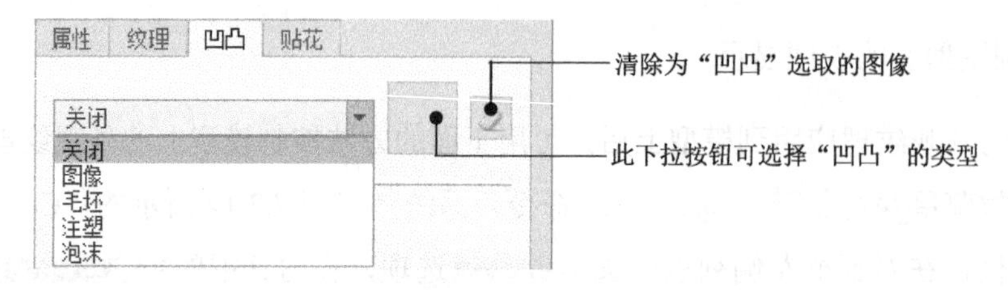

图 7.2.13 “凹凸”选项卡

7.2.5 “贴花”外观

利用此选项可在零件的表面上放置一种图案，如公司的徽标。一般是在模型上的指定区域进行贴花，贴花后，指定区域内部填充图案并覆盖其下面的外观，而没有贴花之处则显示其下面的外观，即贴花图案位于所有“图外观”的顶层，就像是贴膜或徽标。贴花允许包括透明区域，使该区域位于图像之内；也允许透过它显示属性颜色或颜色纹理。贴花是应用了 Alpha 通道的纹理。如果像素的 Alpha 值大于零，则像素颜色会映射到曲面；如果 Alpha 值为零，则曲面的属性纹理颜色透过此像素可见。贴花不产生凹凸状，但可以控制贴花图片的明亮度，这对制作具有光泽的材质会很有用。

7.2.6 关于模型外观的保存

模型的外观设置好以后，可在“外观管理器”对话框中选择下拉菜单 文件 → 另存为... 命令，将外观保存为外观文件。默认情况下，外观文件以 .dmt 格式保存。另外，利用“外观管理器”为模型赋予的颜色、材质纹理及图片，其中，颜色会与模型一起保存，但是材质纹理与图片不随模型一起保存。因此下次打开模型时，会出现材质纹理或图片消失，只剩下颜色的现象，这就需要在配置文件 config.pro 中设置 texture_search_path 选项，指定材质纹理与图片的搜索路径。texture_search_path 选项可以重复设置多个不同的路径，这样能保证系统找到模型中的外观。

7.2.7 修改打开模型的外观

修改打开模型的外观的操作过程如下。

Step1. 将工作目录设置至 D:\creo6.2\work\ch07.02，然后打开文件 plate_ok.prt。

Step2. 单击 视图 功能选项卡 外观 区域中的“外观”按钮 外观，系统弹出“外观库”界面，在界面中单击 外观管理器 按钮，系统弹出“外观管理器”对话框。

Step3. （可选操作步骤）在“外观库”界面中删除所有外观。

Step4. 将模型上的外观载入外观库。打开带有外观的模型后，其外观并不会自动载入外观库。要载入该外观，可以用以下方法。

- 在“外观管理器”对话框“我的外观”调色板中单击 文件 → 附加... 命令，载入一个保存的外观文件。
- 将一个外观文件指定为 config.pro 文件中 pro_colormap_path 配置选项的值，这样在每个 Creo 进程中，系统均会载入该外观文件。

说明：使用“外观管理器”对话框，可以载入在 Creo 以前的版本中保存的 color.map 文件。

Step5. 从“我的外观”调色板中选取要修改的外观。

Step6. 在“外观管理器”中，可以在 属性、纹理、凹凸 和 贴花 选项卡中对外观进行修改。

7.2.8 系统图形库

与 Creo 软件配套，有一张系统图形库（Graphic Library）光盘，包含各种材质、灯光和房间的设置，将此图形库光盘安装后，系统会创建一个名为 graphic-library 的文件夹，该文件夹的目录结构如图 7.2.14 所示。

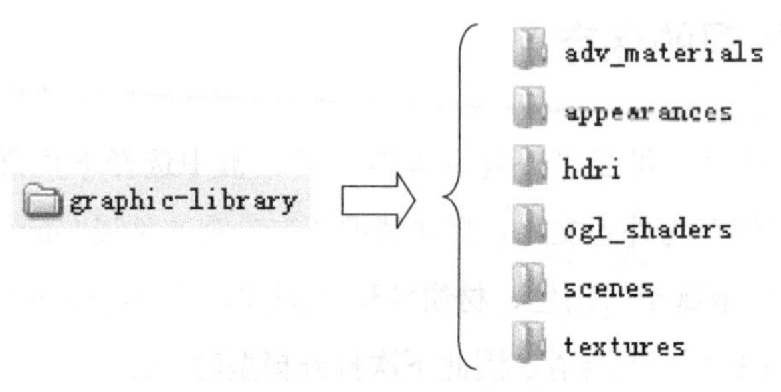

图 7.2.14 系统图形库的目录结构

文件夹 adv_materials 中的材质为高级材质，这些材质只有经过 Photolux 渲染器渲染后才能显示其材质特点，在产品设计中使用 adv_materials 中的材质，渲染后的效果图看起来跟真实的物体一样。

调用系统图形库中的高级材质的一般过程。

Step1. 将工作目录设置至 D:\creo6.2\work\ch07.02，然后打开文件 plate.prt。

Step2. 单击 视图 功能选项卡 模型显示 区域中的"外观库"按钮，系统弹出"外观库"界面，在界面中单击 外观管理器... 按钮，系统弹出"外观管理器"对话框。

Step3. 在"外观管理器"对话框中选择下拉菜单 文件 → 打开... 命令。

Step4. 按照路径 C:\Program Files\PTC\Creo 6.0\F000\Common Files\graphic-library\appearances，打开材质外观文件 appearance.dmt。

Step5. 此时，leather.dmt 文件中所有材质的外观显示在"我的外观"调色板中。但默认情况下，"我的外观"调色板中的外观球不显示某些材质特性（如凹凸、透明等）。当将其分配给模型并进行渲染后，可在渲染后的模型上观察到材质的特性。

7.3 光 源 设 置

7.3.1 关于光源

所有渲染都必须有光源，利用光源可加亮模型的一部分或创建背光以提高图像质量。在"光源编辑器"对话框中，最多可以为模型定义六个自定义光源和两个默认光源。每增加一个光源都会增加渲染时间。可用光源有以下几种类型。

- 环境光源（default ambient）：环境光源均衡照亮所有曲面。光源在空间的位置并不影响渲染效果。例如，环境光可以位于曲面的上方、后方或远离曲面，但最终的光照效果是一样的。环境光源默认存在，其强度和位置都不能调整。

- 点光源（lightbulb）：点光源类似于房间中的灯泡，光线从中心辐射出来。根据曲面与光源的相对位置的不同，曲面的反射光会有所不同。
- 平行光源（distant）：平行光源发射平行光线，不管位置如何，都以相同角度照亮所有曲面。平行光源用于模拟太阳光或其他远距离光源。
- 默认平行光（default distant）：默认平行光的强度和位置可以被调整。
- 聚光源（spot）：聚光源是光线被限制在一个圆锥体内的点光源。
- 天空光源（skylight）：天空光源是一种使用包含许多光源点的半球来模拟天空的方法。要精确地渲染天空光源，则必须使用 Photolux 渲染器。如果将 Photorender 用作渲染程序，则该光源将被处理为远距离类型的单个光源。

创建和编辑光源时，请注意下面几点。

- 使用多个光源时，不要使某个光源过强。
- 如果使用只从一边发出的光源，模型单侧将看起来太刺眼。
- 过多的光源将使模型看起来像洗过一样。
- 较好的光照位置是稍高于视点并偏向旁边（45° 角较合适）。
- 对大多数光源应只使用少量的颜色，彩色光源可增强渲染的图像，但可改变已应用于零件的外观。
- 要模拟室外环境的光线，可使用从下部反射的暖色模拟地球，用来自上部的冷色模拟天空。
- 利用光源的 HSV 值，可以模拟不同的光。但要注意，所使用的计算机显示器的标准不同，相同的 HSV 值看起来的效果也不相同。下面是大多数情形下一些光线的 HSV 值：

  ☑ 使用 HSV 值为 10、15、100 的定向光源模拟太阳光。

  ☑ 使用 HSV 值为 200、39、57 的定向光源模拟月光。

  ☑ 使用 HSV 值为 57、21、100 的点光源模拟室内灯光。

7.3.2 创建点光源

Step1. 将工作目录设置至 D:\creo6.2\work\ch07.03，然后打开文件 flashlight.asm。

Step2. 单击 视图 功能选项卡 外观 ▾ 区域中的“场景”按钮，系统弹出“场景”界面，在界面中单击 编辑场景(E) 按钮，系统弹出“场景编辑器”对话框。在“场景编辑器”对话框中单击 光源(L) 选项卡，系统弹出图 7.3.1 所示的“场景编辑器”对话框中的“光源”选项卡。

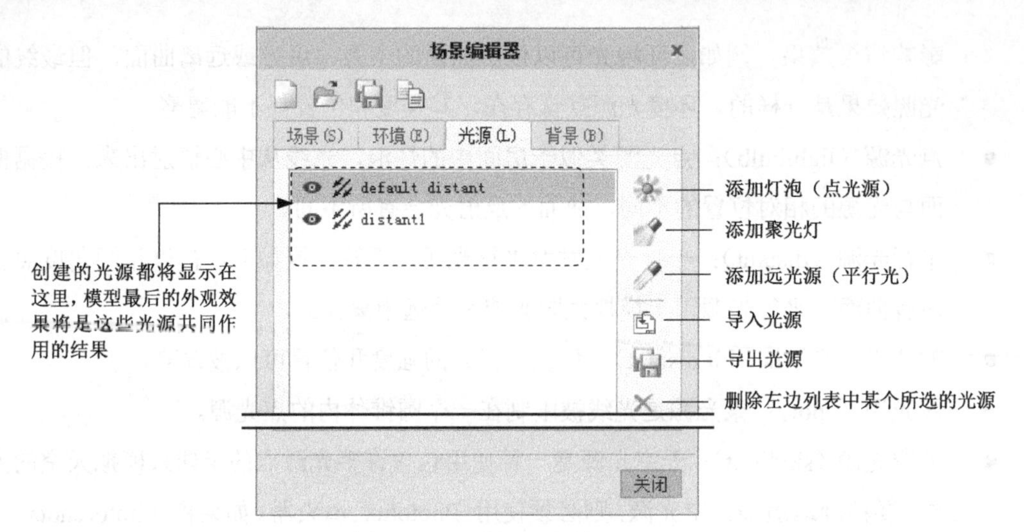

图 7.3.1 “光源”选项卡

Step3. 单击“添加灯泡”按钮，增加一个点光源。

Step4. 在下面的编辑区域中可进行光源属性的设置。

（1）设置光源“常规”属性。如图 7.3.2 所示，可以设置光源的名称和强度。

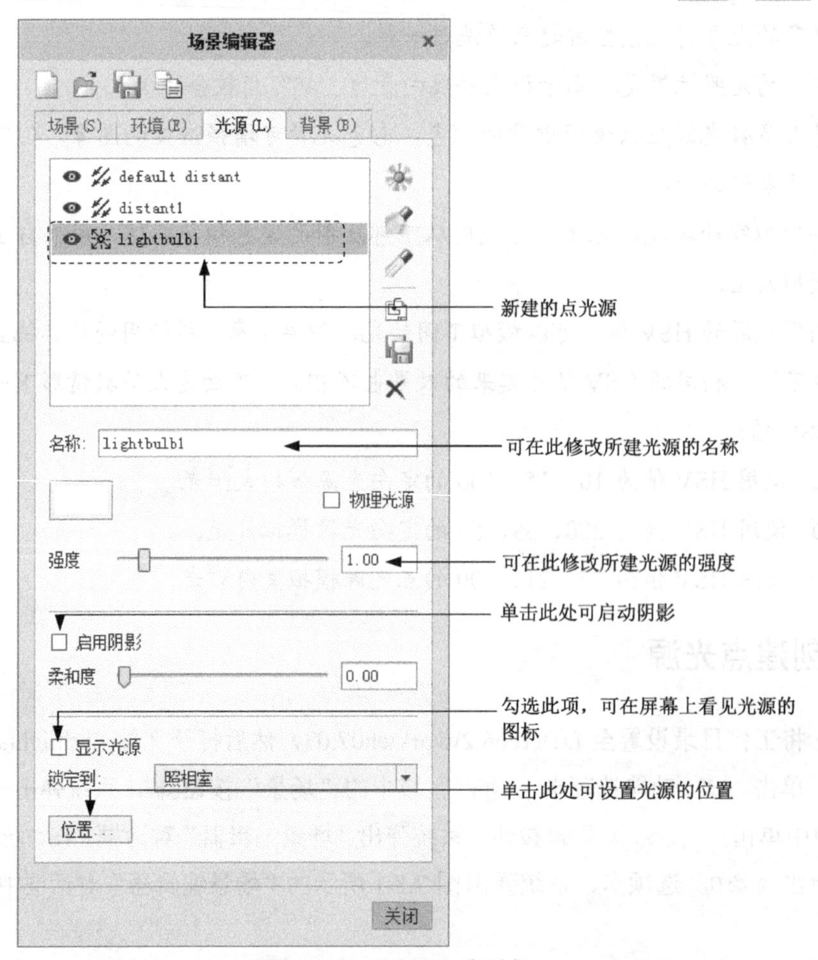

图 7.3.2 “光源”选项卡

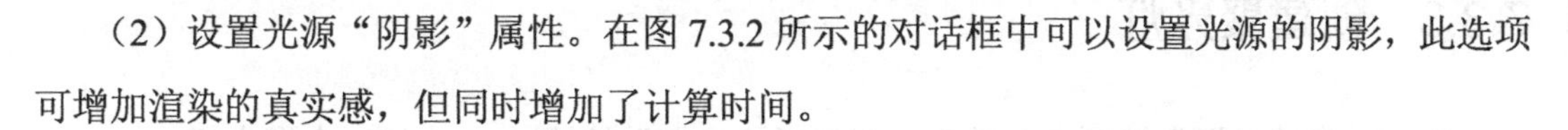

（2）设置光源“阴影”属性。在图 7.3.2 所示的对话框中可以设置光源的阴影，此选项可增加渲染的真实感，但同时增加了计算时间。

- 选中☑启用阴影复选框，可使模型在光源照射下产生阴影（在渲染时），效果参见随书光盘文件 D:\creo6.2\work\ch07.03\shadow.doc。
  - ☑ 清晰阴影是半透明的，可以穿过对象，并可附着其所穿过材料的颜色。
  - ☑ 柔和阴影始终是不透明的，且是灰色的，可以控制柔和阴影的柔和度。
  - ☑ 只有在使用 Photolux 渲染器时，才能看到清晰阴影与柔和阴影的效果。

要使用 PhotoRender 类型的渲染器来渲染阴影，必须在“渲染设置”对话框中选中☑地板上的阴影复选框或☑自身阴影复选框。

（3）设置光源的“位置”属性。

- 如图 7.3.2 所示，单击位置...按钮可以弹出图 7.3.3 所示的“光源位置”对话框。用户可以在X、Y或Z方向放置光源，这里的 X、Y 和 Z 与当前 Creo 坐标系的 X、Y 和 Z 轴没有任何关系。无论模型处在什么方位，这里的X总是为水平方向，向右为正方向；Y总是为竖直方向，向上为正方向；Z方向总是与显示器的屏幕平面垂直。
- 在位置...按钮上方的照相室栏中可以设置光源的锁定方式，各锁定方式说明如下。
  - ☑ 照相室：将光源锁定到照相室，根据模型与照相机的相对位置来固定光。
  - ☑ 模型：将光源锁定到模型的同一个位置上，旋转或移动模型时，光源随着旋转或移动。此时光源始终照亮模型的同一部位，而与视点无关。这是最常用的锁定方式。
  - ☑ 相机：光源始终照亮视图的同一部位，而与房间和模型的旋转或移动无关。

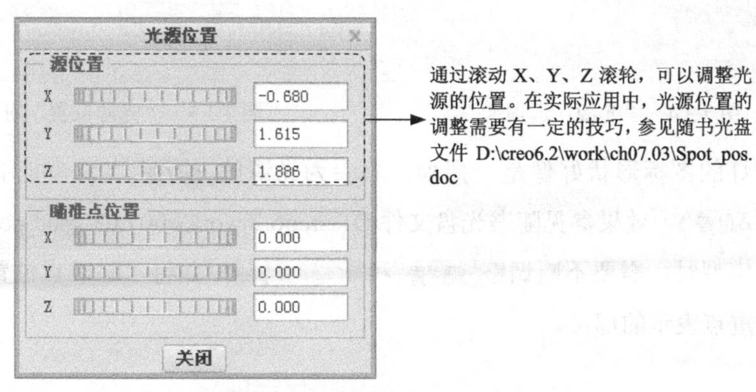

图 7.3.3 “光源位置”对话框

7.3.3 创建聚光灯

Step1. 在“光源”选项卡中单击“添加新聚光灯”按钮，增加一个聚光灯。

Step2. 在下面的编辑区域中可进行光源属性的设置。

（1）设置光源的“常规”属性。如图 7.3.4 所示，可以修改光源的名称和强度，设置其（投射）角度及焦点。

- 角度(G)：控制光束的角度。该角度效果参见随书光盘文件 D:\creo6.2\work\ch07.03\angle.doc。
- 焦点：控制光束的焦点，焦点效果参见随书光盘文件 D:\creo6.2\work\ch07.03\focus.doc。

（2）在图 7.3.5 所示的“光源位置”对话框中可以设置光源的位置。

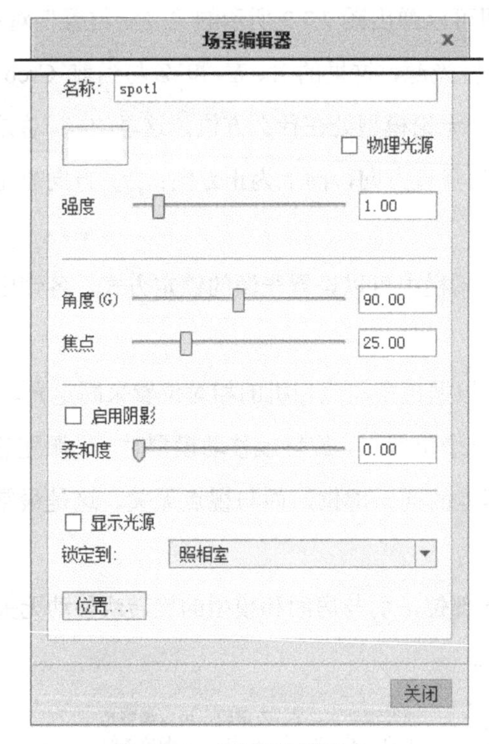

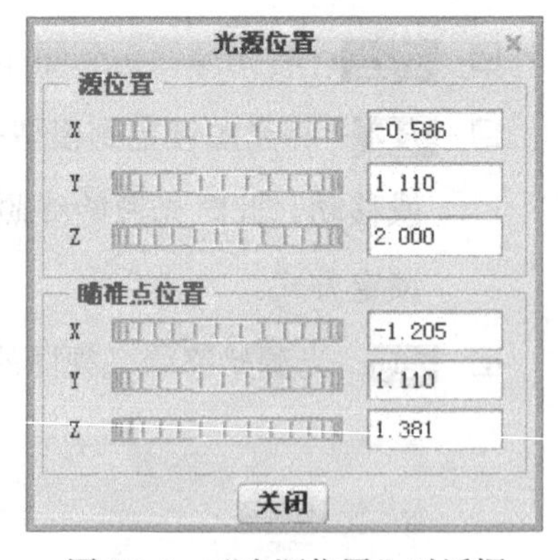

图 7.3.4 “光源”选项卡

图 7.3.5 “光源位置”对话框

- 聚光灯的图标形状好像是一把伞，伞尖为光源的源位置点，伞把端部为光源的瞄准点位置，效果参见随书光盘文件 D:\creo6.2\work\ch07.03\spot_pos.doc。
- 渲染模型时，需要不断调整源位置和瞄准点位置，并将“瞄准点位置”对准模型上要重点表示的部位。

第8章 ISDX曲面模块

本章提要 ISDX是 Interactive Surface Design Extensions 的缩写，即交互式曲面设计模块。该模块用于工业样式设计，即设计曲面特别复杂的零件，用该模块创建的曲面也称“样式”（Style）曲面。

8.1 ISDX曲面基础

8.1.1 ISDX曲面的特点

ISDX曲面的特点如下。

- ISDX曲面以“样条曲线”（Spline）为基础，通过曲率分布图，能直观地编辑曲线，没有尺寸标注的拘束，可轻易得到所需要的光滑、高质量的ISDX曲线，进而产生高质量的“样式”（Style）曲面。该模块通常用于产品的概念设计、外形设计和逆向工程等设计领域。
- 与以前的高级曲面样式模块CDRS（Pro/Designer）相比，ISDX曲面模块与Creo的其他模块（零件模块、曲面模块和装配模块等）紧密集成在一起，为工程师提供了统一的零件设计平台，不再需要在两个设计系统间进行双向切换和交换数据，因而极大地提高了工作质量和效率。

8.1.2 进入ISDX曲面模块

进入ISDX曲面模块，操作方法如下。

单击 模型 功能选项卡 曲面 ▾ 区域中的“样式”按钮 样式，进入样式环境，如图8.1.1所示。

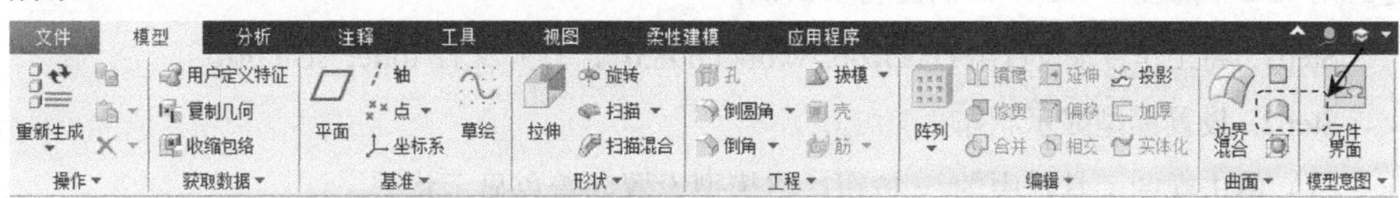

图8.1.1 进入ISDX曲面模块

8.1.3 ISDX曲面模块用户界面

将工作目录设置至D:\creo6.2\work\ch08.01，打开模型文件toilet_seat_ok.prt，单击 模型 功

能选项卡 曲面 ▾ 区域中的“样式”按钮 样式，进入样式环境。

ISDX 曲面模块的用户界面如图 8.1.2 所示，图中用虚线框示意的部分是 ISDX 曲面模块要用到的主要命令按钮，后面将进一步说明。

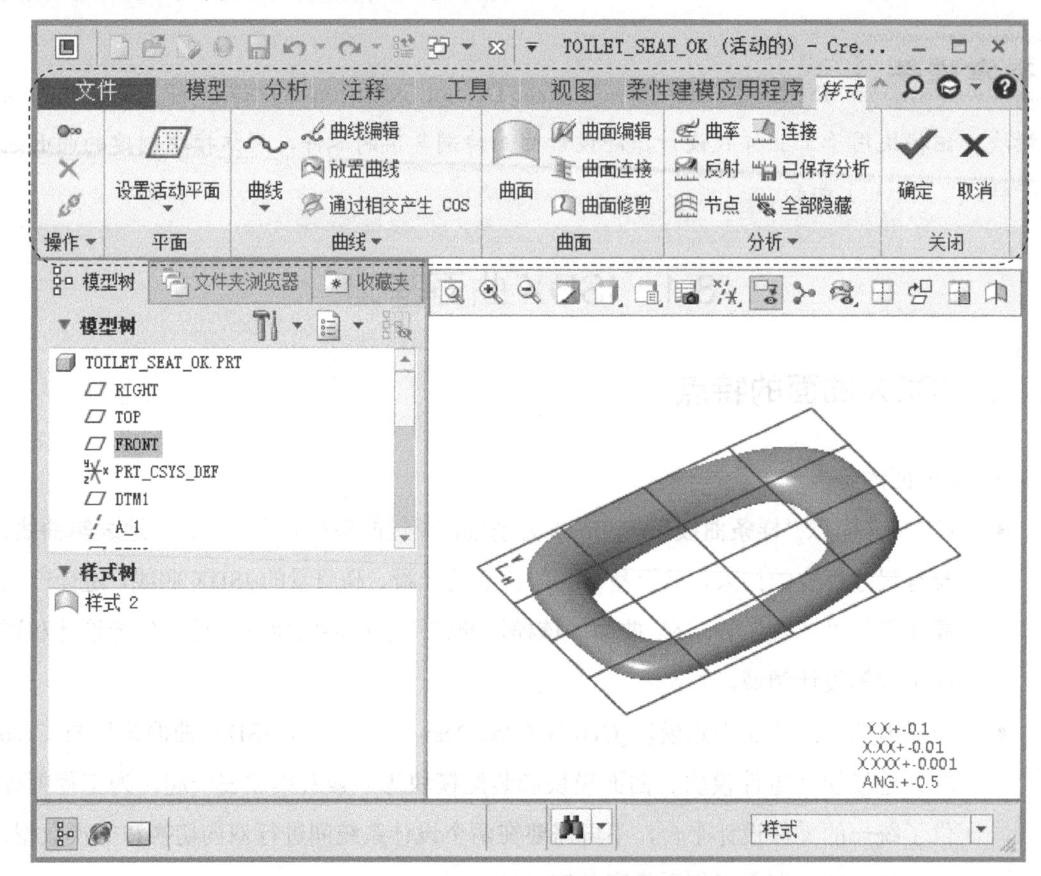

图 8.1.2 ISDX 曲面模块用户界面

8.1.4 ISDX 模块入门

1. 查看 ISDX 曲线及曲率图、ISDX 曲面

下面先打开图 8.1.3 所示的模型，查看 ISDX 曲线、曲率图和 ISDX 曲面。通过查看，建立对 ISDX 曲线和 ISDX 曲面的初步认识。

Step1. 将工作目录设置至 D:\creo6.2\work\ch08.01，打开文件 toilet_seat.prt。

Step2. 设置模型显示状态。

（1）单击视图工具栏中的按钮，将模型设置为着色显示状态。

（2）单击视图工具栏中的按钮，在系统弹出的界面中取消选中 □ 轴显示 和 □ 坐标系显示 复选框，使基准轴、坐标系不显示；选中 ☑ 平面显示 复选框，使基准面显示。

（3）单击按钮，然后选择图 8.1.4 所示的 VIEW_1 视图。

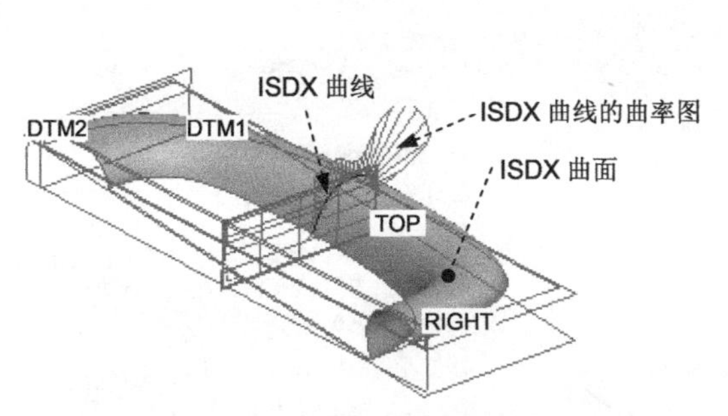

图 8.1.3 查看 ISDX 曲线及曲率图、ISDX 曲面

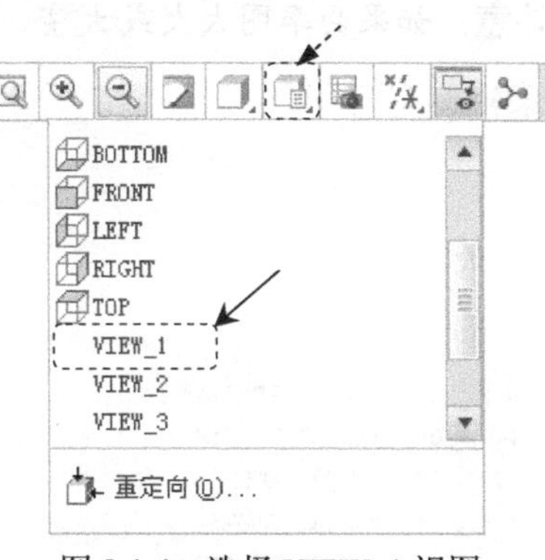

图 8.1.4 选择 VIEW_1 视图

Step3. 设置层的显示状态。

（1）在图 8.1.5 所示的导航选项卡中单击按钮，在系统弹出的快捷菜单中选择层树(L)命令。

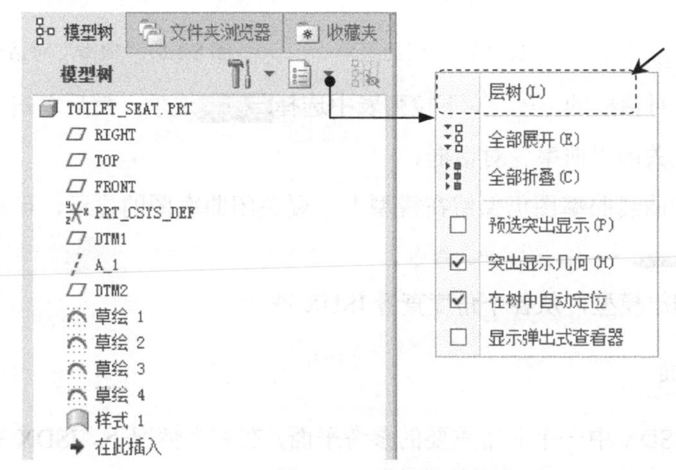

图 8.1.5 导航选项卡

（2）在图 8.1.6 所示的层树中，选取模型曲线层 CURVE，右击，从系统弹出的图 8.1.7 所示的快捷菜单中选择隐藏命令，单击“重画”按钮，这样模型的基准曲线将不显示。

（3）系统返回到模型树。单击导航选项卡中的按钮，在系统弹出的快捷菜单中选择模型树(M)命令。

Step4. 进入 ISDX 环境，查看 ISDX 曲面。在模型树中右击样式 1，在系统弹出的快捷菜单中选择命令。

注意：一个样式（Style）特征中可以包括多个 ISDX 曲面和多条 ISDX 曲线，也可以只含 ISDX 曲线，不含 ISDX 曲面。

Step5. 查看 ISDX 曲线及曲率图。

（1）在样式功能选项卡的分析区域中单击“曲率”按钮曲率，系统弹出图 8.1.8 所示的“曲率”对话框，然后选取图 8.1.3 所示的 ISDX 曲线。

注意：如果曲率图太大或太密，可在图 8.1.8 所示的“曲率”对话框中调整质量滑块和比例滚轮。

层
隐藏项
01___PRT_ALL_DTM_PLN
01___PRT_DEF_DTM_PLN
02___PRT_ALL_AXES
03___PRT_ALL_CURVES
04___PRT_ALL_DTM_PNT
05___PRT_ALL_DTM_CSYS
05___PRT_DEF_DTM_CSYS
06___PRT_ALL_SURFS
AXIS
CURVE
DATUM
QUILT

图 8.1.6 层树

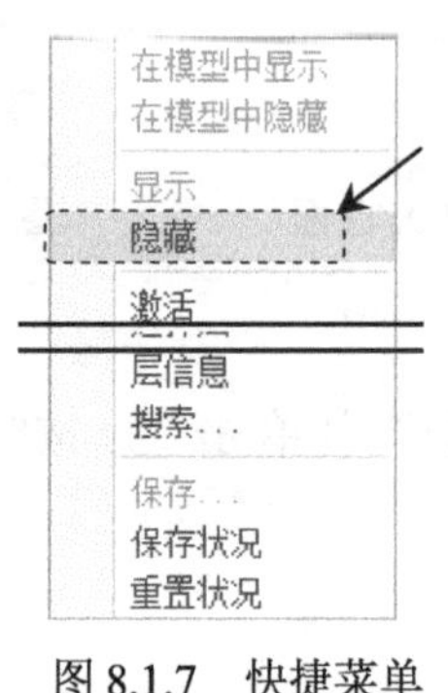

图 8.1.7 快捷菜单

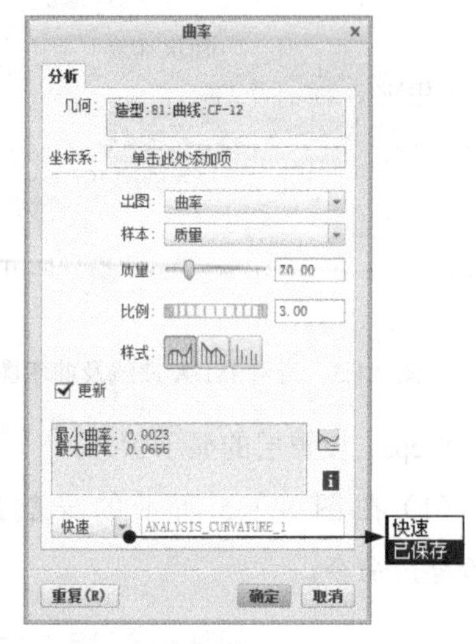

图 8.1.8 “曲率”对话框

（2）在“曲率”对话框的快速下拉列表中选择已保存选项，然后单击“曲率”对话框中的确定按钮，关闭“曲率”对话框。

（3）此时可看到曲线曲率图仍保留在模型上。要关闭曲率图的显示，可在“样式”操控板中选择分析 ➡ 删除所有曲率命令。

Step6. 旋转及缩放模型，从各个角度查看 ISDX 曲面。

2. 查看活动平面

“活动平面”是 ISDX 中一个非常重要的参考平面，在许多情况下，ISDX 曲线的创建和编辑必须考虑到当前所设置的“活动平面”。在图 8.1.9 中可看到，TOP 基准平面上布满了“网格”(Grid)，这表明 TOP 基准平面为“活动平面”(Active Plane)。如要重新定义活动平面，单击样式功能选项卡平面区域中的“设置活动平面”按钮，然后选取另一个基准平面（如 FRONT 基准平面）为“活动平面”，如图 8.1.10 所示。在样式功能选项卡中选择操作 ➡ 首选项命令，在系统弹出的“造型首选项”对话框中可以设置“活动平面”的网格是否显示以及网格的大小等参数，这一点在后面还将进一步介绍。

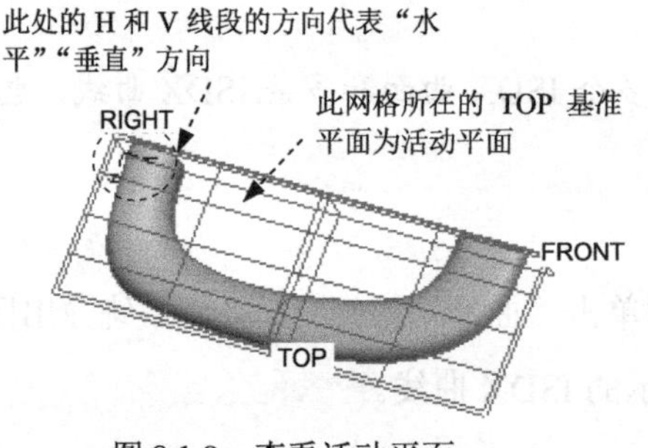

图 8.1.9 查看活动平面

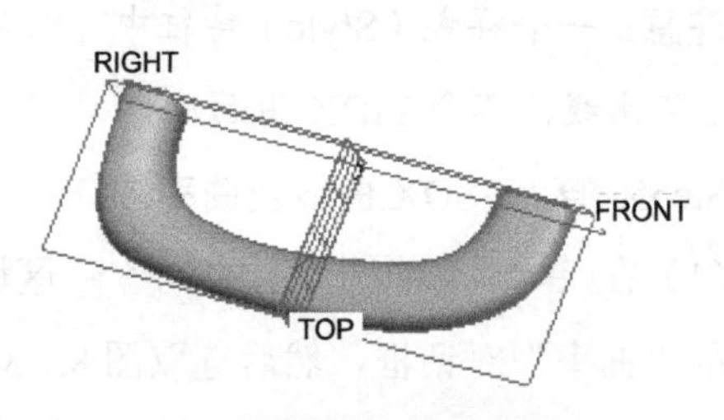

图 8.1.10 重新设置“活动平面”

3．查看 ISDX 环境中的四个视图及设置视图方向

单击 视图 功能选项卡 方向 ▾ 区域中的“已命名视图”按钮，然后选择“默认方向”视图。在图形区右击，从系统弹出的快捷菜单中选择 显示所有视图 命令（或在 ISDX 环境中的视图工具条中单击按钮），即可看到图 8.1.11 所示的画面，此时整个图形区被分割成独立的四个部分（即四个视图），其中右上角的视图为三维（3D）视图，其余三个为正投影视图，这样的布局非常有利于复杂曲面的设计，在一些工业设计和动画制作专业软件中，这是相当常见的。

注意：每个视图都是独立的，也就是说，我们可以像往常一样随意缩放、旋转和移动每个视图中的模型。

如果希望回到单一视图状态，只需再次单击按钮。

➢ 将某个视图设置到活动平面方向。

下面以图 8.1.11 中的右下视图为例来说明将视图设置到“活动平面”方向的操作步骤。先单击右下视图，然后右击，在系统弹出的图 8.1.12 所示的快捷菜单中选择 活动平面方向 命令，此时该视图的定向如图 8.1.13 所示，可看到该视图中的“活动平面”与屏幕平面平行。由此可见，如将某个视图设为活动平面方向，则系统按这样的规则定向该视图：视图中的“活动平面”平行于屏幕平面。

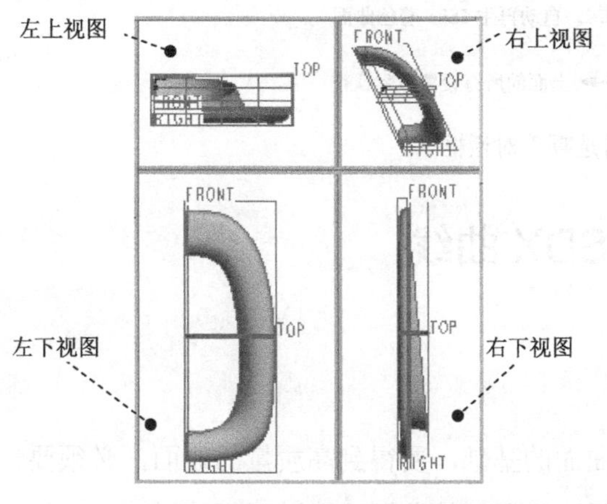

图 8.1.11 ISDX 环境中的四个视图

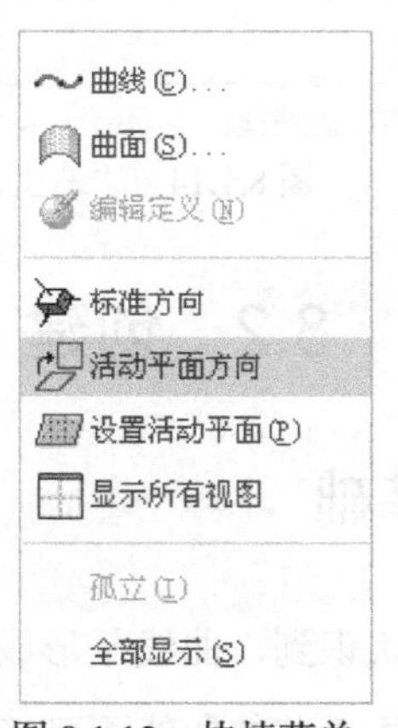

图 8.1.12 快捷菜单

图 8.1.13 视图的定向

➢ 将某个视图设置到标准方向。

图 8.1.11 中四个视图的方向为系统的“标准方向”，当缩放、旋转和移动某个视图中的模型而导致其方向改变时，可用如下方法恢复到“标准方向”：首先单击该视图，然后右击，从系统弹出的快捷菜单中选择 标准方向 命令。

4. ISDX 环境的首选项设置

在 样式 功能选项卡中选择 操作 ▾ ➡ 首选项 命令，系统弹出图 8.1.14 所示的“造型首选项”对话框，在该对话框中可以进行这样一些设置：活动平面的栅格显示以及栅格多少、自动再生和曲面网格显示的开、关等。

注意：此选项只支持样式曲面对象，并不支持 Creo 的曲面或其他特征的曲面。

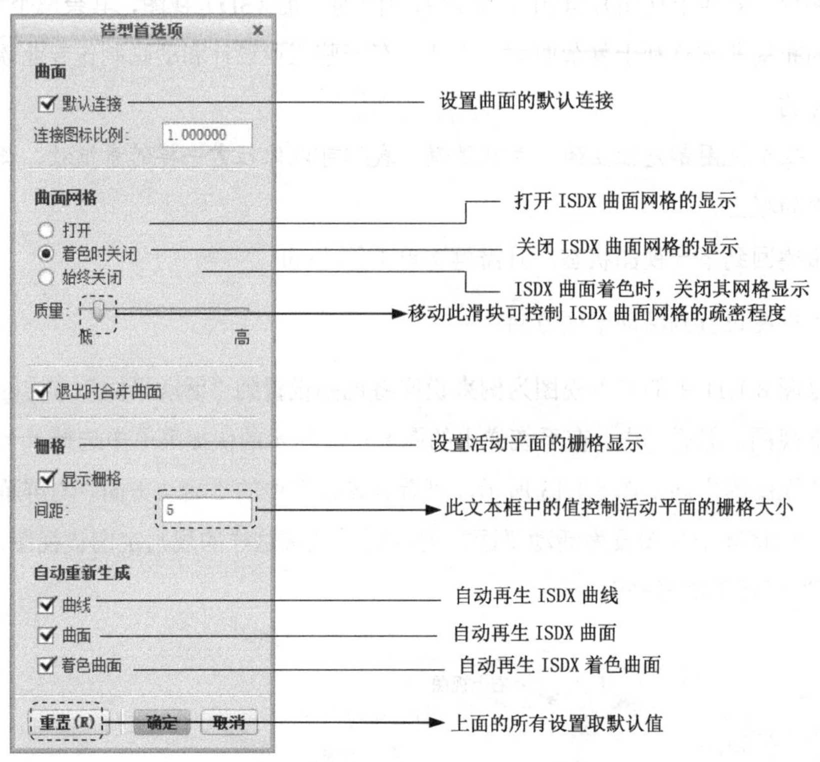

图 8.1.14 “造型首选项”对话框

8.2 创建 ISDX 曲线

8.2.1 ISDX 曲线基础

在创建曲面时，必须认识到，曲线是形成曲面的基础，要得到高质量的曲面，必须要先有高质量的曲线，使用质量差的曲线不可能得到质量好的曲面。通过下面的学习，我们会知道，ISDX 模块为创建高质量的曲线提供了非常方便的工具。

1. ISDX 曲线的基本概念

如图 8.2.1 所示，一条 ISDX 曲线是由两个端点（Endpoint）及多个内部点（Internal Point）所组成的样条（Spline）光滑线。如果只有两个端点、没有内部点，则 ISDX 曲线为一条直线，如图 8.2.2 所示。

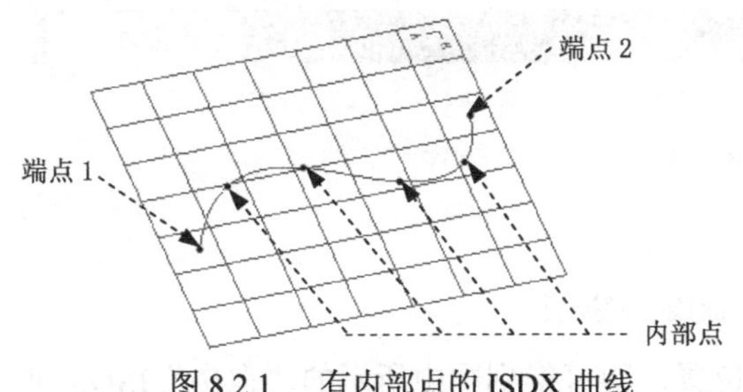

图 8.2.1 有内部点的 ISDX 曲线

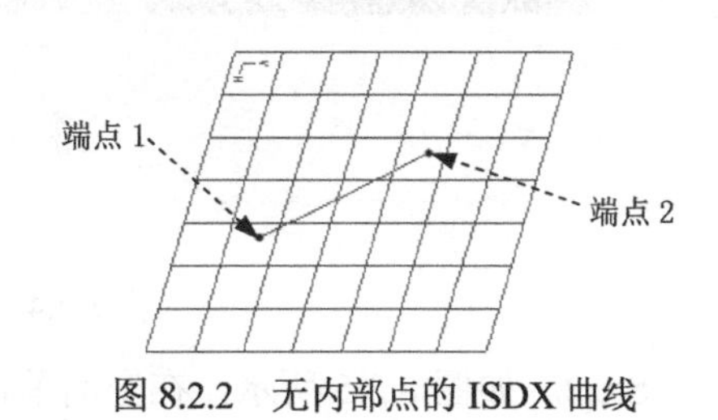

图 8.2.2 无内部点的 ISDX 曲线

2. ISDX 曲线的类型

有三种类型的 ISDX 曲线。

- 自由（Free）ISDX 曲线：曲线在三维空间自由创建。
- 平面（Planar）ISDX 曲线：曲线在某个平面上创建，“平面”曲线一定是一个 2D 曲线。
- COS（Curve On Surface ）曲线：曲线在某个曲面上创建。

8.2.2 创建自由（Free）ISDX 曲线

下面介绍创建一个自由 ISDX 曲线的全过程。

Step1. 设置工作目录和新建文件。

（1）将工作目录设置至 D:\creo6.2\work\ch08.02。

（2）新建一个零件模型文件，文件名为 creat_free_curve。

Step2. 单击 模型 功能选项卡 曲面▼ 区域中的“样式”按钮 样式，进入 ISDX 环境。

Step3. 设置活动平面。进入 ISDX 环境后，系统一般默认地自动选取 TOP 基准平面为活动平面，如图 8.2.3 所示。如果没有特殊的要求，我们常常采用系统的这种默认设置。

Step4. 单击 样式 功能选项卡 曲线▼ 区域中的“曲线”按钮。

Step5. 选择曲线类型。在图 8.2.4 所示的“造型：曲线”操控板中单击“创建自由曲线”按钮。

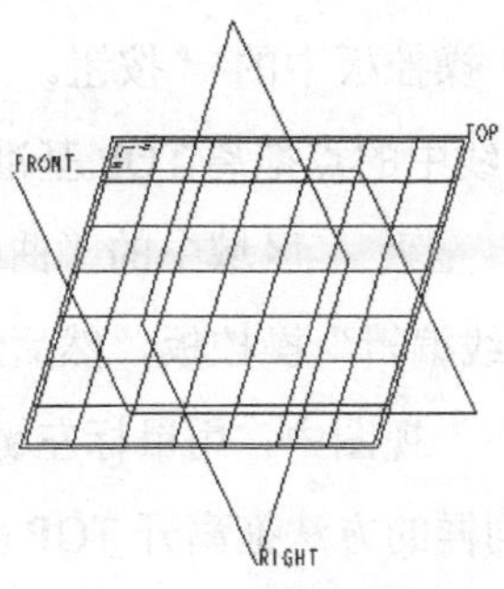

图 8.2.3 设置活动平面

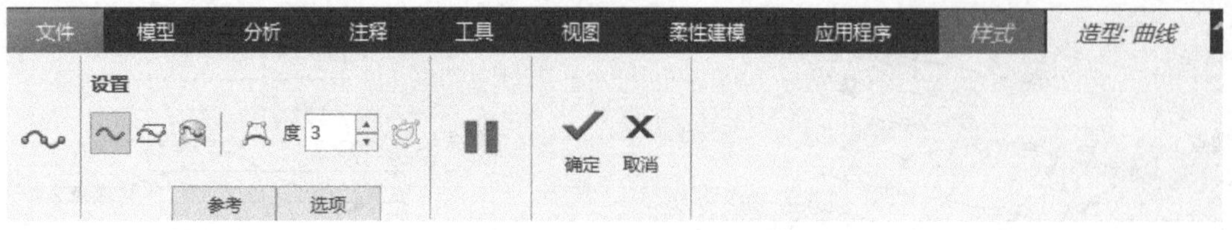

图 8.2.4 “造型：曲线”操控板

Step6. 如图 8.2.5 所示，在空间单击四个位置，即可得到图中所示的“自由”ISDX 曲线，该 ISDX 曲线是由两个端点（Endpoint）和两个内部点（Internal Point）所组成的样条（Spline）光滑线。

注意：在拾取点时，如果要“删除”前一个点，也就是要进行“撤销上一步操作”，可单击工具栏中的按钮；如果要恢复撤销操作，可单击按钮。

说明：此时，曲线上的四个点以小圆点（●）形式显示，表明这些点是自由点。后面我们还将进一步介绍曲线上点的类型。

Step7. 切换到四个视图状态，查看所创建的“自由”ISDX 曲线。单击工具栏中的按钮，即可看到图 8.2.6 所示的曲线的四个视图。观察下部的两个视图，发现所创建的“自由”ISDX 曲线上的所有点都在 TOP 基准平面上，但不能就此认为该曲线是“平面”（Planar）曲线。因为我们可以使用“点”的拖拉编辑功能，将曲线上的所有点拖离开 TOP 基准平面（请参见后面的操作）。查看完毕后，再次单击按钮，使模型回到一个视图状态。

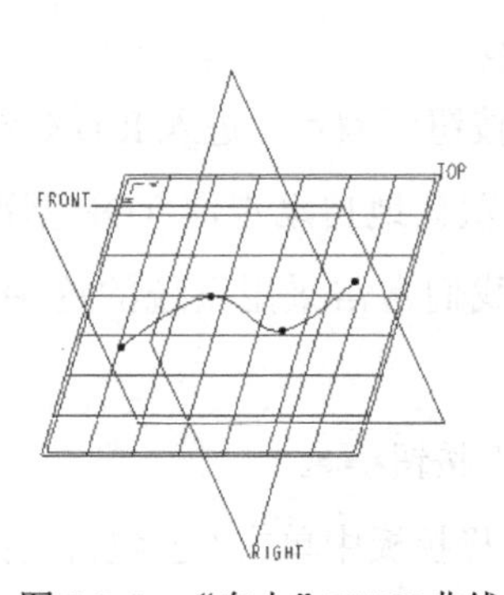

图 8.2.5 “自由”ISDX 曲线

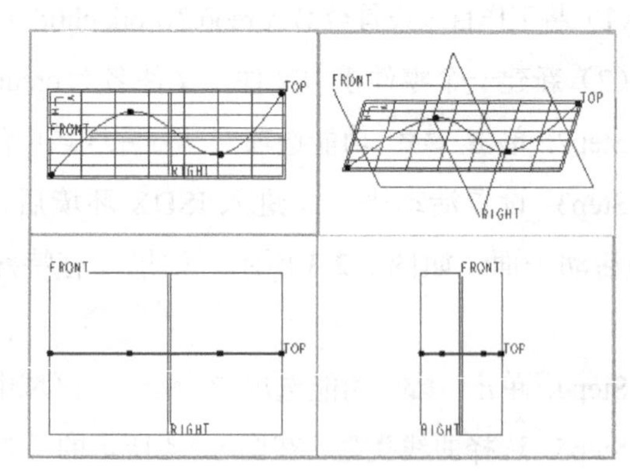

图 8.2.6 四个视图状态

Step8. 单击“造型：曲线”操控板中的按钮。

Step9. 将“自由”ISDX 曲线中的点拖离 TOP 基准平面。

（1）单击 样式 功能选项卡 曲线 ▾ 区域中的“曲线编辑”按钮 曲线编辑。此时系统弹出图 8.2.7 所示的“造型：曲线编辑”操控板，然后选中图形区中的 ISDX 曲线。

（2）单击按钮。在“左下”视图中，用鼠标左键选取图 8.2.8 中的曲线上的点，然后拖动该点。对其他的点，可按同样的方法拖离开 TOP 基准平面。现在我们可以认识到：在单个视图状态下，很难观察ISDX曲线上点的分布，如果要准确把握ISDX曲线上点的分布，应该使用四个视图状态。

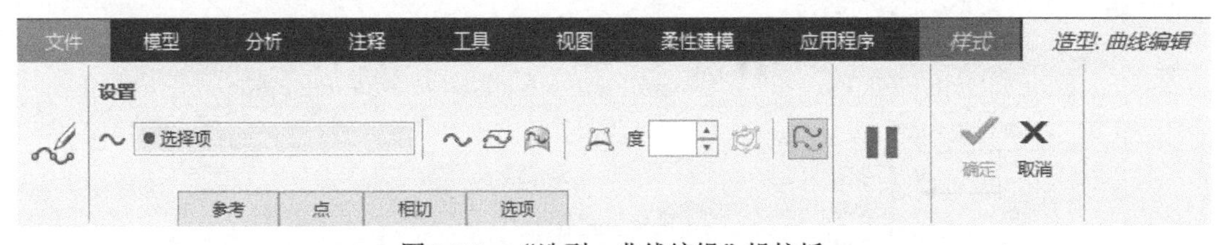

图 8.2.7 “造型：曲线编辑”操控板

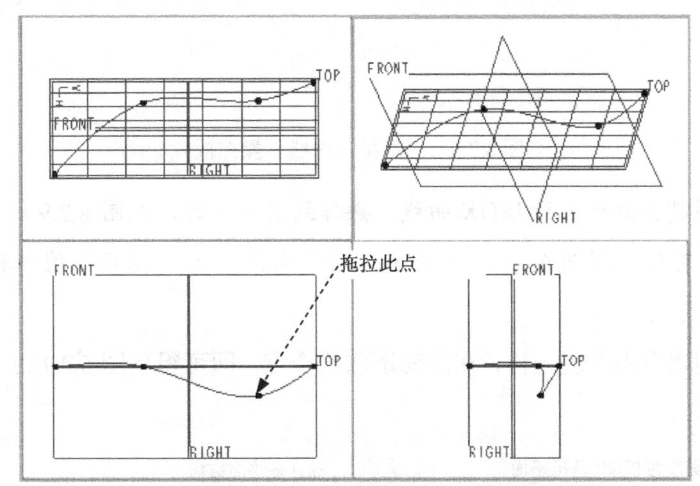

图 8.2.8 四个视图状态

（3）单击“造型：曲线编辑”操控板中的✔按钮。

注意：关于ISDX曲线的编辑功能，目前初步掌握到这种程度，在后面的章节还将进一步介绍。

Step10. 退出样式环境。单击 样式 功能选项卡中的✔按钮。

8.2.3 创建平面（Planar）ISDX曲线

下面介绍创建一个平面ISDX曲线的主要过程。

Step1. 设置工作目录和新建文件。

（1）将工作目录设置至D:\creo6.2\work\ch08.02。

（2）新建一个零件模型文件，文件名为creat_planar_curve。

Step2. 进入ISDX环境。单击 模型 功能选项卡 曲面 ▾ 区域中的“样式”按钮 样式。

Step3. 设置活动平面。采用系统默认的TOP基准平面为活动平面。

Step4. 单击 样式 功能选项卡 曲线 ▾ 区域中的“曲线”按钮。

Step5. 选择曲线类型。在“造型：曲线”操控板中单击“创建平面曲线”按钮，如图8.2.9所示。

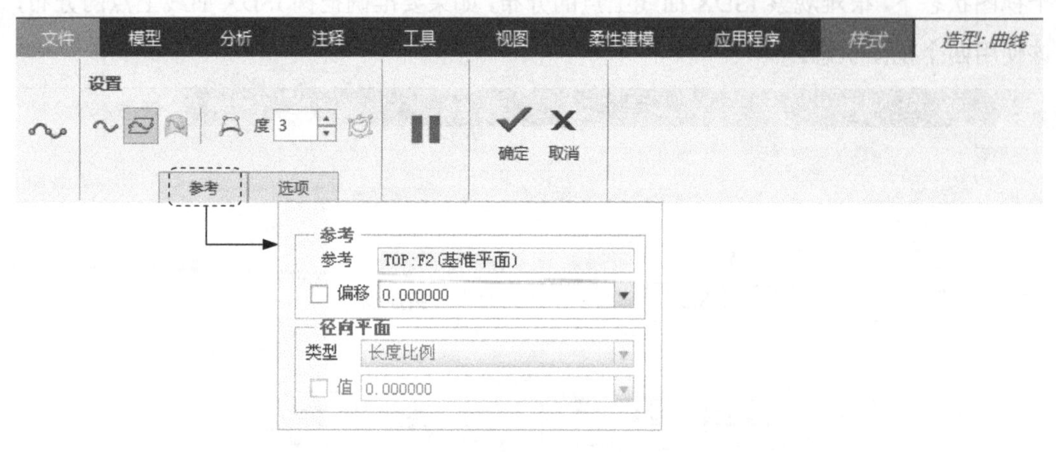

图 8.2.9 “造型：曲线”操控板

注意：在创建自由和平面 ISDX 曲线，操作到这一步时，在图 8.2.9 所示的操控板中单击 参考 选项，可改选其他的基准平面为活动平面或输入“偏移”值平移活动平面，如图 8.2.10 和图 8.2.11 所示。

Step6. 跟创建自由曲线一样，在空间选取四个点，即可得到图 8.2.12 所示的平面 ISDX 曲线。

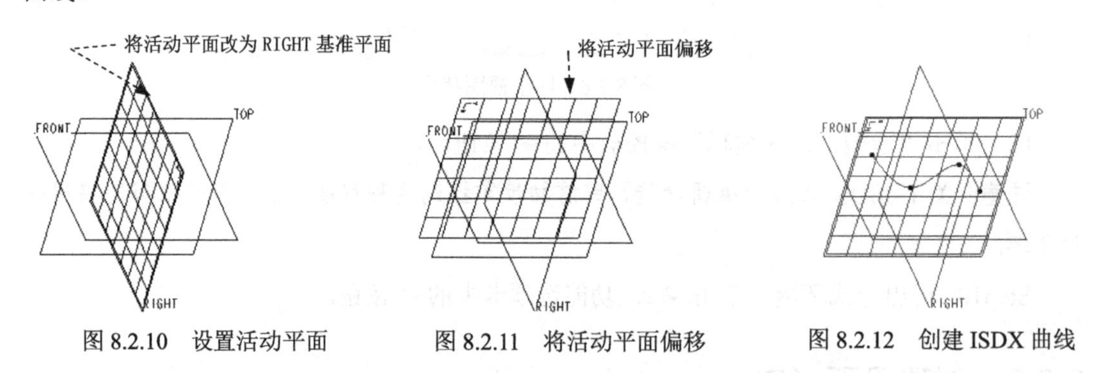

图 8.2.10 设置活动平面　　图 8.2.11 将活动平面偏移　　图 8.2.12 创建 ISDX 曲线

Step7. 单击工具栏中的按钮，切换到四个视图状态，查看所创建的“平面”ISDX 曲线，如图 8.2.13 所示。

Step8. 单击“造型：曲线”操控板中的✔按钮。

Step9. 拖移“平面”ISDX 曲线上的点。单击 样式 功能选项卡 曲线 ▾ 区域中的“曲线编辑”按钮 曲线编辑。在图 8.2.14 所示的“右上”视图中选取一点进行拖移，此时将发现，无论怎样拖移该点，该点只能左右移动，而不能上下移动（即不能离开活动平面——TOP 基准平面），尝试其他的点，也是如此。这是因为我们创建的曲线是一条位于活动平面上的“平面”曲线。

注意：

（1）可以将“平面”曲线转化为“自由”曲线。操作方法：在“造型：曲线编辑”操控板中单击“更改为自由曲线”按钮，系统弹出“确认”对话框，并提示将平面曲线转换为自由曲线?，单击 是(Y) 按钮。将“平面”曲线转化成“自由”曲线后，我们便可以将曲线上的点拖离开活动平面。

(2) 也可将“自由”曲线转化为“平面”曲线。操作方法：在“造型：曲线编辑”操控板中单击“更改为平面曲线”按钮，在系统选择一个基准平面或曲线参考以将自由曲线转换为平面。的提示下，单击一个基准平面或曲线参考，这样“自由”曲线便会转化为活动平面上的“平面”曲线。

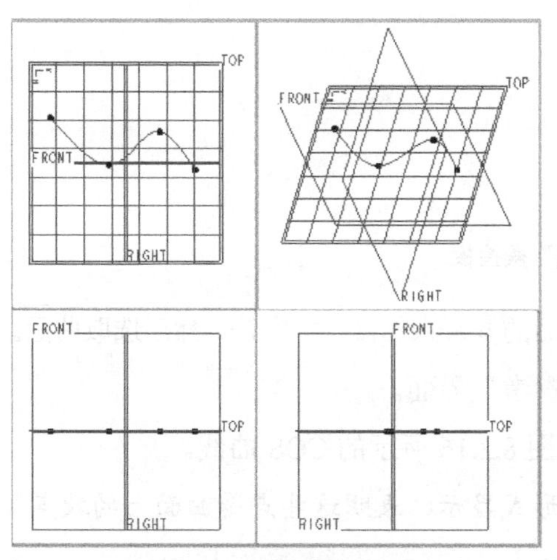

图 8.2.13 四个视图状态（一）

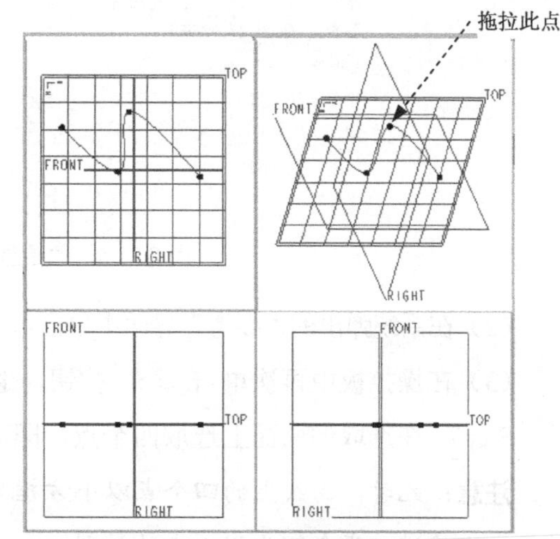

图 8.2.14 四个视图状态（二）

8.2.4 创建 COS 曲线

COS（Curve Of Surface）曲线是在选定的曲面上建立的曲线，选定的曲面为父特征，此 COS 曲线为子特征，所以修改父特征的曲面，会导致 COS 曲线的改变。作为父特征的曲面可以是模型的表面、一般曲面和 ISDX 曲面。

下面介绍创建一个 COS 类型 ISDX 曲线的主要过程。首先要打开一个带有曲面的模型文件，然后要在选定的曲面上创建 COS 曲线。

Step1. 设置工作目录和打开文件。

（1）先将工作目录设置至 D:\creo6.2\work\ch08.02。

（2）打开文件 creat_cos_curve.prt。

Step2. 单击 模型 功能选项卡 曲面 ▾ 区域中的“样式”按钮 样式，进入 ISDX 环境。

Step3. 设置活动平面。接受系统默认的 TOP 基准平面为活动平面。

Step4. 单击 样式 功能选项卡 曲线 ▾ 区域中的“曲线”按钮。

Step5. 选择曲线类型。在“造型：曲线”操控板中单击“创建曲面上的曲线”按钮，如图 8.2.15 所示。

Step6. 选择父曲面。

（1）在“造型：曲线”操控板中单击 参考 按钮，如图 8.2.15 所示。

图 8.2.15 “造型：曲线”操控板

（2）在系统弹出的“参考”界面中单击 曲面 区域后的 单击此处添加项 字符，然后选取曲面。

（3）在操控板中再次单击 参考 按钮，退出“参考”界面。

Step7. 在选取的曲面上选取四个点，即可得到图 8.2.16 所示的 COS 曲线。

注意：此时，曲线上的四个点以小方框（□）形式显示，表明这些点是曲面上的软点。后面我们将进一步介绍曲线上点的类型。

Step8. 单击工具栏中的 按钮，切换到四个视图状态，查看所创建的 COS 曲线，如图 8.2.17 所示。

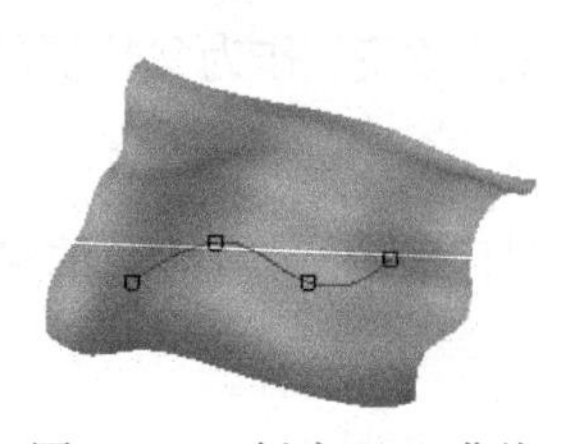

图 8.2.16 创建 COS 曲线

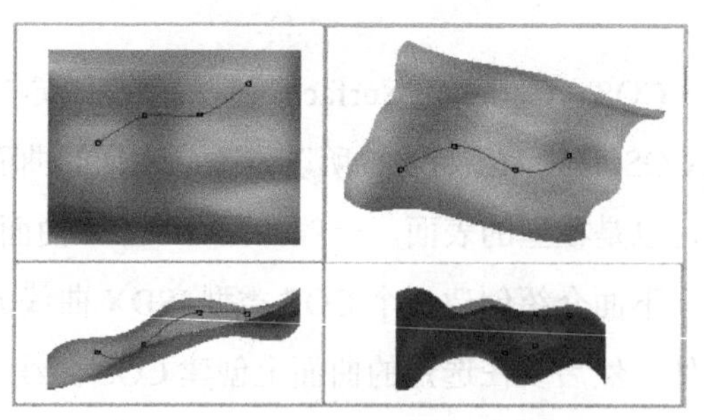

图 8.2.17 在四个视图状态查看 COS 曲线

Step9. 单击“造型：曲线”操控板中的 按钮。

Step10. 拖移“COS”ISDX 曲线上的点。单击 样式 功能选项卡 曲线 区域中的“曲线编辑”按钮 曲线编辑，然后选中前面创建的“COS”ISDX 曲线，在图 8.2.18 所示的“右上”视图中选取曲线上的一点进行拖移。此时将发现，无论怎样拖移该点，该点在“左下”“右下”视图中的对应投影点始终不能离开所选的曲面，尝试其他的点，也都如此。由此可见，COS 曲线上的点始终贴在所选的曲面上。不仅如此，整条 COS 曲线也始终贴在所选的曲面上。

注意：

（1）可以将 COS 曲线转化为“自由”曲线。操作方法：在“造型：曲线编辑”操控板中单击“更改为自由曲线”按钮，系统弹出“确认”对话框，并提示是否将COS曲线转换为自由曲线?，单击 是(Y) 按钮。COS 曲线转化成“自由”曲线后，我们会注意到，曲线点的形式从小方框（□）变为小圆点（●），如图 8.2.19 所示。此时，我们便可以将曲线上的点拖离开所选的曲面。

（2）可以将 COS 曲线转化为“平面”曲线。操作方法：在“造型：曲线编辑”操控板中单击“更改为平面曲线”按钮，在系统◆选择一个基准平面或曲线参考以将自由曲线转换为平面.的提示下，单击一个基准平面或曲线参考。

（3）不能将“自由”曲线和“平面”曲线转化为 COS 曲线。

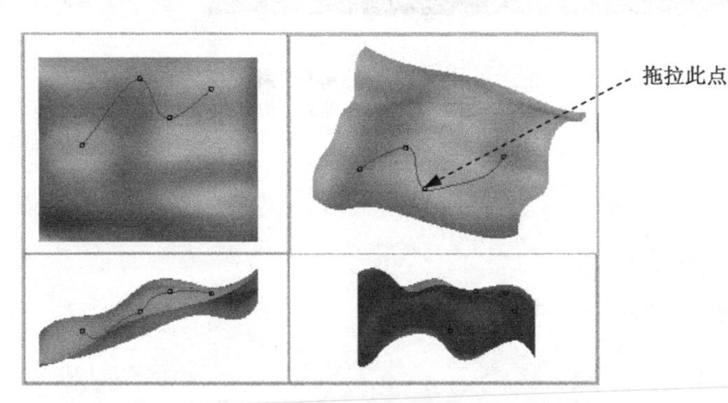

图 8.2.18　在四个视图状态拖拉点

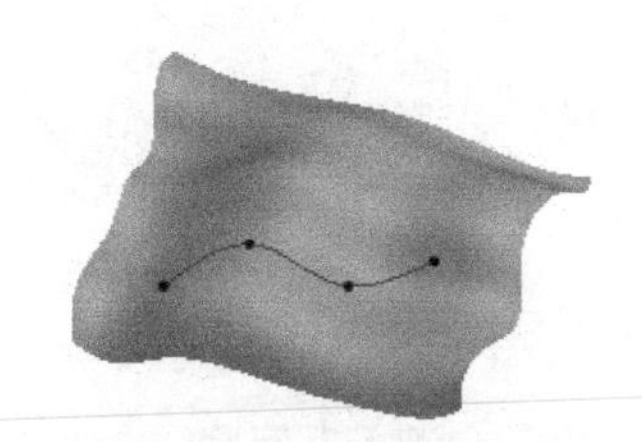

图 8.2.19　将 COS 曲线转化为“自由”曲线

8.2.5　创建下落（Drop）曲线

下落（Drop）曲线是将选定的曲线“投影”到选定的曲面上所得到的曲线，投影方向是某个选定的平面的法向方向，选定的曲线、选定的曲面以及取其法线方向为投影方向的平面是父特征，最后得到的“下落”曲线为子特征。无论修改哪个父特征，都会导致“下落”曲线的改变。从本质上说，下落（Drop）曲线是一种 COS 曲线。

作为父特征选定的曲线可以是一般的曲线，也可以是前面介绍的 ISDX 曲线，可以选择多条曲线为父特征曲线；作为父特征选定的曲面可以是模型的表面、一般曲面和 ISDX 曲面，可以选择多个曲面为父特征曲面。

下面介绍一个下落（Drop）曲线的主要创建过程。首先要打开一个带有曲线、曲面和平面的模型文件，然后再创建“下落”曲线。

Step1. 设置工作目录和打开文件。先将工作目录设置至 D:\creo6.2\work\ch08.02，然后打开文件 creat_drop_curve.prt。

Step2. 单击 模型 功能选项卡 曲面 ▾ 区域中的“样式”按钮 样式，进入 ISDX 环境。

Step3. 设置活动平面。采用系统默认的 TOP 基准平面为活动平面。

Step4. 单击 样式 功能选项卡 曲线 ▾ 区域中的“放置曲线”按钮 放置曲线。系统弹出图 8.2.20 所示的“造型：放置曲线”操控板。

Step5. 选择父特征曲线。在系统 选择曲线以放置到曲面上. 的提示下，在图 8.2.21 中选取父特征曲线 1，然后按住键盘上的 Ctrl 键，选取父特征曲线 2。

Step6. 选择父特征曲面。在“造型：放置曲线”操控板中单击 参考 按钮，在 曲面 区域中单击 ● 单击此处添加项 字符，在系统 选择要进行放置曲线的曲面. 的提示下，在图 8.2.22 中选取父特征曲面。

Step7. 操作至此，即在父特征曲面上得到图 8.2.23 所示的“下落”曲线。

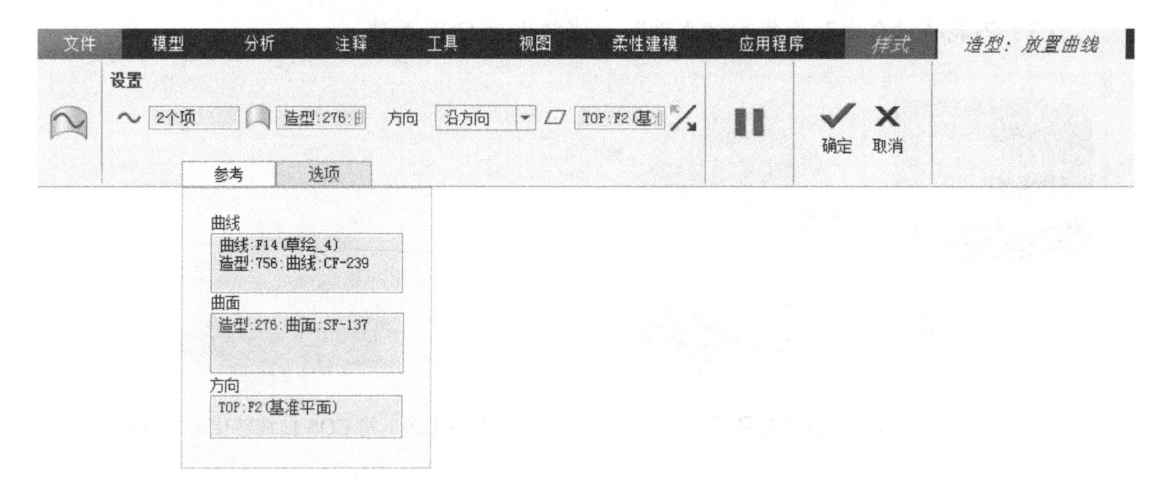

图 8.2.20 “造型：放置曲线”操控板

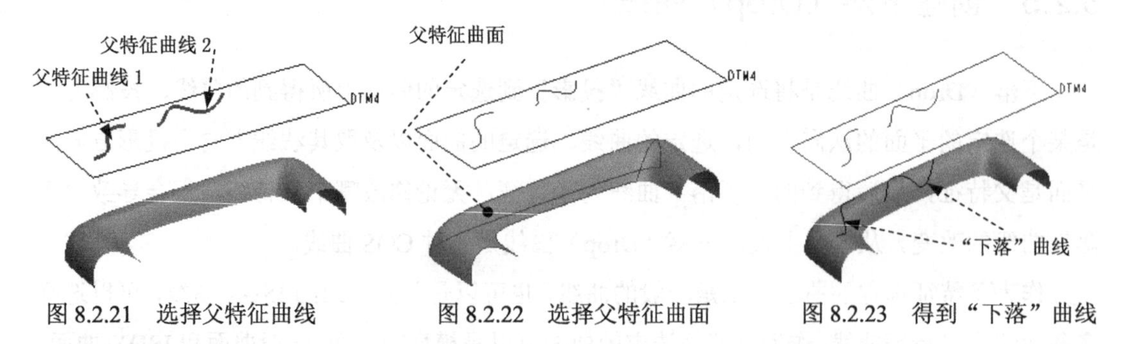

图 8.2.21 选择父特征曲线　　图 8.2.22 选择父特征曲面　　图 8.2.23 得到“下落”曲线

Step8. 在“造型：放置曲线”操控板中单击 ✔ 按钮，完成操作。

注意：如果希望重定义某个放置曲线，可先选取该放置曲线，然后右击，在系统弹出的快捷菜单中选择 命令。

8.2.6 点的类型

“点”（Point）是构成曲线最基本的要素。在 ISDX 模块中，我们把“点”分为四种点

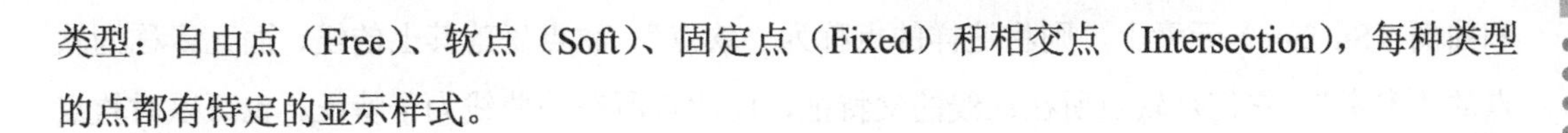

类型：自由点（Free）、软点（Soft）、固定点（Fixed）和相交点（Intersection），每种类型的点都有特定的显示样式。

1．自由点

自由点是没有坐落在空间其他点、线、面元素上的点，可以对这种类型的点进行自由拖移，自由点显示样式为小圆点（●）。

下面我们打开一个带有自由点的模型文件进行查看。

Step1. 设置工作目录和打开文件。先将工作目录设置至 D:\creo6.2\work\ch08.02，然后打开文件 view_free_point.prt。

Step2. 编辑定义模型树中的样式特征，进入 ISDX 环境。在图 8.2.24 所示的模型树中，右击 样式 1，系统弹出图 8.2.25 所示的快捷菜单，从该快捷菜单中选择 命令。

图 8.2.24 模型树

图 8.2.25 快捷菜单

Step3. 单击工具栏中的 按钮，切换到四个视图状态。

Step4. 单击 样式 功能选项卡 曲线 ▾ 区域中的“曲线编辑”按钮 曲线编辑，选择图 8.2.26 中的 ISDX 曲线。此时我们会看到构成 ISDX 曲线的四个点的显示样式为小圆点（●），说明这四个点为自由点。

Step5. 拖移 ISDX 曲线上的自由点。选取 ISDX 曲线上四个点中的某一个点进行拖移，我们会发现可以向任何方向进行移动，不受任何约束。

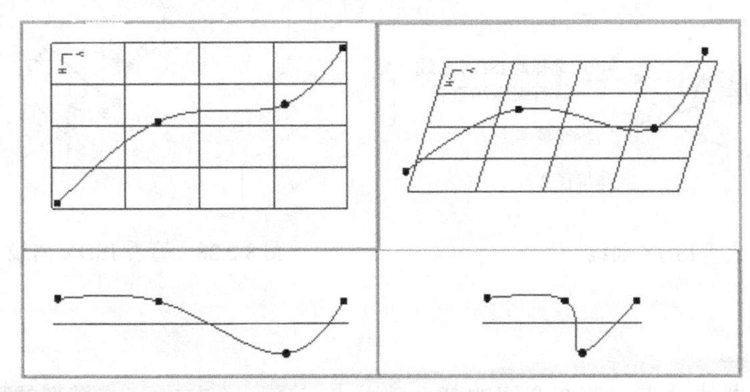

图 8.2.26 四个视图状态

2．软点

如果 ISDX 曲线上的点坐落在空间其他曲线(Curve)、模型边(Edge)、模型表面(Surface)

和曲面（Surface）元素上，则将这样的点称为“软点”。软点坐落其上的线、面元素称为软点的“参考”。它们是软点所在曲线的父特征，而软点所在的曲线为子特征。也可以对软点进行拖移，但它不能自由地拖移，软点只能在其所在的线、面上移动。软点的显示样式取决于其“参考”元素的类型。

- 当软点坐落在曲线、模型的边线上时，其显示样式为小圆圈（○）。
- 当软点坐落在曲面、模型的表面上时，其显示样式为小方框（□）。

下面我们打开一个带有软点的模型文件进行查看。

Step1. 设置工作目录和打开文件。先将工作目录设置至 D:\creo6.2\work\ch08.02，然后打开文件 view_soft_point.prt。

Step2. 编辑定义模型树中的样式特征，进入 ISDX 环境。在模型树中右击 样式 1，从系统弹出的快捷菜单中选择 命令。

Step3. 单击 样式 功能选项卡 曲线▾ 区域中的“曲线编辑”按钮 曲线编辑，选取图 8.2.27 中的 ISDX 曲线。

Step4. 查看 ISDX 曲线上的软点。如图 8.2.28 所示，ISDX 曲线上有四个软点，软点 1、软点 2 和软点 3 的显示样式为小圆圈（○），因为它们在曲线或模型的边线上；软点 4 的显示样式为小方框（□），因为它在模型的表面上。

Step5. 拖移 ISDX 曲线上的软点。移动四个软点，我们将会发现软点 1 只能在实体特征 1 的当前半个圆弧边线上移动，不能移到另半个圆弧上；软点 2 只能在实体特征 2 的当前边线上移动，不能移到该特征的其他边线上；软点 3 只能在曲线 1 上移动；软点 4 只能在实体特征 2 的上部表面上移动，不能移到该特征的其他表面上。

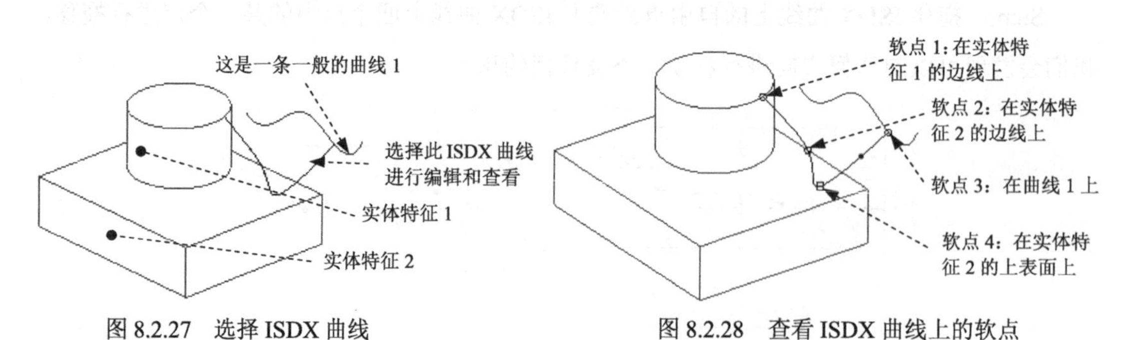

图 8.2.27　选择 ISDX 曲线　　图 8.2.28　查看 ISDX 曲线上的软点

3. 固定点

如果 ISDX 曲线的点坐落在空间的某个基准点（Datum Point）或模型的顶点（Vertex）上，我们称之为“固定点”。固定点坐落其上的基准点和顶点所在的特征为固定点的“参考”，不能对固定点进行拖移。固定点的显示样式为小叉（×）。

下面将打开一个带有固定点的模型文件进行查看。

Step1. 设置工作目录和打开文件。先将工作目录设置至 D:\creo6.2\work\ch08.02，然后打开文件 view_fixed_point.prt。

Step2. 编辑定义模型树中的样式特征。进入 ISDX 环境，在模型树中右击 样式 1，从系统弹出的快捷菜单中选择 命令。

Step3. 单击 样式 功能选项卡 曲线 区域中的“曲线编辑”按钮 曲线编辑，选取图 8.2.29 中的 ISDX 曲线。

Step4. 查看 ISDX 曲线上的固定点。如图 8.2.30 所示，ISDX 曲线上有两个固定点，它们的显示样式均为小叉（×）。

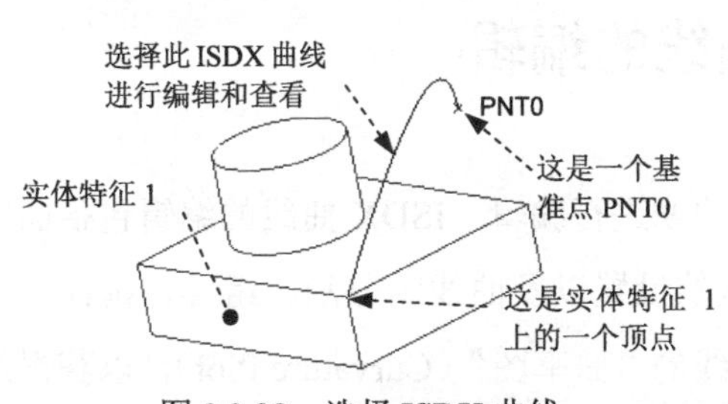

图 8.2.29 选择 ISDX 曲线

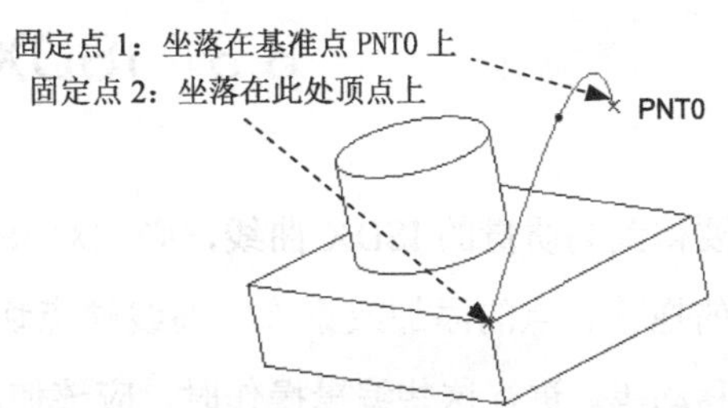

图 8.2.30 查看 ISDX 曲线上的固定点

Step5. 尝试拖移 ISDX 曲线上的两个固定点，但根本不能移动。

4．相交点

当我们在创建平面（Planar）ISDX 曲线时，如果 ISDX 曲线中的某个点正好坐落在其他曲线（Curve）或模型边（Edge）上，也就是说 ISDX 曲线中的这个点既坐落在活动平面上，又坐落在空间的某个曲线（Curve）或模型边（Edge）上，这样的点称为“相交点”，我们不能拖移相交点。显然，相交点是一种特殊的“固定点”，相交点的显示样式也为小叉（×）。

下面我们打开一个带有相交点的模型文件进行查看。

Step1. 设置工作目录和打开文件。先将工作目录设置至 D:\creo6.2\work\ch08.02，然后打开文件 view_ intersection_point.prt。

Step2. 编辑定义模型树中的样式特征。进入 ISDX 环境，在模型树中右击 样式 1，从系统弹出的快捷菜单中选择 命令。

Step3. 单击 样式 功能选项卡 曲线 区域中的“曲线编辑”按钮 曲线编辑。选取图 8.2.31 中的 ISDX 曲线。

Step4. 查看 ISDX 曲线上的相交点。如图 8.2.32 所示，ISDX 曲线上有一个相交点，其显示样式为小叉（×）。

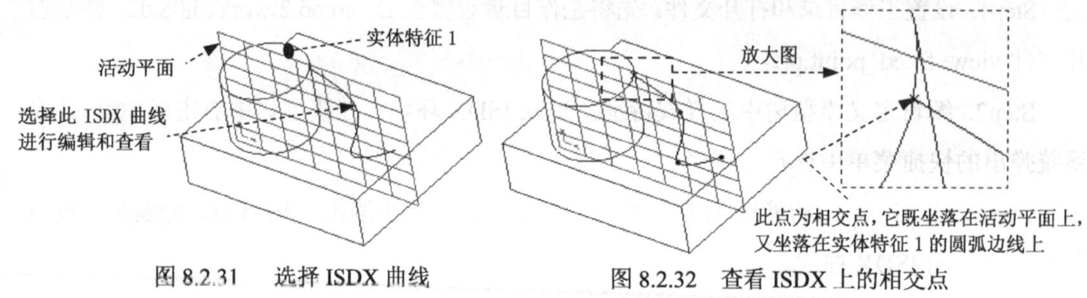

图 8.2.31　选择 ISDX 曲线　　图 8.2.32　查看 ISDX 上的相交点

Step5. 尝试拖移 ISDX 曲线上的相交点，但根本不能移动。

8.3　ISDX 曲线的编辑

要得到高质量的 ISDX 曲线，必须对 ISDX 曲线进行编辑。ISDX 曲线的编辑包括曲线上点的拖移、点的添加或删除、曲线端点切向量的设置以及曲线的分割、组合、延伸、复制和移动等。进行这些编辑操作时，应该使用曲线的“曲率图”（Curvature Plot），以获得最佳的曲线形状。

8.3.1　ISDX 曲线的曲率图

如图 8.3.1 所示，曲率图是显示曲线上每个几何点处的曲率或半径的图形，从曲率图上可以看出曲线变化方向和曲线的光滑程度，它是查看曲线质量最好的工具。在 ISDX 环境下，在 样式 功能选项卡的 分析 ▾ 区域中单击“曲率”按钮 曲率，系统弹出图 8.3.2 所示的“曲率”对话框，然后选取要查看其曲率的曲线，即可显示曲线曲率图。

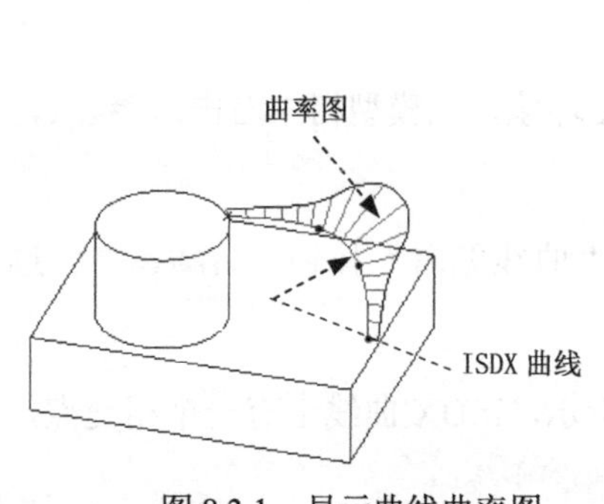

图 8.3.1　显示曲线曲率图

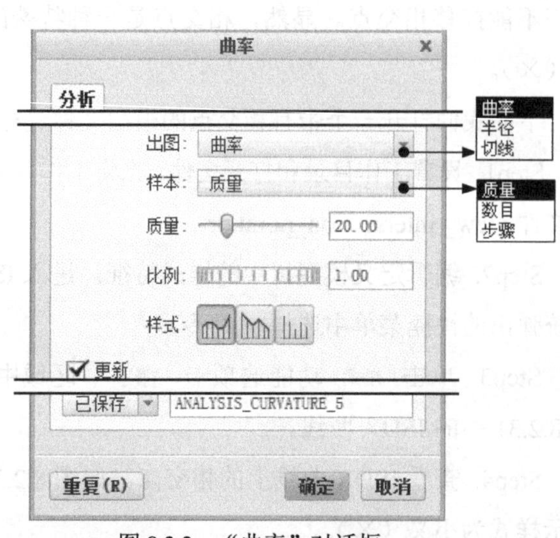

图 8.3.2　“曲率”对话框

使用曲率图要注意以下几点。

- 在图 8.3.2 所示的“曲率”对话框中，可以设置曲率图的“质量”“比例”“样式”，所以同一条曲线会由于设置的不同而呈现不同的疏密程度、大小和类型的曲率图。
- 在样式设计时，每当创建完一条 ISDX 曲线，最好都要用曲率图查看曲线的质量，不要单凭曲线的视觉表现。例如，凭视觉表现，图 8.3.3 所示的曲线应该还算光滑，但从它的曲率图（图 8.3.4）可发现有尖点，说明曲线并不光滑。
- 在使用 ISDX 模块创建质量较高的曲面时，要注意构成曲面的 ISDX 曲线上点的数量不要太多，点的数量只要能形成所需要的曲线形状就行，使用曲率图会发现曲线上的点越多，其曲率图就越难看，所以曲线上的点越多，曲线的质量就越难保证，因而曲面的质量也难以达到要求。
- 从曲率图上看，构成曲面的 ISDX 曲线上尽可能不要出现反曲点，如图 8.3.5 所示。

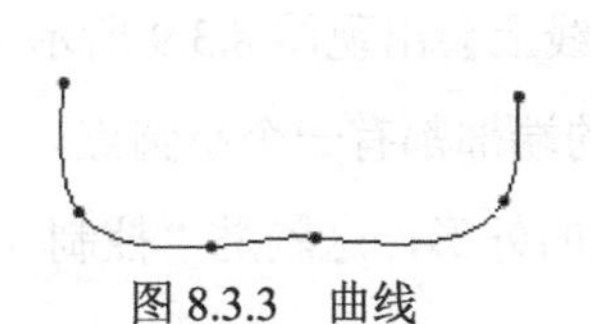

图 8.3.3 曲线

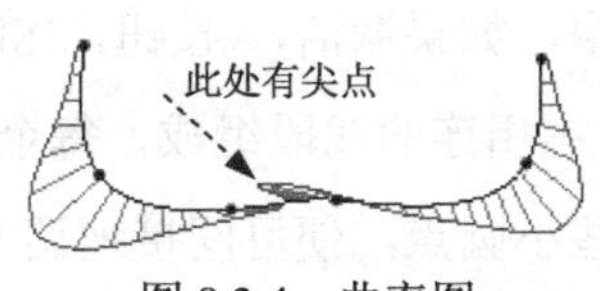

图 8.3.4 曲率图

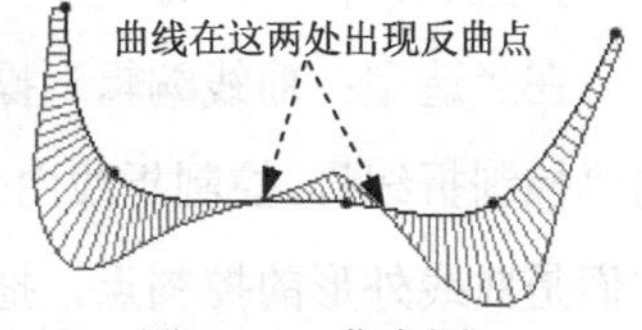

图 8.3.5 曲率图

8.3.2 ISDX 曲线上点的编辑

创建一条符合要求的 ISDX 曲线，一般分两步：第一步是拾取数个点形成初步的曲线；第二步是对初步的曲线进行编辑使其符合要求。在曲线的整个创建过程中，编辑往往占据绝大部分工作量，而在曲线的编辑工作中，曲线上点的编辑显得尤为重要。

下面将对点的编辑方法逐一介绍，在这里我们先打开一个含有 ISDX 曲线的模型。

Step1. 设置工作目录和打开文件。

（1）将工作目录设置至 D:\creo6.2\work\ch08.03。

（2）打开文件 curve_edit.prt。

Step2. 编辑定义模型树中的样式特征，进入 ISDX 环境。在图 8.3.6 所示的模型中，右击 样式 1，从系统弹出的快捷菜单中选择 命令。

Step3. 单击 样式 功能选项卡 曲线 ▾ 区域中的“曲线编辑”按钮 曲线编辑。选取图 8.3.6 所示的 ISDX 曲线。系统弹出“造型：曲线编辑”操控板，此时模型如图 8.3.7 所示。

Step4. 针对不同的情况，编辑 ISDX 曲线。完成编辑后，单击“造型：曲线编辑”操控板中的 ✔ 按钮。

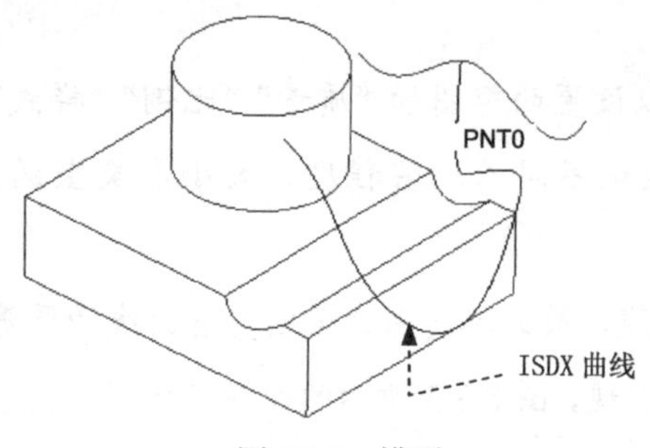

图 8.3.6 模型

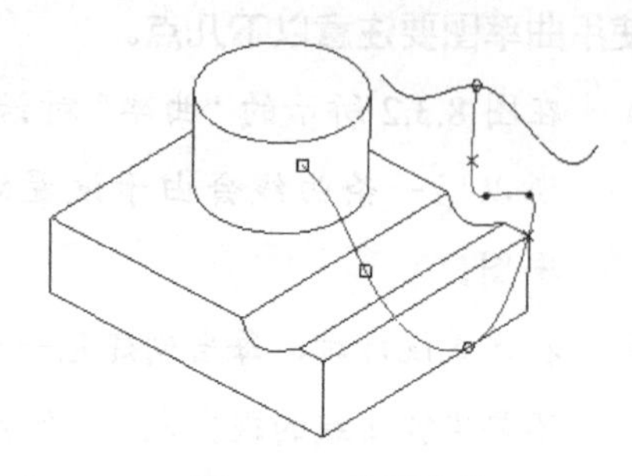
图 8.3.7 编辑曲线

在讨论曲线的编辑操作之前，有必要介绍曲线外形的编辑控制方式。曲线有两种控制方式。

方式一：直接控制方式。

如图 8.3.8 所示，直接拖移图中 ISDX 曲线上的某个端点或者某个内部点，便可直接调整曲线的外形。

方式二：控制点方式。

在“造型：曲线编辑”操控板中，如果激活按钮，ISDX 曲线上会出现图 8.3.9 所示的“控制折线”，控制折线由数个首尾相连的线段组成，每个线段的端部都有一个小圆点，它们是曲线外形的控制点。拖移这些小圆点，便可间接地调整曲线的外形，这就是“控制点”方式。

图 8.3.8 直接的控制方式　　图 8.3.9 控制点方式

注意：在以上两种调整曲线外形的方式过程中，鼠标各键的功能如下。

- 使用左键拾取曲线上的关键点或控制点，按住左键可立刻移动、调整点的位置。
- 单击中键确定曲线编辑的完成。
- 单击右键，弹出快捷菜单。

1. 拖移 ISDX 曲线上的点

ISDX 曲线上点的拖移可分以下两种情况。

情况一：拖移 ISDX 曲线上的自由点。

如图 8.3.10 所示，选取图中所示的自由点，按住鼠标的左键并移动鼠标，该自由点即自由移动；也可配合键盘 Ctrl 和 Alt 键限制移动的方向。

- 水平/竖直方向移动：按住键盘 Ctrl 和 Alt 键，仅可在水平、竖直方向移动自由点。或者单击操控板上的 点 选项卡，系统弹出“点”界面；在点移动区域的拖动下拉

列表中选择水平/竖直(Ctrl + Alt)选项，如图 8.3.11 所示。

注意：此处的“水平”移动方向是指活动平面上图标中的 H 方向，如图 8.3.12 的放大图所示；“竖直”移动方向是指活动平面上图标的 V 方向。水平/竖直方向移动操作应在“左上视图”进行。

- 法向移动：按住键盘 Alt 键，仅可在垂直于活动平面的方向移动自由点。也可单击操控板上的 点 选项卡，系统弹出“点”界面；在点移动区域的拖动下拉列表中选择法向(Alt)选项，如图 8.3.11 所示。

注意：垂直方向移动操作应在“左下视图”进行。

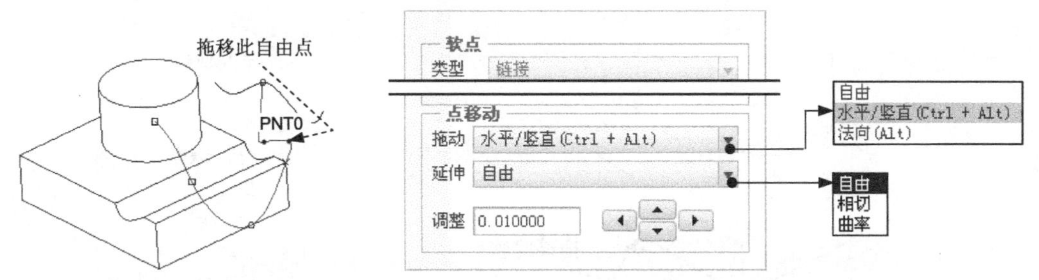

图 8.3.10　拖移 ISDX 曲线上的自由点　　　　图 8.3.11　“点”界面

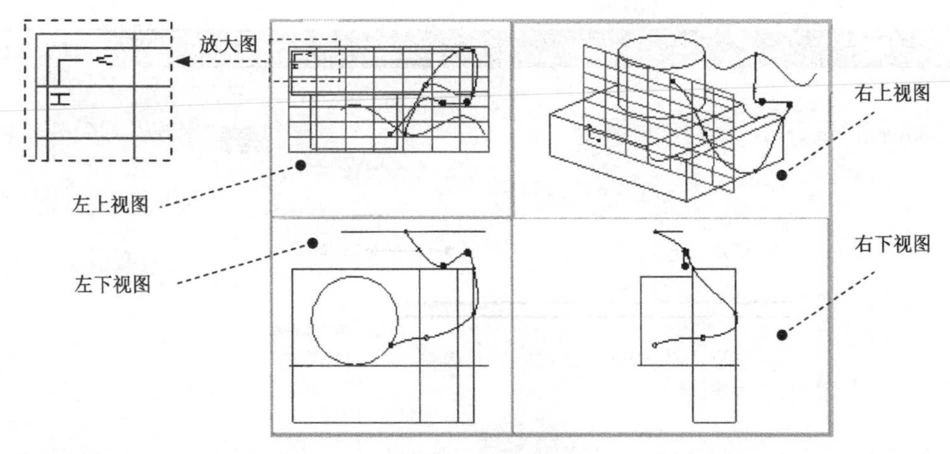

图 8.3.12　四个视图

特别注意：

- 误操作后，可进行“恢复”操作，方法是直接单击按钮↶。
- 配合键盘的 Shift 键，可改变点的类型。按住 Shift 键，移动 ISDX 曲线上的点，可使点的类型在自由点、软点、固定点和相交点（必须是平面曲线上的点）之间进行任意的切换，当然在将非自由点变成自由点时，有时先要进行“断开链接”操作，其操作方法为：在要编辑的点上右击，然后选择断开链接命令。

情况二：拖移 ISDX 曲线上的软点。

如图 8.3.13 所示，将鼠标指针移至某一软点上，按住左键并移动鼠标，即可在其参考

边线（曲面）上移动该点；另一种方法是右击该点，系统弹出图 8.3.14 所示的快捷菜单，选择菜单中的长度比例、长度、参数、距离平面的偏距、锁定到点以及断开链接等选项，可准确地定义该点的位置（单击操控板中的 点 按钮，在系统弹出的界面中也可获得这些选项，如图 8.3.15 所示）。

➢ 长度比例

将参考曲线（线段）长度视为 1，通过输入长度比例值来控制软点位置。单击操控板中的 点 按钮，在系统弹出的操作界面中可输入“长度比例”值，如图 8.3.16 所示。

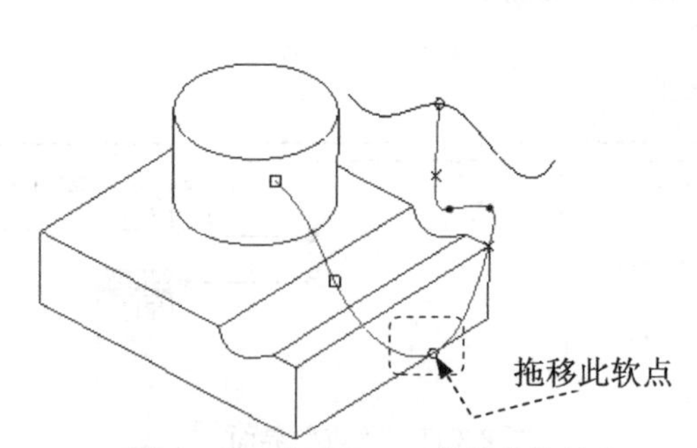

图 8.3.13 拖移 ISDX 曲线上的软点

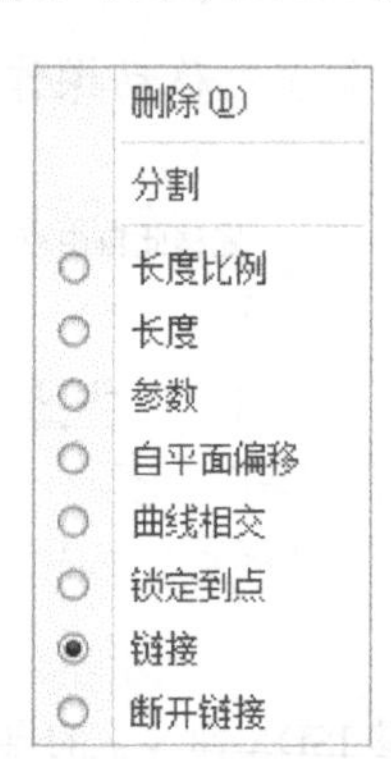

图 8.3.14 快捷菜单

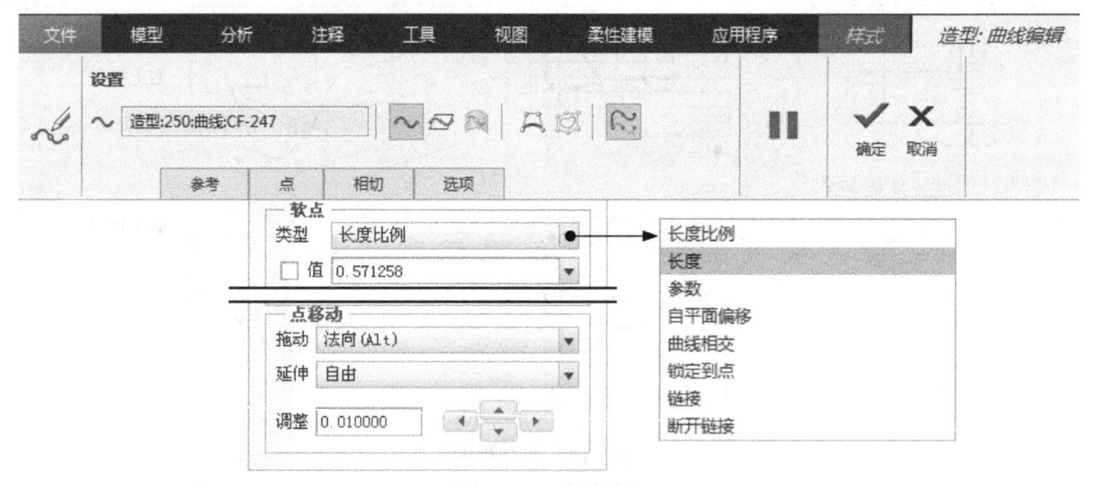

图 8.3.15 操控板

➢ 长度

系统自动指定从参考曲线某一端算起，通过输入长度值来控制软点位置。单击操控板中的 点 按钮，在系统弹出的操作界面中可输入“长度”值，如图 8.3.17 所示。

图 8.3.16 设置“长度比例”值

图 8.3.17 设置“长度”值

➢ 参数

预设情况，类似“长度比例”，但比例值稍有不同。单击操控板中的 点 按钮，在系统弹出的操作界面中可输入“参数”值，如图 8.3.18 所示。

➢ 自平面偏移

指定一基准面，通过输入与基准面的距离值来控制软点位置。单击操控板中的 点 按钮，在系统弹出的操作界面中可输入“偏移”值，如图 8.3.19 所示。

➢ 锁定到点

系统会自动移动软点至参考曲线上最近的控制点，犹如“固定”在该控制点上，故符号会转为叉号“×”，如图 8.3.20 所示。

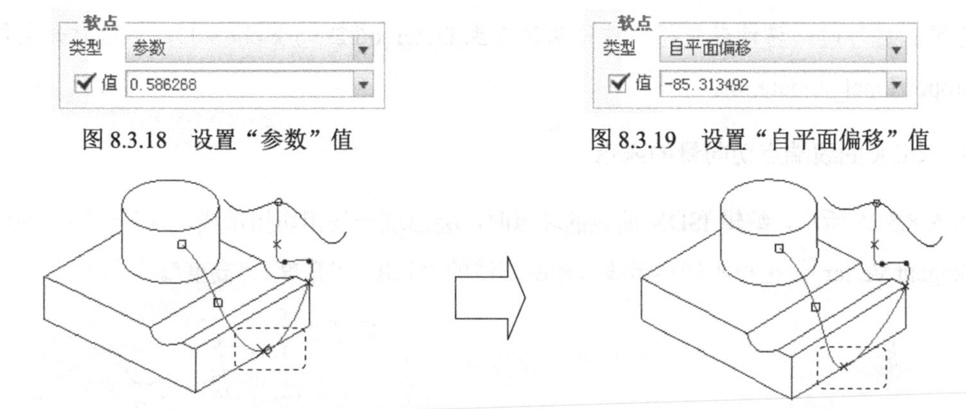

图 8.3.18　设置“参数”值

图 8.3.19　设置“自平面偏移”值

图 8.3.20　锁定到点

➢ 链接与断开链接

当 ISDX 曲线某一点为软点或固定点时，则该点表现为一种“链接”（Link）状态，如点落在曲面、曲线或某基准点上等。“断开链接”（Unlink）则是使软点或固定点“脱离”参考点/曲线/曲面等父项的约束而成为自由点，故符号会转为实心原点“•”，如图 8.3.21 所示。

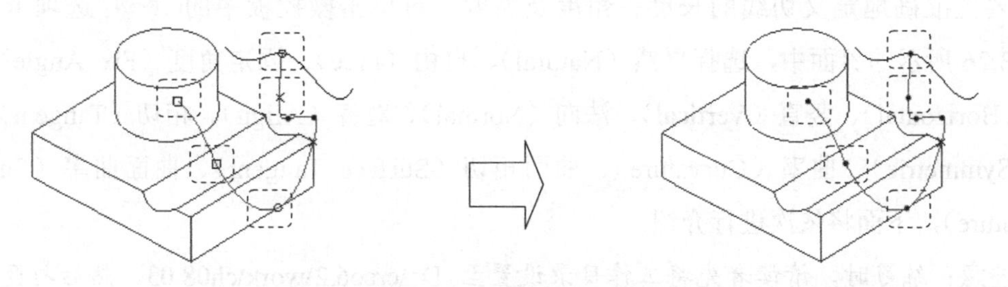

图 8.3.21　链接与断开链接

2．比例更新（Proportional Update）

若某 ISDX 曲线具有两个（含）以上软点时，可选中操控板上的 ☑ 按比例更新 复选框，进行这样的设置后，如果拖拉其中一个软点，在两软点间的外形会随拖拉软点而成比例地调整。如图 8.3.22 所示，该 ISDX 曲线含有两个软点，如果选中 ☑ 按比例更新 复选框，当向

左拖拉软点 2 时，则软点 1 和软点 2 间的曲线形状成比例地调整，如图 8.3.23 所示；如果不选中 □ 按比例更新 复选框，当向左拖拉软点 2 时，则软点 1 和软点 2 间的曲线形状不会成比例地调整，如图 8.3.24 所示。

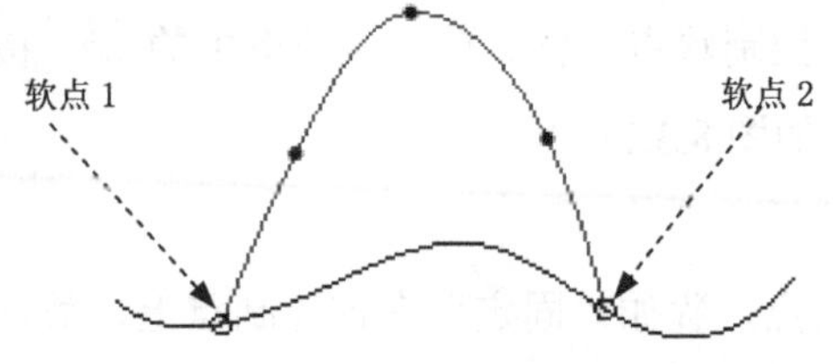

图 8.3.22　ISDX 曲线含有两个软点

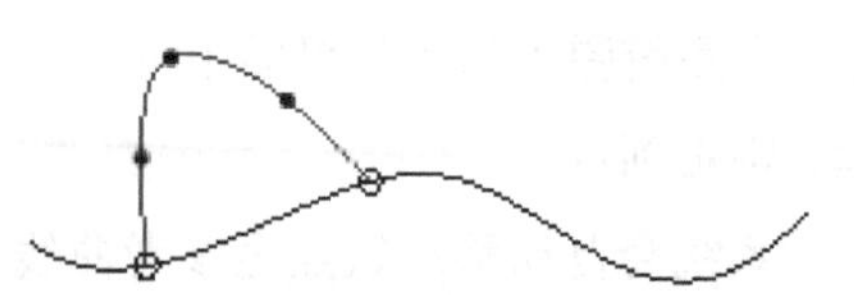

图 8.3.23　选中“按比例更新”复选框

注意：练习时，请读者先将工作目录设置至 D:\creo6.2\work\ch08.03，然后打开文件 edit_proportional_update.prt。

3. ISDX 曲线端点切向量的编辑

如图 8.3.25 所示，编辑 ISDX 曲线的端点时，会出现一条相切指示线，这是该端点的切向量（Tangent Vector）。拖拉相切指示线可控制切线的“长度”“角度”“高度”。

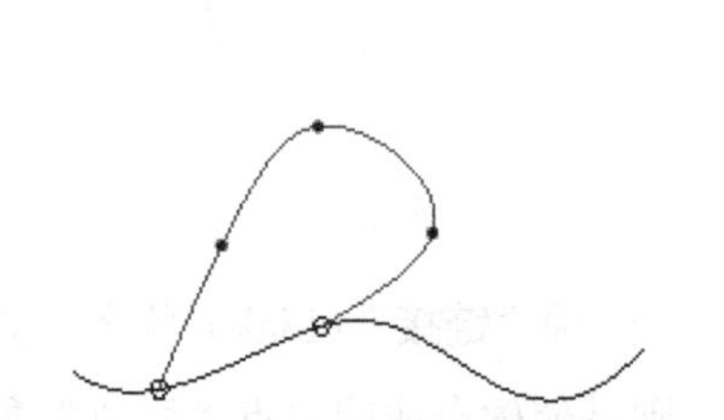

图 8.3.24　不选中“按比例更新”复选框

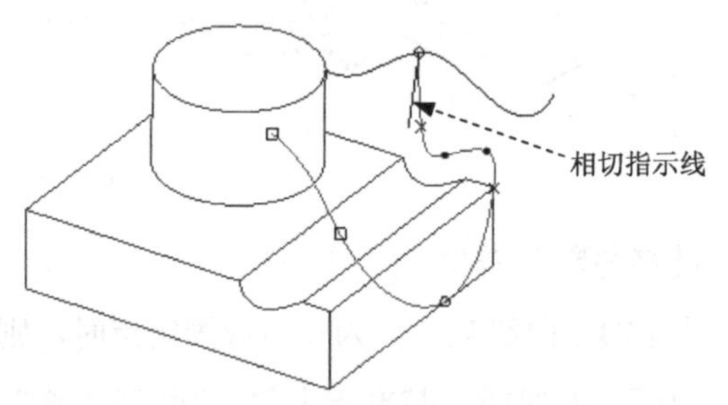

图 8.3.25　ISDX 曲线端点的相切编辑

要更准确地定义切线的长度、角度及高度，可单击操控板中的 相切 选项卡，在图 8.3.26 所示的界面中，选择自然（Natural）、自由（Free）、固定角度（Fix Angle）、水平（Horizontal）、竖直（Vertical）、法向（Normal）、对齐（Align）、相切（Tangent）、对称（Symmetric）、曲率（Curvature）、曲面相切（Surface Tangent）、曲面曲率（Surface Curvature），下面将依次进行介绍。

注意：练习时，请读者先将工作目录设置至 D:\creo6.2\work\ch08.03，然后打开文件 curve_edit.prt。

➢ 自然（Natural）

由系统自动确定切线的长度及方向。如果移动或旋转相切指示线，则该项会自动转换为自由（Free）。

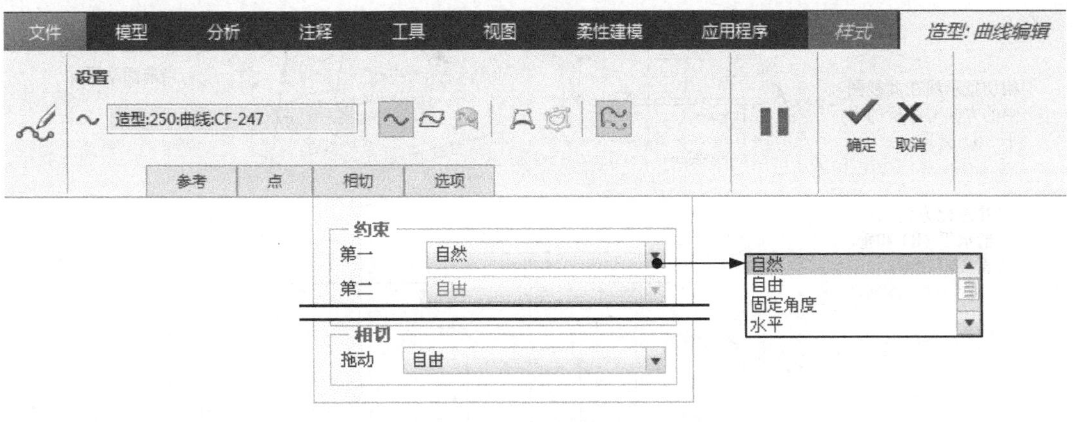

图 8.3.26 操控板

➢ 自由 （Free）

选择该项，可自由地改变切线长度及方向。可在图 8.3.27 所示的“相切”界面中输入所需要的切线长度、角度及高度，也可在模型中通过拉长、缩短、旋转相切指示线来改变切线长度及方向，在此过程中可配合如下操作。

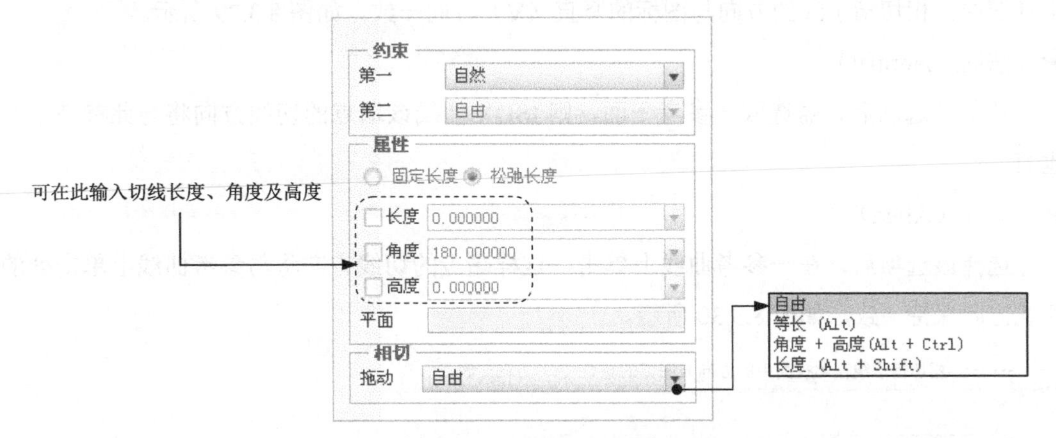

图 8.3.27 “相切”界面

- 改变切线的长度：按住键盘 Alt 键，可将切线的角度和高度固定，任意改变切线的长度；也可在操控板 相切 界面的 相切 区域选择 等长 (Alt) 选项，如图 8.3.27 所示。
- 改变切线的角度和高度：按住 Ctrl 和 Alt 键，可将切线的长度固定，任意改变切线的角度和高度；也可在 相切 区域选择 角度 + 高度(Alt + Ctrl) 选项，如图 8.3.27 所示。

➢ 固定角度 （Fix Angle）

保持当前相切指示线的角度和高度，只能更改其长度。

➢ 水平 （Horizontal）

使相切指示线方向与活动平面中的水平方向保持一致，仅能改变切线长度。可单击按钮，显示四个视图，将发现相切指示线在左上视图中的方向与图标的水平（H）方向一致，如图 8.3.28 所示。

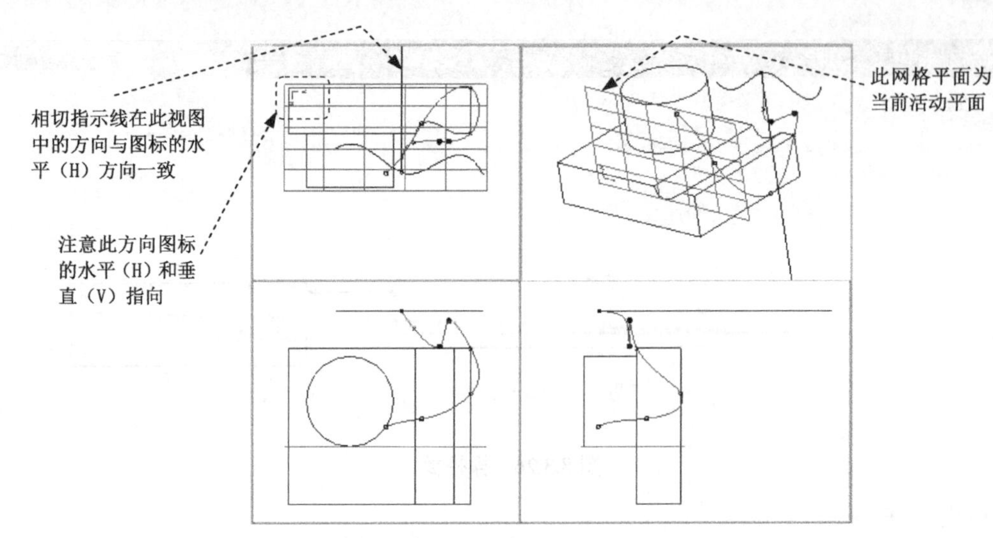

图 8.3.28　水平　(Horizontal)

➢ 竖直　(Vertical)

使相切指示线方向与活动平面中的竖直方向保持一致，仅能改变切线长度。此时在左上视图中，相切指示线的方向与图标的竖直（V）方向一致，如图 8.3.29 所示。

➢ 法向（Normal）

选择此选项后，需选取一参考平面，则 ISDX 曲线该端点的切线方向将与此参考平面垂直。

➢ 对齐（Align）

选择该选项后，在一参考曲线上单击，这样端点的切线方向将与参考曲线上单击处的切线方向保持一致，如图 8.3.30 所示。

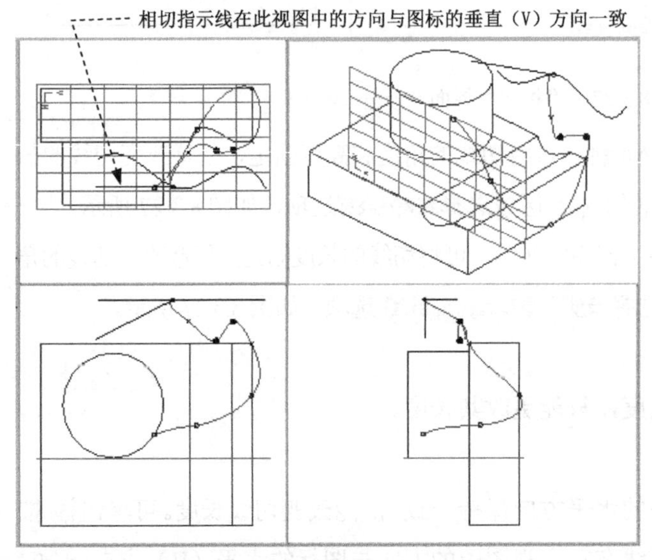

图 8.3.29　竖直　(Vertical)

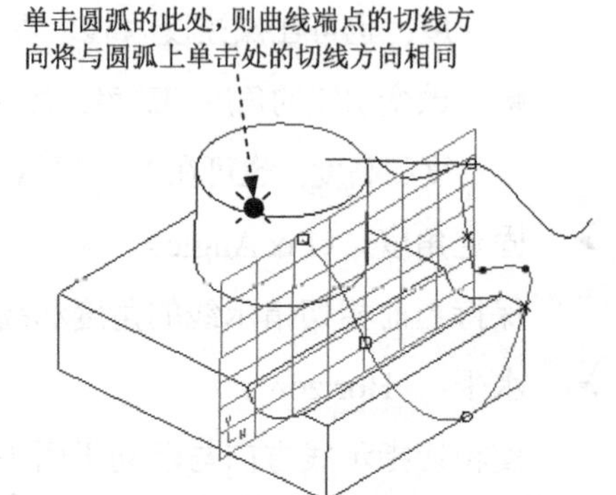

图 8.3.30　对齐　(Align)

➢ 相切（Tangent）

如图 8.3.31 所示，如果 ISDX 曲线 1 的端点落在 ISDX 曲线 2 上，则对 ISDX 曲线 1 进行编辑时，可在其端点设置“相切”（Tangent）。完成操作后，曲线 1 在其端点处与曲线 2 相切。

注意： 练习时，请先将工作目录设置至 D:\creo6.2\work\ch08.03，然后打开文件 edit_tangent1.prt。

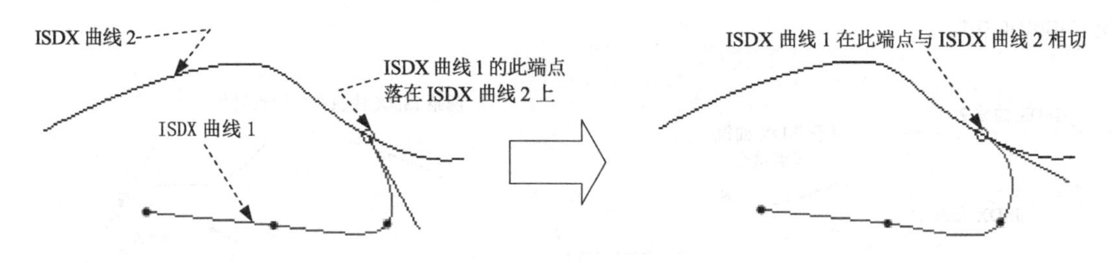

图 8.3.31　相切（Tangent）

如图 8.3.32 所示，如果 ISDX 曲线 1 的端点刚好落在 ISDX 曲线 2 的某一端点上，则对曲线 1 进行编辑时，可在其端点设置“相切”（Tangent），这样两条曲线将在此端点相切。

注意： 此时端点两边的相切指示线呈不同样式（一边为直线、一边为单箭头），无箭头的一段为“主控端”，此端所在的曲线（ISDX 曲线 2）为主控曲线，拖拉此端相切指示线，可调整其长度，也可旋转其角度（同时带动另一边的相切指示线旋转）；有箭头的一段为“受控端”，此端所在的曲线（ISDX 曲线 1）为受控曲线，拖拉此端相切指示线将只能调整其长度，而不能旋转其角度。

单击“主控端”的尾部，可将其变为“受控端”，如图 8.3.33 所示。

注意： 练习时，请先将工作目录设置至 D:\creo6.2\work\ch08.03，然后打开文件 edit_tangent2.prt。

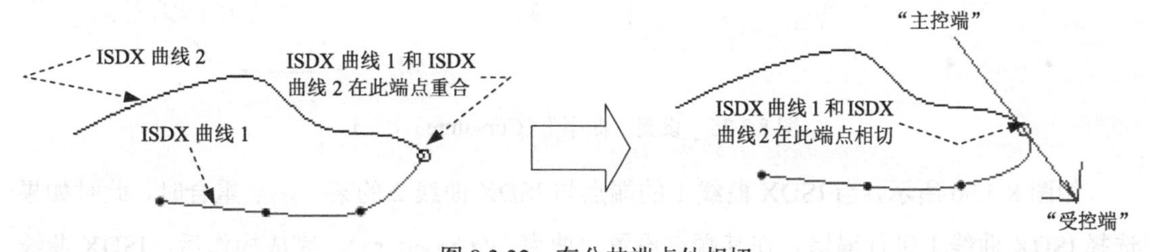

图 8.3.32　在公共端点处相切

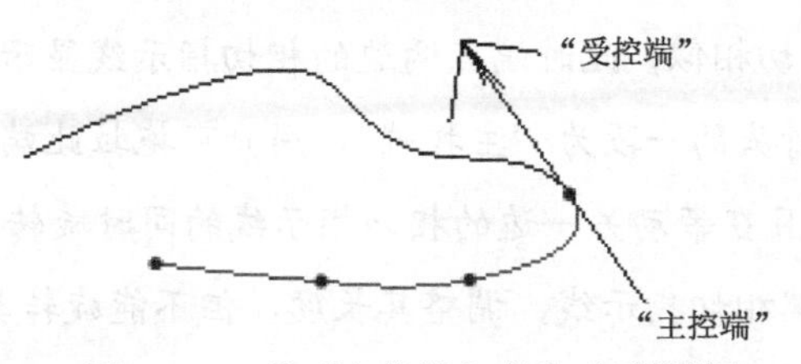

图 8.3.33　将“主控端”变为“受控端”

➢ 对称（Symmetric）

如果 ISDX 曲线 1 的端点刚好落在 ISDX 曲线 2 的端点上，则对曲线 1 进行编辑时，可在该端点设置“对称”。完成操作后，两条 ISDX 曲线在该端点的切线方向相反，切线长度相同，如图 8.3.34 所示，而且该端点的相切类型会自动变为“相切”（Tangent）。

注意：练习时，请先将工作目录设置至 D:\creo6.2\work\ch08.03，然后打开文件 edit_symmetric.prt。

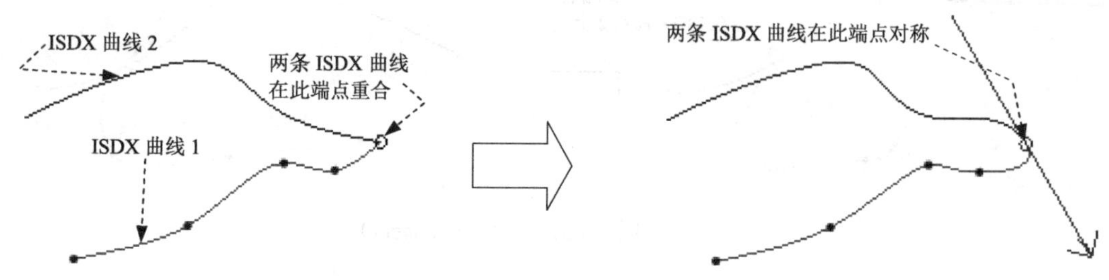

图 8.3.34　对称（Symmetric）

➢ 曲率（Curvature）

如图 8.3.35 所示，如果 ISDX 曲线 1 的端点落在 ISDX 曲线 2 上，可选择 ISDX 曲线 1 进行编辑，在其端点设置“曲率”（Curvature），完成操作后，曲线 1 在其端点处与曲线 2 的曲率相同。

注意：练习时，请先将工作目录设置至 D:\creo6.2\work\ch08.03，然后打开文件 edit_curvature1.prt。

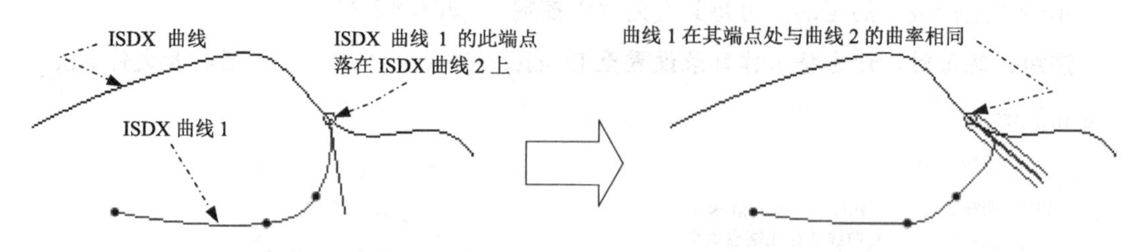

图 8.3.35　设置“曲率”（Curvature）（一）

如图 8.3.36 所示，当 ISDX 曲线 1 的端点与 ISDX 曲线 2 的某一端点重合时，此时如果选择 ISDX 曲线 1 进行编辑，在其端点设置“曲率”（Curvature），完成操作后，ISDX 曲线 1 和 ISDX 曲线 2 在此端点曲率相同。

注意：与曲线的相切相似，此时端点两边的相切指示线显示不同的形状（一边为直线，一边为复合箭头），无箭头的一段为“主控端”，用户可拖拉此端相切指示线，调整其长度，也可以旋转其角度，并且在带动另一边的相切指示线的同时旋转角度；有箭头的一段为“受控端”，用户可拖拉此端相切指示线，调整其长度，但不能旋转其角度。

与曲线的相切一样，单击“主控端”的尾部，可将其变为“受控端”。

注意：练习时，请先将工作目录设置至 D:\creo6.2\work\ch08.03，然后打开文件 edit_curvature2.prt。

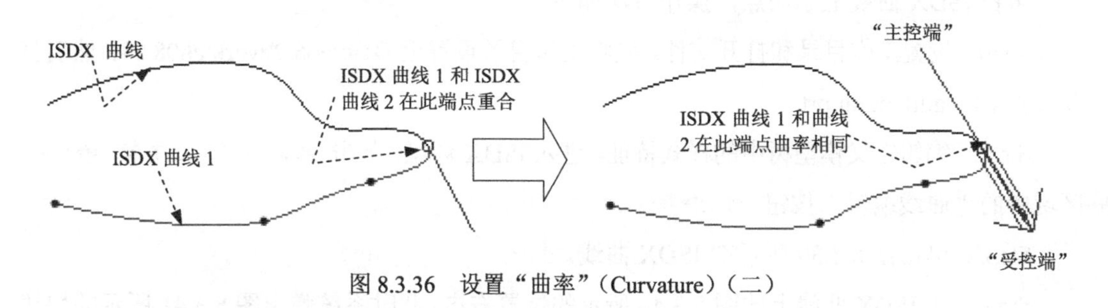

图 8.3.36 设置"曲率"（Curvature）（二）

➢ 曲面相切（Surface Tangent）

如图 8.3.37 所示，如果 ISDX 曲线 1 的端点落在曲面 2 上，可选择 ISDX 曲线 1 进行编辑，在其端点设置"曲面相切"（Surface Tangent）。完成操作后，曲线 1 在其端点处与曲面 2 相切。

注意：练习时，请先将工作目录设置至 D:\creo6.2\work\ch08.03，然后打开文件 edit_surface_tangent.prt。

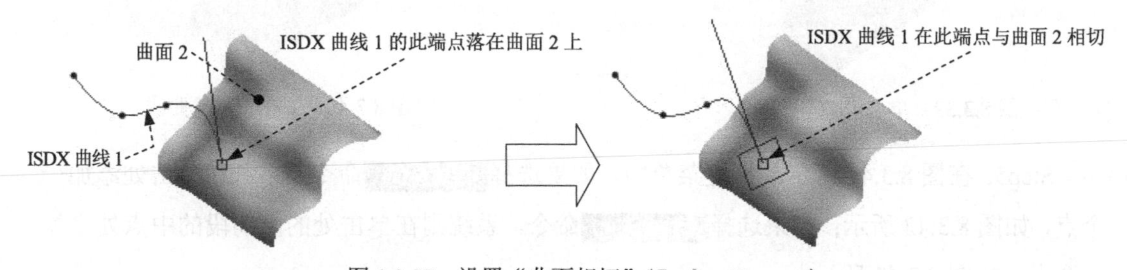

图 8.3.37 设置"曲面相切"（Surface Tangent）

➢ 曲面曲率（Surface Curvature）

如图 8.3.38 所示，如果 ISDX 曲线 1 的端点落在曲面 2 上，可选择 ISDX 曲线 1 进行编辑，在其端点设置"曲面曲率"（Surface Curvature）。完成操作后，曲线 1 在其端点处与曲面 2 的曲率相同。

注意：练习时，请先将工作目录设置至 D:\creo6.2\work\ch08.03，然后打开文件 edit_surface_curvature.prt。

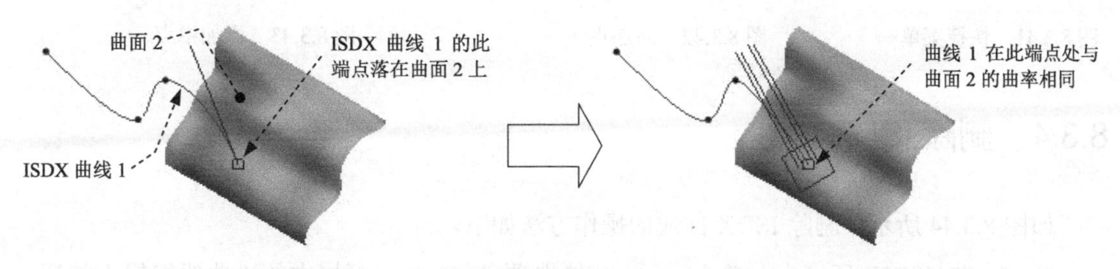

图 8.3.38 设置"曲面曲率"（Surface Curvature）

8.3.3 在 ISDX 曲线上添加点

可在 ISDX 曲线上添加点，操作方法如下。

Step1. 设置工作目录和打开文件。先将工作目录设置至 D:\creo6.2\work\ch08.03，然后打开文件 edit_add_point.prt。

Step2. 编辑定义模型树中的样式特征，进入 ISDX 环境，单击 样式 功能选项卡 曲线 ▾ 区域中的“曲线编辑”按钮 曲线编辑。

Step3. 单击图 8.3.39 所示的 ISDX 曲线。

Step4. 在 ISDX 曲线上的图 8.3.40 所示的位置右击，此时系统弹出图 8.3.41 所示的快捷菜单。

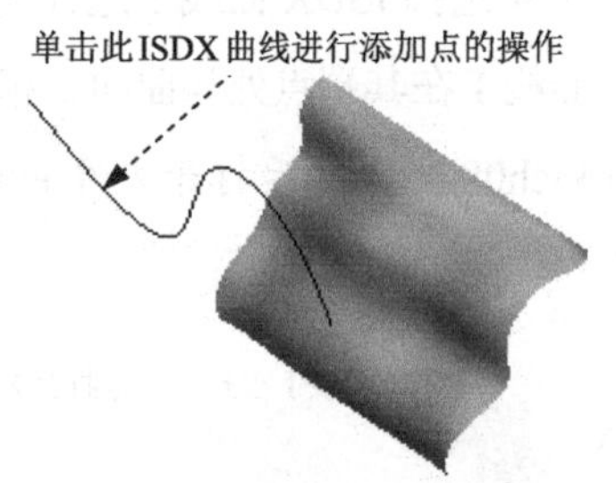

图 8.3.39 单击 ISDX 曲线

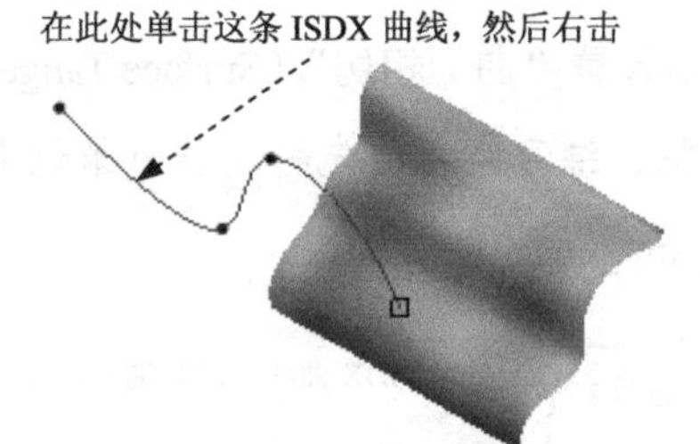

图 8.3.40 右击 ISDX 曲线

Step5. 在图 8.3.41 所示的快捷菜单中，如果选择 添加点(A) 命令，系统在单击处添加一个点，如图 8.3.42 所示；如果选择 添加中点(M) 命令，系统则在单击处的区间段的中点处添加一个点，如图 8.3.43 所示。

Step6. 完成编辑后，单击“造型：编辑曲线”操控板中的 ✔ 按钮。

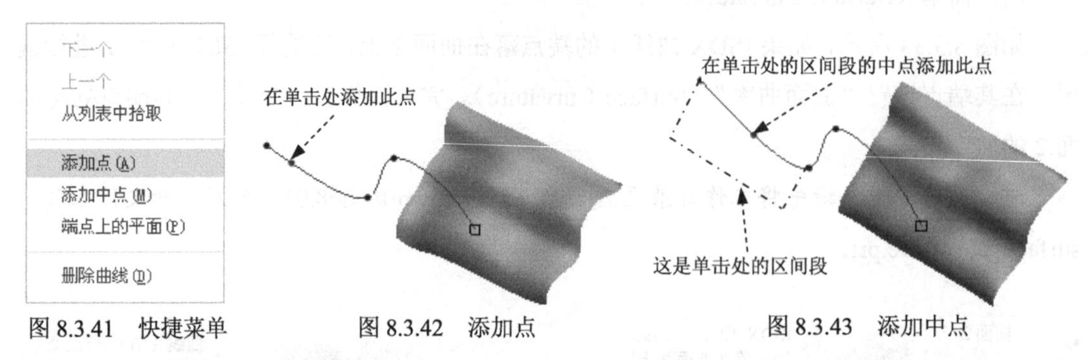

图 8.3.41 快捷菜单　　图 8.3.42 添加点　　图 8.3.43 添加中点

8.3.4 删除 ISDX 曲线

如图 8.3.44 所示，删除 ISDX 曲线的操作方法如下。

Step1. 在 ISDX 环境中，单击 样式 功能选项卡 曲线 ▾ 区域中的“曲线编辑”按钮

曲线编辑。

Step2. 在图 8.3.44 所示处单击 ISDX 曲线，然后右击，在系统弹出的快捷菜单中选择 删除曲线(D) 命令，如图 8.3.41 所示。

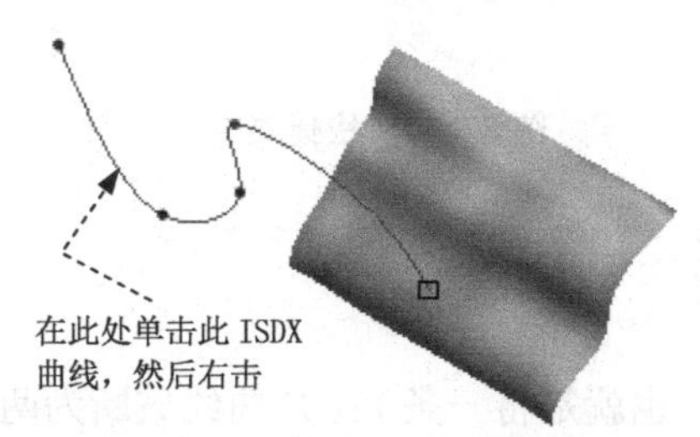

图 8.3.44 删除 ISDX 曲线

Step3. 此时系统弹出“确认”对话框，并提示是否删除选定图元?，单击 是(Y) 按钮，该 ISDX 曲线即被删除。

8.3.5 删除 ISDX 曲线上的点

用户可删除 ISDX 曲线上的点，操作方法如下。

Step1. 在 ISDX 环境中，单击 样式 功能选项卡 曲线 ▾ 区域中的“曲线编辑”按钮 曲线编辑。

Step2. 单击图 8.3.45 所示的 ISDX 曲线。

Step3. 单击图 8.3.46 所示的位置“点”处，然后右击，此时系统弹出图 8.3.47 所示的快捷菜单。

Step4. 在图 8.3.47 所示的快捷菜单中选择 删除(D) 命令，则所选点即被删除。此时 ISDX 曲线如图 8.3.48 所示。

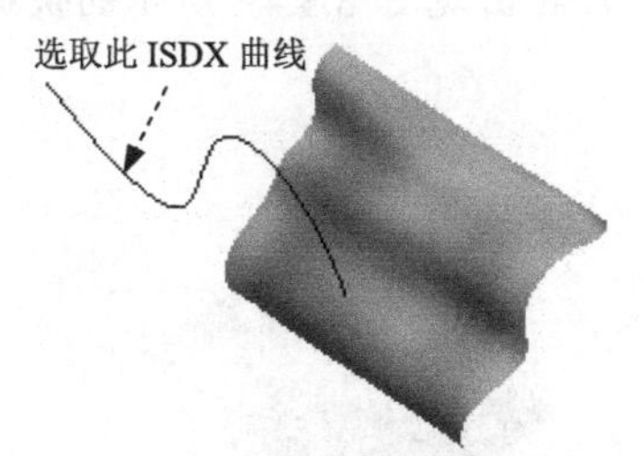

图 8.3.45 选取 ISDX 曲线

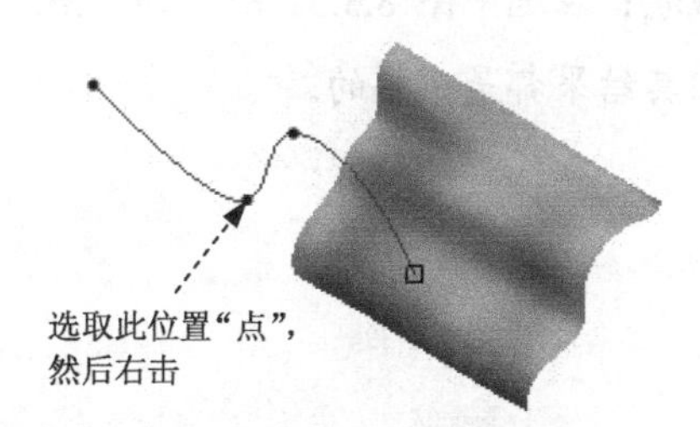

图 8.3.46 右击“点”

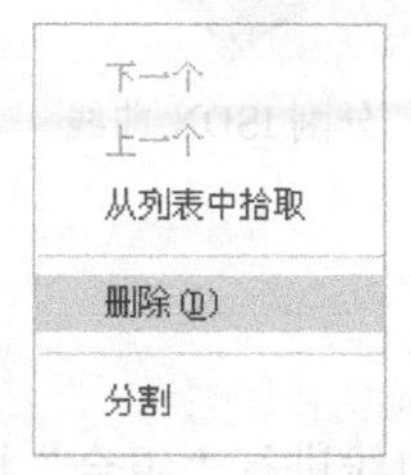

图 8.3.47 快捷菜单

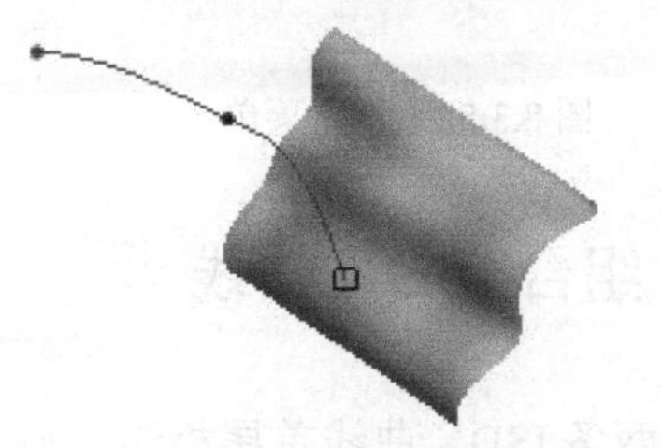

图 8.3.48 删除点

说明：在我们选中图 8.3.46 所示的“点”后，通过右击有时会出现图 8.3.49 所示的快捷菜单，但其结果都是一样的。

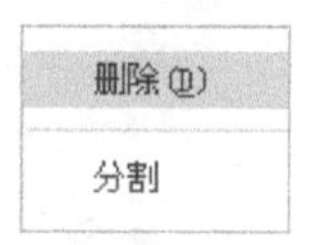

图 8.3.49　快捷菜单

8.3.6　分割 ISDX 曲线

可对 ISDX 曲线进行分割，也就是将一条 ISDX 曲线破断为两条 ISDX 曲线。曲线一经分割，有时候曲率会不连续。操作方法如下。

Step1. 在 ISDX 环境中，单击 样式 功能选项卡 曲线 ▾ 区域中的“曲线编辑”按钮 曲线编辑。

Step2. 选取图 8.3.50 中的 ISDX 曲线。

Step3. 选取图 8.3.51 所示的位置“点”，然后右击，系统弹出图 8.3.52 所示的快捷菜单。

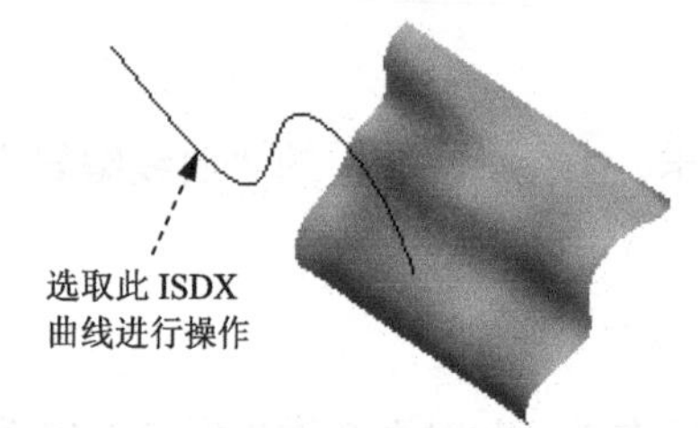

图 8.3.50　选取 ISDX 曲线

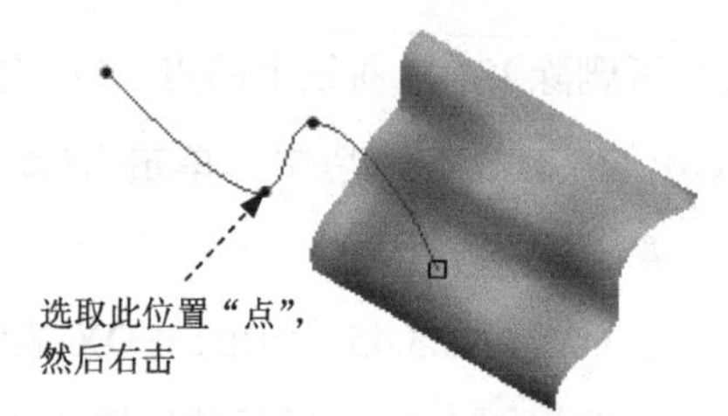

图 8.3.51　右击“点”

Step4. 在图 8.3.52 所示的快捷菜单中选择 分割 命令，则曲线在该点处分割为两条 ISDX 曲线，如图 8.3.53 所示。

说明：在选中图 8.3.51 所示的“点”后，通过右击有时会出现图 8.3.49 所示的快捷菜单，但其结果都是一样的。

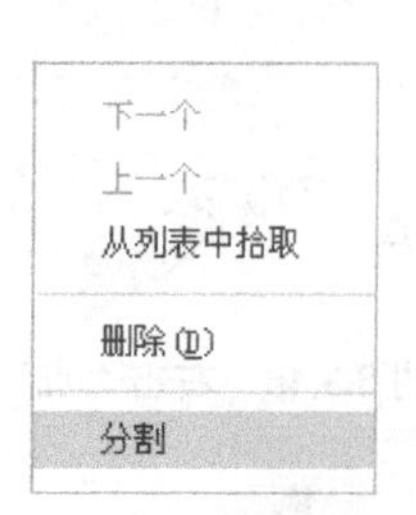

图 8.3.52　快捷菜单

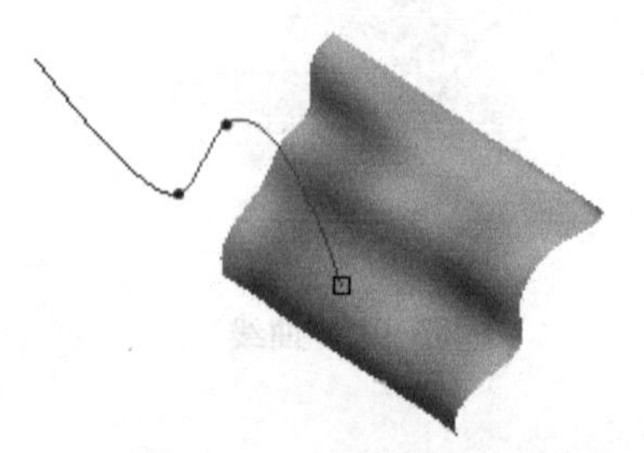

图 8.3.53　分割 ISDX 曲线

8.3.7　组合 ISDX 曲线

如果两条 ISDX 曲线首尾相连，则可选择其中任一条 ISDX 曲线进行“组合”操作，也

就是在公共端点处将两条 ISDX 曲线合并为一条 ISDX 曲线。操作方法如下。

Step1. 设置工作目录和打开文件。先将工作目录设置至 D:\creo6.2\work\ch08.03，然后打开文件 edit_combine.prt。

Step2. 编辑定义模型树中的样式特征，进入 ISDX 环境。

Step3. 进入 ISDX 环境后，单击 样式 功能选项卡 曲线 ▾ 区域中的“曲线编辑”按钮 曲线编辑，然后选取图 8.3.54 所示的 ISDX 曲线 2。

Step4. 选取图 8.3.55 所示的 ISDX 曲线的公共端点，然后右击，系统弹出图 8.3.56 所示的快捷菜单。

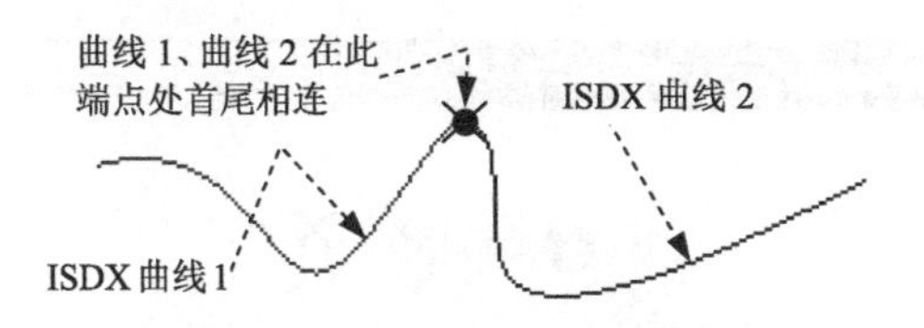

图 8.3.54 单击 ISDX 曲线 2

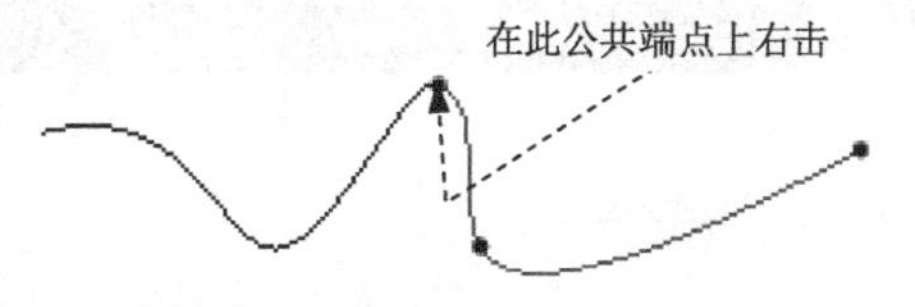

图 8.3.55 右击公共端点

Step5. 在图 8.3.56 所示的快捷菜单中选择 组合 命令，则 ISDX 曲线 1、曲线 2 在此端点处合并为一条 ISDX 曲线，如图 8.3.57 所示。

说明：在选中图 8.3.55 所示的“点”后，通过右击有时会出现图 8.3.58 所示的快捷菜单，但其结果都是一样的。

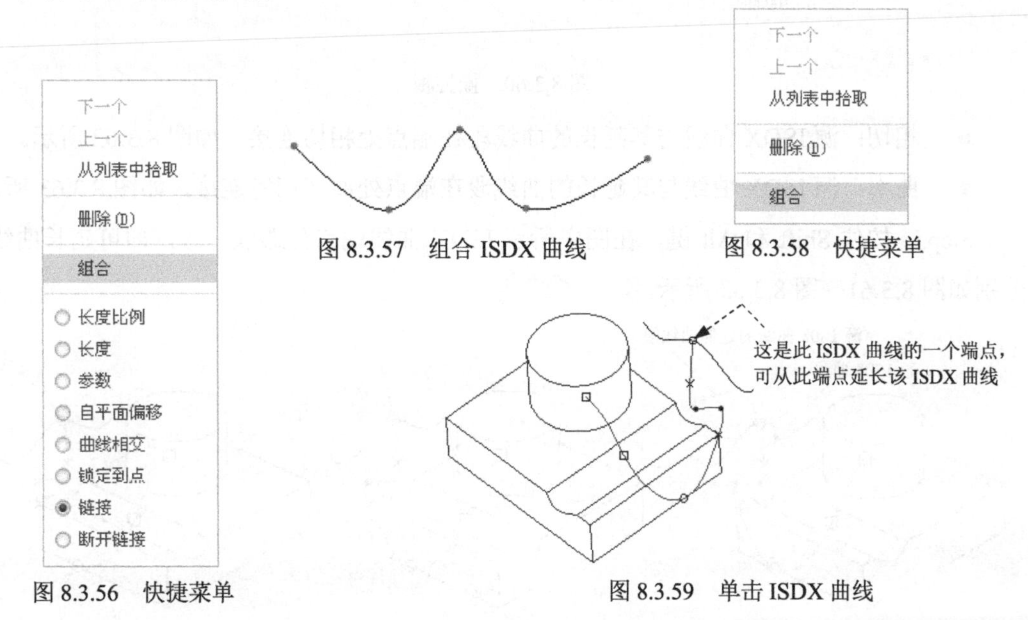

图 8.3.56 快捷菜单

图 8.3.57 组合 ISDX 曲线

图 8.3.58 快捷菜单

图 8.3.59 单击 ISDX 曲线

8.3.8 延伸 ISDX 曲线

如图 8.3.59 所示，选择一条 ISDX 曲线的某个端点，可从端点延长该 ISDX 曲线。操作方法如下。

Step1. 设置工作目录和打开文件。先将工作目录设置至 D:\creo6.2\work\ch08.03，然后打开文件 curve_edit.prt。

Step2. 编辑定义模型树中的样式特征。进入 ISDX 环境，单击 样式 功能选项卡 曲线 ▾ 区域中的“曲线编辑”按钮 曲线编辑。

Step3. 单击图 8.3.59 中的 ISDX 曲线。

Step4. 选择延伸属性。如图 8.3.60 所示，单击操控板中的 点 选项卡，在系统弹出的界面中，可以看到 ISDX 曲线的延伸选项有如下三种选择。

- 自由：源 ISDX 曲线与其延长的曲线段在端点处自由连接，如图 8.3.61 所示。

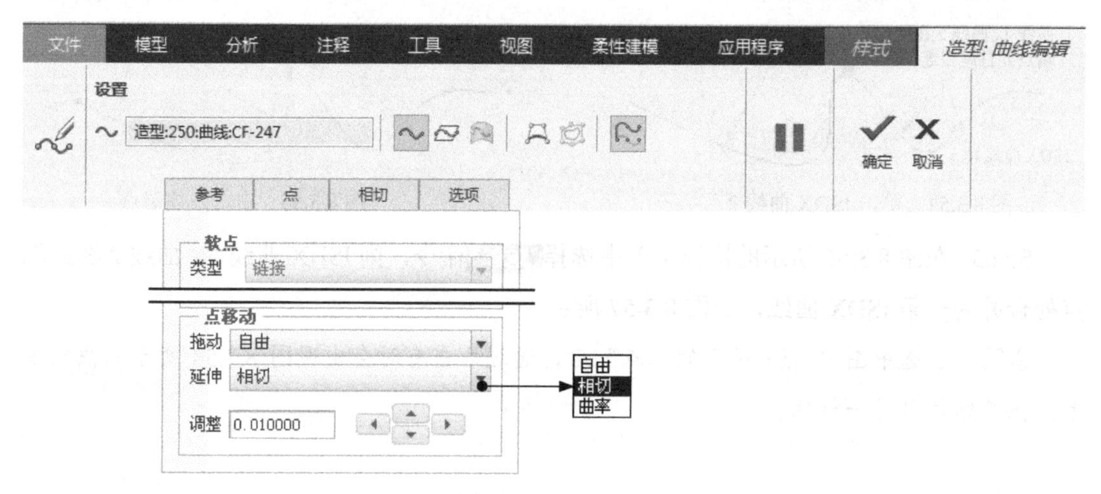

图 8.3.60　操控板

- 相切：源 ISDX 曲线与其延长的曲线段在端点处相切连接，如图 8.3.62 所示。
- 曲率：源 ISDX 曲线与其延长的曲线段在端点处曲率相等连接，如图 8.3.63 所示。

Step5. 按住 Shift 和 Alt 键，在图中所示 ISDX 曲线端点外选取一点，即可延长曲线，分别如图 8.3.61～图 8.3.63 所示。

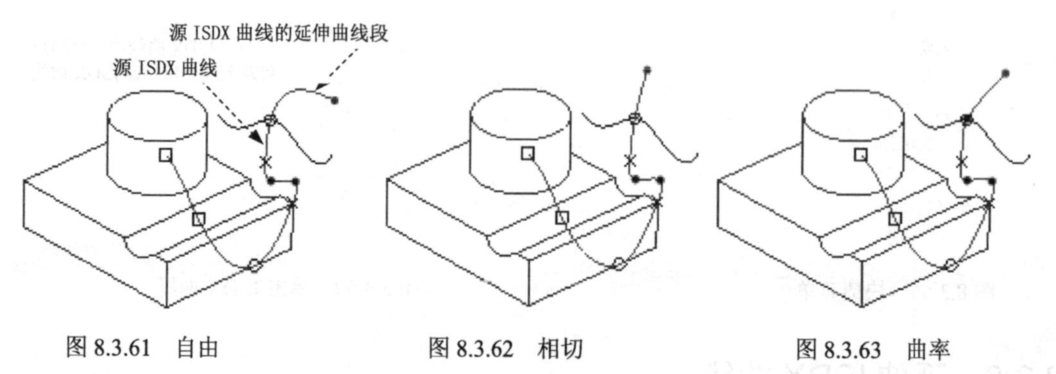

图 8.3.61　自由　　图 8.3.62　相切　　图 8.3.63　曲率

8.3.9　ISDX 曲线的复制和移动（Copy、Move）

在 ISDX 环境中，选择 样式 功能选项卡 曲线 ▾ 区域下的 复制、按比例复制 和 移动

命令，可对 ISDX 曲线进行复制和移动操作，具体说明如下。

- 复制：复制 ISDX 曲线。复制操作时，可在操控板中输入 X、Y、Z 坐标值以便精确定位。
- 按比例复制：复制选定的曲线并按比例缩放它们。
- 移动：移动 ISDX 曲线。如果 ISDX 曲线上有软点，则移动后系统不会断开曲线上的软点链接。操作时，可在操控板中输入 X、Y、Z 坐标值以便精确定位。

注意：

（1）ISDX 曲线的复制、移动功能仅限于自由（Free）曲线与平面（Planar）曲线，并不适用于放置曲线、COS 曲线。

（2）ISDX 曲线在其端点的相切设置会在复制移动过程中保持不变。

下面举例介绍复制和移动 ISDX 曲线的操作过程。

Step1. 设置工作目录和打开文件。先将工作目录设置至 D:\creo6.2\work\ch08.03，然后打开文件 edit_copy.prt。

Step2. 编辑定义模型树中的样式特征，进入 ISDX 环境。

Step3. 选择不同的命令进行操作。

（1）在 样式 操控板中选择 曲线 ▾ ➡ 复制 命令。此时操控板如图 8.3.64 所示，同时模型周围会出现图 8.3.65 所示的控制杆和背景对照框。

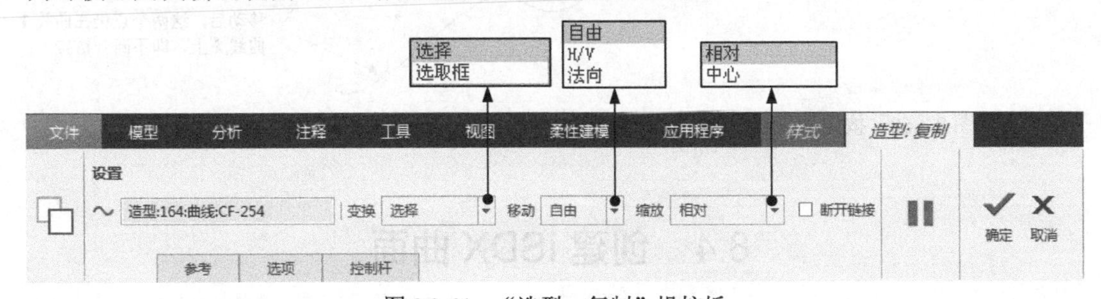

图 8.3.64　“造型：复制”操控板

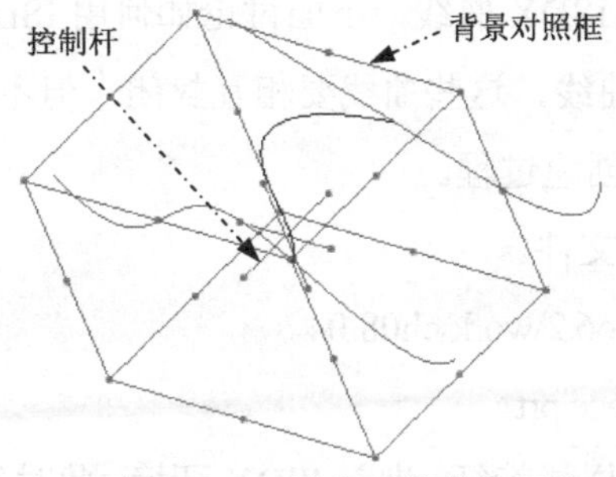

图 8.3.65　进入“编辑”环境

（2）选取图 8.3.66 所示的 ISDX 曲线 1 并移动鼠标，即可得到 ISDX 曲线 1 的副本，如图 8.3.67 所示。

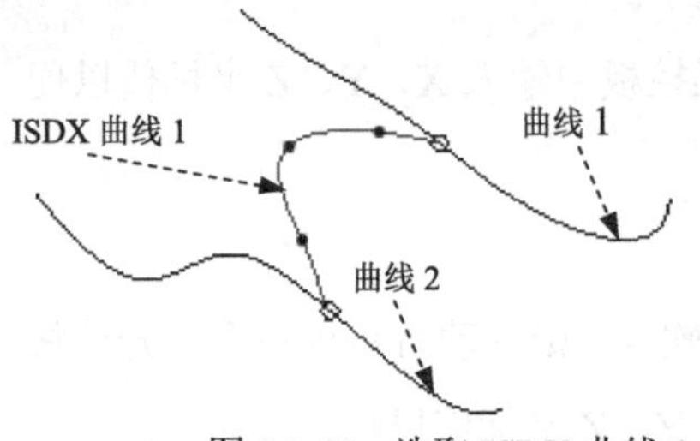

图 8.3.66 选取 ISDX 曲线 1

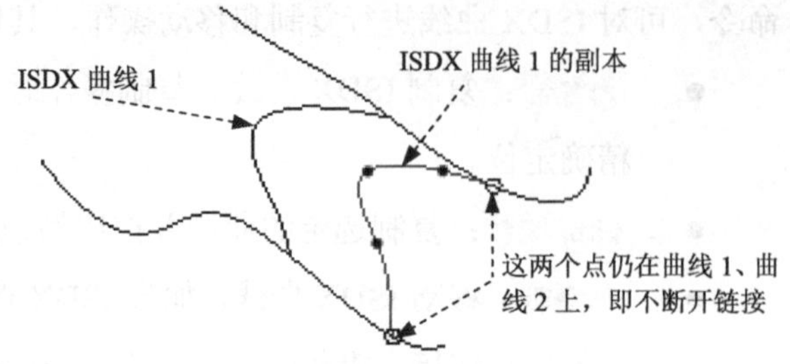

图 8.3.67 复制 ISDX 曲线 1

（3）在 样式 操控板中选择 曲线 ▾ ➡ 按比例复制 命令。在“造型：按比例复制”操控板中选中 ☑ 断开链接 复选框，即可得到 ISDX 曲线 1 的副本，如图 8.3.68 所示。

（4）在 样式 操控板中选择 曲线 ▾ ➡ 移动 命令，同时图形区中的模型周围出现图 8.3.65 所示的控制杆和背景对照框。点取 ISDX 曲线 1 并移动鼠标，即可移动 ISDX 曲线 1，如图 8.3.69 所示。

Step4. 完成复制或移动操作，单击操控板中的 ✔ 按钮。

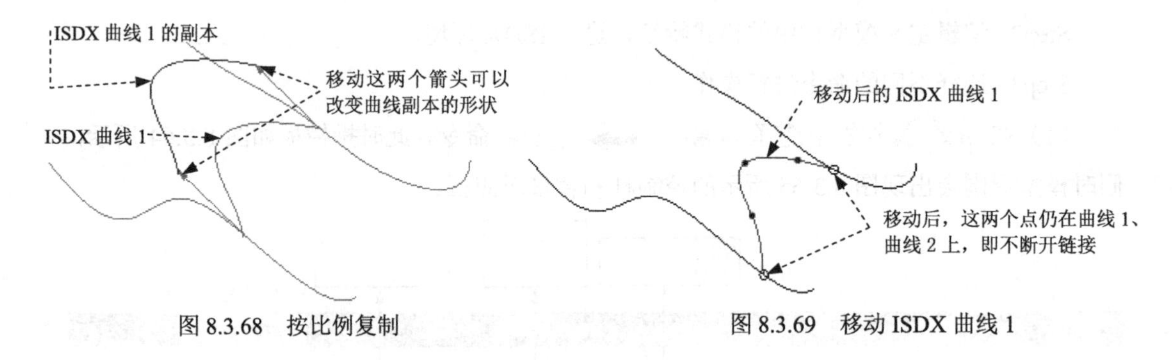

图 8.3.68 按比例复制

图 8.3.69 移动 ISDX 曲线 1

8.4 创建 ISDX 曲面

前面讲解了如何创建、编辑 ISDX 曲线，下面讨论如何用 ISDX 曲线创建 ISDX 曲面。ISDX 曲面的创建至少需要三条曲线，这些曲线要相互封闭，但不一定首尾相连。

下面举例说明 ISDX 曲面的创建过程。

Step1. 设置工作目录和打开文件。

（1）将工作目录设置至 D:\creo6.2\work\ch08.04。

（2）打开文件 create_isdx_surface.prt。

Step2. 编辑定义模型树中的样式特征，进入 ISDX 环境。此时“造型：曲面”操控板（一）如图 8.4.1 所示。

Step3. 单击 样式 功能选项卡 曲面 区域中的“样式”按钮 样式。系统弹出图 8.4.1

所示的“造型：曲面”操控板（一）。

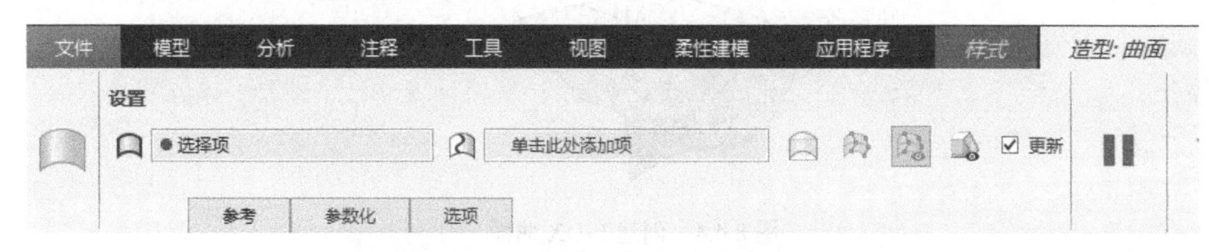

图 8.4.1 “造型：曲面”操控板（一）

Step4. 在图 8.4.2 中，选取 ISDX 曲线 1；然后按住键盘上的 Ctrl 键，分别选取 ISDX 曲线 2、ISDX 曲线 3 和 ISDX 曲线 4（**注意**：这四条 ISDX 曲线的选择顺序可随意改变），此时系统便以这四条 ISDX 曲线为边界形成一个 ISDX 曲面。此时“造型：曲面”操控板（二）如图 8.4.3 所示。

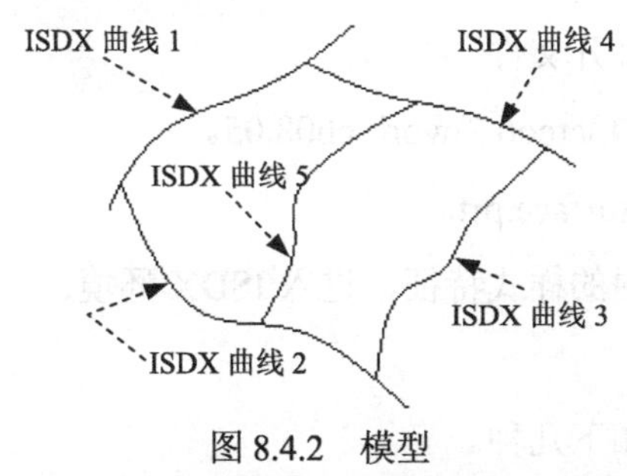

图 8.4.2 模型

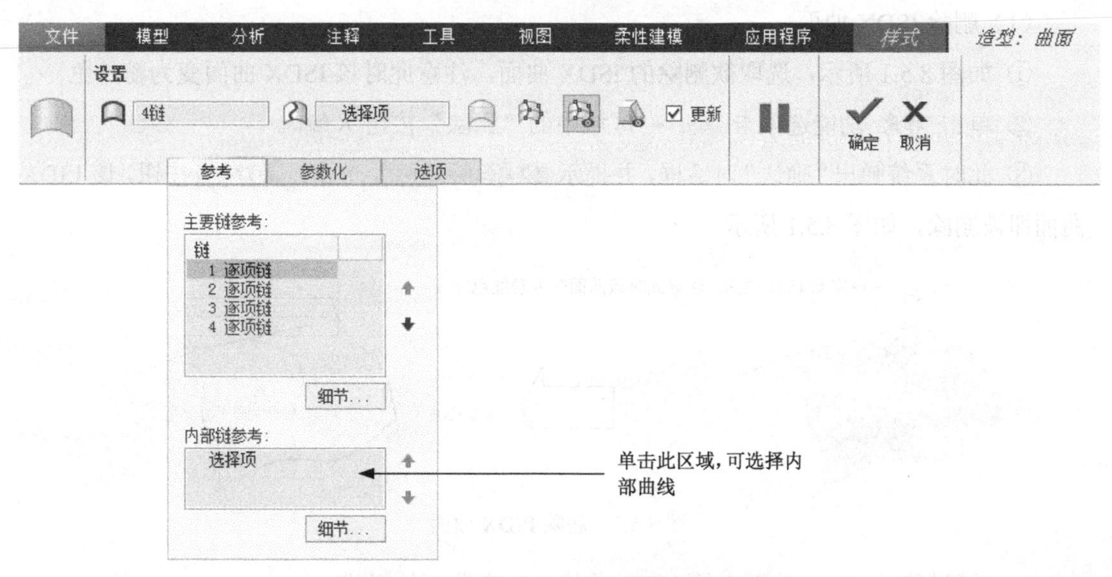

图 8.4.3 “造型：曲面”操控板（二）

Step5. 如果希望前面创建的 ISDX 曲面通过图 8.4.2 所示的 ISDX 曲线 5，可在图 8.4.3 所示的“造型：曲面”操控板中单击 内部链参考 下面的区域，然后选取 ISDX 曲线 5，这样 ISDX 曲面便通过 ISDX 曲线 5，结果如图 8.4.4 所示。

Step6. 完成 ISDX 曲面的创建后，单击“造型：曲面”操控板中的 ✔ 按钮。

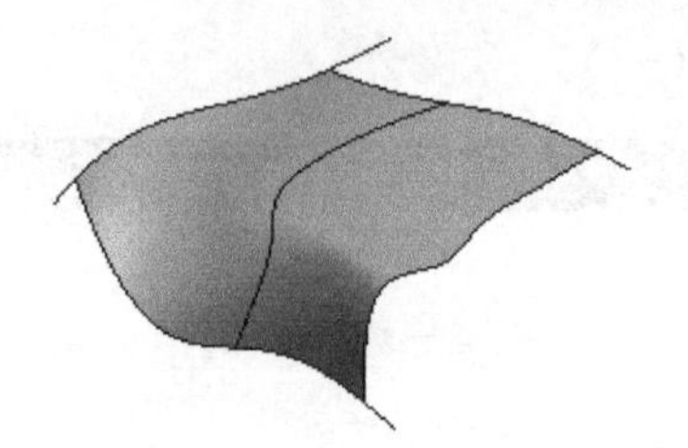

图 8.4.4 创建 ISDX 曲面

8.5 编辑 ISDX 曲面

编辑 ISDX 曲面，主要是编辑 ISDX 曲面中的 ISDX 曲线，下面举例说明 ISDX 曲面的一些编辑方法和操作过程。

Step1. 设置工作目录和打开文件。

（1）将工作目录设置至 D:\creo6.2\work\ch08.05。

（2）打开文件 edit_isdx_surface.prt。

Step2. 编辑定义模型树中的样式特征，进入 ISDX 环境。

Step3. 对曲面进行编辑。

曲面的编辑方式主要有如下几种。

（1）删除 ISDX 曲面。

① 如图 8.5.1 所示，选取欲删除的 ISDX 曲面，注意此时该 ISDX 曲面变为粉红色。

② 单击 样式 功能选项卡 操作 ▾ 区域中的“删除”按钮 ✕ 删除。

③ 此时系统弹出“确认”对话框，并提示 是否删除选定图元?，单击 是(Y) 按钮，该 ISDX 曲面即被删除，如图 8.5.1 所示。

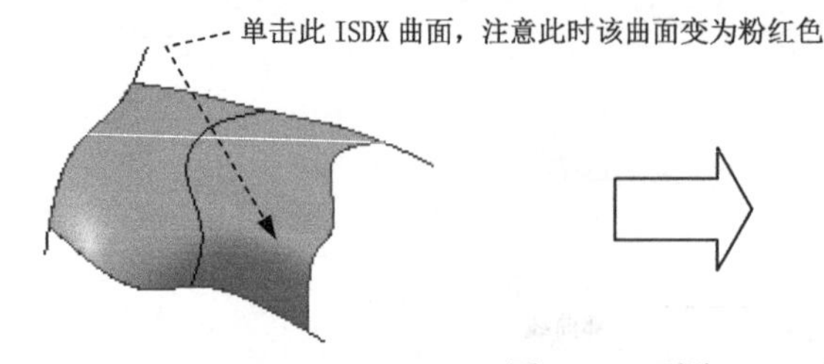

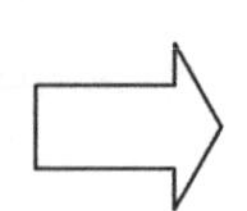
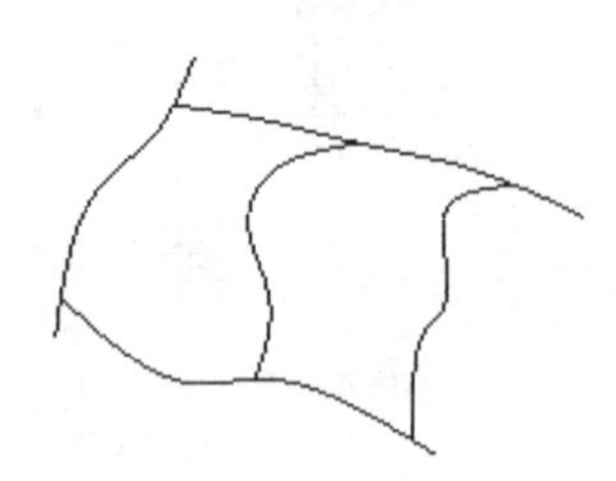

图 8.5.1 删除 ISDX 曲面

（2）通过移动 ISDX 曲面中的 ISDX 曲线来改变曲面的形状。

① 移动图 8.5.2 所示的 ISDX 曲线 3。

② 单击 样式 功能选项卡 操作 ▾ 区域中的“全部重新生成”按钮 全部重新生成，再生后的 ISDX 曲面如图 8.5.3 所示。

（3）通过编辑 ISDX 曲线上的点来编辑 ISDX 曲面。

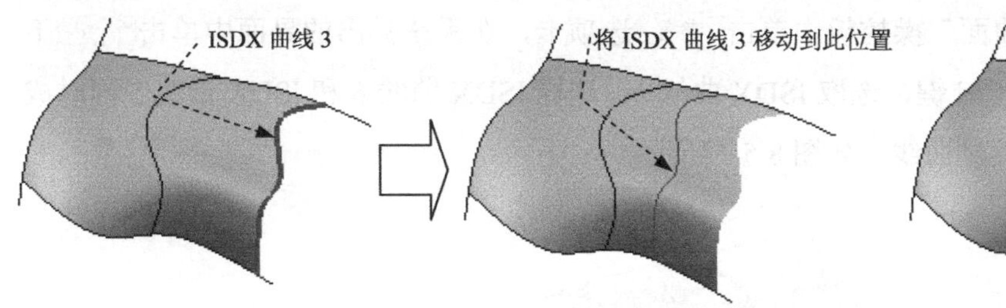

图 8.5.2 移动 ISDX 曲线 3

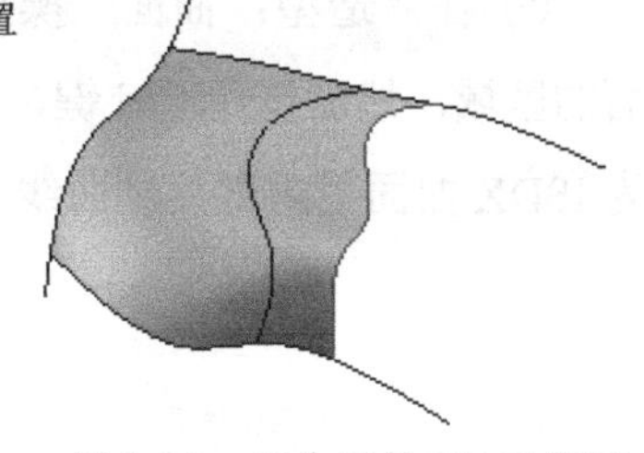

图 8.5.3 再生后的 ISDX 曲面

① 单击 样式 功能选项卡 曲线 ▾ 区域中的“曲线编辑”按钮 曲线编辑，选取图 8.5.4 所示的 ISDX 曲线进行编辑。

② 拖拉该 ISDX 曲线的点，可观察到 ISDX 曲面的形状随之动态变化。

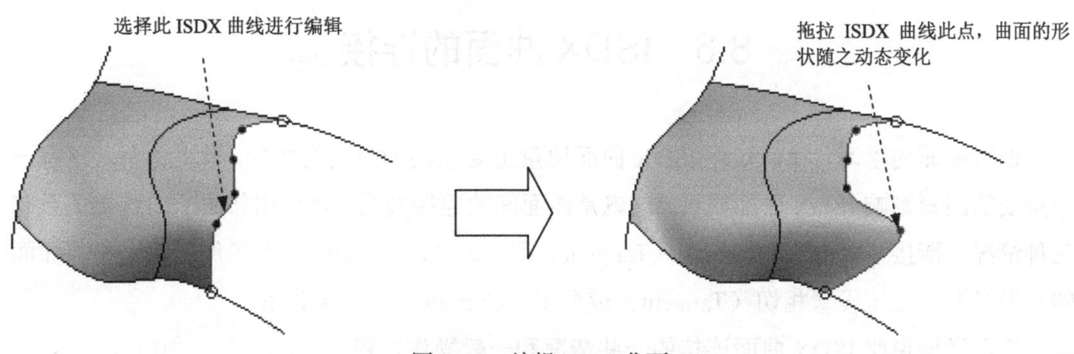

图 8.5.4 编辑 ISDX 曲面

（4）通过在 ISDX 曲面上添加一条内部控制线对曲面进行编辑。

① 创建一条内部控制 ISDX 曲线。单击 样式 功能选项卡 曲线 ▾ 区域中的“曲线”按钮。绘制图 8.5.5 所示的 ISDX 曲线 6（绘制时可按住 Shift 键），然后单击操控板中的✔按钮。

注意：同一方向的多条控制线不能相交，控制线和边线也不能相交；当两个方向上有控制线时，不同方向的控制线则必须相交。比如图 8.5.5 所示的两条控制线不能相交，图 8.5.6 所示的两条控制线必须相交。另外，ISDX 曲面的内部控制线端点要落在曲面的边线上。

② 选取 ISDX 曲面（**注意：**此时该 ISDX 曲面变为绿色），右击，在系统弹出的快捷菜单中选择命令。

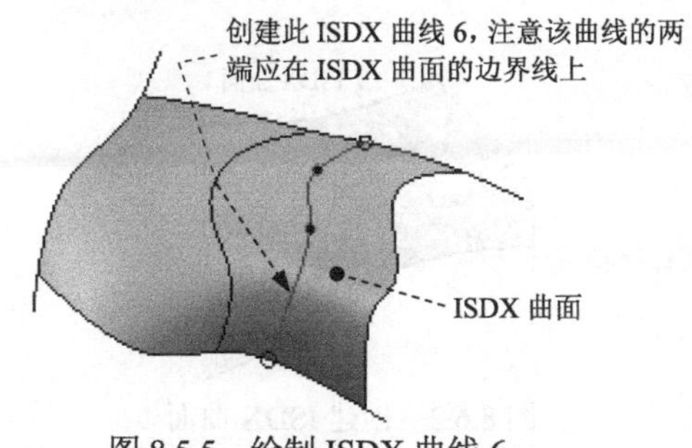

图 8.5.5 绘制 ISDX 曲线 6

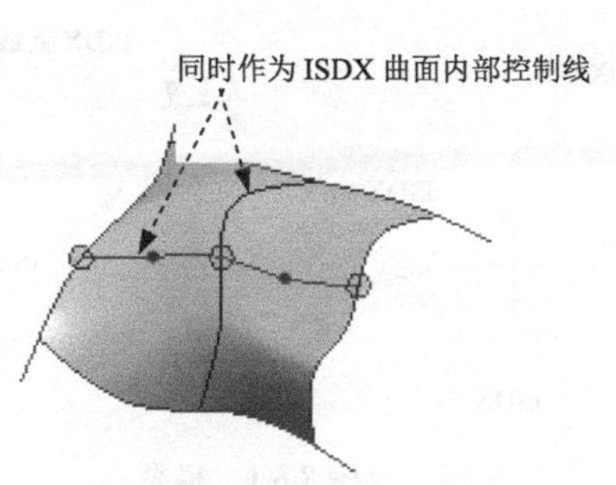

图 8.5.6 两条 ISDX 曲线相交

③ 在“造型：曲面”操控板中单击 参考 选项卡，在系统弹出的界面中单击 内部 下面的区域，然后按住 Ctrl 键，选取 ISDX 曲线 6；这样 ISDX 曲线 6 和 ISDX 曲线 5 同时成为 ISDX 曲面的内部控制曲线，如图 8.5.7 所示。

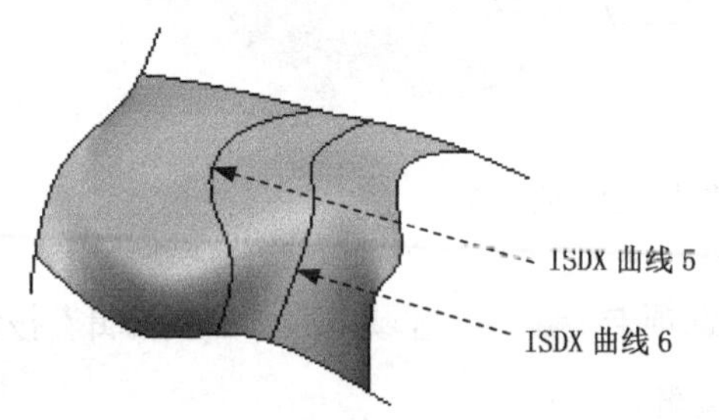

图 8.5.7 设置内部控制曲线

8.6 ISDX 曲面的连接

通过前面的学习，我们知道 ISDX 曲面质量主要取决于曲线的质量，除此之外，还有一个重要的因素影响 ISDX 曲面质量，这就是曲面间的连接关系，两个相邻曲面的连接关系有三种情况：衔接（Matched）、相切（Tangent）和曲率（Curvature）。为了保证两个相邻曲面的光滑过渡，应该设置相切（Tangent）或曲率（Curvature）连接关系。

下面举例说明 ISDX 曲面连接的一些情况和一般操作过程。

Step1. 设置工作目录和打开文件。

（1）将工作目录设置至 D:\creo6.2\work\ch08.06。

（2）打开文件 isdx_surface_ connection.prt。

Step2. 编辑定义模型树中的样式特征，进入 ISDX 环境。

Step3. 创建 ISDX 曲面 1。

（1）单击 样式 功能选项卡 曲面 区域中的“样式”按钮 样式。

（2）在图 8.6.1 中，选取 ISDX 曲线 1；然后按住键盘上的 Ctrl 键，分别选取 ISDX 曲线 2、ISDX 曲线 5 和 ISDX 曲线 4，此时系统便以这四条 ISDX 曲线为边界形成 ISDX 曲面 1，如图 8.6.2 所示。

（3）单击“造型：曲面”操控板中的 ✔ 按钮，完成 ISDX 曲面 1 的创建。

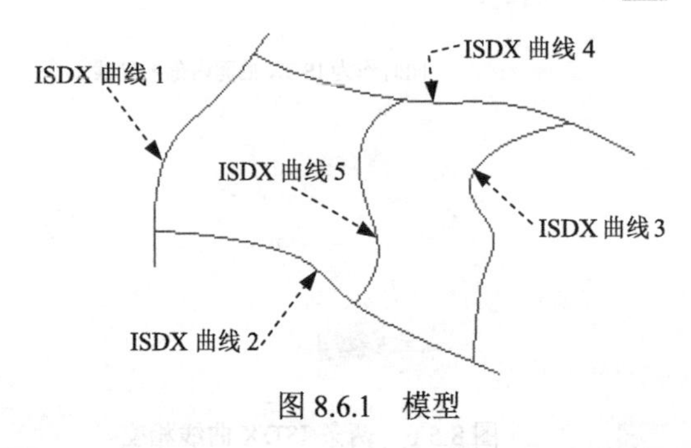

图 8.6.1 模型

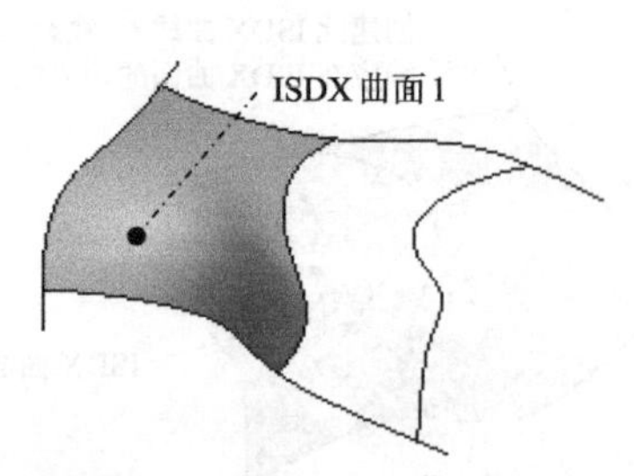

图 8.6.2 创建 ISDX 曲面 1

Step4. 创建 ISDX 曲面 2。

（1）单击 样式 功能选项卡 曲面 区域中的“样式”按钮 样式。

（2）在图 8.6.1 中，选取 ISDX 曲线 2；然后按住键盘上的 Ctrl 键，分别选取 ISDX 曲线 3、ISDX 曲线 4 和 ISDX 曲线 5，此时系统便以这四条 ISDX 曲线为边界形成 ISDX 曲面 2，如图 8.6.3 所示。

注意： 此时在 ISDX 曲面 1 与 ISDX 曲面 2 的公共边界线（ISDX 曲线 5）上出现一个小的图标，该图标是 ISDX 曲面 2 与 ISDX 曲面 1 间的连接标记，我们可以改变此图标的显示大小。操作方法为：在 样式 功能选项卡中选择 操作 ▾ ➡ 首选项 命令，在“造型首选项”对话框 曲面 下的 连接图标比例 文本框中输入数值 10.0，并按 Enter 键；关闭“造型首选项”对话框，可看到此图标变大，如图 8.6.4 所示。

（3）单击“造型：曲面”操控板中的 ✔ 按钮，完成 ISDX 曲面 2 的创建。

Step5. 修改 ISDX 曲面 2 与 ISDX 曲面 1 间的连接类型。

（1）选取 ISDX 曲面 2。

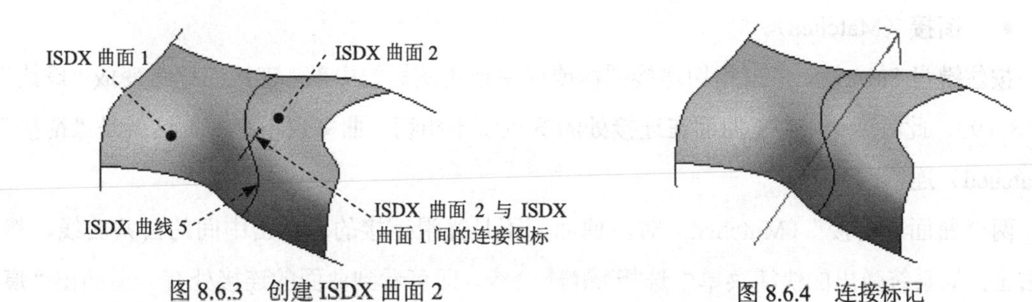

图 8.6.3　创建 ISDX 曲面 2　　　　图 8.6.4　连接标记

（2）单击“曲面连接”按钮 曲面连接，系统弹出图 8.6.5 所示的“造型：曲面连接”操控板。

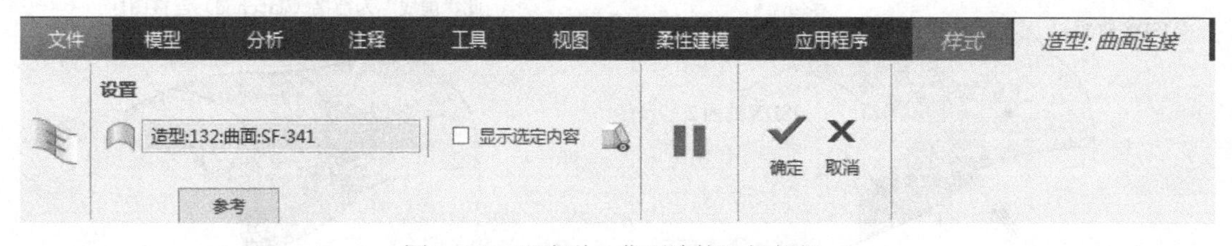

图 8.6.5　“造型：曲面连接”操控板

（3）ISDX 曲面 2 与 ISDX 曲面 1 间的连接类型有以下三种。

- **相切（Tangent）**

两个 ISDX 曲面在连接处相切，如图 8.6.6 所示，连接图标显示为单线箭头。

注意： 与 ISDX 曲线的相切相似，无箭头的一段为“主控端”，此端所在的曲面（ISDX 曲面 1）为主控曲面；有箭头的一段为“受控端”，此端所在的曲面（ISDX 曲面 2）为受控曲面。单击“主控端”的尾部，可将其变为“受控端”，如图 8.6.7 所示，可看到两个曲面均会

产生一些变化。

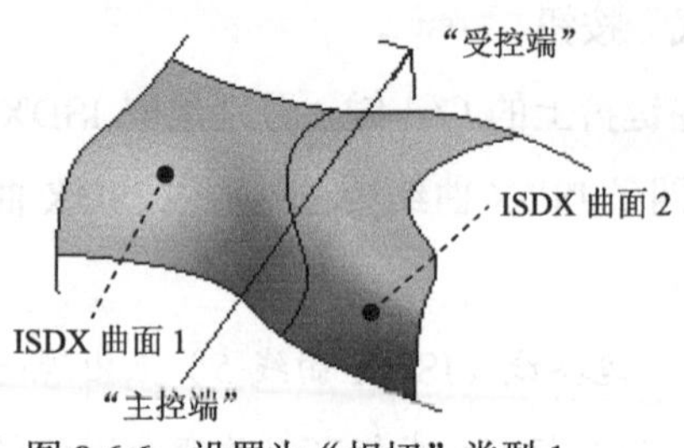

图 8.6.6 设置为"相切"类型 1

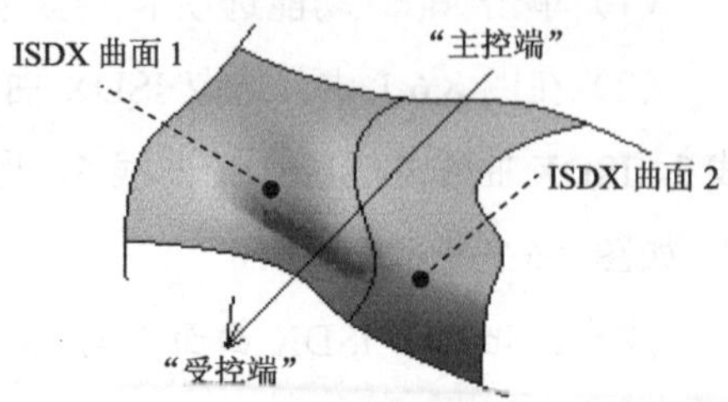

图 8.6.7 设置为"相切"类型 2

- **曲率（Curvature）**

在图 8.6.6 中，左键双击相切连接图标的中部，连接图标将变成多线箭头（图 8.6.8），此时两个 ISDX 曲面在连接处的各点的曲率相等，这就是"曲率"（Curvature）连接。

注意：与 ISDX 曲面的相切连接一样，无箭头的一段为"主控端"，此端所在的曲面（即 ISDX 曲面 1）为主控曲面；有箭头的一段为"受控端"，此端所在的曲面（即 ISDX 曲面 2）为受控曲面。同样，单击"主控端"的尾部，可将其变为"受控端"。

- **衔接（Matched）**

按住键盘 Shift 键，单击相切连接图标或曲率连接图标的中部，连接图标将变成"虚线"（图 8.6.9），此时两个 ISDX 曲面在连接处的各点既不相切、曲率也不相等，这就是"衔接"（Matched）连接。

两个曲面"衔接"（Matched）时，曲面间不是光滑连接的。单击中间的公共曲线，然后右击，从系统弹出的快捷菜单中选择 隐藏(H) 命令，即可看到曲面的连接处有一道凸出"痕迹"，如图 8.6.10 所示。

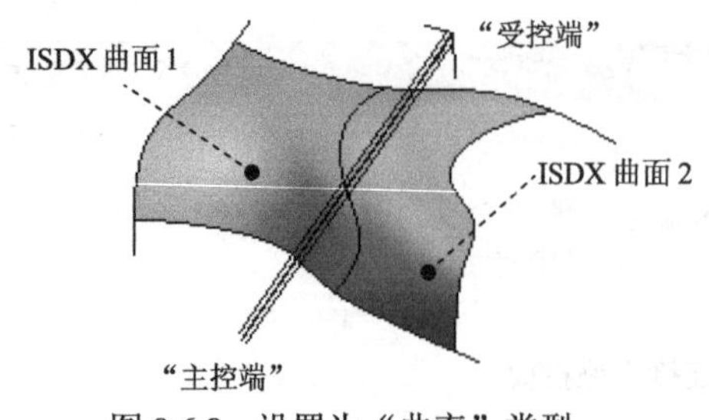

图 8.6.8 设置为"曲率"类型

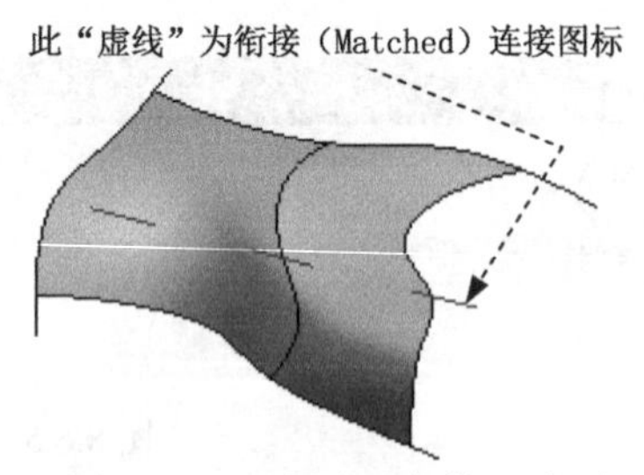

图 8.6.9 设置为"衔接"类型

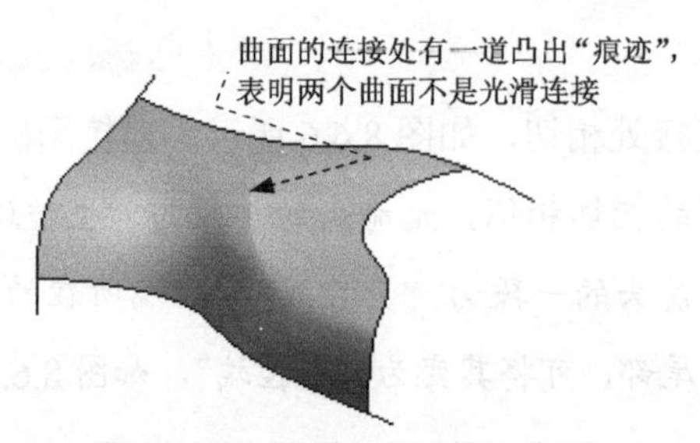

图 8.6.10 设置为"衔接"类型

8.7 ISDX曲面的修剪

用 ISDX 曲面上的一条或多条 ISDX 曲线可以修剪该 ISDX 曲面。如图 8.7.1 所示，中间一条 ISDX 曲线是 ISDX 曲面中的内部曲线，用这条内部曲线可以修剪图中所示的整张 ISDX 曲面。下面以此例说明 ISDX 曲面修剪的一般操作过程。

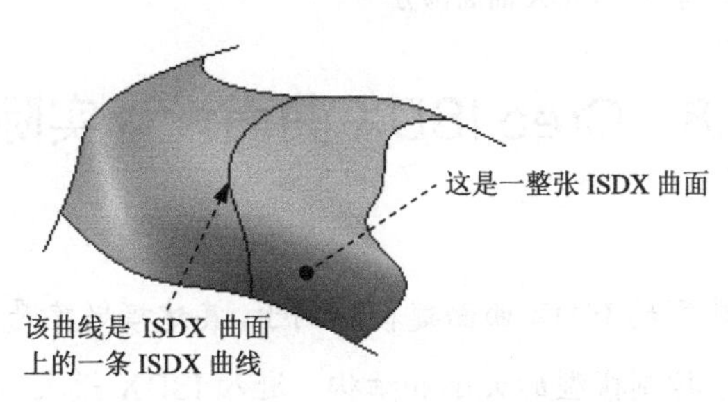

图 8.7.1 模型

Step1. 设置工作目录和打开文件。

（1）将工作目录设置至 D:\creo6.2\work\ch08.07。

（2）打开文件 isdx_surface_trim.prt。

Step2. 编辑定义模型树中的样式特征，进入 ISDX 环境。

Step3. 修剪 ISDX 曲面。

（1）单击“曲面修剪”按钮 曲面修剪，系统弹出图 8.7.2 所示的“造型：曲面修剪”操控板（一）。

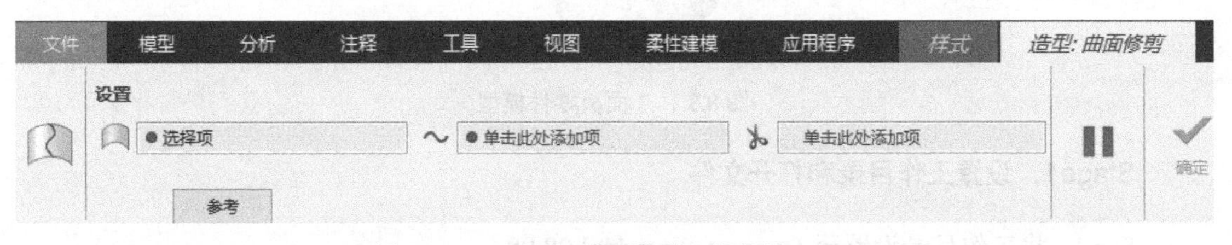

图 8.7.2 “造型：曲面修剪”操控板（一）

（2）选择要修剪的 ISDX 曲面。在系统 选择要修剪的面组. 的提示下，单击图 8.7.1 所示的 ISDX 曲面。

（3）选择修剪曲线。单击 图标后的 单击此处添加项 字符，选取图 8.7.1 所示的内部 ISDX 曲线。

（4）单击 图标后的 单击此处添加项 字符，选择要修剪掉的 ISDX 曲面部分。单击图 8.7.3 所示的 ISDX 曲面部分。

（5）单击操控板中的 按钮，完成 ISDX 曲面的修剪工作。修剪后的 ISDX 曲面如

图 8.7.4 所示。

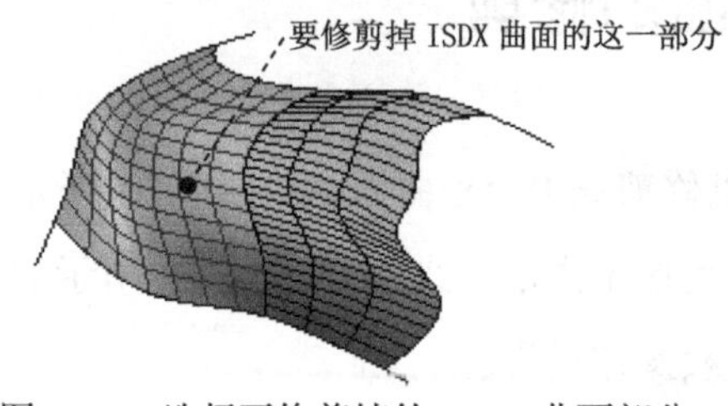

图 8.7.3 选择要修剪掉的 ISDX 曲面部分

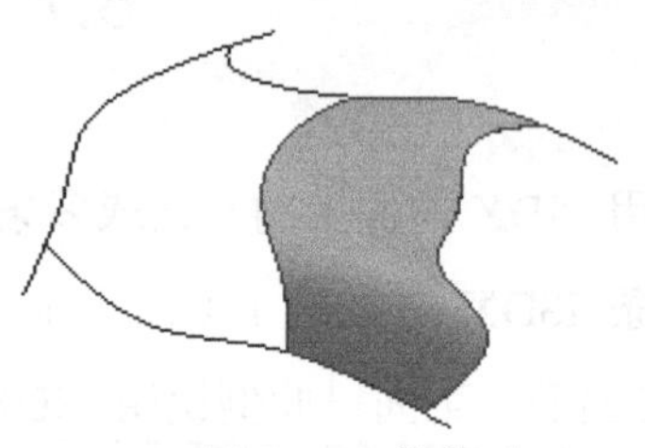

图 8.7.4 修剪后

8.8 Creo ISDX 曲面设计实际应用 1

范例概述

本范例是一个典型的 ISDX 曲面建模的例子，其建模思路是先创建几个基准平面和基准曲线，它们主要用于控制模型的大小和结构。进入 ISDX 模块后，先创建 ISDX 曲线并对其进行编辑，然后再用这些 ISDX 曲线构建 ISDX 曲面。通过本例的学习，读者可认识到，ISDX 曲面样式的关键是 ISDX 曲线，只有高质量的 ISDX 曲线才能获得高质量的 ISDX 曲面。面板零件模型如图 8.8.1 所示。

图 8.8.1 面板零件模型

Stage1. 设置工作目录和打开文件

Step1. 将工作目录设置至 D:\creo6.2\work\ch08.08。

Step2. 打开文件 INSTANCE_FACE_ COVER.PRT。

注意： 打开空的 INSTANCE_FACE_COVER.PRT 模型，是为了使用该模型中的一些层、视图和单位制等设置。

Stage2. 创建基准曲线及基准平面

Step1. 创建图 8.8.2 所示的基准曲线 1。在操控板中单击“草绘”按钮，选取基准平面 TOP 为草绘平面，选取基准平面 RIGHT 为参考平面，方向为右，绘制图 8.8.3 所示的截面草图。

Step2. 创建图 8.8.4 所示的基准平面 DTM1。单击 模型 功能选项卡 基准 ▾ 区域中的“平面”按钮，选取基准平面 TOP 为参考平面，偏移值为 12.0，单击对话框中的 确定 按钮。

Step3. 创建图 8.8.5 所示的基准曲线 2。在操控板中单击“草绘”按钮，选取基准平面 DTM1 为草绘平面，选取基准平面 RIGHT 为参考平面，方向为 右，绘制图 8.8.6 所示的截面草图。

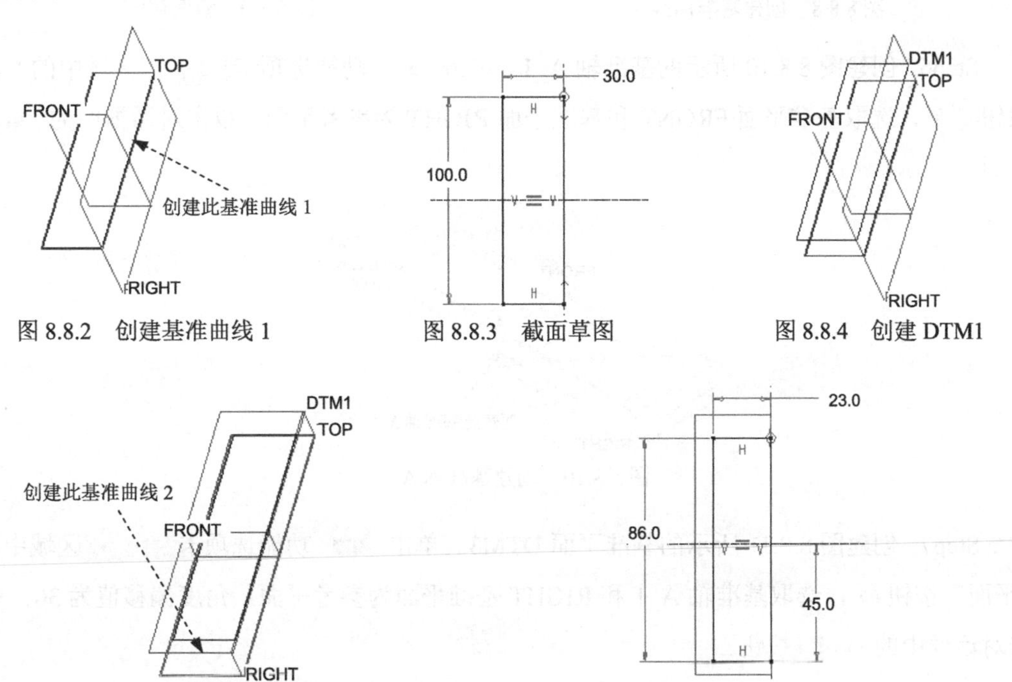

图 8.8.2 创建基准曲线 1　　图 8.8.3 截面草图　　图 8.8.4 创建 DTM1

图 8.8.5 创建基准曲线 2　　图 8.8.6 截面草图

Step4. 创建图 8.8.7 所示的基准平面 DTM2。单击 模型 功能选项卡 基准 ▾ 区域中的“平面”按钮，选取基准平面 TOP 为参考平面，偏移值为 5.0，单击对话框中的 确定 按钮。

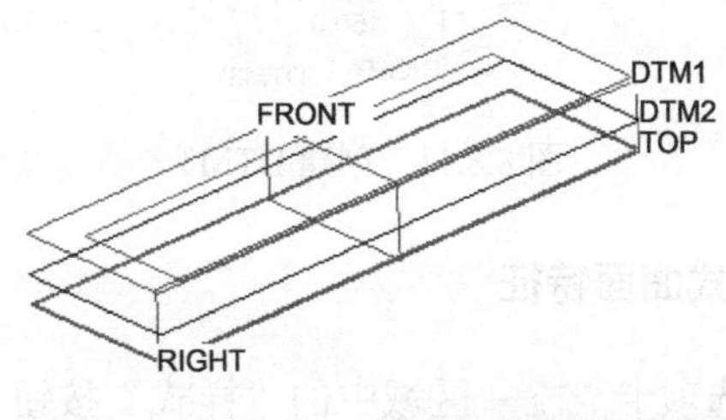

图 8.8.7 创建 DTM2

Step5. 创建图 8.8.8 所示的基准曲线 3。在操控板中单击“草绘”按钮，选取 DTM2 基准平面为草绘平面，选取基准平面 RIGHT 为参考平面，方向为 右，绘制图 8.8.9 所示的截面草图。

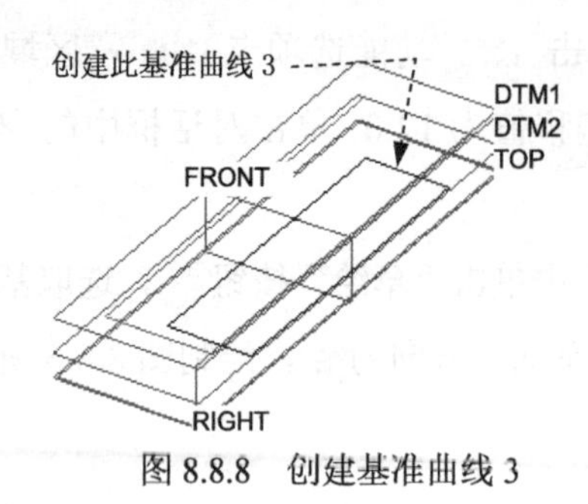

图 8.8.8　创建基准曲线 3

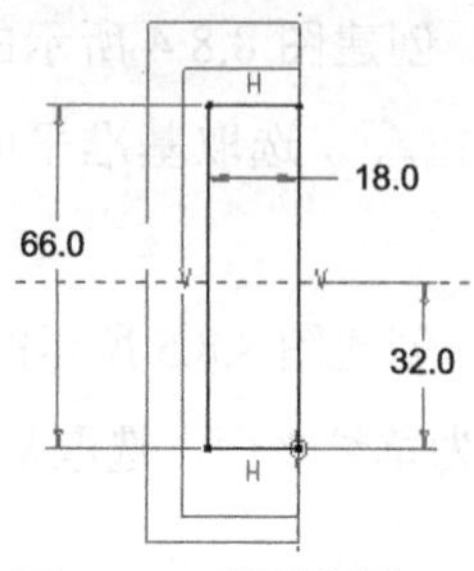

图 8.8.9　截面草图

Step6. 创建图 8.8.10 所示的基准轴 A_1。单击 模型 功能选项卡 基准 ▾ 区域中的“轴”按钮 / 轴，选取基准平面 FRONT 和基准平面 RIGHT 为参考平面，单击对话框中的 确定 按钮。

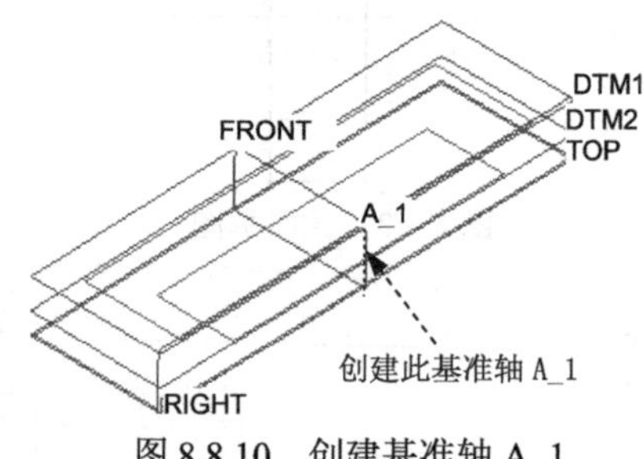

图 8.8.10　创建基准轴 A_1

Step7. 创建图 8.8.11 所示的基准平面 DTM3。单击 模型 功能选项卡 基准 ▾ 区域中的“平面”按钮，选取基准轴 A_1 和 RIGHT 基准平面为参考平面，角度偏移值为 30，单击对话框中的 确定 按钮。

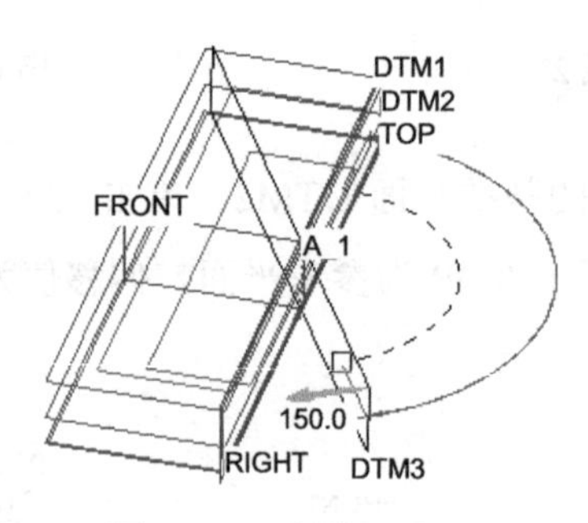

图 8.8.11　创建 DTM3

Stage3. 创建第一个样式曲面特征

Step1. 单击 模型 功能选项卡 曲面 ▾ 区域中的“样式”按钮 样式，进入样式环境。

Step2. 创建图 8.8.12 所示的 ISDX 曲线 1。

（1）设置活动平面。接受系统默认的 TOP 基准平面为活动平面。

（2）单击按钮，选择 Course_v1 视图。

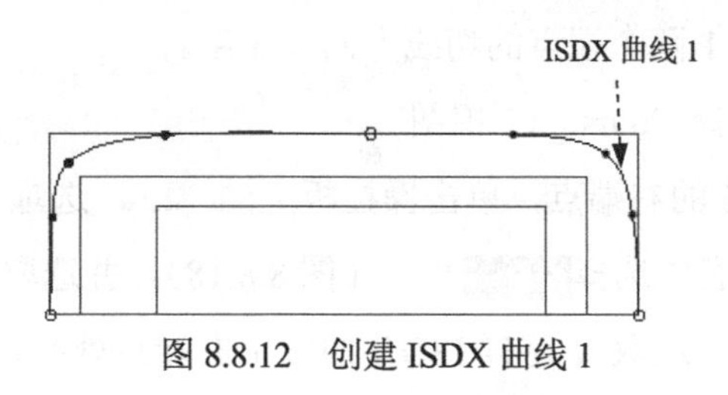

图 8.8.12　创建 ISDX 曲线 1

（3）创建初步的 ISDX 曲线 1。

① 单击 样式 功能选项卡 曲线 ▾ 区域中的“曲线”按钮。

② 选择曲线类型。在“造型：曲线”操控板中单击“创建平面曲线”按钮。

③ 绘制图 8.8.13 所示的初步的 ISDX 曲线 1，然后单击操控板中的✔按钮。

（4）编辑初步的 ISDX 曲线 1。

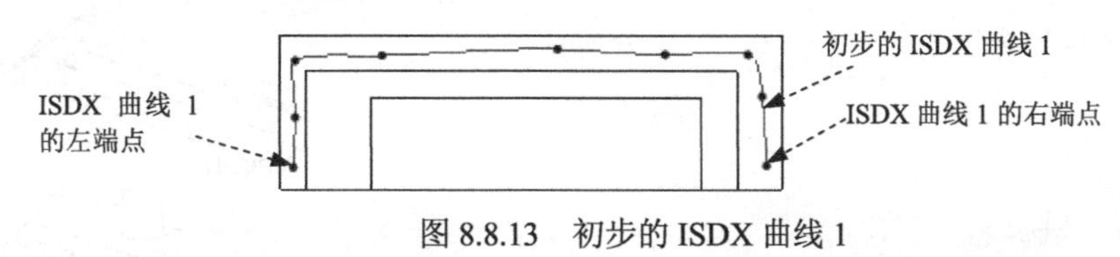

图 8.8.13　初步的 ISDX 曲线 1

① 单击 样式 功能选项卡 曲线 ▾ 区域中的“曲线编辑”按钮 曲线编辑，选取图 8.8.13 中初步的 ISDX 曲线 1 为编辑对象。

② 按住 Shift 键，选取 ISDX 曲线 1 的右端点，如图 8.8.13 所示；向基准曲线 1 的右下角的交点方向拖拉，直至出现“×”为止，如图 8.8.14 所示，此时 ISDX 曲线 1 的右端点与曲线 1 的右下交点对齐。按照同样的操作方法对齐 ISDX 曲线 1 的左端点，如图 8.8.15 所示。

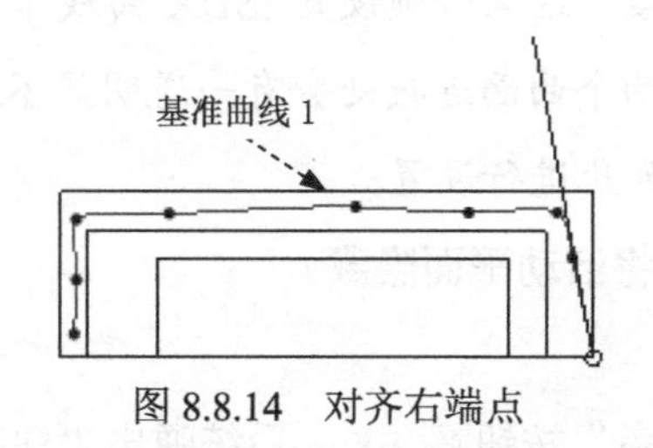

图 8.8.14　对齐右端点

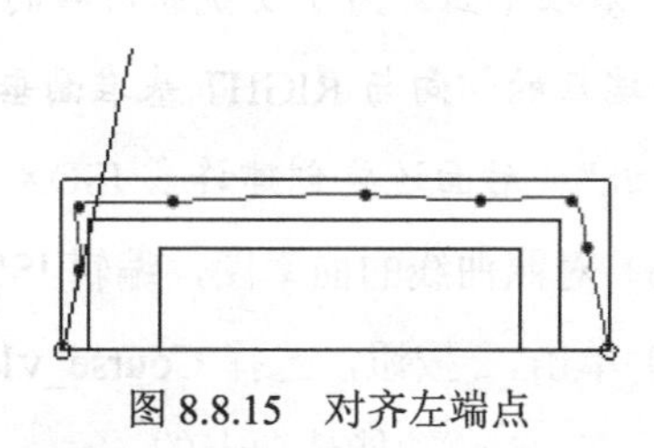

图 8.8.15　对齐左端点

③ 按照上步的方法，将 ISDX 曲线 1 的中间点对齐到基准曲线 1 上边线的中部，如图 8.8.16 所示。

④ 拖移 ISDX 曲线 1 的其余自由点，直至如图 8.8.17 所示。

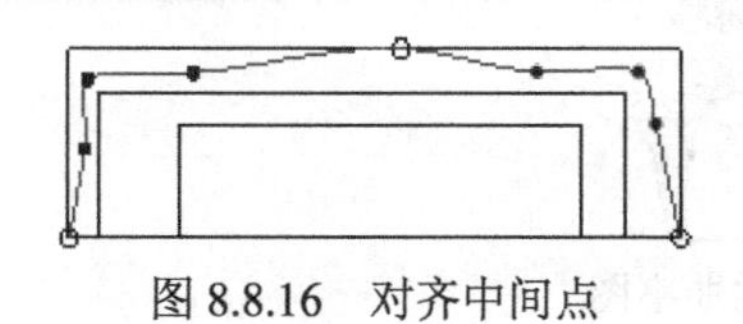

图 8.8.16　对齐中间点

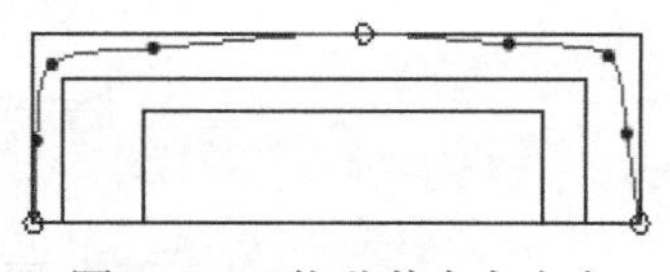

图 8.8.17　拖移其余自由点

（5）设置 ISDX 曲线 1 两个端点的切线方向和长度。

① 单击按钮，选择 Course_v2 视图。

② 选取 ISDX 曲线 1 的右端点，单击操控板上的 相切 选项卡，在系统弹出的界面的 约束 区域下的 第一 下拉列表中选择 法向 选项（图 8.8.18），并选取 RIGHT 基准平面为法向参考平面（可以从模型树中选取），这样 ISDX 曲线 1 右端点处的切线方向便与 RIGHT 基准平面垂直（图 8.8.19）；在图 8.8.18 所示界面的 长度 文本框中输入切线的长度值 50.0，并按 Enter 键。

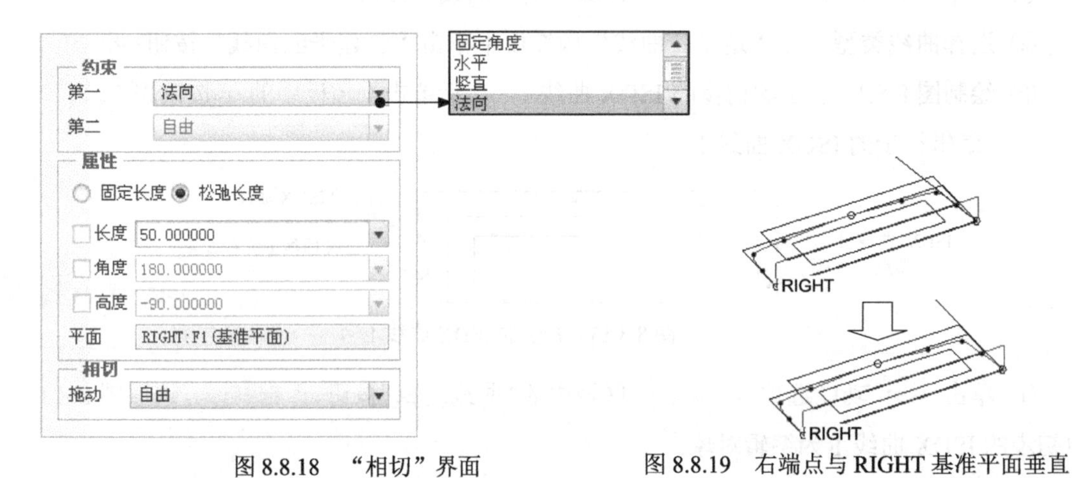

图 8.8.18 “相切”界面　　图 8.8.19 右端点与 RIGHT 基准平面垂直

③ 按照上步的方法，设置 ISDX 曲线 1 左端点的切向与 RIGHT 基准平面垂直，切线长度值为 40.0。

注意：由于在后面的操作中，需对创建的 ISDX 曲面进行镜像，而镜像中心平面正是 RIGHT 基准平面，为了使镜像前后的两个曲面光滑连接，这里必须设置 ISDX 曲线 1 左、右两个端点的切向与 RIGHT 基准面垂直，否则镜像后两个曲面连接处会有一道明显不光滑的“痕迹”。后面还要创建许多 ISDX 曲线，我们都将如此进行设置。

（6）对照曲线的曲率图，编辑 ISDX 曲线 1（可以将活动平面隐藏）。

① 单击按钮，选择 Course_v1 视图。

② 在 样式 功能选项卡的 分析 ▾ 区域中单击“曲率”按钮 曲率，系统弹出“曲率”对话框，然后单击图 8.8.20 所示的 ISDX 曲线 1，在对话框的 比例 文本框中输入数值 40.0。

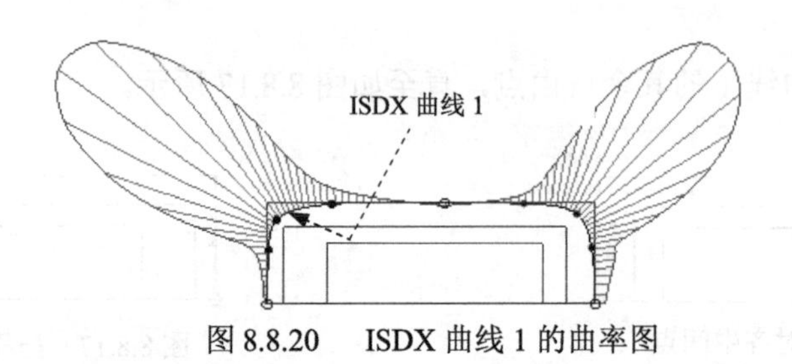

图 8.8.20 ISDX 曲线 1 的曲率图

③ 在“曲率”对话框的下拉列表中选择 已保存，然后单击“曲率”对话框中的 ✓ 按钮，退出“曲率”对话框。

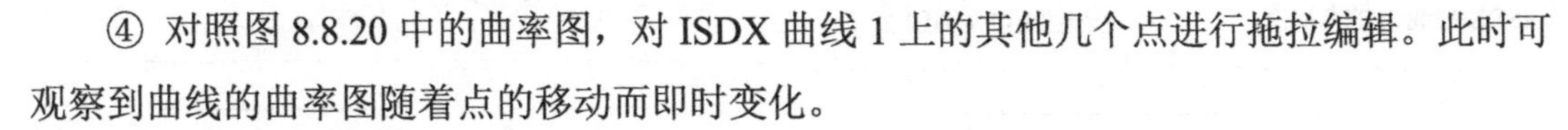

④ 对照图 8.8.20 中的曲率图，对 ISDX 曲线 1 上的其他几个点进行拖拉编辑。此时可观察到曲线的曲率图随着点的移动而即时变化。

⑤ 如果要关闭曲线曲率图的显示，在“样式”操控板中选择 分析 ▾ ➡ 删除所有曲率 命令。

（7）完成编辑后，单击操控板中的 ✓ 按钮。

Step3. 创建图 8.8.21 所示的 ISDX 曲线 2。

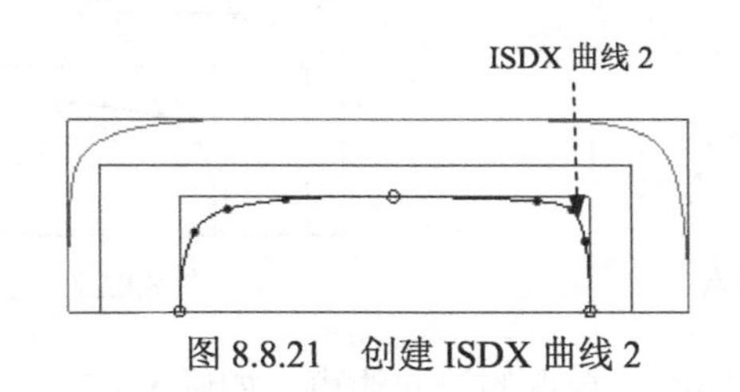

图 8.8.21 创建 ISDX 曲线 2

（1）单击 按钮，选择 Course_v2 视图。

（2）设置活动平面。单击 样式 功能选项卡 平面 区域中的“设置活动平面”按钮 ，选择 DTM2 基准平面为活动平面，此时模型如图 8.8.22 所示。Course_v1 视图状态如图 8.8.23 所示。

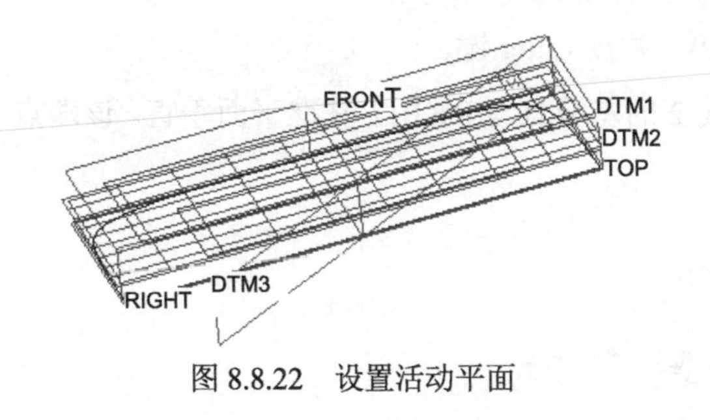

图 8.8.22 设置活动平面

图 8.8.23 Course_v1 视图状态

（3）创建初步的 ISDX 曲线 2。单击 样式 功能选项卡 曲线 ▾ 区域中的“曲线”按钮 。在操控板中单击 按钮，绘制图 8.8.24 所示的初步的 ISDX 曲线 2，然后单击操控板中的 ✓ 按钮。

（4）编辑初步的 ISDX 曲线 2。

① 单击 样式 功能选项卡 曲线 ▾ 区域中的“曲线编辑”按钮 曲线编辑。选取图 8.8.24 中初步的 ISDX 曲线 2。

② 按住键盘 Shift 键，分别将 ISDX 曲线 2 的左、右端点与基准曲线 3 下面的两个交点对齐，如图 8.8.25 所示。

③ 按照上步同样的方法，将 ISDX 曲线 2 的中间点与曲线 3 的上边线的中部某个位置对齐，如图 8.8.26 所示。

④ 拖移 ISDX 曲线 2 的其余自由点，直至如图 8.8.27 所示。

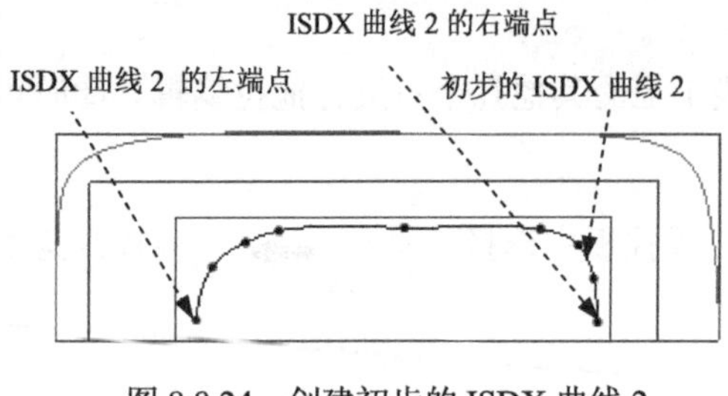

图 8.8.24 创建初步的 ISDX 曲线 2

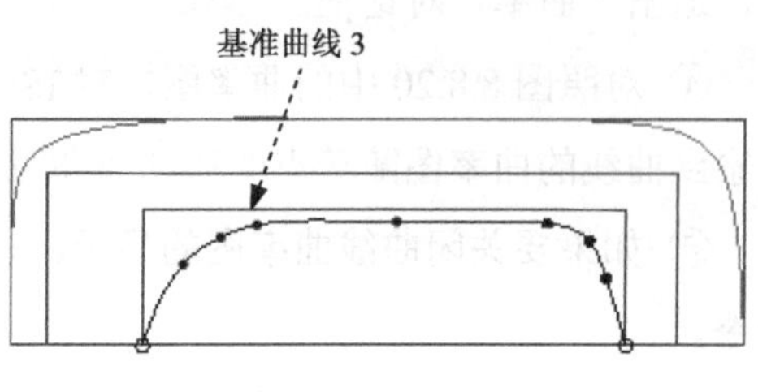

图 8.8.25 对齐左、右端点

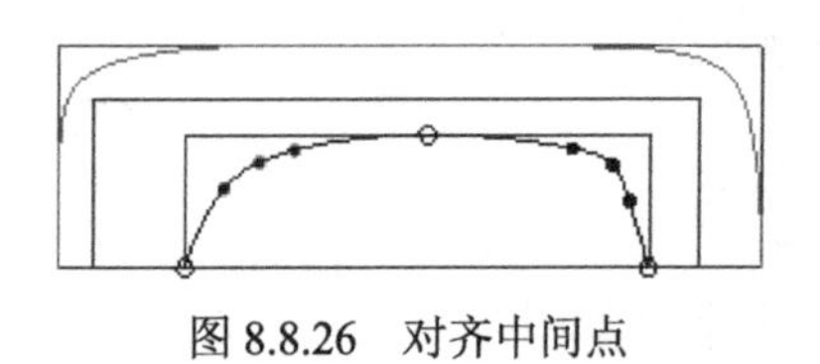

图 8.8.26 对齐中间点

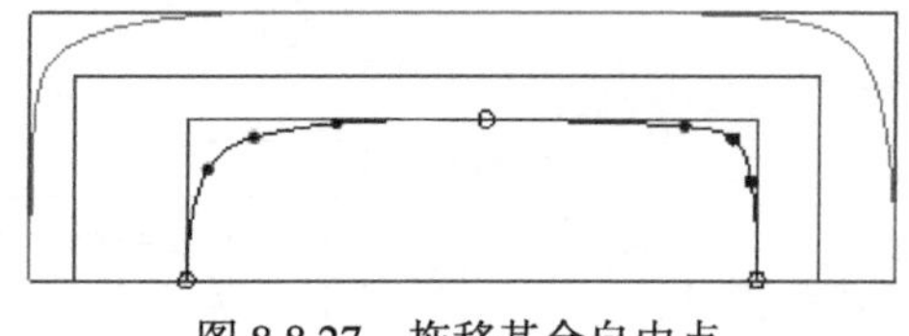

图 8.8.27 拖移其余自由点

（5）设置 ISDX 曲线 2 的两个端点的法向约束，如图 8.8.28 所示。

① 选取 ISDX 曲线 2 的右端点，单击操控板上的 相切 选项卡，在系统弹出的界面的 约束 区域下的 第一 下拉列表中选择 法向 选项，选取 RIGHT 基准平面作为法向平面（可以从模型树中选取），这样 ISDX 曲线 2 在其右端点处的切线方向便与 RIGHT 基准平面垂直。在 长度 文本框中输入该端点切线的长度数值 29.0，并按 Enter 键。

② 按照上步同样的方法，设置 ISDX 曲线 2 的左端点与 RIGHT 基准平面垂直。该端点切线的长度值为 28.0。

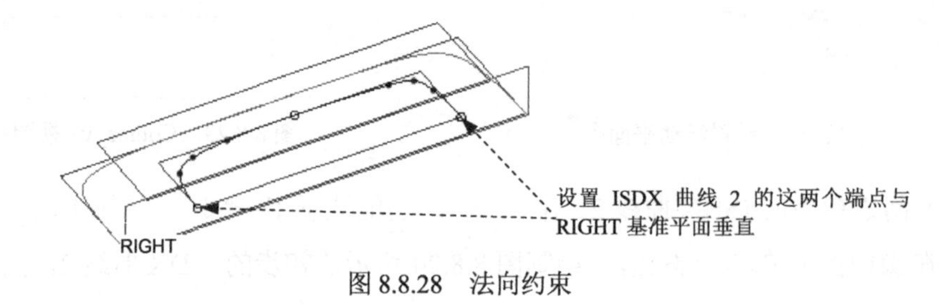

图 8.8.28 法向约束

（6）对照曲线的曲率图，编辑 ISDX 曲线 2。

① 单击 按钮，选择 Course_v1 视图。

② 在 样式 功能选项卡的 分析 ▾ 区域中单击“曲率”按钮 曲率，然后选取图 8.8.29 中的 ISDX 曲线 2，对照图 8.8.29 所示的曲率图（**注意**：此时在 比例 文本框中输入数值 30.00），再次对 ISDX 曲线 2 上的其他几个点进行拖拉编辑。

（7）完成编辑后，单击操控板中的 ✔ 按钮。

Step4. 创建图 8.8.30 所示的 ISDX 曲线 3。

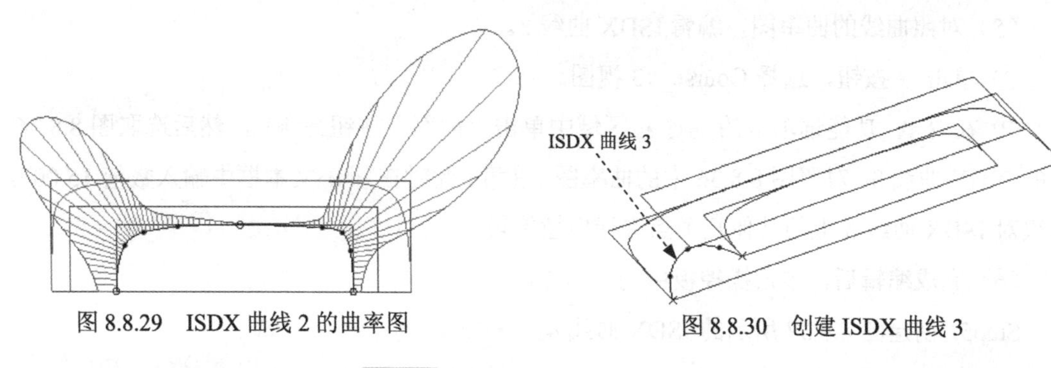

图 8.8.29 ISDX 曲线 2 的曲率图　　图 8.8.30 创建 ISDX 曲线 3

（1）设置活动平面。单击 样式 功能选项卡 平面 区域中的“设置活动平面”按钮，选择 RIGHT 基准平面为活动平面，此时模型如图 8.8.31 所示。

（2）单击按钮，选择 Course_v3 视图，此时模型如图 8.8.32 所示。

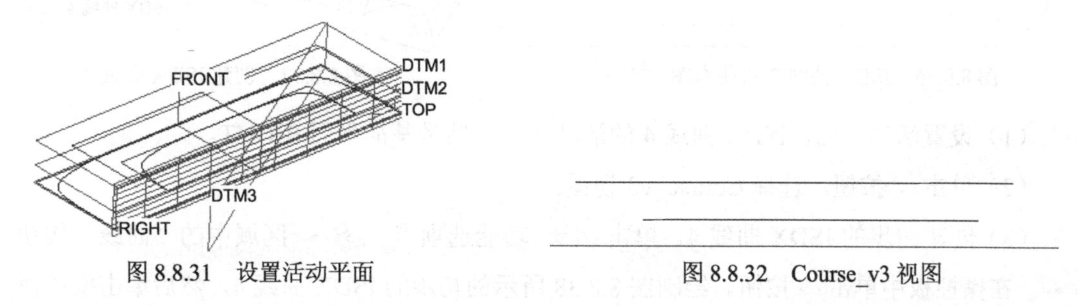

图 8.8.31 设置活动平面　　图 8.8.32 Course_v3 视图

（3） 创建初步的 ISDX 曲线 3。单击 样式 功能选项卡 曲线 区域中的“曲线”按钮，在操控板中单击按钮，绘制图 8.8.33 所示的初步的 ISDX 曲线 3，然后单击操控板中的按钮。

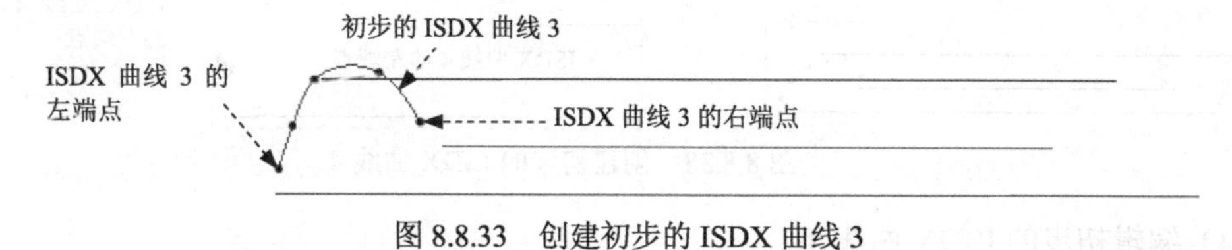

图 8.8.33 创建初步的 ISDX 曲线 3

（4）编辑初步的 ISDX 曲线 3。

① 单击 样式 功能选项卡 曲线 区域中的“曲线编辑”按钮 曲线编辑。选取图 8.8.33 中初步的 ISDX 曲线 3。

② 按住 Shift 键，分别将 ISDX 曲线 3 的左、右端点与图 8.8.34 所示的交点对齐，这两个端点将变成小叉“×”；将第三个点（左起）放置在图 8.8.35 所示的直线上。

③ 拖移 ISDX 曲线 3 的其余自由点，直至如图 8.8.35 所示。

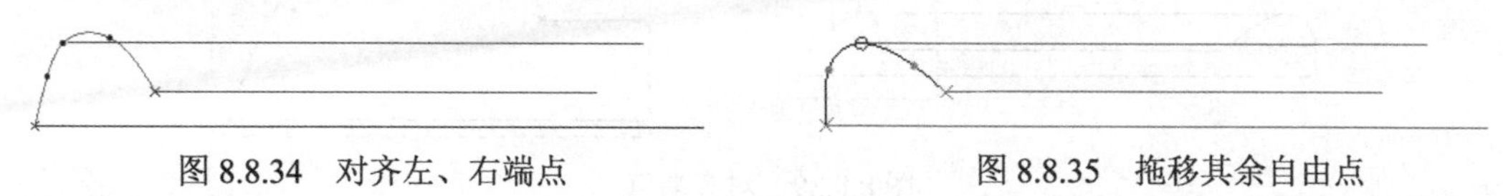

图 8.8.34 对齐左、右端点　　图 8.8.35 拖移其余自由点

（5）对照曲线的曲率图，编辑 ISDX 曲线 3。

① 单击按钮，选择 Course_v3 视图。

② 在 样式 功能选项卡的 分析 区域中单击“曲率”按钮 曲率，然后选取图 8.8.36 中的 ISDX 曲线 3；对照图 8.8.36 中的曲率图（**注意**：此时在 比例 文本框中输入数值 15.00），再次对 ISDX 曲线 3 上的其他几个点进行拖拉编辑。

（6）完成编辑后，单击操控板中的✔按钮。

Step5. 创建图 8.8.37 所示的 ISDX 曲线 4。

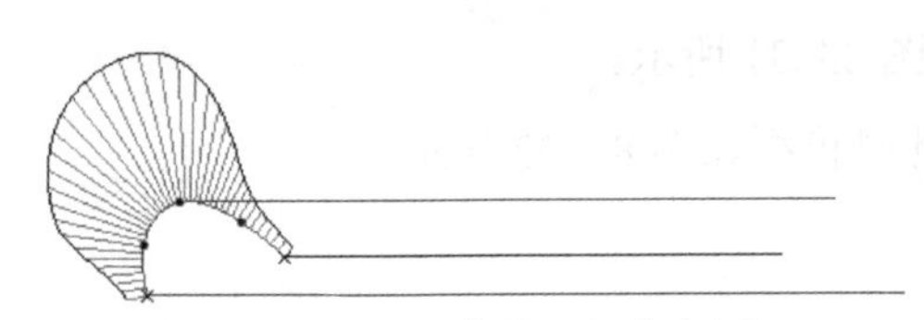

图 8.8.36　ISDX 曲线 3 的曲率图

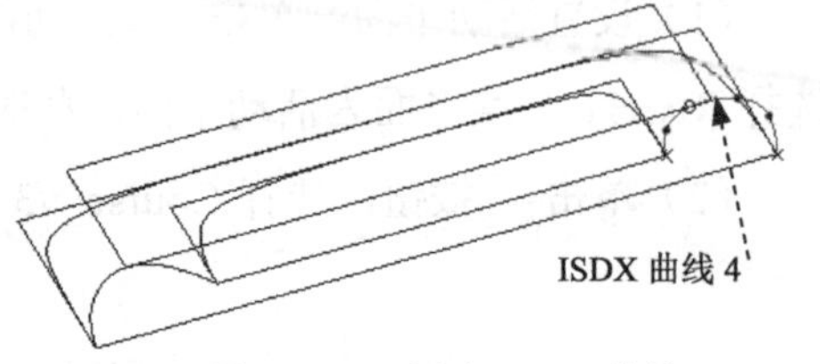

图 8.8.37　创建 ISDX 曲线 4

（1）设置活动平面。ISDX 曲线 4 的活动平面仍然是基准平面 RIGHT。

（2）单击按钮，选择 Course_v3 视图。

（3）创建初步的 ISDX 曲线 4。单击 样式 功能选项卡 曲线 区域中的“曲线”按钮～。在操控板中单击按钮。绘制图 8.8.38 所示的初步的 ISDX 曲线 4，然后单击操控板中的✔按钮。

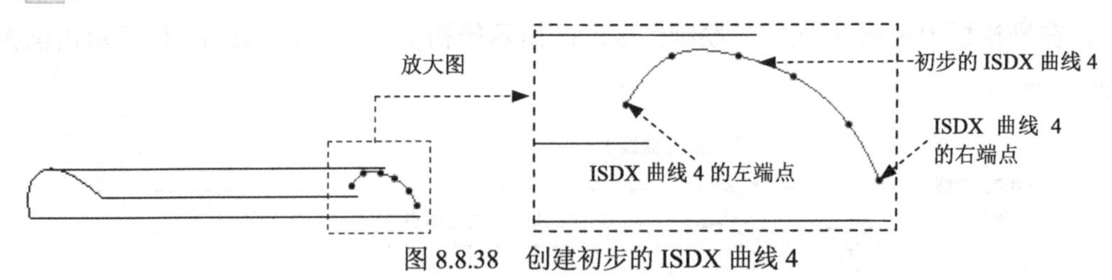

图 8.8.38　创建初步的 ISDX 曲线 4

（4）编辑初步的 ISDX 曲线 4。

① 单击 样式 功能选项卡 曲线 区域中的“曲线编辑”按钮 曲线编辑。选取图 8.8.38 所示的初步的 ISDX 曲线 4。

② 按住 Shift 键，将 ISDX 曲线 4 的左、右端点与图 8.8.39 所示的交点对齐，将第三个点（左起）放置在图 8.8.39 所示的直线上。

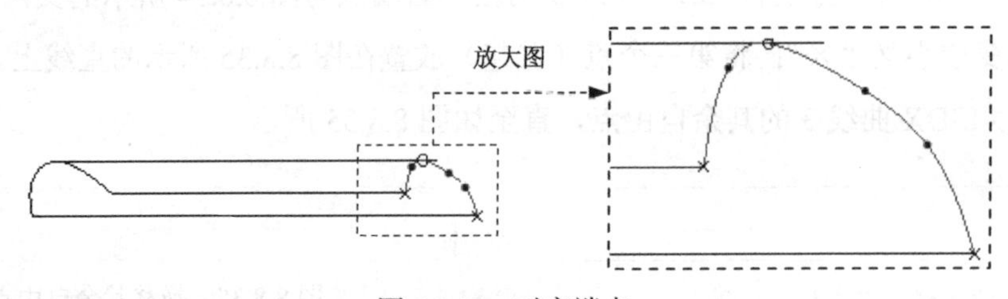

图 8.8.39　对齐端点

（5）在 样式 功能选项卡的 分析 区域中单击“曲率”按钮 曲率，然后选取图 8.8.40 中的 ISDX 曲线 4；对照图 8.8.40 所示的曲率图（**注意**：此时在 比例 文本框中输入数值 15.00），对 ISDX 曲线 4 上的其他几个点进行拖拉编辑。

（6）完成编辑后，单击操控板中的 ✔ 按钮。

Step6. 创建图 8.8.41 所示的 ISDX 曲线 5。

（1）单击 样式 功能选项卡 平面 区域中的“设置活动平面”按钮，选择 DTM1 基准平面为活动平面，此时模型如图 8.8.42 所示。

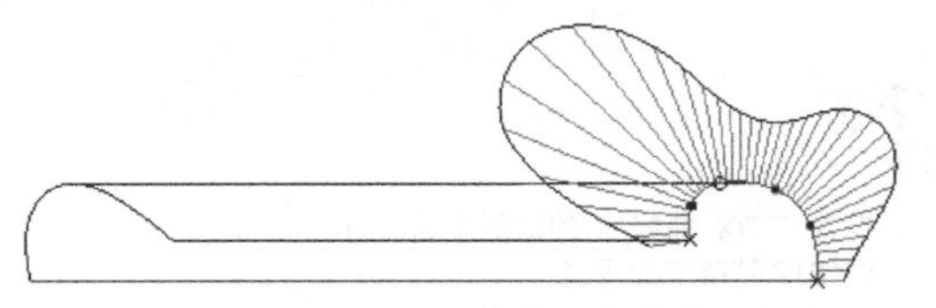

图 8.8.40 ISDX 曲线 4 的曲率图

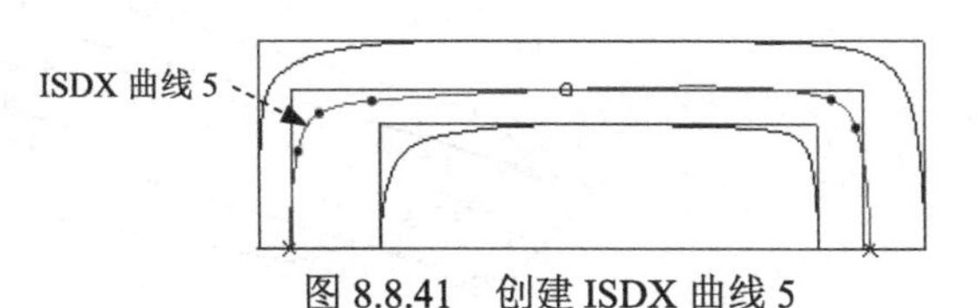

图 8.8.41 创建 ISDX 曲线 5

（2）单击 按钮，选择 Course_v1 视图。

（3）创建初步的 ISDX 曲线 5。单击 样式 功能选项卡 曲线 区域中的“曲线”按钮。在操控板中单击 按钮。绘制图 8.8.43 所示的初步的 ISDX 曲线 5，然后单击操控板中的 ✔ 按钮。

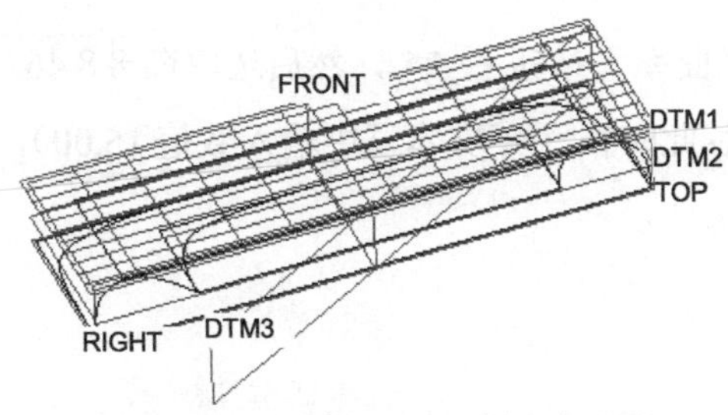

图 8.8.42 选择 DTM1 为活动平面

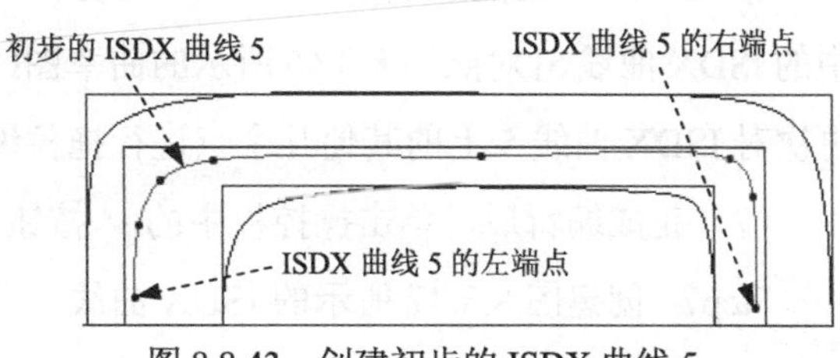

图 8.8.43 创建初步的 ISDX 曲线 5

（4）编辑初步的 ISDX 曲线 5。

① 单击 样式 功能选项卡 曲线 区域中的“曲线编辑”按钮 曲线编辑。选取图 8.8.43 中初步的 ISDX 曲线 5。

② 单击 按钮，选择 Course_v2 视图。

③ 按住 Shift 键，将 ISDX 曲线 5 的左端点放置在 ISDX 曲线 3 上，该端点将变成小叉“×”；将 ISDX 曲线 5 的右端点放置在 ISDX 曲线 4 上，该端点将变成小叉“×”；将左起第五个点放置在图 8.8.44 所示的直线上，该点将变成小圆圈“○”。

（5）设置 ISDX 曲线 5 的左、右端点与 RIGHT 基准平面垂直，如图 8.8.45 所示。

① 选取 ISDX 曲线 5 的右端点，单击操控板上的 相切 选项卡，在系统弹出的界面的 约束 区域下的 第一 下拉列表中选择 法向 选项，选择 RIGHT 基准平面作为法向平面，这样 ISDX 曲线 5 在其右端点处的切线方向便与 RIGHT 基准平面垂直。在 长度 文本框中输入该

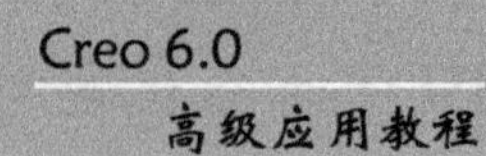

端点切线的长度值 38.0，并按 Enter 键。

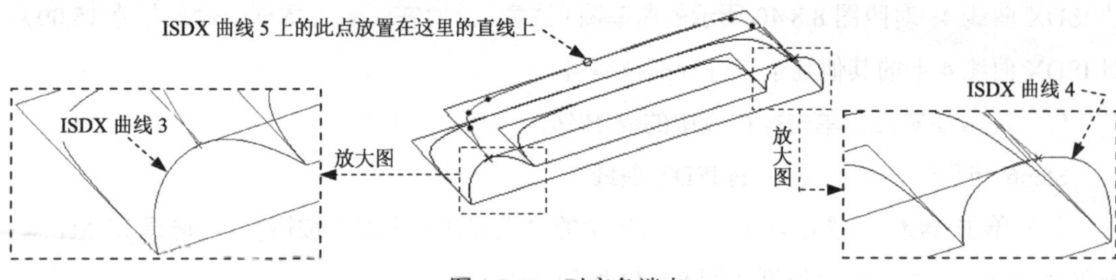

图 8.8.44 对齐各端点

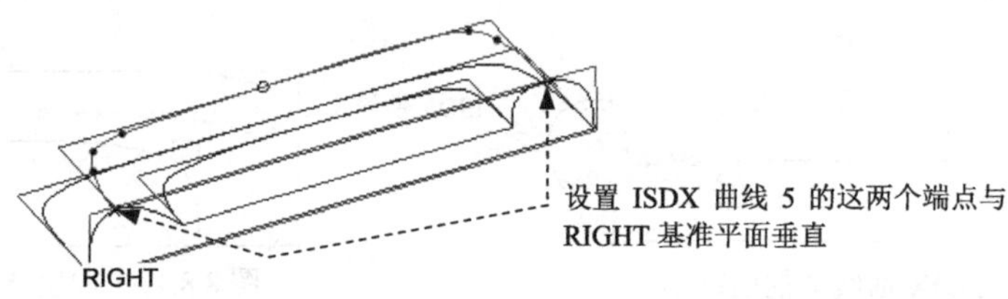

图 8.8.45 左、右端点与 RIGHT 基准平面垂直

② 按照上步同样的方法，设置 ISDX 曲线 5 的左端点与 RIGHT 基准平面垂直。该端点切线的长度值为 40.0。

（6）对照曲线的曲率图，编辑 ISDX 曲线 5。

① 单击按钮，选择 Course_v1 视图。

② 在 样式 功能选项卡的 分析 ▾ 区域中单击“曲率”按钮 曲率，然后选取图 8.8.46 中的 ISDX 曲线 5；对照图 8.8.46 所示的曲率图（**注意**：此时在 比例 文本框中输入数值 15.00），再次对 ISDX 曲线 5 上的其他几个点进行拖拉编辑。

（7）完成编辑后，单击操控板中的✔按钮。

Step7. 创建图 8.8.47 所示的 ISDX 曲线 6。

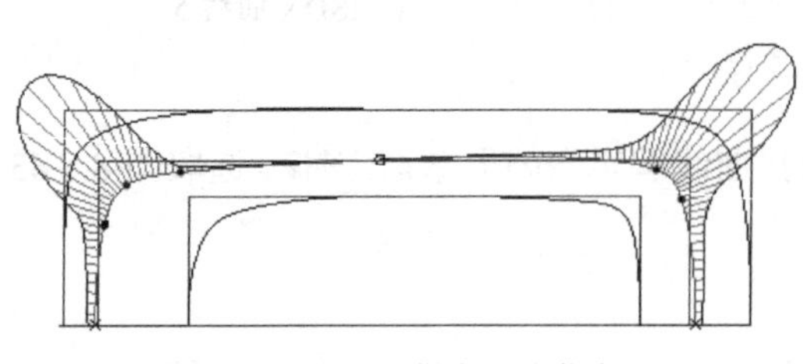

图 8.8.46 ISDX 曲线 5 的曲率图

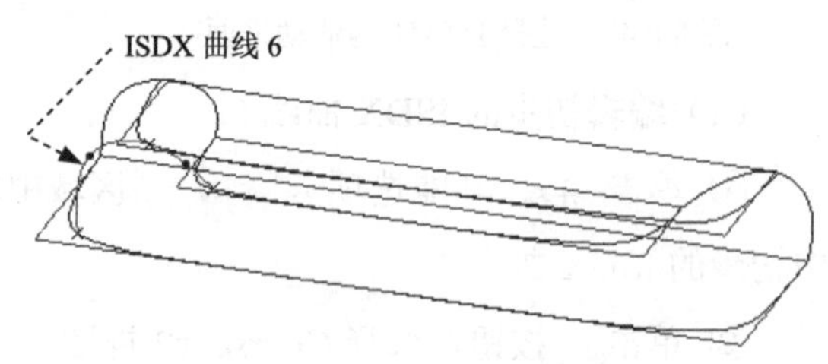

图 8.8.47 创建 ISDX 曲线 6

（1）单击按钮，选择 Course_v4 视图。

（2）单击 样式 功能选项卡 平面 区域中的“设置活动平面”按钮，选取 DTM3 基准平面为活动平面，此时模型如图 8.8.48 所示。

（3）创建初步的 ISDX 曲线 6。单击 样式 功能选项卡 曲线 ▾ 区域中的“曲线”按钮。单击操控板中的按钮。绘制图 8.8.49 所示的初步的 ISDX 曲线 6，然后单击操控板中的✔按钮。

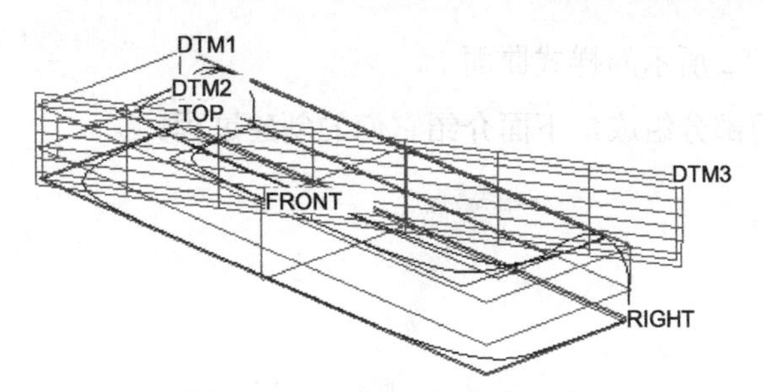

图 8.8.48 DTM3 为活动平面

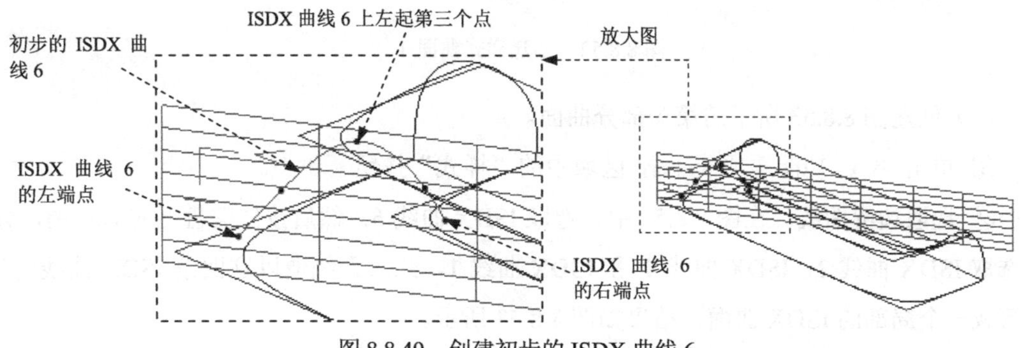

图 8.8.49 创建初步的 ISDX 曲线 6

（4）编辑初步的 ISDX 曲线 6。

① 单击 样式 功能选项卡 曲线 ▾ 区域中的“曲线编辑”按钮 曲线编辑。选取图 8.8.49 中初步的 ISDX 曲线 6。

② 按住键盘 Shift 键，将 ISDX 曲线 6 的左端点放置在 ISDX 曲线 1 上，该端点将变成小叉“×”，如图 8.8.50 所示；将 ISDX 曲线 6 的右端点放置在 ISDX 曲线 2 上，该端点将变成小叉“×”；将左起第三个点放置在 ISDX 曲线 5 上，该端点将变成小叉“×”。

（5）对照曲线的曲率图，编辑 ISDX 曲线 6。

① 单击按钮，选择 Course_v4 视图。

② 在 样式 功能选项卡的 分析 ▾ 区域中单击“曲率”按钮 曲率，然后单击图 8.8.51 中的 ISDX 曲线 6；对照图 8.8.51 所示的曲率图（**注意：**此时在 比例 文本框中输入数值 8.00），再次对 ISDX 曲线 6 上的其他几个点进行拖拉编辑。

（6）完成编辑后，单击操控板中的✔按钮。

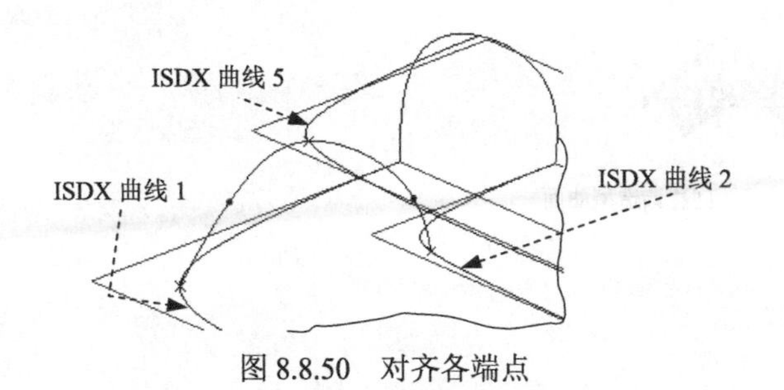

图 8.8.50 对齐各端点

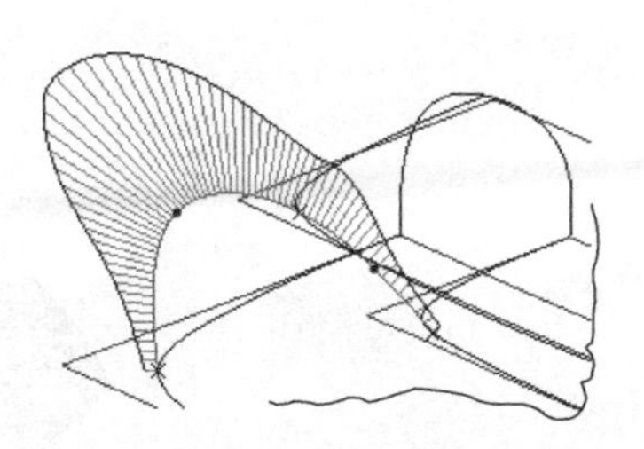

图 8.8.51 ISDX 曲线 6 的曲率图

Step8. 创建图 8.8.52 所示的样式曲面 1。

该样式曲面 1 由两部分组成，下面介绍它们的创建过程。

图 8.8.52 创建样式曲面 1

（1）创建图 8.8.53 所示的第一部分曲面。

① 单击 样式 功能选项卡 曲面 区域中的“样式”按钮 样式。

② 选取边界曲线。在图 8.8.53 中，选取 ISDX 曲线 6，然后按住键盘上的 Ctrl 键，分别选取 ISDX 曲线 2、ISDX 曲线 4 和 ISDX 曲线 1，此时系统便以这四条 ISDX 曲线为边界形成一个局部的 ISDX 曲面，结果如图 8.8.53 所示。

③ 完成 ISDX 曲面的创建后，单击“造型：曲面”操控板中的 ✔ 按钮。

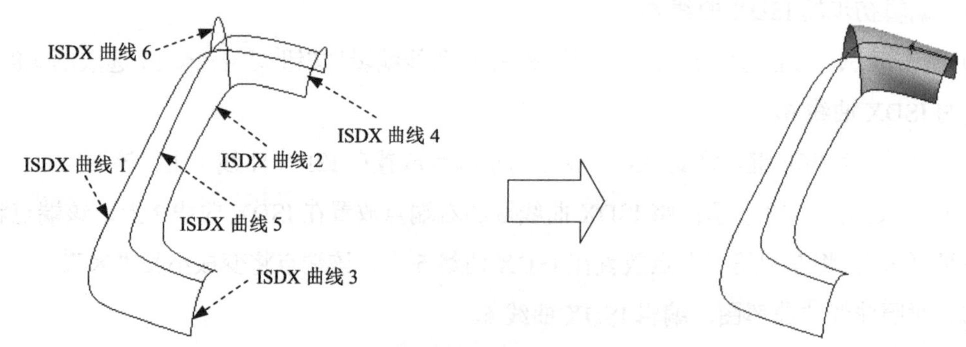

图 8.8.53 创建样式曲面 1 的第一部分曲面

（2）按照同样的方法，创建样式曲面 1 的第二部分曲面（图 8.8.54）。

① 单击 样式 功能选项卡 曲面 区域中的“样式”按钮 样式。

② 选取边界曲线。选取 ISDX 曲线 6，然后按住键盘上的 Ctrl 键，分别选取 ISDX 曲线 1、ISDX 曲线 3 和 ISDX 曲线 2，此时系统便以这四条 ISDX 曲线为边界形成一个 ISDX 曲面。

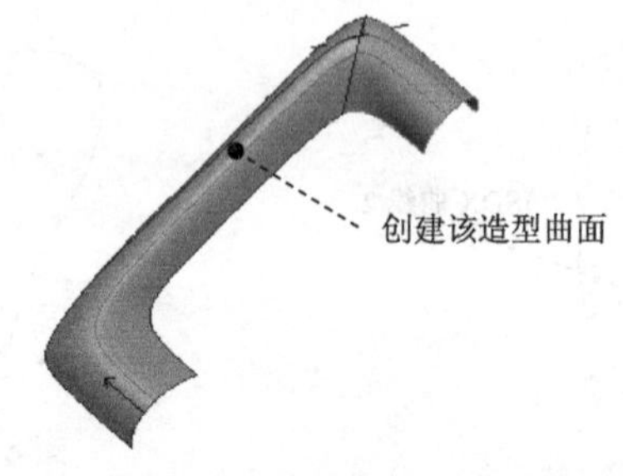

图 8.8.54 创建样式曲面 1 的第二部分曲面

③ 在 “曲面创建”操控板的“参考”界面中单击 内部 区域，然后选取 ISDX 曲线 5，这样 ISDX 曲线 5 便成为 ISDX 曲面的内部控制曲线。

④ 完成 ISDX 曲面的创建后，单击“造型：曲面”操控板中的✔按钮。

Step9. 设置两个 ISDX 曲面相切。

（1）单击“曲面连接”按钮 曲面连接。

（2）在系统 选择要连接的曲面. 的提示下，按住 Ctrl 键，选取样式曲面 1 的第一部分曲面和第二部分曲面。

（3）此时若曲面上显示虚线连接图标（图 8.8.55a，即衔接方式），则应单击该图标，该图标即变为实线箭头（图 8.8.55b，即相切方式）。

（4）单击操控板中的✔按钮。

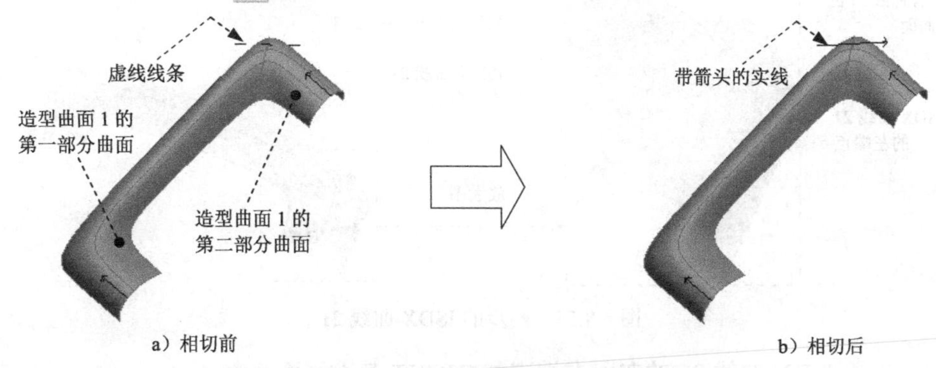

图 8.8.55　设置两个 ISDX 曲面相切

Step10. 单击 样式 功能选项卡中的✔按钮，完成样式设计，退出样式环境。

Stage4. 创建第二个样式曲面特征

Step1. 单击 模型 功能选项卡 曲面 ▾ 区域中的“样式”按钮 样式，进入 ISDX 环境。

Step2. 创建图 8.8.56 所示的 ISDX 曲线 21（COS 曲线）。

（1）单击 样式 功能选项卡 平面 区域中的“设置活动平面”按钮，选取 TOP 基准平面为活动平面，此时模型如图 8.8.57 所示。

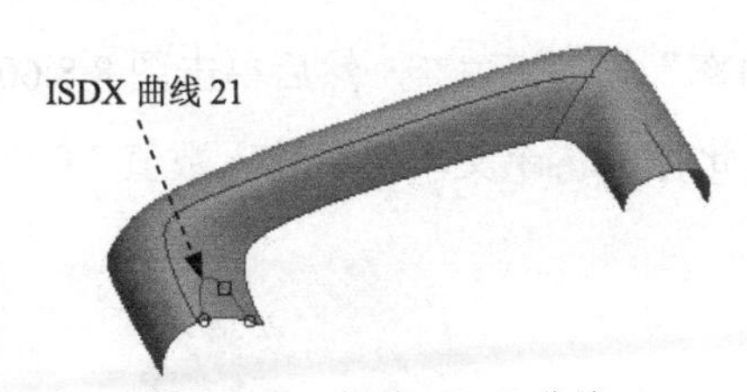

图 8.8.56　创建 ISDX 曲线 21

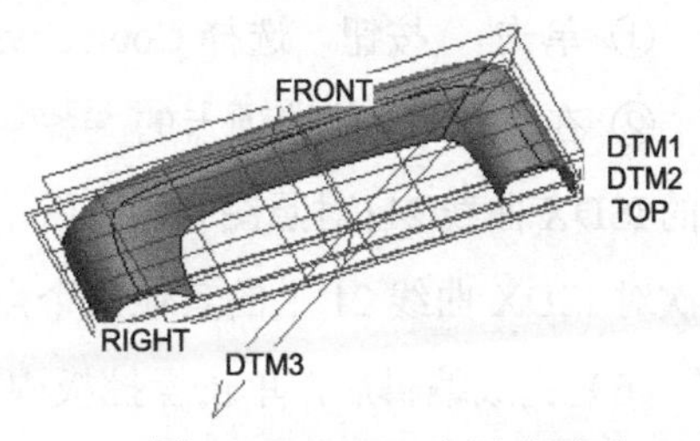

图 8.8.57　TOP 为活动平面

（2）创建初步的 ISDX 曲线 21。

① 单击 样式 功能选项卡 曲线 ▾ 区域中的“曲线”按钮。

② 在操控板中单击按钮。

③ 选择父曲面。在操控板中单击 参考 选项卡，在系统弹出的界面中单击曲面后的 单击此处添加项 选项，然后选取图 8.8.58 所示的曲面。

④ 绘制图 8.8.58 所示的初步的 ISDX 曲线 21，然后单击操控板中的✔按钮。

（3）编辑初步的 ISDX 曲线 21。

① 单击 样式 功能选项卡 曲线▾ 区域中的“曲线编辑”按钮 曲线编辑。选取初步的 ISDX 曲线 21。

② 按住 Shift 键，将 ISDX 曲线 21 的左、右两个端点拖拉到 ISDX 曲线 3 上，此时两个端点显示为小圆圈“○”，如图 8.8.59 所示。

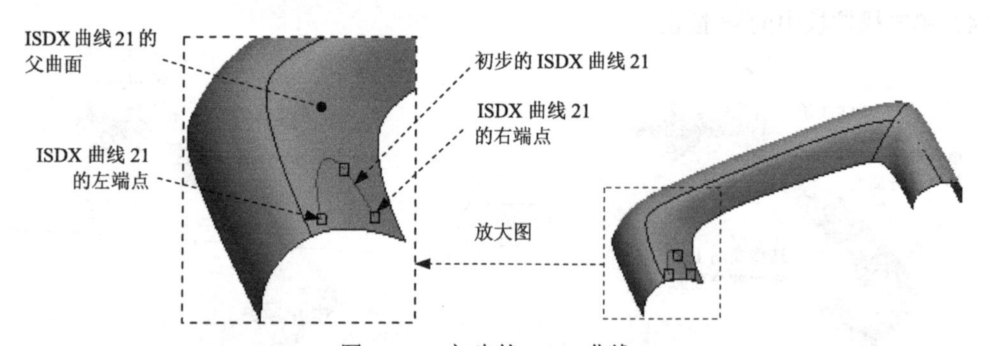

图 8.8.58　初步的 ISDX 曲线 21

（4）设置 ISDX 曲线 21 的左、右端点与 RIGHT 基准平面垂直。

① 选取 ISDX 曲线 21 的右端点，单击操控板上的 相切 选项卡，在系统弹出的界面的约束区域下的第一下拉列表中选择法向选项，选择 RIGHT 基准平面作为法向平面，这样 ISDX 曲线 21 在其右端点处的切线方向便与 RIGHT 基准平面垂直。在长度文本框中输入该端点切线的长度值 2.5，并按 Enter 键。

② 按照上步同样的方法，设置 ISDX 曲线 21 的左端点与 RIGHT 基准平面垂直。该端点切线的长度值为 6.0。

（5）对照曲线的曲率图，编辑 ISDX 曲线 21。

① 单击按钮，选择 Course_v5 视图。

② 在 样式 功能选项卡的 分析▾ 区域中单击“曲率”按钮 曲率，然后单击图 8.8.60 中的 ISDX 曲线 21；对照图 8.8.60 所示的曲率图（**注意**：此时在比例文本框中输入数值 5.00），再次对 ISDX 曲线 21 上的其他几个点进行拖拉编辑。

（6）完成编辑后，单击操控板中的✔按钮。

Step3. 创建图 8.8.61 所示的 ISDX 曲线 22。

（1）单击 样式 功能选项卡 平面 区域中的“设置活动平面”按钮，选取 RIGHT 基准平面为活动平面，此时模型如图 8.8.62 所示。

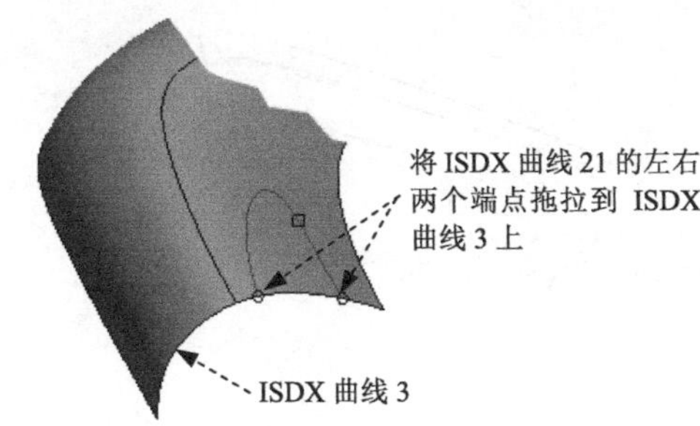

图 8.8.59 对齐各端点

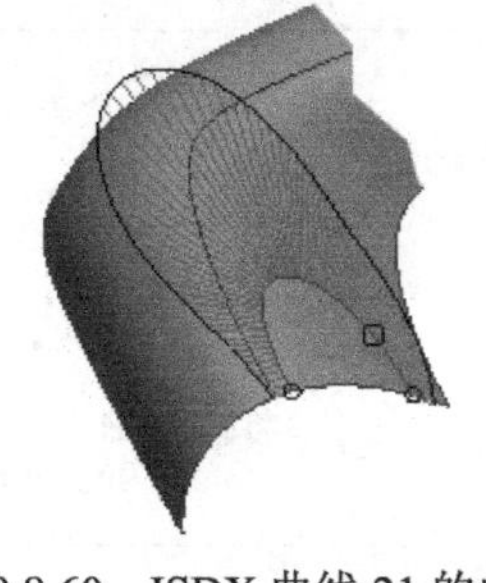

图 8.8.60 ISDX 曲线 21 的曲率图

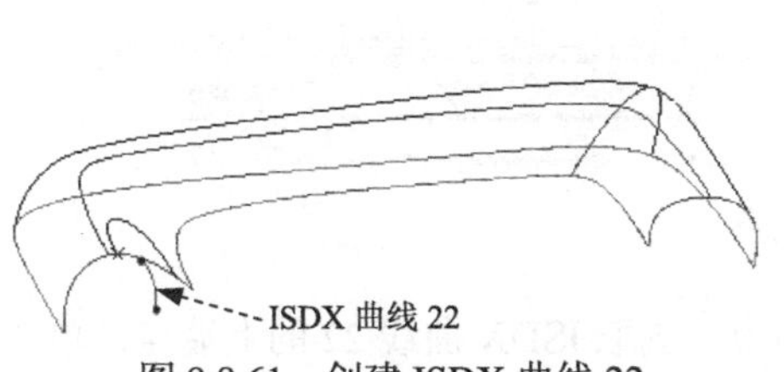

图 8.8.61 创建 ISDX 曲线 22

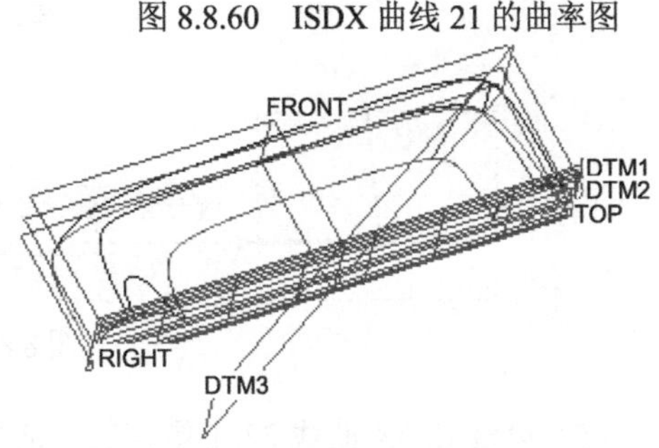

图 8.8.62 RIGHT 为活动平面

（2）单击按钮，选择 Course_v3 视图。

（3）创建初步的 ISDX 曲线 22。单击 样式 功能选项卡 曲线 ▾ 区域中的“曲线”按钮。在操控板中单击按钮。绘制图 8.8.63 所示的初步的 ISDX 曲线 22，然后单击操控板中的按钮。

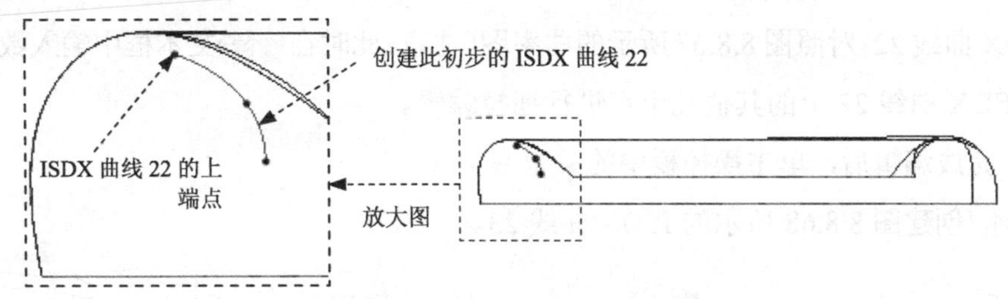

图 8.8.63 创建初步的 ISDX 曲线 22

（4）编辑初步的 ISDX 曲线 22。

① 单击按钮，选择 Course_v5 视图。

② 单击 样式 功能选项卡 曲线 ▾ 区域中的“曲线编辑”按钮 曲线编辑。单击图 8.8.63 中初步的 ISDX 曲线 22。

③ 按住 Shift 键，将 ISDX 曲线 22 的上端点拖拉到 ISDX 曲线 21 上，该端点将变成小叉“×”，如图 8.8.64 所示。

④ 按住 Shift 键，将 ISDX 曲线 22 的下端点拖拉到基准平面 DTM2 上，此时下端点显示为小圆圈“○”，如图 8.8.65 所示。

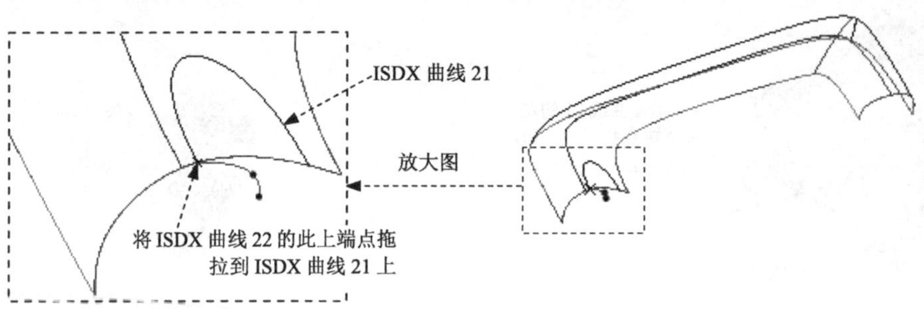

图 8.8.64　对齐端点

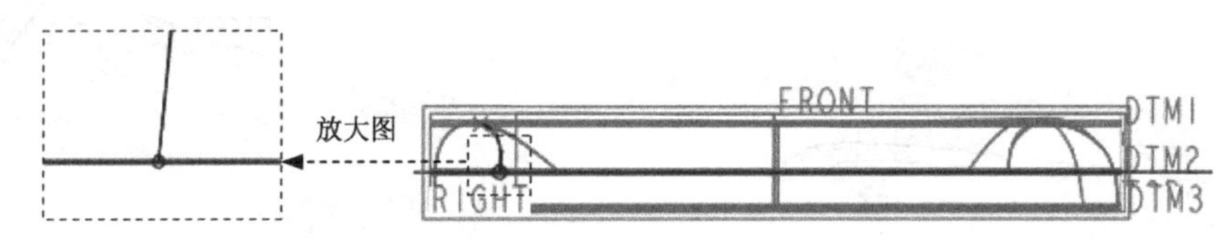

图 8.8.65　对齐端点

（5）设置 ISDX 曲线 22 上端点的“曲面相切”约束。选取 ISDX 曲线 22 的上端点，单击操控板上的 相切 选项卡，在系统弹出的界面的约束区域下的第一 下拉列表中选择曲面相切选项，在长度 文本框中输入该端点切线的长度值 2.0，并按 Enter 键，如图 8.8.66 所示。

（6）对照曲率图，对 ISDX 曲线 22 进行编辑。

① 单击按钮，选择 Course_v3 视图。

② 在 样式 功能选项卡的 分析 ▾ 区域中单击“曲率”按钮曲率，然后单击图 8.8.67 中的 ISDX 曲线 22；对照图 8.8.67 所示的曲率图（**注意**：此时在比例 文本框中输入数值 3.00），再次对 ISDX 曲线 22 上的其他几个点进行拖拉编辑。

（7）完成编辑后，单击操控板中的✔按钮。

Step4. 创建图 8.8.68 所示的 ISDX 曲线 23。

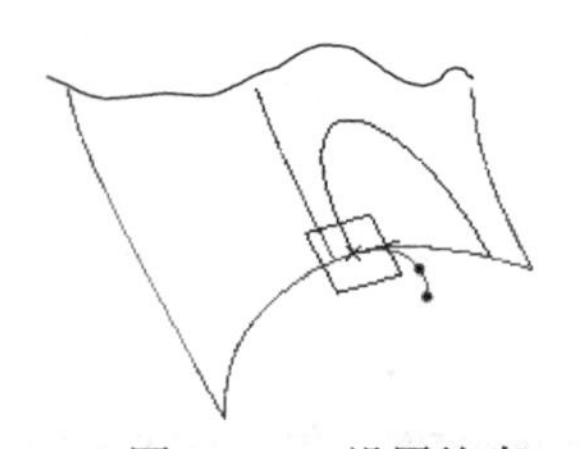

图 8.8.66　设置约束

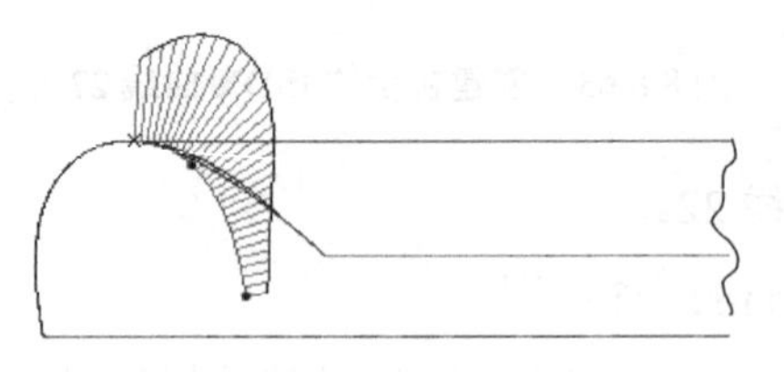

图 8.8.67　ISDX 曲线 22 的曲率图

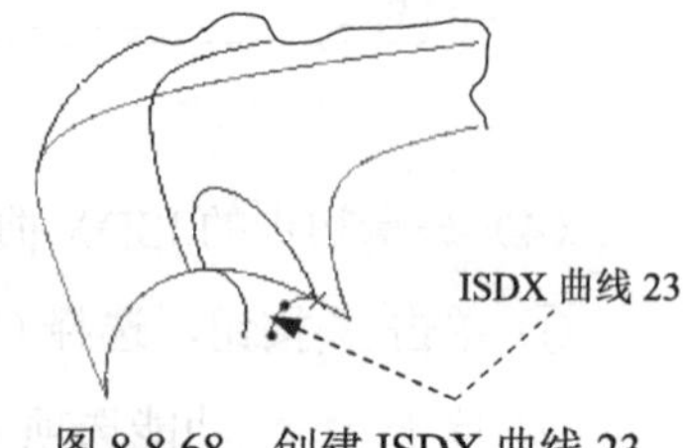

图 8.8.68　创建 ISDX 曲线 23

（1）设置模型显示状态。单击按钮，选择 Course_v3 视图。

说明：如果在编辑 ISDX 曲线 22 的时候，没有旋转视图，那么就不需要进行此步操作。

（2）设置活动平面。仍然以 RIGHT 基准平面为活动平面。

（3）创建初步的 ISDX 曲线 23。单击 样式 功能选项卡 曲线 ▾ 区域中的“曲线”按钮，在操控板中单击按钮，绘制图 8.8.69 所示的初步的 ISDX 曲线 23，然后单击操控板中的✔按钮。

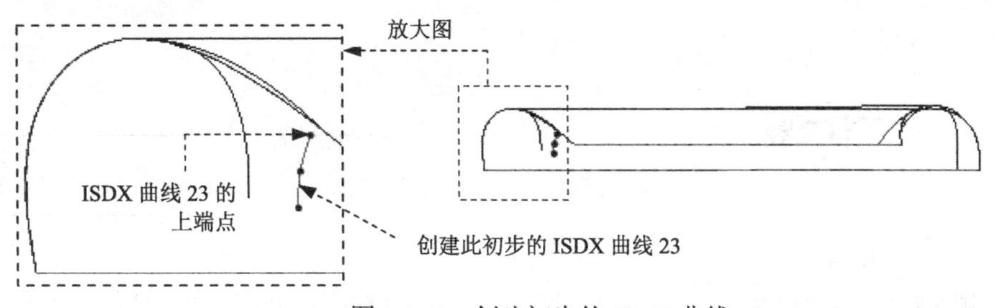

图 8.8.69 创建初步的 ISDX 曲线 23

（4）编辑初步的 ISDX 曲线 23。单击按钮，选择 Course_v5 视图。单击 样式 功能选项卡 曲线 区域中的“曲线编辑”按钮 曲线编辑，选取图 8.8.69 中初步的 ISDX 曲线 23。

① 按住 Shift 键，将 ISDX 曲线 23 的上端点拖拉到 ISDX 曲线 21 上，该端点将变成小叉“×”，如图 8.8.70 所示。

② 按住 Shift 键，将 ISDX 曲线 23 的下端点拖拉到基准平面 DTM2 上，此时下端点显示为小圆圈“○”，如图 8.8.71 所示。

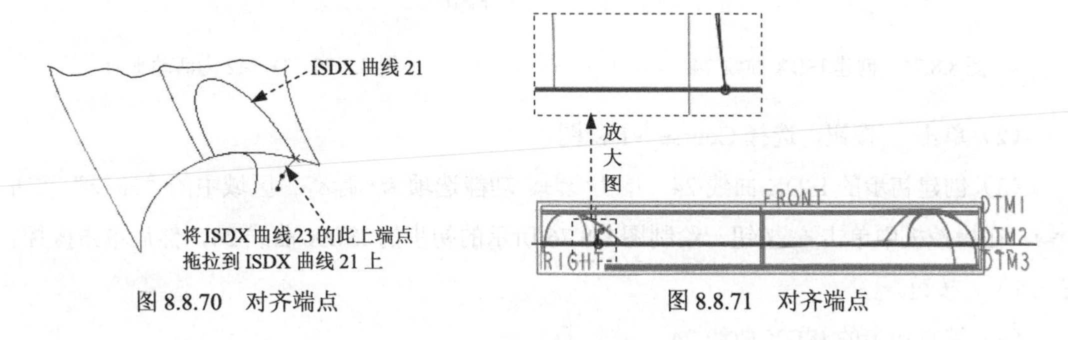

图 8.8.70 对齐端点

图 8.8.71 对齐端点

（5）设置 ISDX 曲线 23 上端点的“曲面相切”约束。选取 ISDX 曲线 23 的上端点，单击操控板上的 相切 选项卡，在系统弹出的界面的约束区域下的第一下拉列表中选择曲面相切选项，在长度 文本框中输入该端点切线的长度值 1.5，并按 Enter 键，如图 8.8.72 所示。

（6）对照曲率图，编辑 ISDX 曲线 23。

① 单击按钮，选择 Course_v3 视图。

② 在 样式 功能选项卡的 分析 区域中单击“曲率”按钮 曲率，然后单击图 8.8.73 中的 ISDX 曲线 23；对照图 8.8.73 所示的曲率图（**注意：**此时在比例 文本框中输入数值 2.00），再次对 ISDX 曲线 23 上的其他几个点进行拖拉编辑。

（7）完成编辑后，单击操控板中的✔按钮。

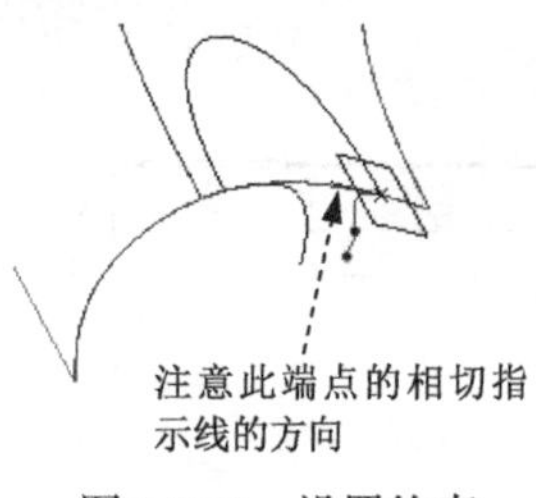

图 8.8.72　设置约束

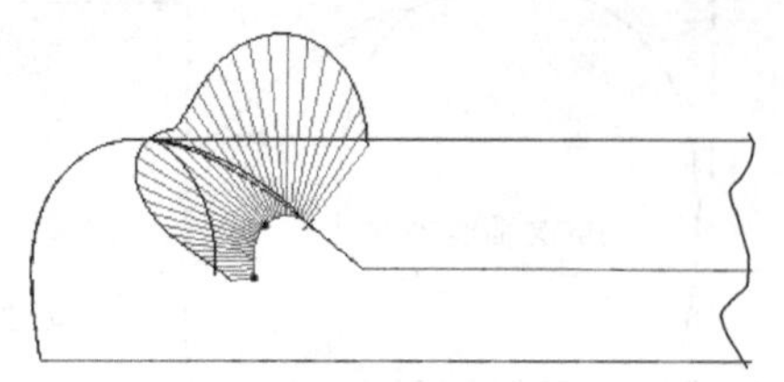

图 8.8.73　ISDX 曲线 23 的曲率图

Step5. 创建图 8.8.74 所示的 ISDX 曲线 24。

（1）单击 样式 功能选项卡 平面 区域中的“设置活动平面”按钮，选择 DTM2 基准平面为活动平面，此时模型如图 8.8.75 所示。

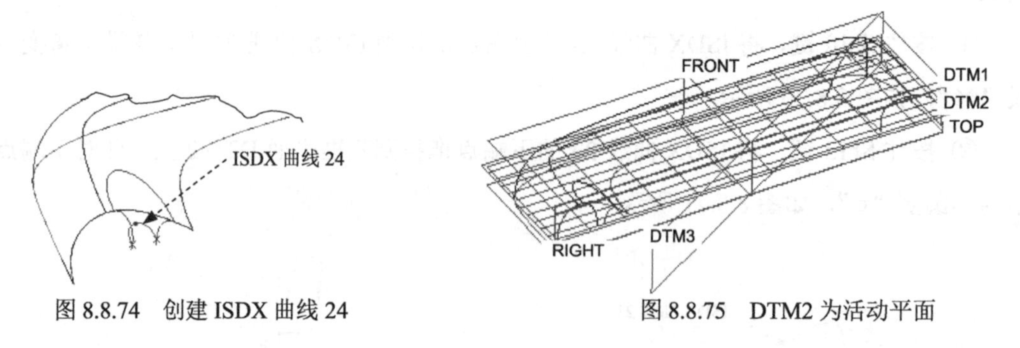

图 8.8.74　创建 ISDX 曲线 24　　　　图 8.8.75　DTM2 为活动平面

（2）单击按钮，选择 Course_v1 视图。

（3）创建初步的 ISDX 曲线 24。单击 样式 功能选项卡 曲线 ▾ 区域中的“曲线”按钮，在操控板中单击按钮，绘制图 8.8.76 所示的初步的 ISDX 曲线 24，然后单击操控板中的✔按钮。

（4）编辑初步的 ISDX 曲线 24。

① 单击 样式 功能选项卡 曲线 ▾ 区域中的“曲线编辑”按钮 曲线编辑。单击图 8.8.76 中初步的 ISDX 曲线 24。

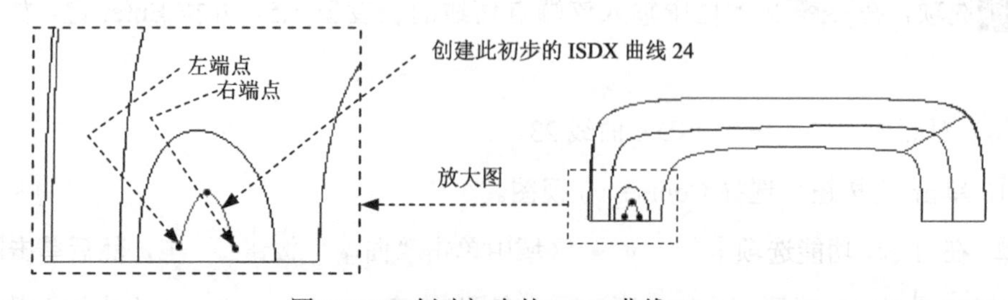

图 8.8.76　创建初步的 ISDX 曲线 24

② 按住 Shift 键，将 ISDX 曲线 24 的左端点拖拉到 ISDX 曲线 22 上，将右端点拖拉到 ISDX 曲线 23 上，这两端点将变成小叉“×”，如图 8.8.77 所示。

（5）设置 ISDX 曲线 24 的左、右端点与 RIGHT 基准平面垂直。

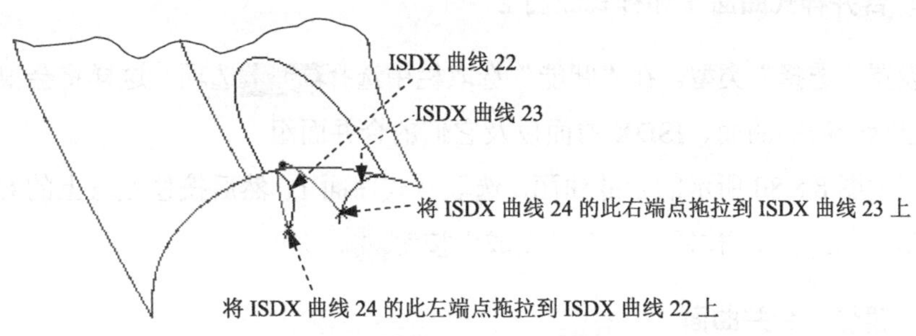

图 8.8.77 对齐端点

① 选取 ISDX 曲线 24 的右端点，单击操控板上的 相切 选项卡，在系统弹出的界面的 约束 区域下的 第一 下拉列表中选择 法向 选项，选取 RIGHT 基准平面作为法向平面（可以从模型树中选取），这样 ISDX 曲线 24 在其右端点处的切线方向便与 RIGHT 基准平面垂直。在 长度 文本框中输入该端点切线的长度值 5.0，并按 Enter 键。

② 按照上步同样的方法，设置 ISDX 曲线 24 的左端点与 RIGHT 基准平面垂直。该端点切线的长度值为 4.0。

（6）对照曲率图，编辑 ISDX 曲线 24。

① 单击按钮，选择 Course_v1 视图。

② 在 样式 功能选项卡的 分析 ▾ 区域中单击“曲率”按钮 曲率，然后单击图 8.8.78 中的 ISDX 曲线 24；对照图 8.8.78 所示的曲率图（**注意：**此时在 比例 文本框中输入数值 1.00），再次对 ISDX 曲线 24 的中间点进行拖拉编辑。

（7）完成编辑后，单击操控板中的 ✔ 按钮。

Step6. 创建图 8.8.79 所示的样式曲面 2。

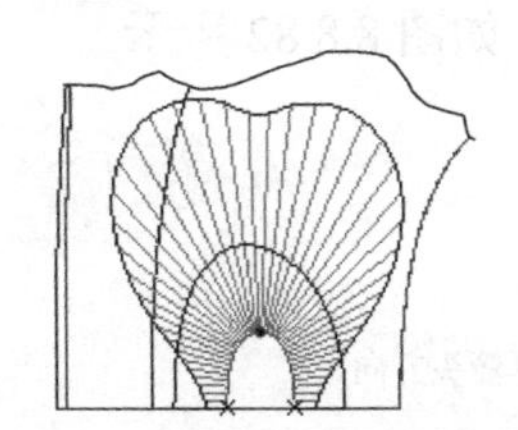

图 8.8.78 ISDX 曲线 24 的曲率图

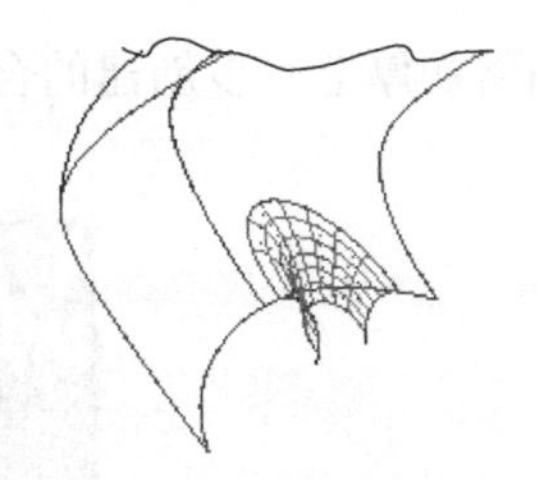

图 8.8.79 创建样式曲面 2

（1）单击 样式 功能选项卡 曲面 区域中的“曲面”按钮。

（2）选取边界曲线。选取 ISDX 曲线 21，然后按住键盘上的 Ctrl 键，分别选取 ISDX 曲线 22、ISDX 曲线 23 和 ISDX 曲线 24，此时系统便以这四条 ISDX 曲线为边界形成一个局部的 ISDX 曲面。

（3）完成 ISDX 曲面的创建后，单击“造型：曲面”操控板中的 ✔ 按钮。

Step7. 单击 样式 功能选项卡中的 ✔ 按钮。完成样式设计，退出样式环境。

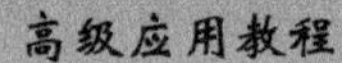

Stage5．合并样式曲面 1 和样式曲面 2

Step1．设置“选择”类型。在“智能”选取栏中选择 面组 选项，这样将会很容易地选取到曲面，包括一般的曲面、ISDX 曲面以及它们的合并面组。

Step2．创建图 8.8.80 所示的合并曲面。选取样式曲面 1，然后按住键盘上的 Ctrl 键，选取样式曲面 2。单击 合并 按钮，单击“完成”按钮 ✓。

Stage6．镜像、合并曲面

Step1．创建图 8.8.81 所示的面组的镜像。

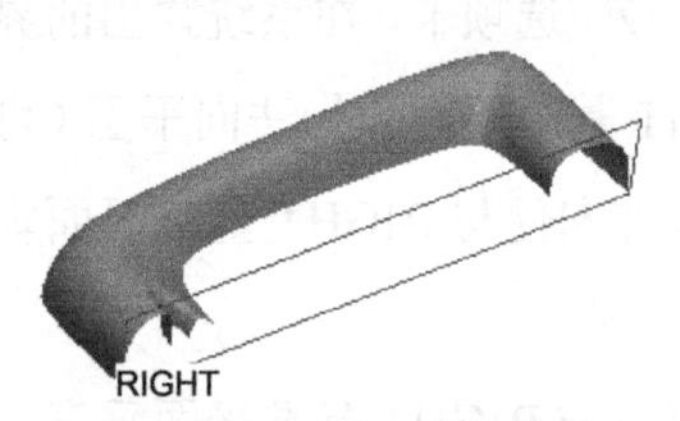

图 8.8.80　合并曲面

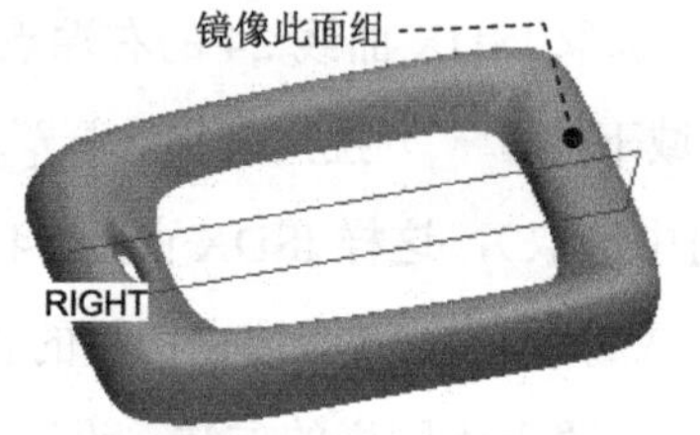

图 8.8.81　镜像面组

（1）选择要镜像的曲面——Stage5 中 Step2 创建的合并曲面。

（2）单击 模型 功能选项卡 编辑 ▾ 区域中的“镜像”按钮。

（3）选取 RIGHT 基准平面为镜像中心平面。

（4）单击操控板中的“完成”按钮 ✓。

Step2．将上一步创建的镜像面组与源面组合并。按住 Ctrl 键，选取要合并的两个面组。单击 合并 按钮，单击“完成”按钮 ✓。

Stage7．加厚样式曲面

下面将加厚上一步创建的合并曲面，生成实体模型，如图 8.8.82 所示。

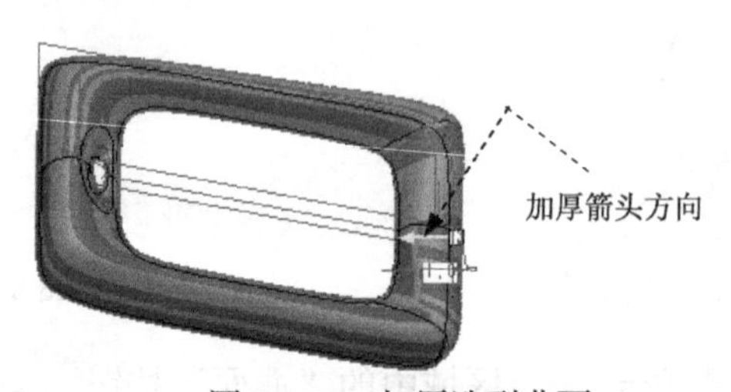

图 8.8.82　加厚造型曲面

（1）选取要加厚的合并曲面。

（2）单击 模型 功能选项卡 编辑 ▾ 区域中的 加厚 按钮。加厚的箭头方向如图 8.8.82 所示，输入薄壁实体的厚度值 1.0。

（3）单击 ✓ 按钮，完成加厚操作。

Stage8．隐藏曲线和曲面

Step1. 在模型树中选择 样式 1，右击，从系统弹出的快捷菜单中选择 命令；用同样的方法隐藏 样式 2。

Step2. 隐藏曲线和曲面。

（1）在导航选项卡单击 按钮，在系统弹出的快捷菜单中选择 层树(L) 命令。

（2）在层树中选取 CURVE 层，右击，从快捷菜单中选择 隐藏 命令；用同样的方法隐藏 QUILT 层。

8.9 Creo ISDX曲面设计实际应用2

范例概述

本范例是利用ISDX曲面修改模型的例子。图8.9.1a所示的手把是用拉伸特征创建的，样式粗糙；图8.9.1b所示的手把是用ISDX曲面进行改进后的样式，简洁美观。通过本例的学习，读者可以认识到，ISDX曲面样式是产品外观设计的有力工具，灵活、方便。

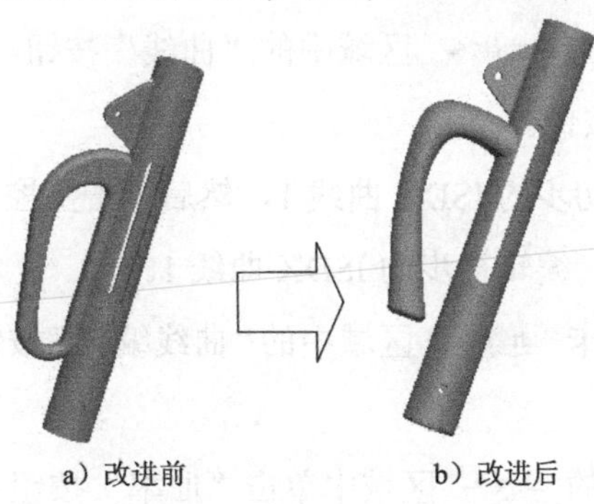

a）改进前　　b）改进后

图8.9.1 手把的改进

Stage1．设置工作目录和打开文件

Step1. 将工作目录设置至 D:\creo6.2\work\ch08.09。

Step2. 打开文件 INSTANCE_BODY_ISDX.PRT。

Step3. 删除零件上原来的手把特征。

（1）在模型树中右击 拉伸 4，从系统弹出的快捷菜单中选择 删除 命令。

（2）在图8.9.2所示的“删除”对话框中单击 确定 按钮，确认删除该特征及所有子特征。

Stage2．创建图8.9.3所示的样式曲面特征

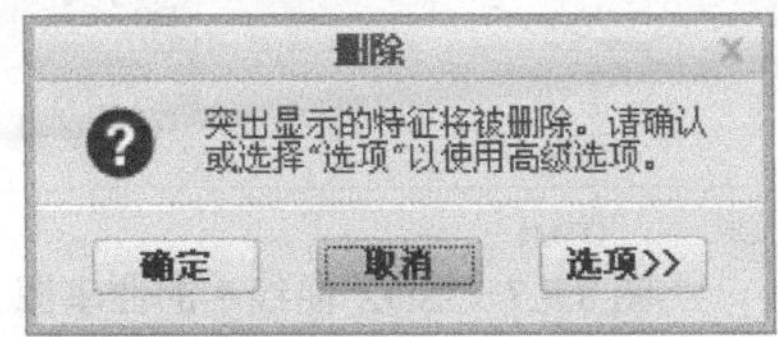

图8.9.2 “删除”对话框

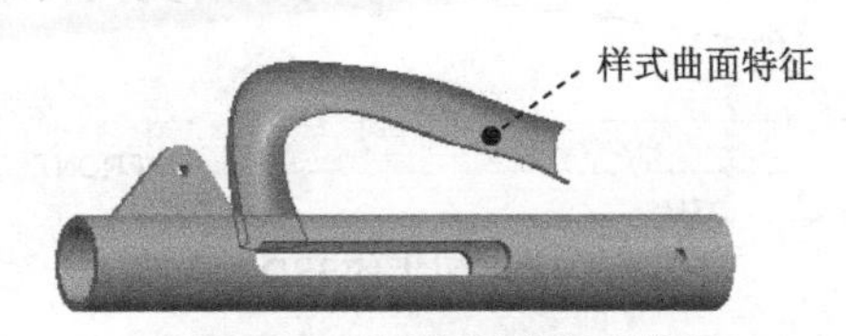

图8.9.3 创建样式曲面特征

Step1. 单击 模型 功能选项卡 曲面 ▾ 区域中的“样式”按钮 样式，进入样式环境。

Step2. 创建图 8.9.4 所示的 ISDX 曲线 1。

（1）设置活动平面。单击 样式 功能选项卡 平面 区域中的“设置活动平面”按钮，选择 CENTER 基准平面为活动平面。

（2）设置模型显示状态。在图形区右击，从系统弹出的快捷菜单中选择 活动平面方向 命令，使模型按图 8.9.5 所示的方位摆放。单击按钮，将模型设置为线框显示状态，此时模型如图 8.9.5 所示。

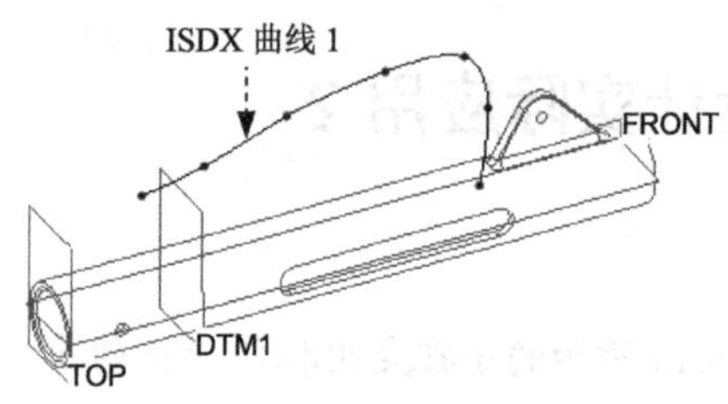

图 8.9.4 创建 ISDX 曲线 1

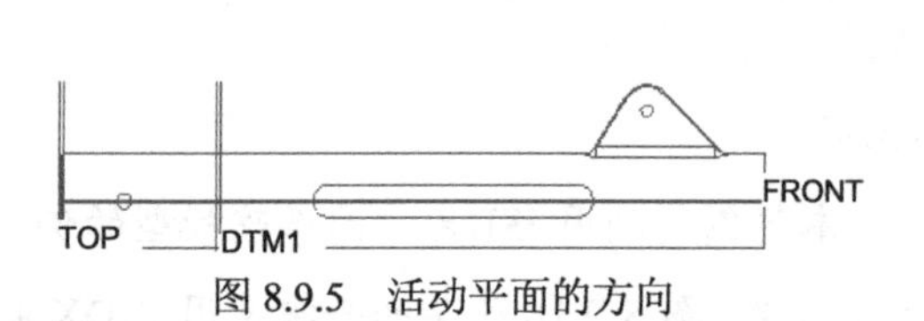

图 8.9.5 活动平面的方向

（3）创建初步的 ISDX 曲线 1。

① 单击 样式 功能选项卡 曲线 ▾ 区域中的“曲线”按钮。

② 在操控板中单击按钮。

③ 绘制图 8.9.6 所示的初步的 ISDX 曲线 1，然后单击操控板中的 ✔ 按钮。

（4）对照曲线的曲率图，编辑初步的 ISDX 曲线 1。

① 单击 样式 功能选项卡 曲线 ▾ 区域中的“曲线编辑”按钮 曲线编辑，选取图 8.9.6 所示的初步的 ISDX 曲线 1。

② 在 样式 功能选项卡的 分析 ▾ 区域中单击“曲率”按钮 曲率，然后选取图 8.9.7 中的 ISDX 曲线 1；对照图 8.9.7 所示的曲率图（**注意：**此时在 比例 文本框中输入数值 30.00），对 ISDX 曲线 1 上的点进行拖拉编辑。

③ 在“曲率”对话框的下拉列表中选择 已保存，然后单击“曲率”对话框中的 ✔ 按钮，退出“曲率”对话框。

④ 对照图 8.9.7 中的曲率图，对 ISDX 曲线 1 上的其他几个点进行拖拉编辑。此时可观察到曲线的曲率图随着点的移动而即时变化。

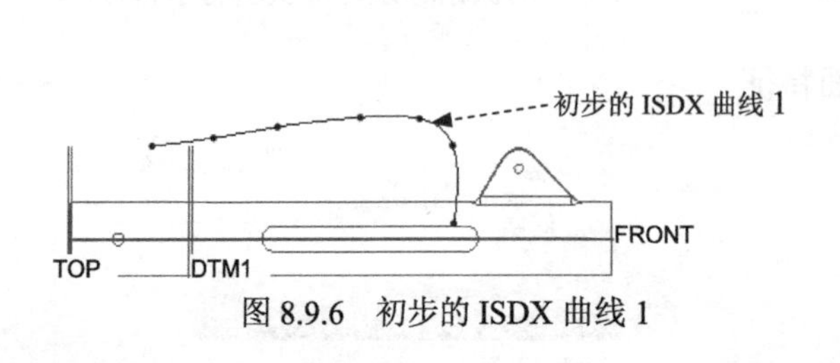

图 8.9.6 初步的 ISDX 曲线 1

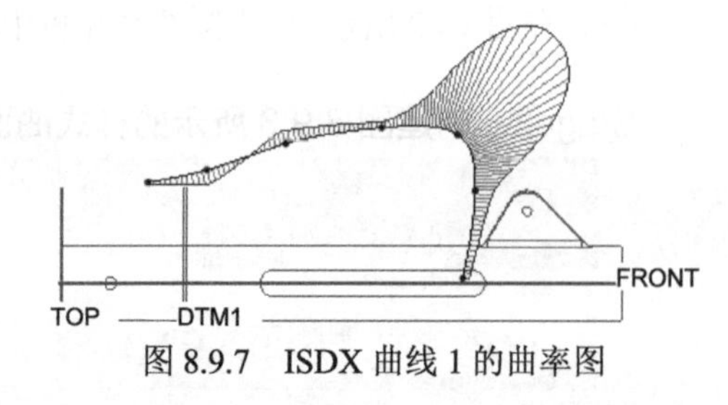

图 8.9.7 ISDX 曲线 1 的曲率图

⑤ 如果要关闭曲线曲率图的显示，在“样式”操控板中选择 分析 ▾ ➡ 删除所有曲率 命令。

（5）完成编辑后，单击操控板中的✔按钮。

Step3. 创建图 8.9.8 所示的 ISDX 曲线 2。

（1）设置活动平面：活动平面仍然是 CENTER 基准平面。

（2）设置模型显示状态。

① 在图形区右击，从系统弹出的快捷菜单中选择 活动平面方向 命令。

② 单击按钮，将模型设置为线框显示状态。

（3）创建初步的 ISDX 曲线 2。单击 样式 功能选项卡 曲线 ▾ 区域中的“曲线”按钮，在操控板中单击按钮，绘制图 8.9.9 所示的初步的 ISDX 曲线 2，然后单击操控板中的✔按钮。

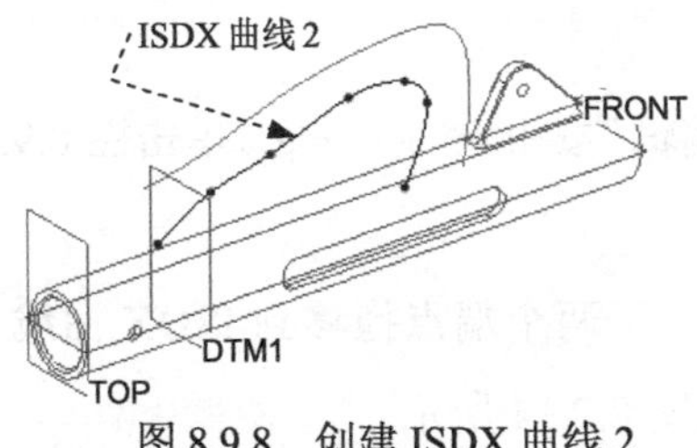

图 8.9.8 创建 ISDX 曲线 2

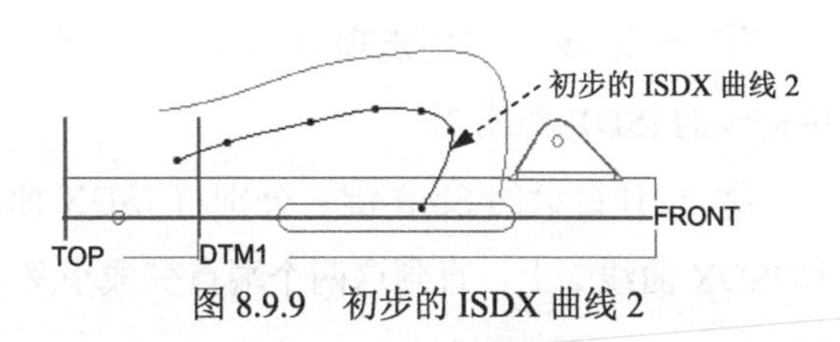

图 8.9.9 初步的 ISDX 曲线 2

（4）对照曲线的曲率图，编辑初步的 ISDX 曲线 2。

① 单击 样式 功能选项卡 曲线 ▾ 区域中的“曲线编辑”按钮 曲线编辑。单击图 8.9.9 中初步的 ISDX 曲线 2。

② 在 样式 功能选项卡的 分析 ▾ 区域中单击“曲率”按钮 曲率，然后选取图 8.9.10 中的 ISDX 曲线 2；对照图 8.9.10 所示的曲率图（**注意**：此时在 比例 文本框中输入数值 30.00），对 ISDX 曲线 2 上的点进行拖拉编辑。

（5）完成编辑后，单击操控板中的✔按钮。

Step4. 创建图 8.9.11 所示的 ISDX 曲线 3。

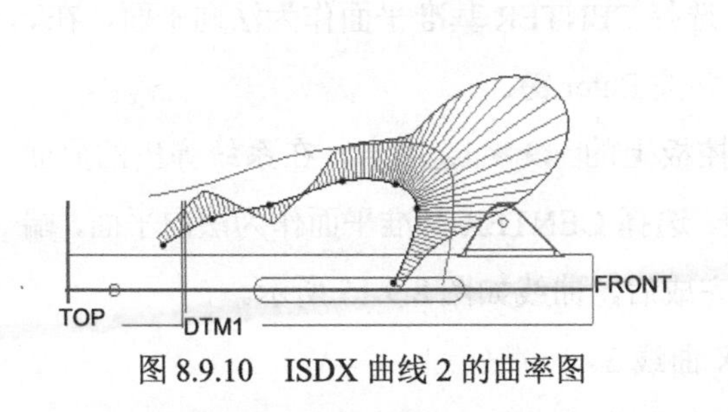

图 8.9.10 ISDX 曲线 2 的曲率图

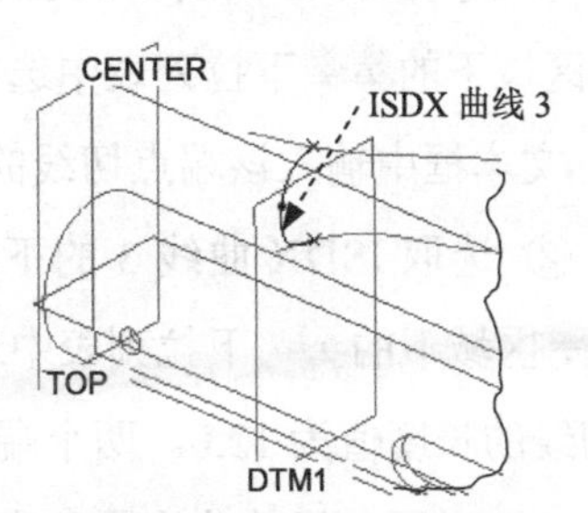

图 8.9.11 创建 ISDX 曲线 3

（1）设置活动平面。单击 样式 功能选项卡 平面 区域中的“设置活动平面”按钮，

选取 DTM1 基准平面为活动平面，如图 8.9.12 所示。

（2）单击按钮，选择 Course_v1 视图。

（3）创建初步的 ISDX 曲线 3。单击 样式 功能选项卡 曲线 区域中的“曲线”按钮。在操控板中单击按钮， 绘制图 8.9.13 所示的初步的 ISDX 曲线 3，然后单击操控板中的按钮。

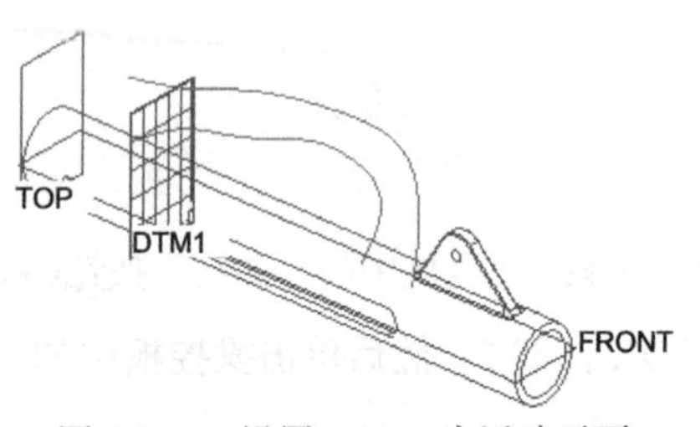

图 8.9.12　设置 DTM1 为活动平面

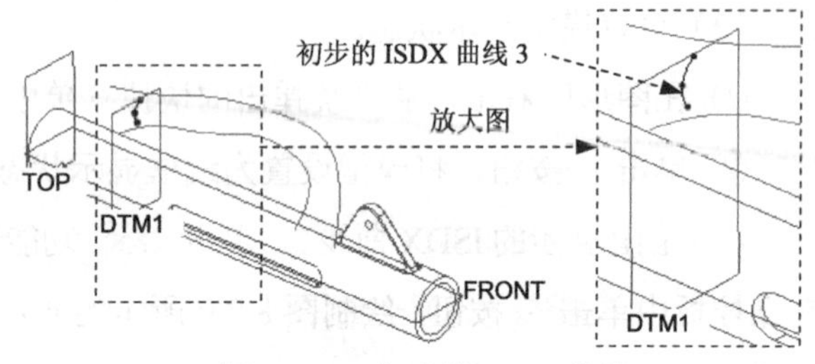

图 8.9.13　初步的 ISDX 曲线 3

（4）编辑初步的 ISDX 曲线 3。

① 单击 样式 功能选项卡 曲线 区域中的“曲线编辑”按钮 曲线编辑。单击图 8.9.13 中初步的 ISDX 曲线 3。

② 按住键盘的 Shift 键，分别将 ISDX 曲线 3 的上、下两个端点拖移到 ISDX 曲线 1 和 ISDX 曲线 2 上，直到这两个端点变成小叉“×”，如图 8.9.14 所示。

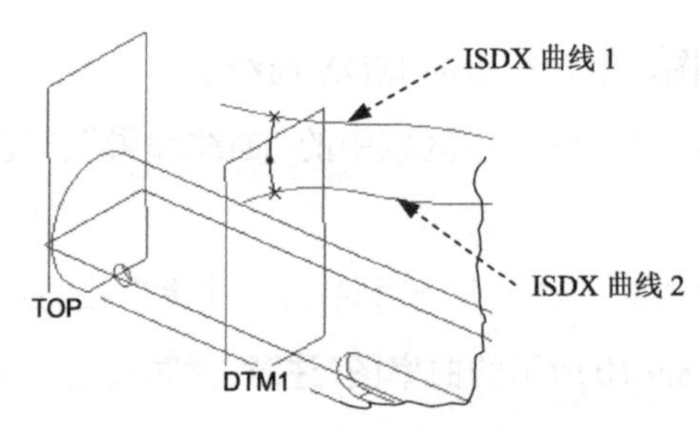

图 8.9.14　编辑 ISDX 曲线 3

（5）设置 ISDX 曲线 3 的两个端点的法向约束。

① 选取 ISDX 曲线 3 的上端点，单击操控板上的 相切 选项卡，在系统弹出的界面的 约束 区域下的 第一 下拉列表中选择 法向 选项，选择 CENTER 基准平面作为法向平面，在 长度 文本框中输入该端点切线的长度值 10.0，并按 Enter 键。

② 选取 ISDX 曲线 3 的下端点，单击操控板上的 相切 选项卡，在系统弹出的界面的 约束 区域下的 第一 下拉列表中选择 法向 选项，选择 CENTER 基准平面作为法向平面，端点切线的长度值为 12.0。两个端点的法向约束完成后，曲线如图 8.9.15 所示。

（6）对照曲线的曲率图，进一步编辑 ISDX 曲线 3。

① 在图形区右击，从系统弹出的快捷菜单中选择 活动平面方向 命令。

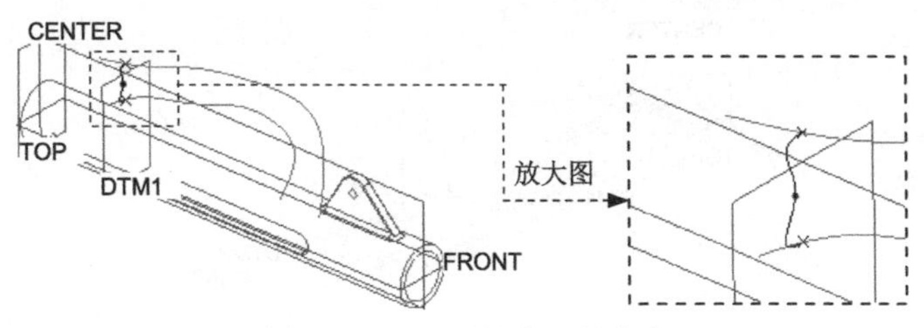

图 8.9.15 设置约束后的状态

② 在 样式 功能选项卡的 分析 ▾ 区域中单击“曲率”按钮 曲率，然后选取图 8.9.16 中的 ISDX 曲线 3；对照图 8.9.16 所示的曲率图（**注意**：此时在 比例 文本框中输入数值 5.00），对曲线上的中间点进行拖拉编辑。

（7）完成编辑后，单击操控板中的 ✔ 按钮。

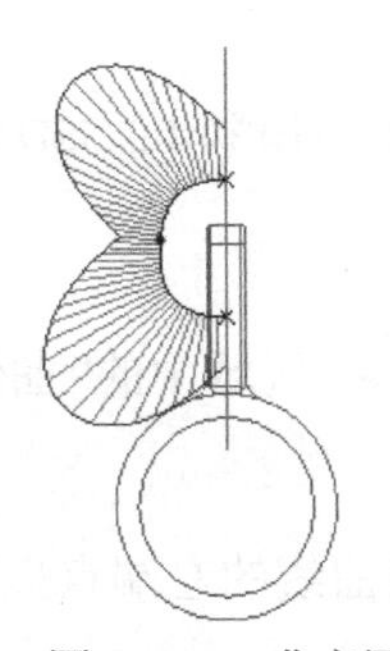

图 8.9.16 曲率图

Step5. 创建图 8.9.17 所示的 ISDX 曲线 4。

（1）创建图 8.9.18 所示的基准平面 DTM2。单击 模型 功能选项卡 基准 ▾ 区域中的“平面”按钮 ，选取 FRONT 基准平面为参考平面，偏移值为 8.0，单击对话框中的 确定 按钮。

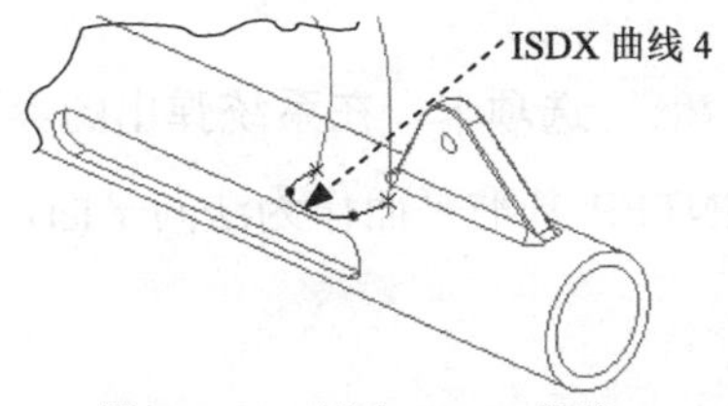

图 8.9.17 创建 ISDX 曲线 4

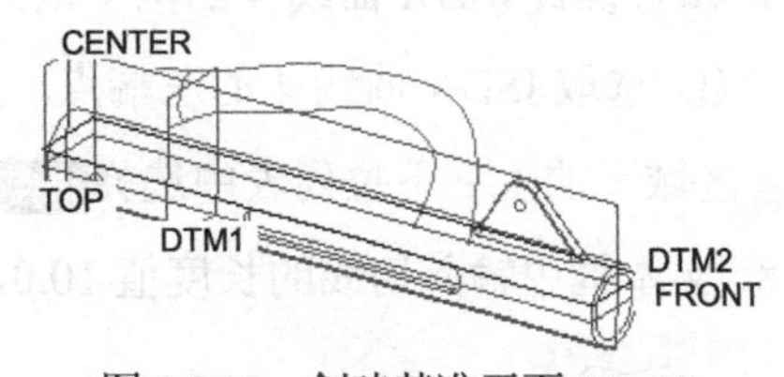

图 8.9.18 创建基准平面 DTM2

（2）单击 按钮，选择 Course_v1 视图。

（3）单击 样式 功能选项卡 平面 区域中的“设置活动平面”按钮 ，选择 DTM2 基准平面为活动平面，此时模型如图 8.9.19 所示。

（4）创建初步的 ISDX 曲线 4。单击 样式 功能选项卡 曲线 ▾ 区域中的“曲线”按钮 ，在操控板中单击 按钮，绘制图 8.9.20 所示的初步的 ISDX 曲线 4，然后单击操控板中的 ✔ 按钮。

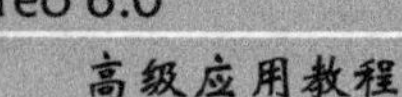

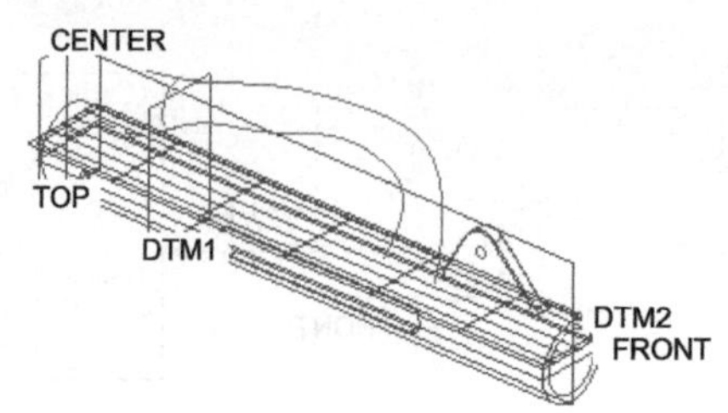

图 8.9.19　设置 DTM2 为活动平面

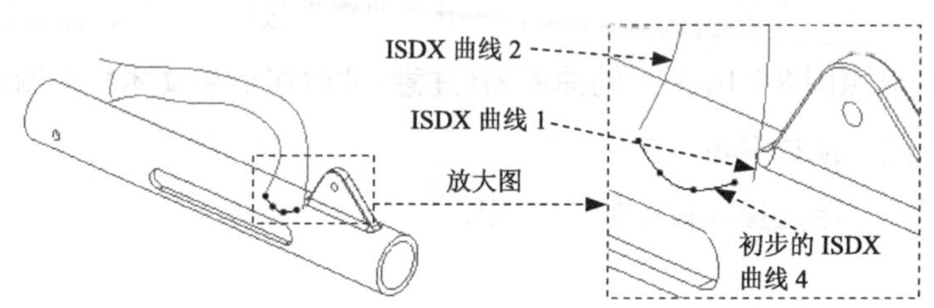

图 8.9.20　创建初步的 ISDX 曲线 4

（5）编辑初步的 ISDX 曲线 4。

① 单击 样式 功能选项卡 曲线 ▾ 区域中的“曲线编辑”按钮 曲线编辑。选取图 8.9.20 中初步的 ISDX 曲线 4。

② 按住键盘的 Shift 键，分别将曲线的左端点拖移到 ISDX 曲线 2 上，将右端点拖移到 ISDX 曲线 1 上，直到这两个端点变成小叉“×”，如图 8.9.21 所示。

注意：

- 要十分小心，不要将曲线的左、右端点拖到模型的其他边线上。
- ISDX 曲线 1 和 ISDX 曲线 2 下部的两个端点必须在 DTM2 基准平面以下，如图 8.9.22 所示，否则无法将曲线的两个端点拖到 ISDX 曲线 1 和 ISDX 曲线 2 上。

（6）设置 ISDX 曲线 4 的两个端点的法向约束。

① 选取 ISDX 曲线 4 的左端点，单击操控板上的 相切 选项卡，在系统弹出的界面的 约束 区域下的 第一 下拉列表中选择 法向 选项，选择 CENTER 基准平面作为法向平面，在 长度 文本框中输入切线的长度值 10.0，并按 Enter 键。

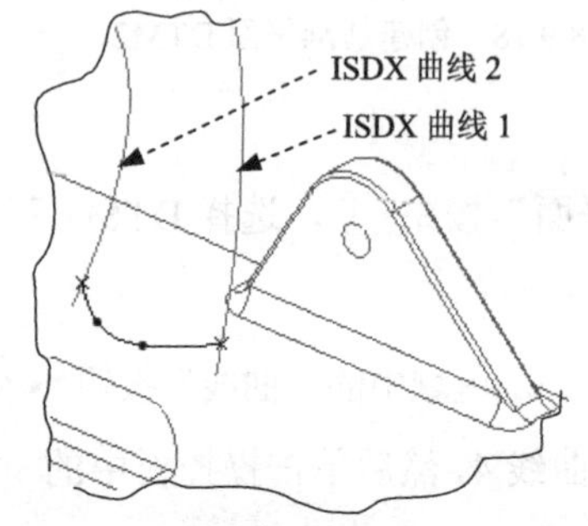

图 8.9.21　编辑初步的 ISDX 曲线 4

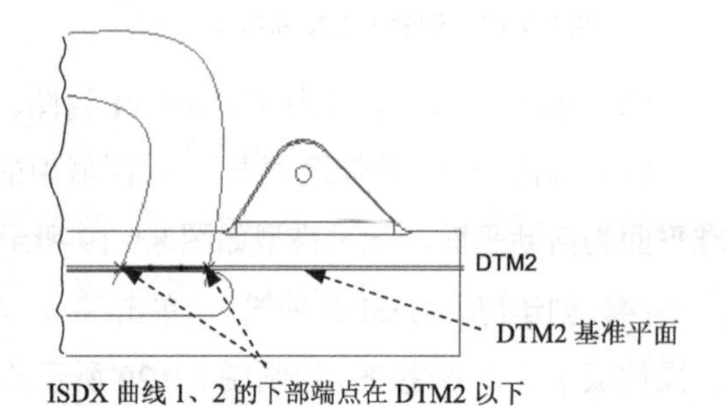

图 8.9.22　ISDX 曲线 1、2 的下部端点在 DTM2 以下

② 选取 ISDX 曲线 4 的右端点，在系统弹出的界面的约束区域下的第一下拉列表中选择法向选项，选择 CENTER 基准平面作为法向平面，端点切线的长度值为 8.0。两个端点的法向约束完成后，曲线如图 8.9.23 所示。

（7）对照曲线的曲率图，进一步编辑 ISDX 曲线 4。

① 在图形区右击，从系统弹出的快捷菜单中选择活动平面方向命令。

② 在样式功能选项卡的分析▾区域中单击“曲率”按钮曲率，然后单击图 8.9.24 中的 ISDX 曲线 4，对照图 8.9.24 所示的曲率图（**注意**：此时在比例文本框中输入数值 10.00），对曲线上的中间点进行拖拉编辑。

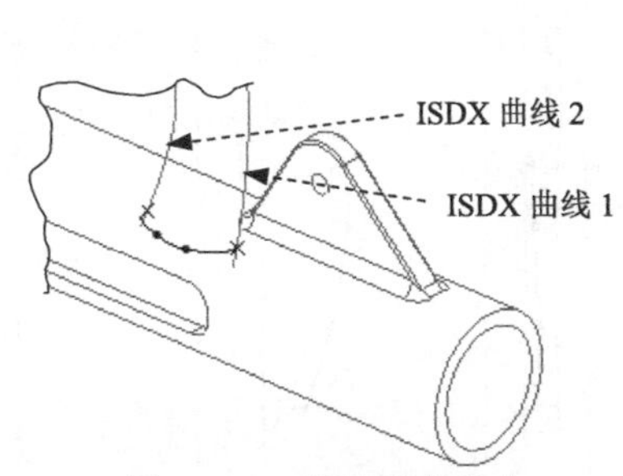

图 8.9.23　设置法向约束

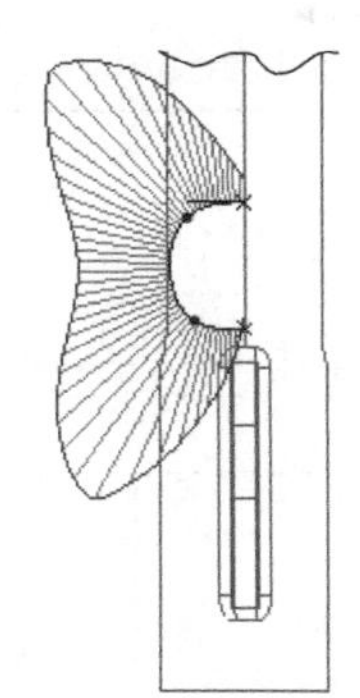

图 8.9.24　ISDX 曲线 4 的曲率图

（8）完成编辑后，单击操控板中的✔按钮。

Step6. 创建图 8.9.25 所示的 ISDX 曲线 5。

（1）设置活动平面。将活动平面设置为 FRONT 基准平面。

（2）单击按钮，选择 Course_v1 视图。

（3）创建初步的 ISDX 曲线 5。单击样式功能选项卡曲线▾区域中的“曲线”按钮。在操控板中单击按钮，绘制图 8.9.26 所示的初步的 ISDX 曲线 5，然后单击操控板中的✔按钮。

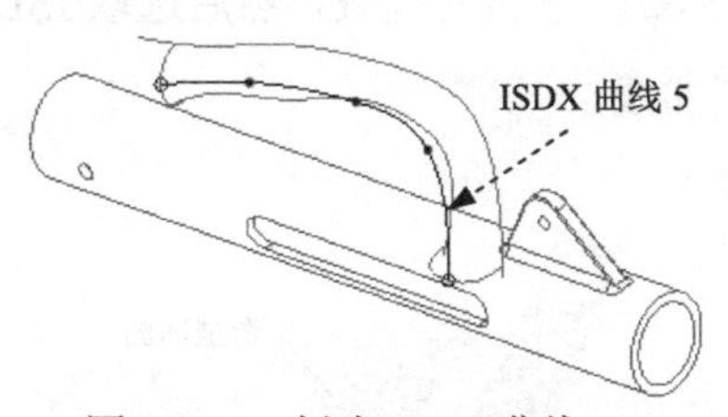

图 8.9.25　创建 ISDX 曲线 5

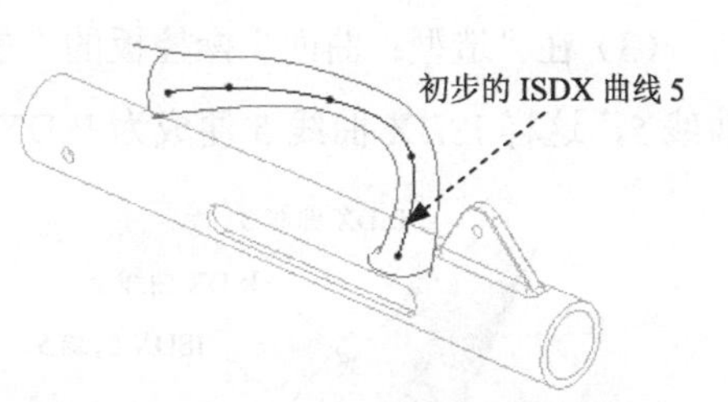

图 8.9.26　初步的 ISDX 曲线 5

（4）将 ISDX 曲线 5 的两个端点拖拉到 ISDX 曲线 3 和 ISDX 曲线 4 上。

① 单击样式功能选项卡曲线▾区域中的“曲线编辑”按钮曲线编辑。单击图 8.9.26 中初步的 ISDX 曲线 5。

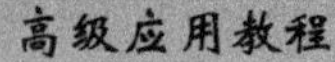

② 按住键盘的 Shift 键，将 ISDX 曲线 5 的左、右两个端点拖拉到 ISDX 曲线 3、ISDX 曲线 4 上，直到其显示样式为小圆圈“○”，如图 8.9.27 所示。

（5）切换到四个视图状态，编辑初步的 ISDX 曲线 5。单击工具栏中的按钮，即可看到曲线的四个视图，对照图 8.9.28 所示的曲线的四个视图，对 ISDX 曲线 5 上的各点进行拖移操作，重点注意下部的两个视图和右上视图。

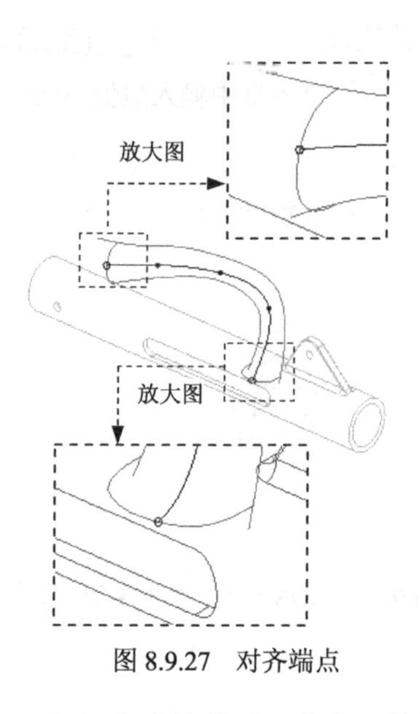

图 8.9.27 对齐端点

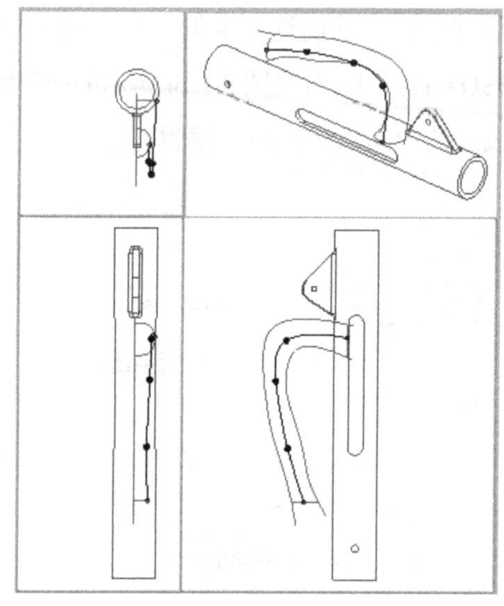

图 8.9.28 四个视图状态

（6）完成编辑后，单击工具栏中的按钮，然后单击操控板中的按钮。

Step7. 创建图 8.9.29 所示的样式曲面。

（1）单击 样式 功能选项卡 曲面 区域中的“样式”按钮 样式。

（2）选取边界曲线。在图 8.9.29 中，选取 ISDX 曲线 1，然后按住键盘上的 Ctrl 键，分别选取 ISDX 曲线 3、ISDX 曲线 2 和 ISDX 曲线 4，此时系统便以这四条 ISDX 曲线为边界形成一个 ISDX 曲面。

（3）在“造型：曲面”操控板的“参考”界面中单击 内部 下面的区域，然后选取 ISDX 曲线 5，这样 ISDX 曲线 5 便成为 ISDX 曲面的内部控制曲线。

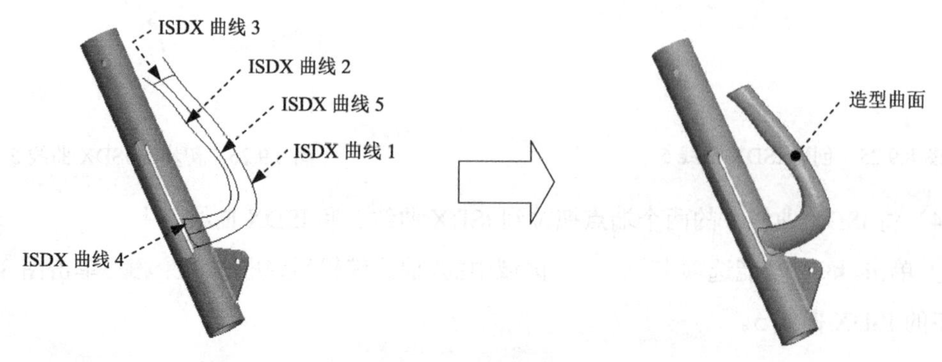

图 8.9.29 创建样式曲面

（4）完成ISDX曲面的创建后，单击“造型：曲面”操控板中的✔按钮。

Step8. 单击 样式 功能选项卡中的✔按钮，完成样式设计，退出样式环境。

Stage3. 镜像、合并样式曲面

Step1. 创建图8.9.30所示的样式曲面的镜像。

（1）选择要镜像的样式曲面。

（2）选择镜像曲面的命令。单击 模型 功能选项卡 编辑 ▾ 区域中的“镜像”按钮。

（3）选取镜像平面CENTER为基准平面。

（4）单击操控板中的“完成”按钮✔。

Step2. 将上一步创建的镜像后的面组与源面组合并。按住Ctrl键，选取要合并的两个面组。单击 合并 按钮，单击“完成”按钮✔。

Stage4. 创建平整曲面，并与面组1合并

Step1. 创建图8.9.31所示的平整曲面，其操作步骤如下。

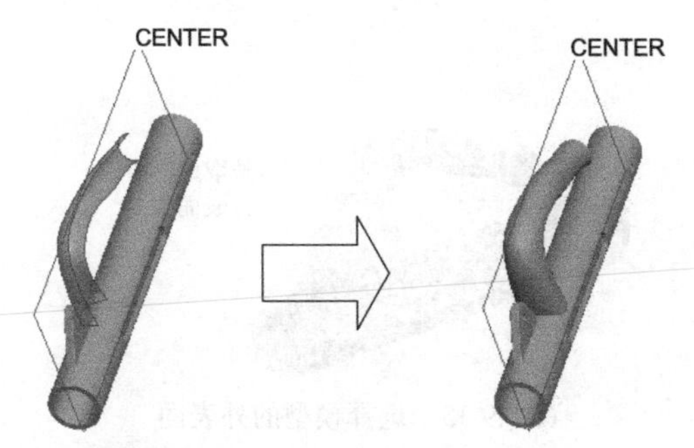

图8.9.30 造型曲面的镜像

图8.9.31 创建平整曲面

（1）单击 填充 按钮，此时屏幕下方会出现操控板。

（2）右击，从菜单中选择 定义内部草绘... 命令。创建一个封闭的草绘截面。选取DTM1基准平面为草绘平面，参考平面为FRONT基准平面，方位为 顶，绘制图8.9.32所示的截面草图。

Step2. 合并曲面。

（1）设置“选择”类型。在“智能”选取栏中选择“面组”选项。

（2）按住Ctrl键，选择面组1和上一步创建的填充曲面，然后进行合并，如图8.9.33所示（注意：这次合并后的面组称之为“面组2”）。

Stage5. 创建复制曲面，将其与面组2合并，然后将合并后的面组实体化

将模型旋转到图8.9.34所示的视角状态，从端口看去，可以查看到面组2已经探到里面。下面将在模型上创建一个复制曲面，将该复制曲面与面组2进行合并，会得到一个封

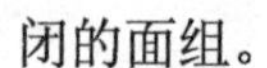

闭的面组。

Step1. 创建复制曲面，其操作步骤如下。

（1）设置“选择”类型。在“智能”选取栏中选择“几何”选项。

（2）选取图 8.9.35 所示的模型的外表面。

（3）单击“复制”按钮。

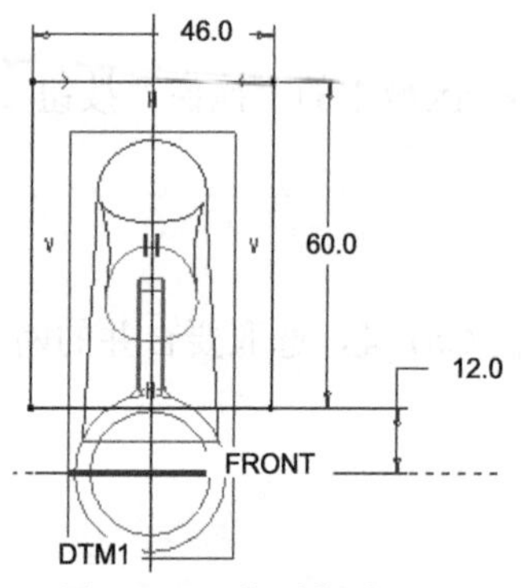

图 8.9.32　截面草图

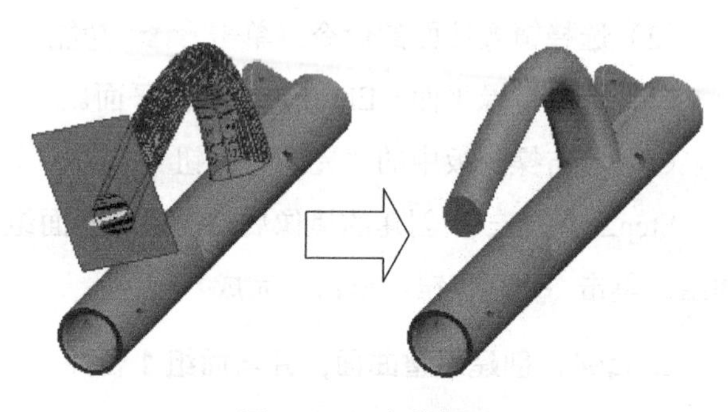

图 8.9.33　合并曲面

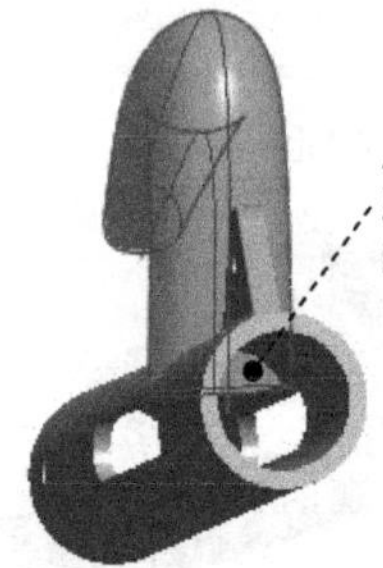

图 8.9.34　旋转视角方向后

图 8.9.35　选择模型的外表面

（4）然后单击“粘贴”按钮，系统弹出图 8.9.36 所示的操控板。

（5）单击操控板中的“完成”按钮。

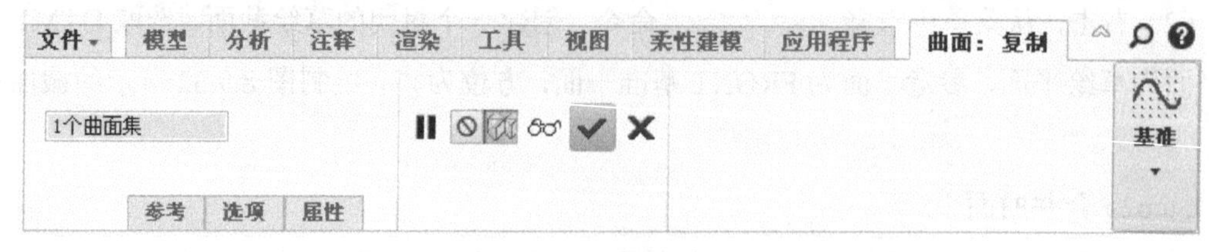

图 8.9.36　操控板

Step2. 合并面组。

（1）设置“选择”类型。在“智能”选取栏中选择“面组”选项。

（2）选择面组 2 与上步创建的复制曲面进行合并（**注意：**此次合并后的面组称之为“面组 3”）。

注意：在合并曲面的时候，要注意方向的问题。

Step3. 实体化曲面。

（1）选取要将其变成实体的面组，即选择上步中合并的面组 3。

（2）单击 实体化 按钮，此时系统出现操控板。

（3）单击“完成”按钮✔，则完成实体化操作。

Stage6. 修改样式曲面的形状

Step1. 进入 ISDX 环境。在模型树中右击 样式 1，从系统弹出的快捷菜单中选择 命令。

Step2. 编辑 ISDX 曲线。

（1）单击 样式 功能选项卡 曲线 ▾ 区域中的“曲线编辑”按钮 曲线编辑。选取图 8.9.37 所示的初步的 ISDX 曲线。

（2）拖移图 8.9.37 所示的 ISDX 曲线上的两点。

（3）完成编辑后，单击操控板中的✔按钮。

Step3. 单击 样式 功能选项卡中的✔按钮。完成样式设计，退出样式环境。

Stage7. 圆角及文件存盘

Step1. 创建图 8.9.38 所示的圆角。

（1）选取特征的命令。单击 模型 功能选项卡 工程 ▾ 区域中的 倒圆角 ▾ 按钮。

（2）在模型上选取图 8.9.38 所示的边线。

（3）给出圆角的半径值。在操控板的圆角半径文本框中输入数值 3.0，并按 Enter 键。

（4）在操控板中单击“完成”按钮✔，完成特征的创建。

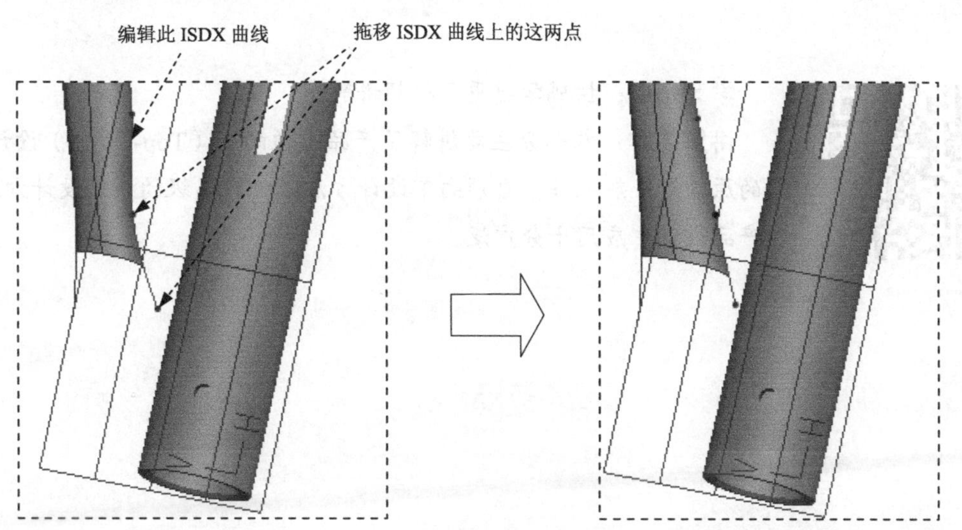

图 8.9.37 编辑 ISDX 曲线

Step2. 保存零件模型文件。

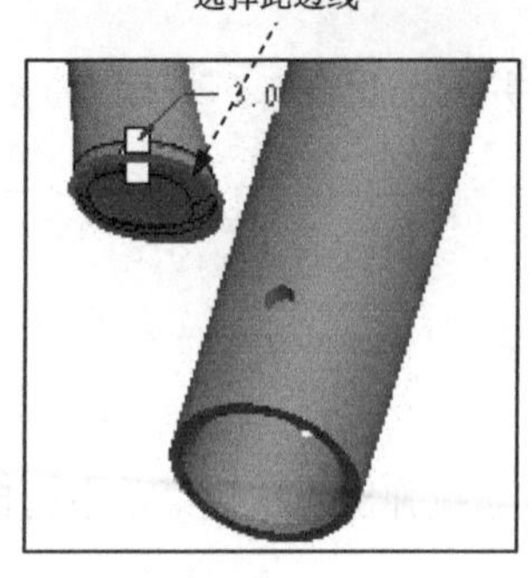

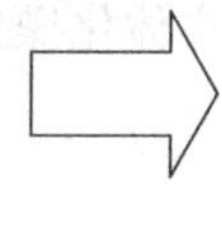

图 8.9.38　创建圆角

学习拓展：扫码学习更多视频讲解。

讲解内容：装配设计实例精选，本部分讲解了一些典型的装配设计案例，着重介绍了装配设计的方法流程以及一些快速操作技巧。

学习拓展：扫码学习更多视频讲解。

讲解内容：本部分主要讲解了产品自顶向下（Top-Down）设计方法的原理和一般操作。自顶向下设计方法是一种高级的装配设计方法，在产品设计中应用十分广泛。

第 9 章　机构模块与运动仿真

本章提要　本章先介绍 Creo 的机构（Mechanism）模块的基本知识和概念，例如各种连接（滑块、销钉等）的定义及特点、主体、拖移、连接轴设置和伺服电动机等，然后介绍一个实际的机构——瓶塞开启器运动仿真的创建过程。

9.1 概　　述

在 Creo 的机构（Mechanism）模块中，可进行一个机构装置的运动仿真及分析。机构模型可引入 Pro/MECHANICA 中，以进行进一步的力学分析；也可将其引入“设计动画”中创建更加完善的动画。

9.1.1 术语

- 机构（机械装置）：由一定数量的连接元件和固定元件所组成，能完成特定动作的装配体。
- 连接元件：以“连接”方式添加到一个装配体中的元件。连接元件与它附着的元件间有相对运动。
- 固定元件：以一般的装配约束（对齐、配对等）添加到一个装配体中的元件。固定元件与它附着的元件间没有相对运动。
- 接头：指连接类型，例如销钉接头、滑块接头和球接头。
- 自由度：各种连接类型提供不同的运动（平移和旋转）自由度。
- 环连接：增加到运动环中的最后一个连接。
- 主体：机构中彼此间没有相对运动的一组元件（或一个元件）。
- 基础：机构中固定不动的一个主体。其他主体可相对于“基础”运动。
- 伺服电动机（驱动器）：伺服电动机为机构的平移或旋转提供驱动。可以在接头或几何图元上放置伺服电动机，并指定位置、速度或加速度与时间的函数关系。
- 执行电动机：作用于旋转或平移连接轴上而引起运动的力。

9.1.2 进入和退出机构模块

Step1. 设置工作目录，新建或打开一个装配模型。例如：将工作目录设置至

D:\creo6.2\work\ch09.01，然后打开装配模型 linkage_mech.asm。

Step2. 进入机构模块。单击 应用程序 功能选项卡 运动 区域中的“机构”按钮，即进入机构模块。此时 Creo 界面如图 9.1.1 所示。

Step3. 退出机构模块。单击 应用程序 功能选项卡 关闭 区域中的“关闭”按钮。

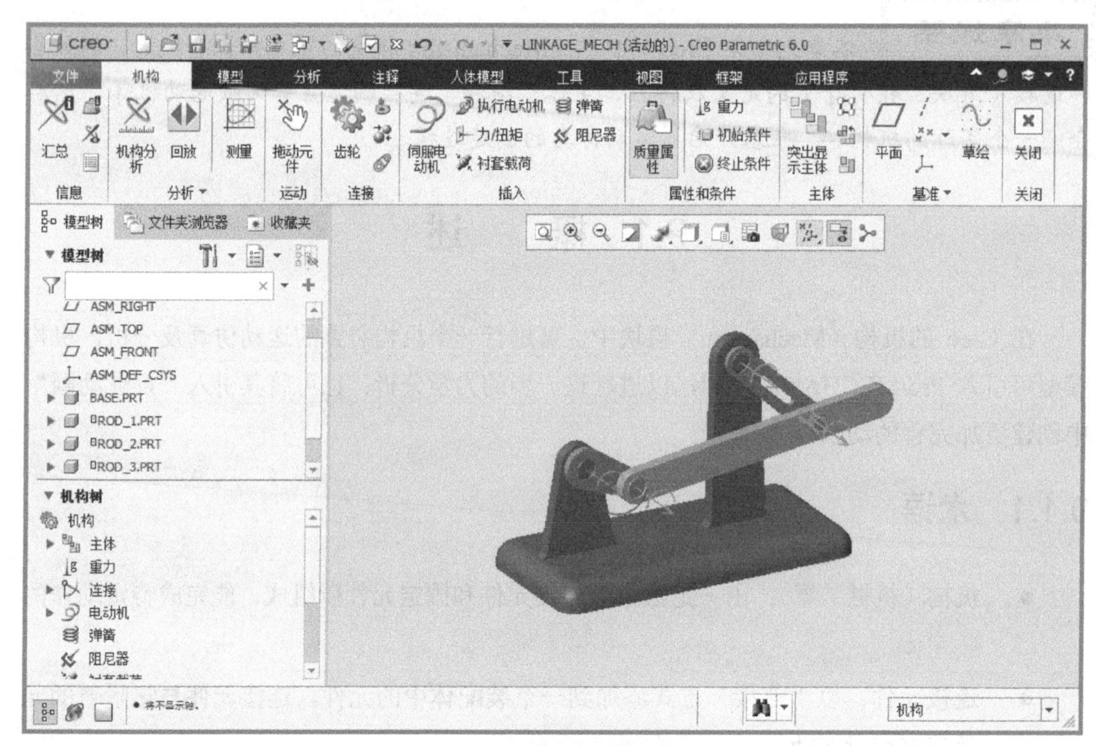

图 9.1.1　机构模块界面

9.1.3　机构模块菜单

进入机构模块后，系统弹出图 9.1.2 所示的 机构 功能选项卡，其中包括所有与机构相关的操作命令。

图 9.1.2　“机构”　功能选项卡

9.1.4　创建一个机构装置并进行运动仿真的一般过程

Step1. 新建一个装配体模型，进入装配环境，单击 模型 功能选项卡 元件 ▾ 区域

中的“组装”按钮。向装配体中添加组成机构装置的固定元件及连接元件。

Step2. 单击 应用程序 功能选项卡 运动 区域中的“机构”按钮，进入机构模块，然后单击 运动 区域中的“拖动元件”按钮，可拖动机构装置，以研究机构装置移动方式的一般特性以及可定位零件的范围；同时可创建快照来保存重要位置，便于以后查看。

Step3. 单击 机构 功能选项卡 连接 区域中的“凸轮”按钮 凸轮，可向机构装置中增加凸轮从动机构连接（此步操作可选）。

Step4. 单击 机构 功能选项卡 插入 区域中的“伺服电动机”按钮，可向机构装置中增加伺服电动机。伺服电动机准确定义某些接头或几何图元应如何旋转或平移。

Step5. 单击 机构 功能选项卡 分析▾ 区域中的“机构分析”按钮，定义机构装置的运动分析，然后指定影响的时间范围并创建运动记录。

Step6. 单击 机构 功能选项卡 分析▾ 区域中的“回放”按钮，可重新演示机构装置的运动、检测干涉、研究从动运动特性、检查锁定配置，并可保存重新演示的运动结果，以便于以后查看和使用。

Step7. 单击 机构 功能选项卡 分析▾ 区域中的“测量”按钮，以图形方式查看位置结果。

9.2 连接与连接类型

9.2.1 连接

如果将一个元件以“连接”的方式添加到机构模型中，则该元件相对于依附元件具有某种运动的自由度。添加连接元件的方法与添加固定元件大致相同，首先单击 模型 功能选项卡 元件▾ 区域中的“组装”按钮，并打开一个元件，系统弹出图 9.2.1 所示的“元件放置”操控板，在该操控板的“约束集”列表框中，可看到系统提供了多种“连接”类型（如刚性、销钉和滑块等），各种“连接”类型允许不同的运动自由度，每种“连接”类型都与一组预定义的放置约束相关联。例如，一个销钉（Pin）连接需要定义一个 轴对齐 约束和一个 平移（即平面对齐或点对齐）约束，这样销钉连接元件就具有一个旋转自由度，而没有平移自由度，也就是该元件可以相对于依附元件旋转，但不能移动。

在向机构装置中添加一个“连接”元件前，应知道该元件与装置中其他元件间的放置约束关系、相对运动关系和该元件的自由度（DOF）。

“连接”的意义在于：

- 定义一个元件在机构中可能具有的运动方式。

- 限制主体之间的相对运动，减少系统可能的总自由度。

向装配件中添加连接元件与添加固定元件的相似之处为：

- 两种方法都使用 Creo 的装配约束进行元件的放置。
- 装配件和子装配件之间的关系相同。

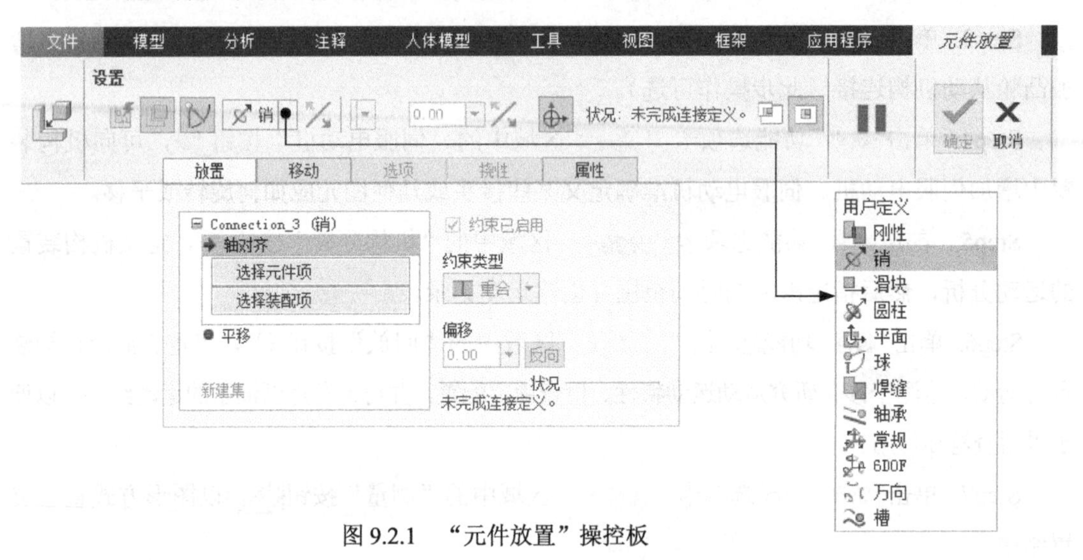

图 9.2.1 “元件放置”操控板

向装配件中添加连接元件与添加固定元件的不同之处。

- 向装配件中添加连接元件时，定义的放置约束为不完全约束模型。系统为每种连接类型提供了一组预定义的放置约束（如销钉连接的约束集中包含“轴对齐”“平移”两个约束），各种连接类型允许元件以不同的方式运动。
- 当为连接元件的放置选取约束参考时，要反转平面的方向，可以进行反向，而不是配对或对齐平面。
- 添加连接元件时，可以为一个连接元件定义多个连接。例如在后面的瓶塞开启器动态仿真的范例中，将连杆（connecting_rod）连到驱动杆和活塞的侧轴上时，就需要定义两个连接（一个销钉连接和一个圆柱连接）。在一个元件中增加多个连接时，第一个连接用来放置元件，最后一个连接认为是环连接。
- Creo 将连接的信息保存在装配件文件中，这意味着父装配件继承了子装配件中的连接定义。

9.2.2 销钉（Pin）接头

销钉接头是最基本的连接类型，销钉接头的连接元件可以绕轴线转动，但不能沿轴线平移。

销钉接头需要一个轴对齐约束，还需要一个平面配对（对齐）约束或点对齐约束，以

限制连接元件沿轴线的平移。

销钉接头提供一个旋转自由度，没有平移自由度。

举例说明如下。

Step1. 将工作目录设置至 D:\creo6.2\work\ch09.02\mech1_pin，然后打开装配模型 mech_pin.asm。

Step2. 在模型树中选取零件 MECH_CYLINDER.PRT ，右击，从系统弹出的快捷菜单中选择命令。

Step3. 创建销钉接头。

① 在“元件放置”操控板的约束集列表中选择 销 选项，此时系统显示图 9.2.2 所示的“元件放置”操控板。

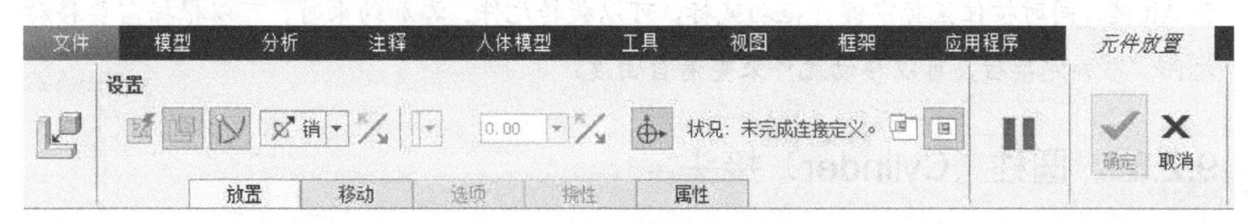

图 9.2.2 “元件放置”操控板

② 单击该操控板中的 放置 选项卡，在系统弹出的界面中可以看到，销钉连接包含两个预定义的约束：轴对齐和平移。

③ 为“轴对齐”约束选取参考。分别选取图 9.2.3 中的两条轴线（元件 MECH_PIN.PRT 和 MECH_CYLINDER.PRT 的中心轴线），此时 放置 界面如图 9.2.4 所示。

④ 为“平移”约束选取参考。分别选取图 9.2.3 中的两个平面（元件 MECH_PIN.PRT 和 MECH_CYLINDER.PRT 的端面）以将其对齐，从而限制连接件沿轴线平移。此时 放置 界面如图 9.2.5 所示。

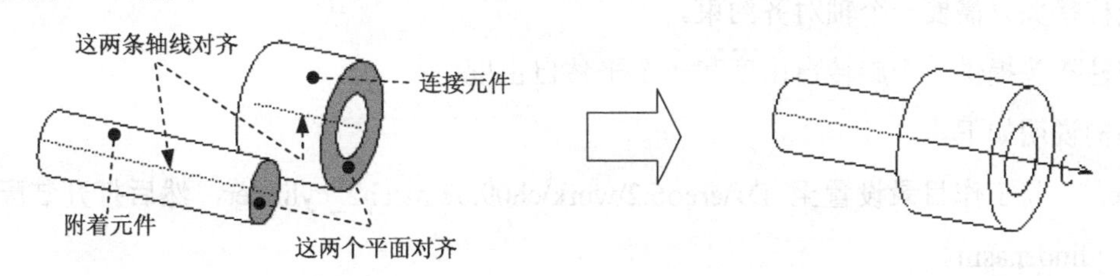

图 9.2.3 销钉（Pin）接头

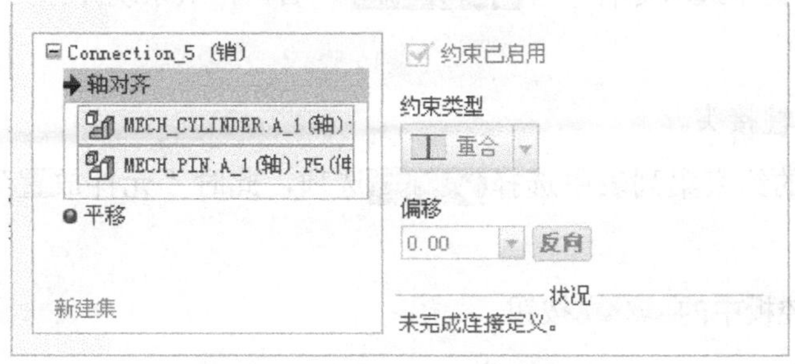

图 9.2.4 “轴对齐”约束参考

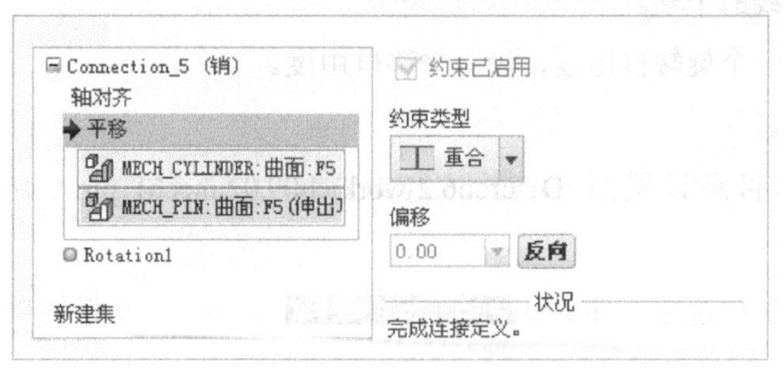

图 9.2.5 “平移”约束参考

Step4. 单击“元件放置”操控板中的✔按钮，完成销钉接头的创建。

说明：按住 Ctrl 和 Alt 键，同时按住鼠标右键并拖动鼠标，可以平移元件；按住 Ctrl 和 Alt 键，同时按住鼠标中键并拖动鼠标，可以旋转元件。添加约束时，可以根据需要移动元件；添加完毕后，可以移动元件来查看自由度。

9.2.3 圆柱（Cylinder）接头

圆柱接头与销钉接头有些相似，如图 9.2.6 所示，圆柱接头的连接元件既可以绕轴线相对于附着元件转动，也可以沿轴线平移。

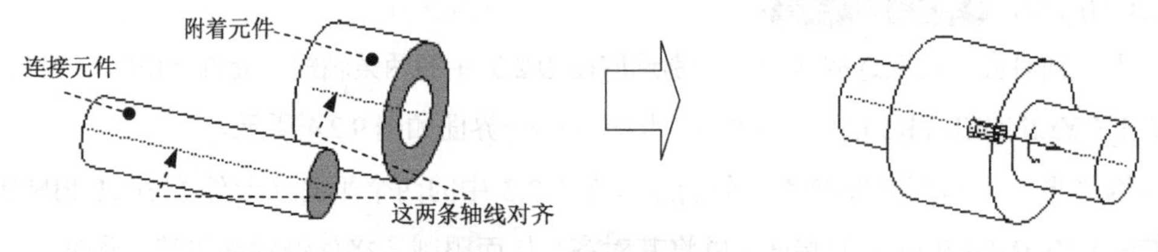

图 9.2.6 圆柱（Cylinder）接头

圆柱接头只需要一个轴对齐约束。

圆柱接头提供一个旋转自由度和一个平移自由度。

举例说明如下。

Step1. 将工作目录设置至 D:\creo6.2\work\ch09.02\mech2_cylinder，然后打开装配模型 mech_ cylinder.asm。

Step2. 在模型树中选取零件 MECH_PIN.PRT，右击，从系统弹出的快捷菜单中选择命令。

Step3. 创建圆柱接头。

① 在操控板的约束集列表中选择 圆柱 选项，此时“元件放置”操控板如图 9.2.7 所示。

② 单击该操控板中的 放置 按钮。

图 9.2.7 “元件放置”操控板

③ 为“轴对齐”约束选取参考。分别选取图 9.2.6 中的两条轴线，此时 放置 界面如图 9.2.8 所示。

Step4. 单击“元件放置”操控板中的✔按钮，完成圆柱接头的创建。

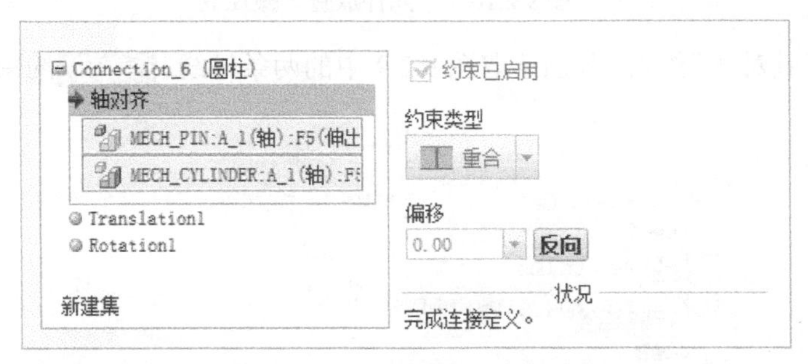

图 9.2.8 “轴对齐”约束参考

9.2.4 滑块（Slider）接头

滑块接头如图 9.2.9 所示，在这种类型的接头中，连接元件只能沿着轴线相对于附着元件移动。

滑块接头需要一个轴对齐约束，还需要一个平面配对或对齐约束以限制连接元件转动。

滑块接头提供了一个平移自由度，没有旋转自由度。

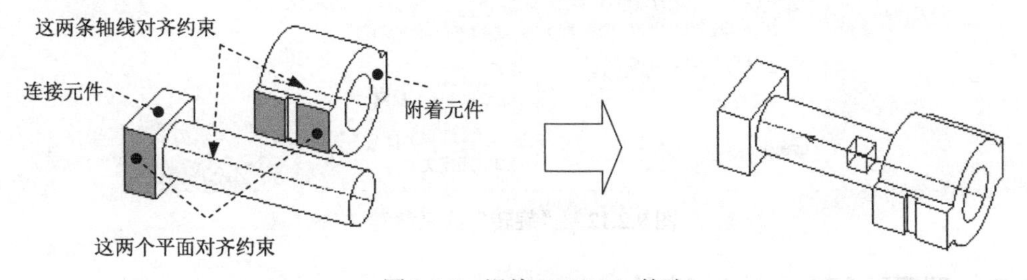

图 9.2.9 滑块（Slider）接头

举例说明如下。

Step1. 将工作目录设置至 D:\creo6.2\work\ch09.02\mech3_slider，然后打开装配模型 mech_ slide.asm。

Step2. 在模型树中选取模型 MECH_CYLINDER2.PRT，右击，然后从系统弹出的快捷菜单中选择命令。

Step3. 创建滑块连接。

① 在约束集选项列表中选取 滑块 选项，此时系统弹出图 9.2.10 所示的“元件放置”操控板。

② 单击该操控板菜单中的 放置 选项卡。

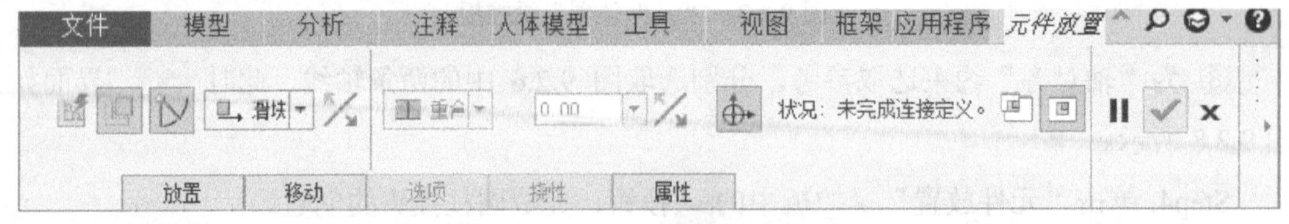

图 9.2.10　“元件放置”操控板

③ 定义“轴对齐”约束。分别选取图 9.2.9 中的两条轴线。轴对齐约束的参考如图 9.2.11 所示。

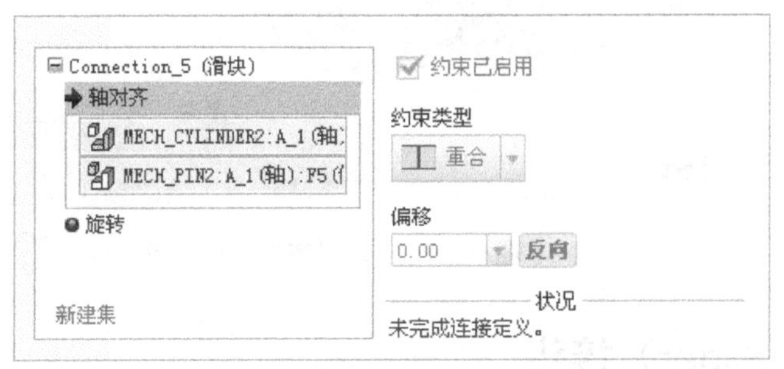

图 9.2.11　“轴对齐”约束参考

④ 定义“旋转”约束。分别选取图 9.2.9 中的两个表面。旋转约束的参考如图 9.2.12 所示。

Step4. 单击“元件放置”操控板中的 ✓ 按钮，完成滑块连接的创建。

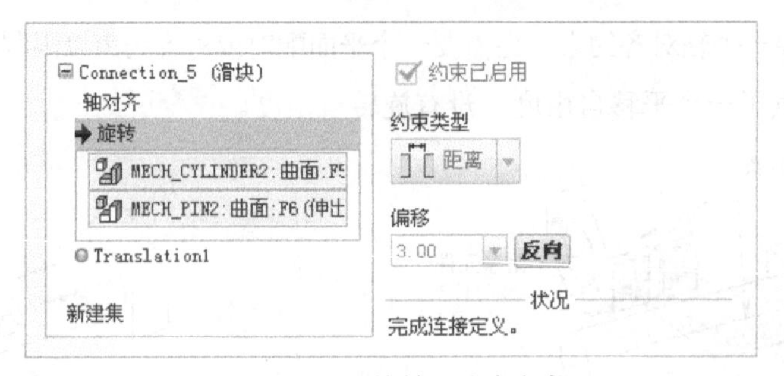

图 9.2.12　“旋转”约束参考

9.2.5　平面（Planar）接头

平面接头如图 9.2.13 所示，在这种类型的接头中，连接元件既可以在一个平面内相对于附着元件移动，也可以绕着垂直于该平面的轴线相对于附着元件转动。

平面接头只需要一个平面配对或对齐约束。

平面接头提供了两个平移自由度和一个旋转自由度。

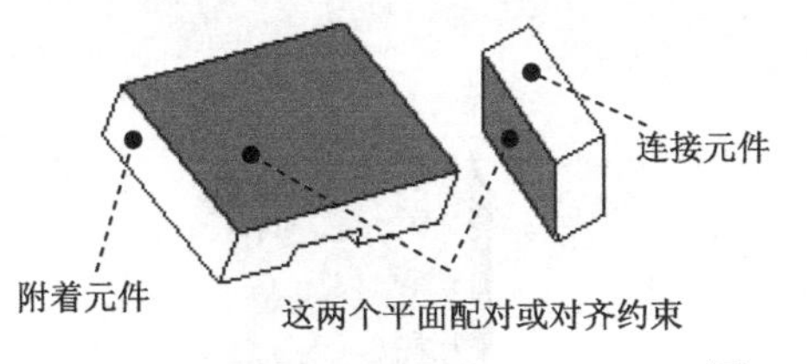

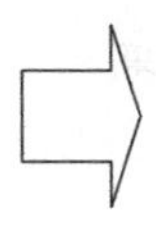

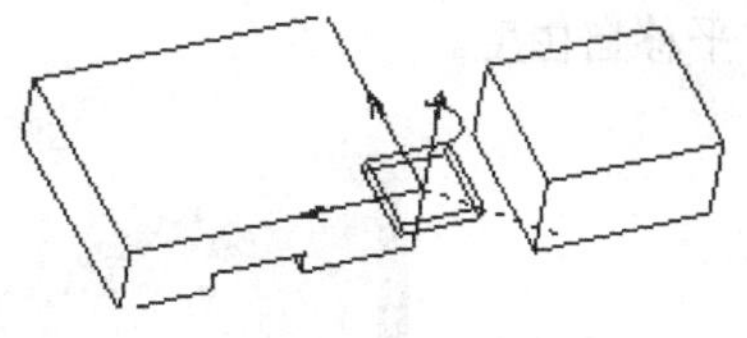

图 9.2.13　平面（Planar）接头

举例说明如下。

Step1. 将工作目录设置至 D:\creo6.2\work\ch09.02\mech4_planar，然后打开装配模型 mech_ planar.asm。

Step2. 在模型树中选取模型 MECH_PLANAR2.PRT，右击，然后从系统弹出的快捷菜单中选择命令。

Step3. 创建平面接头。

① 在约束集选项列表中选取 平面 选项，此时系统弹出图 9.2.14 所示的“元件放置”操控板。

图 9.2.14　“元件放置”操控板

② 单击该操控板中的 放置 选项卡。

③ 定义“平面”约束。分别选取图 9.2.13 中的两个表面。 平面 约束的参考如图 9.2.15 所示。

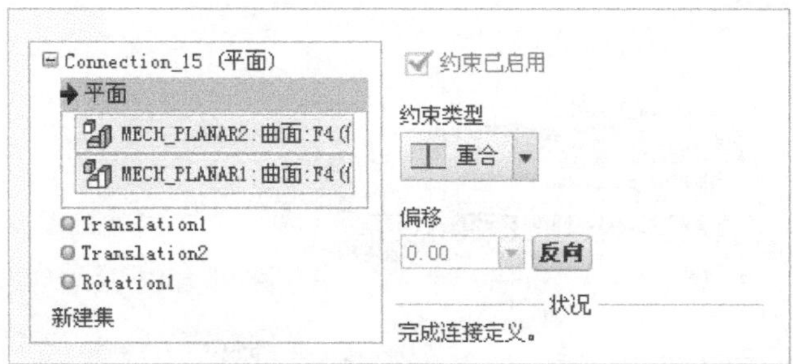

图 9.2.15　“平面”约束参考

Step4. 单击“元件放置”操控板中的按钮，完成平面的创建。

9.2.6　球（Ball）接头

球接头如图 9.2.16 所示，在这种类型的接头中，连接元件在约束点上可以沿任何方向相对于附着元件旋转。球接头只能是一个点对齐约束。球接头提供三个旋转自由度，没有

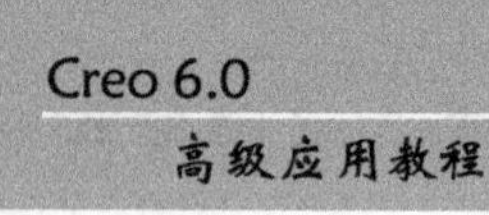

平移自由度。

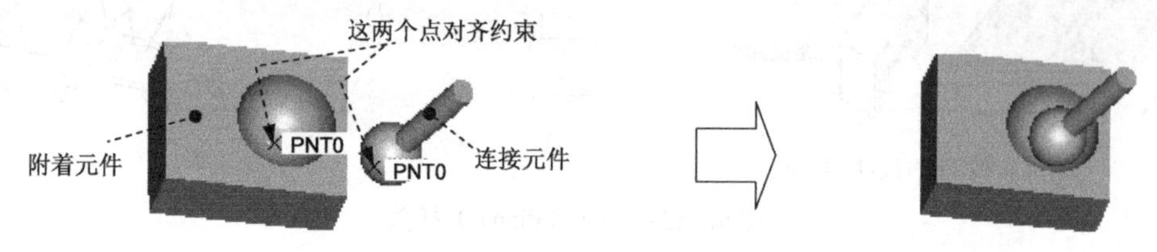

图 9.2.16　球（Ball）接头

举例说明如下。

Step1. 将工作目录设置至 D:\creo6.2\work\ch09.02\mech5_ball，然后打开装配模型 mech_ball.asm。

Step2. 在模型树中选取模型 MECH_BALL2.PRT，右击，然后从系统弹出的快捷菜单中选择命令。

Step3. 创建球接头。

① 在约束集选项列表中选取 球 选项，此时系统弹出图 9.2.17 所示的“元件放置”操控板。

图 9.2.17　“元件放置”操控板

② 单击该操控板中的 放置 选项卡。

③ 定义“点对齐”约束。分别选取图 9.2.16 中的两个点。点对齐 约束的参考如图 9.2.18 所示。

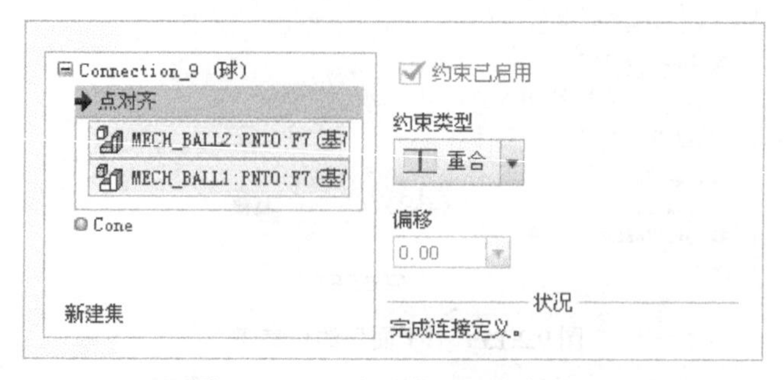

图 9.2.18　“点对齐”约束参考

Step4. 单击“元件放置”操控板中的 按钮，完成球接头的创建。

9.2.7　轴承（Bearing）接头

轴承接头是球接头和滑块接头的组合，如图 9.2.19 所示，在这种类型的接头中，连接元

件既可以在约束点上沿任何方向相对于附着元件旋转，也可以沿对齐的轴线移动。

轴承接头需要的约束是一个点与边线（或轴）的对齐约束。

轴承接头提供一个平移自由度和三个旋转自由度。

举例说明如下。

Step1. 将工作目录设置至 D:\creo6.2\work\ch09.02\mech6_bearing，然后打开装配模型 mech_ bearing.asm。

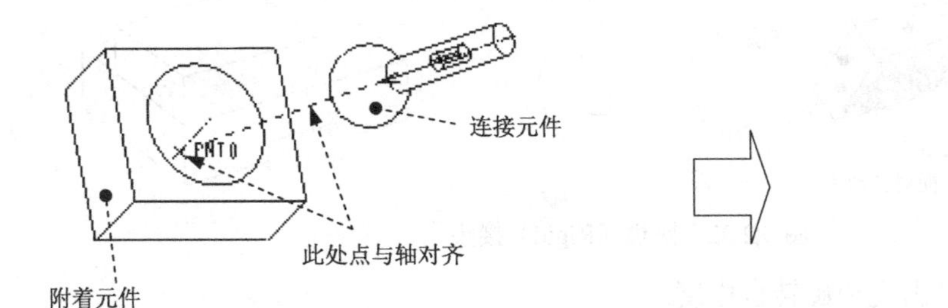

图 9.2.19　轴承（Bearing）接头

Step2. 在模型树中选取模型 MECH_BALL2.PRT，右击，然后从系统弹出的快捷菜单中选择命令。

Step3. 创建轴承接头。

① 在约束集选项列表中选取 轴承 选项，此时系统弹出图 9.2.20 所示的“元件放置”操控板。

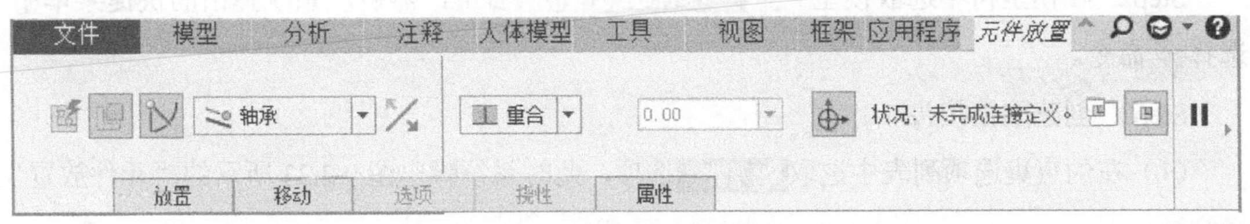

图 9.2.20　“元件放置”操控板

② 单击该操控板中的 放置 选项卡。

③ 定义“点对齐”约束。分别选取图 9.2.19 中的点和轴线（元件 MECH_BALL1.PRT 上的点 PNT0 和元件 MECH_BALL2.PRT 上的中心轴线）。点对齐 约束的参考如图 9.2.21 所示。

Step4. 单击“元件放置”操控板中的 ✔ 按钮，完成轴承接头的创建。

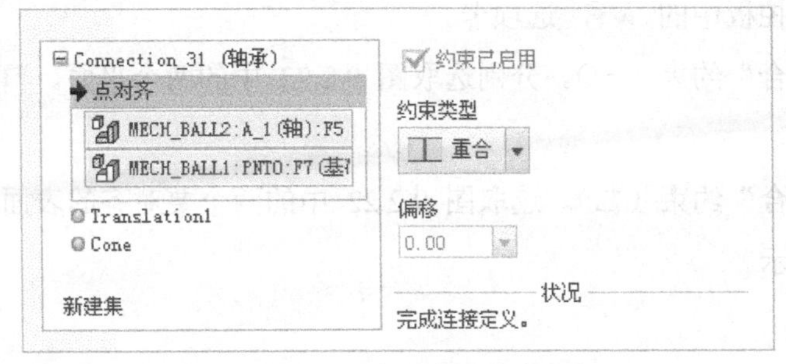

图 9.2.21　“点对齐”约束参考

9.2.8 刚性（Rigid）接头

刚性接头如图 9.2.22 所示，它在改变底层主体定义时将两个元件粘接在一起。在这种类型的接头中，连接元件和附着元件间没有任何相对运动，它们构成一个单一的主体。

刚性接头需要的约束是一个或多个约束。

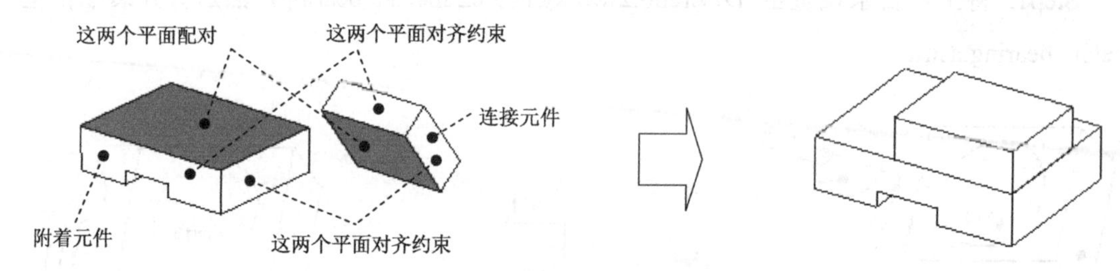

图 9.2.22 刚性（Rigid）接头

刚性接头不提供平移自由度和旋转自由度。

注意：当要粘接在一起的两个元件中不包含连接接头，并且这两个元件依附于两个不同主体时，应使用刚性连接。

举例说明如下。

Step1. 将工作目录设置至 D:\creo6.2\work\ch09.02\mech7_rigid，然后打开装配模型 mech_ rigid.asm。

Step2. 在模型树中选取模型 MECH_PLANAR2.PRT，右击，然后从系统弹出的快捷菜单中选择命令。

Step3. 创建刚性接头。

（1）在约束集选项列表中选取 刚性 选项，此时系统弹出图 9.2.23 所示的“元件放置”操控板。

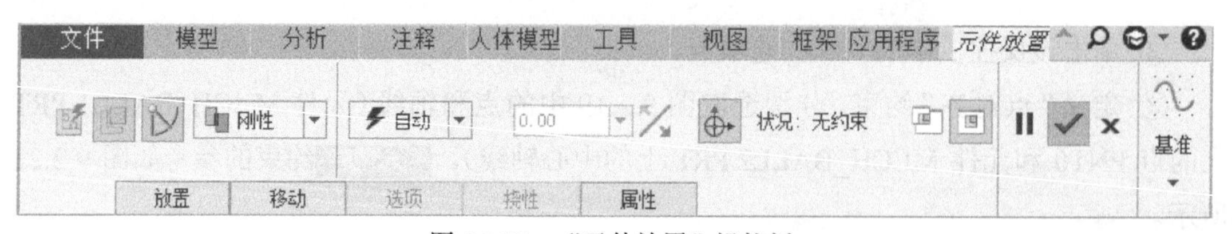

图 9.2.23 “元件放置”操控板

（2）单击该操控板中的 放置 选项卡。

（3）定义“重合”约束（一）。分别选取图 9.2.22 中的两个平面。重合 约束的参考如图 9.2.24 所示。

（4）定义“重合”约束（二）。选取图 9.2.22 中的两个要对齐的表面。重合 约束的参考如图 9.2.25 所示。

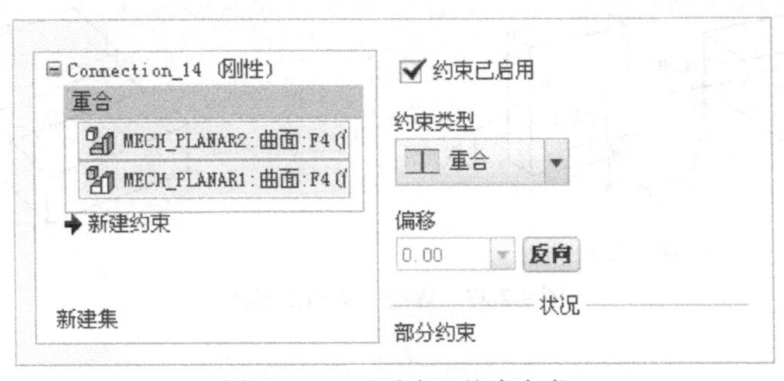

图 9.2.24 “重合”约束参考

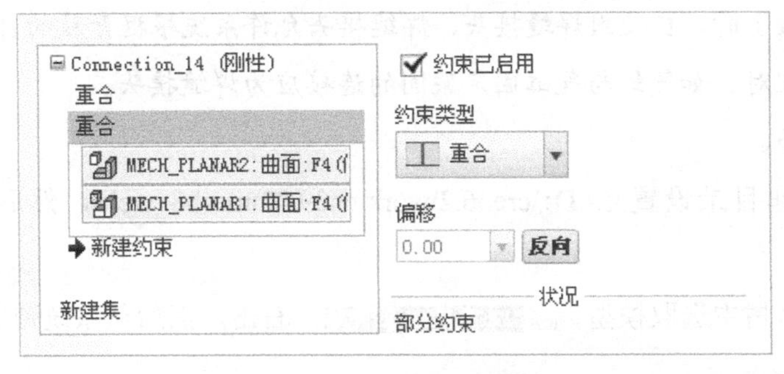

图 9.2.25 “重合”约束参考

（5）定义“重合”约束（三）。选取图 9.2.22 中的另外两个要对齐的表面。重合约束的参考如图 9.2.26 所示。

Step4. 单击“元件放置”操控板中的✔按钮，完成刚性接头的创建。

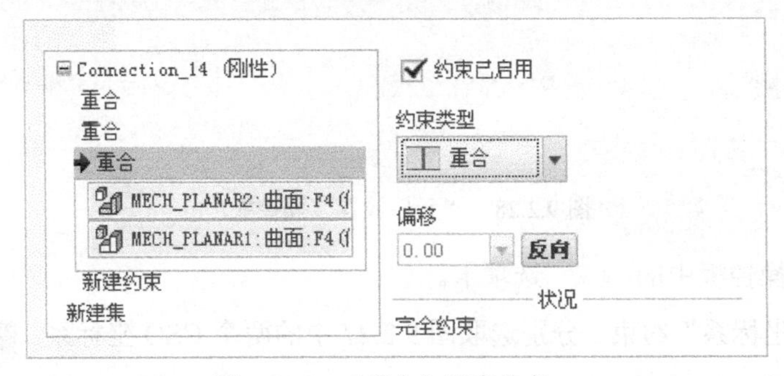

图 9.2.26 “重合”约束参考

9.2.9 焊缝（Weld）接头

焊缝接头如图 9.2.27 所示，它将两个元件粘接在一起。在这种类型的接头中，连接元件和附着元件间没有任何相对运动。

焊缝接头的约束只能是坐标系对齐约束。

焊缝接头不提供平移自由度和旋转自由度。

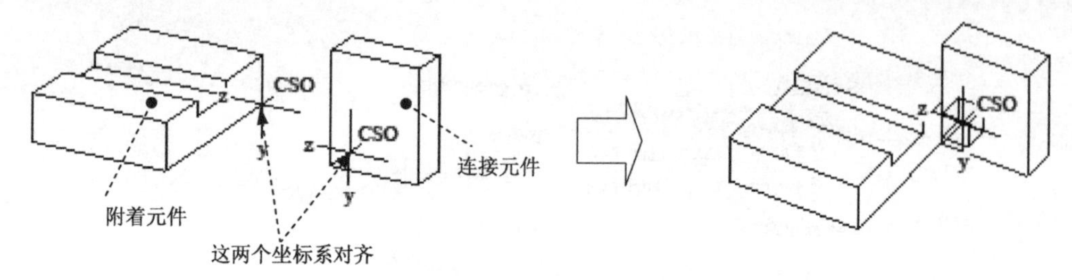

图 9.2.27　焊缝（Weld）接头

注意：当连接元件中包含有连接接头，且要求与同一主体进行环连接（将一个零件环连接到自身的连接）时，应使用焊缝接头，焊缝接头允许系统根据开放的自由度调整元件，以便与主装配件配对。如气缸与气缸固定架间的连接应为焊缝接头。

举例说明如下。

Step1. 将工作目录设置至 D:\creo6.2\work\ch09.02\mech8_weld，然后打开装配模型 mech_ weld.asm。

Step2. 在模型树中选取模型 MECH_PLANAR2.PRT，右击，然后从系统弹出的快捷菜单中选择命令。

Step3. 创建焊缝接头。

（1）在约束集选项列表中选取 焊缝 选项，此时系统弹出图 9.2.28 所示的“元件放置”操控板。

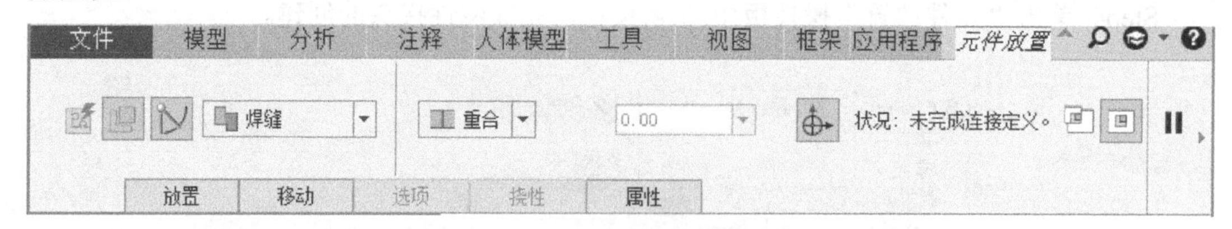

图 9.2.28　“元件放置”操控板

（2）单击该操控板中的 放置 选项卡。

（3）定义“坐标系”约束。分别选取图 9.2.27 中的两个 CSO 坐标系。坐标系 约束的参考如图 9.2.29 所示。

Step4. 单击“元件放置”操控板中的 ✔ 按钮，完成焊缝接头的创建。

图 9.2.29　“坐标系”约束参考

9.3 主 体

9.3.1 关于主体

“主体”是机构装置中彼此间没有相对运动的一组元件（或一个元件）。在创建一个机构装置时，根据主体的创建规则，一般第一个放置到装配体中的元件将成为该机构的“基础”主体，以后如果在基础主体上添加固定元件，那么该元件将成为“基础”的一部分；如果添加连接元件，系统则将其作为另一个主体。当为一个连接定义约束时，只能分别从装配体的同一个主体和连接件的同一个主体中选取约束参考。

9.3.2 突出显示主体

进入机构模块后，单击 机构 功能选项卡 主体 区域中的“突出显示主体”按钮，系统将加亮机构装置中的所有主体。不同的主体显示为不同的颜色，基础主体为绿色。

9.3.3 重定义主体

利用“重定义主体”功能可以实现以下目的。

- 查明一个固定零件的当前约束信息。
- 删除某些约束，以使该零件成为具有一定运动自由度的主体。

具体操作方法如下。

（1） 单击 机构 功能选项卡 主体 区域中的“重新定义主体”按钮，系统弹出“重新定义主体”对话框。

（2）选取要重定义主体的零件，则对话框中显示该零件的约束信息，如图 9.3.1 所示，“约束”区域的“类型”列显示约束的类型，“参考”列显示各约束的参考零件。

注意：约束列表框不列出用来定义连接的约束，只列出固定约束。

（3）从“约束”列表中选取一个约束，系统即显示其 元件参考 和 装配参考，显示格式为“零件名称：几何类型”（如 PISTON：surface），同时在模型中，元件参考与组件参考均加亮显示。

（4）如果要删除某个约束，可从列表中选取该约束，然后单击 移除 按钮。根据主体的创建规则，将一个零件“连接”到机构装置中时，该零件将成为另一个主体，所以在此删除零件的某个约束，可将该零件重定义为符合运动自由度要求的主体。

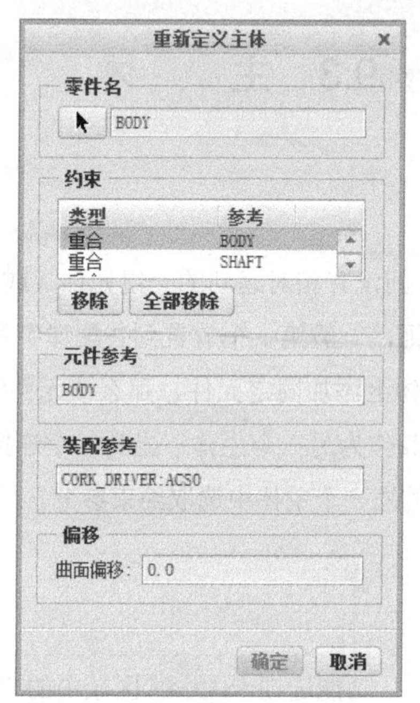

图 9.3.1 “重新定义主体”对话框

（5）如果单击 **全部移除** 按钮，系统将删除所有约束，同时零件被包装（**注意**：不能删除子装配件的约束）。

（6）单击 **确定** 按钮。

9.4 拖移（Drag）

9.4.1 概述

在机构模块中，单击 **机构** 功能选项卡 运动 区域中的“拖动元件”按钮，可以用鼠标对主体进行“拖移（Drag）”。该功能可以验证连接的正确性和有效性，并能使我们深刻理解机构装置的行为方式，以及如何以特殊格局放置机构装置中的各元件。在拖移时，还可以借助接头禁用和主体锁定功能来研究各个部分机构装置的运动。

拖移过程中，可以对机构装置进行拍照，这样可以对重要位置进行保存。拍照时，可以捕捉现有的锁定主体、禁用的连接和几何约束。

9.4.2 “拖动”对话框简介

如图 9.4.1 和图 9.4.2 所示，“拖动”对话框中有两个选项卡：**快照** 选项卡和 **约束** 选项卡，下面将分别予以介绍。

1. “快照”选项卡

利用“快照”选项卡，可在机构装置的移动过程中拍取快照。各选项的说明如下。

A：点拖动，在某主体上，选取要拖移的点，该点将突出显示并随光标移动。

B：主体拖动，选取一个要拖移的主体，该主体将突出显示并随光标移动。

C：单击该按钮后，系统立即给机构装置拍照一次，并在下面列出该快照名。

D：单击此标签，可打开图 9.4.1 所示的 快照 选项卡。

E：单击此按钮，将显示所选取的快照。

F：单击此按钮，从其他快照中借用零件位置。

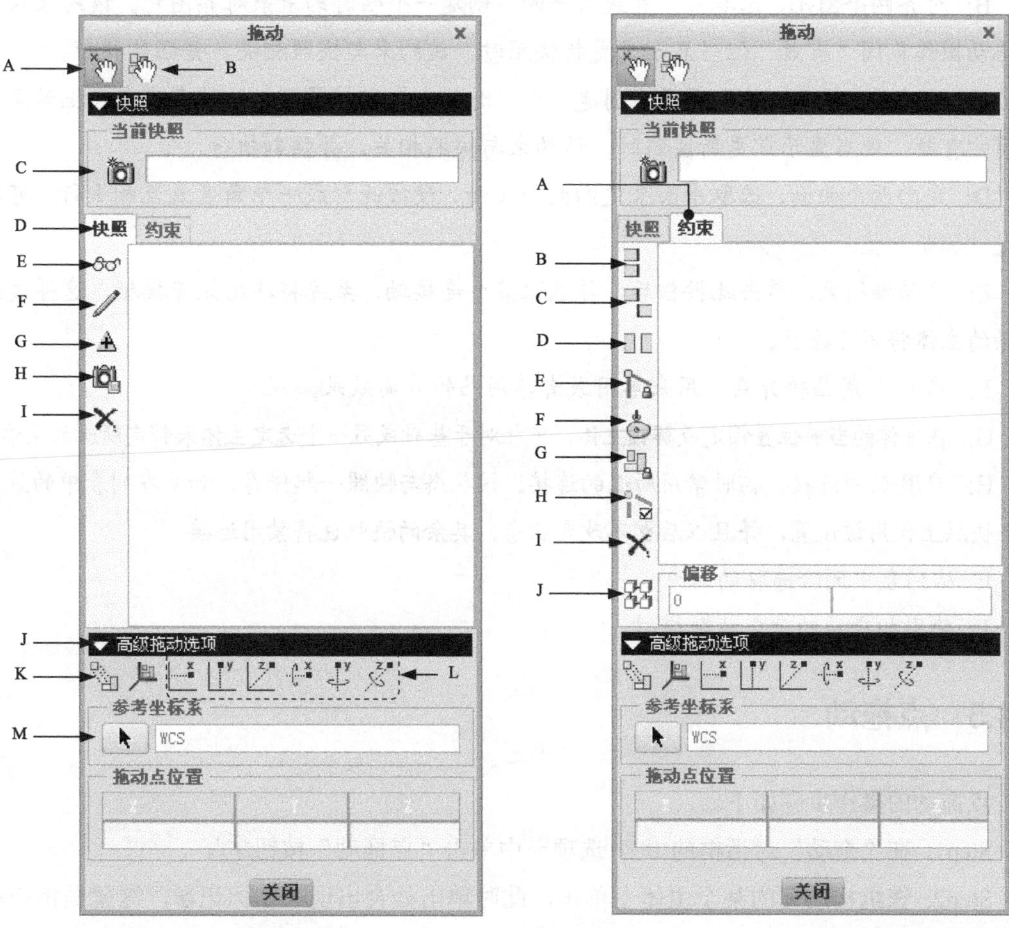

图 9.4.1 “快照”选项卡　　　　图 9.4.2 “约束”选项卡

G：单击此按钮，将选定快照更新为当前屏幕上的位置。

H：单击此按钮，使选取的快照可用作分解状态，此分解状态可用在工程图的视图中。

I：从列表中删除选定的快照。

J：单击此标签，可显示下部的“高级拖动选项”。

K：单击此按钮，选取一个元件，打开“移动”对话框，可进行封装移动操作。

L：分别单击这些运动按钮后，然后选取一个主体，可使主体仅沿按钮中所示的坐标轴方向运动（平移或转动），沿其他方向的运动则被锁定。

M：单击此按钮，可通过选取主体来选取一个坐标系（所选主体的默认坐标系是要使用的坐标系），主体将沿该坐标系的 X、Y、Z 方向平移或旋转。

2. "约束"选项卡

在图 9.4.2 所示的 约束 选项卡中，可应用或删除约束以及打开和关闭约束。各选项的说明如下。

A：单击此标签，将打开本图所示的 约束 选项卡。

B：对齐两个图元，选取点、直线或平面，创建一个临时约束来对齐图元。该约束只有在拖动操作期间才有效，但当显示或更新快照时，该约束与快照相关，并强制执行。

C：配对两个图元，选取平面，创建一个临时约束来配对图元。该约束只有在拖动操作期间才有效，但当显示或更新快照时，该约束与快照相关，并强制执行。

D：定向两个曲面，选取平面来定向两个曲面，使彼此形成一个角度或互相平行。可以指定"偏距"值。

E：运动轴约束，单击此按钮后，再选取某个连接轴，系统将冻结此连接轴，这样该连接轴的主体将不可拖移。

F：启用/禁用凸轮升离，用来启用或者禁用凸轮升离效果。

G：在主体的当前位置锁定或解锁主体，可相对于基础或另一个选定主体来锁定所选的主体。

H：启用/禁用连接，临时禁用所选的连接。该状态与快照一起保存。如果在列表中的最后一个快照上使用该设置，并且以后也不改变状态，其余的快照也将禁用连接。

I：从列表中删除选取的约束。

J：使用相应的约束来装配模型。

9.4.3 点拖动

点拖动的操作步骤如下。

Step1. 在"拖动"对话框的 快照 选项卡中单击"点拖动"按钮。

Step2. 在机构装置的某个主体上单击，此时单击处会出现一个标记◈，这就是将拖移该主体的确切位置（注意：不能为点拖动选取基础主体）。

Step3. 移动鼠标，选取的点将跟随光标位置。

Step4. 要结束此拖移，单击下列任一鼠标键。

- 鼠标左键：接受当前主体的位置。
- 鼠标中键：取消刚才执行的拖移。
- 鼠标右键：取消刚才执行的拖移，并关闭"拖动"对话框。

9.4.4 主体拖移

进行“主体拖移”时，屏幕上主体的位置将改变，但其方向保持固定不变。如果机构装置需要在主体位置改变的情况下还要改变方向，则该主体将不会移动，因为在此新位置的机构装置将无法重新装配。如果发生这种情况，就尝试使用点拖动来代替。主体拖移的操作步骤如下。

Step1. 在“拖动”对话框中单击“主体拖移”按钮。

Step2. 在模型中选取一个主体。

Step3. 移动鼠标，选取的主体将跟随光标的位置。

Step4. 要结束此操作，单击下列任一鼠标键。

- 鼠标左键：接受当前主体的位置。
- 鼠标中键：取消刚才执行的拖移。
- 鼠标右键：取消刚才执行的拖移，并关闭对话框。

9.4.5 使用“快照”作为机构装置的分解状态

要将“快照”用作机构装置的分解状态，可在“拖动”对话框的 快照 选项卡中选取一个或多个快照，然后单击按钮，这样这些快照便可在“装配模块”“工程图”中用作分解状态。如果改变快照，分解状态也会改变。

当修改或删除一个快照，而分解状态在此快照中处于使用状态的时候，需注意以下几点。

- 对快照进行的任何修改将反映在分解状态中。
- 如果删除快照，会使分解状态与快照失去关联关系，分解状态仍然可用，但独立于任何快照。如果接着创建的快照与删除的快照同名，分解状态就会与新快照关联起来。

9.4.6 在拖移操作之前锁定主体

在“拖动”对话框的 约束 选项卡中单击按钮（主体-主体锁定约束），然后先选取一个导引主体，再选取一组要在拖动操作期间锁定的随动主体，则拖动过程中随动主体相对于导引主体将保持固定，它们之间就如同粘接在一起，不能相互运动。这里请注意下列两点。

- 要锁定在一起的主体不需要接触或邻接。
- 关闭“拖动”对话框后，所有的锁定将被取消，也就是当开始新的拖移时，将不锁定任何主体或连接。

9.5 Creo 运动仿真实际应用

9.5.1 装配一个机构装置——启盖器

Step1. 新建装配模型。

（1）将工作目录设置至 D:\creo6.2\work\ch09.05。

（2）新建一个装配体模型文件，名称为 cork_driver。

Step2. 隐藏装配基准。

（1）设置模型树的显示项目。在模型树界面中，选择 → 树过滤器(F)...命令；在系统弹出的“模型树项”对话框中选中 特征复选框，然后单击对话框中的 确定 按钮。

（2）在模型树中选取基准平面 ASM_RIGHT、ASM_TOP 和 ASM_FRONT 并右击，从快捷菜单中选择 命令。

Step3. 增加第一个固定元件：机体（Body）零件。

（1）单击 模型 功能选项卡 元件 ▾ 区域中的“组装”按钮，打开名为 body.prt 的零件。

（2）在“元件放置”操控板中选择放置约束为 固定，以固定元件，然后单击 按钮。

Step4. 增加连接元件。下面要将活塞（Piston）零件装入机体中，创建滑块（Slider）连接。

（1）单击 模型 功能选项卡 元件 ▾ 区域中的“组装”按钮，打开名为 piston.prt 的零件。

（2）创建滑块（Slider）连接。在“元件放置”操控板中进行下列操作。

① 在约束集列表中选取 滑块选项。

② 修改此连接的名称。单击操控板中的 放置 选项卡；在图 9.5.1 所示的“放置”界面中，在 集名称 文本框中输入此连接的名称“Connection_1c”，并按 Enter 键。

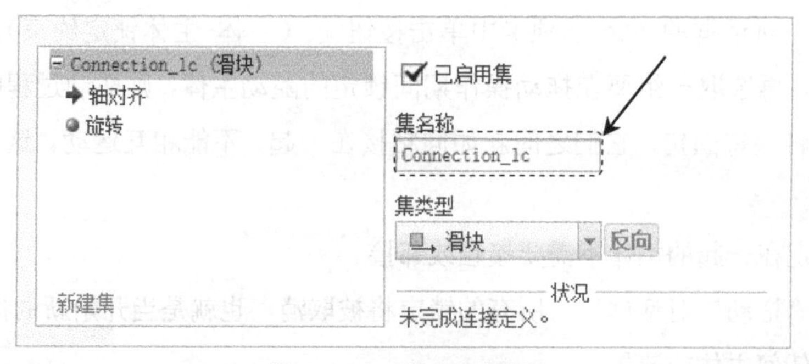

图 9.5.1 “放置”界面

③ 定义“轴对齐”约束。在 放置 界面中单击 轴对齐 项，然后选取图 9.5.2 所示的两条轴线（元件 Piston 的中心轴线和元件 Body 的中心轴线），轴对齐 约束的参考如图 9.5.3 所示。

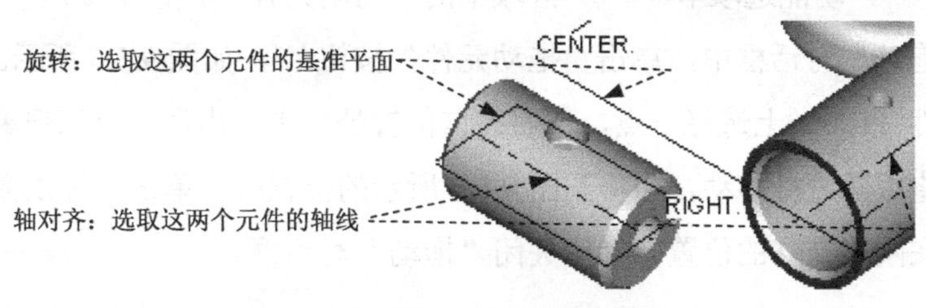

图 9.5.2 装配活塞

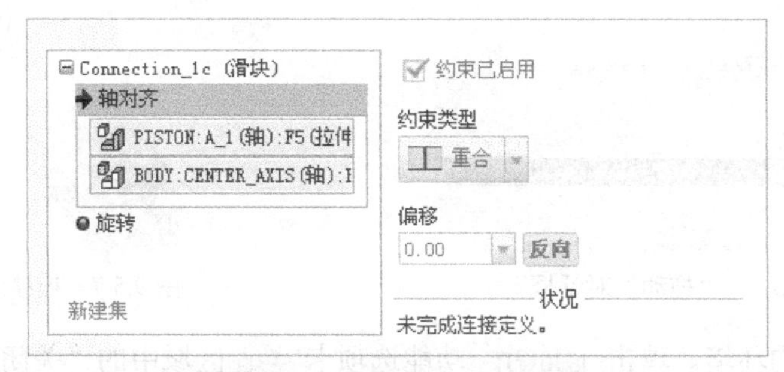

图 9.5.3 “轴对齐”约束参考

④ 定义“旋转”约束。分别选取图 9.5.2 中的两个基准平面（元件 Piston 的基准平面 RIGHT 和元件 Body 的基准平面 CENTER），以限制元件 Piston 在元件 Body 中旋转，旋转 约束的参考如图 9.5.4 所示。

说明：装配完成后要保证元件 body 上的 offset_axis 偏轴线与活塞上的偏孔轴线对齐（图 9.5.5）。可以在装配开始之前将零件调整到图 9.5.5 所示的位置进行装配。

⑤ 单击“元件放置”操控板中的 ✔ 按钮。

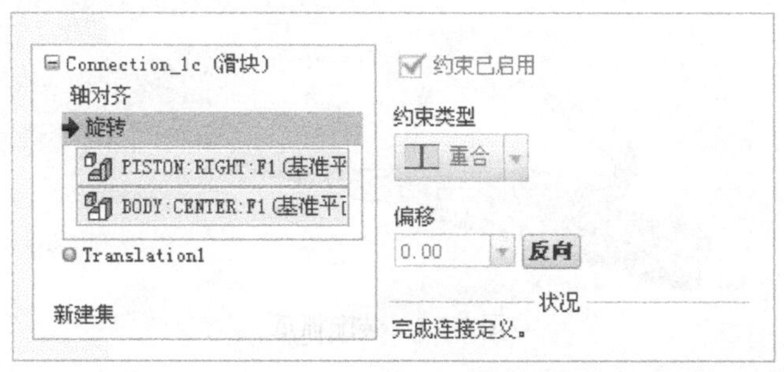

图 9.5.4 “旋转”约束参考

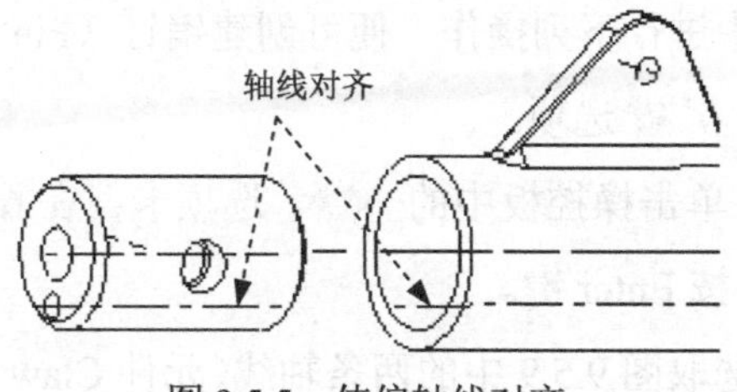

图 9.5.5 使偏轴线对齐

Step5. 验证连接的有效性。拖移连接元件 Piston。

（1）进入机构环境。单击 应用程序 功能选项卡 运动 区域中的“机构”按钮。

（2）单击 机构 功能选项卡 运动 区域中的“拖动元件”按钮。

（3）在“拖动”对话框中，单击“拖动元件”按钮，如图 9.5.6 所示。

（4）在元件 Piston 上选择一点，然后在该位置处单击，出现一个标记◆，移动鼠标光标，选取的点将跟随光标移动，当移到图 9.5.7 所示的位置时，单击，终止拖移操作，使元件 Piston 停留在刚才拖移的位置，然后关闭“拖动”对话框。

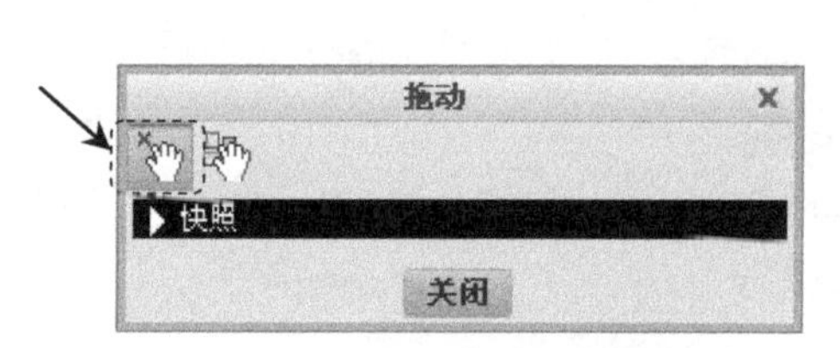

图 9.5.6 “拖动”对话框

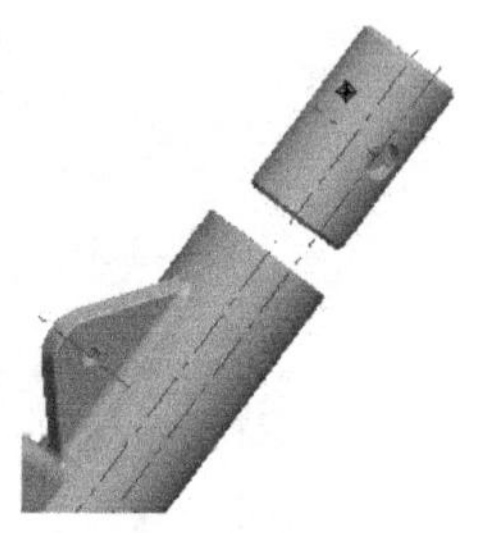

图 9.5.7 拖移活塞零件

（5）退出机构环境。单击 应用程序 功能选项卡 关闭 区域中的“关闭”按钮。

特别注意：以后每次增加一个元件（无论是固定元件还是连接元件），都要按与本步骤相同的操作方法，验证装配和连接的有效性和正确性，以便及时发现问题进行修改。增加固定元件时，如果不能顺利进入机构环境，则必须重新装配；如果能够顺利进入机构环境，则可选取任意一个连接元件拖动即可。

Step6. 增加连接元件。将抓爪（Claw）装入活塞中，创建销钉（Pin）连接，如图 9.5.8 所示。

（1）单击 模型 功能选项卡 元件 ▾ 区域中的“组装”按钮，打开文件名为 Claw.prt 的零件。

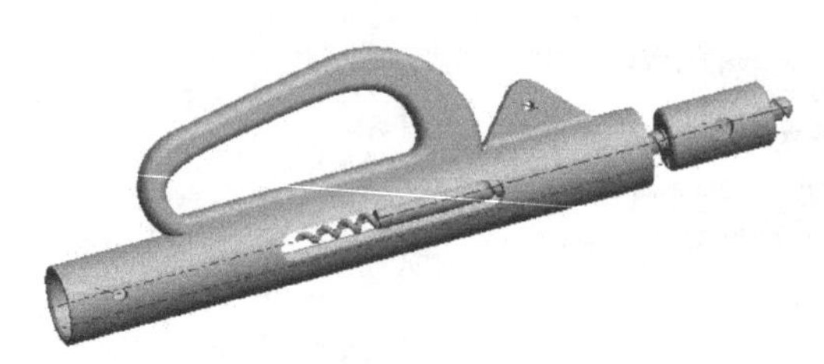

图 9.5.8 装配抓爪

（2）创建销钉（Pin）连接。

在“元件放置”操控板中进行下列操作，便可创建销钉（Pin）连接。

① 在约束集列表中选取 销 选项。

② 修改此连接的名称。单击操控板中的 放置 选项卡；在 集名称 文本框中输入此连接的名称“Connection_2c”，并按 Enter 键。

③ 定义“轴对齐”约束。选取图 9.5.9 中的两条轴线（元件 Claw 的中心轴线和元件 Piston

的中心轴线），轴对齐约束的参考如图 9.5.10 所示。

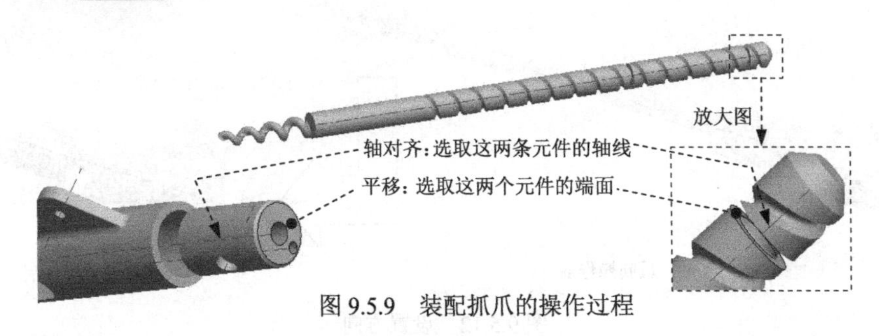

图 9.5.9 装配抓爪的操作过程

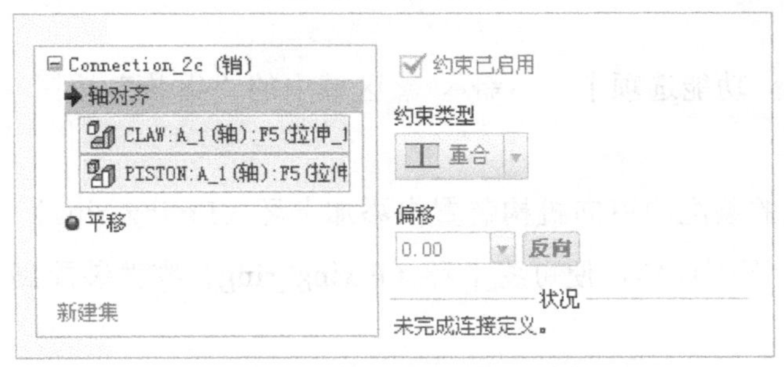

图 9.5.10 “轴对齐”约束参考

④ 定义“平移”约束（对齐）。分别选取图 9.5.9 中的两个平面（元件 Claw 上槽特征的端面和元件 Piston 的端面），以限制元件 Claw 在元件 Piston 上平移，平移约束的参考如图 9.5.11 所示。

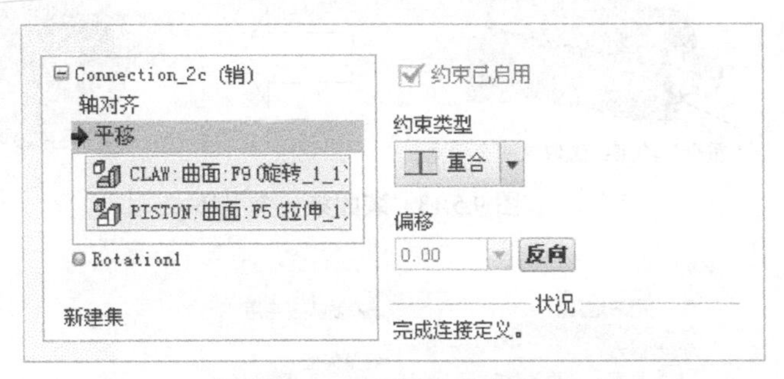

图 9.5.11 “平移”约束参考

⑤ 如果抓爪（Claw）的朝向如图 9.5.12a 所示，则需单击图 9.5.11 所示“平移约束参考”中的 反向 按钮，使其朝向如图 9.5.12b 所示。

⑥ 单击“元件放置”操控板中的✔按钮。

Step7. 增加固定元件。装配卡环（Fixing_ring）零件。

准备工作：在增加元件时，为了方便查找装配和连接参考，将 Body 元件隐藏起来，操作方法是在模型树中右击 body.prt，在系统弹出的快捷菜单中选择 隐藏 命令。以后在需要时再按同样的操作方法取消隐藏，或者将元件 body 外观设置成透明。

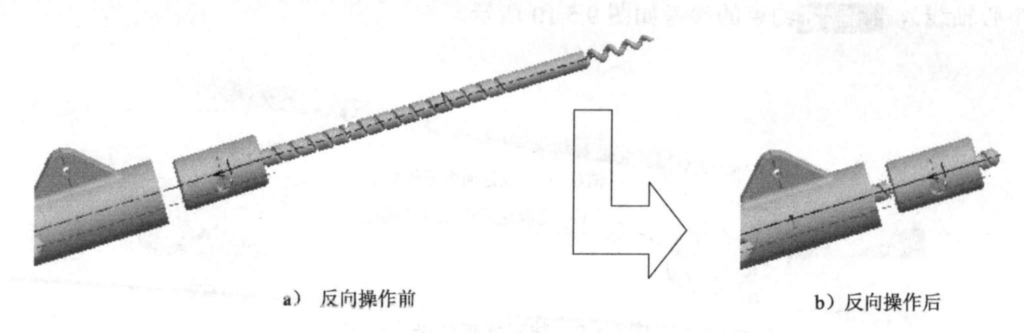

图 9.5.12 设置方向

（1）单击 模型 功能选项卡 元件 ▾ 区域中的“组装”按钮。打开文件名为 Fixing_ring 的零件。

（2）采用传统的装配约束向机构装置中添加卡环（Fixing_ring）零件。在“元件放置”操控板中进行下列操作，便可将卡环（Fixing_ring）零件装配到元件 Claw 的槽中固定。

① 定义“重合”约束。分别选取图 9.5.13 所示的两个圆柱面：卡环（Fixing_ring）的内孔圆柱面和元件活塞（Piston）的外圆柱面，重合 约束的参考如图 9.5.14 所示。

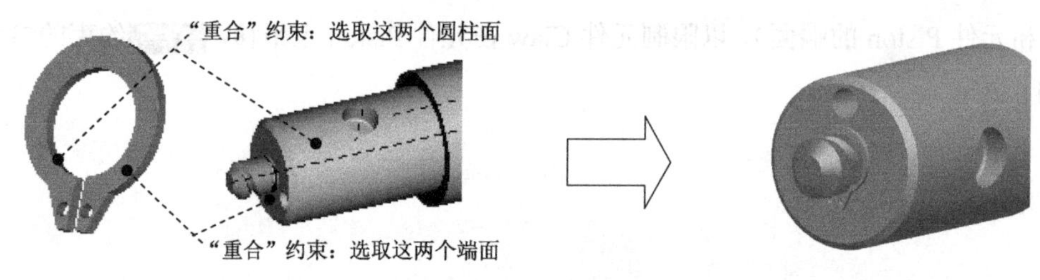

图 9.5.13 装配第一个卡环

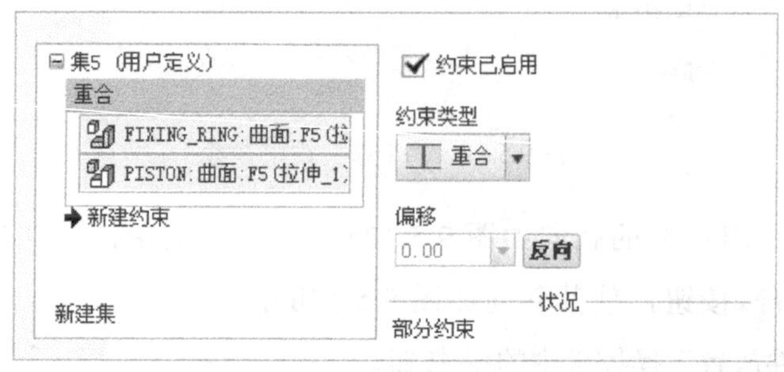

图 9.5.14 “重合”约束参考

② 定义“重合”约束。分别选取图 9.5.13 中的两个端面：卡环（Fixing_ring）的端面和元件活塞（Piston）的端面，重合 约束的参考如图 9.5.15 所示。

③ 单击“元件放置”操控板中的 ✔ 按钮。

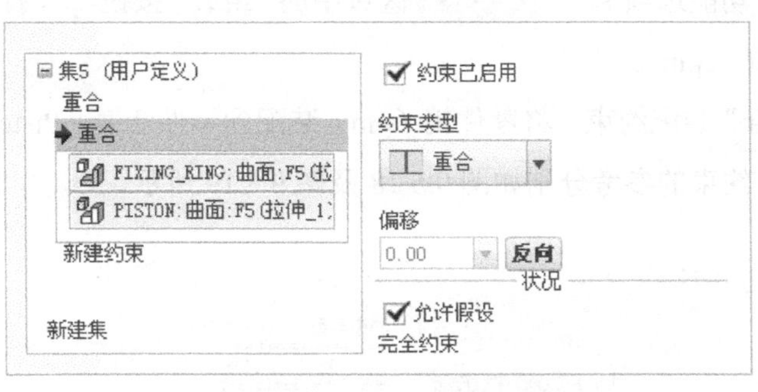

图 9.5.15 “重合”约束参考

注意：

在添加上面的“重合”装配约束时，“装配参考”应在同一元件上选取。例如，卡环（Fixing_ring）要么与活塞（Piston）装配，此时第一个“重合”约束选取活塞上的图 9.5.13 所示的端面，第二个“重合”约束也要选取活塞上的图 9.5.13 所示的圆柱面；卡环要么与抓爪（Claw）配合，此时第一个“重合”约束应选取抓爪上的槽特征的侧端面，第二个“重合”约束也要选取抓爪上的圆柱面。如果“装配参考”没有在同一元件上选取，则添加完约束后，“状态”中会显示为“部分约束”。在后面的其他固定元件[如专用螺母(Spectial Nut)]的装配过程中，也要注意这一点。这里要补充说明的是，如果一组元件中的每个元件之间均为固定连接（即各元件相互之间没有相对运动），那么这一组元件可视为一个元件。

Step8. 按与 Step7 相同的操作方法，装配另一端的固定卡环(Fixing_ring)零件，参见图 9.5.16。

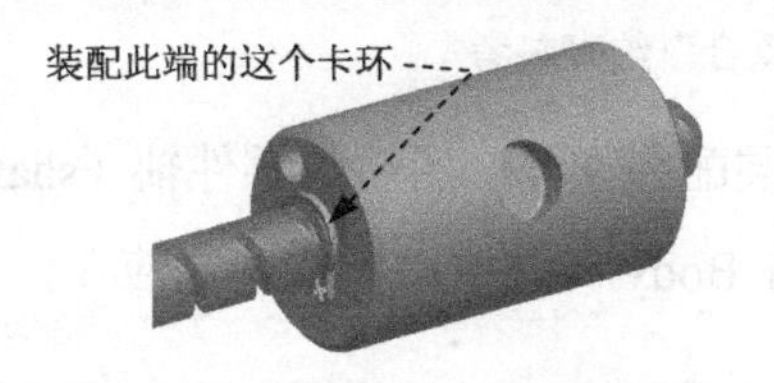

图 9.5.16 装配另一端的固定卡环

Step9. 增加固定元件。按与 Step7 相似的操作方法，装配零件销（pin），参见图 9.5.17。操作提示如下。

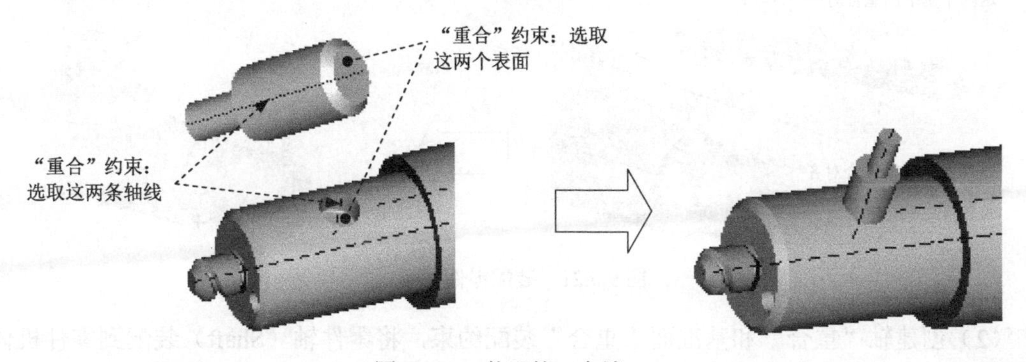

图 9.5.17 装配第一个销

（1）单击 模型 功能选项卡 元件▼ 区域中的“组装”按钮。打开文件名为 pin.prt 的零件，引入零件销（pin）。

（2）创建“重合”装配约束，将零件销（pin）装配到零件活塞（Piston）中，轴 重合 约束和平面 重合 约束的参考分别如图 9.5.18 及图 9.5.19 所示。

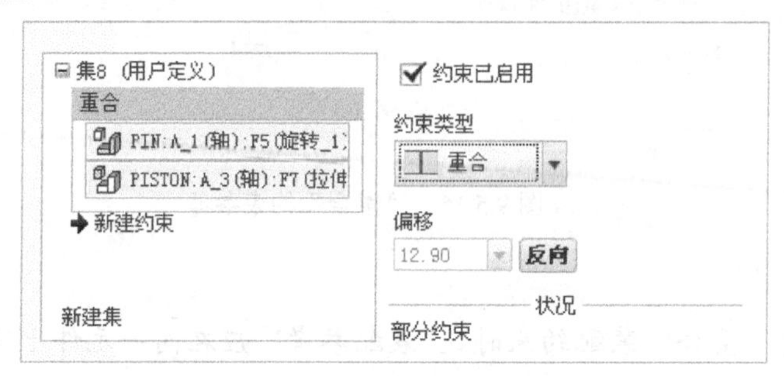

图 9.5.18 “重合”约束参考

Step10. 增加固定元件。装配另一个销（pin.prt），如图 9.5.20 所示。操作方法与 Step9 相同。

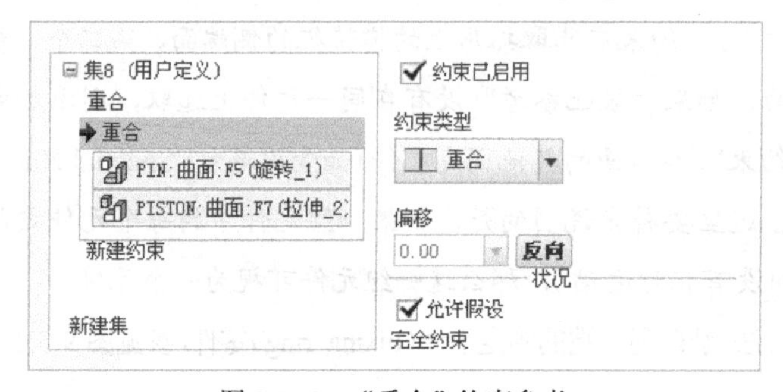

图 9.5.19 “重合”约束参考

图 9.5.20 装配另一个销

Step11. 增加固定元件。装配图 9.5.21 所示的零件轴（shaft）。操作提示如下。

准备工作：如果前面已将 Body 元件隐藏起来，则应在模型树中右击 body.prt，从快捷菜单中选择 取消隐藏 命令。

（1）单击 模型 功能选项卡 元件▼ 区域中的“组装”按钮。打开名为 shaft.prt 的零件。

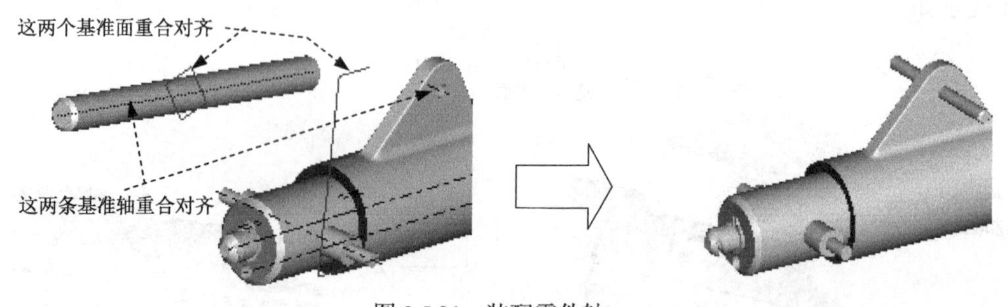

图 9.5.21 装配零件轴

（2）创建轴“重合”和基准面“重合”装配约束，将零件轴（Shaft）装配到零件机体（Body）中。轴 重合 约束和基准面 重合 约束的参考分别如图 9.5.22 及图 9.5.23 所示。

图 9.5.22 “重合”约束参考

（3）单击“元件放置”操控板中的✓按钮。

Step12. 增加固定元件。装配零件隔套（bushing），如图 9.5.24 所示。主要操作步骤如下。

（1）单击 模型 功能选项卡 元件▾ 区域中的“组装”按钮。打开名为 bushing.prt 的零件。

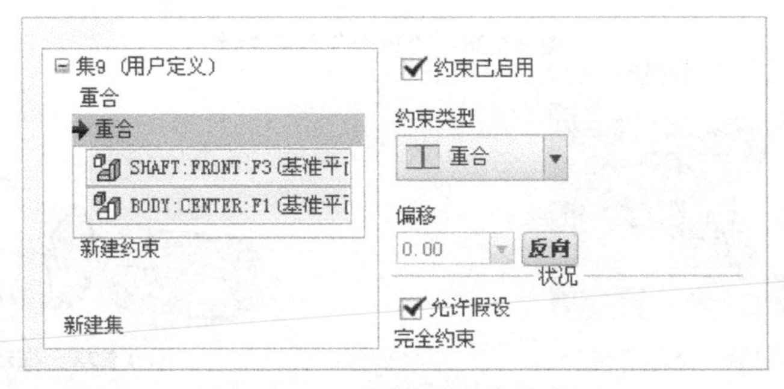

图 9.5.23 “重合”约束参考

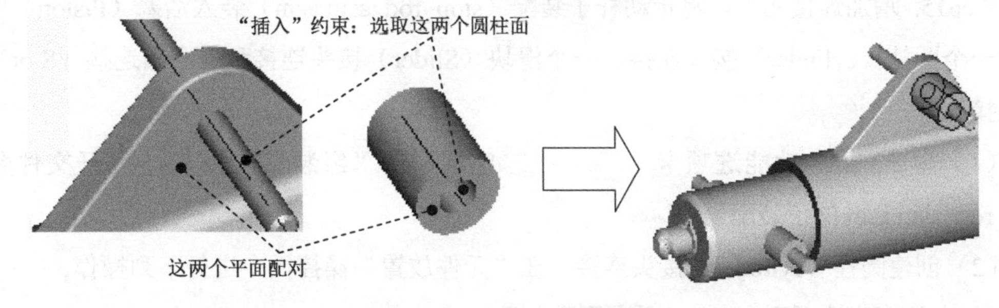

图 9.5.24 装配第一个零件隔套

（2）创建“重合”装配约束，将零件隔套（bushing）装配到零件轴（Shaft）中，轴 重合 约束和平面 重合 约束的参考分别如图 9.5.25 及图 9.5.26 所示。

Step13. 增加固定元件。装配另一个 bushing 零件。按与 Step12 相同的操作方法，装配另一个零件隔套（bushing），如图 9.5.27 所示。

Step14. 拖动连接元件（此步不是必做步骤）。为了显示方便，用拖动功能将活塞拖出来一点，如图 9.5.28 所示。

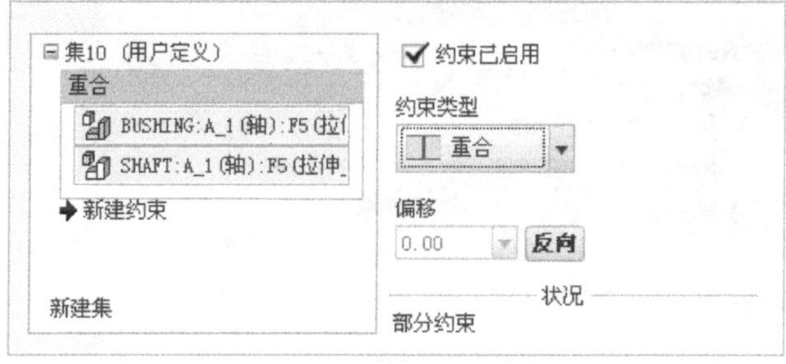

图 9.5.25 “重合”约束参考

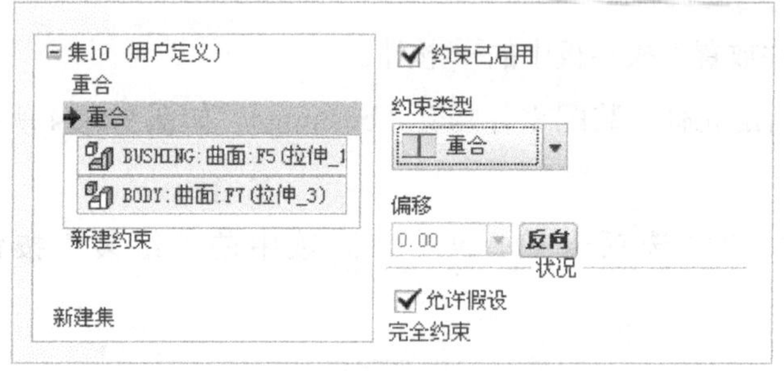

图 9.5.26 “重合”约束参考

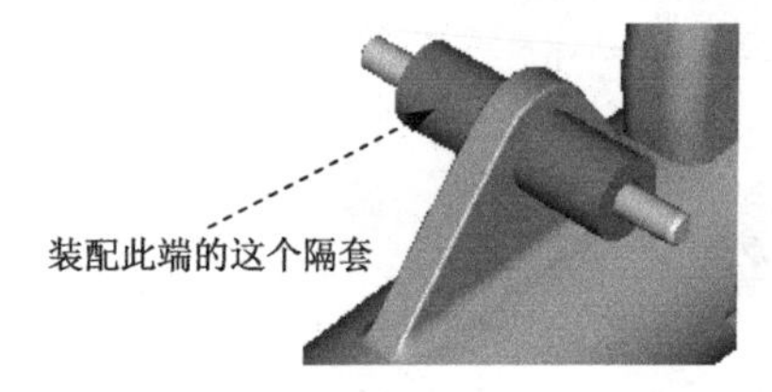

图 9.5.27 装配另一个零件隔套

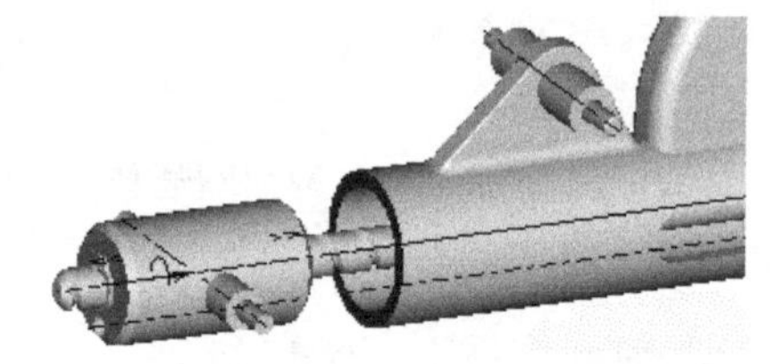

图 9.5.28 拖动连接元件

Step15. 增加连接元件。将止动杆子装配（stop_rod_asm.asm）装入活塞（Piston）中，创建一个圆柱（cylinder）接头连接、一个滑块（Slider）接头连接和一个槽连接（Slot）接头连接。

（1）单击 模型 功能选项卡 元件▼ 区域中的“组装”按钮。打开文件名为 stop_rod_asm.asm 的子装配。

（2）创建圆柱（cylinder）接头连接。在“元件放置”操控板中进行下列操作。

① 在约束集选项列表中选取 圆柱 选项。

② 修改连接的名称。单击操控板中的 放置 选项卡，在 集名称 下的文本框中输入连接名称“Connection_3c”，并按 Enter 键。

③ 定义“轴对齐”约束。分别选取图 9.5.29 中的两条轴线：零件 Reverse_Block 的中心轴线（Center_axis）和零件 Body 的中心轴线（Center_axis），轴对齐 约束的参考如图 9.5.30 所示。

注意：如果零件 Stop_Rod 的朝向与设计意图相反，单击操控板中的按钮使其改变朝向，完成后的正确朝向应该如图 9.5.31 所示。

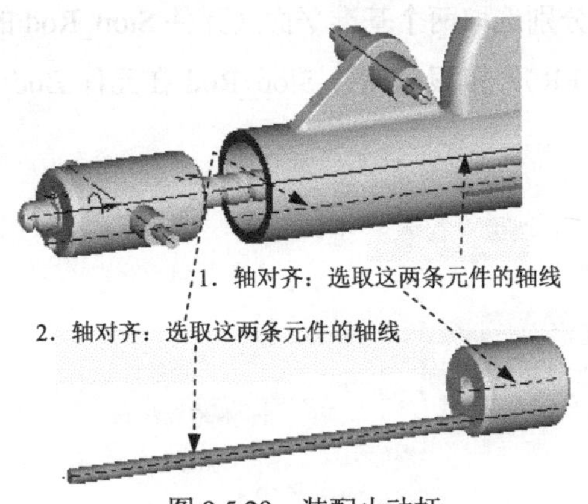

图 9.5.29 装配止动杆

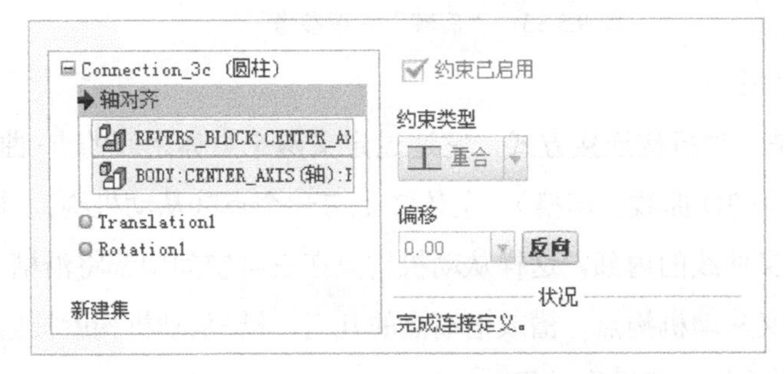

图 9.5.30 “轴对齐”约束参考

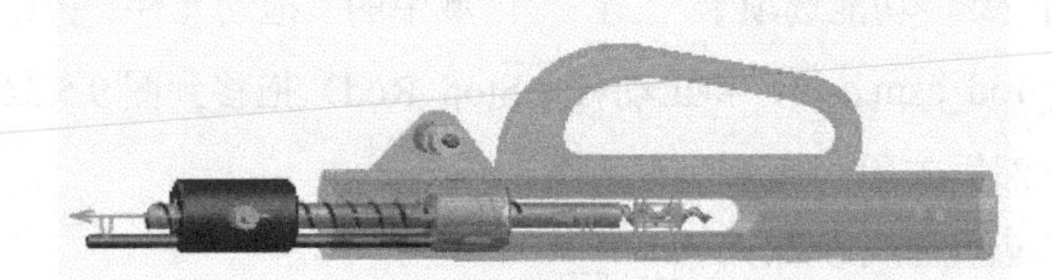

图 9.5.31 设置方向

(3)创建滑块(Slider)接头连接。单击“放置”界面中的“新建集”，增加新的滑块(Slider)接头。在集名称下的文本框中输入连接名称“Connection_4c”后按 Enter 键，并在集类型中选择滑块选项。

① 定义 “轴对齐”约束。分别选取图 9.5.29 中的两条轴线：零件 Stop_Rod 的中心轴线（A_1）和零件 body 的偏移轴线（Offset_axis），轴对齐约束的参考如图 9.5.32 所示。

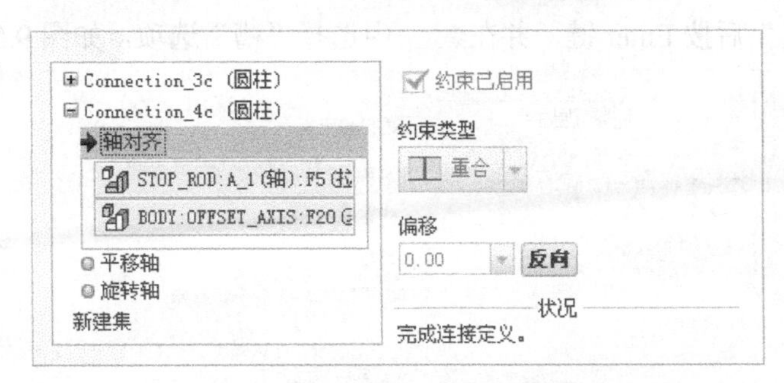

图 9.5.32 “轴对齐”约束参考

② 定义“旋转”约束。分别选取两个基准平面（元件 Stop_Rod 的基准平面 RIGHT 和元件 Body 的基准平面 CENTER），以限制元件 Stop_Rod 在元件 Body 中旋转，旋转约束的参考如图 9.5.33 所示。

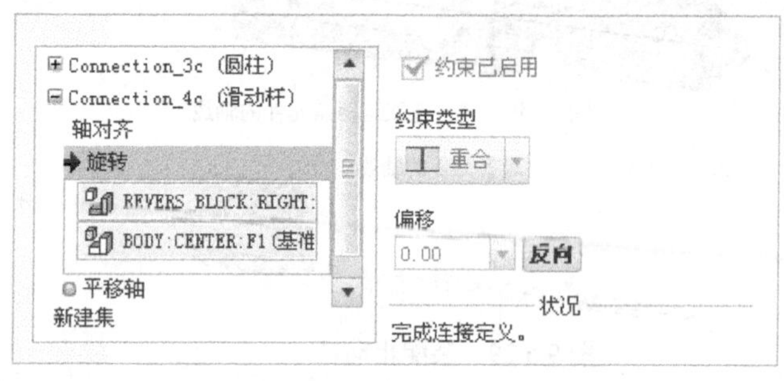

图 9.5.33 “旋转”约束参考

（4）定义槽-从动机构。

槽-从动机构也是一种机构连接方式，它通过定义两个主体之间的点-曲线约束来定义连接。主体 1 上有一条 3D 曲线（即槽），主体 2 上有一个点（从动机构），槽-从动机构将从动机构点约束在定义曲线的内部，这样从动机构点在三维空间中都将沿槽（3D 曲线）运动。如果删除用来定义从动机构点、槽或槽端点的几何，槽-从动机构就被删除。下面用范例说明创建槽-从动机构的一般操作过程。

准备工作：单击 模型 功能选项卡 元件 ▾ 区域中的“拖动元件”按钮，分别将驱动杆子装配（actuating_rod_asm.asm）和止动杆（Stop_Rod）拖移到图 9.5.34 所示的位置，单击，终止拖移操作。然后关闭“拖动”对话框。

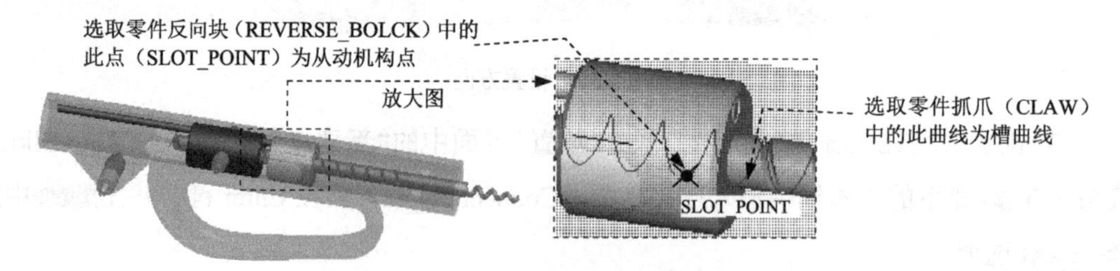

图 9.5.34 拖移驱动杆和止动杆的位置

① 单击“放置”界面中的“新建集”，增加新的槽连接接头。在集名称下的文本框中输入连接名称“Slot1”后按 Enter 键，并在集类型中选择“槽”选项，如图 9.5.35 所示。

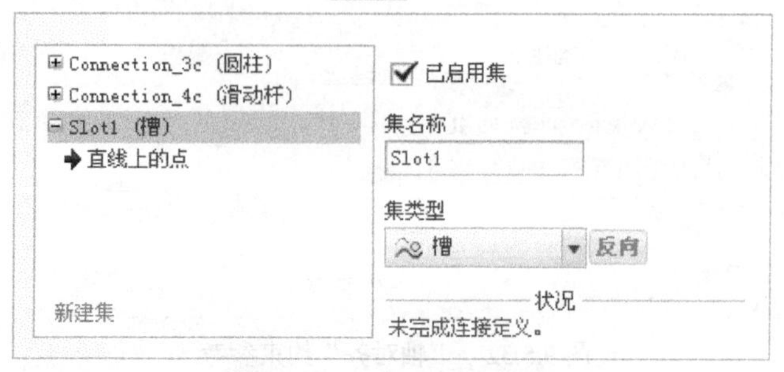

图 9.5.35 “槽”约束参考

② 选择从动机构点。在图 9.5.34 中的放大图中，选取零件反向块（REVERSE_BOLCK）中的点（SLOT_POINT）为从动机构点。

③ 选择槽曲线。在图 9.5.34 中的放大图中，选取零件抓爪（CLAW）中的螺旋曲线为槽曲线，同时该曲线在模型中用青色加亮显示，如图 9.5.36 所示。

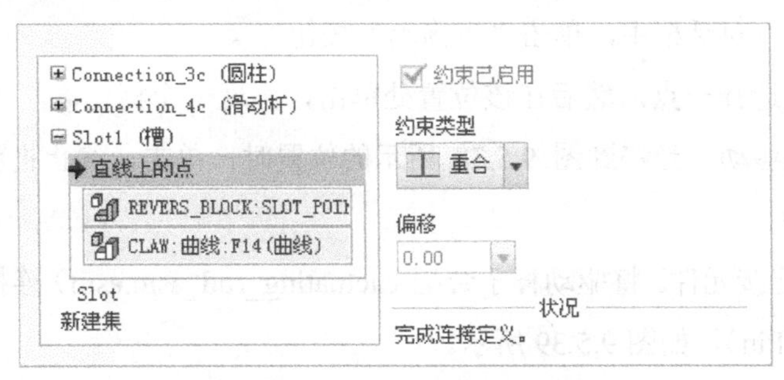

图 9.5.36 直线上的点约束参考

注意：

- 可以选取下列任一类型的曲线来定义槽：封闭或不封闭的平面或非平面曲线、边线、基准曲线。
- 如果选取多条曲线，这些曲线必须连续。
- 如果要在曲线上定义运动的端点，可在曲线上选取两个基准点或顶点。如果不选取端点，则默认的运动端点就是所选取的第一条和最后一条曲线的最末端。

④ 在槽曲线上定义端点作为运动的起点和末点。本例可不进行此步操作。

注意：

- 可以为槽端点选取基准点、顶点，或者曲线边、曲面，如果选取一条曲线、边或曲面，槽端点就在所选图元和槽曲线的交点。可以用从动机构点移动主体，该从动机构将从槽的一个端点移动到另一个端点。
- 如果不选取端点，槽-从动机构的默认端点就是为槽所选的第一条和最后一条曲线的最末端。
- 如果为槽-从动机构选取一条闭合曲线，或选取形成一闭合环的多条曲线，就不必指定端点。但是，如果选择在一闭合曲线上定义端点，则最终槽将是一个开口槽。通过单击 **反向** 按钮来指定原始闭合曲线的哪一部分将成为开口槽，如图 9.5.37 所示。

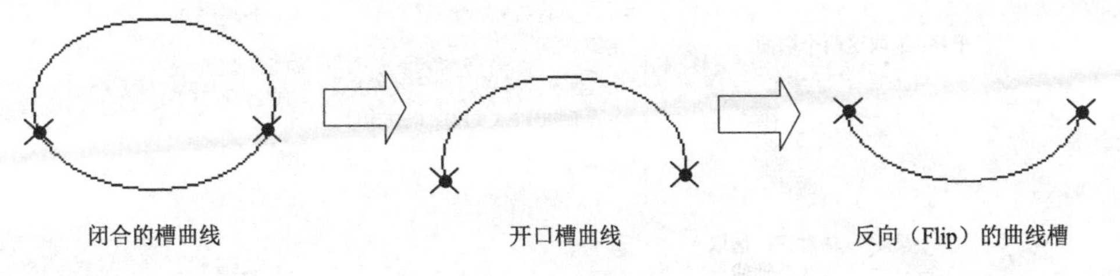

图 9.5.37 槽曲线的定义

（5）单击操控板中的✔按钮。

Step16. 拖移连接元件。用拖动功能，将活塞和止动杆子装配拖进去，拖到图 9.5.38 所示的位置。操作步骤如下。

（1）单击 模型 功能选项卡 元件▼ 区域中的“拖动元件”按钮。

（2）在“拖动”对话框中，单击“点拖动”按钮。

（3）在目标上选择一点，然后在该位置处单击，出现一个标记◆，移动鼠标光标，选取的点将跟随光标移动，当移到图 9.5.38 所示的位置时，单击，终止拖移操作。然后关闭“拖动”对话框。

Step17. 增加连接元件。将驱动杆子装配（actuating_rod_asm.asm）连接到轴（shaft）上，连接方式为销钉（Pin），如图 9.5.39 所示。

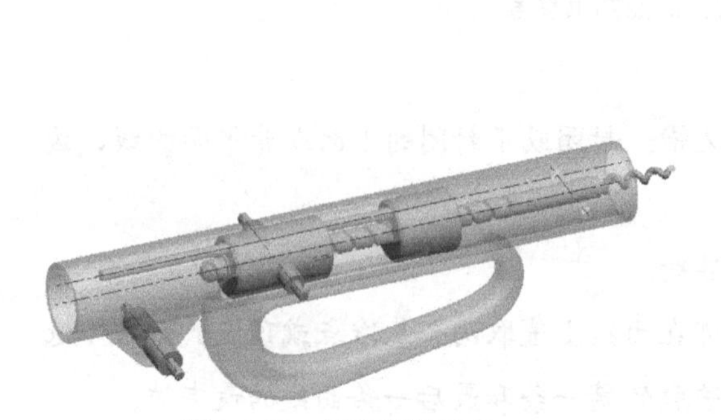

图 9.5.38　拖移连接元件

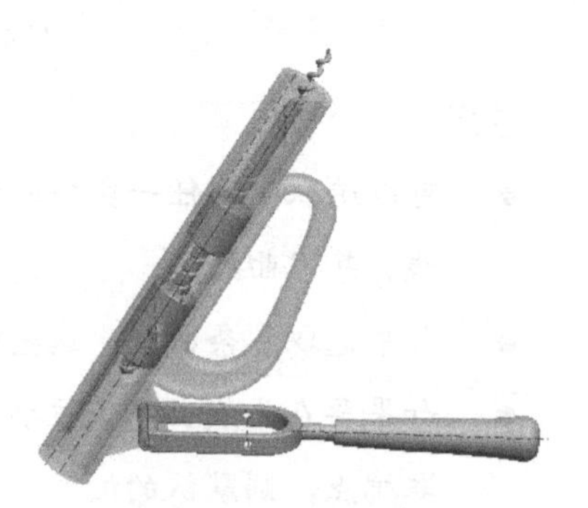

图 9.5.39　装配驱动杆

（1）单击 模型 功能选项卡 元件▼ 区域中的“组装”按钮。打开子装配件 actuating_rod_asm.asm。

（2）创建销钉（Pin）连接。在“元件放置”操控板中进行下列操作，便可创建销钉（Pin）连接。

① 在约束集列表中选取 销 选项。

② 修改此连接的名称。单击“元件放置”操控板中的 放置 选项卡；在 集名称 文本框中输入该连接的名称“Connection_5c”，并按 Enter 键。

③ 定义“轴对齐”约束。依次选取图 9.5.40 中的两条轴线［驱动杆（Actuating_rod）上孔的中心轴线和零件轴（Shaft）的中心轴线］，轴对齐 约束的参考如图 9.5.41 所示。

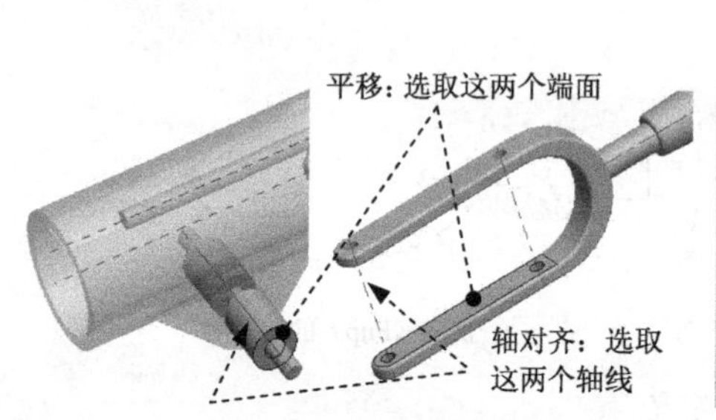

图 9.5.40　装配驱动杆的操作过程

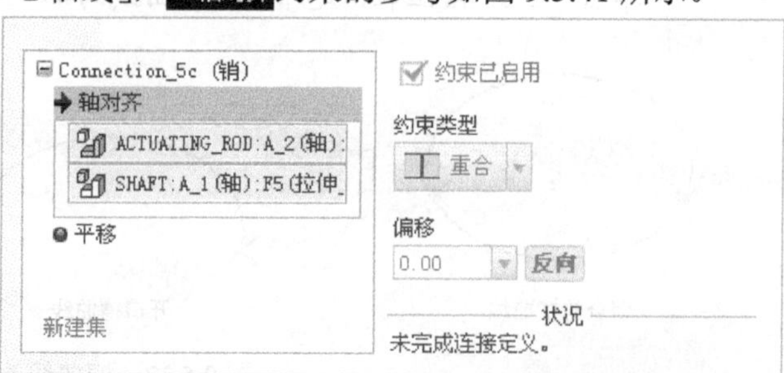

图 9.5.41　“轴对齐”约束参考

④ 定义“平移”约束（对齐）。分别选取图 9.5.40 中的两个平面[零件驱动杆（Actuating_rod）的端面和零件隔套（Bushing）的端面]，以限制驱动杆在轴（Shaft）上平移，平移约束的参考如图 9.5.42 所示。

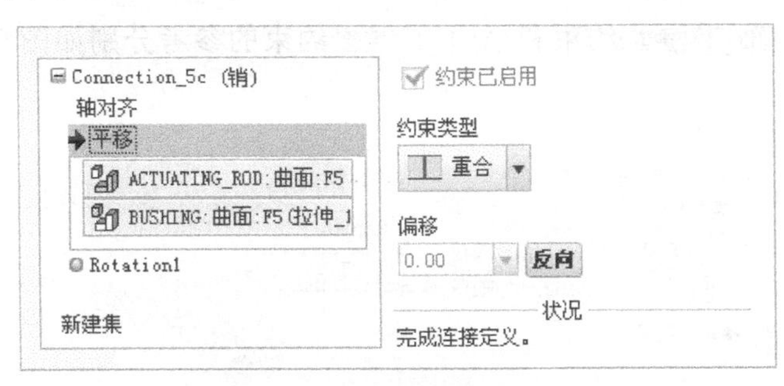

图 9.5.42 “平移”约束参考

⑤ 如果驱动杆子装配（actuating_rod_asm.asm）的摆放与设计意图相反，单击该操控板中的按钮使其改变朝向。

⑥ 单击 模型 功能选项卡 元件 ▾ 区域中的“拖动元件”按钮。将驱动杆子装配（actuating_rod_asm.asm）拖到图 9.5.43 所示的位置。

⑦ 单击该操控板中的✔按钮，则完成元件 actuating_rod 的创建。

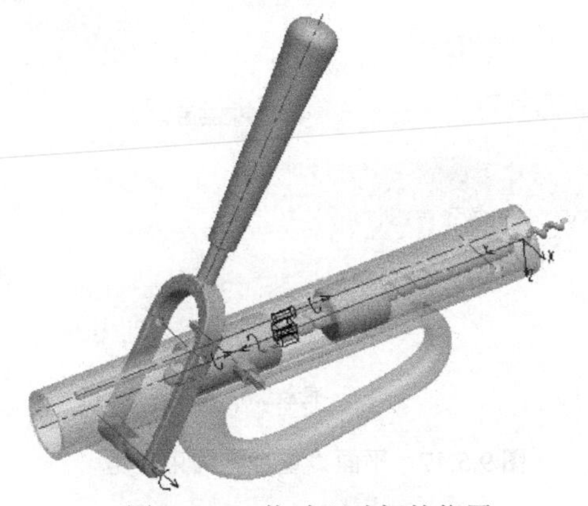

图 9.5.43 拖动驱动杆的位置

Step18. 增加固定元件。按照与 Step7 相似的操作方法装配零件（shaft_top），参见图 9.5.44 和图 9.5.45。

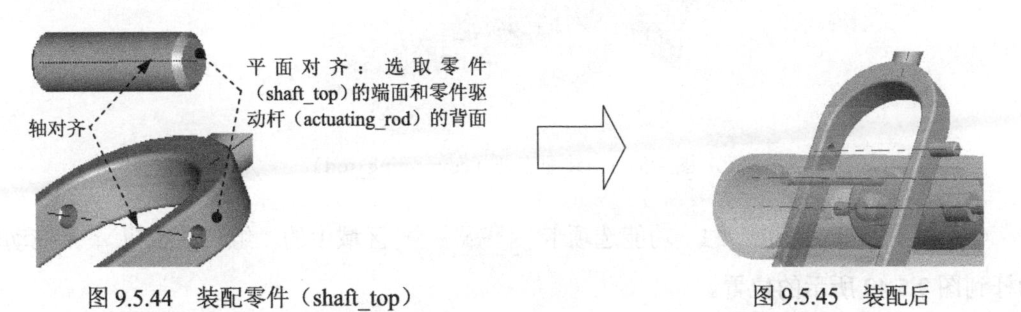

图 9.5.44 装配零件（shaft_top）

图 9.5.45 装配后

（1）单击 模型 功能选项卡 元件▼ 区域中的“组装”按钮。打开文件名为 shaft_top.prt 的零件，引入零件（shaft_top）。

（2）创建轴“重合”和平面“重合”装配约束，将零件（shaft_top）装配到零件驱动杆（actuating_rod）中，轴 重合 约束和平面 重合 约束的参考分别如图 9.5.46 和图 9.5.47 所示。

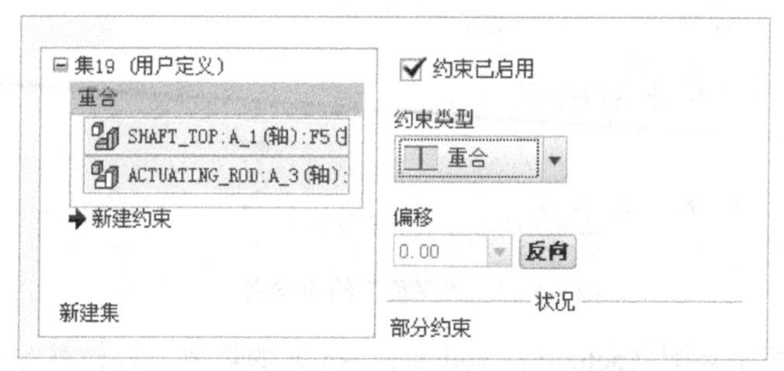

图 9.5.46 轴“重合”约束参考

Step19. 增加固定元件。装配另一侧的零件（shaft_top）。

Step20. 增加连接元件。将连杆（connecting_rod）连到驱动杆和活塞的侧轴上，如图 9.5.48 所示。

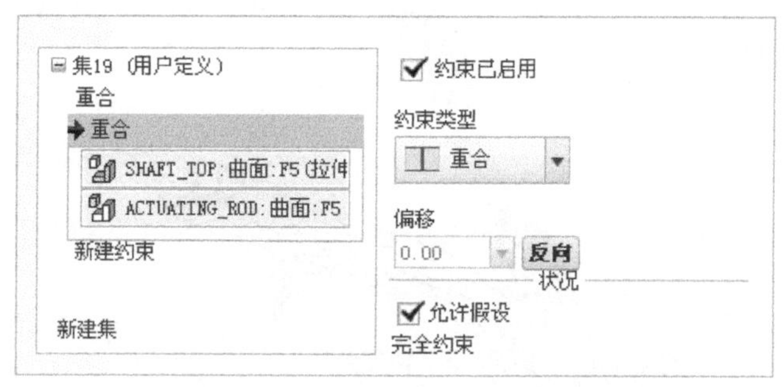

图 9.5.47 平面“重合”约束参考

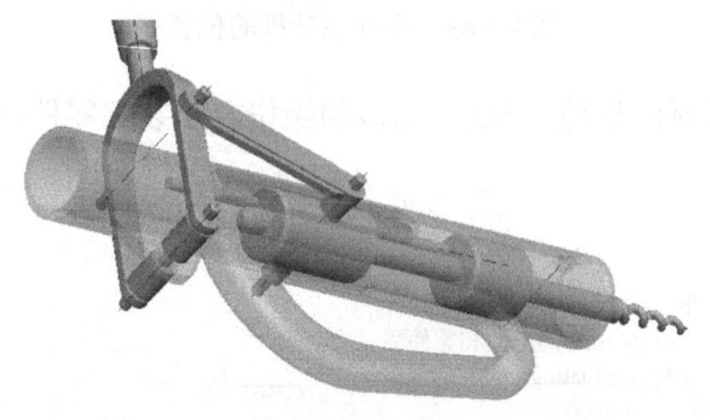

图 9.5.48 装配连杆（connecting_rod）

（1）如有必要，单击 模型 功能选项卡 元件▼ 区域中的“组装”按钮。拖动驱动杆到图 9.5.49 所示的位置。

（2）单击 模型 功能选项卡 元件▼ 区域中的“组装”按钮。打开文件名为 connecting_rod.prt 的零件，引入零件（connecting_rod）。

（3）创建图 9.5.49 所示的销钉（Pin）接头。

① 在约束集选项列表中选取 销 选项。

② 修改连接的名称。单击“元件放置”操控板中的 放置 选项卡，在 集名称 下的文本框中输入连接名称“Connection_6c”，并按 Enter 键。

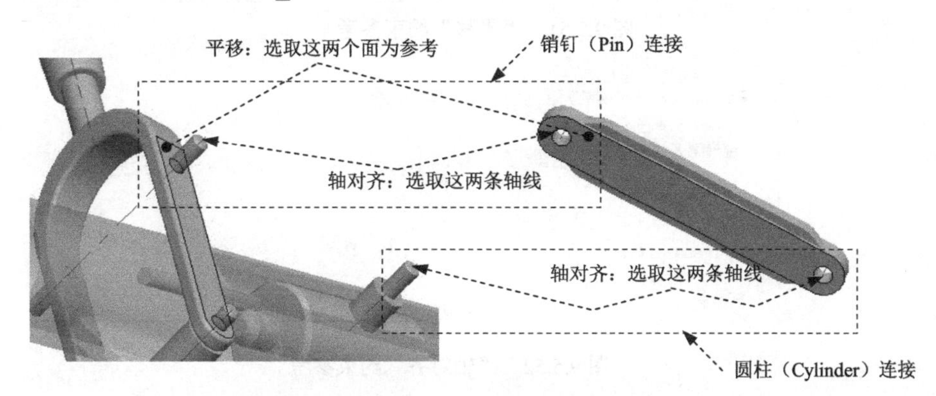

图 9.5.49 装配连杆的操作过程

③ 定义“轴对齐”约束。分别选取图 9.5.49 中的两条轴线（元件 CONNECTING_ROD 的轴线 Cy1_1 和元件 ACTUATING_ROD 的轴线 Pin_2），轴对齐约束的参考如图 9.5.50 所示。

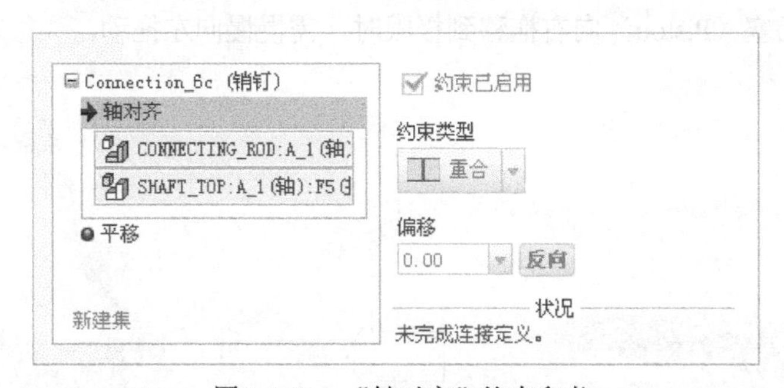

图 9.5.50 “轴对齐”约束参考

④ 定义“平移”约束（对齐）。分别选取图 9.5.49 中的两个平面（元件 CONNECTING_ROD 的表平面和元件 ACTUATING_ROD 的侧表面），平移 约束的参考如图 9.5.51 所示。

（4）在“放置”界面中，先单击“新建集”，然后在 集名称 下的文本框中输入连接名称“Connection_7c”后按 Enter 键，并在 集类型 中选择“圆柱”选项。创建图 9.5.49 所示圆柱（Cylinder）接头，分别选取图中的两条轴线（元件 CONNECTING_ROD 的轴线 Pin_2 和元件 PIN 的轴线 Cy1_1），轴对齐 约束的界面如图 9.5.52 所示。

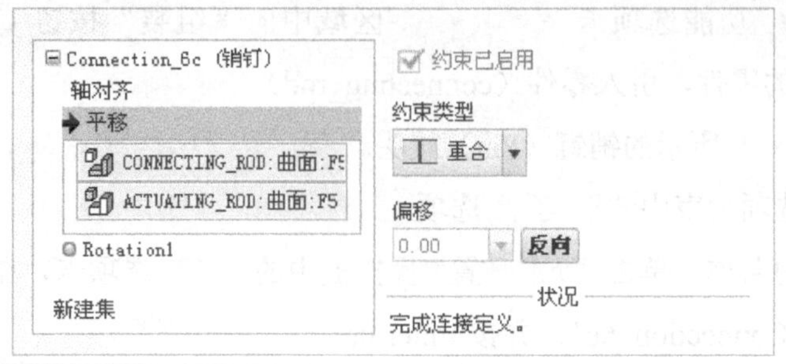

图 9.5.51 “平移”约束参考

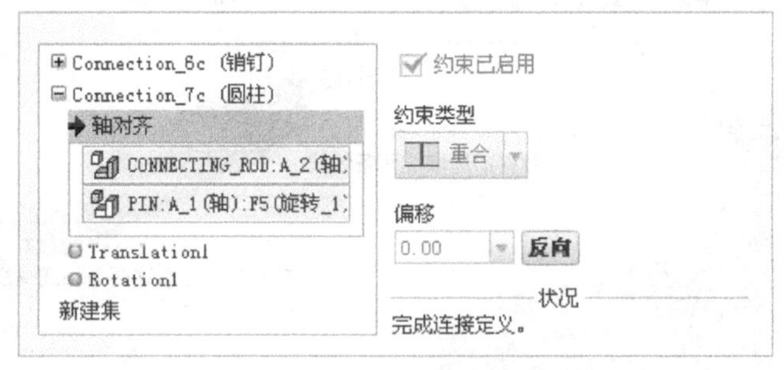

图 9.5.52 “轴对齐”约束参考

Step21. 参考 Step20 的操作方法，将另一侧连杆（connecting_rod）连到驱动杆和活塞的侧轴上。

Step22. 添加侧连杆（connecting_rod）后，如果模型中各零件的位置如图 9.5.53a 所示，可选取零件活塞（Piston）作为拖移对象，将各零件的位置调整到图 9.5.53b 所示的位置。拖移时注意，当活塞（Piston）向右拖移到极限时，需慢慢向左拖动。

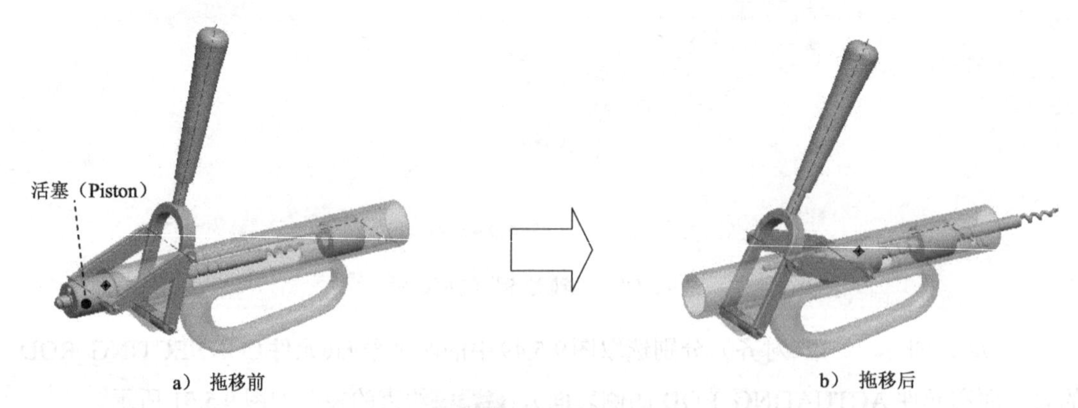

图 9.5.53 拖移零件活塞（Piston）

Step23. 增加连接元件。分别装配六个专用螺母（special_nut.prt）。使用销钉连接操作方法，分别装配六个专用螺母（special_nut.prt），如图 9.5.54 所示。装配时，建议选用图 9.5.55 所示的装配约束。

注意：此处有必要进入到机构模块拖动机构验证机构有效性。

Step24. 增加固定元件。装配机体盖（body_cap）。按照与 Step7 相似的操作方法，装配

机体盖（body_cap.prt），如图 9.5.56 所示。

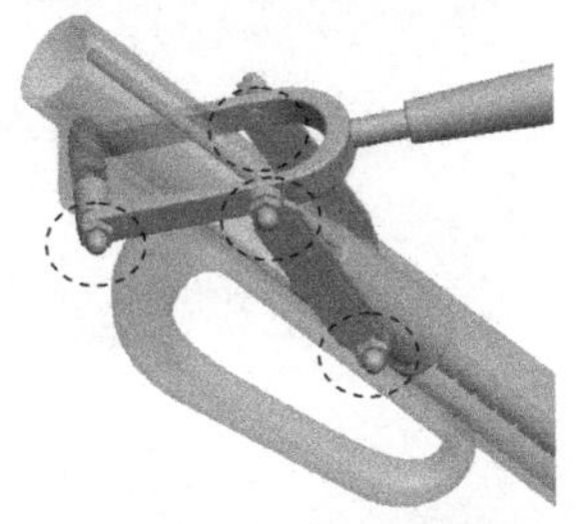

图 9.5.54 装配螺母

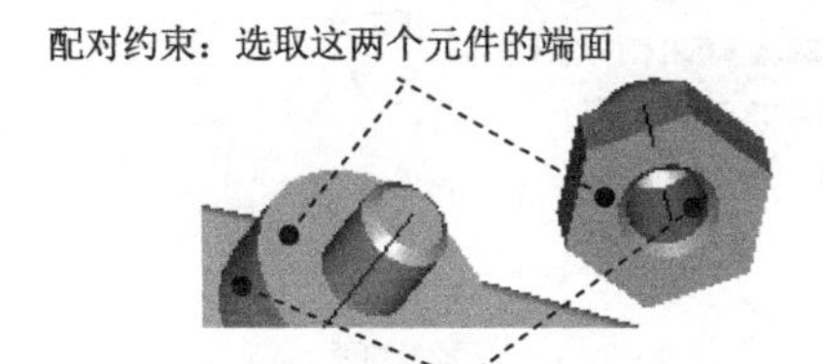

图 9.5.55 装配螺母的操作过程

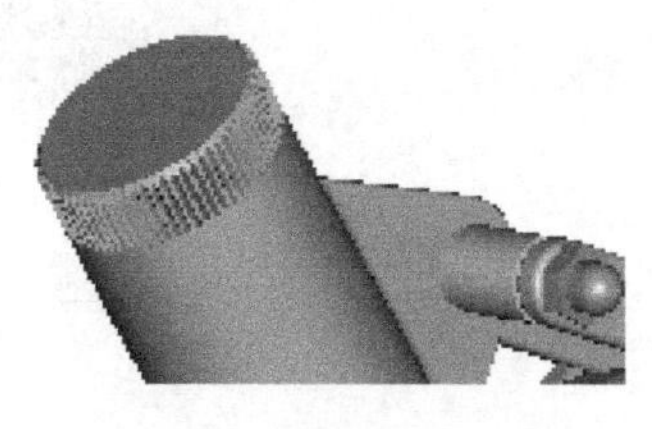

图 9.5.56 装配机体盖

操作提示：需要创建两个装配约束。

（1）定义轴“重合”约束。轴 重合 约束的参考如图 9.5.57 所示。

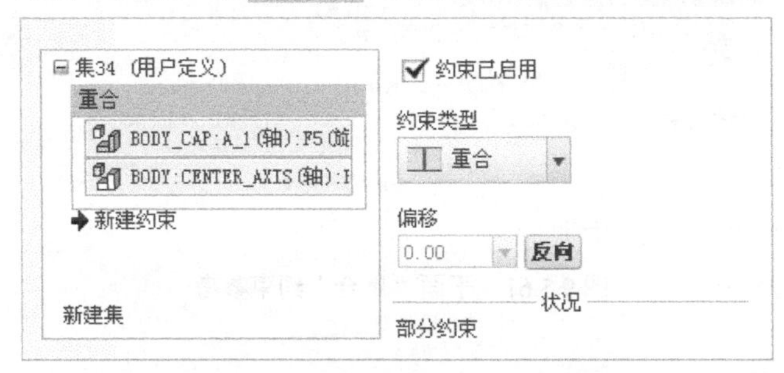

图 9.5.57 轴“重合”约束参考

（2）定义平面“重合”约束。平面 重合 约束的参考如图 9.5.58 所示。

Step25. 增加固定元件。装配瓶口座（socket）。按照与 Step7 相似的操作方法，装配瓶口座（socket.prt），如图 9.5.59 所示。

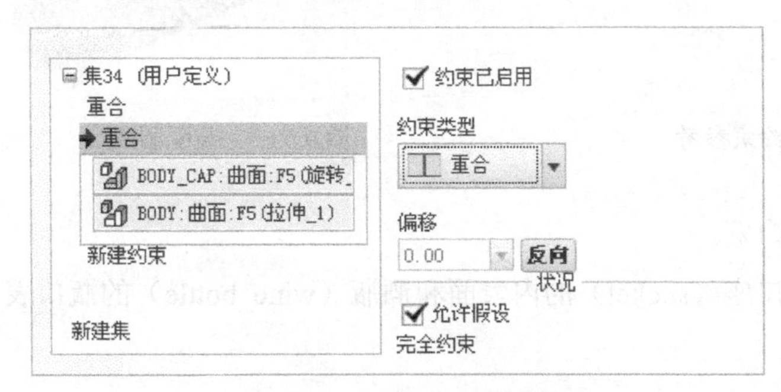

图 9.5.58 “重合”约束参考

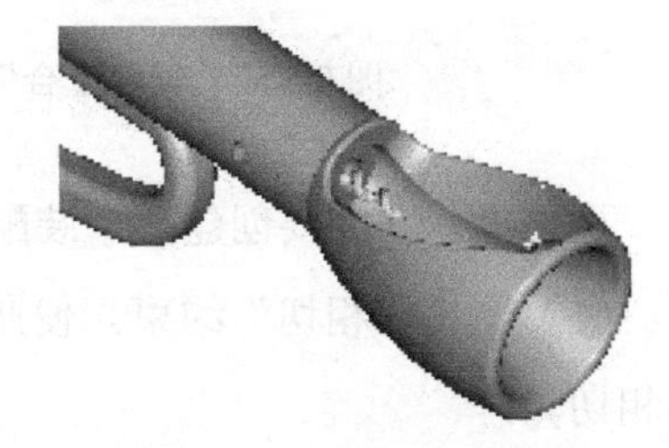

图 9.5.59 装配瓶口座

操作提示：需要创建三个装配约束。

（1）定义轴“重合”约束。轴 重合 约束的参考如图 9.5.60 所示。

（2）定义平面“重合”约束。平面 重合 约束的参考如图 9.5.61 所示。

（3）定义轴“重合”约束。轴 重合 约束的参考如图 9.5.62 所示。

Step26. 增加固定元件。装配酒瓶子装配件（bottle_asm）。按与 Step7 相似的操作方法，装配酒瓶子装配件（bottle_asm.asm），如图 9.5.63 所示。

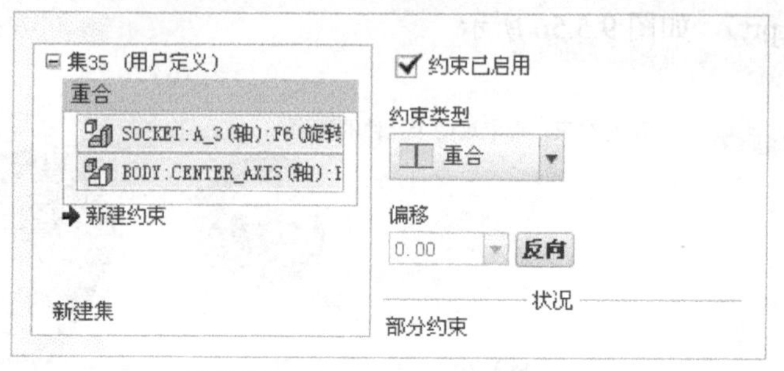

图 9.5.60　轴“重合”约束参考

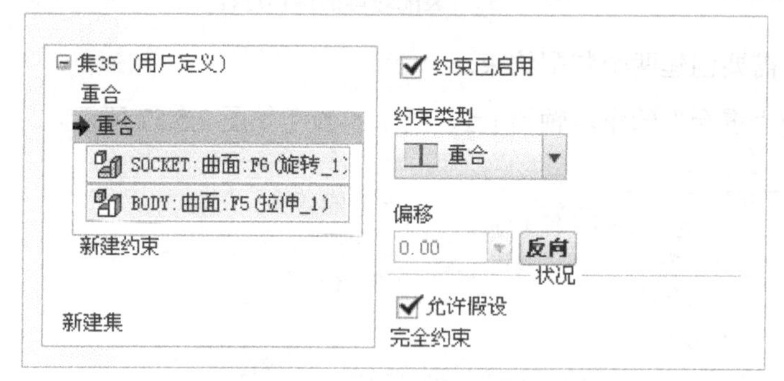

图 9.5.61　平面“重合”约束参考

图 9.5.62　轴“重合”约束参考

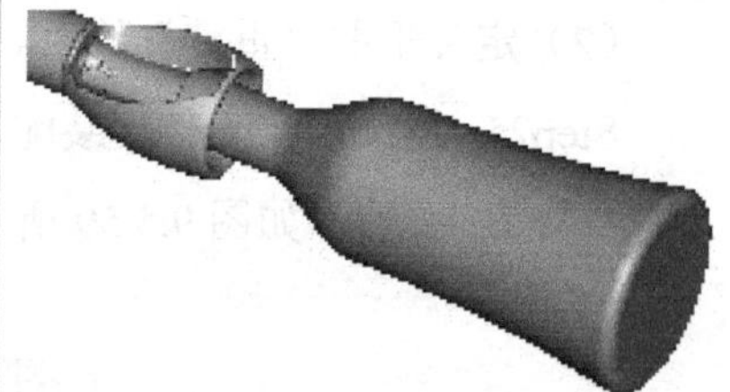

图 9.5.63　装配酒瓶

操作提示：需要创建两个装配约束。

（1）定义“相切”约束。使瓶口座（socket）的内表面和酒瓶（wine_bottle）的瓶口表面相切。

（2）定义轴“重合”约束。轴 重合 约束的参考如图 9.5.64 所示。

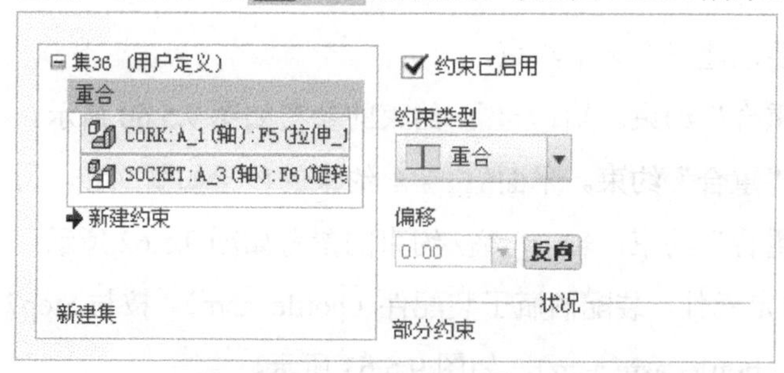

图 9.5.64　“重合”约束参考

（3）定义曲面“相切”约束。曲面 相切 约束的参考如图9.5.65所示。

（4）单击“元件放置”操控板中的✔按钮。

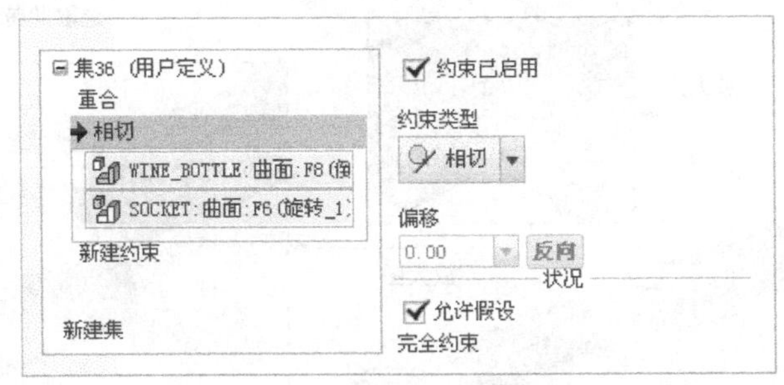

图9.5.65 “相切”约束参考

9.5.2 运动轴设置

在机构装置中添加连接元件后，还可对“运动轴”进行设置，其意义如下。

- 设置运动轴的当前位置：通过在连接件和组件中选取两个零位置参考，然后输入其间角度（或距离）值，可设置该运动轴的位置。定义伺服电动机和运行机构时，系统将以当前位置为默认的初始位置。
- 设置再生值：可将运动轴的当前位置定义为再生值，也就是装配件再生时运动轴的位置。如果设置了运动轴极限，则再生值就必须设置在指定的限制内。
- 设置极限：设置运动轴的运动范围，超出此范围，接头就不能平移或转动。除了球接头，我们可以为所有其他类型的接头设置运动轴位置极限。

下面以一个范例来说明运动轴设置的一般过程。本范例中需要设置两个运动轴。

Stage1. 第一个运动轴设置

Step1. 单击 应用程序 功能选项卡 运动 区域中的“机构”按钮，进入机构模块，然后单击 运动 区域中的“拖动元件”按钮，用“点拖动”将驱动杆子装配（actuating_rod_asm.asm）拖到图9.5.66所示的位置（读者练习时，拖移后的位置不要与图中所示的位置相差太远，否则后面的操作会出现问题），然后关闭“拖移”对话框。

Step2. 对运动轴进行设置。

（1）查找并选取运动轴。单击 工具 功能选项卡 调查▾ 区域中的“查找”按钮，系统弹出图9.5.67所示的“搜索工具”对话框；在“查找”列表中选取“平移轴”，在“查找范围”列表中选取CORK_DRIVER.ASM装配，然后单击 立即查找 按钮；在结果列表中选取运动轴 Connection_1c.first_trans_axis，并单击 >> 按钮将其加入选定栏中，最后单击 关闭 按钮，关闭对话框。

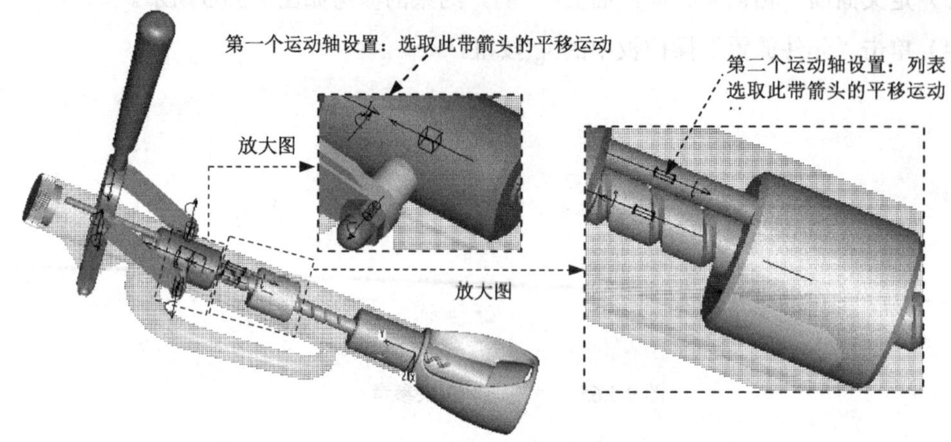

图 9.5.66　运动轴设置

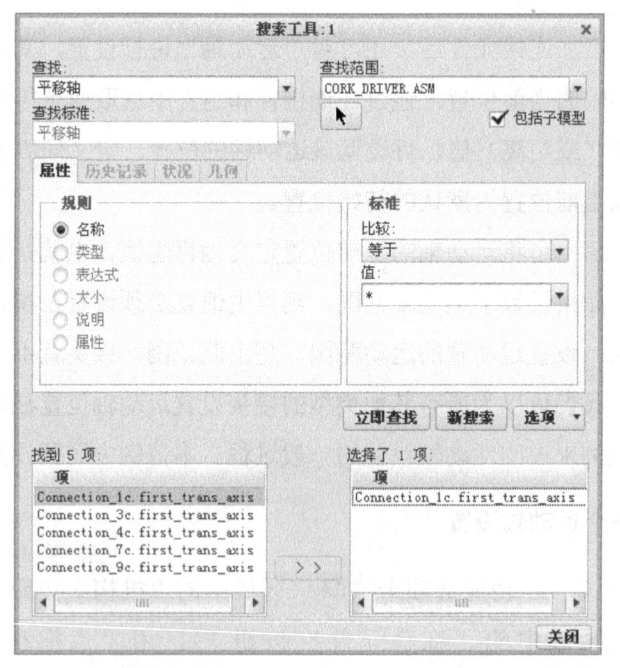

图 9.5.67　“搜索工具”对话框

（2）右击，在系统弹出的快捷菜单中选择命令，系统弹出图 9.5.68 所示的“运动轴”对话框，在该对话框中进行下列操作。

① 在连接件和组件上选取零参考。查找并选取活塞（Piston）零件中的基准平面 ZERO_REF 和主体（Body）零件中的基准平面 ZERO_REF（图 9.5.69 和图 9.5.70），则选取的参考自动显示在图 9.5.68 所示的“运动轴”对话框中。

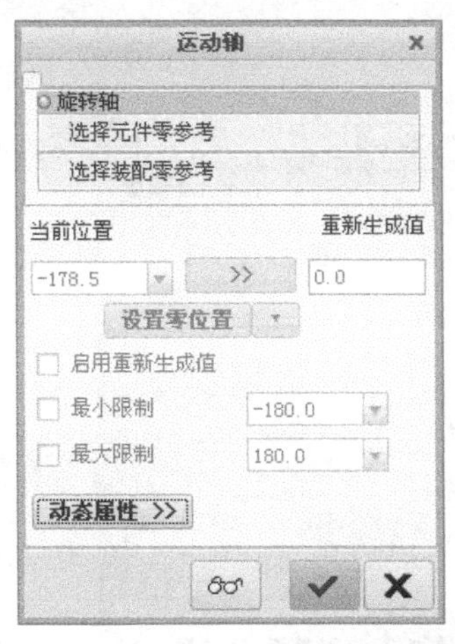

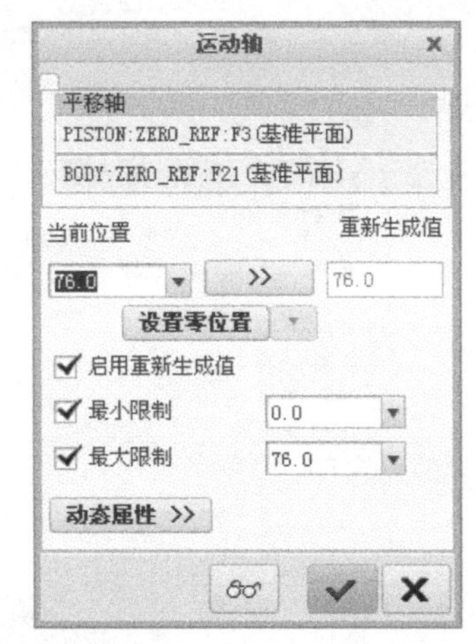

图 9.5.68 “运动轴”对话框

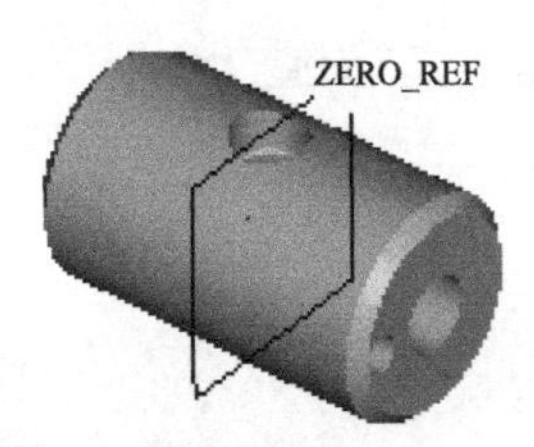

图 9.5.69 活塞零件的基准平面 ZERO_REF

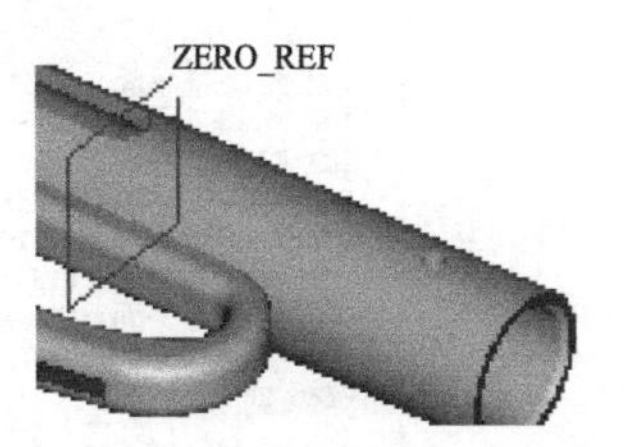

图 9.5.70 主体零件的基准平面 ZERO_REF

说明：

由于组件中所包含的基准面太多，要采用“查找”方式来选取想要的基准面。下面以选取 PISTON 零件中的基准平面 ZERO_REF 为例介绍其方法。

首先，在系统提示选取目标时，单击 工具 功能选项卡 调查▼ 区域中的“查找”按钮，系统弹出图 9.5.71 所示的“搜索工具”对话框；在“查找”列表中选取“基准平面”，在“查找范围”列表中选取 PISTON.PRT 零件，然后单击 立即查找 按钮；在结果列表中选取基准平面 ZERO_REF，并单击 >> 按钮将其加入选定栏中，最后单击 关闭 按钮。

② 指定再生值。在对话框中选中 启用重新生成值 复选框，然后在“当前位置”文本框中输入距离值 76.0，再单击 >> 按钮，将该值设置为再生值，如图 9.5.68 所示。

③ 指定限制值。在对话框中选中 最小限制 复选框，并在其后的文本框中输入距离值 0.0；选中 最大限制，并在其后的文本框中输入距离值 76.0，这样就限定了该运动轴的运动范围。

④ 单击对话框中的 ✔ 按钮。

Step3. 验证。单击 应用程序 功能选项卡 运动 区域中的“拖动元件”按钮，拖移驱动杆子装配（actuating_rod_asm.asm），可验证所定义的运动轴极限。如果装配失败，请尝试将再生值改为-76.00、最大极限值改为 0.0、最小极限值改为-76.0。

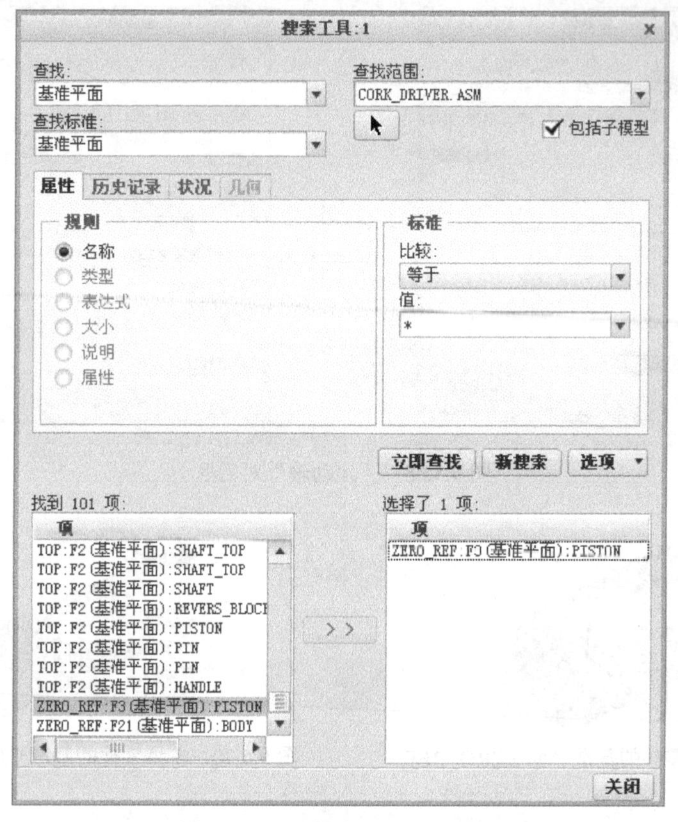

图 9.5.71 “搜索工具”对话框

Stage2. 第二个运动轴设置

Step1. 单击 工具 功能选项卡 调查 ▾ 区域中的“查找”按钮，查找并选取运动轴“Connection_4c. first_trans_axis_”。

Step2. 右击，在系统弹出的快捷菜单中选择命令，系统弹出“运动轴”对话框，在该对话框中进行下列操作。

（1）在连接件和组件上选取零参考。选取图 9.5.72 所示止动杆（Stop_Rod）零件中的端面，以及图 9.5.73 所示机体（Body）零件中的端面，则选取的参考自动显示在图 9.5.74 所示的“运动轴”对话框中。

（2）指定再生值。在对话框中选中 ☑ 启用重新生成值 复选框，采用默认的再生值 5.0，如图 9.5.74 所示。

（3）定义运动轴极限。在对话框中选中 ☑ 最小限制 复选框，并在其后的文本框中输入数值 5.0；选中 ☑ 最大限制 复选框，并输入数值 43.0，这样就限定了该运动轴的运动范围。

（4）单击对话框中的 ✓ 按钮。

Step3. 验证。单击 机构 功能选项卡 运动 区域中的“拖动元件”按钮，拖移止动杆（Stop_Rod）零件，可验证所定义的极限是否已经起作用了。

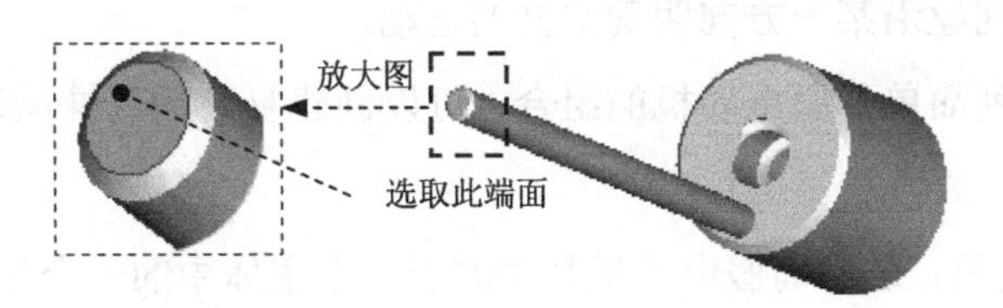

图 9.5.72 选取止动杆零件的端面

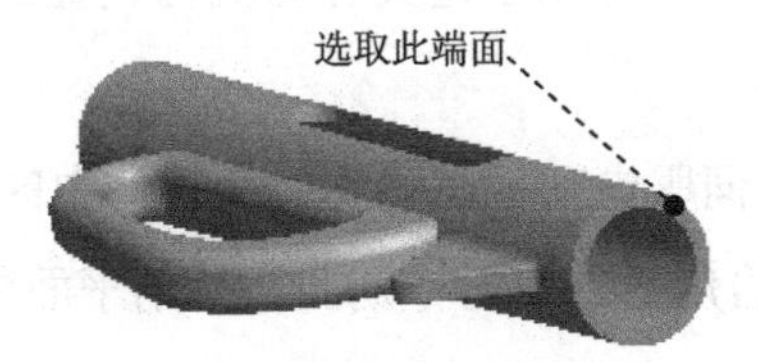

图 9.5.73 选取主体机体盖的端面

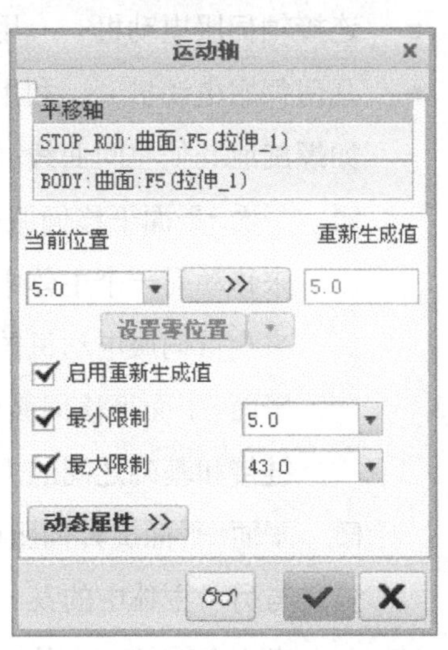

图 9.5.74 “运动轴”对话框

9.5.3 定义伺服电动机

伺服电动机可以以单一自由度在两个主体之间强加某种运动。添加伺服电动机，是为机构运行做准备。定义伺服电动机时，可定义速度、位置或加速度与时间的函数关系，并可显示运动的轮廓图。常用的函数有下列几种。

- 常量：y = A，其中 A=常量；该函数类型用于定义恒定运动。
- 斜插入：y = A + B*t，其中 A=常量，B=斜率；该类型用于定义恒定运动或随时间呈线性变化的运动。
- 余弦：y = A*cos（2*Pi*t/T + B）+ C，其中 A=振幅，B=相位，C=偏移量，T=周期；该类型用于定义振荡往复运动。
- 摆线：y = L*t/T L*sin（2*Pi*t/T）/2*Pi，其中 L=总上升数，T=周期；该类型用于模拟一个凸轮轮廓输出。
- 表：通过输入一个表来定义位置、速度或加速度与时间的关系，表文件的扩展名为.tab，可以在任何文本编辑器创建或打开。文件采用两栏格式，第一栏是时间，该栏中的时间值必须从第一行到最后一行按升序排列；第二栏是速度、加速度或位置。

可以在连接轴或几何图元（如零件平面、基准平面和点）上放置伺服电动机。对于一个图元，可以定义任意多个伺服电动机。但为了避免过于约束模型，要确保进行运动分析之前，已关闭所有冲突的或多余的伺服电动机。例如沿同一方向创建一个连接轴旋转伺服电动机和一个平面-平面旋转角度伺服电动机，则在同一个运行内不要同时打开这两个伺服电动机。可以使用下列类型的伺服电动机。

- 连接轴伺服电动机——用于创建沿某一方向明确定义的运动。
- 几何伺服电动机——利用下列简单伺服电动机的组合，可以创建复杂的三维运动，如螺旋或其他空间曲线。
  - ☑ 平面-平面平移伺服电动机：这种伺服电动机是相对于一个主体中的一个平面来移动另一个主体中的平面，同时保持两平面平行。以两平面间的最短距离来测量伺服电动机的位置值。当从动平面和参考平面重合时，出现零位置。平面-平面平移伺服电动机的一种应用是用于定义开环机构装置的最后一个链接和基础之间的平移。
  - ☑ 平面-平面旋转伺服电动机：这种伺服电动机是移动一个主体中的平面，使其与另一主体中的某一平面成一定的角度。在运行期间，从动平面围绕一个参考方向旋转，当从动平面和参考平面重合时定义为零位置。因为未指定从动主体上的旋转轴，所以平面-平面旋转伺服电动机所受的限制要少于销钉或圆柱接头的伺服电动机所受的限制，因此从动主体中旋转轴的位置可能会任意改变。平面-平面旋转伺服电动机可用来定义围绕球接头的旋转。平面-平面旋转伺服电动机的另一个应用，是定义开环机构装置的最后一个主体和基础之间的旋转。
  - ☑ 点-平面平移伺服电动机：这种伺服电动机是沿一个主体中平面的法向移动另一主体中的点。以点到平面的最短距离测量伺服电动机的位置值。仅使用点-平面伺服电动机，不能相对于其他主体来定义一个主体的方向。还要注意从动点可平行于参考平面自由移动，所以可能会沿伺服电动机未指定的方向移动，使用另一个伺服电动机或连接可锁定这些自由度。通过定义一个点相对于一个平面运动的x、y和z分量，可以使一个点沿一条复杂的三维曲线运动。
  - ☑ 平面-点平移伺服电动机：这种伺服电动机除了要定义平面相对于点运动的方向外，其余都和点-平面伺服电动机相同，在运行期间，从动平面沿指定的运动方向运动，同时保持与之垂直。以点到平面的最短距离测量伺服电动机的位置值。在零位置处，点位于该平面上。
  - ☑ 点-点平移伺服电动机：这种伺服电动机是沿一个主体中指定的方向移动另一主体中的点。可用到某一个平面的最短距离来测量该从动点的位置，该平面包含参考点并垂直于运动方向。当参考点和从动点位于一个法向是运动方向的平面内时，出现点-点伺服电动机的零位置。点-点平移伺服电动机的约束很宽松，所以必须十分小心，才可以得到可预期的运动。仅使用点-点伺服电动机，不能定义一个主体相对于其他主体的方向。实际上，需要六个点-点伺

服电动机才能定义一个主体相对于其他主体的方向。使用另一个伺服电动机或连接可锁定一些自由度。

下面以实例介绍定义伺服电动机的一般过程。

Step1. 单击 机构 功能选项卡 插入 区域中的“伺服电动机”按钮。

Step2. 此时系统弹出图 9.5.75 所示的“电动机”操控板，在该操控板中进行下列操作。

（1）输入伺服电动机名称。单击 属性 选项卡，在 名称 文本框中输入伺服电动机名称，或采用默认名。

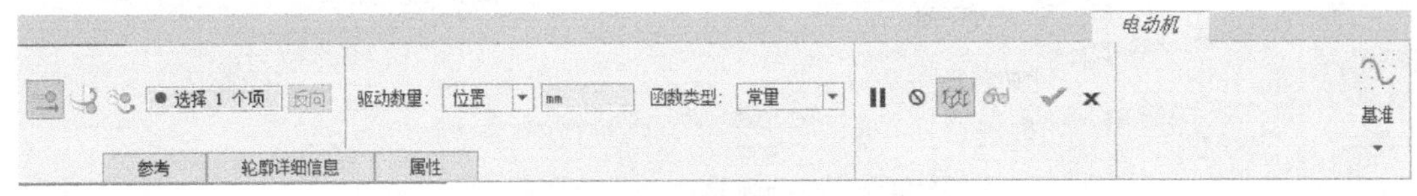

图 9.5.75 “电动机”操控板

（2）选择从动图元。在图 9.5.76 所示的模型上，可采用“从列表中拾取”的方法选取图中所示的连接轴 Connection_1c.axis_1。

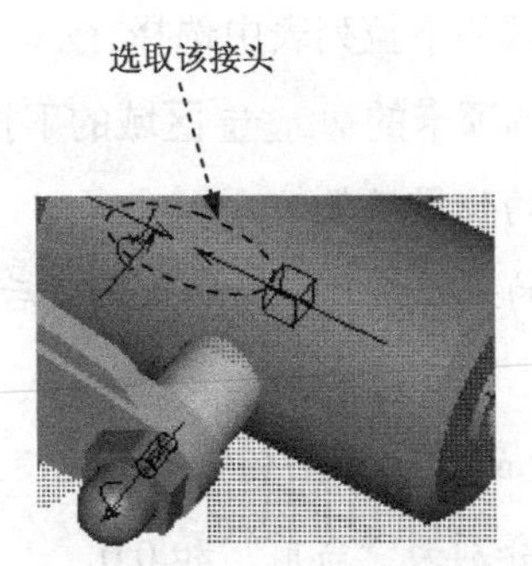

图 9.5.76 选取连接轴

注意：如果选取点或平面来放置伺服电动机，则创建的是几何伺服电动机。

（3）此时模型中出现一个洋红色的箭头，表明连接轴中从动图元将相对于参考图元移动的方向，可以单击 反向 按钮来改变方向，正确方向如图 9.5.77 所示。

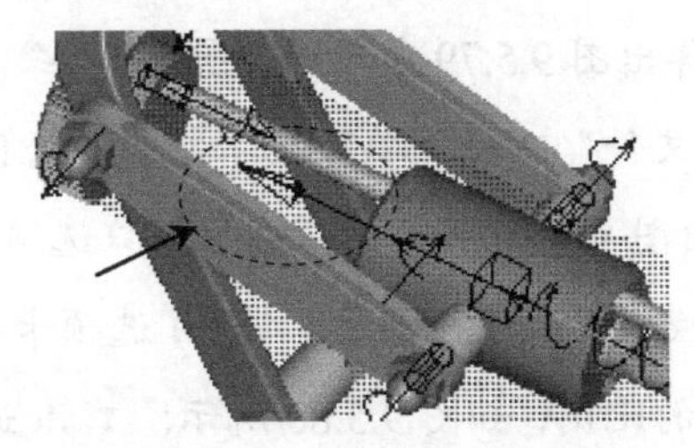

图 9.5.77 箭头的正确方向

（4）定义运动函数。单击操控板中的 轮廓详细信息 选项卡，在图 9.5.78 所示界面中进行下列操作。

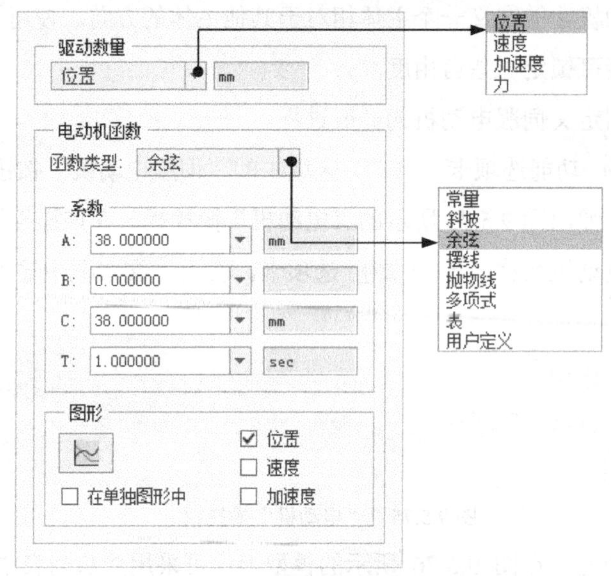

图 9.5.78 “轮廓详细信息”选项卡

① 选择规范。在 驱动数量 区域的下拉列表中选择 位置。

图 9.5.78 所示 轮廓详细信息 选项卡的 驱动数量 区域的下拉列表中的部分选项说明如下。

- 位置——定义从动图元的位置函数。

  速度——定义从动图元的速度函数。选择此选项后，需指定运行的初始位置，默认的初始位置为“当前”。

- 加速度——定义从动图元的加速度函数。选择此项后，可以指定运行的初始位置和初始速度，其默认设置分别为“当前”和 0.0。

② 定义位置函数。在 函数类型: 区域的下拉列表中选择函数类型为 余弦，然后分别在 A、B、C、T 文本框中输入其参数值 38、0、38、1。

Step3. 单击操控板中的 ✔ 按钮，完成伺服电动机的定义。

说明：如果要绘制连接轴的位置、速度、加速度与时间的函数图形，可在对话框的“图形”区域单击 按钮，系统弹出图 9.5.79 所示的“图形工具”对话框，在该窗口中单击 按钮可打印函数图形；选择“文件”下拉菜单可按“文本”或 EXCEL 格式输出图形；单击该窗口中的 按钮，系统弹出图 9.5.80 所示的“图形窗口选项”对话框，该对话框中有四个选项卡：Y 轴、X 轴、数据系列 和 图形显示。Y 轴 选项卡用于修改图形 Y 轴的外观、标签和栅格线，以及更改图形的比例，如图 9.5.80 所示；X 轴 选项卡用于修改图形 X 轴的外观、标签和栅格线，以及更改图形的比例；数据系列 选项卡用于控制所选数据系列的外观及图例的显示，如图 9.5.81 所示；图形显示 选项卡用于控制图形标题的显示，并可更改窗口的背景颜色，如图 9.5.82 所示。

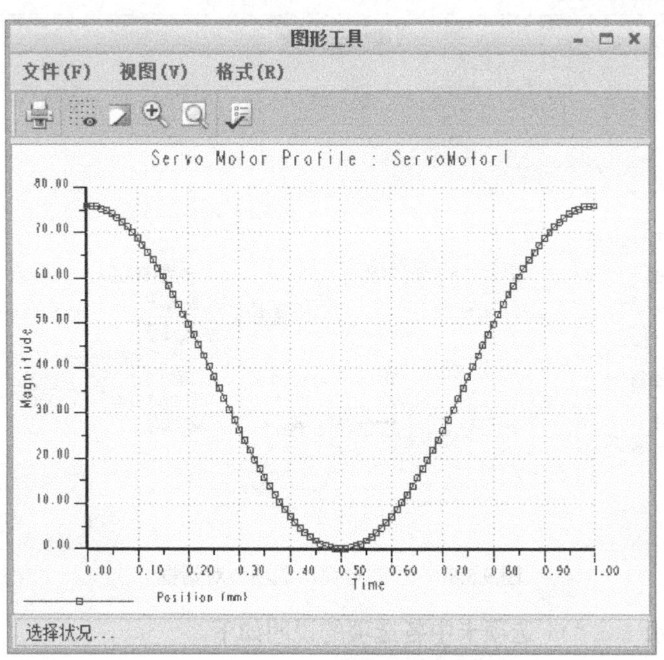

图 9.5.79 “图形工具”对话框

在图 9.5.80 所示的“图形窗口选项”对话框中 X 轴 和 Y 轴 选项卡中各选项的说明如下。

- 图形：此区域仅显示在 Y 轴 选项卡中，如有子图形还可显示子图形的一个列表。可以使拥有公共 X 轴、但 Y 轴不同的多组数据出图。从列表中选取要定制其 Y 轴的子图形。
- 轴标签：此区域可编辑 Y 轴标签。标签为文本行，显示在每个轴旁。单击 文本样式... 按钮，可更改标签字体的样式、颜色和大小。选中或取消选中 ☑ 显示轴标签 复选框可打开或关闭轴标签的显示。
- 范围：更改轴的刻度范围。可修改最小值和最大值，以使窗口能够显示指定的图形范围。
- 刻度线：设置轴上长刻度线（主）和短刻度线（副）的数量。
- 刻度线标签：设置长刻度线值的放置方式。还可单击 文本样式... 按钮，更改字体的样式、颜色和大小。
- 栅格线：选取栅格线的样式。如果要更改栅格线的颜色，可单击颜色选取按钮。
- 轴：设置 Y 轴的线宽及颜色。
- 缩放：使用此区域可调整图形的比例。

☑ ☐ 对数刻度：将轴上的值更改为对数比例。使用对数比例能提供在正常比例下可能无法看到的其他信息。

☑ ☑ 刻度：此区域仅出现在 Y 轴 选项卡中。可使用此区域来更改 Y 轴比例。

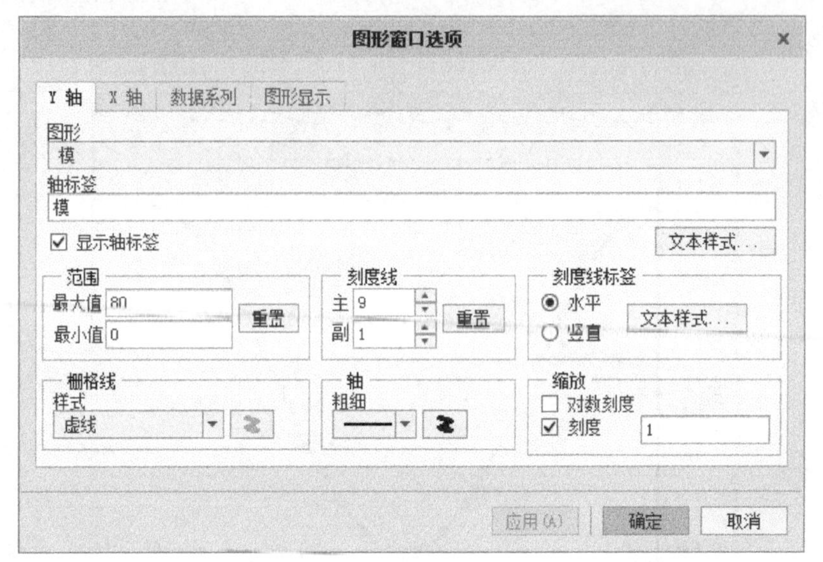

图 9.5.80 “图形窗口选项”对话框

图 9.5.81 所示 数据系列 选项卡中各选项的说明如下。

- 图形：选取要定制其数据系列的图形或子图形。
- 数据系列：此区域可编辑所选数据系列的标签，还可更改图形中点和线的颜色以及点的样式、插值。

图例：此区域可切换图例的显示及更改其字体的样式、颜色和大小。

图 9.5.81 “数据系列”选项卡

图 9.5.82 所示 图形显示 选项卡中各选项的说明如下。

- 标签：编辑图形的标题。如果要更改标题字体的样式、颜色和大小，可单击 文本样式... 按钮；可选中或取消选中 ☑ 显示标签 复选框来显示或关闭标题。

- 背景颜色：修改背景颜色。如选中☑混合背景复选框，单击 编辑... 按钮可定制混合的背景颜色。
- 选择颜色：更改用来加亮图形中的点的颜色。

图 9.5.82 “图形显示”选项卡

9.5.4 修复失败的装配

1. 修复失败装配的方法

有时候，“连接”操作、“拖动”或“运行”机构时，系统会提示“装配失败”信息（图 9.5.83），这可能是由于未正确指定连接信息，或者因为主体的初始位置与最终的装配位置相距太远等。

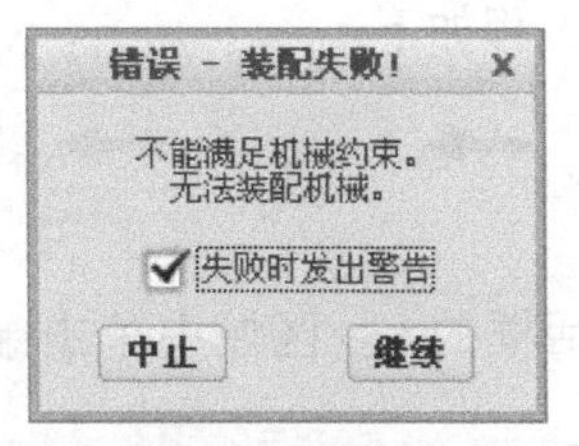

图 9.5.83 “错误-装配失败”对话框

如果装配件未能连接，应检查连接定义是否正确。应检查机构装置内的连接是如何组合的，以确保其具有协调性。也可以锁定主体或连接并删除环连接，以查看在不太复杂的情况下，机构装置是否可以装配。最后，可以创建新的子机构，并个别查看、研究它们如何独立工作。通过从可工作的机构装置中有系统地逐步进行，并一次增加一个小的子系统，可以创建非常复杂的机构装置并成功运行。

如果运行机构时出现“装配失败”信息，则很可能是因为无效的伺服电动机值。如果

对某特定时间所给定伺服电动机的值超出可取值的范围，从而导致机构装置分离，系统将声明该机构不能装配。在这种情况下，要计算机构装置中所有伺服电动机的给定范围以及启动时间和结束时间。使用伺服电动机的较小振幅，是进行试验以确定有效范围的一个好的方法。伺服电动机也可能会使连接超过其限制，可以关闭有可能出现此情形连接的限制，并重新运行来研究这种可能性。

修复失败装配的一般方法。

- 在模型树中用鼠标右键单击元件，在系统弹出的快捷菜单中选择编辑定义命令，查看系统中环连接的定向箭头。通常，只有闭合环的机构装置才会出现失败，包括具有凸轮或槽的机构装置，或者超出限制范围的带有连接限制的机构装置。
- 检查装配件公差，以确定是否应该更严格或再放宽一些，尤其是当装配取得成功但机构装置的性能不尽如人意时。要改变绝对公差，可调整特征长度或相对公差，或两者都调整。装配件级和零件级中的 Creo 精度设置也能影响装配件的绝对公差。
- 查看是否有锁定的主体或连接，这可能会导致机构装置失败。
- 尝试通过使用“拖动”对话框来禁用环连接，将机构装置重新定位到靠近所期望的位置，然后启用环连接。

2. 装配件公差

绝对装配件公差是机械位置约束允许从完全装配状态偏离的最大值。计算绝对公差的公式为：绝对公差=相对公差×特征长度，其中相对公差是一个系数，默认值是 0.001；特征长度是所有零件长度的总和除以零件数后的结果，零件长度（或大小）是指包含整个零件边界框的对角长度。

改变绝对装配件公差的操作过程如下。

Step1. 选择下拉菜单 文件 → 准备(R) → 模型属性(I) 编辑模型属性 命令，系统弹出图 9.5.84 所示的“模型属性”对话框。

Step2. 在“模型属性”对话框的装配区域中单击机构后面的更改选项，系统弹出图 9.5.85 所示的“设置”对话框。

图 9.5.84 “模型属性”对话框

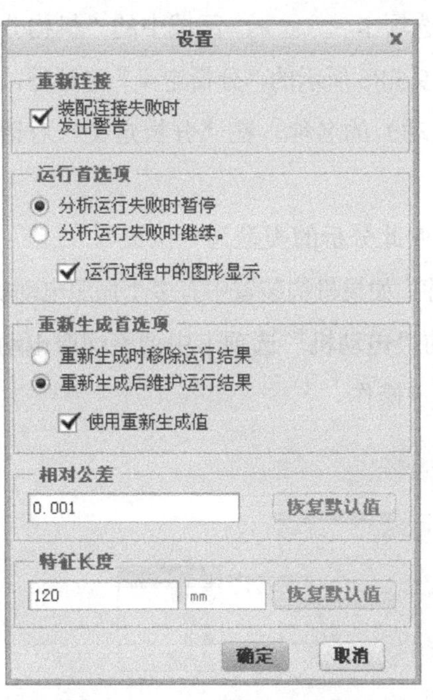

图 9.5.85 “设置”对话框

Step3. 如果要改变装配件的“相对公差”设置，可在其文本框中输入 0~0.1 的值。默认值 0.001 通常可满足要求。如果想恢复默认值，可单击“恢复默认值”按钮。

Step4. 如果要改变“特征长度”设置，可单击“恢复默认值”按钮框，然后输入其他值。当最大零件比最小零件大很多时，应考虑改变这项设置（**注意**：本例中建议“特征长度”值超过 70，例如可设为值 120，如图 9.5.85 所示）。

Step5. 单击 **确定** 按钮。

9.5.5 建立运动分析并运行机构

向机构装置中增加伺服电动机后，便可建立机构的运动分析（定义）并运行。

在每个运动定义中，可选择要打开或关闭的伺服电动机并指定其时间周期，以定义机构的运动方式。虽然可为一个图元定义多个伺服电动机，但一次只能打开图元的一个伺服电动机，例如为一个图元创建了一个连接轴伺服电动机和一个平面-平面旋转角度伺服电动机，则在相同的运行时间框架内不要同时打开这两个伺服电动机。

在“分析定义”对话框中，利用“锁定的图元”区域的命令按钮，可选取主体或连接进行锁定，这样当运行该运动定义时，这些锁定的主体或连接将不会相互移动。

可以创建多个运动定义，每个定义都使用不同的伺服电动机和锁定不同的图元。根据已命名的回放次序保存每个定义，便于以后查看。

下面以实例说明机构运动的一般过程。

Step1. 单击 机构 功能选项卡 分析▼ 区域中的“机构分析”按钮。

Step2. 此时系统弹出图 9.5.86 所示的“分析定义”对话框，在该对话框中进行下列操作。

（1）输入此分析（即运动）的名称。在“分析定义”对话框的“名称”文本框中输入分析名称，或采用默认名。

（2）选择分析类型。选取此分析的类型为“位置”。

（3）调整伺服电动机顺序。如果机构装置中有多个伺服电动机，可单击对话框中的 电动机 选项卡，在图 9.5.87 所示的“电动机”选项卡中调整伺服电动机顺序。由于本例中只有一个伺服电动机，不必进行本步操作。

图 9.5.86 “分析定义”对话框　　图 9.5.87 “电动机”选项卡

（4）定义动画时域。在图 9.5.86 所示的“分析定义”对话框的 图形显示 区域进行下列操作。

① 输入开始时间：0（单位为秒）。

② 选择测量时间域的方式。在该区域的下拉列表中选择 长度和帧频。

③ 输入终止时间：1（单位为秒）。

④ 输入帧频：100。

注意：

- 测量时间域的方式有三种。

① 长度和帧频：输入运行的时间长度（结束时间－开始时间）和帧频（每秒帧数），系统计算总的帧数和运行长度。

② 长度和帧数：输入运行的时间长度和总帧数，系统计算运行的帧频和长度。

③ 帧频和帧数：输入总帧数和帧频（或两帧的最小时间间隔），系统计算结束时间。

- 运行的时间长度、帧数、帧频和最小时间间隔的关系：

  帧频=1/最小时间间隔。

  帧数=帧频×时间长度+1。

（5）进行初始配置。在图 9.5.86 所示“分析定义”对话框的初始配置区域选中◉ 当前单选项。

注意：

- ◉ 当前：以机构装置的当前位置为运行的初始位置。
- ○ 快照：从保存在“拖动”对话框的快照列表中选择某个快照，机构装置将从该快照位置开始运行。

Step3. 运行运动定义。在图 9.5.86 所示的“分析定义”对话框中单击 运行(R) 按钮。

Step4. 单击对话框中的 确定 按钮，完成运动定义。

9.5.6 结果回放、动态干涉检查与制作播放文件

利用“回放”命令可以对已运行的运动定义进行回放，在回放中还可以进行动态干涉检查和制作播放文件。对每一个运行的运动定义，系统将单独保存一组运动结果，利用“回放”命令可以将其结果保存在一个文件中（此文件可以在另一进程中运行），也可以恢复、删除或输出这些结果。

下面以实例说明回放操作的一般过程。

Step1. 单击 机构 功能选项卡 分析▾ 区域中的“回放”按钮◀▶。

Step2. 系统弹出图 9.5.88 所示的“回放”对话框，在该对话框中进行下列操作。

（1）从结果集下拉列表中选取一个运动结果。

（2）定义回放中的动态干涉检查。单击“回放”对话框中的 碰撞检测设置... 按钮，系统弹出图 9.5.89 所示的“碰撞检测设置”对话框，在该对话框中选中◉ 无碰撞检测单选项。

图 9.5.89 中常规区域的各选项说明如下。

- ◉ 无碰撞检测：回放时，不检查干涉。
- ◉ 全局碰撞检测：回放时，检测整个装配体中所有元件间的干涉。当系统检测到干

涉时，干涉区域将会加亮。

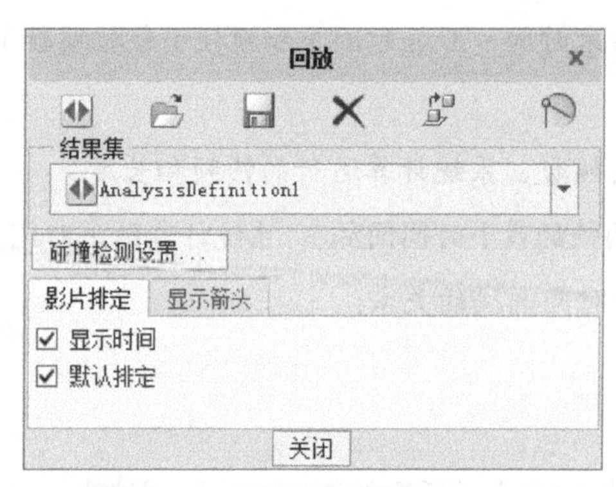

图 9.5.88　“回放”对话框（一）

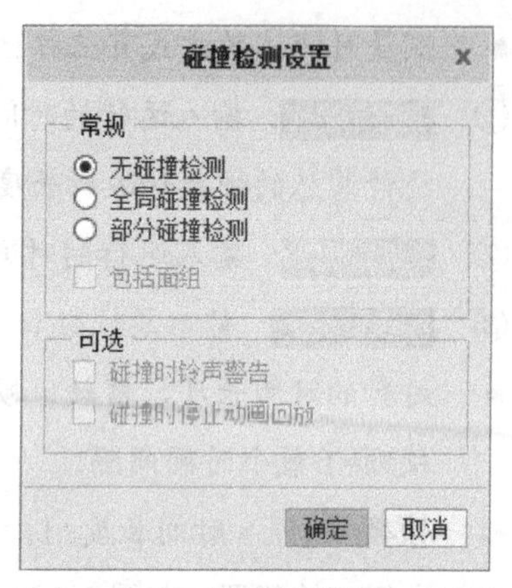

图 9.5.89　“碰撞检测设置”对话框

- 部分碰撞检测：回放时，检测选定零件间的干涉。当系统检测到干涉时，干涉区域将会加亮。

（3）生成影片进度表。在回放运动前，可以指定要查看运行的某一部分。如果要查看整个运行过程，可在对话框的 影片排定 选项卡中选中☑ 默认排定 复选框；如果要查看部分片段，则取消□ 默认排定 复选框，此时系统弹出图 9.5.90 所示的界面。

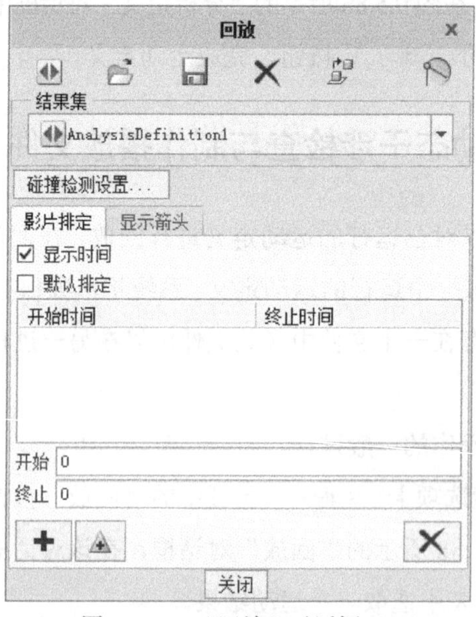

图 9.5.90　“回放”对话框（二）

图 9.5.90 所示的 影片排定 选项卡中有关选项和按钮的含义如下。

- 开始时间：指定要查看片段的起始时间。
- 终止时间：指定要查看片段的结束时间。起始时间可以大于终止时间，这样就可以反向播放影片。

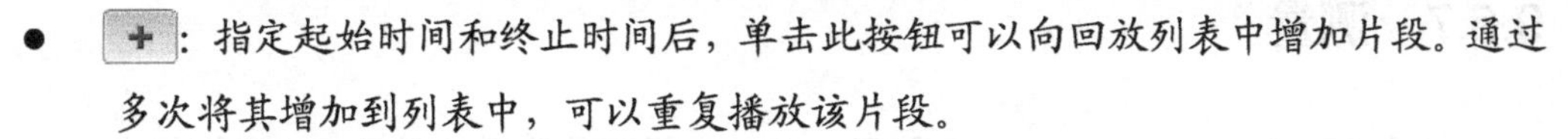

- ：指定起始时间和终止时间后，单击此按钮可以向回放列表中增加片段。通过多次将其增加到列表中，可以重复播放该片段。
- ：更新影片段。如改变了回放片段的起始时间或终止时间，单击此按钮，系统立即更新起始时间和终止时间。
- ：删除影片段。要删除影片段，选取该片段并单击此按钮。

（4）开始回放演示。在“回放”对话框中单击按钮，系统弹出图 9.5.91 所示的“动画”对话框，可进行回放演示，回放中如果检测到元件干涉，系统将加亮干涉区域，并停止回放。

（5）制作播放文件。回放结束后，在“动画”对话框中单击 捕获... 按钮，再在系统弹出的“捕获”对话框中（图 9.5.92）单击 确定 按钮，即可生成一个*.mpg 文件，该文件可以在其他软件（例如 Windows Media Player）中播放。

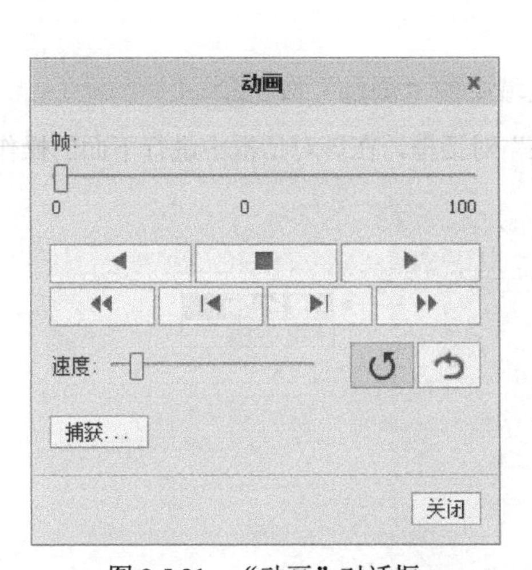

图 9.5.91 “动画”对话框

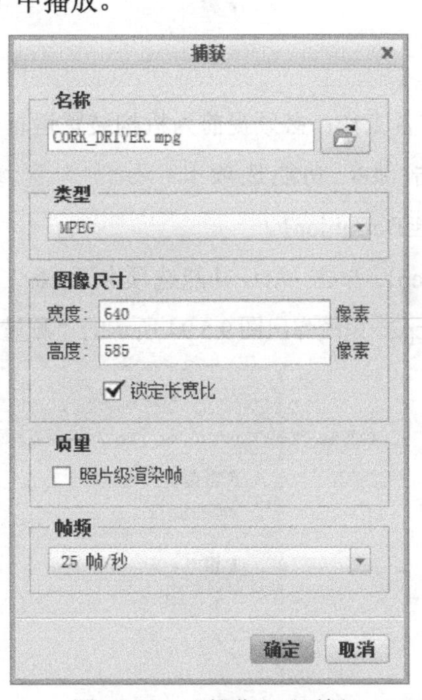

图 9.5.92 “捕获”对话框

（6）单击“动画”对话框中的 关闭 按钮；完成观测后，在“回放”对话框中单击 关闭 按钮。

图 9.5.91 所示“动画”对话框中各按钮的说明如下。

- ：向前播放。
- ：停止播放。
- ：向后播放。
- ：将结果重新设置到开始。
- ：显示上一帧。
- ：显示下一帧。
- ：将结果推进到结尾。
- ：重复结果。
- ：在结尾处反转。
- 速度滑杆：改变结果的速度。

9.5.7 测量

利用“测量”命令可创建一个图形，对于一组运动分析结果显示多条测量曲线，或者也可以观察某一测量如何随不同的运行结果而改变。测量有助于理解和分析运行机构装置产生的结果，并可提供改进机构设计的信息。

下面以图 9.5.93 所示的实例说明测量操作的一般过程。

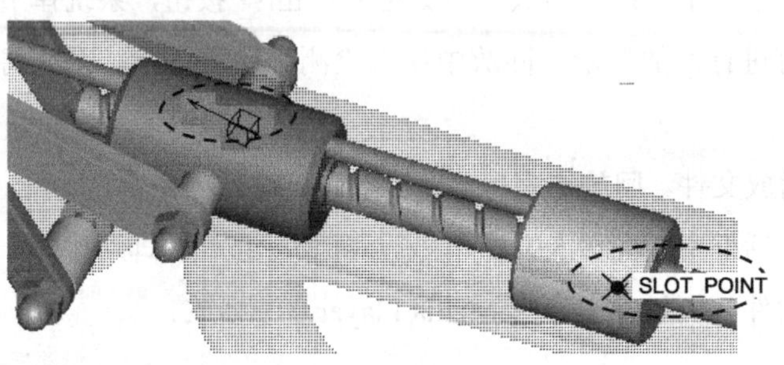

图 9.5.93 测量操作

准备工作：必须提前为机构装置运行一个运动分析，然后才能绘制测量结果，为此需先单击 机构 功能选项卡 分析 ▾ 区域中的“机构分析”按钮，运行运动分析 AnalysisDefinition1。

Step1. 单击 机构 功能选项卡 分析 ▾ 区域中的“测量”按钮。

Step2. 系统弹出图 9.5.94 所示的“测量结果”对话框，在该对话框中进行下面的操作。

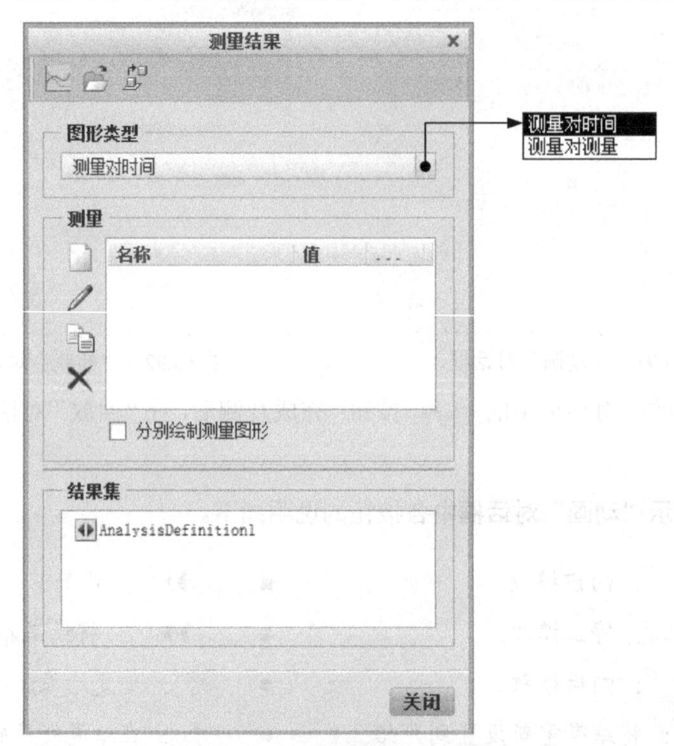

图 9.5.94 “测量结果”对话框

图 9.5.94 所示 图形类型 下拉列表中各选项的说明如下。

- 测量对时间 ——反映某个测量（位置、速度等）对时间的关系。
- 测量对测量 ——反映某个测量（位置、速度等）对另一个测量（位置、速度等）的关系。如果选择此项，需要选择一个测量为 X 轴，另一个（或几个）测量为 Y 轴。

（1）选择测量的图形类型。在 图形类型 下拉列表中选择 测量对时间 选项。

（2）新建一个测量。单击 按钮，系统弹出图 9.5.95 所示的“测量定义”对话框，在该对话框中进行下列操作。

① 输入测量名称，或采用默认名。

② 选择测量类型。在 类型 下拉列表中选择 位置 。

③ 选取测量点（或运动轴）。在图 9.5.93 所示的模型中，查询选取零件反向块（REVERSE_BLOCK）上的点 SLOT_POINT。

④ 选取测量参考坐标系。本例采用默认的坐标系 WCS（注：如果选取一个连接轴作为测量目标，就无须参考坐标系）。

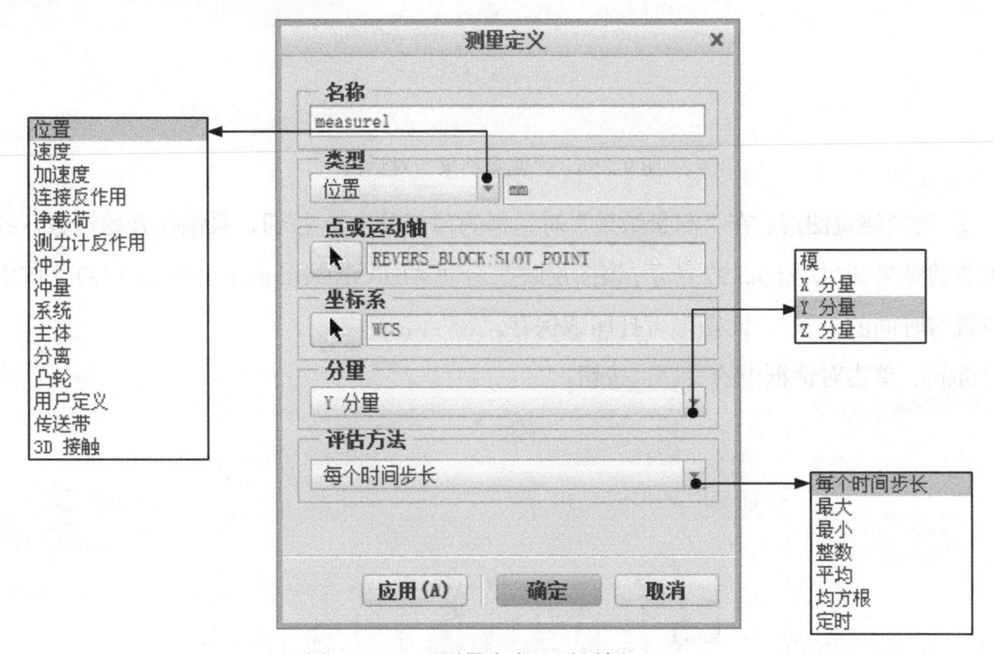

图 9.5.95 “测量定义”对话框

⑤ 选取测量的矢量方向。在 分量 下拉列表中选择 Y分量 ，此时在模型上可观察到一个很大的粉红色箭头指向坐标系的 Y 轴。

⑥ 选取评估方法。在 评估方法 下拉列表中选择 每个时间步长 。

⑦ 单击“测量定义”对话框中的 确定 按钮，系统立即将 measure1 添加到“测量结果”对话框的列表中（图 9.5.96）。

（3） 进行动态测量。

① 选取测量名。在图 9.5.96 所示的“测量结果”对话框的列表中，选取 measure1。

② 选取运动结果名。在“测量结果”对话框的“结果集”中，选取运动分析 AnalysisDefinition1。

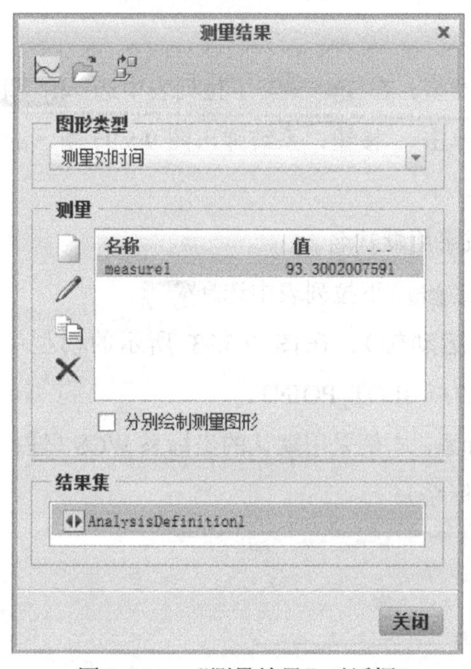

图 9.5.96 “测量结果”对话框

③ 绘制测量图形。在“测量结果”对话框的顶部单击按钮，系统便开始测量，并绘制测量的结果图（如图 9.5.97 所示，该图反映在运动 AnalysisDefinition1 中，点 SLOT_POINT 的位置与时间的关系），此图形可打印或保存。

Step3. 单击对话框中的 关闭 按钮。

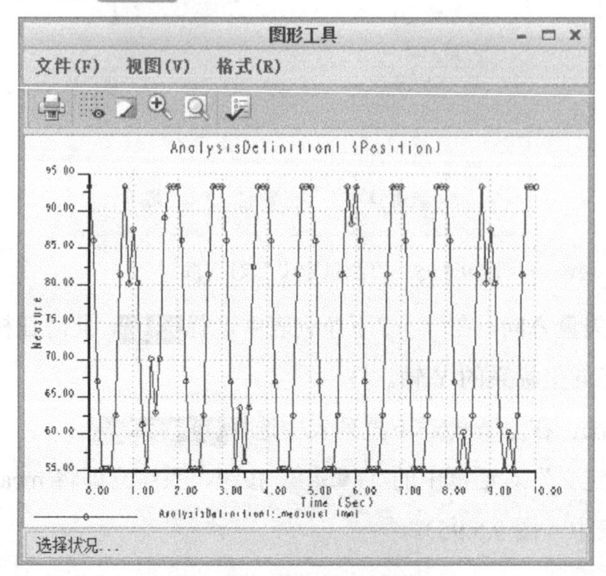

图 9.5.97 测量的结果图

9.5.8 轨迹曲线简介

1. 概述

在 机构 功能选项卡中选择 分析 ▾ ➡ 轨迹曲线 命令。可以：

- 记录轨迹曲线。轨迹曲线用图形表示机构装置中某一点或顶点相对于零件的运动。
- 记录凸轮合成曲线。凸轮合成曲线用图形表示机构装置中曲线或边相对于零件的运动。
- 创建“机构装置”中的凸轮轮廓。
- 创建“机构装置”中的槽曲线。
- 创建 Creo 的实体几何。

注意：跟前面的“测量”特征一样，必须提前为机构装置运行一个运动分析，然后才能创建轨迹曲线。

2. 关于“轨迹曲线”对话框

在 机构 功能选项卡中选择 分析 ▾ ➡ 轨迹曲线 命令，系统弹出图 9.5.98 所示的“轨迹曲线”对话框，该对话框中的选项用于生成轨迹曲线或凸轮合成曲线。

- 纸零件：在装配件或子装配件上选取一个主体零件，作为描绘曲线的参考。想象纸上有一支笔描绘轨迹，那么可以将该主体零件看作纸张，生成的轨迹曲线将是属于纸张零件的一个特征。可从模型树访问轨迹曲线和凸轮合成曲线。如果要描绘一个主体相对于基础的运动，可在基础中选取一个零件作为纸张零件。

图 9.5.98 “轨迹曲线”对话框

- 轨迹：可选取要生成的曲线类型。
  - ☑ 轨迹曲线：在装配体上选取一个点或顶点，此点所在的主体必须与纸张零件的主体不同，系统将创建该点的轨迹曲线。可以想象纸上有一支笔描绘轨迹，此点就如同笔尖。
  - ☑ 凸轮合成曲线：在装配件上选取一条曲线或边（可选取开放或封闭环，也可选取多条连续曲线或边，系统会自动使所选曲线变得光滑），此曲线所在的主体必须与纸张零件的主体不同。系统将以此曲线的轨迹来生成内部和外部包络曲线。如果在运动运行中以每个时间步长选取开放曲线，系统则在曲线上确定距旋转轴最近和最远的两个点，最后生成两条样条曲线：一条来自最近点的系列，另一条来自最远点的系列。
  - ☑ 曲线类型区域：可指定轨迹曲线为 2D 或 3D 曲线。
- 结果集：从可用列表中，选取一个运动分析结果。
  - ☑ 按钮：单击此按钮可装载一个已保存的结果。
- 确定：单击此按钮，系统即在纸张零件中创建一个基准曲线特征，对选定的运动结果显示轨迹曲线或平面凸轮合成曲线。要保存基准曲线特征，必须保存该零件。
- 预览(P)：单击此按钮，可预览轨迹曲线或凸轮合成曲线。

9.5.9 模型树

单击 应用程序 功能选项卡 运动 区域中的“机构”按钮进入机构模块后，系统将打开模型树的“机构”部分（图 9.5.99），其中列出了机构中定义的主体、连接、伺服电动机、运动定义和回放等。右击各项目，可进行不同的操作，具体见表 9.5.1。

表 9.5.1 项目与对应的操作

项目名称	操　　作
旋转轴、平移轴（在 Connection_name 下）	运动轴设置、伺服电动机
旋转轴、平移轴（在 Driver_name 下）	运动轴设置
凸轮、槽、驱动器、运动定义	新建
Camconnection_name、Slotconnection_name、Driver_name	编辑、删除、复制
Motion_def_name	编辑、删除、复制、运行
回放	演示……
Playback_name	演示、保存

图 9.5.99 模型树

9.6 创建齿轮机构

齿轮运动机构通过两个元件进行定义，需要注意的是两个元件上并不一定需要真实的齿形。要定义齿轮运动机构，必须先进入“机构”环境，然后还需定义“运动轴”。齿轮机构的传动比是通过两个分度圆的直径来决定的。

下面举例说明一个齿轮运动机构的创建过程。

Task1. 新建装配模型

Step1. 将工作目录设置至 D:\creo6.2\work\ch09.06。

Step2. 新建一个装配体文件，命名为 gear_asm。

Task2. 创建装配基准轴

Stage1. 创建基准轴 AA_1

Step1. 单击“轴”按钮 轴，系统弹出“基准轴”对话框。

Step2. 选取基准平面 ASM_RIGHT，定义为穿过；按住 Ctrl 键，选取 ASM_FRONT 基准平面，定义为穿过；单击对话框中的 确定 按钮，得到图 9.6.1 所示的基准轴 AA_1。

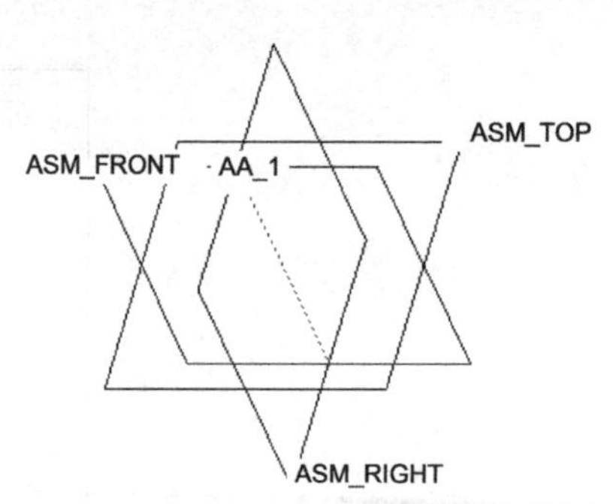

图 9.6.1　创建基准轴 AA_1

Stage2．创建基准平面作为另一个基准轴的草绘平面

Step1. 单击“平面”按钮，系统弹出“基准平面”对话框。

Step2. 选取 ASM_RIGHT 基准平面为偏距的参考面，在对话框中输入偏距值 35.5，单击 确定 按钮。

Stage3．创建基准轴 AA_2

Step1. 单击“轴”按钮 轴，系统弹出“基准轴”对话框。

Step2. 选取基准平面 ADTM1，定义为穿过；按住 Ctrl 键，选取 ASM_FRONT 基准平面，定义为穿过；单击对话框中的 确定 按钮。

Task3．增加齿轮 1（GEAR1.PRT）

将齿轮 1（GEAR1.PRT）装到基准轴 AA_1 上，创建销钉（Pin）连接。

Step1. 单击 模型 功能选项卡 元件 ▾ 区域中的“组装”按钮，打开文件名为 GEAR1.PRT 的零件。

Step2. 创建销钉（Pin）连接。在“元件放置”操控板中进行下列操作，便可创建销钉（Pin）连接。

（1）在约束集列表中选取 销 选项。

（2）修改连接的名称。单击操控板中的 放置 选项卡，系统出现图 9.6.2 所示的“放置”界面，在集名称下的文本框中输入连接名称“Connection_1c”，并按 Enter 键。

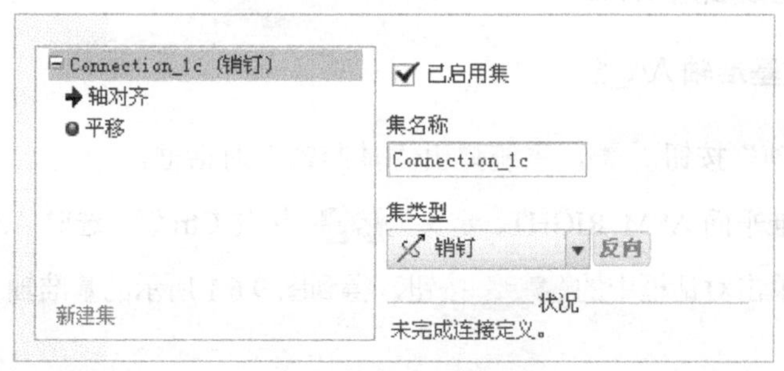

图 9.6.2 “放置”界面

（3）定义“轴对齐”约束。在“放置”界面中单击轴对齐选项，然后分别选取图 9.6.3 中的轴线和模型树中的 AA_1 基准轴（元件 GEAR1 的中心轴线和 AA_1 基准轴线），轴对齐约束的参考如图 9.6.4 所示。

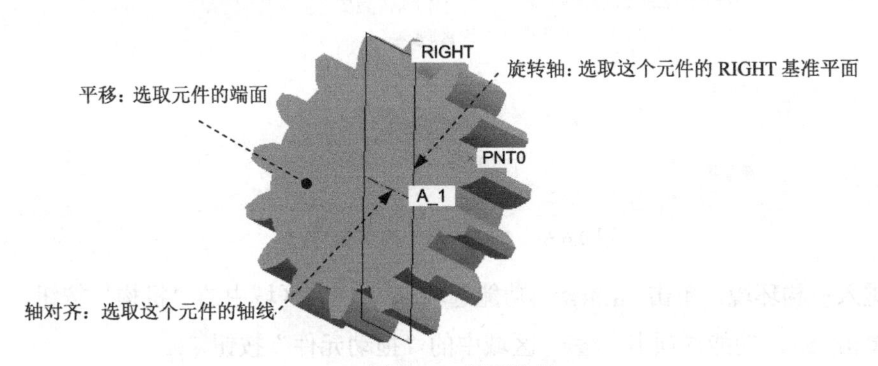

图 9.6.3 装配齿轮 1

（4）定义“平移”约束。分别选取图 9.6.3 中元件的端面和模型树中的 ASM_TOP 基准平面（元件 GEAR1 的端面和 ASM_TOP 基准平面），以限制元件 GEAR1 在 ASM_TOP 基准平面上平移，平移约束的参考如图 9.6.5 所示。

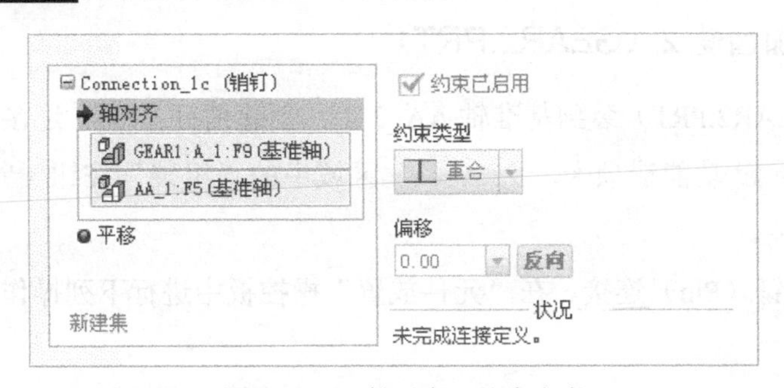

图 9.6.4 “轴对齐”约束参考

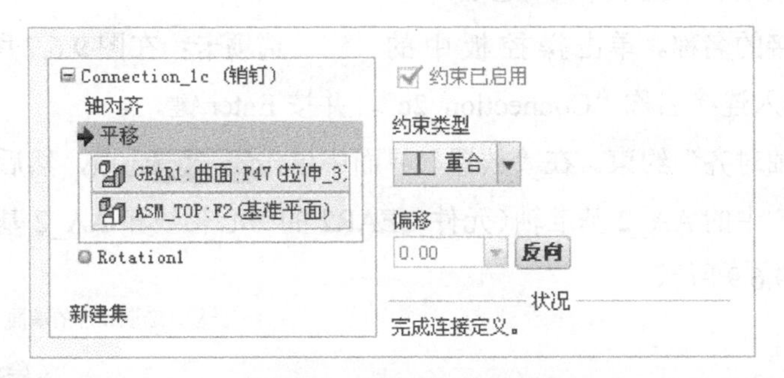

图 9.6.5 “平移”约束参考

（5）定义“旋转轴”约束。选取图 9.6.3 中的基准面和模型树中的 ASM_RIGHT 基准平面为参考，以定义旋转的零位置，旋转轴约束的参考如图 9.6.6 所示。

（6）单击操控板中的✔按钮。

Step3. 验证连接的有效性。拖移元件 GEAR1。

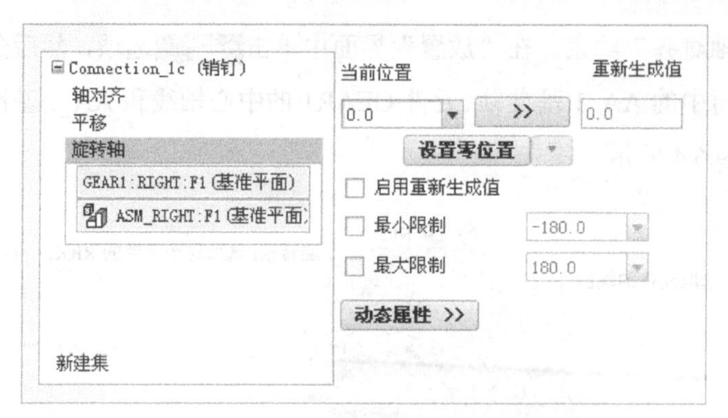

图 9.6.6 “旋转轴”约束参考

（1）进入机构环境。单击 应用程序 功能选项卡 运动 区域中的“机构”按钮。

（2）单击 机构 功能选项卡 运动 区域中的“拖动元件”按钮。

（3）在系统弹出的“拖动”对话框中单击“点拖动”按钮。

（4）在元件 GEAR1 上单击，出现一个标记，移动鼠标进行拖移，并单击中键结束拖移，使元件停留在原来的位置；关闭“拖动”对话框。

（5）退出机构环境：单击 应用程序 功能选项卡 关闭 区域中的“关闭”按钮。

Task4．增加齿轮 2（GEAR2.PRT）

将齿轮 2（GEAR2.PRT）装到基准轴 AA_2 上，创建销钉（Pin）连接。

Step1. 单击 模型 功能选项卡 元件▾ 区域中的“组装”按钮，打开文件名为 GEAR2.PRT 的零件。

Step2. 创建销钉（Pin）连接。在“元件放置”操控板中进行下列操作，便可创建销钉（Pin）连接。

（1）在约束集列表中选取 销 选项。

（2）修改连接的名称。单击操控板中的 放置 选项卡；在图 9.6.7 所示的界面中，在 集名称 文本框中输入连接名称“Connection_2c”，并按 Enter 键。

（3）定义“轴对齐”约束。在“放置”界面中单击 轴对齐 选项，然后分别选取图 9.6.8 中的轴线和模型树中的 AA_2 基准轴（元件 GEAR2 的中心轴线和 AA_2 基准轴线），轴对齐 约束的参考如图 9.6.9 所示。

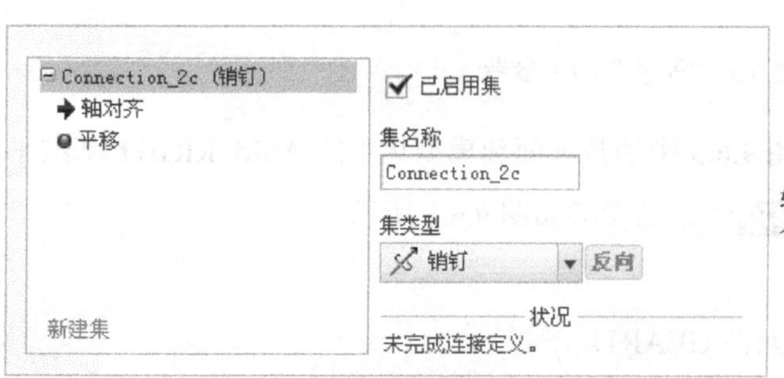

图 9.6.7 “放置”界面

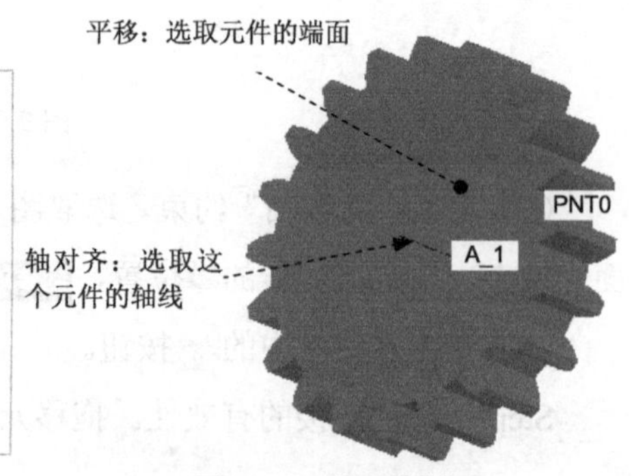

图 9.6.8 装配齿轮 2

图 9.6.9 “轴对齐”约束参考

（4）定义“平移”约束。分别选取图 9.6.8 中的元件的端面和模型树中的 ASM_TOP 基准平面（元件 GEAR2 的端面和 ASM_TOP 基准平面），以限制元件 GEAR2 在 ASM_TOP 基准平面上平移，平移约束的参考如图 9.6.10 所示。

注意：若齿轮 2 和齿轮 1 不在同一平面内，“平移”约束中就选择齿轮 2 的另一侧端面。

（5）单击操控板中的✔按钮。

Task5．运动轴设置

Stage1．进入机构模块

单击 应用程序 功能选项卡 运动 区域中的“机构”按钮进入机构模块，然后单击 机构 功能选项卡 运动 区域中的“拖动元件”按钮，用“点拖动”将齿轮机构装配（GEAR_ASM.ASM）拖到图 9.6.11 所示的位置（读者练习时，拖移后的位置不要与图中所示的位置相差太远，否则后面的操作会出现问题），然后关闭“拖移”对话框。

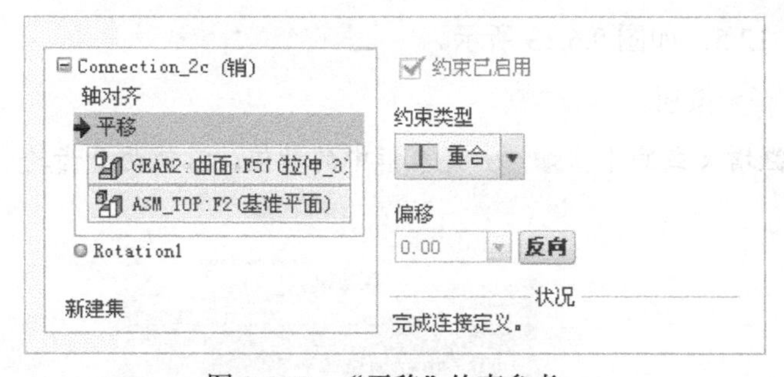

图 9.6.10 “平移”约束参考

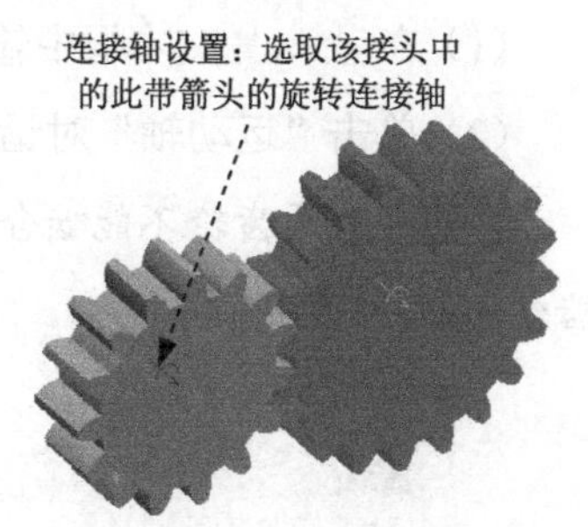

图 9.6.11 运动轴设置

Stage2．设置运动轴

Step1．查找并选取运动轴。

（1）单击 工具 功能选项卡 调查 ▾ 区域中的“查找”按钮。

（2）系统弹出图 9.6.12 所示的“搜索工具”对话框，进行下列操作。

① 在“查找”列表中选取“旋转轴”。

② 在“查找范围”列表中选取 GEAR_ASM.ASM 装配，单击 立即查找 按钮。

③ 在结果列表中选取连接轴 Connection_1c.first_rot_axis，单击 >> 按钮加入选定

栏中。

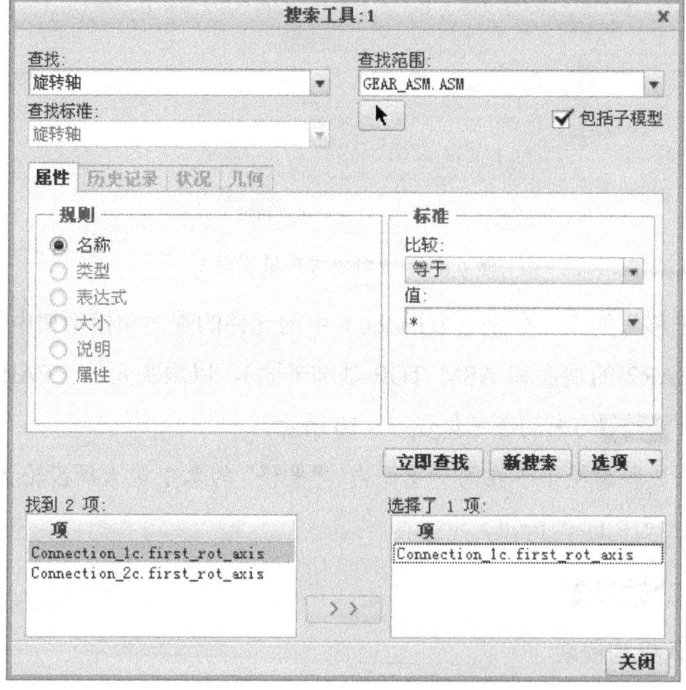

图 9.6.12 “搜索工具”对话框

④ 单击对话框的 关闭 按钮。

Step2. 右击，在系统弹出的快捷菜单中选择命令，系统弹出图 9.6.13 所示的“运动轴”对话框，在该对话框中进行下列操作。

(1) 在当前位置文本框中输入数值 12.5，如图 9.6.13 所示。

(2) 单击“运动轴”对话框中的按钮。

注意：若两齿轮不能啮合，则略微增大或减小当前位置 文本框中的数值，以使两个齿轮啮合良好。

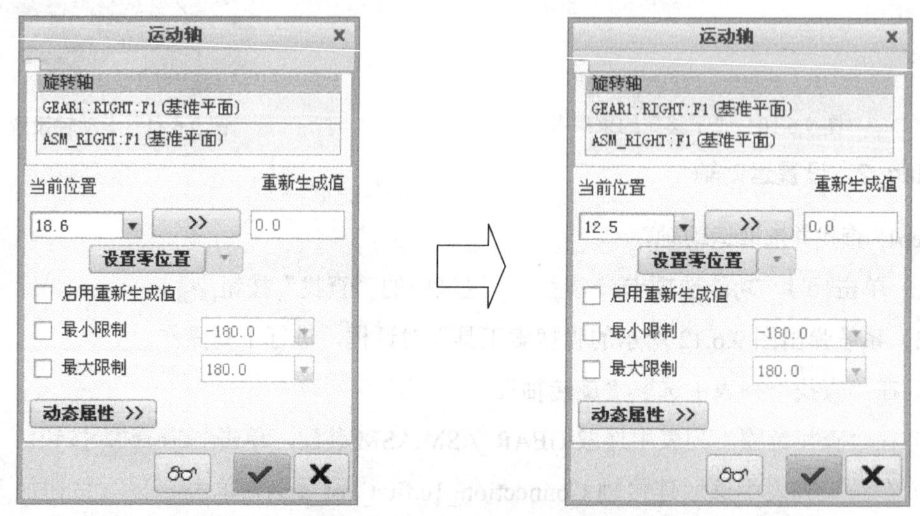

图 9.6.13 “运动轴”对话框

Task6. 定义齿轮副

Step1. 单击 机构 功能选项卡 连接 区域中的“齿轮”按钮。

Step2. 此时系统弹出图 9.6.14 所示的“齿轮副定义”对话框，在该对话框中进行下列操作。

（1）输入齿轮副名称。在该对话框的 “名称”文本框中输入齿轮副名称，或采用系统的默认名（本例采用系统默认名）。

（2）定义齿轮 1。在图 9.6.15 所示的模型上，选取连接轴 Connection_1c.axis_1。

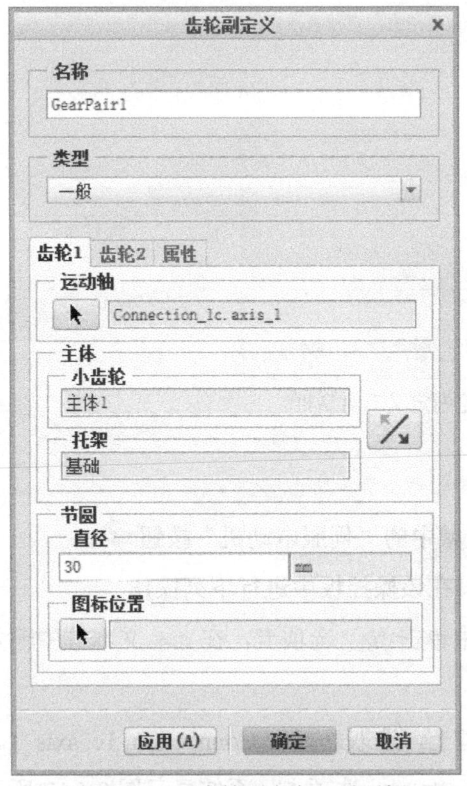

图 9.6.14 “齿轮副定义”对话框

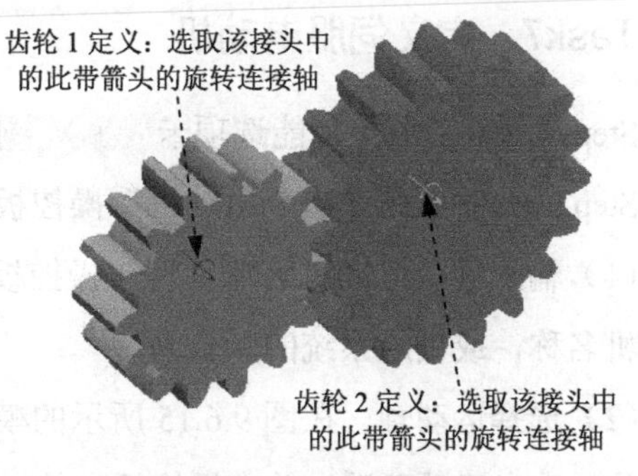

图 9.6.15 齿轮副设置

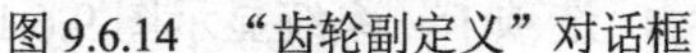

（3）输入齿轮 1 节圆直径。在图 9.6.14 所示的对话框的“直径”文本框中输入数值 30。

Step3. 单击“齿轮副定义”对话框中的齿轮2标签，“齿轮副定义”对话框转换为图 9.6.16 所示，在该对话框中进行下列操作。

（1）定义齿轮 2。在图 9.6.15 所示的模型上，选取连接轴 Connection_2c.axis_1。

（2）输入齿轮 2 节圆直径。在图 9.6.16 所示的对话框的“节圆直径”文本框中输入数值 40。

Step4. 完成齿轮副定义。单击“齿轮副定义”对话框中的 确定 按钮。

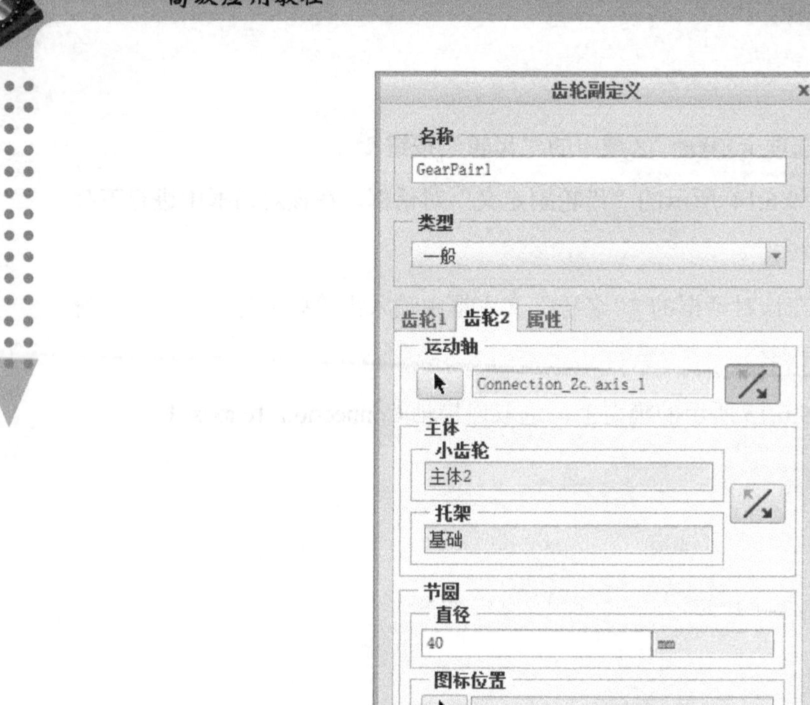

图 9.6.16 “齿轮副定义”对话框

Task7. 定义伺服电动机

Step1. 单击 机构 功能选项卡 插入 区域中的“伺服电动机”按钮。

Step2. 此时系统弹出“电动机”操控板，在该操控板中进行下列操作。

（1）输入伺服电动机名称。在该操控板中单击 属性 选项卡，在 名称 文本框中输入伺服电动机名称，或采用系统的默认名。

（2）选择运动轴。在图 9.6.15 所示的模型上，选取连接轴 Connection_1c. axis_1。

（3）定义运动函数。单击操控板中的 轮廓详细信息 选项卡，系统显示图 9.6.17 所示的界面，在该界面中进行下列操作。

① 选择规范。在 驱动数量 区域的列表框中选择 Angular Velocity （速度）。

② 选取运动函数。在 函数类型 区域的下拉列表中选择函数类型为 常量，在“A”文本框中输入数值 10。

Step3. 完成伺服电动机定义。单击“电动机”操控板中的 按钮。

Task8. 建立运动分析并运行

Step1. 单击 机构 功能选项卡 分析 ▾ 区域中的“机构分析”按钮。

Step2. 此时系统弹出图 9.6.18 所示的“分析定义”对话框，在该对话框中进行下列

操作。

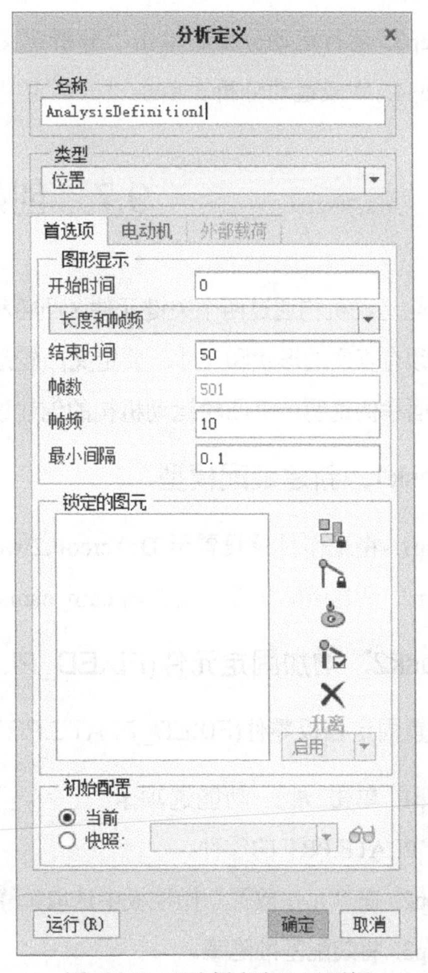

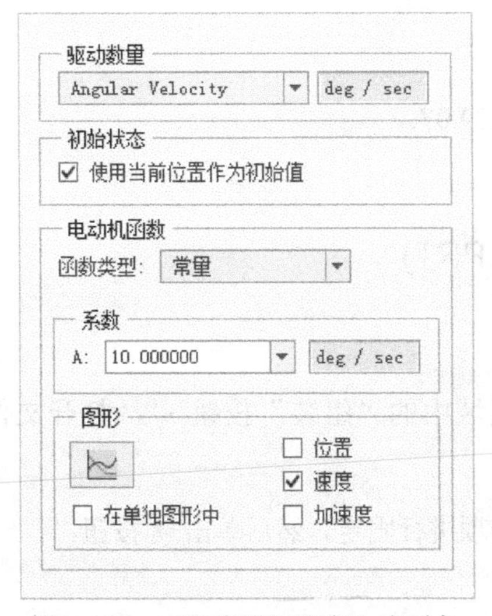

图 9.6.17 “轮廓详细信息”选项卡

图 9.6.18 “分析定义”对话框

（1）输入分析（即运动）名称。在对话框的“名称”文本框中输入此分析的名称，或采用默认名。

（2）选择分析类型。选取分析的类型为“位置”。

（3）调整伺服电动机顺序。如果在机构装置中有多个伺服电动机，则可在对话框的 电动机 选项卡中调整伺服电动机顺序。由于本例中只有一个伺服电动机，不必进行此步操作。

（4）定义动画时域。在图 9.6.18 所示的“分析定义”对话框的 图形显示 区域进行下列操作。

① 输入开始时间 0（单位为秒）。

② 选择测量时间域的方式：选择 长度和帧频 方式。

③ 输入结束时间 50（单位为秒）。

④ 输入帧频 10。

（5）定义初始位置。在图 9.6.18 所示“分析定义”对话框的 初始配置 区域选中 ◉ 当前 单选项。

Step3. 运行运动分析。单击“分析定义”对话框中的 运行(R) 按钮。

Step4. 完成运动分析。单击“分析定义”对话框中的 确定 按钮。

9.7 创建凸轮机构

凸轮运动机构通过两个关键元件（凸轮和滑滚）进行定义，需要注意的是凸轮和滑滚两个元件必须有真实的形状和尺寸。要定义凸轮运动机构，必须先进入“机构”环境。

下面举例说明一个凸轮运动机构的创建过程。

Task1. 新建装配模型

Step1. 将工作目录设置至 D:\creo6.2\work\ch09.07。

Step2. 新建装配文件，文件名 cam_asm。

Task2. 增加固定元件(FIXED_PLATE.PRT)

放置固定挡板零件(FIXED_PLATE.PRT)。

Step1. 单击 模型 功能选项卡 元件▾ 区域中的“组装”按钮，打开文件名为 FIXED_PLATE.PRT 的零件。

Step2. 在“元件放置”操控板中选取 默认 选项进行固定，然后单击✔按钮。

Step3. 将装配基准隐藏。

（1）在模型树界面中，选择 → 树过滤器(F)... 命令。在系统弹出的“模型树项”对话框中选中 ✔特征 复选框，然后单击该对话框中的 确定 按钮。

（2）在模型树中选取 ASM_RIGHT 并右击，从快捷菜单中选择 隐藏 命令。

Task3. 增加连接元件连杆（ROD.PRT）

将连杆（ROD.PRT）装到固定挡板上，创建滑块（Slide）连接。

Step1. 单击 模型 功能选项卡 元件▾ 区域中的“组装”按钮，打开文件名为 ROD.PRT 的零件。

Step2. 创建滑块（Slider）连接。在“元件放置”操控板中进行下列操作，便可创建滑块（Slider）连接。

（1）在约束集选项列表中选取 滑块 选项。

（2）修改连接的名称。

① 单击操控板中的 放置 选项卡，系统出现图 9.7.1 所示的“放置”界面。

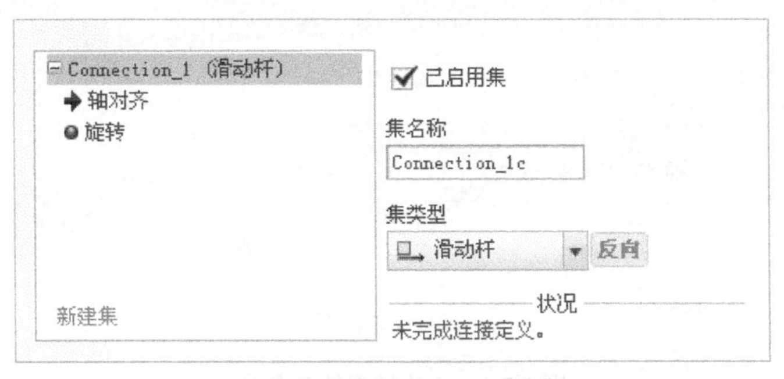

图 9.7.1 “放置”界面

② 在集名称下的文本框中输入连接名称“Connection_1c”，并按 Enter 键。

(3) 定义“轴对齐”约束。

在“放置”界面中单击轴对齐选项，然后分别选取图 9.7.2 中的两条轴线（元件 ROD 的中心轴线和元件 FIXED_PLATE 的中心轴线），轴对齐约束的参考如图 9.7.3 所示。

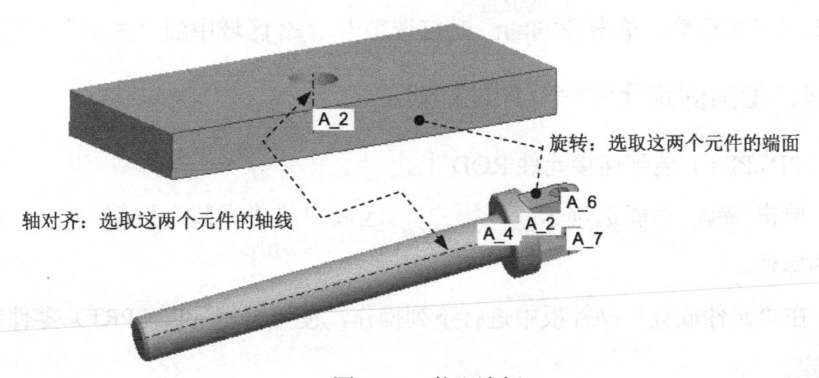

图 9.7.2 装配连杆

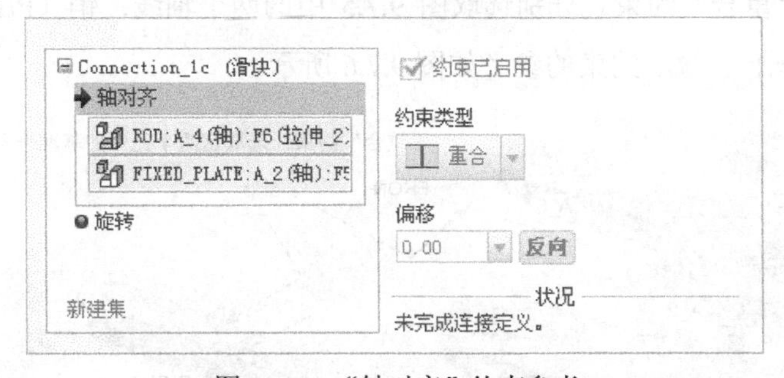

图 9.7.3 “轴对齐”约束参考

(4) 定义“旋转”约束。分别选取图 9.7.2 中的两个平面（元件 ROD 的端面和元件 FIXED_PLATE 的端面），以限制元件 ROD 在元件 FIXED_PLATE 中旋转，旋转约束的参考如图 9.7.4 所示。

(5) 单击操控板中的✓按钮。

Step3. 验证连接的有效性。拖移连接元件 ROD。

(1) 进入机构环境。单击 应用程序 功能选项卡 运动 区域中的“机构”按钮。

图 9.7.4 “旋转”约束参考

（2）单击 机构 功能选项卡 运动 区域中的“拖动元件”按钮。

（3）在系统弹出的“拖动”对话框中单击“点拖动”按钮。

（4）在元件 ROD 上单击，出现一个标记◆，移动鼠标进行拖移，并单击中键结束拖移，使元件停留在原来位置，然后关闭“拖动”对话框。

（5）退出机构环境。单击 应用程序 功能选项卡 关闭 区域中的“关闭”按钮。

Task4．增加固定元件销（PIN.PRT）

将销（PIN.PRT）装到连接元件 ROD 上。

Step1. 单击 模型 功能选项卡 元件 ▾ 区域中的“组装”按钮，打开文件名为 PIN.PRT 的零件。

Step2. 在“元件放置”操控板中进行下列操作，便可将销（PIN.PRT）零件装配到元件 ROD 中固定。

（1）创建轴“重合”约束。分别选取图 9.7.5 中的两个轴线：销（PIN）的轴线和元件（ROD）的轴线，轴 重合 约束的参考如图 9.7.6 所示。

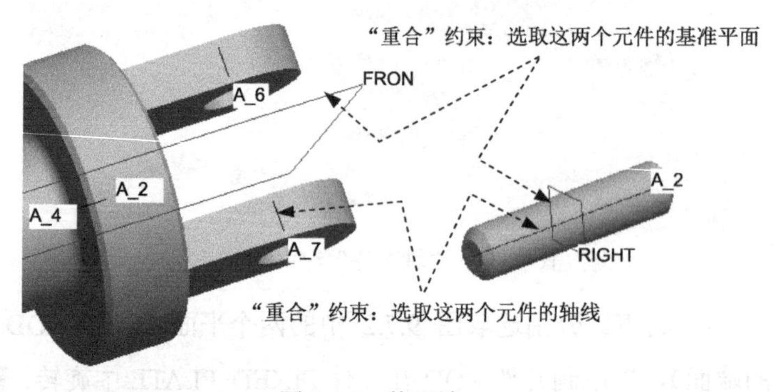

图 9.7.5 装配销

（2）创建基准面“重合”约束。单击“放置”界面中的“新建约束”，增加新的“重合”约束。分别选取图 9.7.5 中的两个基准面：销（PIN）的 RIGHT 基准平面和元件（ROD）的 FRONT 基准平面，基准面 重合 约束的参考如图 9.7.7 所示。

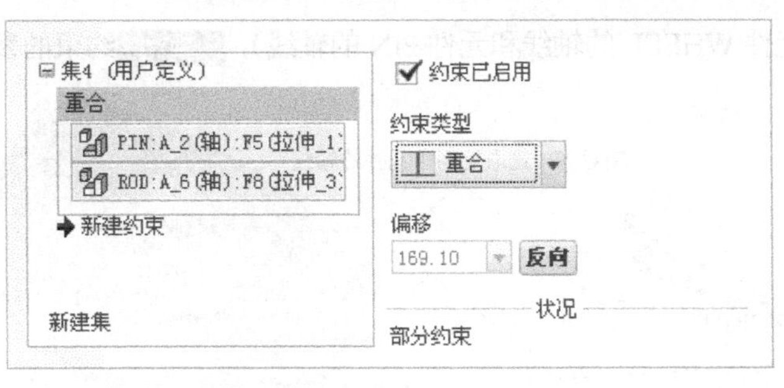

图 9.7.6 “重合”约束参考

（3）单击操控板中的✓按钮。

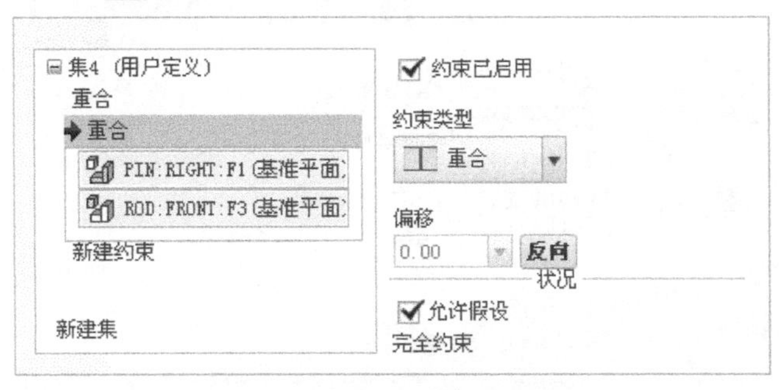

图 9.7.7 “重合”约束参考

Task5．增加元件滑滚（WHEEL.PRT）

将元件滑滚（WHEEL.PRT）装到销上，创建销钉（Pin）连接。

Step1. 单击 模型 功能选项卡 元件▾ 区域中的“组装”按钮，打开文件名为WHEEL.PRT 的零件。

Step2. 创建销钉（Pin）连接。在“元件放置”操控板中进行下列操作，便可创建销钉（Pin）连接。

（1）在约束集列表中选取 销 选项。

（2）修改连接的名称。单击操控板中的“放置”按钮，系统出现图 9.7.8 所示的“放置”界面，在集名称下的文本框中输入连接名称“Connection_2c”，并按 Enter 键。

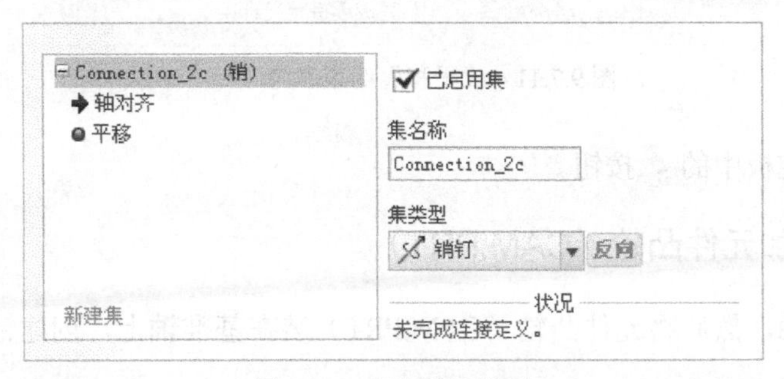

图 9.7.8 “放置”界面

（3）定义“轴对齐”约束。在“放置”界面中单击 轴对齐 选项，然后分别选取图 9.7.9 中的

两个元件的轴线（元件 WHEEL 的轴线和元件 PIN 的轴线），轴对齐约束的参考如图 9.7.10 所示。

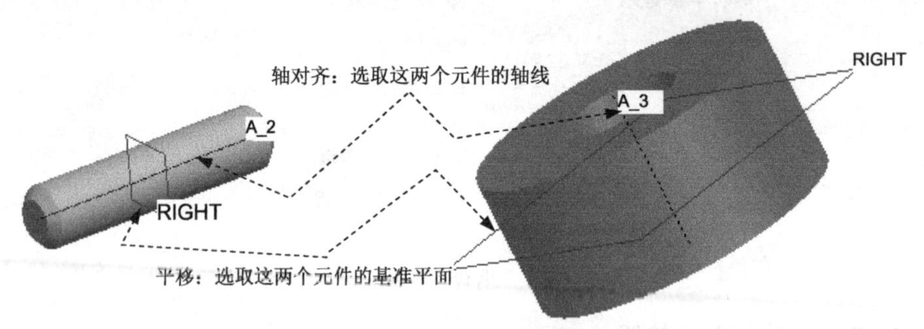

图 9.7.9 装配滑滚

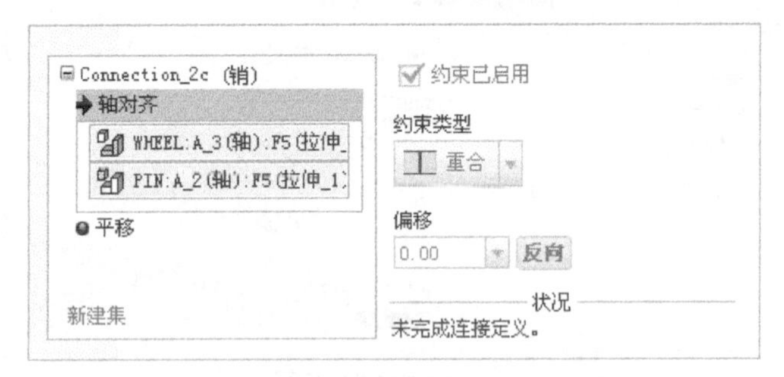

图 9.7.10 “轴对齐”约束参考

（4）定义“平移”约束。分别选取图 9.7.9 中两个元件的基准平面（元件 WHEEL 的 RIGHT 基准平面和元件 PIN 的 RIGHT 基准平面），以限制元件 WHEEL 在元件 PIN 上平移，平移约束的参考如图 9.7.11 所示。

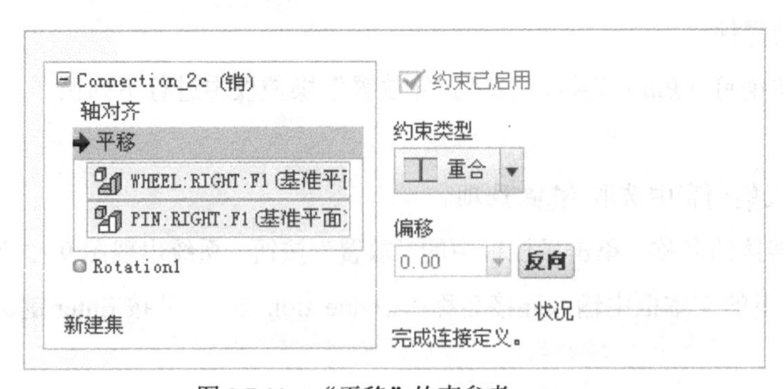

图 9.7.11 “平移”约束参考

（5）单击操控板中的✔按钮。

Task6. 增加元件凸轮（CAM.PRT）

先创建基准轴，然后将元件凸轮（CAM.PRT）装在基准轴上，创建销钉（Pin）连接。

Stage1. 创建基准平面 ADTM1 作为基准轴的放置参考

Step1. 单击“平面”按钮，系统弹出“基准平面”对话框。

Step2. 选取固定挡板零件(FIXED_PLATE.PRT)的安装凸轮侧的端面为偏距的参考面，在对话框中输入偏移距离值 205.0，单击 确定 按钮。

Stage2. 创建基准轴 AA_1

Step1. 单击“轴”按钮 轴，系统弹出“基准轴”对话框。

Step2. 选取基准平面 ADTM1，定义为穿过；按住 Ctrl 键，选取 ASM_TOP 基准平面，定义为穿过；单击对话框中的 确定 按钮。

Stage3. 将元件凸轮（CAM.PRT）装在基准轴 AA_1 上，创建销钉（Pin）连接

Step1. 单击 模型 功能选项卡 元件 ▾ 区域中的“组装”按钮，打开文件名为 CAM.PRT 的零件。

Step2. 创建销钉（Pin）连接。在“元件放置”操控板中进行下列操作，便可创建销钉（Pin）连接。

（1）在约束集列表中选取 销钉 选项。

（2）修改连接的名称。单击操控板中的 放置 选项卡，系统出现图 9.7.12 所示的“放置”界面，在 集名称 下的文本框中输入连接名称“Connection_3c”，并按 Enter 键。

（3）定义“轴对齐”约束。在“放置”界面中单击 轴对齐 选项，然后分别选取图 9.7.13 中的轴线和模型树中的 AA_1 基准轴线（元件 WHEEL 的中心轴线和 AA_1 基准轴线），轴对齐 约束的参考如图 9.7.14 所示。

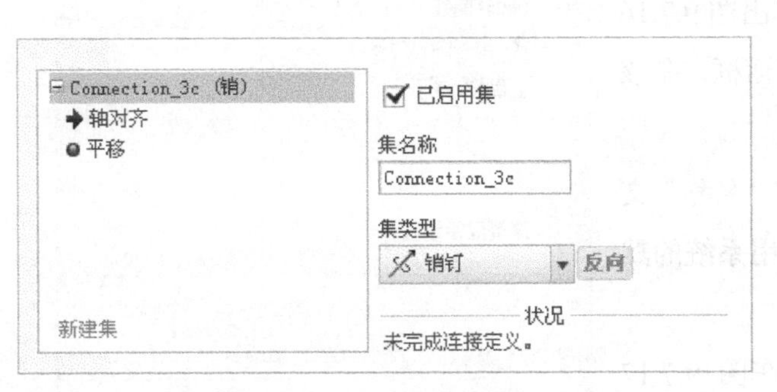

图 9.7.12 “放置”界面

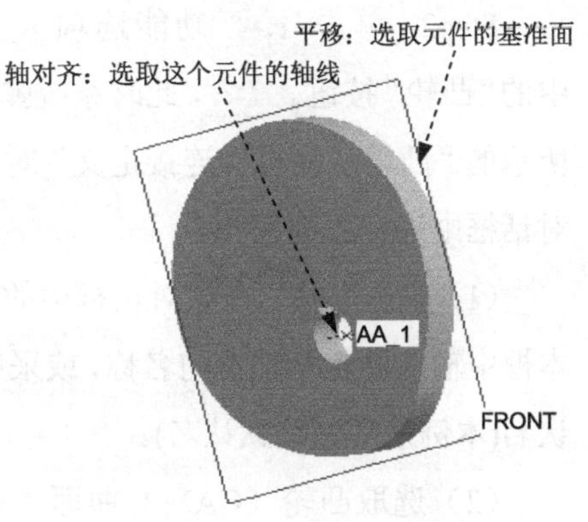

图 9.7.13 装配凸轮

（4）定义“平移”约束。分别选取图 9.7.13 中的元件基准面和模型树中的 ASM_FRONT 基准平面（元件 CAM 的 FRONT 基准平面和 ASM_FRONT 基准平面），平移 约束的参考如图 9.7.15 所示。

（5）单击操控板中的 ✔ 按钮。

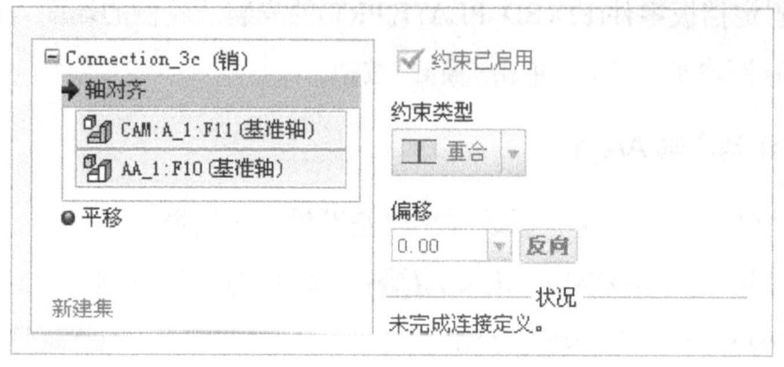

图 9.7.14 “轴对齐”约束参考

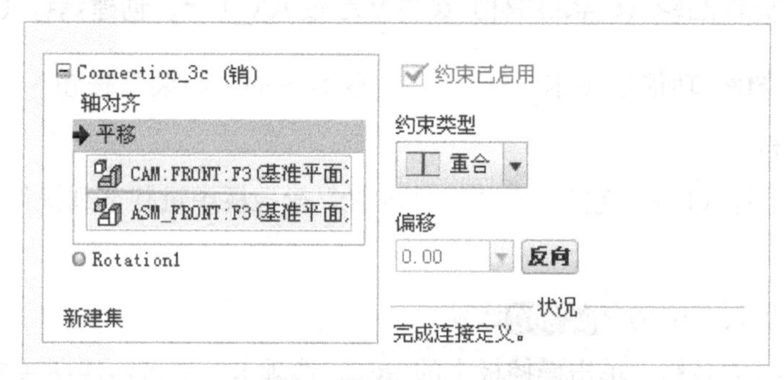

图 9.7.15 “平移”约束参考

Task7. 定义凸轮从动机构连接

Step1. 单击 应用程序 功能选项卡 运动 区域中的“机构”按钮，进入机构模块。

Step2. 单击 机构 功能选项卡 连接 区域中的“凸轮”按钮 凸轮，此时系统弹出图 9.7.16 所示的“凸轮从动机构连接定义”对话框，在该对话框中进行下列操作。

（1）输入名称。在该对话框中的“名称”文本框中输入凸轮从动机构名称，或采用系统的默认名(本例采用系统默认名)。

（2）选取凸轮（CAM）曲面。在图 9.7.17 所示的模型上，按住 Ctrl 键，选取凸轮 CAM 的边缘曲面，单击“选择”对话框的 确定 按钮。

Step3. 选取滑滚（WHEEL）圆周线。

（1）单击“凸轮从动机构连接定义”对话框中的 凸轮2 选项卡，此时对话框如图 9.7.18 所示。

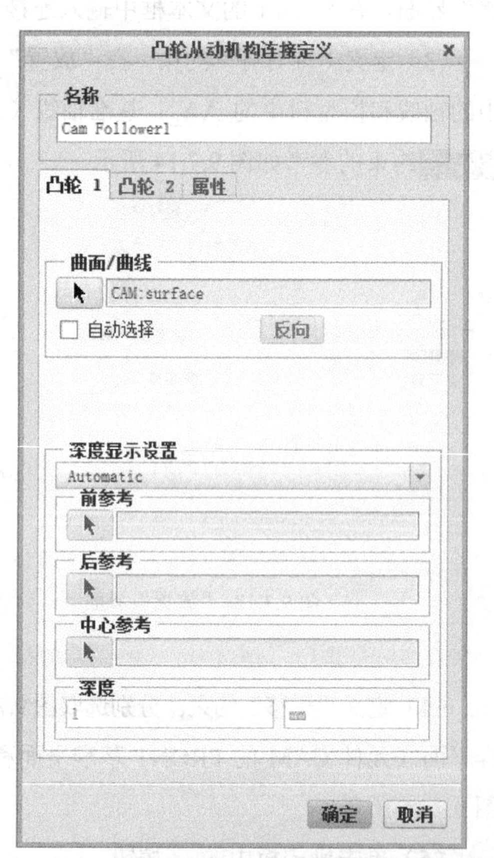

图 9.7.16 “凸轮从动机构连接定义”对话框

（2）在图 9.7.17 所示的模型上，按住 Ctrl 键，选取滑滚 WHEEL 的圆周曲线，单击“选择”对话框中的 确定 按钮。

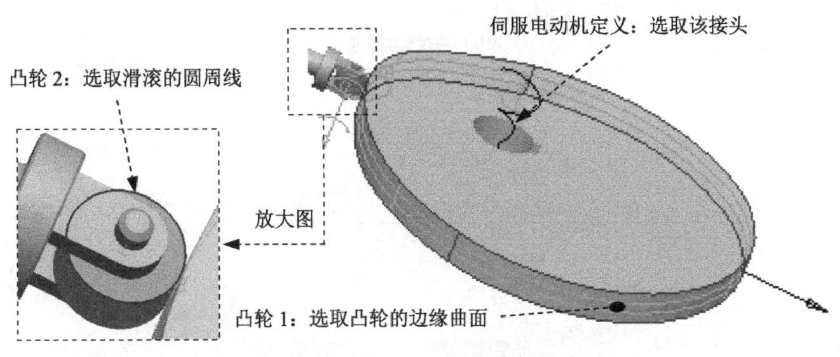

图 9.7.17 凸轮从动机构连接定义

Step4. 完成凸轮从动机构连接定义。单击“凸轮从动机构连接定义”对话框中的 确定 按钮。

Task8. 定义伺服电动机

Step1. 单击 机构 功能选项卡 插入 区域中的“伺服电动机”按钮。

Step2. 此时系统弹出“电动机”操控板，在该操控板中进行下列操作。

（1）输入伺服电动机名称。在该操控板中的“名称”文本框中输入伺服电动机名称，或采用系统的默认名。

（2）选择运动轴。在图 9.7.17 所示的模型上选取连接轴 Connection_3c. axis_1。

（3）定义运动函数。单击操控板中的 轮廓详细信息 选项卡，系统显示图 9.7.19 所示的界面，在该界面中进行下列操作。

① 选择规范。在 驱动数量 区域的列表框中选择 Angular Velocity（速度）。

② 定义运动函数。在 函数类型: 区域的下拉列表中选择 常量 类型，并在“A”文本框中输入参数值 10。

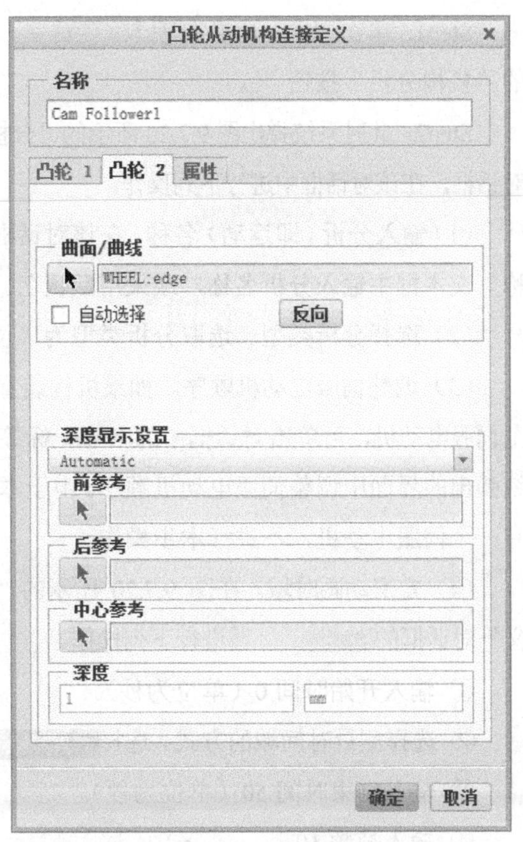

图 9.7.18 “凸轮从动机构连接定义”对话框

Step3. 完成伺服电动机定义。单击操控板中的 ✓ 按钮。

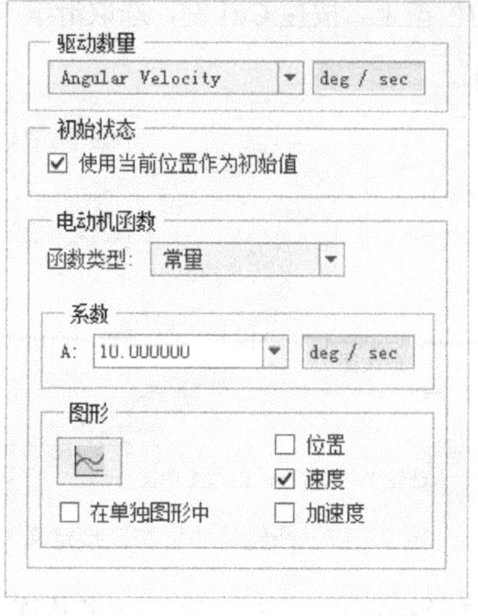

图 9.7.19 “轮廓详细信息”选项卡

Task9. 运行运动分析

Step1. 单击 机构 功能选项卡 分析 ▾ 区域中的“机构分析”按钮。

Step2. 此时系统弹出图 9.7.20 所示的“分析定义”对话框，在该对话框中进行下列操作。

（1）输入分析（即运动）名称。在该对话框的“名称”文本框中输入分析名称，或采用默认名。

（2）选择分析类型。选取分析类型为“位置”。

（3）调整伺服电动机顺序。如果机构装置中有多个伺服电动机，可单击对话框中的 电动机 标签，在系统弹出的界面中调整伺服电动机顺序。由于本例中只有一个伺服电动机，不进行本步操作。

（4）定义动画时域。在图 9.7.20 所示的“分析定义”对话框的 图形显示 区域进行下列操作。

① 输入开始时间 0（单位为秒）。

② 选择测量时间域的方式。选择 长度和帧频 方式。

③ 输入结束时间 50（单位为秒）。

④ 输入帧频 10。

（5）定义初始位置。在图 9.7.20 所示的“分析定义”对话框的 初始配置 区域中选中 ◉ 当前 单选项。

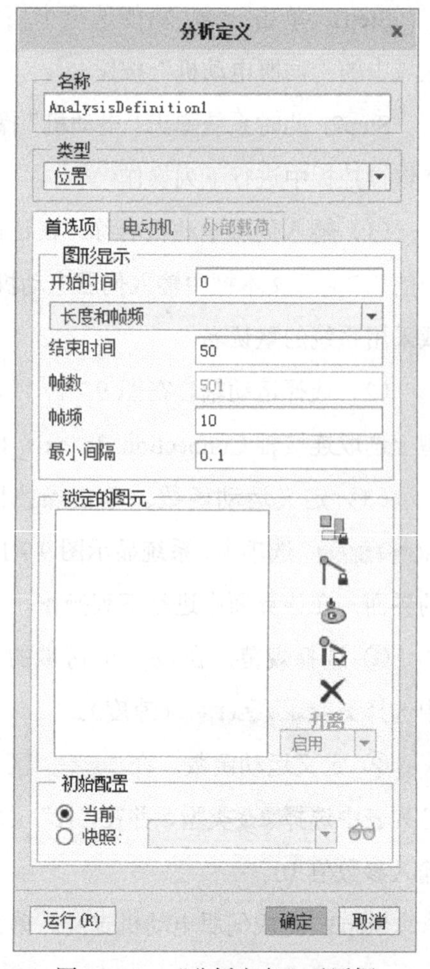

图 9.7.20 “分析定义”对话框

Step3. 运行运动。在“分析定义”对话框中单击 运行(R) 按钮。

Step4. 完成运动定义。单击“分析定义”对话框中的 确定 按钮。

9.8 创建带传动

带传动通过两个元件进行定义。要定义带传动，必须先进入“机构”环境，然后还需定义“运动轴”。

下面举例说明一个带传动的创建过程。

Task1. 新建装配模型

Step1. 将工作目录设置至 D:\creo6.2\work\ch09.08。

Step2. 新建一个装配体文件，命名为 belt_asm。

Task2. 创建装配基准轴

Stage1. 创建基准轴 AA_1

Step1. 单击“轴”按钮 轴，系统弹出“基准轴”对话框。

Step2. 选取基准平面 ASM_RIGHT，定义为 穿过；按住 Ctrl 键，选取 ASM_FRONT 基准平面，定义为 穿过；单击对话框中的 确定 按钮，得到图 9.8.1 所示的基准轴 AA_1。

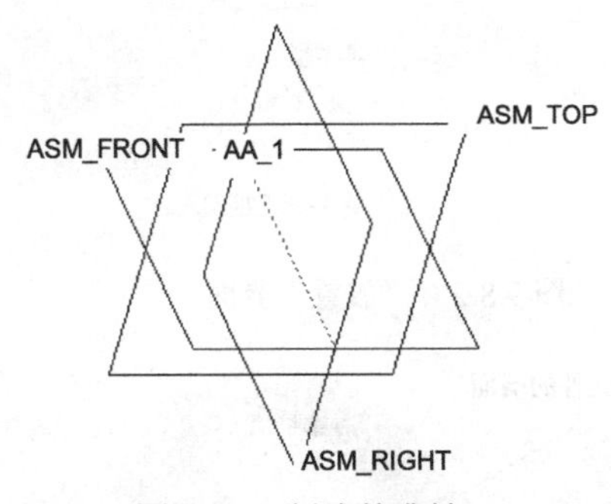

图 9.8.1 创建基准轴 AA_1

Stage2. 创建基准平面作为另一个基准轴的草绘平面

Step1. 单击“平面”按钮，系统弹出“基准平面”对话框。

Step2. 选取 ASM_RIGHT 基准平面作为偏距的参考面，在对话框中输入偏距值 200，单击 确定 按钮。

Stage3. 创建基准轴 AA_2

Step1. 单击“轴”按钮 轴，系统弹出“基准轴”对话框。

Step2. 选取基准平面 ADTM1，定义为穿过；按住 Ctrl 键，选取 ASM_FRONT 基准平面，定义为穿过；单击对话框中的 确定 按钮。

Task3. 增加轮 1（WHEEL1.PRT）

将轮 1（WHEEL1.PRT）装到基准轴 AA_1 上，创建销钉（Pin）连接。

Step1. 单击 模型 功能选项卡 元件▼ 区域中的“组装”按钮，打开文件名为 WHEEL1.PRT 的零件。

Step2. 创建销钉（Pin）连接。在“元件放置”操控板中进行下列操作，便可创建销钉（Pin）连接。

（1）在约束集列表中选取 销 选项。

（2）修改连接的名称。单击操控板中的 放置 选项卡，系统出现图 9.8.2 所示的“放置”界面，在集名称下的文本框中输入连接名称“Connection_1c”，并按 Enter 键。

（3）定义“轴对齐”约束。在“放置”界面中单击轴对齐选项，然后分别选取图 9.8.3 中的轴线和模型树中的 AA_1 基准轴（元件 WHEEL1 的中心轴线和 AA_1 基准轴线），轴对齐约束的参考如图 9.8.4 所示。

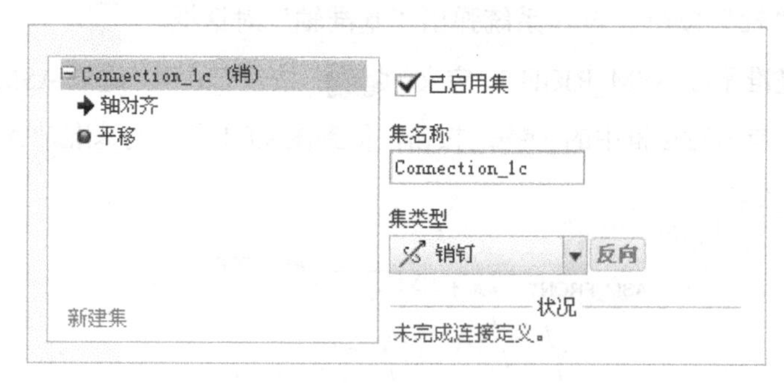

图 9.8.2 “放置”界面

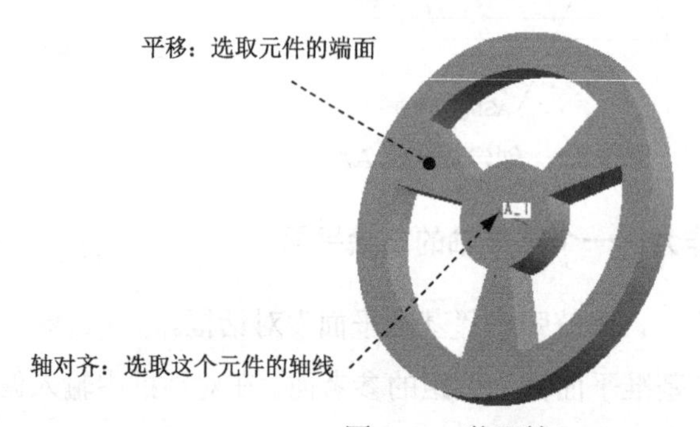

图 9.8.3 装配轮 1

（4）定义“平移”约束。分别选取图 9.8.3 中元件的端面和模型树中的 ASM_TOP 基准平面（元件 WHEEL1 的端面和 ASM_TOP 基准平面），以限制元件 WHEEL1 在 ASM_TOP 基准平面上平移，平移约束的参考如图 9.8.5 所示。

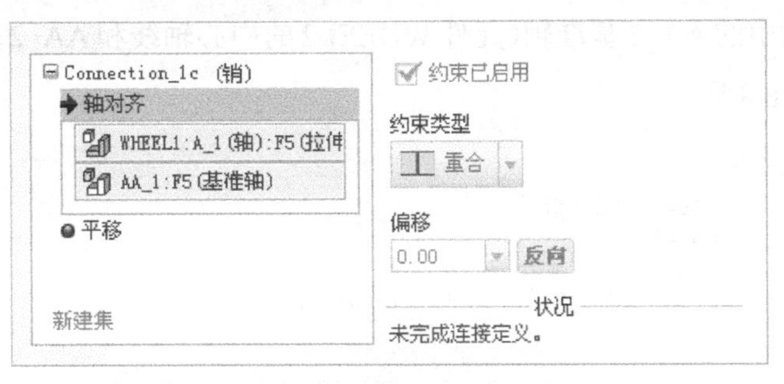

图 9.8.4 “轴对齐”约束参考

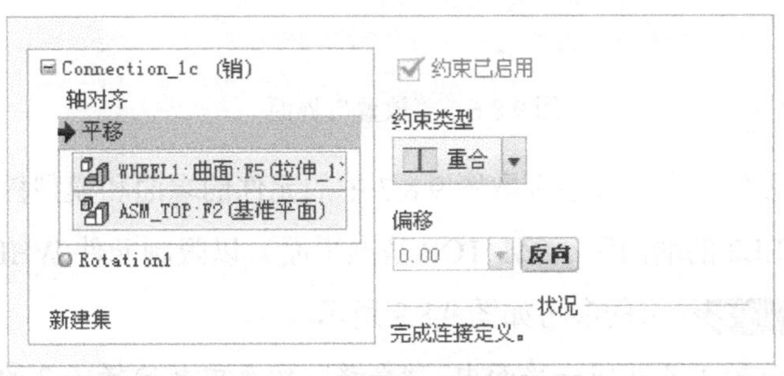

图 9.8.5 “平移”约束参考

（5）单击操控板中的✔按钮。

Step3. 验证连接的有效性。拖移元件 WHEEL1。

（1）进入机构环境。单击 应用程序 功能选项卡 运动 区域中的“机构”按钮。

（2）单击 机构 功能选项卡 运动 区域中的“拖动元件”按钮。

（3）在系统弹出的“拖动”对话框中单击“点拖动”按钮。

（4）在元件 WHEEL1 上单击，出现一个标记◆，移动鼠标进行拖移，并单击中键结束拖移，使元件停留在原来的位置；关闭“拖动”对话框。

（5）退出机构环境。单击 应用程序 功能选项卡 关闭 区域中的“关闭”按钮。

Task4．增加轮 2（WHEEL2.PRT）

将轮 2（WHEEL2.PRT）装到基准轴 AA_2 上，创建销钉（Pin）连接。

Step1. 单击 模型 功能选项卡 元件 ▾ 区域中的“组装”按钮，打开文件名为 WHEEL2.PRT 的零件。

Step2. 创建销钉（Pin）连接。在“元件放置”操控板中进行下列操作，便可创建销钉（Pin）连接。

（1）在约束集列表中选取 销 选项。

（2）修改连接的名称。单击操控板中的 放置 选项卡；在图 9.8.6 所示的界面中，在 集名称 文本框中输入连接名称“Connection_2c”，并按 Enter 键。

（3）定义“轴对齐”约束。在“放置”界面中单击 轴对齐 选项，然后分别选取图 9.8.7

中的轴线和模型树中的AA_2基准轴(元件WHEEL2的中心轴线和AA_2基准轴线)，轴对齐约束的参考如图9.8.8所示。

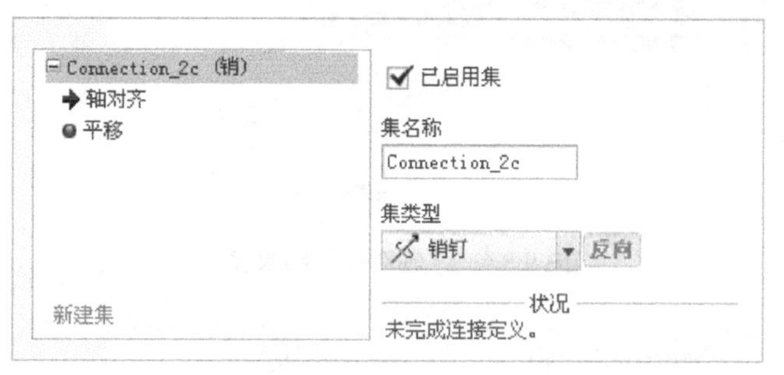

图9.8.6 “放置”界面

（4）定义“平移”约束。分别选取图9.8.7中的元件的端面和模型树中的ASM_TOP基准平面(元件WHEEL2的端面和ASM_TOP基准平面)，以限制元件WHEEL2在ASM_TOP基准平面上平移，平移约束的参考如图9.8.9所示。

注意：若轮2和轮1不在同一平面内，“平移”约束中就选择轮2的另一侧端面。

（5）单击操控板中的✓按钮。

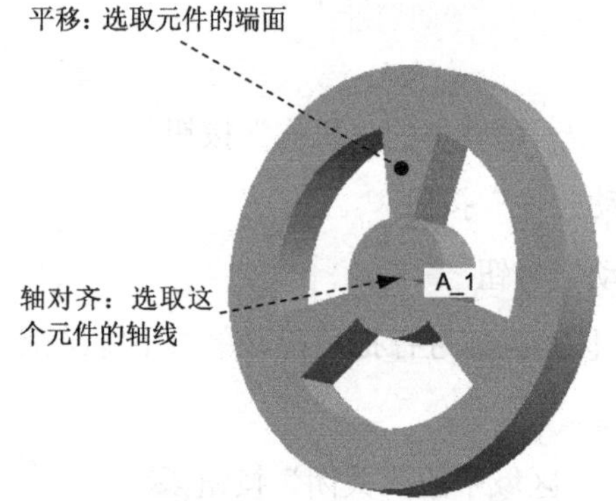

图9.8.7 装配轮2

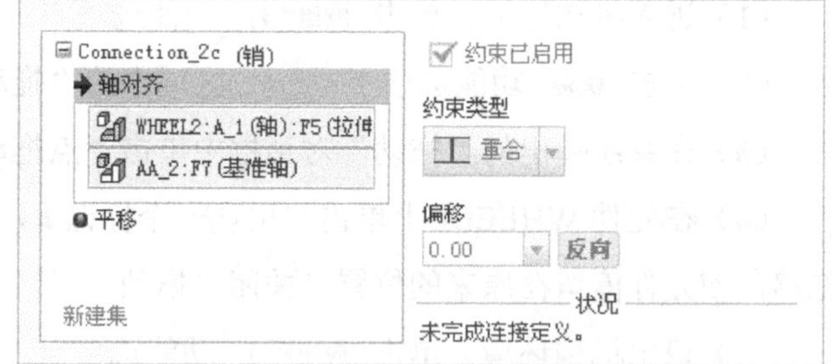

图9.8.8 “轴对齐”约束参考

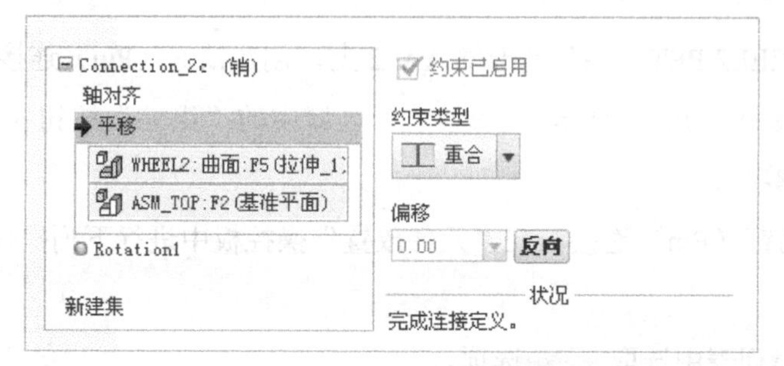

图9.8.9 “平移”约束参考

Task5. 定义带传动

Step1. 单击 应用程序 功能选项卡 运动 区域中的“机构”按钮，进入机构模块。

Step2. 单击 机构 功能选项卡 连接 区域中的“带”按钮 带。此时系统弹出图 9.8.10 所示的“带”操控板。

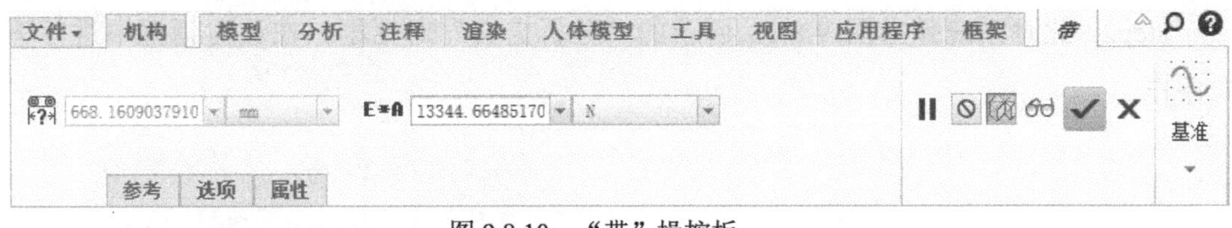

图 9.8.10 “带”操控板

Step3. 选取图 9.8.11 中轮 1（WHEEL1）的边缘曲面，按住 Ctrl 键，再选取图 9.8.11 中轮 2(WHEEL2)的边缘曲面，完成后的效果如图 9.8.11 所示。

Step4. 单击“带”操控板中的 ✓ 按钮。

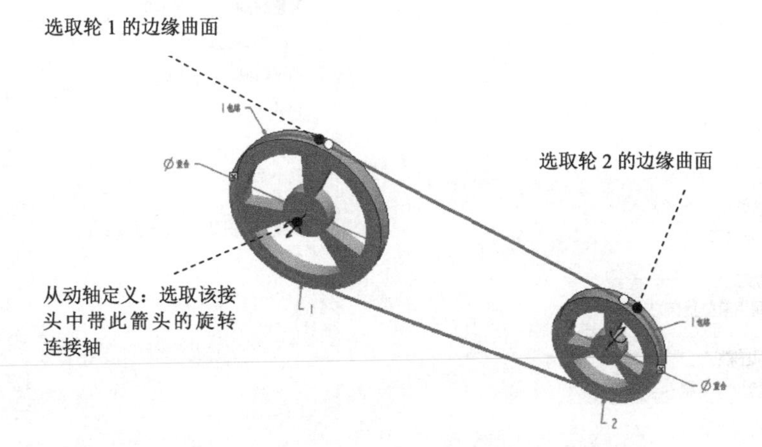

图 9.8.11 带传动设置

Task6. 定义伺服电动机

Step1. 单击 机构 功能选项卡 插入 区域中的“伺服电动机”按钮。

Step2. 此时系统弹出“电动机”操控板，在该对话框中进行下列操作。

（1）输入伺服电动机名称。在该操控板中单击 属性 选项卡，在 名称 文本框中输入伺服电动机名称，或采用系统的默认名。

（2）选择运动轴。在图 9.8.11 所示的轮 1 上选取旋转连接轴 Connection_1c. axis_1。

（3）定义运动函数。单击操控板中的 轮廓详细信息 选项卡，系统显示图 9.8.12 所示的界面，在该界面中进行下列操作。

① 选择规范。在 驱动数量 区域的列表框中选择 Angular Velocity （速度）。

② 选取运动函数。在 函数类型: 区域的下拉列表中选择函数类型为 常量，在“A”文本框中输入数值 10。

Step3. 完成伺服电动机定义。单击“电动机”操控板中的 ✓ 按钮。

Task7．建立运动分析并运行

Step1. 单击 机构 功能选项卡 分析 ▾ 区域中的“机构分析”按钮 ✕。

Step2. 此时系统弹出图 9.8.13 所示的“分析定义”对话框，在该对话框中进行下列操作。

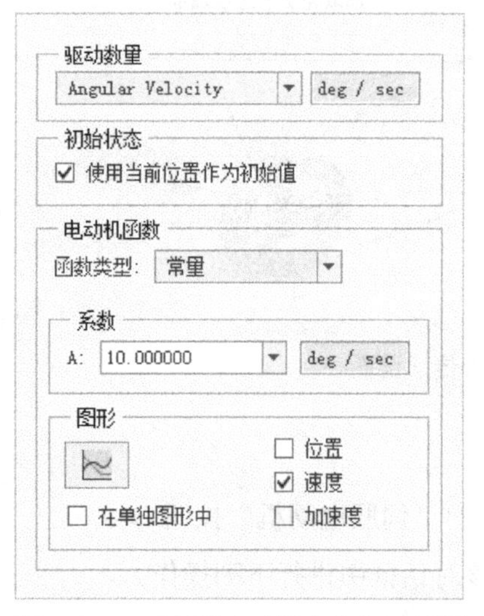

图 9.8.12 “伺服电动机定义”对话框

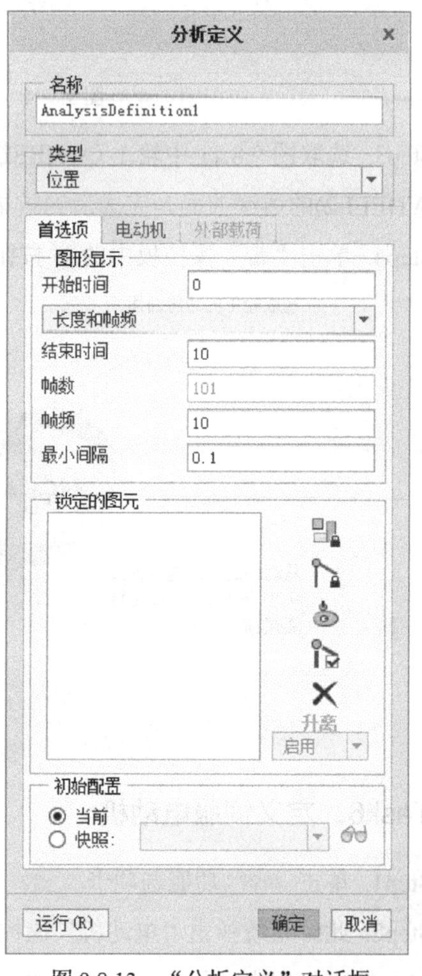

图 9.8.13 “分析定义”对话框

（1）输入分析（即运动）名称。在对话框的“名称”文本框中输入此分析的名称，或采用默认名。

（2）选择分析类型。选取分析的类型为“位置”。

（3）调整伺服电动机顺序。如果在机构装置中有多个伺服电动机，则可在对话框的 电动机 选项卡中调整伺服电动机顺序。由于本例中只有一个伺服电动机，不必进行此步操作。

（4）定义动画时域。在图 9.8.13 所示的“分析定义”对话框的 图形显示 区域进行下列操作。

① 输入开始时间 0（单位为秒）。

② 选择测量时间域的方式。选择长度和帧频方式。

③ 输入结束时间 10（单位为秒）。

④ 输入帧频 10。

（5）定义初始位置。在图 9.8.13 所示“分析定义”对话框的初始配置区域选中 ◉ 当前 单选项。

Step3. 运行运动分析。单击“分析定义”对话框中的 运行(R) 按钮。

Step4. 完成运动分析。单击“分析定义”对话框中的 确定 按钮。

学习拓展：扫码学习更多视频讲解。

讲解内容：工程图设计实例精选。讲解了一些典型的工程图设计案例，包括工程图设计中视图创建、尺寸、基准和几何公差标注的操作技巧等内容。

第 10 章 动画模块

本章提要 本章先介绍一个简单动画——显示器模具开启的创建过程，然后结合范例说明定时视图、定时透明、定时显示的概念和应用，最后介绍一个复杂的动画——手枪打靶的创建过程。

10.1 概 述

动画模块可以实现以下功能。

- 将产品的运行用动画来表示，使其具有可视性。只需将主体拖动到不同的位置并拍下快照即可创建动画。
- 可以用动画的方式形象地表示产品的装配和拆卸序列。
- 可以创建维护产品步骤的简短动画，用以指导用户如何维修或建立产品。

“动画”功能选项卡如图 10.1.1 所示。

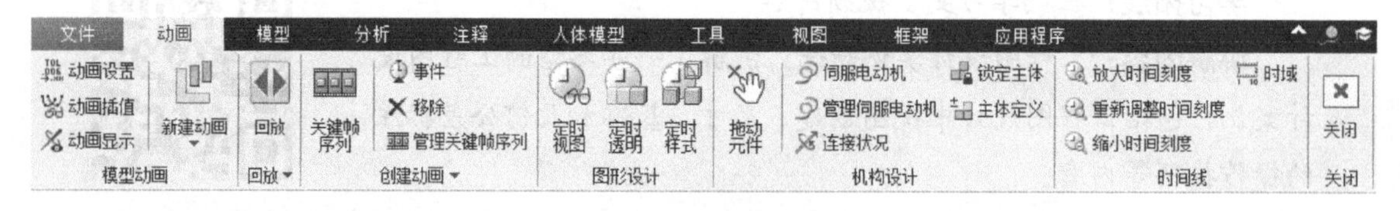

图 10.1.1 “动画”功能选项卡

10.2 创建动画的一般过程

下面以图 10.2.1 所示的显示器模具为例，详细说明其开模动画的制作过程。

创建动画的一般流程。

（1）进入动画模块。

（2）新建并命名动画。

（3）定义主体。

（4）拖动主体并生成一连串的快照。

（5）用所生成的快照建立关键帧。

（6）播放、检查动画。

（7）保存动画文件。

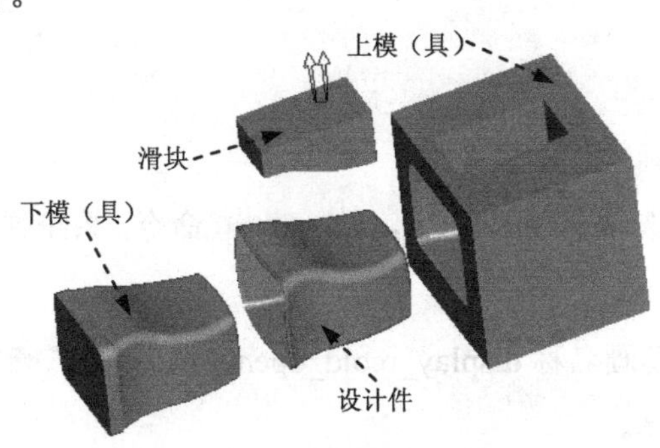

图 10.2.1 显示器模具

10.2.1 进入动画模块

Step1. 将工作目录设置至 D:\creo6.2\work\ch10.02；打开文件 display_mold.asm（注意：要进入动画模块，必须在装配模块中进行）。

Step2. 单击 应用程序 功能选项卡 运动 区域中的“动画”按钮，系统进入“动画”模块，界面如图 10.2.2 所示。

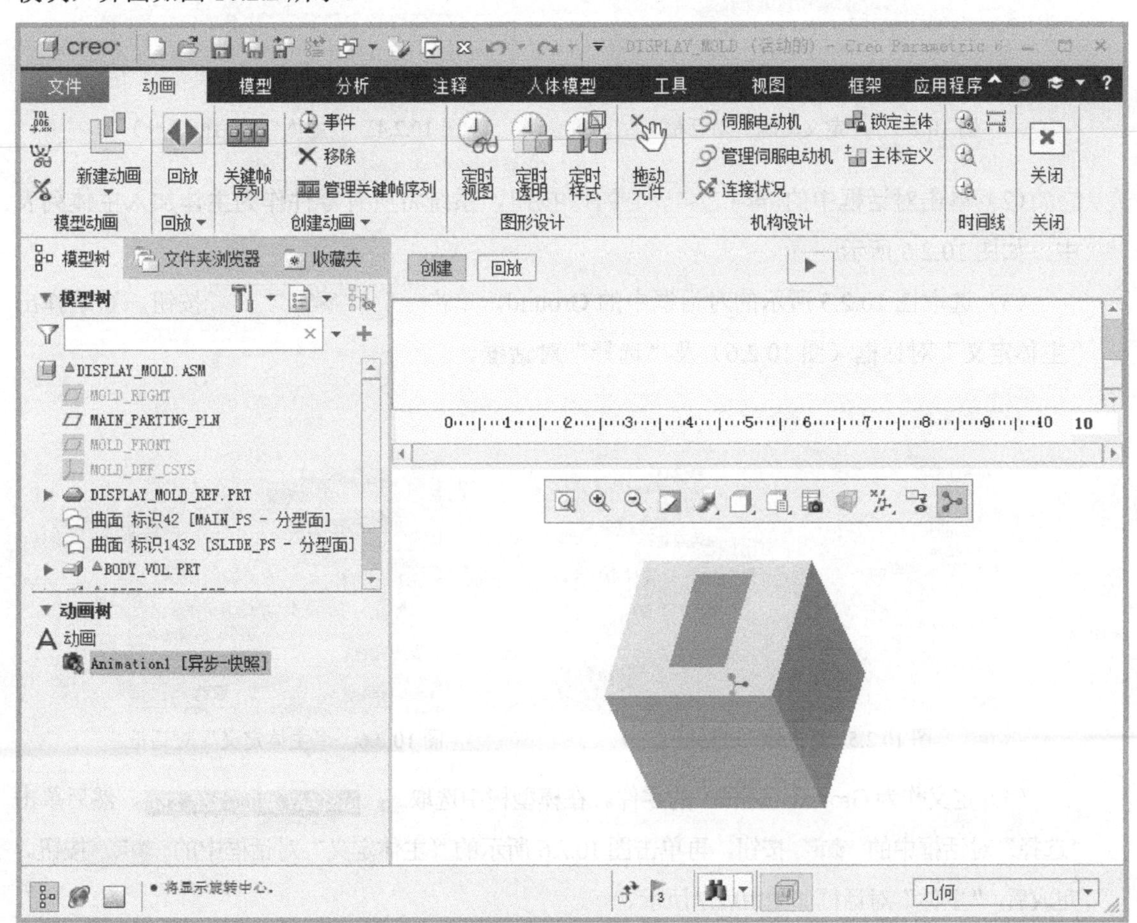

图 10.2.2 “动画”模块界面

10.2.2 创建动画

Step1. 定义一个主动画。

（1）选择 动画 功能选项卡中的 新建动画 → 快照 命令，系统弹出图 10.2.3 所示的“定义动画”对话框。

（2）在对话框中输入动画名称 display_mold_open，然后单击 确定 按钮，关闭对话框。

Step2. 定义基体和主体。

（1）单击 动画 功能选项卡 机构设计 区域中的“主体定义”按钮 主体定义，系统弹出图 10.2.4 所示的“主体”对话框（一）。

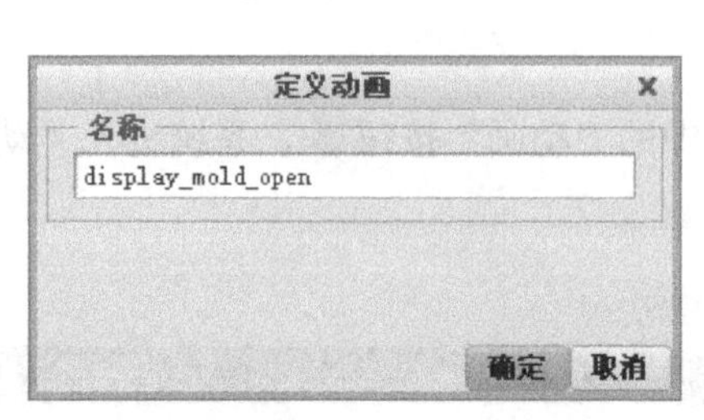

图 10.2.3 “定义动画”对话框

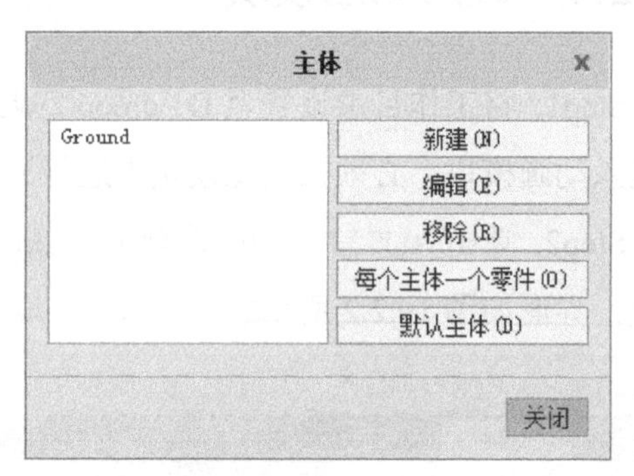

图 10.2.4 “主体”对话框（一）

（2）单击对话框中的 每个主体一个零件 按钮，系统将所有零件作为主体加入主体列表中，如图 10.2.5 所示。

（3）选取图 10.2.5 所示的对话框中的 Ground，单击 编辑 按钮，系统弹出“主体定义”对话框（图 10.2.6）及“选择”对话框。

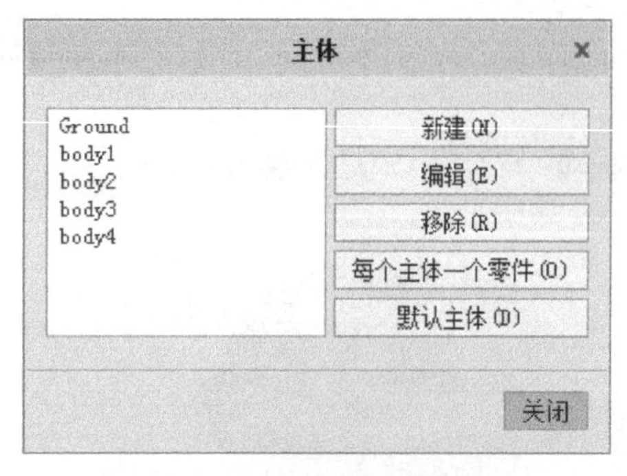

图 10.2.5 “主体”对话框（二）

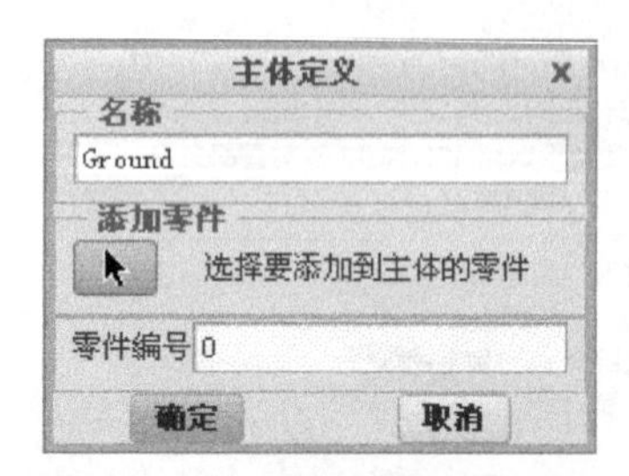

图 10.2.6 “主体定义”对话框

（4）定义作为 Ground（基体）的零件。在模型树中选取 DISPLAY_MOLD_REF.PRT，然后单击“选择”对话框中的 确定 按钮，再单击图 10.2.6 所示的“主体定义”对话框中的 确定 按钮。完成后，“主体”对话框如图 10.2.7 所示。

（5）单击“主体”对话框中的 关闭 按钮。

Step3. 创建快照。单击 动画 功能选项卡 机构设计 区域中的“拖动元件”按钮，系统弹出图 10.2.8 所示的“拖动”对话框，该对话框中有两个选项卡——快照 和 约束，在 快照 选项卡中可移动主体并拍取快照，在 约束 选项卡中可设置主体间的约束。

（1）创建第一个快照。在图 10.2.9 所示的状态创建第一个快照，方法是单击“拖动”对话框中的按钮，此时在图 10.2.10 所示的快照栏中便生成 Snapshot1 快照。

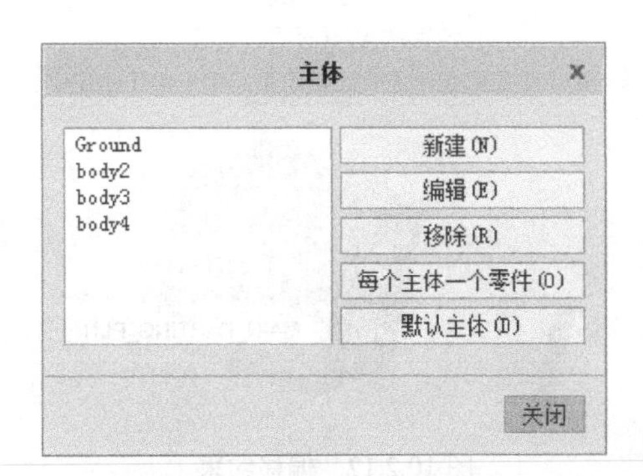

图 10.2.7 “主体”对话框（三）

图 10.2.8 “拖动”对话框

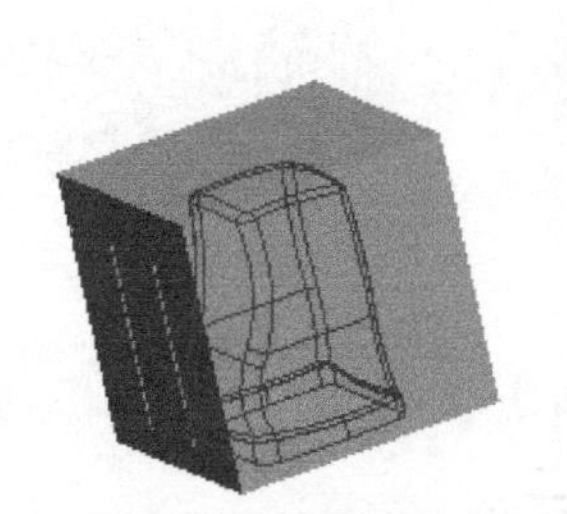

图 10.2.9 创建第一个快照

图 10.2.10 “拖动”对话框

（2）创建第二个快照。

方法一：自由拖动

① 在“拖动”对话框中单击“点拖动”按钮，然后单击选取 body_vol.prt 进行拖动，

如图 10.2.11 所示。

② 单击“拖动”对话框中的按钮，生成 Snapshot2 快照。

方法二：偏移约束

如图 10.2.12 所示，可以约束 body_vol.prt 的侧面与基准平面 MAIN_PARTING_PLN 对齐，然后进行偏移。

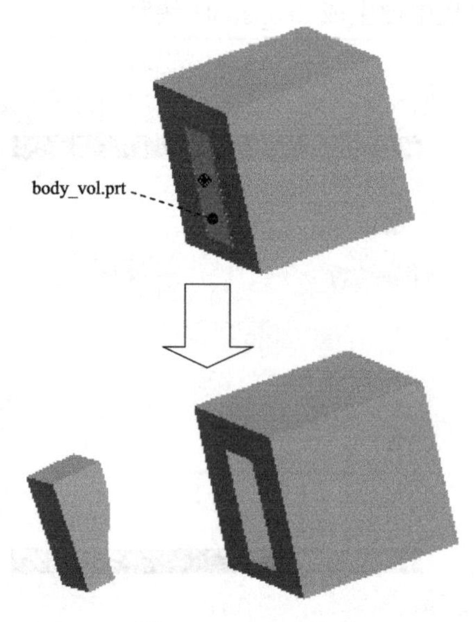

图 10.2.11 自由拖动

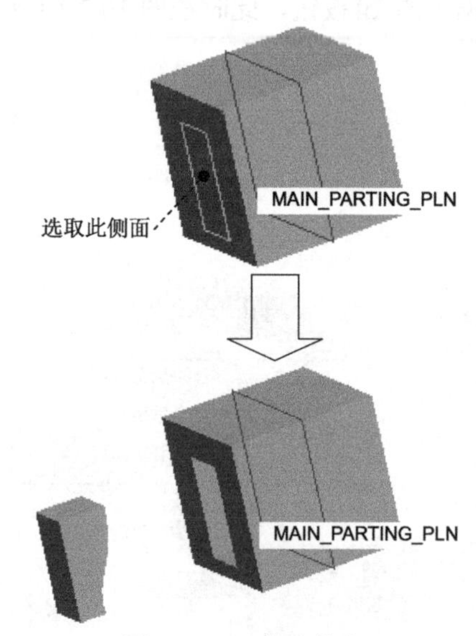

图 10.2.12 偏移约束

① 选择“拖动”对话框中的 约束 选项卡，单击“对齐两个图元”按钮，然后选取图 10.2.12 所示的 body_vol.prt 的侧面和基准平面 MAIN_PARTING_PLN。

② 在图 10.2.13 所示的 约束 选项卡的“偏移”文本框中输入偏距值-800，并按 Enter 键。

③ 单击“拖动”对话框中的按钮，生成 Snapshot2 快照。

图 10.2.13 “约束”选项卡

（3）创建第三个快照。拖动 upper_vol_1.prt，创建第三个快照，位置如图 10.2.14 所示。

（4）创建第四个快照。采用步骤（2）中的方法拖动 lower_vol_2.prt，创建第四个快照，位置如图 10.2.15 所示。完成后，“拖动”对话框如图 10.2.16 所示。

（5）单击“拖动”对话框中的 关闭 按钮。

Step4. 创建关键帧序列。

（1）单击 动画 功能选项卡 创建动画 ▾ 区域中的“管理关键帧序列”按钮 管理关键帧序列，系统弹出图 10.2.17 所示的“关键帧序列”对话框。

图 10.2.14 创建第三个快照

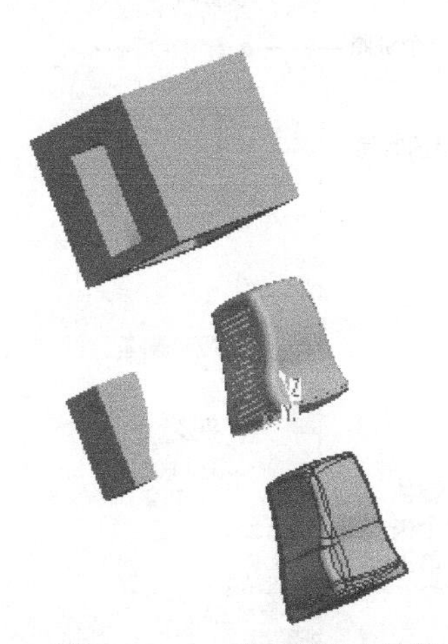

图 10.2.15 创建第四个快照

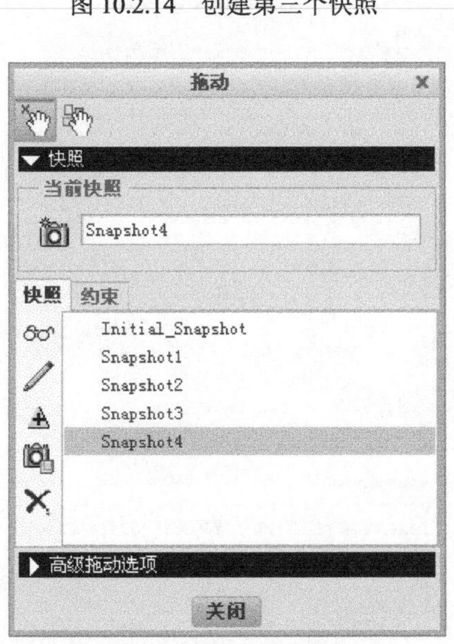

图 10.2.16 “拖动”对话框

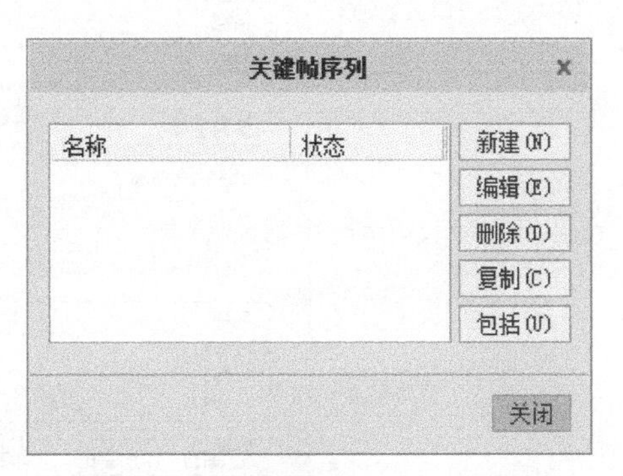

图 10.2.17 “关键帧序列”对话框

（2）单击“关键帧序列”对话框中的 新建 按钮，系统弹出图 10.2.18 所示的“关键帧序列”对话框。在“关键帧序列”对话框中包含 序列 选项卡（图 10.2.18）和 主体 选项卡（图 10.2.19）。

➢ “序列”选项卡

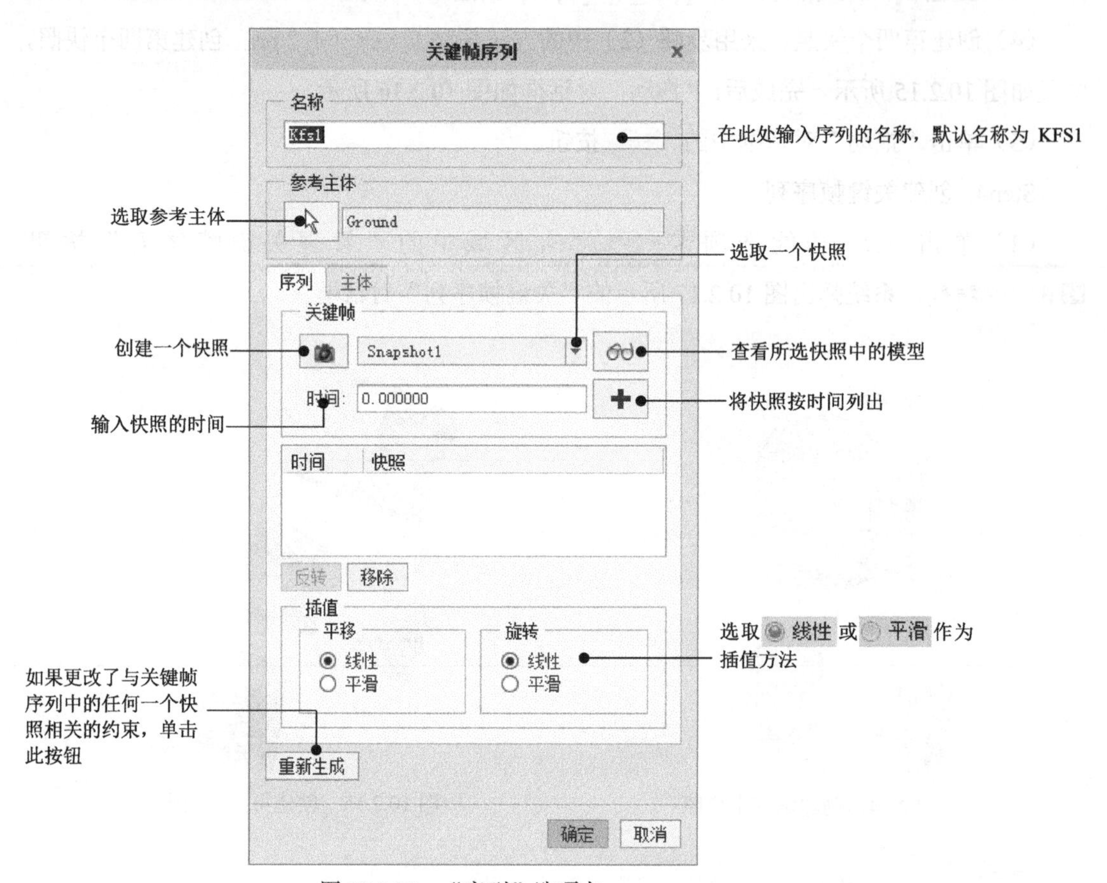

图 10.2.18 “序列”选项卡

➢ “主体”选项卡

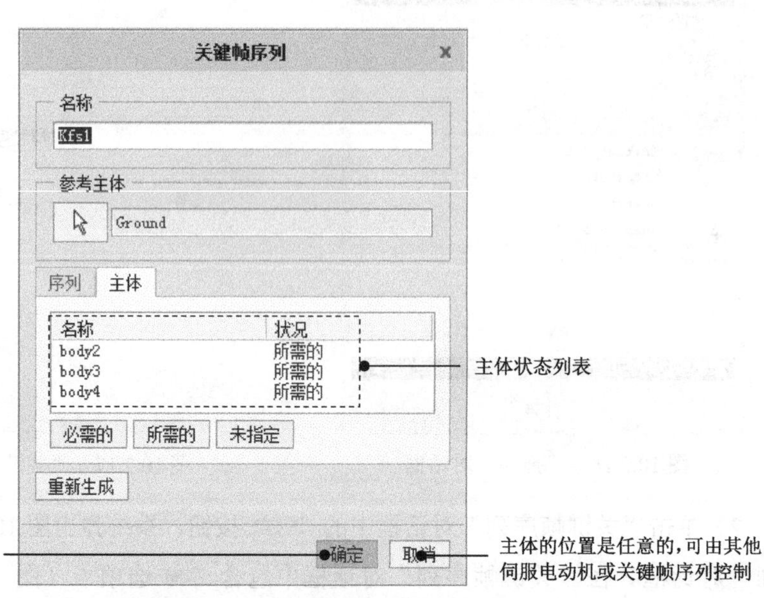

图 10.2.19 “主体”选项卡

① 在 序列 选项卡的 关键帧 下拉列表中选取快照 Snapshot1，采用系统默认的时间，单击 + 按钮；用同样的方法设置 Snapshot2、Snapshot3 和 Snapshot4，设置完成后，对话框如图 10.2.20 所示。

② 单击“关键帧序列”对话框中的 确定 按钮。

③ 在系统返回的图 10.2.21 所示的“关键帧序列”对话框中单击 关闭 按钮。

图 10.2.20 “关键帧序列”对话框

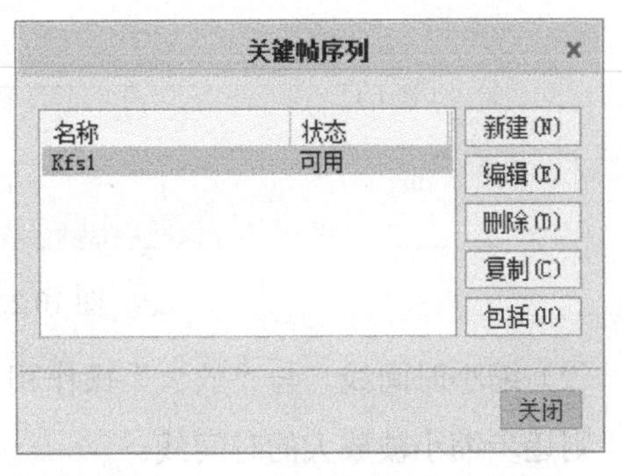

图 10.2.21 “关键帧序列”对话框

Step5. 修改时间域。完成上一步操作后，时间域如图 10.2.22 所示。

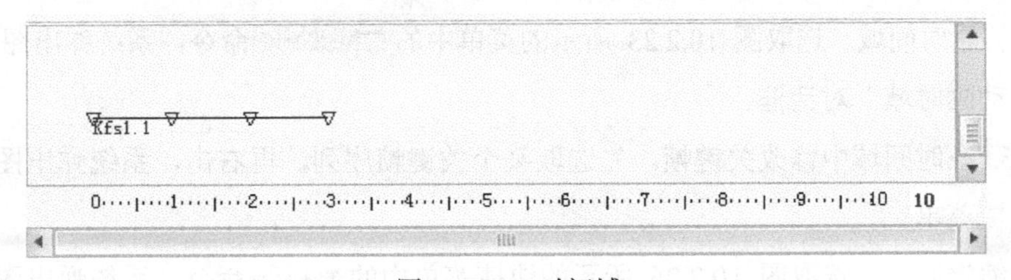

图 10.2.22 时间域

动画时间线中的鼠标操作。

- 左键可执行单选。
- Ctrl+左键可执行多选。
- 中键+拖动可编辑竖向位置。
- Shift+Z 可撤销以前的操作。

- 双击左键可编辑对象。
- Shift+Y 可重做以前的撤销操作。
- 左键+拖动可编辑时间。
- 右键可弹出适用于所选对象的菜单。

在时间线上右击，系统会弹出图 10.2.23 所示的快捷菜单，各项功能操作如下。

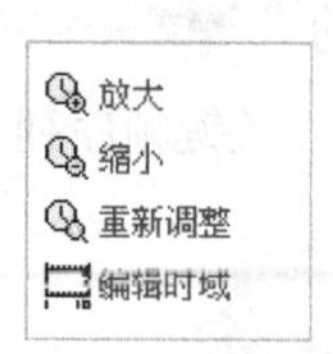

图 10.2.23 快捷菜单

（1）放大时间线。选取图 10.2.23 所示的菜单中的放大命令，在时间域中框出要放大的范围，此时时间线就被局部放大了，如图 10.2.24 所示。

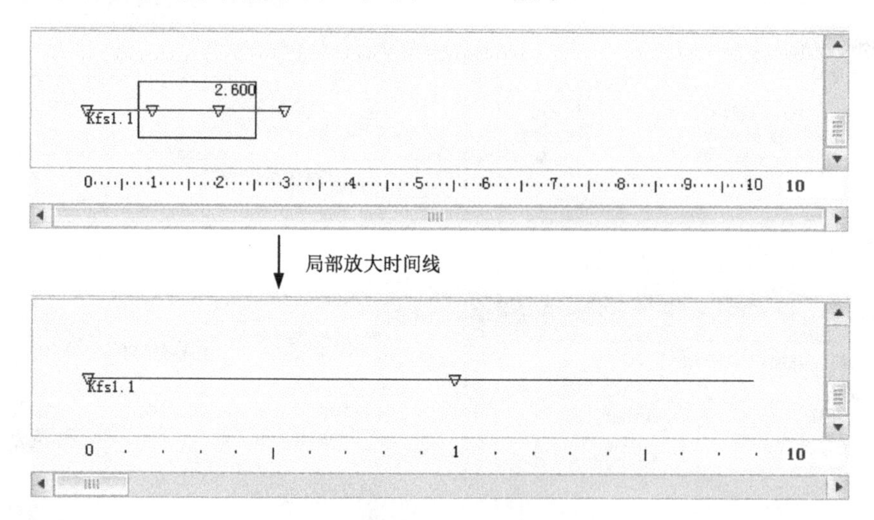

图 10.2.24 放大时间线

（2）缩小时间线。与“放大”操作相反，如果选取图 10.2.23 所示的菜单中的缩小命令，则逐步缩小被放大的时间线。

（3）重新调整时间线。选取图 10.2.23 所示的菜单中的重新调整命令，可以恢复到最初的状态，以便进行重新调整。

（4）编辑时间域。选取图 10.2.23 所示的菜单中的编辑时域命令，系统弹出图 10.2.25 所示的“动画时域”对话框。

Step6. 在时间域中修改关键帧。先选取某个关键帧序列，再右击，系统弹出图 10.2.26 所示的快捷菜单。

（1）编辑时间。选取图 10.2.26 所示的快捷菜单中的编辑时间命令，系统弹出图 10.2.27 所示的“KFS 实例”对话框，可以编辑开始时间。

（2）编辑关键帧序列。选取图 10.2.26 所示的快捷菜单中的编辑 KFS 命令，系统弹出“关键帧序列”对话框，可以编辑关键帧序列。

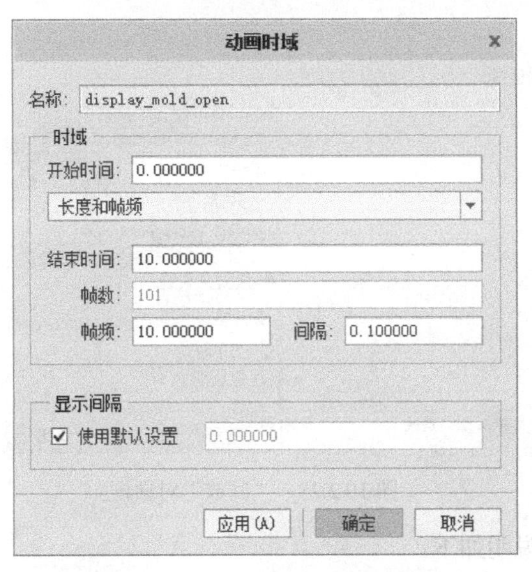

图 10.2.25 “动画时域”对话框

（3）复制关键帧。选取图 10.2.26 所示的快捷菜单中的 复制 命令，可以复制一个新的关键帧。

（4）删除关键帧。选取图 10.2.26 所示的快捷菜单中的 移除 命令，可以删除选定的关键帧。

（5）为关键帧选取参考图元。选取图 10.2.26 所示的快捷菜单中的 选择参考图元 命令，可以为关键帧选取相关联的参考图元。

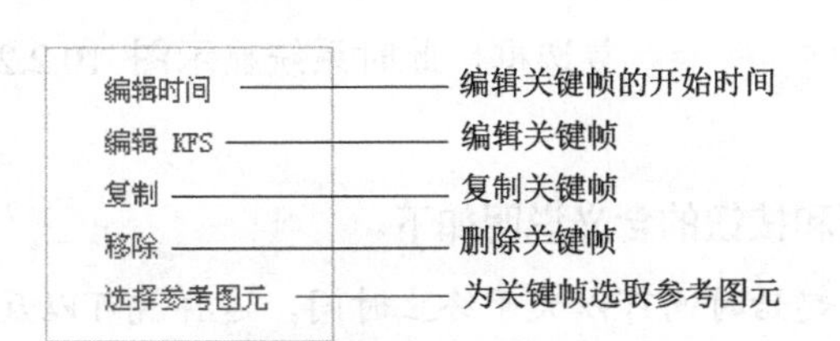

图 10.2.26 快捷菜单

图 10.2.27 “KFS 实例”对话框

Step7. 启动动画。在界面中单击“生成并运行动画”按钮 ▶，启动动画进行查看。

Step8. 回放动画。单击 动画 功能选项卡 回放 ▾ 区域中的“回放”按钮◀▶，系统弹出图 10.2.28 所示的“回放”对话框。

（1）选取动画名称。从 结果集 下拉列表中选取一个动画名称。

（2）定义回放中的动态干涉检查。选择在回放期间要检测的干涉类型，单击 碰撞检测设置... 按钮，系统弹出“碰撞检测设置”对话框。在该对话框中选中 ◉ 无碰撞检测

单选项。

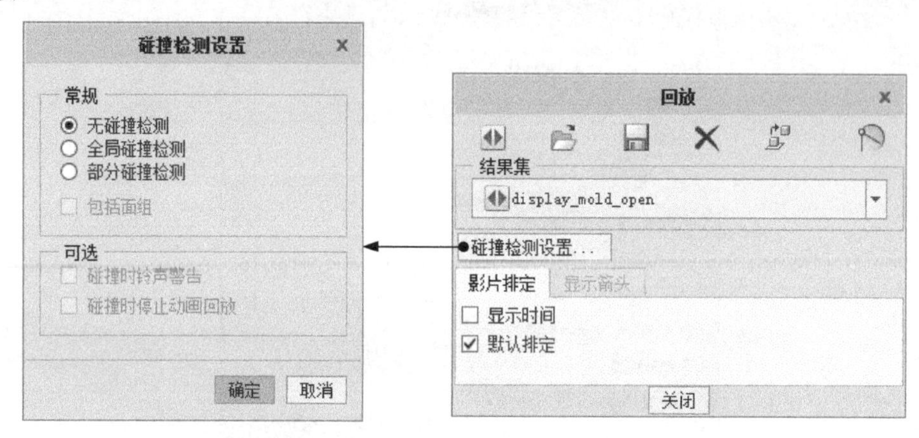

图 10.2.28 “回放”对话框

常规 区域的各选项说明如下。

- 无碰撞检测 单选项：回放时，不检查干涉。
- 全局碰撞检测 单选项：回放时，检测整个装配体中所有元件间的干涉。当系统检测到干涉时，干涉区域将会加亮。
- 部分碰撞检测 单选项：检查两个（和几个）元件间是否有干涉。
- 包括面组 复选框：把曲面作为干涉检测的一部分。

可选 区域中各复选框的说明如下。

- 碰撞时铃声警告 复选框：发现干涉时，系统会发出警报的铃声。
- 碰撞时停止动画回放 复选框：如果检测到干涉，就停止回放。

（3）生成影片排定。当回放动画时，可以指定要查看动画的哪一部分，要实现这种功能，需单击“回放”对话框中的 影片排定；如果要查看整个动画过程，可选中 ☑ 默认排定 复选框；如果要查看指定的动画部分，则取消选中 □ 默认排定 复选框，此时系统显示图 10.2.29 所示的“影片排定”选项卡。

图 10.2.29 所示 影片排定 选项卡中有关选项和按钮的含义说明如下。

- 开始：指定要查看片段的起始时间。起始时间可以大于终止时间，这样就可以反向播放影片。
- 终止：指定要查看片段的结束时间。
- ＋（增加影片段）：指定起始时间和终止时间后，单击此按钮可以向回放列表中增加片段。通过多次将其增加到列表中，可以重复播放该片段。
- （更新影片段）：当改变回放片段的起始时间或终止时间后，单击此按钮，系统立即更新起始时间和终止时间。
- ✕（删除影片段）：要删除影片段，选取该片段并单击此按钮。

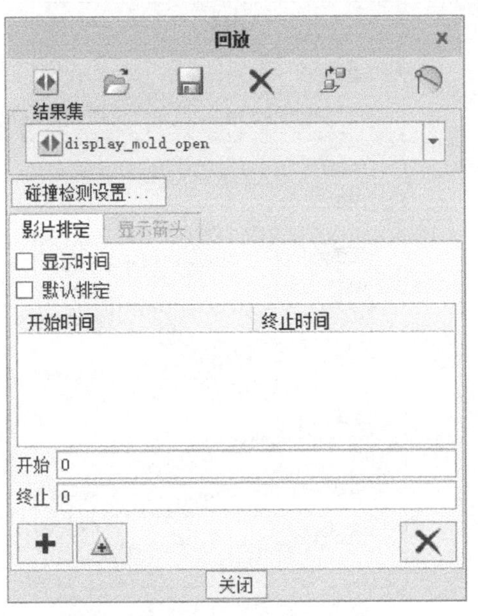

图 10.2.29 “影片排定”选项卡

（4）开始回放演示。在图 10.2.29 所示的“回放”对话框中单击“播放当前结果集”按钮，系统弹出图 10.2.30 所示的“播放”操控板。

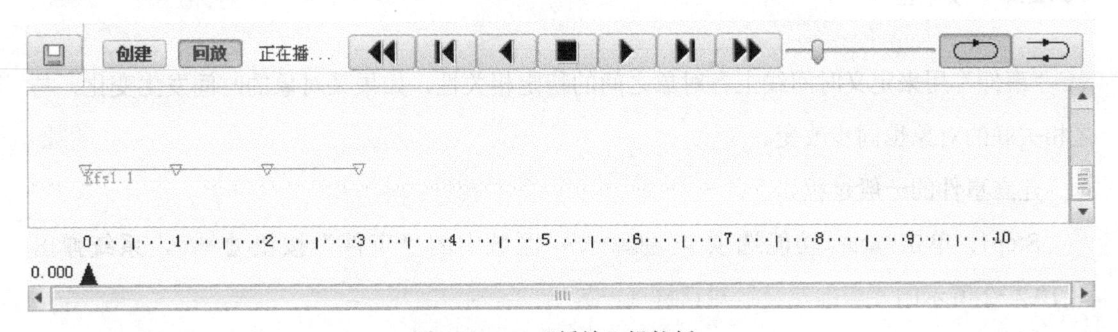

图 10.2.30 “播放”操控板

图 10.2.30 所示“播放”操控板中各按钮的说明如下。

- ：将动画重新设置到开始。
- ：显示上一帧。
- ：向前播放。
- ：停止播放。
- ：向后播放。
- ：显示下一帧。
- ：将动画设置到结尾。
- 速度滑杆：改变动画的速度。
- ：重复动画。
- ：在结尾处反转。

（5）制作播放文件。单击“播放”操控板中的按钮，系统弹出图 10.2.31 所示的“捕获”对话框，进行相应的设置后，单击 确定 按钮即可生成一个*.mpg 文件，该文件可以在其他软件（例如 Windows Media Player）中播放。

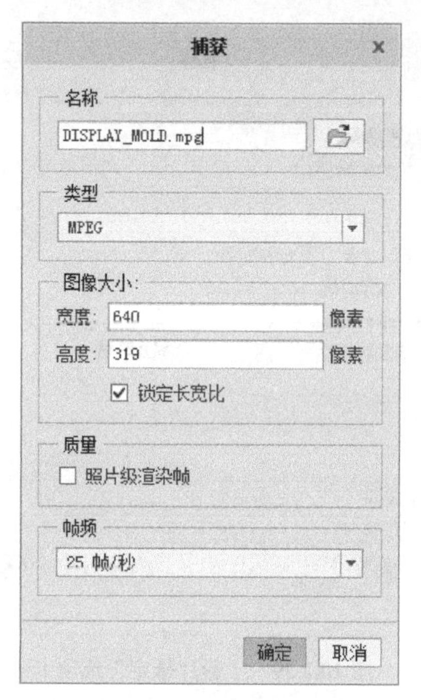

图 10.2.31 “捕获”对话框

10.2.3 建立事件

“事件”用来定义时间线上各对象之间的特定相关性，如果某对象的时间发生变化，与之相关联的对象也同步改变。

建立事件的一般过程如下。

Step1. 单击 动画 功能选项卡 创建动画 ▾ 区域中的“事件”按钮 事件，系统弹出图 10.2.32 所示的“事件定义”对话框（一）。

Step2. 在“事件定义”对话框（一）的 名称 文本框中输入事件的名称。

Step3. 在“事件定义”对话框（一）的 时间 文本框中输入时间，并从 后于 列表中选取一个参考事件。

新定义的事件在参考事件的给定时间后开始。相对于选取的事件，输入的时间可以为负，但在动画开始时间之前不能发生。

Step4. 单击“事件定义”对话框（一）中的 确定 按钮。

事件定义完成后，一个带有新事件名称的事件符号便出现在动画时间线中。如果事件与时间线上的一个现有对象有关，一条虚线会从参考事件引向新事件。

例如，事件定义如图 10.2.33 所示，即事件 Event1 在 Kfs1.1:3Snapshot2 后 0.5 秒开始执行，在动画时间线中则表示为图 10.2.34 所示。

图 10.2.32 “事件定义”对话框（一）

图 10.2.33 “事件定义”对话框（二）

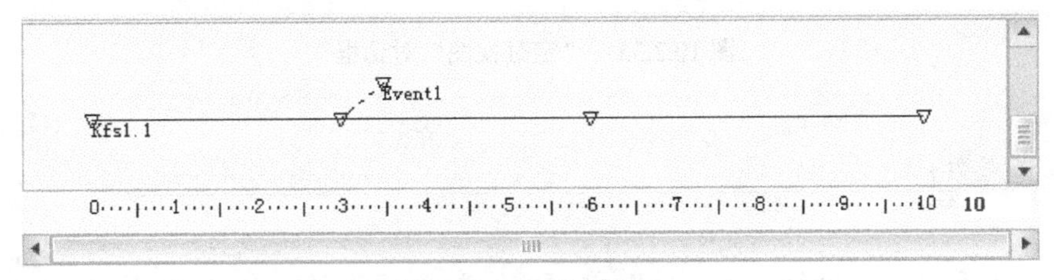

图 10.2.34 时间域

10.2.4 建立时间与视图间的关系

建立时间与视图间的关系，即定时视图功能，可以在特定时间处从特定的视图方向查看模型。此处的视图可以预先使用视图管理器工具进行设置、保存。下面举例说明建立时间与视图关系的一般操作过程。

Step1. 设置工作目录和打开文件（操作前要注意清除内存中所有的文件）。

（1）将工作目录设置至 D:\creo6.2\work\ch10.02\time_view。

（2）打开文件 display_mold.asm。

Step2. 单击 应用程序 功能选项卡 运动 区域中的“动画”按钮，系统进入“动画”模块。

Step3. 单击 动画 功能选项卡 图形设计 区域中的“定时视图”按钮，系统弹出图 10.2.35 所示的“定时视图”对话框。

Step4. 建立第一个时间与视图间的关系。

（1）在“定时视图”对话框的 名称 栏中选取 V1 视图，如图 10.2.35 所示。

说明：V1 和 V2 视图是事先通过视图管理器工具进行设置和保存的视图。

（2）单击“定时视图”对话框中的 应用(A) 按钮，定时视图事件 V1.1 出现在时间线中，如图 10.2.36 所示。

Step5. 建立第二个时间与视图间的关系。

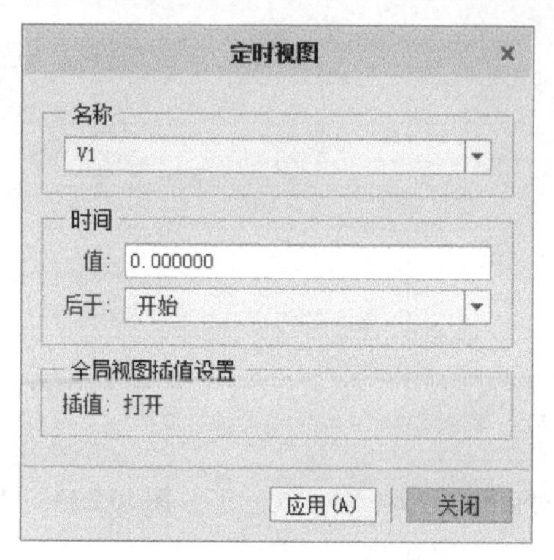

图 10.2.35 “定时视图”对话框

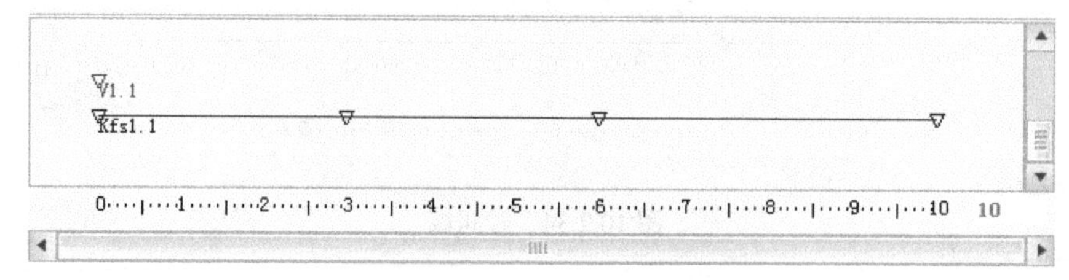

图 10.2.36 时间域

（1）在图 10.2.37 所示的“定时视图”对话框的名称栏中选取 V2 视图。

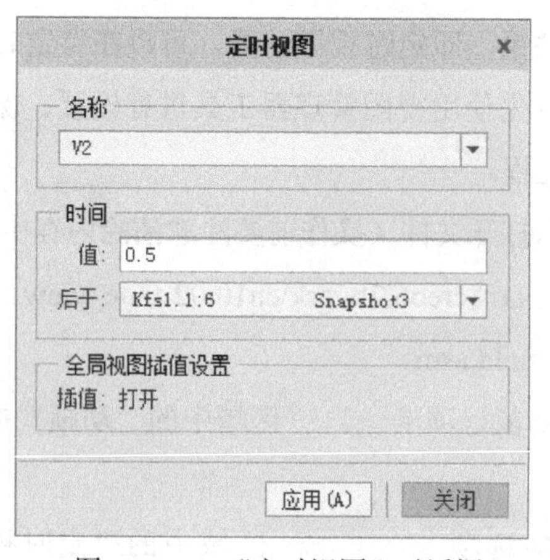

图 10.2.37 “定时视图”对话框

（2）在对话框的时间区域中输入时间值 0.5，并从后于列表中选取一个参考事件 Kfs1.1:6 Snapshot3，动画将在该时间和参考事件后改变到该视图。

（3）单击“定时视图”对话框中的 应用(A) 按钮，定时视图事件 V2.1 出现在时间线中，如图 10.2.38 所示。

Step6. 单击“定时视图”对话框中的 关闭 按钮。

Step7. 在界面中单击“生成并运行动画”按钮，动画启动，可以观察到动画开始时为 V1 视图，在 Kfs1.1:6 Snapshot3 后 0.5 秒切换到 V2 视图。

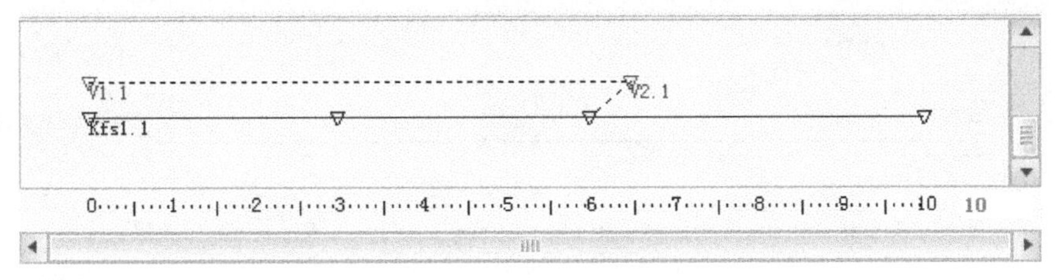

图 10.2.38 时间域

10.2.5 建立时间与显示间的关系

建立时间与显示间的关系，即定时显示功能，可以控制组件元件在动画运行或回放过程中的显示样式，例如：一些元件不可见，或者显示为“线框”“隐藏线”方式等。此处的显示样式可以预先使用视图管理器工具进行设置、保存。下面举例说明建立时间与显示关系的一般操作过程。

Step1. 设置工作目录和打开文件。

（1）将工作目录设置至 D:\creo6.2\work\ch10.02\time_display。

（2）打开文件 display_mold.asm。

Step2. 单击 应用程序 功能选项卡 运动 区域中的“动画”按钮，系统进入“动画”模块。

Step3. 单击 动画 功能选项卡 图形设计 区域中的“定时样式”按钮，系统弹出图 10.2.39 所示的“定时样式”对话框。

图 10.2.39 “定时样式”对话框

Step4. 建立第一个时间与显示间的关系。

（1）在“定时样式”对话框的 样式名称 栏中选取“主样式”，如图 10.2.39 所示。

（2）单击“定时样式”对话框中的 应用(A) 按钮，定时显示事件“主样式 1”出现在时间线中，如图 10.2.40 所示。

Step5. 建立第二个时间与显示间的关系。

（1）在图 10.2.41 所示的“定时样式”对话框的 样式名称 栏中选取 STYLE0001。

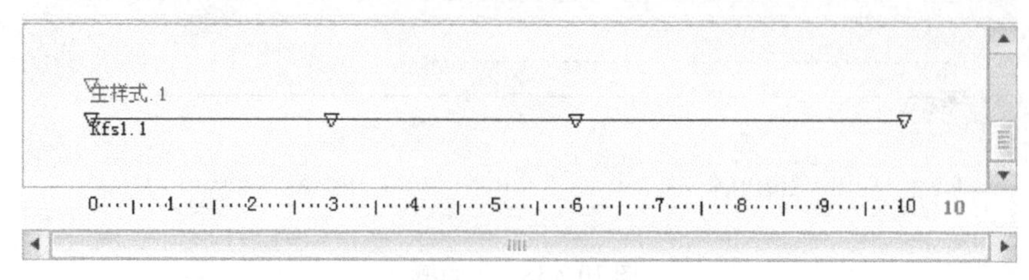

图 10.2.40　时间域

图 10.2.41　“定时样式”对话框

说明：STYLE0001 是事先通过视图管理器工具进行设置和保存的显示样式。

（2）在对话框的 时间 区域中输入时间值 0.5，并从 后于: 列表中选取一个参考事件 Kfs1.1:6 Snapshot3，动画将在该时间和参考事件后改变到该显示状态。

（3）单击“定时样式”对话框中的 应用(A) 按钮，定时显示事件 STYLE0001 出现在时间线中，如图 10.2.42 所示。

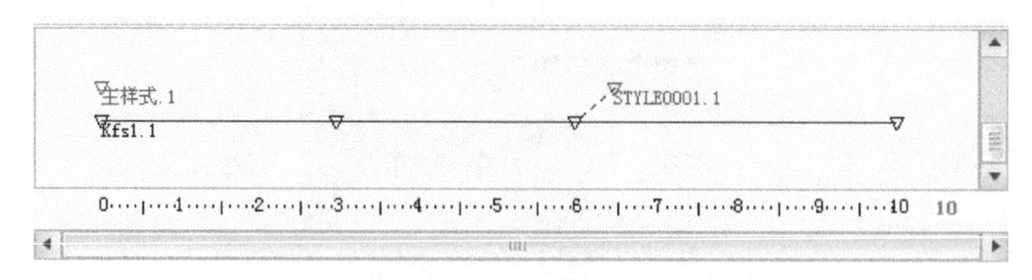

图 10.2.42　时间域

Step6. 单击“定时样式”对话框中的 关闭 按钮。

Step7. 在界面中单击“生成并运行动画”按钮 ▶，动画启动，可以观察到动画开始时为“主造型”显示，在 Kfs1.1:6 Snapshot3 后 0.5 秒切换到 STYLE0001 显示。

10.2.6　建立时间与透明间的关系

建立时间与透明间的关系，即定时透明功能，可以控制组件元件在动画运行或回放过程中的透明程度。下面举例说明建立时间与透明关系的一般操作过程。

Step1. 设置工作目录和打开文件。

（1）将工作目录设置至 D:\creo6.2\work\ch10.02\time_tran。

（2）打开文件 display_mold.asm。

Step2. 单击 应用程序 功能选项卡 运动 区域中的“动画”按钮，系统进入“动画”模块。

Step3. 单击 动画 功能选项卡 图形设计 区域中的“定时透明”按钮，系统弹出图 10.2.43 所示的“定时透明”对话框。

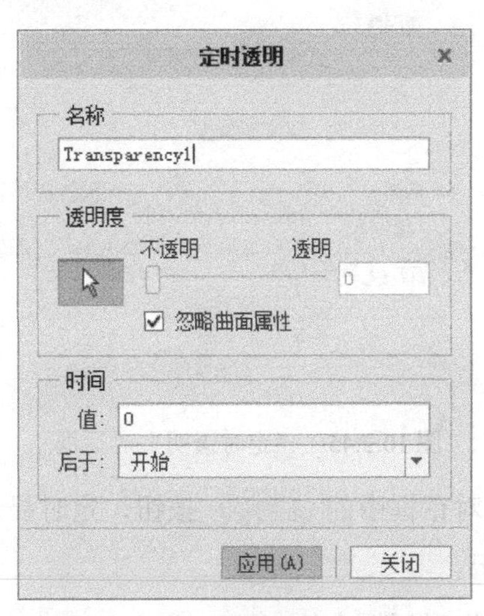

图 10.2.43 “定时透明”对话框

Step4. 建立第一个时间与透明间的关系。

（1）在系统 选择零件 的提示下，在模型中选取零件 BODY_VOL.PRT。

（2）在“选择”对话框中单击 确定 按钮。

（3）其他参数都采用系统默认的设置值，如图 10.2.43 所示。

（4）单击“定时透明”对话框中的 应用(A) 按钮，定时显示事件 Transparency1 出现在时间线中，如图 10.2.44 所示。

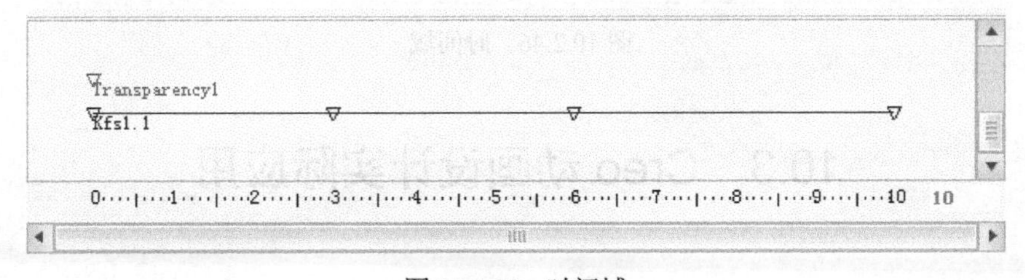

图 10.2.44 时间域

Step5. 建立第二个时间与透明间的关系。

（1）在系统 选择零件 的提示下，在模型中选取零件 BODY_VOL.PRT。

（2）在“选择”对话框中单击 确定 按钮。

（3）在图 10.2.45 所示的“定时透明”对话框的 透明 文本框中输入数值 88。

（4）从 后于 列表中选取一个参考事件 Kfs1.1:10 Snapshot4，动画将在该时间和参考事件后改变到该透明状态。

（5）其他参数都采用系统默认的设置值，如图 10.2.45 所示。

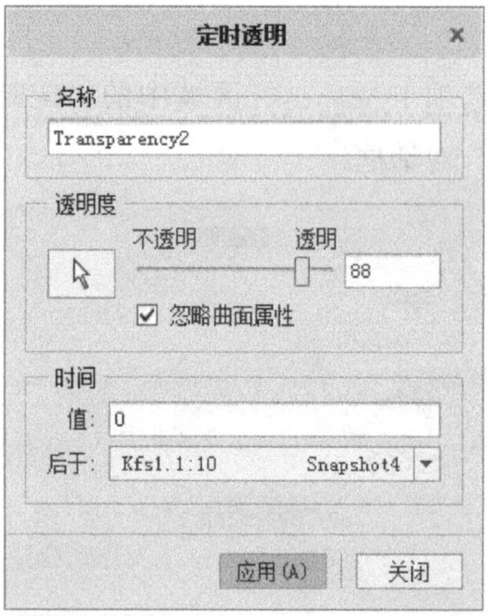

图 10.2.45 “定时透明”对话框

（6）单击“定时透明”对话框中的 应用(A) 按钮，定时显示事件 Transparency2 出现在时间线中，如图 10.2.46 所示。

Step6. 单击“定时透明”对话框中的 关闭 按钮。

Step7. 在界面中单击“生成并运行动画”按钮 ▶，动画启动，可以观察到动画开始时的零件 BODY_VOL.PRT 由不透明状态渐变到透明状态。

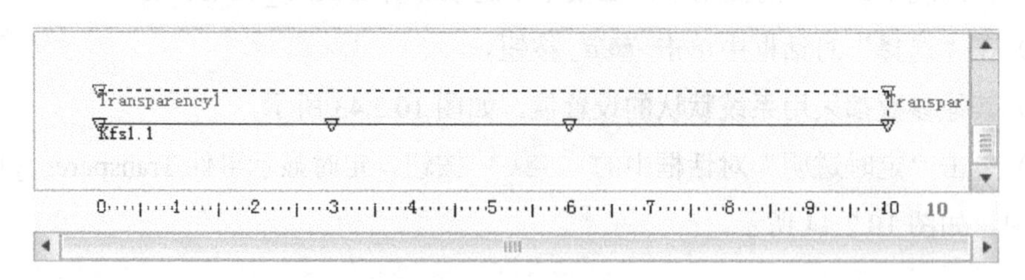

图 10.2.46 时间域

10.3 Creo 动画设计实际应用

本练习将制作一个用手枪打靶的动画。此动画的制作要点有以下几点。

- 描述子弹从射出到射中靶子的飞行过程。
- 描述靶子被射中后碎成几片飞出的情形。
- 要求子弹在射中靶子后消失。

操作过程如下。

Step1. 定义靶子子装配的主体。

(1) 设置工作目录和打开文件。

① 将工作目录设置至 D:\creo6.2\work\ch10.03。

② 打开文件 target.asm。

(2) 单击 应用程序 功能选项卡 运动 区域中的“动画”按钮，进入“动画”模块。

(3) 定义主体。

① 单击 动画 功能选项卡 机构设计 区域中的“主体定义”按钮 主体定义，此时系统弹出图 10.3.1 所示的“主体”对话框（一）。

② 单击对话框中的 每个主体一个零件 按钮，系统将所有零件作为主体加入主体列表中，如图 10.3.2 所示。

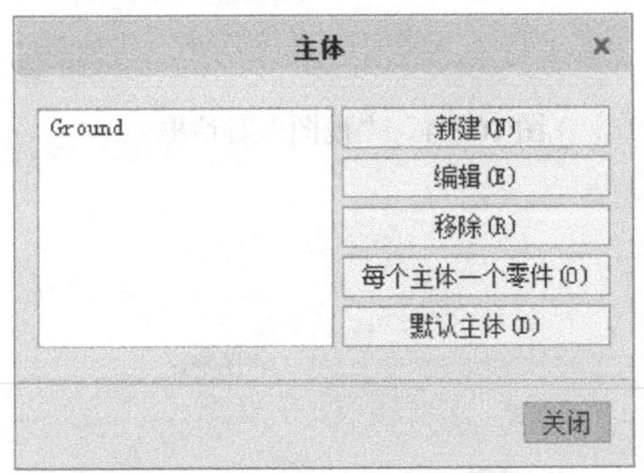

图 10.3.1 “主体”对话框（一）

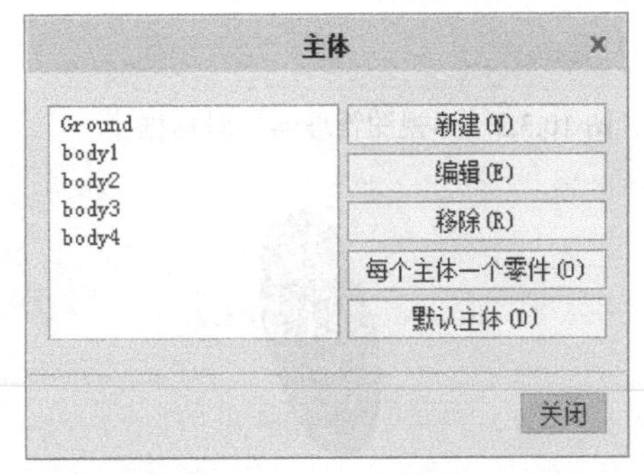

图 10.3.2 “主体”对话框（二）

③ 单击“主体”对话框（二）中的 关闭 按钮。

(4) 保存模型文件。

Step2. 打开文件 shot_game.asm。

Step3. 定义视图。

(1) 单击 模型 功能选项卡 模型显示 ▾ 区域中的“管理视图”按钮。系统弹出图 10.3.3 所示的“视图管理器”对话框。

(2) 在“视图管理器”对话框中选择 定向 选项卡，单击 新建 按钮，命名新建视图为 C，并按 Enter 键。

(3) 单击 编辑 ▾ 菜单下的 重新定义 命令，系统弹出图 10.3.4 所示的“视图”对话框。

(4) 定向组件模型。将模型调整到图 10.3.5 所示的位置及大小。

(5) 单击“视图”对话框中的 确定 按钮。

(6) 用同样的方法分别建立 C1（图 10.3.6）、C2（图 10.3.7）、C3（图 10.3.8）、C4（图 10.3.9）和 C5（图 10.3.10）视图。

完成视图定义后，先不要关闭“视图管理器”，进行下一步工作。

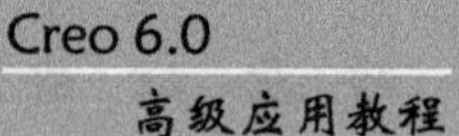

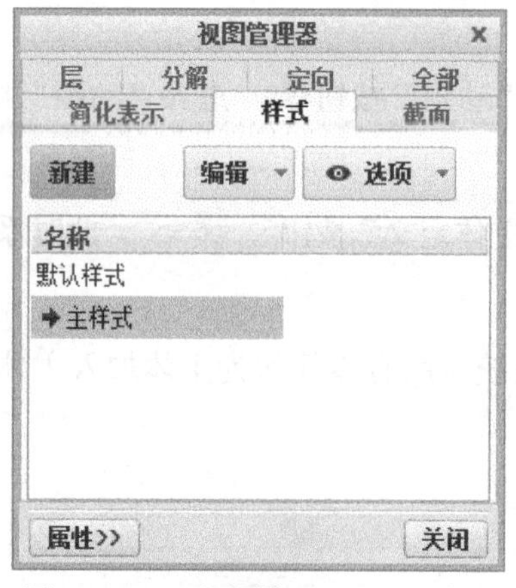

图 10.3.3 “视图管理器”对话框

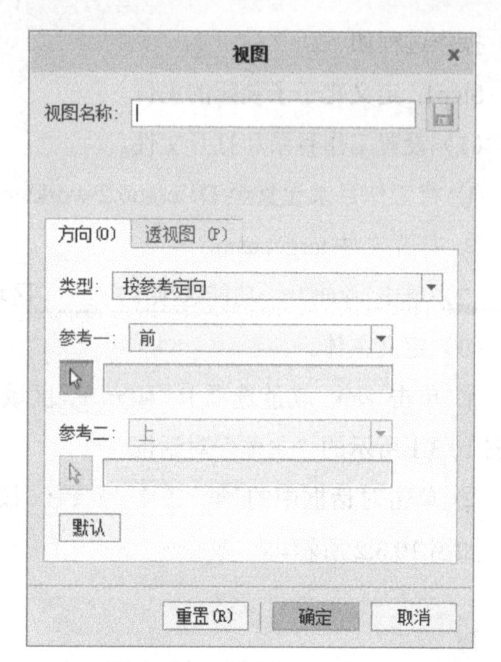

图 10.3.4 “视图”对话框

图 10.3.5 C 视图

Step4. 定义显示样式 1。

（1）在“视图管理器”对话框中选取 样式 选项卡，单击 新建 按钮，输入样式的名称 style0001，并按 Enter 键。

图 10.3.6 C1 视图

图 10.3.7 C2 视图

图 10.3.8 C3 视图

图 10.3.9 C4 视图

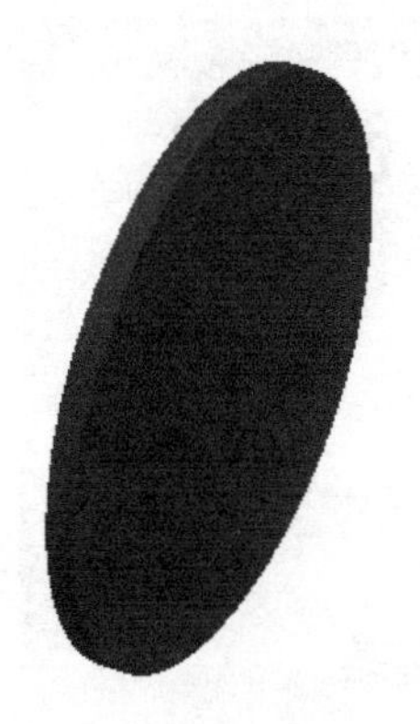

图 10.3.10 C5 视图

（2）完成上一步后，系统弹出图 10.3.11 所示的“编辑”对话框，选择 显示 选项卡，在 方法 选项组中选中 ◉ 着色 单选项，然后从图 10.3.12 所示的模型树中选取所有元件。

（3）单击“编辑”对话框中的 确定(O) 按钮，完成此视图的定义。

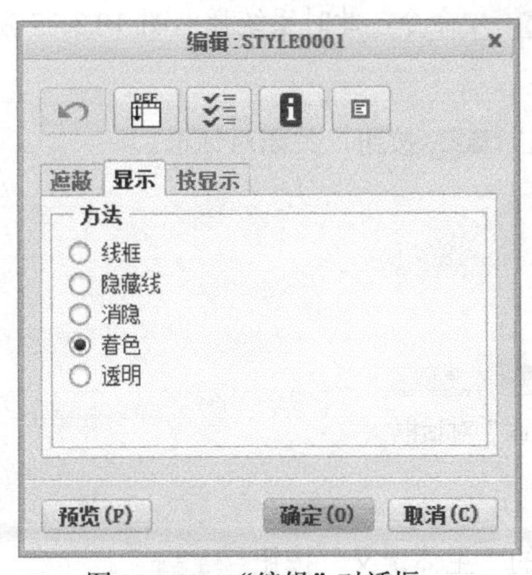

图 10.3.11 “编辑”对话框

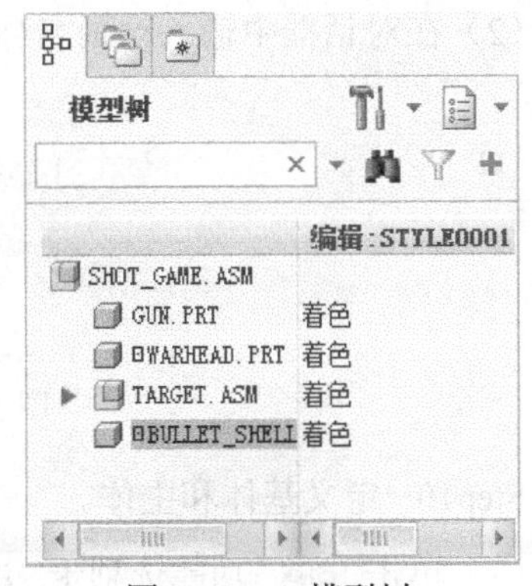

图 10.3.12 模型树

Step5. 定义显示样式 2。

（1）在“视图管理器”对话框中选取 样式 选项卡，单击 新建 按钮，输入样式的名称 style0002，并按 Enter 键。

（2）选取“编辑”对话框的 遮蔽 选项卡（图 10.3.13），系统提示“选取要遮蔽的元件”，在图 10.3.14 所示的模型树中选取 BULLET_SHELL.PRT 和 WARHEAD.PRT。

（3）单击“编辑”对话框中的 确定(O) 按钮，完成此视图的定义。

Step6. 在“视图管理器”对话框的 样式 选项卡中，将“主样式”设为活动状态。

Step7. 单击“视图管理器”对话框中的 关闭 按钮。

Step8. 单击 应用程序 功能选项卡 运动 区域中的“动画”按钮，进入动画模块。

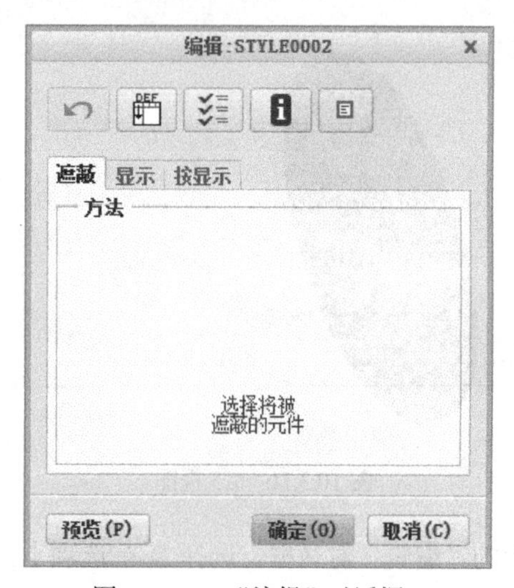

图 10.3.13 “编辑”对话框

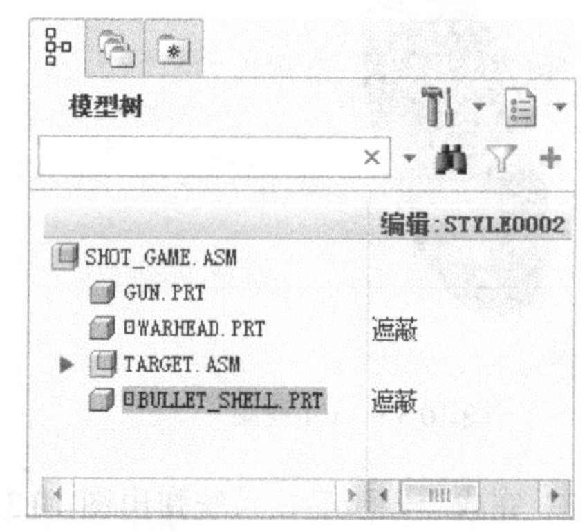

图 10.3.14 模型树

Step9. 定义一个主动画。

（1）选择 动画 功能选项卡中的 新建动画 → 快照 命令，此时系统弹出图 10.3.15 所示的“定义动画”对话框。

（2）在对话框中输入动画名称 shot，然后单击 确定 按钮，关闭对话框。

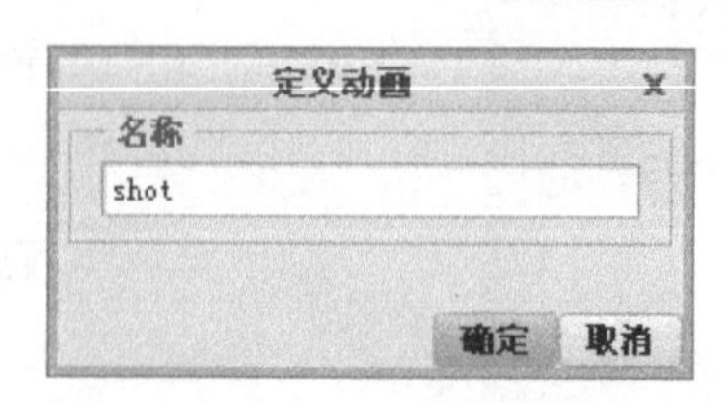

图 10.3.15 “定义动画”对话框

Step10. 定义基体和主体。

（1）单击 动画 功能选项卡 机构设计 区域中的“主体定义”按钮 主体定义。

（2）在系统弹出的“主体”对话框中单击 每个主体一个零件 按钮，系统将所有零件作为主体加入主体列表中，如图 10.3.16 所示。

（3）选取图 10.3.16 所示的“主体”对话框中的 Ground，单击 编辑 按钮，系统弹出“主体定义”对话框（图 10.3.17）及“选择”对话框。

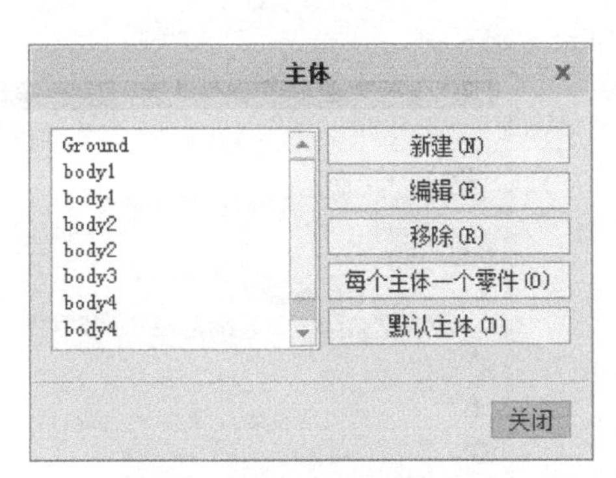

图 10.3.16 “主体”对话框

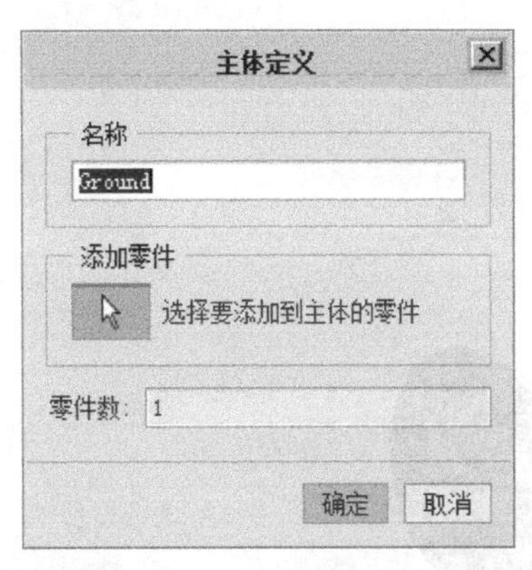

图 10.3.17 “主体定义”对话框

（4）定义作为 Ground 的零件。在模型树中选取 GUN.PRT，然后单击“选择”对话框中的 确定 按钮，再单击图 10.3.17 所示的“主体定义”对话框中的 确定 按钮。完成后，“主体”对话框如图 10.3.18 所示，单击“主体”对话框中的 关闭 按钮。

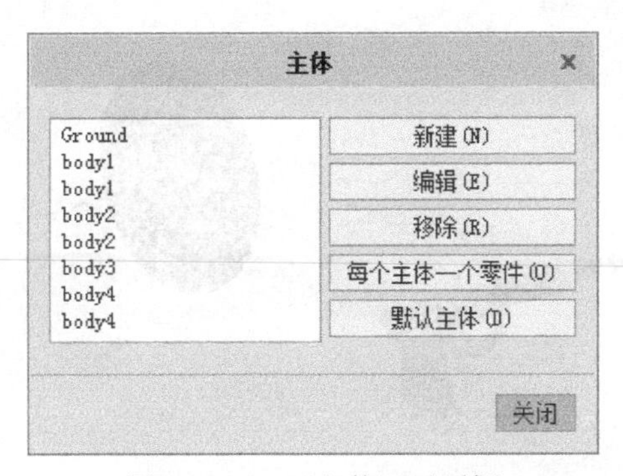

图 10.3.18 “主体”对话框

Step11. 单击 动画 功能选项卡 机构设计 区域中的“拖动元件”按钮，系统弹出“拖动”对话框。

（1）创建第一个快照。在图 10.3.19 所示的状态单击“拖动”对话框中的按钮。此时在图 10.3.20 所示的快照栏中便生成 Snapshot1 快照。

（2）创建第二个快照。

① 在“拖动”对话框中单击“点拖动”按钮，然后分别从模型树中选取 warhead.prt 和 bullet_shell.prt，将它们拖动至图 10.3.21 所示的位置。

② 单击“拖动”对话框中的按钮，生成 Snapshot2 快照。

（3）创建第三个快照。采用步骤（2）中的方法分别拖动子弹和弹壳，位置如图 10.3.22 所示，创建第三个快照。

（4）创建第四个快照。采用步骤（2）中的方法分别拖动靶子的四个元件部分，位置如图 10.3.23 所示，创建第四个快照。

（5）单击“拖动”对话框中的 关闭 按钮。

图 10.3.19　创建第一个快照

图 10.3.20　“拖动”对话框

图 10.3.21　创建第二个快照

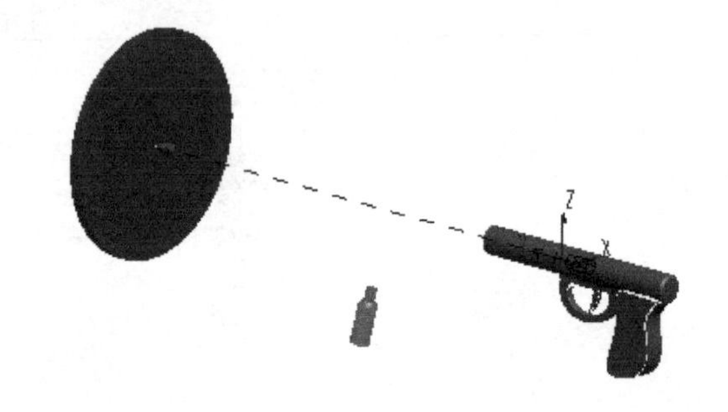

图 10.3.22　创建第三个快照

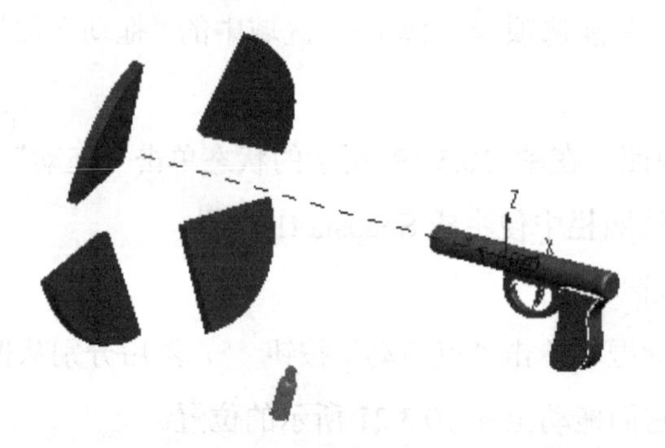

图 10.3.23　创建第四个快照

Step12. 创建关键帧序列。

（1）单击 动画 功能选项卡 创建动画 ▾ 区域中的“管理关键帧序列”按钮 管理关键帧序列。

（2）单击“关键帧序列”对话框中的 新建 按钮。

① 在 序列 选项卡的“关键帧”列表中选取快照 Snapshot1，输入时间为 0，单击按钮 + ；从列表中选取快照 Snapshot2，输入时间为 2.5，单击按钮 + ；从列表中选取快照 Snapshot3，输入时间为 6.5，单击按钮 + ；从列表中选取快照 Snapshot4，输入时间为 10，单击按钮 + 。设置完成后，“关键帧序列”对话框（一）如图 10.3.24 所示。

② 单击“关键帧序列”对话框（一）中的 确定 按钮。

③ 在系统返回的图 10.3.25 所示的“关键帧序列”对话框（二）中单击 关闭 按钮。

Step13. 建立时间与视图间的关系。

（1）单击 动画 功能选项卡 图形设计 区域中的“定时视图”按钮，系统弹出“定时视图”对话框。

图 10.3.24 “关键帧序列”对话框（一）

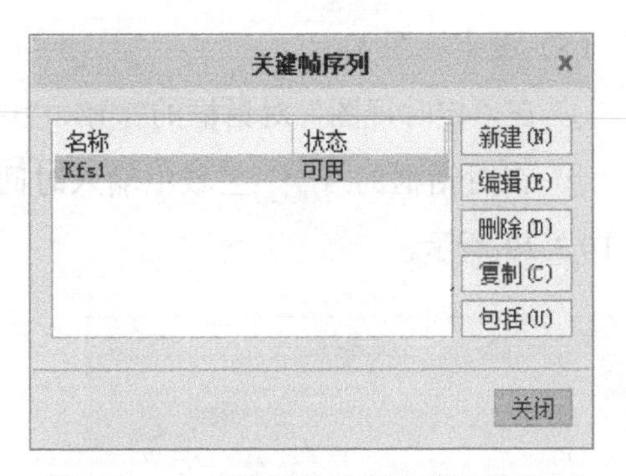

图 10.3.25 “关键帧序列”对话框（二）

（2）设定视图 1。

① 在“定时视图”对话框的 名称 栏中选取视图 C。

② 在对话框的 时间 区域中输入时间值 0，并从 后于 列表中选取参考事件开始，如图 10.3.26 所示。

③ 单击 应用(A) 按钮。“定时视图”事件出现在时间线中。

（3）设定视图 2。

① 在“定时视图”对话框的 名称 栏中选取视图 C1。

② 在对话框的 时间 区域中输入时间值 2，并从 后于 列表中选取参考事件开始，如图 10.3.27 所示。

③ 单击 应用(A) 按钮。“定时视图”事件出现在时间线中。

图 10.3.26 设定视图 1

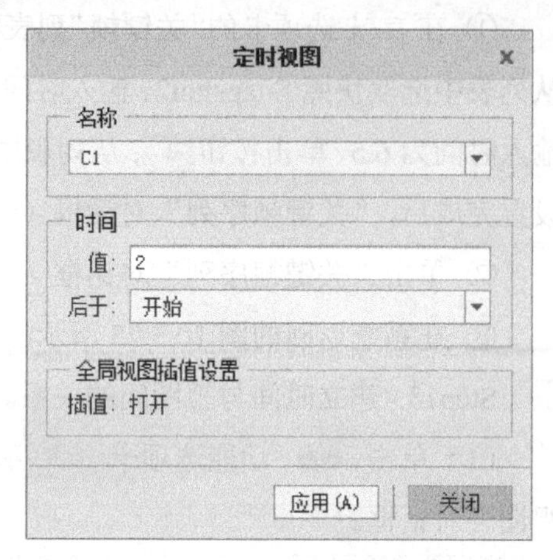

图 10.3.27 设定视图 2

（4）设定视图 3。

① 在“定时视图”对话框的 名称 栏中选取视图 C2。

② 在对话框的 时间 区域中输入时间值 4，并从 后于: 列表中选取参考事件开始，如图 10.3.28 所示。

③ 单击 应用(A) 按钮。“定时视图”事件出现在时间线中。

（5）设定视图 4。

① 在“定时视图”对话框的 名称 栏中选取视图 C3。

② 在对话框的 时间 区域中输入时间值 6，并从 后于: 列表中选取参考事件开始，如图 10.3.29 所示。

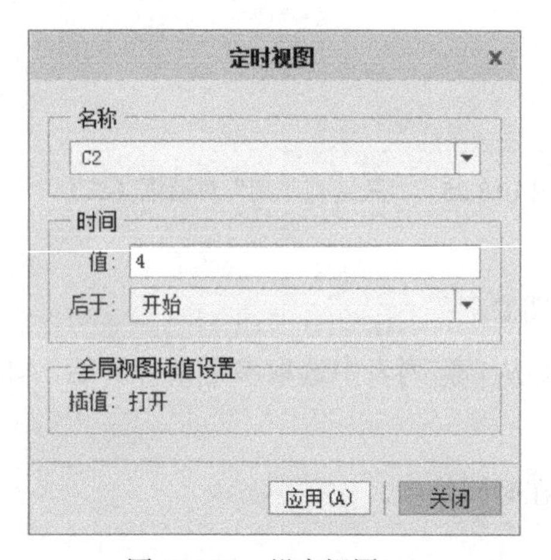

图 10.3.28 设定视图 3

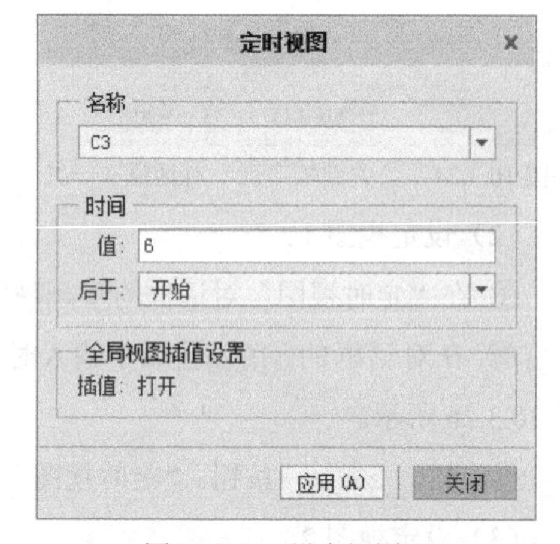

图 10.3.29 设定视图 4

③ 单击 应用(A) 按钮。“定时视图”事件出现在时间线中。

（6）设定视图 5。

① 在“定时视图”对话框的 名称 栏中选取视图 C4。

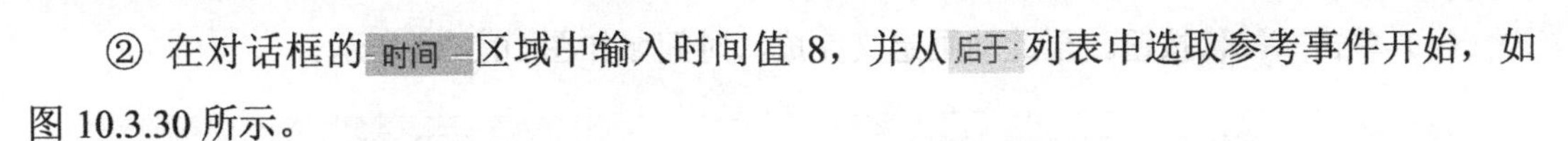

② 在对话框的 时间 区域中输入时间值 8，并从 后于 列表中选取参考事件开始，如图 10.3.30 所示。

③ 单击 应用(A) 按钮。“定时视图”事件出现在时间线中。

（7）设定视图 6。

① 在“定时视图”对话框的 名称 栏中选取视图 C5。

② 在对话框的 时间 区域中输入时间值 10，并从 后于 列表中选取参考事件开始，如图 10.3.31 所示。

③ 单击 应用(A) 按钮。“定时视图”事件出现在时间线中。

（8）单击对话框中的 关闭 按钮。

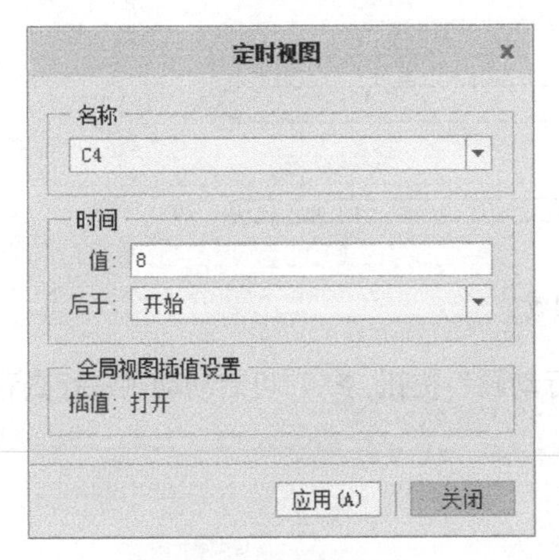

图 10.3.30 设定视图 5

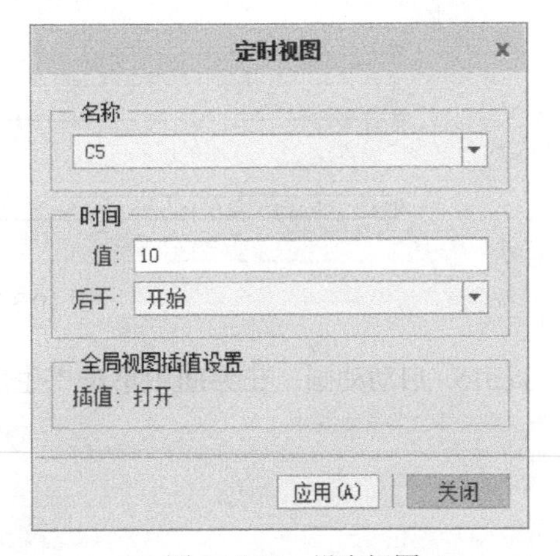

图 10.3.31 设定视图 6

Step14. 建立时间与显示间的关系。

（1）单击 动画 功能选项卡 图形设计 区域中的“定时样式”按钮，系统弹出“定时样式”对话框。

（2）定义显示样式 1。

① 在“定时样式”对话框的 样式名 栏中选取显示样式 STYLE0001。

② 在对话框的 时间 区域中输入时间值 0，并从 后于 列表中选取参考事件开始，如图 10.3.32 所示。

③ 单击 应用(A) 按钮。“定时样式”事件出现在时间线中。

（3）定义显示样式 2。

① 在“定时样式”对话框的 样式名 栏中选取显示样式 STYLE0002。

② 在对话框的 时间 区域中输入时间值 0，并从 后于 列表中选取参考事件 C4.1，如图 10.3.33 所示。

③ 单击 应用(A) 按钮。“定时样式”事件出现在时间线中。

（4）单击 关闭 按钮。至此动画定义完成，时间域如图 10.3.34 所示。

图 10.3.32 定义显示样式 1

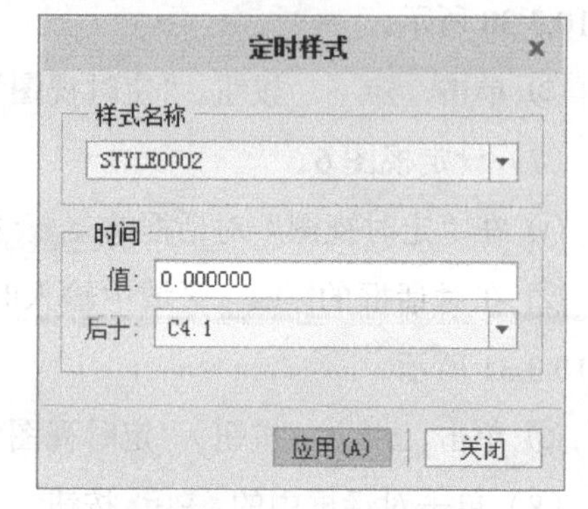

图 10.3.33 定义显示样式 2

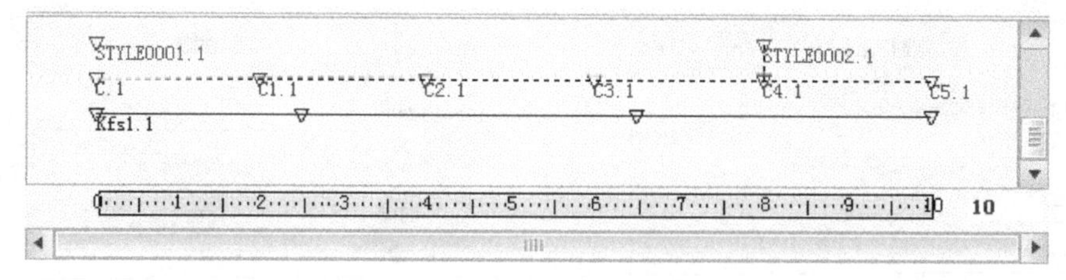

图 10.3.34 时间域

Step15. 启动动画。在界面中单击“生成并运行动画”按钮 ▶，可启动动画进行查看。

学习拓展：扫码学习更多视频讲解。

讲解内容：主要包含钣金加工工艺的背景知识、冲压成形理论、冲压模具结构详解等内容。作为钣金设计技术人员，了解钣金工艺和冲压模具的基本知识非常必要。

学习拓展：扫码学习更多视频讲解。

讲解内容：钣金设计实例精选，包含二十多个常见钣金件的设计全过程讲解，并对设计操作步骤做了详细的演示。

第11章 行为建模模块

本章提要 Creo 中的“行为建模”为从事设计的人员提供了强有力的工具。它能够对模型进行多种分析，并将分析结果运用到模型中。“行为建模”能够根据所需的解决方案来修改模型的设计。

11.1 行为建模功能概述

行为建模工具具有以下功能。

- 创建基于模型测量和分析的特征参数。
- 创建基于模型测量和分析的几何图元。
- 创建符合特殊要求的测量的新类型。
- 分析变量尺寸和参数改变时测量参数的行为。
- 自动查找满足所需的模型行为的尺寸和参数值。
- 分析指定设计空间内测量参数的行为。

行为建模的基本模块如下。

- 域点。
- 分析特征。
- 持续分析显示。
- 用户定义分析（UDA）。
- 灵敏度、可行性和优化研究。
- 优化特征。
- 多目标设计研究。
- 外部分析。
- 运动分析。

行为建模器是新一代目标导向智能型模型分析工具。

图 11.1.1 所示是发动机的油底壳模型，在要求 DTM2 到顶端高度（图中尺寸 30）固定不变的前提下，应用行为建模器功能，当容积大小要求改变时，可以轻易求解出改变后的容器的长度及宽度尺寸。

有了行为建模器的帮助，工程师不再需要使用最原始的手动方式重复求解。现在的设计过程仅需专注于设计意图，将模型行为信息融入设计中，由行为建模器进行快速运算求解，使工程师能有更多时间去思考其他的解决方法，研究设计改变所带来的影响程度。

行为建模器可提供给设计师更理想的解决方案，使他们可以设计出优良的产品。

行为建模分析的一般过程如下。

Step1. 创建合适的分析特征，建立分析参数，利用分析特征对模型进行如物理性质、曲线性质、曲面性质和运动情况等的测量。

Step2. 定义设计目标，通过分析工具产生有用的特征参数，准确计算后找出最佳的解答。

行为建模模块中的命令主要分布在 分析 功能选项卡中，如图 11.1.2 所示。

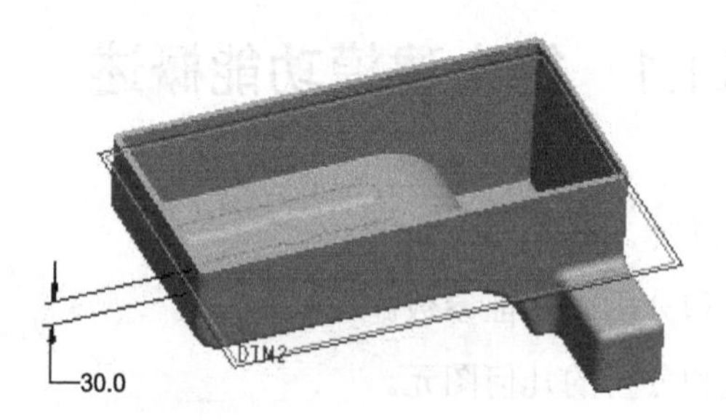

图 11.1.1　油底壳模型

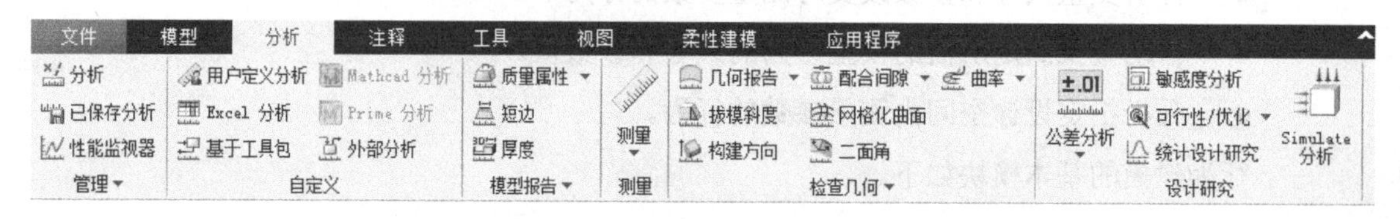

图 11.1.2　“分析”功能选项卡

11.2　分 析 特 征

11.2.1　分析特征概述

由上一节介绍可知，行为建模器是一种分析工具，它在特定的设计意图、设计约束前提下，经一系列测试参数迭代运算后，可以为设计人员提供最佳的设计建议。

既然是一种分析工具，势必需要建立分析特征，由于特征参数的产生，清楚定义设计变量与设计目标后，系统会寻找出合理的参考解答方案。

要进入分析特征对话框，首先要打开一个模型文件。然后单击 分析 功能选项卡 管理 ▾ 区域中的“分析”按钮 分析，系统弹出图 11.2.1 所示的“分析”对话框。

图 11.2.1 所示“分析”对话框 类型 区域的各选项的说明如下。

- ◉ UDA 单选项：使用以前的UDA结果作为“分析特征”的输入。
- ◉ Excel 分析单选项：运行Excel分析。
- ◉ 外部分析单选项：运行外部分析。
- ◉ Prime 分析 单选项：运行Prime分析。
- ◉ 关系单选项：写入特征关系。
- ◉ Creo Simulate单选项：执行Pro/MECHA- NICA分析。
- ◉ 人类工程学分析单选项：进行人类工程学分析。

在重新生成请求区域各选项的说明如下。

- ◉ 始终单选项：在模型再生期间总是再生分析特征。
- ◉ 只读单选项：将分析特征从模型再生中排除。
- ◉ 仅设计研究单选项：仅当其用于设计研究时才再生分析特征。

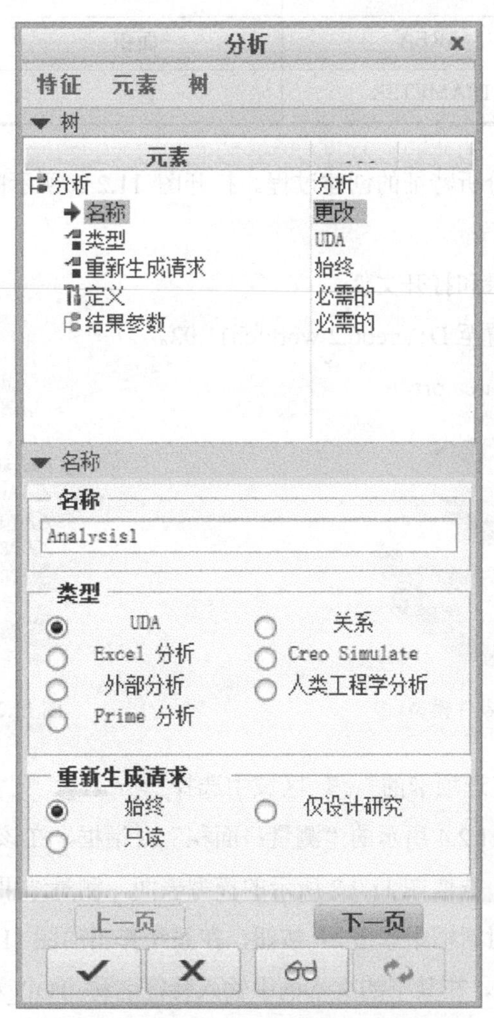

图11.2.1 “分析”对话框

11.2.2 测量分析特征——Measure

使用测量功能在模型上进行测量，并且可将此测量的结果创建为可用的参数，进而产生分析基准特征，并在模型树中显示出来。

测量功能见表 11.2.1。

表 11.2.1 测量功能

测量项目	默认参数名称	参数说明	默认基准名称
Curve Length	LENGTH	长度	N/A
Distance	DISTANCE	距离	PNT FROM_entid
			PNT_TO_entid
Angle	ANGLE	角度	N/A
Area	AREA	面积	N/A
Diameter	DIAMETER	直径	N/A

下面举例说明测量分析特征的创建过程。打开图 11.2.2 所示的零件模型，创建后的模型树如图 11.2.3 所示。

Step1. 设置工作目录和打开文件。

（1）将工作目录设置至 D:\creo6.2\work\ch11.02。

（2）打开文件 bme_area.prt。

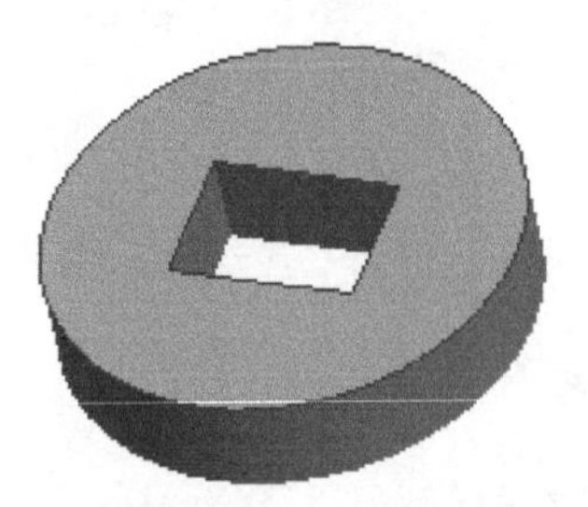

图 11.2.2 零件模型

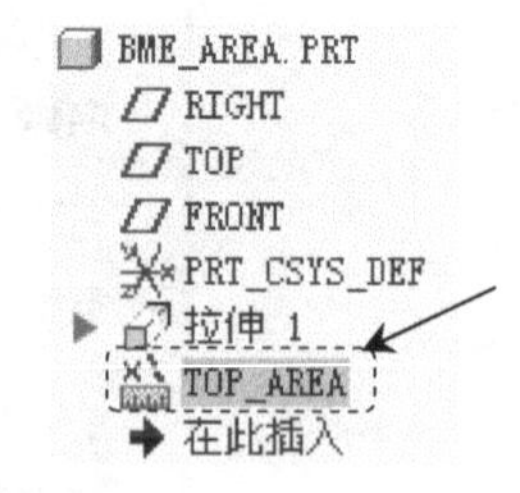

图 11.2.3 模型树

Step2. 在 分析 功能选项卡的 测量 区域中选择 测量 → 面积 命令。

Step3. 系统弹出图 11.2.4 所示的“测量：面积”对话框，在该对话框中进行如下操作。

（1）选择测量对象。选取图 11.2.2 所示的模型表面，测量结果自动显示在结果区域中。

（2）生成特征。在对话框中单击 按钮，在系统弹出的图 11.2.5 所示的“保存”界面中选中 ◉ 生成特征 单选项，在其下的文本框中输入特征名称 TOP_AREA，单击 确定 按钮，再单击“测量：面积”对话框中的 关闭 按钮，完成面积的计算。

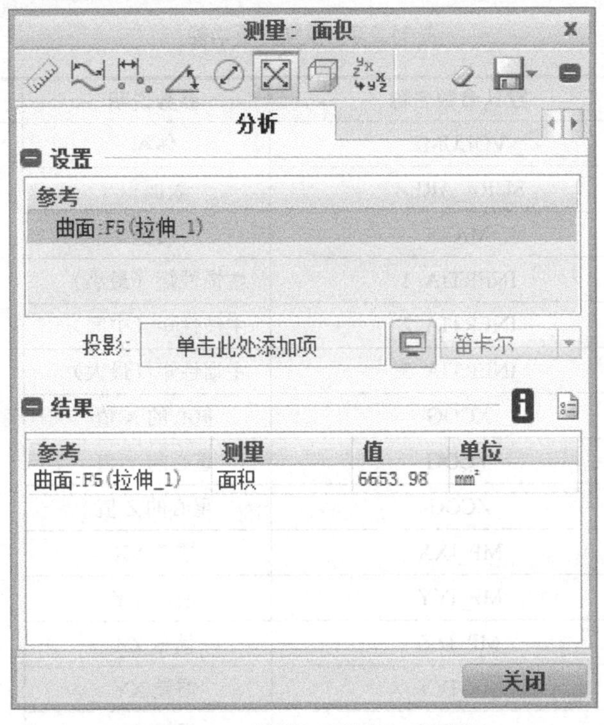

图 11.2.4 “测量：面积”对话框

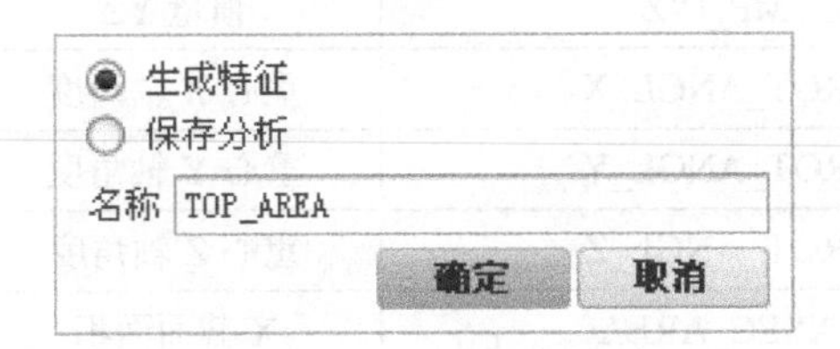

图 11.2.5 “保存“界面

11.2.3 模型分析特征——Model Analysis

模型分析功能可以在模型上进行各种物理量的计算，并且可将计算的结果建立为可用的参数，最后形成分析基准特征，并显示在模型树中。

模型分析功能见表 11.2.2。

下面举例说明模型分析特征的创建过程（图 11.2.6），创建该特征后的模型树如图 11.2.7 所示。

具体操作步骤如下。

Step1. 设置工作目录和打开文件。

（1）将工作目录设置至 D:\creo6.2\work\ch11.02。

（2）打开文件 bme_crank.prt。

表 11.2.2　模型分析功能

测量项目	默认参数名称	参数说明	默认基准名称
Model Mass Properties（模型质量属性）	VOLUME	体积	CSYS_COG_entid PNT_COG_entid
	SURF_AREA	表面积	
	MASS	质量	
	INERTIA_1	主惯性矩（最小）	
	INERTIA_2	主惯性矩（中间）	
	INERTIA_3	主惯性矩（最大）	
	XCOG	重心的 X 值	
	YCOG	重心的 Y 值	
	ZCOG	重心的 Z 值	
	MP_IXX	惯量 XX	
	MP_IYY	惯量 YY	
	MP_IZZ	惯量 ZZ	
	MP_IXY	惯量 XY	
	MP_IXZ	惯量 XZ	
	MP_IYZ	惯量 YZ	
	ROT_ANGL_X	重心 X 轴角度	
	ROT_ANGL_Y	重心 Y 轴角度	
	ROT_ANGL_Z	重心 Z 轴角度	
X——Section Mass Properties	XSEC_AREA	X 截面面积	CSYS_XSEC_COG_entid PNT_XSEC_COG_entid
	XSEC_INERTIA_1	主惯性矩（最小）	
	XSEC_INERTIA_2	主惯性矩（最大）	
	XSEC_XCG	质心的 X 值	
	XSEC_YCG	质心的 Y 值	
	XSEC_IXX	惯量 XX	
	XSEC_IYY	惯量 YY	
	XSEC_IXY	惯量 XY	
One-Sided olume（一侧体积块）	ONE_SIDE_VOL	一侧体积	N/A
Paris Clearance（对间隙）	CLEARANCE	最小间隙	PNT_FROM_entid PNT_TO_entid
	INTERFERENCE_STATUS	干涉状态（0 或 1）	
	INTERFERENCE_VOLUME	干涉体积	

Step2. 设置模型密度。

（1）选择下拉菜单 文件 → 准备(R) → 模型属性(I) 编辑模型属性. 命令。

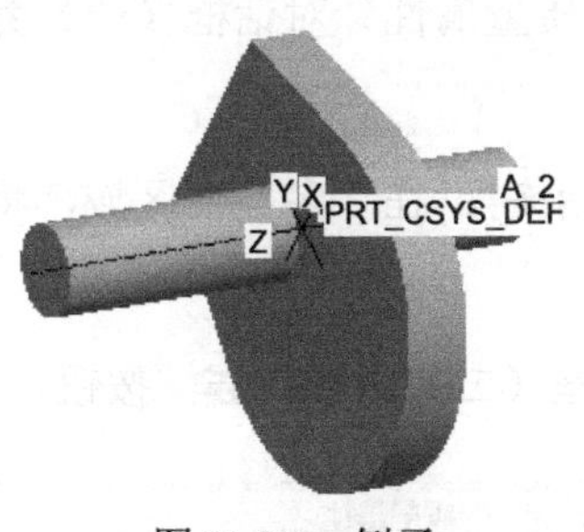

图 11.2.6 例子

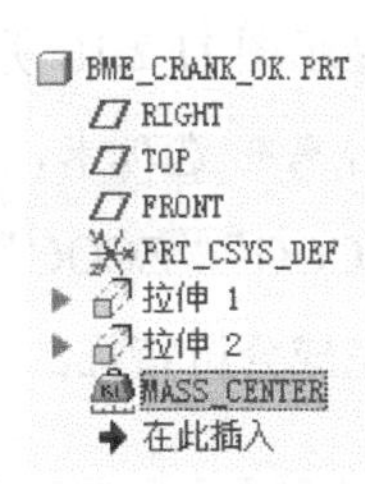

图 11.2.7 模型树

（2）系统弹出图 11.2.8 所示的“模型属性“对话框，在 材料 区域下面的 质量属性 栏中单击 更改 命令，系统弹出“质量属性”对话框，如图 11.2.9 所示。

（3）在对话框 基本属性 区域的 密度 文本框中输入零件的密度值“7.8e-3”，单击 确定 按钮，然后在“模型属性”对话框中单击 关闭 按钮，完成零件密度的定义。

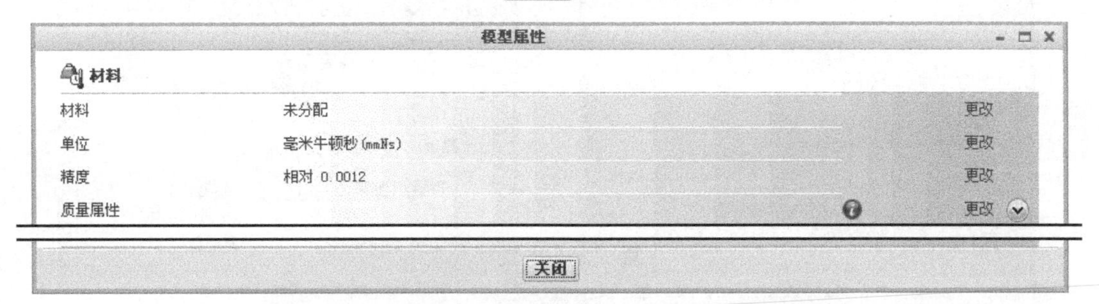

图 11.2.8 “模型属性”对话框

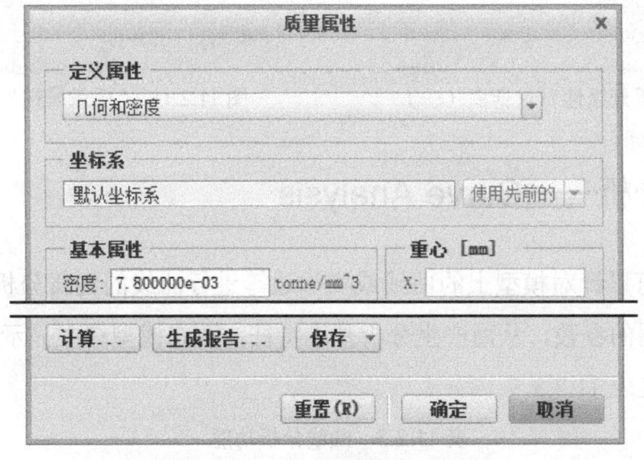

图 11.2.9 “质量属性”对话框

Step3. 单击 分析 功能选项卡 模型报告 区域中的“质量属性”按钮 质量属性。

Step4. 在图 11.2.10 所示的“质量属性”对话框（一）中进行如下操作。

（1）在 分析 选项卡的“创建临时分析”下拉列表中选择 特征 选项。

（2）输入分析特征的名称。在“创建临时分析”下拉列表右面的文本框中输入分析特征的名称 MASS_CENTER，并按 Enter 键。

（3）在模型树中选取 PRT_CSYS_DEF 坐标系，此时在“质量属性”对话框（一）界面的结果区域中显示图 11.2.10 所示的分析结果。

（4）单击 **特征** 选项卡，在 **重新生成** 选项列表中选择“始终”；在“参数”区域，将参数“XCOG”“YCOG”“ZCOG”的创建栏选中（图 11.2.11）。

Step5. 完成分析特征的创建。单击“质量属性”对话框（二）中的 **确定** 按钮。

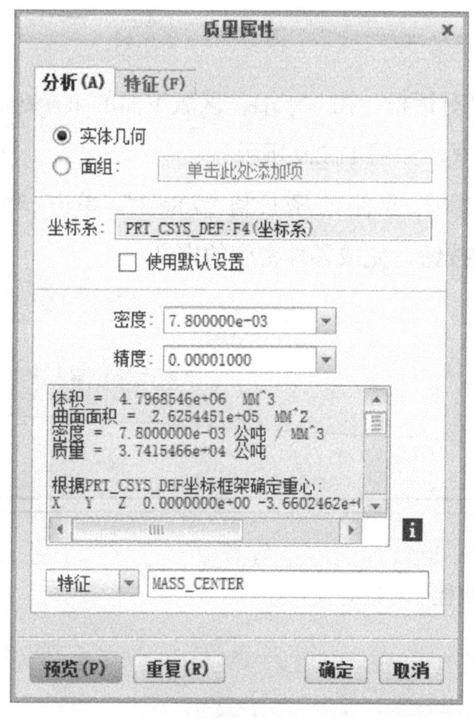

图 11.2.10 “质量属性”对话框（一）

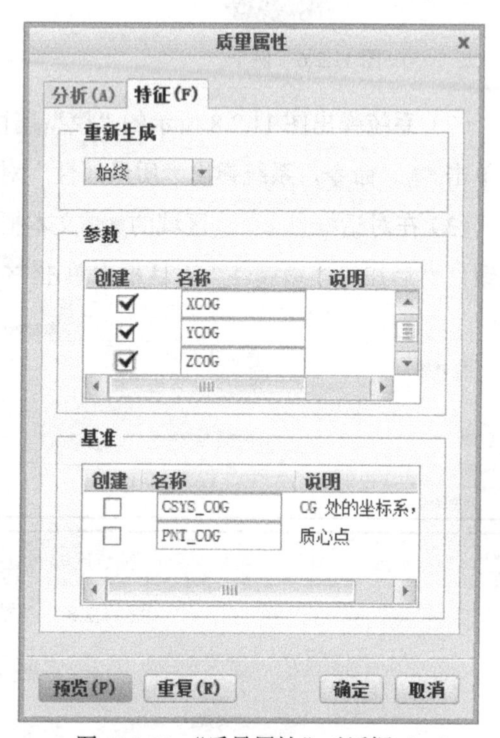

图 11.2.11 “质量属性”对话框（二）

11.2.4 曲线分析——Curve Analysis

曲线分析功能可以针对模型上的曲线或实体边等进行曲线的性质分析，并且可以将此分析结果建立为可用的参数，从而产生分析基准特征，并在模型树中显示出来。

曲线分析功能见表 11.2.3。

表 11.2.3 曲线分析功能

测量项目	默认参数名称	参数说明	默认基准名称
Curvature（曲率）	CURVATURE	曲率	PNT_MAX_CURV_entid PNT_MIN_CURV_entid
	MAX_CURV	最大曲率	
	MIN_CURV	最小曲率	
Radius（半径）	MAX_RADIUS	最大曲率半径	PNT_MAX_RADIUS_entid PNT_MIN_RADIUS_entid
	MIN_RADIUS	最小曲率半径	

（续）

测量项目	默认参数名称	参数说明	默认基准名称
Deviation（偏差）	MAX_DEVIATION	最大偏差	N/A
	MIN_DEVIATION	最小偏差	
Dihedral Angle（二面角）	MAX_DIHEDRAL	最大二面角	PNT_MAX_DIHEDRAL_entid
	MIN_DIHEDRAL	最小二面角	PNT_MIN_DIHEDRAL_entid
Info at Point（点信息）	CURVATURE	某点曲率	PNT_CLOSE_entid
	LENGTH_RATIO	某点的长度比例	

下面举例说明曲线分析特征的创建过程，模型范例及创建该特征后的模型树如图 11.2.12 所示。

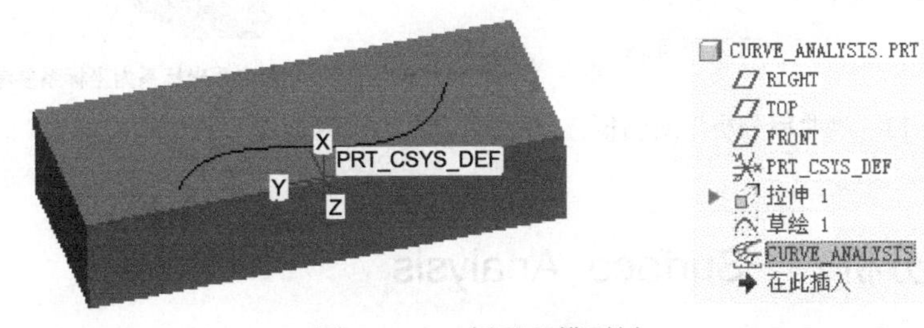

图 11.2.12 例子和模型树

Step1. 设置工作目录和打开文件。

（1）将工作目录设置至 D:\creo6.2\work\ch11.02。

（2）打开文件 curve_analysis.prt。

Step2. 单击 分析 功能选项卡 检查几何 ▾ 区域中的“曲率”按钮 曲率 ▾。

Step3. 在图 11.2.13 所示的“曲率分析”对话框中进行如下操作。

（1）在“曲率分析”对话框左下角的“创建临时分析”下拉列表中选择 特征 选项。

（2）输入分析特征的名称。在“创建临时分析”下拉列表右面的文本框中输入分析特征的名称 CURVE_ANALYSIS，并按 Enter 键。

（3）定义分析特征。选取图 11.2.14 所示的模型中要分析的曲线为几何参考，选取图 11.2.14 中的坐标系 PRT_CSYS_DEF 为坐标系参考。此时系统自动把测量结果显示在结果区域。

Step4. 完成分析特征的创建。单击“曲率分析”对话框中的 确定 按钮。

曲率分析

几何: 曲线:F6(草绘_1)

坐标系: PRT_CSYS_DEF:F4(坐标系)

出图: 曲率

样本: 质量

质量: 20.00

比例: 2.00

样式:

☑ 更新

最小曲率: 0.0002
最大曲率: 0.0208

特征 CURVE_ANALYSIS

重复(R) 确定 取消

图 11.2.13 “曲率分析”对话框

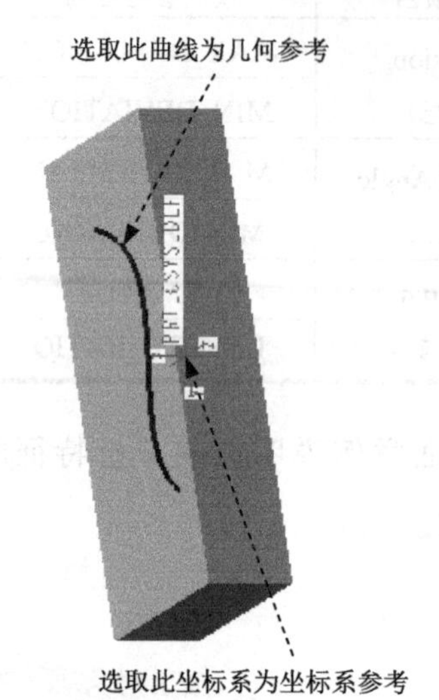

图 11.2.14 选取坐标系

11.2.5 曲面分析——Surface Analysis

曲面分析功能是针对模型上的曲面或实体面进行曲面性质的分析，并且可将此测量结果建立为可用的参数，从而产生分析基准特征，并在模型树中显示出来。

曲面分析功能见表 11.2.4。

下面举例说明曲面分析特征的创建过程（图 11.2.15），创建该特征后的模型树如图 11.2.16 所示。

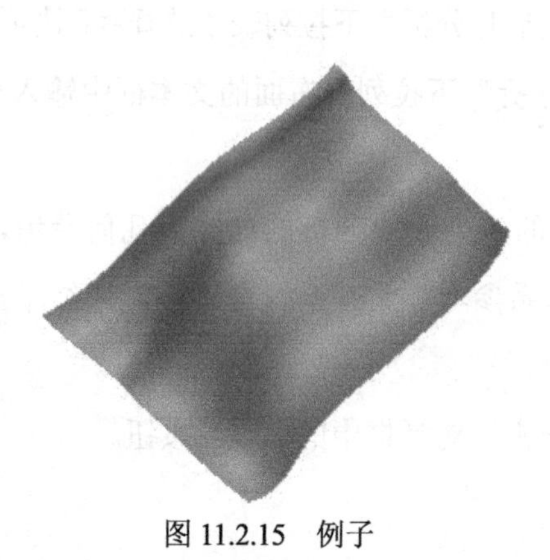

图 11.2.15 例子

SURFACE_ANALYSIS.PRT
RIGHT
TOP
FRONT
PRT_CSYS_DEF
DTM1
DTM2
DTM3
DTM4
草绘 1
草绘 2
草绘 3
PNT0
草绘 4
PNT1
PNT2
草绘 5
边界混合 1
SURFACE_ANALYSIS
在此插入

图 11.2.16 模型树

表 11.2.4 曲面分析功能

测量项目	默认参数名称	参数说明	默认基准名称
Gauss Curvature（高斯曲率）	MAX_GAUSS_CURV	最大高斯曲率	PNT_MAX_GAUSS_CURV_entid PNT_MIN_GAUSS_CURV_entid
	MIN_GAUSS_CURV	最小高斯曲率	
Section Curvature（截面曲率）	MAX_SEC_CURV	最大截面曲率	PNT_MAX_SEC_CURV_entid PNT_MIN_SEC_CURV_entid
	MIN_SEC_CURV	最小截面曲率	
Slope（斜率）	MAX_SLOPE	最大斜率	PNT_MAX_SLOPE_entid PNT_MIN_SLOPE_entid
	MIN_SLOPE	最小斜率	
Deviation（偏差）	MAX_DEVIATION	最大偏差	N/A
	MIN_DEVIATION	最小偏差	
Info at Point（点信息）	MAX_CURV	某点最大曲率	CSYS_MIN_RADIUS_entid PNT_CLOSE_entid
	MIN_CURV	某点最小曲率	
Radius（半径）	MIN_RADIUS_OUT	最小外侧半径	PNT_MIN_RADIUS_OUT_entid PNT_MIN_RADIUS_IN_entid
	MIN_RADIUS_IN	最小内侧半径	

具体操作步骤如下。

Step1. 设置工作目录和打开文件。

（1）将工作目录设置至 D:\creo6.2\work\ch11.02。

（2）打开文件 surface_analysis.prt。

Step2. 在 分析 功能选项卡的 检查几何 ▾ 区域中选择 曲率 ▾ → 着色曲率 命令。

Step3. 在图 11.2.17 所示的“着色曲率”对话框（一）中进行下列操作。

（1）在 分析 选项卡的“创建临时分析”下拉列表中选择 特征 选项，在其右面的文本框中输入分析特征的名称 SURFACE_ANALYSIS，并按 Enter 键。

（2）选取图 11.2.18 所示的要分析的曲面。此时曲面上呈现出一个彩色分布图（图 11.2.18），同时系统弹出“颜色比例”对话框（图 11.2.19）。彩色分布图中的不同颜色代表不同的曲率大小，颜色与曲率大小的对应关系可以从“颜色比例”对话框中查阅，并且可以在 分析 选项卡的结果区域中查看分析结果。

（3）在 特征 选项卡的 重新生成 下拉列表中选择“始终”。在“参数”区域中将 MAX_GAUSS_CURV、MIN_GAUSS_CURV 参数的创建栏选中，参见图 11.2.20。

Step4. 完成分析特征的创建。单击“着色曲率”对话框（二）中的 确定 按钮。

图 11.2.17 “着色曲率”对话框(一)

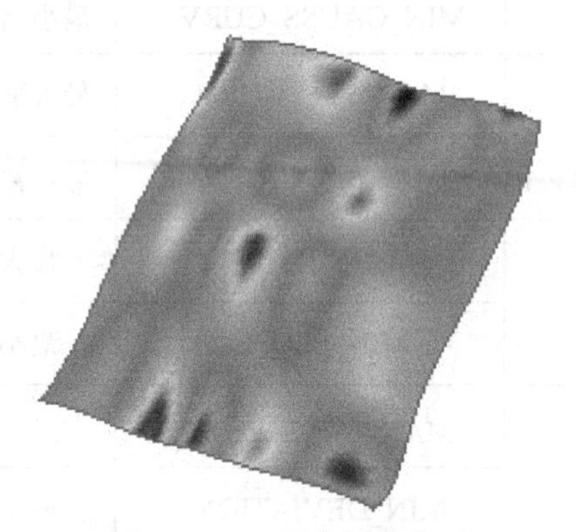

图 11.2.18 要分析的曲面

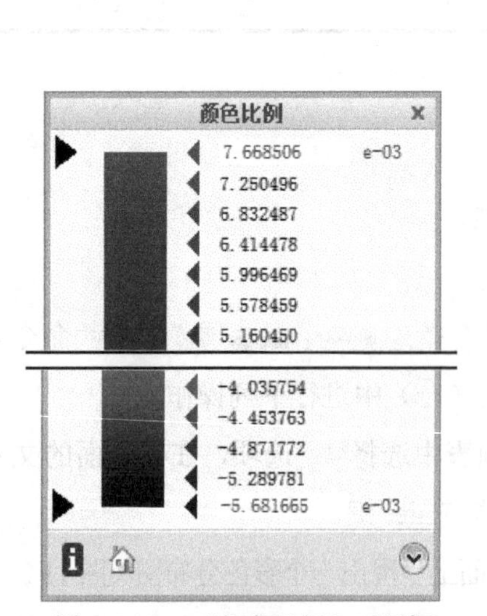

图 11.2.19 “颜色比例”对话框

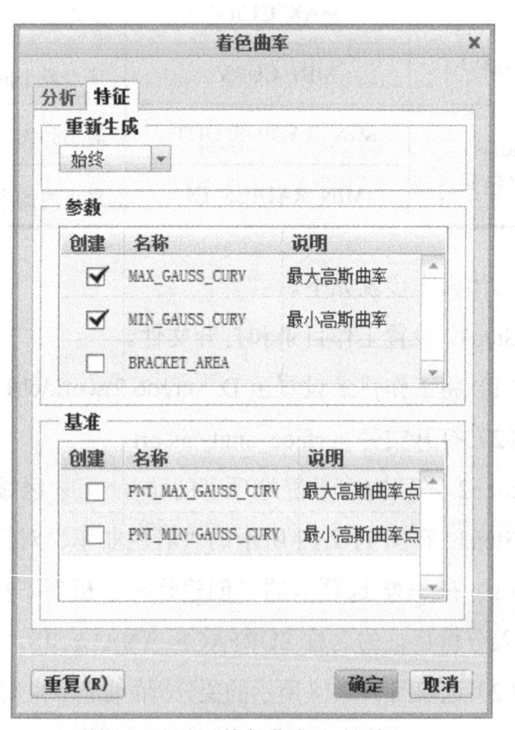

图 11.2.20 “着色曲率”对话框(二)

11.2.6 关系——Relation

在行为建模器中,“关系”功能可以定义并约束某些特定的关联性,使模型保持一致性。

图 11.2.21 所示的容器模型内部容积的计算原则是：内部容积等于薄壳产生前的实体体积减去薄壳产生后的实体体积。所以，必须在抽壳特征产生前、后分别测量实体体积，然后再相减。

关系式的书写形式如下面所示，等号左方可以自定义为易理解的名词（如 inner_volume）。在抽壳特征产生前的实体体积，其特征名称为 volume1，参数为 one_side_vol；在抽壳特征建立后的实体体积，其特征名称为 volume2，参数为 one_side_vol。

{关系特征名称} =
{参数名称}：fid_{特征名称} — {参数名称}：fid_{特征名称}

（抽壳前的实体体积）　　　　（抽壳后的实体体积）

inner_volume =one_sided_volume：fid_volume1-one_sided_volume：fid_volume2

完成上述内部容积估算过程后，模型树如图 11.2.22 所示，在模型树中显示了 VOLUME1、VOLUME2 和 INNER_VOLUME 三个分析特征。

其中，VOLUME1 与 VOLUME2 都使用分析功能中的模型分析，而 INNER_VOLUME 则是分析特征中的“关系”。通过右击“关系”特征，从快捷菜单中选择 信息 ▸ → 特征 命令，可检查内部容积的大小。

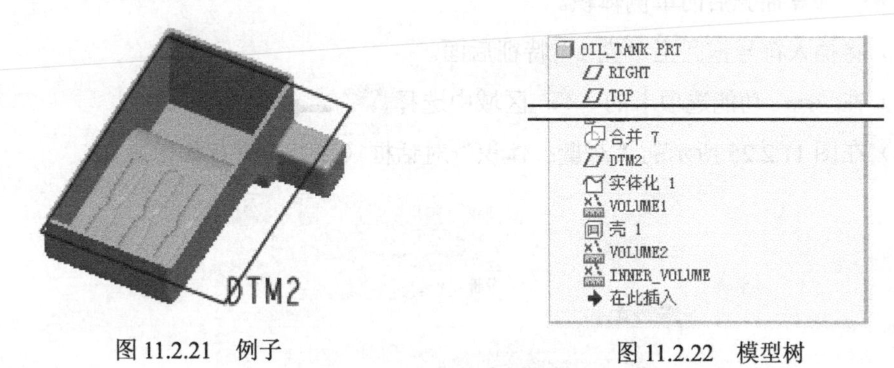

图 11.2.21　例子　　　　图 11.2.22　模型树

下面详细说明“关系”的创建过程，具体操作步骤如下。

Step1. 设置工作目录和打开文件。

（1）将工作目录设置至 D:\creo6.2\work\ch11.02。

（2）打开文件 oil_tank.prt。

Step2. 计算抽壳前的单侧体积。

（1）将插入符号拖至“壳 1”特征前面。

（2）在 分析 功能选项卡的 测量 区域中选择 测量 → 体积 命令。

（3）在图 11.2.23 所示的“测量：体积”对话框（一）中进行如下操作。

① 定义分析特征。选取模型树中的基准平面 DTM2。设置图 11.2.24 所示的方向为正方

向（可单击方向箭头进行切换），此时系统在图 11.2.23 所示的结果区域显示分析结果。

② 在对话框中单击按钮，在系统弹出的界面中选中 ◉ 生成特征 单选项，在其下的文本框中输入特征名称 VOLUME1，单击 确定 按钮，再单击“测量：体积”对话框（一）中的 关闭 按钮，完成单侧体积的计算。

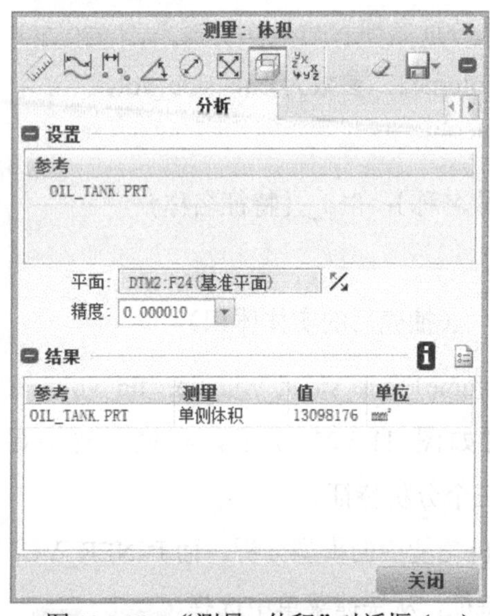

图 11.2.23 “测量：体积”对话框（一）

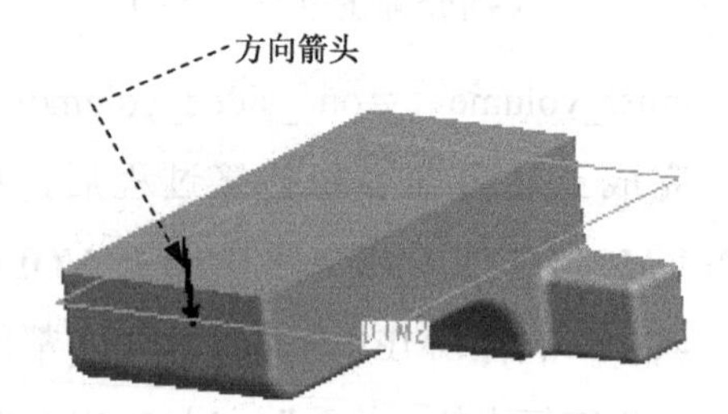

图 11.2.24 定义方向

Step3. 计算抽壳后的单侧体积。

（1）将插入符号拖回至“壳 1”特征后面。

（2）在 分析 功能选项卡的 测量 区域中选择 测量 → 体积 命令。

（3）在图 11.2.25 所示的“测量：体积”对话框（二）中进行如下操作。

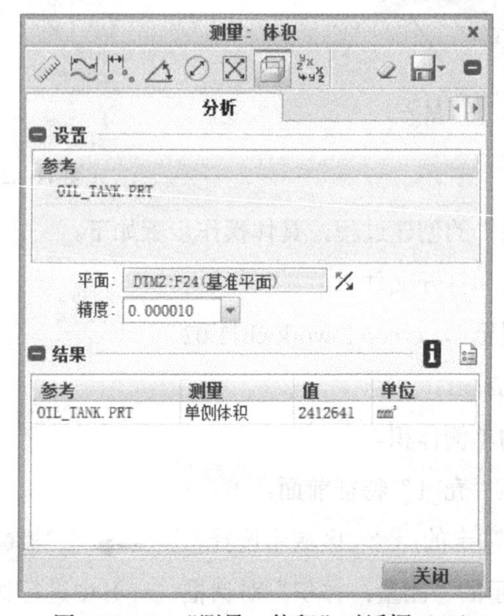

图 11.2.25 “测量：体积”对话框（二）

① 定义分析特征。选取模型树中的基准平面 DTM2。设置图 11.2.26 所示的方向为正方向，此时系统在图 11.2.26 所示的结果区域显示分析结果。

② 在对话框中单击按钮，在系统弹出的界面中选中 ◉ 生成特征 单选项，在其下的文本框中输入特征名称 VOLUME2，单击 确定 按钮，再单击“测量：体积”对话框（二）中的 关闭 按钮，完成抽壳后单侧体积的计算。

Step4. 用关系分析特征计算内部单侧体积。

（1）单击 分析 功能选项卡 管理 ▾ 区域中的“分析”按钮 分析。

（2）在图 11.2.27 所示的“分析”对话框中进行如下操作。

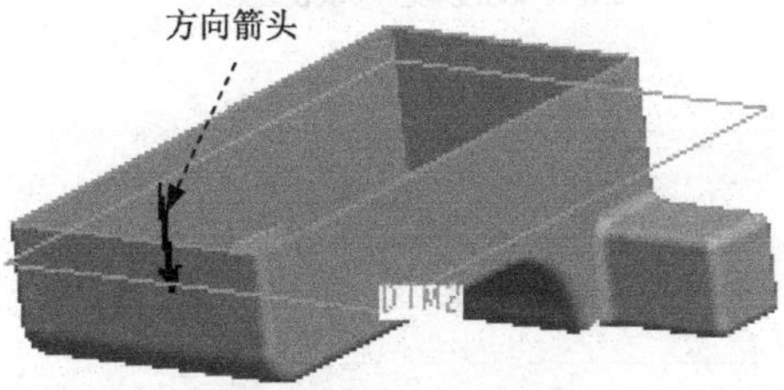

图 11.2.26 定义方向

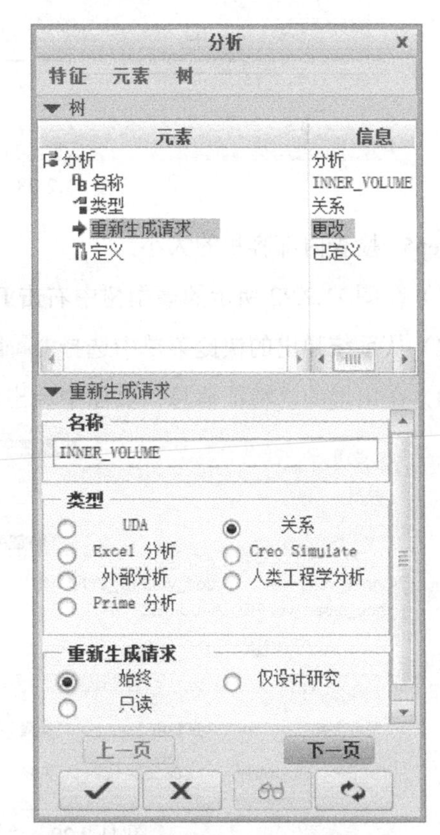

图 11.2.27 “分析”对话框

① 输入分析特征的名称。在 名称 下面的文本框中输入分析特征 INNER_VOLUME，并按 Enter 键。

② 选择分析特征类型。在 类型 区域选中 ◉ 关系 单选项。

③ 选择再生请求类型。在 重新生成请求 区域选中 ◉ 始终 单选项。

④ 单击 下一页 按钮。

（3）在图 11.2.28 所示的“关系”对话框中进行如下操作。

① 输入关系表达式。在“关系”对话框的编辑区输入关系表达式: inner_volume=

one_sided_volume:fid_volume1-one_sided_volume:fid_volume2，参见图 11.2.28。

② 单击对话框中的 确定 按钮。

（4）在系统返回的“分析”对话框中单击 ✔ 按钮。

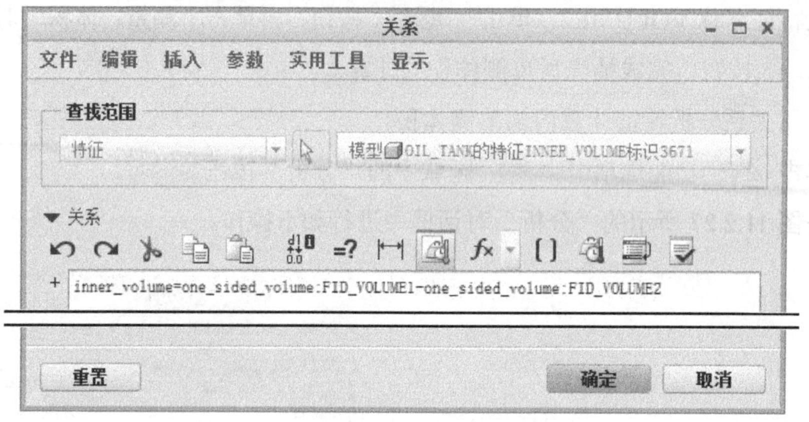

图 11.2.28 “关系”对话框

Step5. 检查内部容积的大小。

（1）在图 11.2.22 所示的模型树中右击 INNER_VOLUME。

（2）从系统弹出的快捷菜单中选择 信息 → 特征信息 命令。

（3）在出现的“特征信息”页面中会出现图 11.2.29 所示的特征信息。

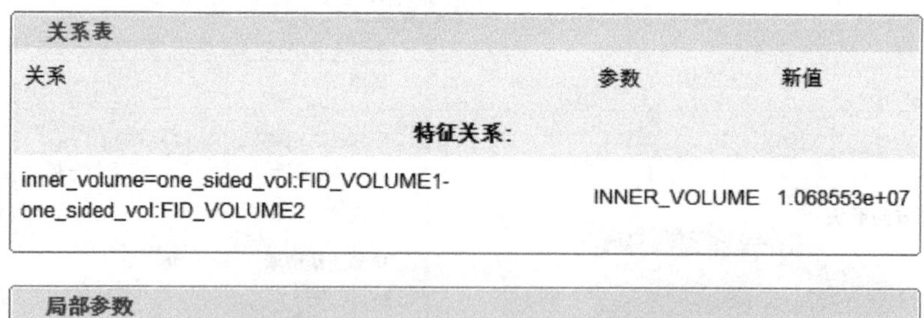

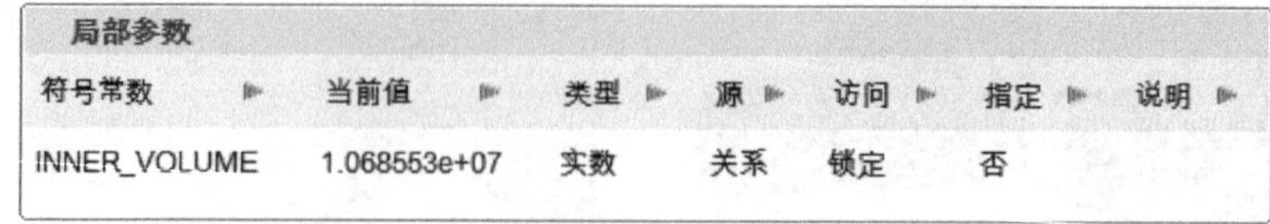

图 11.2.29 “特征信息”页面

11.2.7 电子表格分析——Excel Analysis

Microsoft（微软）公司发行的 Excel 电子表格软件，可以通过变量的设定，处理复杂的公式运算。

电子表格分析功能是利用 Excel 强大的功能来处理较复杂的公式运算，并将结果转为可用的参数，从而产生分析基准特征，并在模型树中显示出来。

下面举例说明 Excel 分析特征的应用。图 11.2.30 所示模型是一个平键，在某个特殊的

行业，该平键的宽度 W（即尺寸 8.0）由表 11.2.5 所示的计算公式所决定。

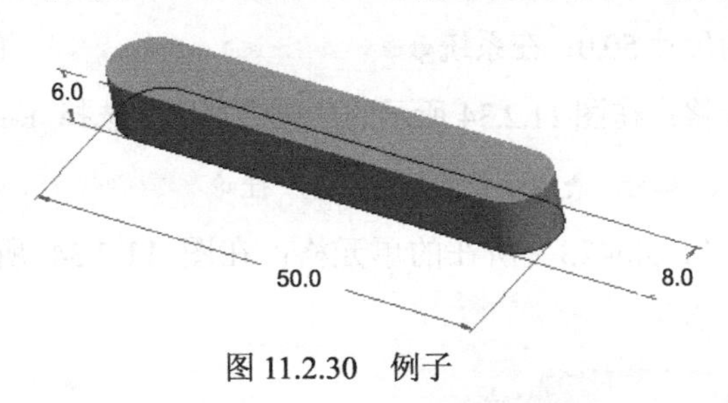

图 11.2.30 例子

表 11.2.5 平键的计算公式

设计变量	值
材料	42Cr
工作载荷 F/N	20000
材料的屈服强度 Q/MPa	700
键的长度 L/mm	50
安全系数 n	2.0
键的宽度 W/mm	13.5
键的宽度计算公式：W＝SQRT（2.3*F*n/Q）+L/25	

操作步骤如下。

Step1. 设置工作目录和打开文件。

（1）将工作目录设置至 D:\creo6.2\work\ch11.02。

（2）打开文件 key_excel.prt。

Step2. 创建 Excel 分析特征。

（1）单击 分析 功能选项卡 管理 ▾ 区域中的“分析”按钮 分析。

（2）在图 11.2.31 所示的“分析”对话框中进行如下操作。

① 输入分析特征的名称。在 名称 下面的文本框中输入分析特征的名称 EXCEL_ANALYSIS，并按 Enter 键。

② 选择分析特征类型。在 类型 区域选中 ◉ Excel 分析 单选项。

③ 选择再生请求类型。在 重新生成请求 区域选中 ◉ 始终 单选项。

④ 单击 下一页 按钮。

（3）在图 11.2.32 所示的“Excel 分析”对话框中进行如下操作。

① 载入 Excel 文件。单击 加载文件... 按钮，打开文件 book1.xls。

说明：如果出现不能打开 book1.xls 的情况，请把 book1.xls 放置在“我的文档”下，或在图 11.2.32 所示的“Excel 分析”对话框中单击 新文件 按钮后，参考表 11.2.5“平键的计算公式”，在“我的文档”下重建一个 book.xls 文档。

② 创建输入设置。单击 添加尺寸 按钮，在系统◆选择特征或尺寸.的提示下，单击拉伸特征，并单击模型中的尺寸 50.0；在系统◆选择当前Excel工作簿中一个单元格 的提示下，单击图 11.2.33 中的“50”所在的单元格；在图 11.2.34 所示的菜单管理器中选择 Done Sel (完成选择) 命令。

③ 创建输出设置。单击 输出单元格 按钮，在◆选择当前Excel工作簿中单元格的范围 的提示下，单击图 11.2.33 中的“13.46423”所在的单元格；在图 11.2.34 所示的菜单管理器中选择 Done Sel (完成选择) 命令。

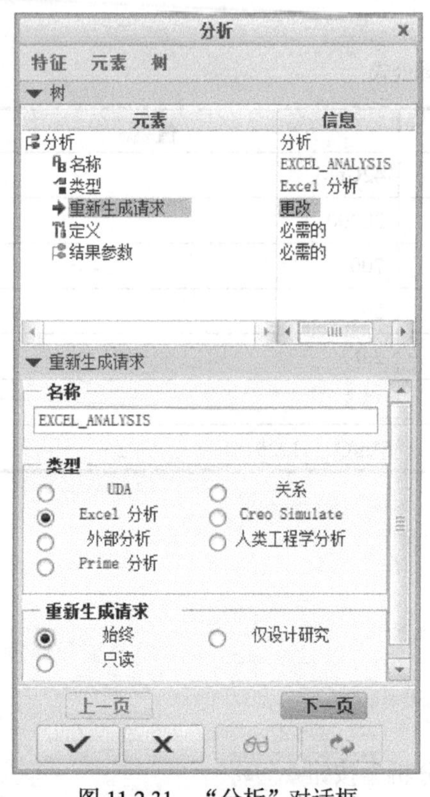

图 11.2.31 “分析”对话框

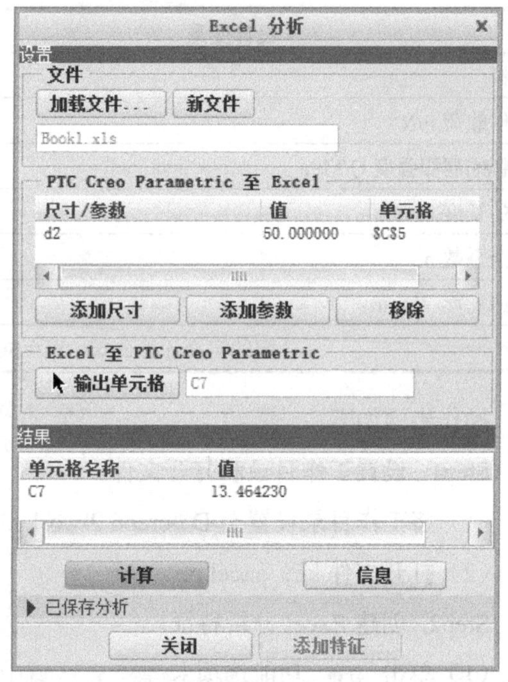

图 11.2.32 “Excel 分析”对话框

图 11.2.33 Excel 文件

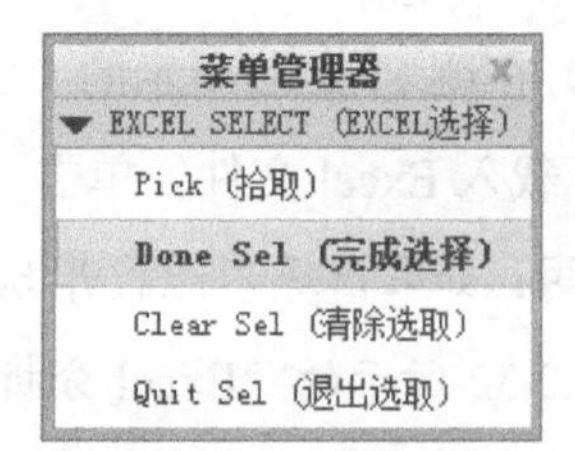

图 11.2.34 菜单管理器

④ 单击 计算 按钮。

⑤ 单击 关闭 按钮。

（4）在图 11.2.35 所示的“分析”对话框中进行如下操作。

① 创建结果参数。在 参数名 区域将参数名改为 width，并按 Enter 键，在 创建 区域选中 ◉ 是 单选项。

② 完成分析特征的创建。单击“分析”对话框中的 ✓ 按钮。

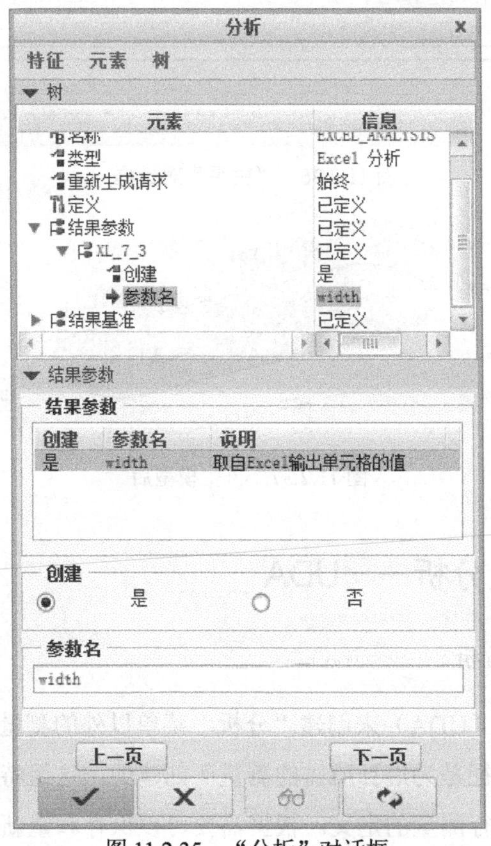

图 11.2.35 “分析”对话框

Step3. 创建关系。

（1）将插入符号拖至拉伸特征 1 前面。

（2）在功能选项卡区域的 工具 选项卡中单击 d= 关系 按钮。

（3）在图 11.2.36 所示的“关系”对话框中进行如下操作。

① 在关系编辑区中输入关系式 d1=width:fid_excel_analysis。

② 单击“关系”对话框中的 确定 按钮。

Step4. 验证。

（1）将插入符号拖至最后。

（2）单击“重新生成”按钮，可以看到模型变为图 11.2.37 所示的形状。与图 11.2.30

相对照，宽度尺寸（8.0）已经按照给出的公式进行了变化（13.5）。

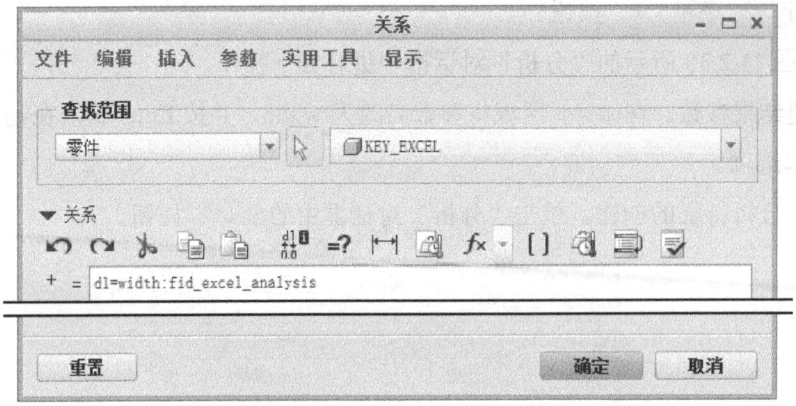

图 11.2.36 “关系”对话框

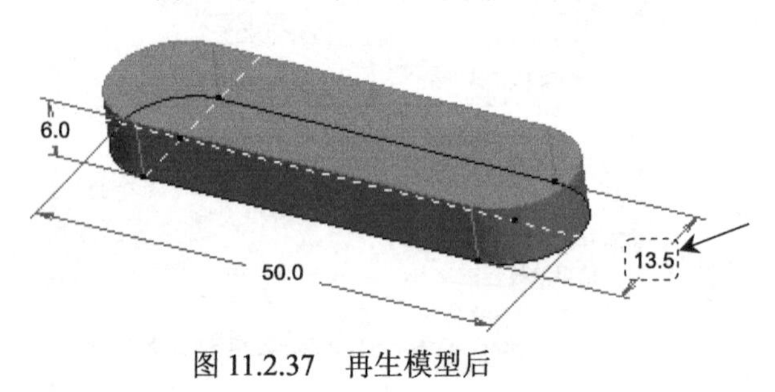

图 11.2.37 再生模型后

11.2.8 用户定义分析——UDA

1. 关于用户定义分析

使用用户定义分析（UDA）来创建“分析”菜单以外的测量和分析。用户定义分析由一组特征构成，该组特征是为进行所需的测量而创建的。这组特征称为“构造”组，可以把“构造”组认为是进行测量的定义。根据需要可以保存和重新使用该定义。要定义一个“构造”组，就应创建一个以分析特征为最后特征的局部组。

如果“构造”组将一个域点作为它的第一个特征，那么在域内的任何选定点处或域点的整个域内都能执行分析。当分析在整个域内执行时，UDA 所起的作用相当于曲线或曲面分析。因此，系统在域内的每一个点都临时形成构建，然后显示与标准曲线和曲面分析结果相同的结果。如果 UDA 不基于域点，则它表示一个可用作任何其他标准测量的简单测量。

执行用户定义分析包括两个主要过程。

- 创建“构造”组 ：创建将用于所需测量的所有必要特征，然后使用“局部组”命令将这些特征分组。创建“构造”组所选定的最后一项必须是“分析”特征。
- 应用“构造”组创建 UDA ：单击 模型 功能选项卡 获取数据 ▾ 区域中的“用户定义特征”按钮 用户定义特征，并使用“用户定义分析”对话框来执行分析。

2．使用 UDA 功能的规则和建议

使用 UDA 创建定制测量来研究模型的特征。用这些测量可以查找满足用户定义约束的建模解决方案。

注意下列规则和建议。

- 创建几何的目的仅在于定义 UDA “构造”组（域点、基准平面等）。不要将这些特征用于常规建模活动。
- 在创建了“构造”组之后，必须隐含它，以确保其特征不用于建模的目的。在隐含时，“构造”组仍然可以用于 UDA 的目的。
- 为了避免构造组特征用于建模，一些特征可能需要创建两次：一次用于建模的目的，而另一次用于 UDA 的目的。

域点（Field Point)：域点属基准点的一种，是专门用来协助 UDA 分析的。域点的特征如下。

- 为基准点的一种。
- 可位于曲线、边、曲面等参考几何上，仅能在这些参考几何上自由移动。
- 没有尺寸的限制。
- 在参考几何上的每一次移动间距相当小，可视为连续且遍布整个参考几何，协助寻找出某性质的最大/最小值位置。

下面举例说明 UDA 分析特征的应用范例（图 11.2.38)。

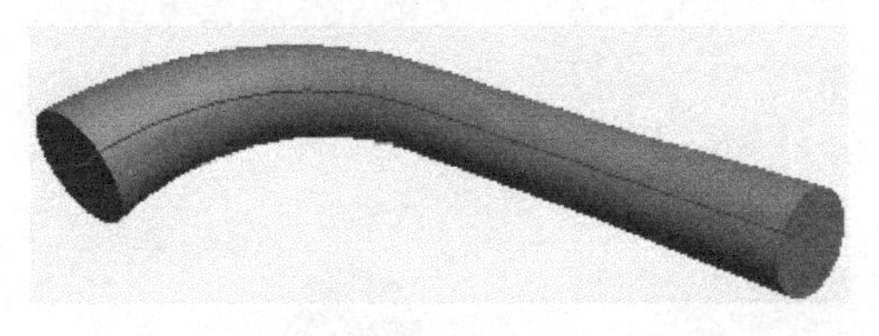

图 11.2.38 例子

Step1. 设置工作目录和打开文件。

（1）将工作目录设置至 D:\creo6.2\work\ch11.02。

（2）打开文件 pipe_udf.prt。

Step2. 在轨迹曲线上创建一个域点。

（1）在 模型 功能选项卡的 基准 ▾ 区域中选择 点 ▾ → 域 命令。

（2）如图 11.2.39 所示，单击选取轨迹曲线，系统立即在单击处的轨迹曲线上产生一个基准点 FPNT0，这就是域点，此时“基准点”对话框如图 11.2.40 所示。

（3）在“基准点”对话框中单击 确定 按钮。

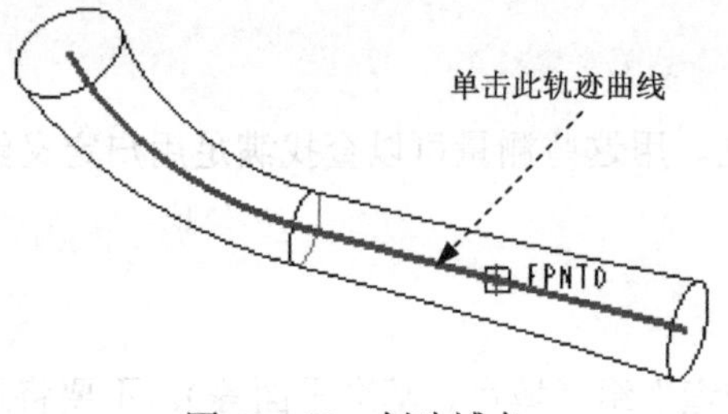

图 11.2.39　创建域点

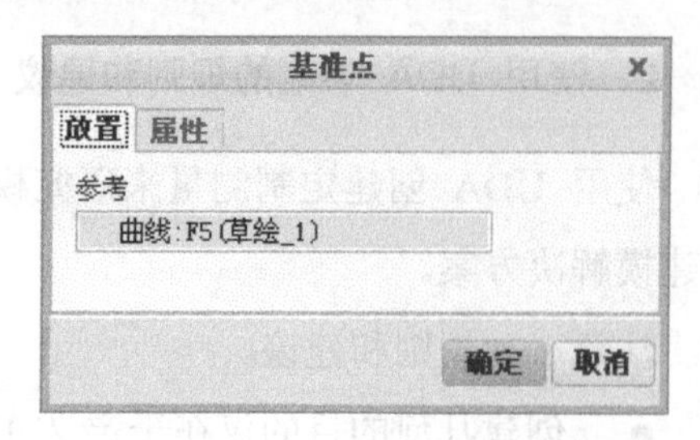

图 11.2.40　“基准点”对话框

Step3. 创建一个通过域点的基准平面，如图 11.2.41 所示。

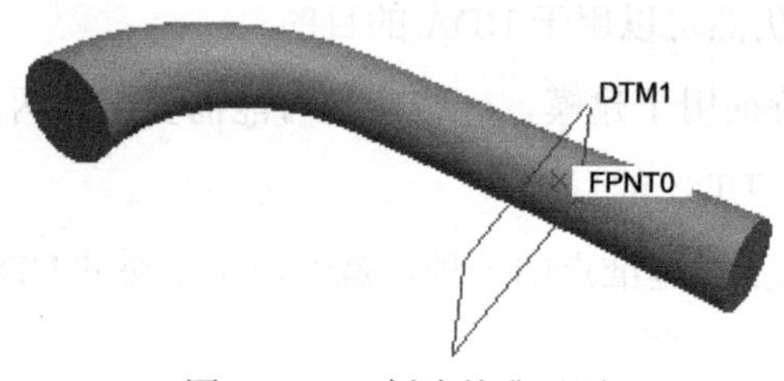

图 11.2.41　创建基准平面

（1）单击 模型 功能选项卡 基准 ▾ 区域中的“平面”按钮，此时系统弹出图 11.2.42 所示的“基准平面”对话框。

（2）选取约束。

① 穿过域点。单击图 11.2.43 所示的域点。

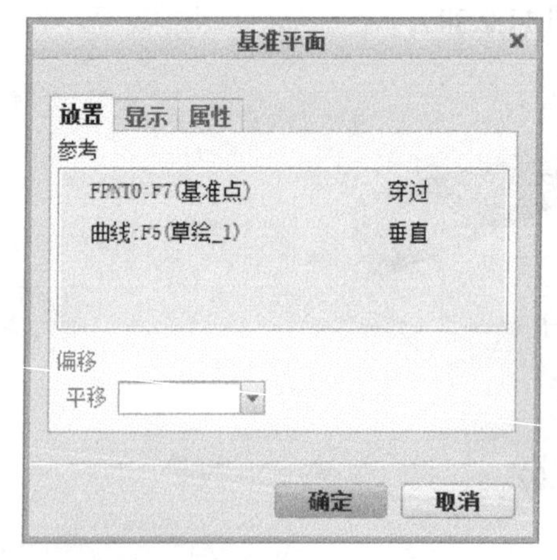

图 11.2.42　“基准平面”对话框

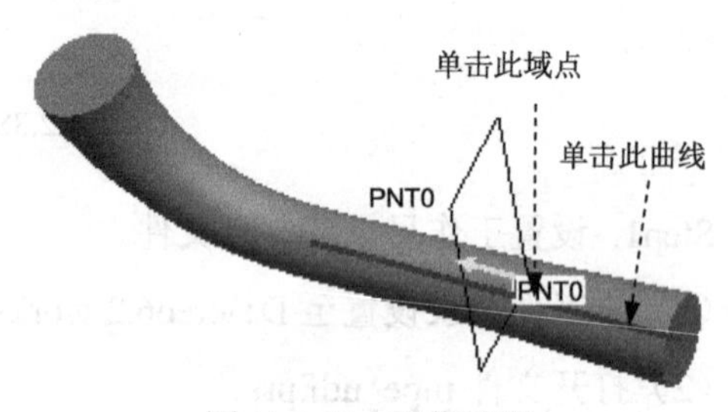

图 11.2.43　操作过程

② 垂直于曲线。按住 Ctrl 键，选取图 11.2.43 所示的曲线；设置为“垂直”，如图 11.2.42 所示。

③ 完成基准面的创建。单击 确定 按钮。

Step4. 创建一个分析特征来测量管道的横截面。

（1）在 分析 功能选项卡的 模型报告 区域中选择 质量属性 ▾ → 横截面质量属性 命令。

（2）在图 11.2.44 所示的“横截面属性”对话框中进行如下操作。

① 输入分析特征的名称。在 分析 选项卡的“创建临时分析”下拉列表中选择特征选项，在其右面的文本框中输入分析特征的名称“PIPE_AREA”，并按 Enter 键。

② 定义分析特征。选取图中的基准平面 DTM1，此时系统在图 11.2.44 所示的结果区域显示分析结果。

③ 单击 特征 选项卡，在 重新生成 选项列表中选择“始终”；在“参数”区域中将参数 XSEC_AREA 的创建栏选中，在 基准 区域中将参数 CSYS_XSEC_COG 的创建栏选中，参见图 11.2.45。

（3）完成分析特征的创建。单击“横截面属性”对话框中的 确定 按钮。

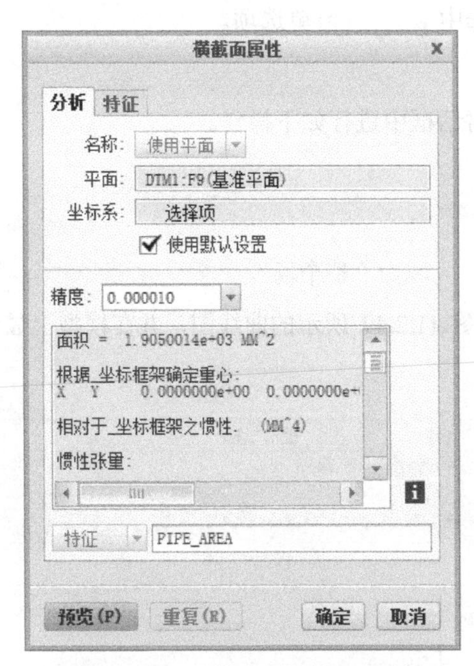

图 11.2.44　“横截面属性”对话框

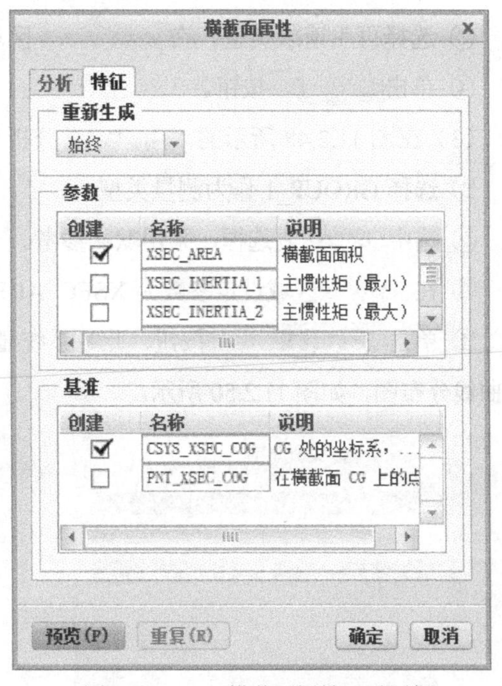

图 11.2.45　“横截面属性”对话框

Step5. 通过归组所有需要的特征和参数来创建 UDA 构造组。

（1）在图 11.2.46 所示的模型树中，按住 Ctrl 键，选择图中的三个特征。

（2）单击鼠标右键，在系统弹出的快捷菜单中选择“分组”命令，此时模型树中会生成一个局部组，如图 11.2.47 所示。

（3）在模型树中右击 组LOCAL_GROUP，从系统弹出的快捷菜单中选择“重命名”命令，并将组的名称改为“group_1”。

Step6. 用已经定义过的“构造”组创建用户定义分析。

（1）单击 分析 功能选项卡 管理 ▾ 区域中的“分析”按钮 分析。

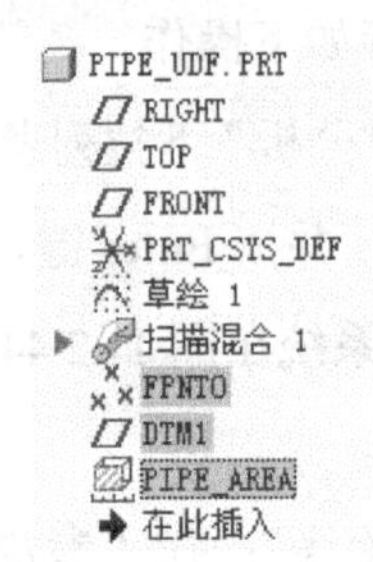

图 11.2.46 模型树（一）

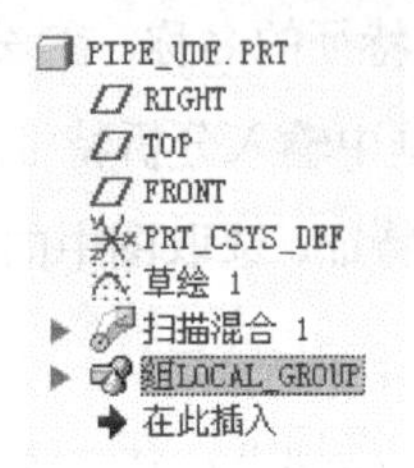

图 11.2.47 模型树（二）

（2）在“分析”对话框中进行如下操作。

① 输入分析特征的名称。在 名称 区域输入分析特征的名称 UDF_AREA，按 Enter 键。

② 选择分析特征类型。在 类型 区域选中 UDA 单选项。

③ 选择再生请求类型。在 重新生成请求 区域选中 始终 单选项。

④ 单击 下一页 按钮。

（3）在图 11.2.48 所示的“用户定义分析”对话框中进行如下操作。

① 选择 GROUP_1 作为测量类型。

② 选中 默认 复选框，采用默认参考。

③ 在 计算设置 区域设定参数为 XSEC_AREA，区域为“整个场”。

④ 单击 计算 按钮，此时系统显示图 11.2.49 所示的曲线图，并在模型上显示出曲线分布图，如图 11.2.50 所示。

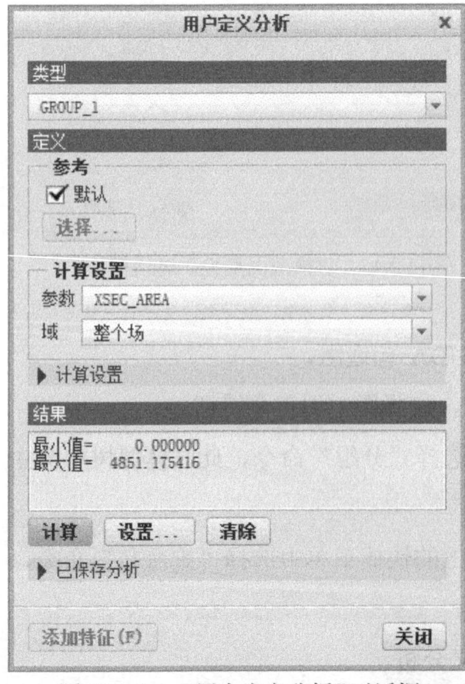

图 11.2.48 “用户定义分析”对话框

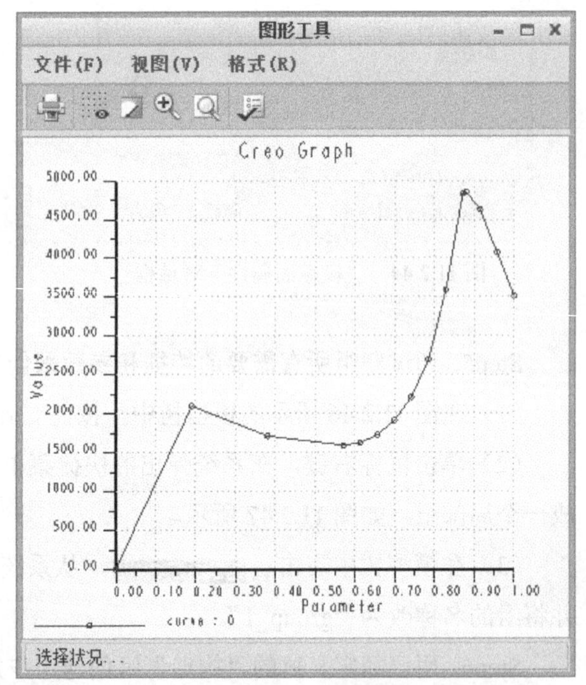

图 11.2.49 曲线图

⑤ 单击 关闭 按钮。

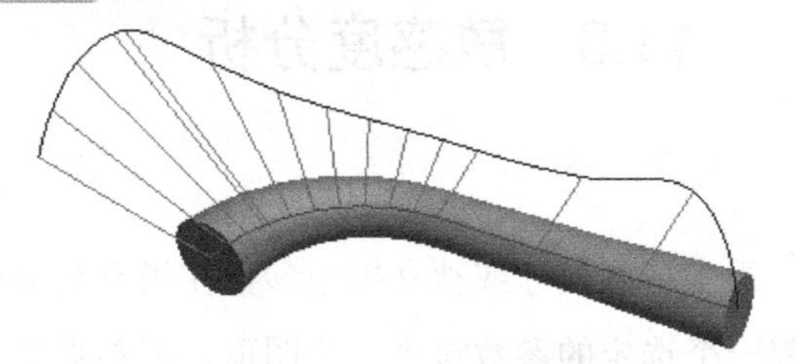

图 11.2.50 曲线分布图

（4）在图 11.2.51 所示的“分析”对话框（一）中进行如下操作。

① 在结果参数下选择参数 UDM_min_val ，并选中 是单选项来创建这个参数，用同样的方法创建参数 UDM_max_val。

② 选择 下一页 按钮，转到下一页来创建基准参数。

（5）在图 11.2.52 所示的“分析”对话框（二）中进行如下操作。

① 在结果基准下选择 GraphEntity_117 基准名，然后选中 是单选项，创建此基准参数，用同样的方法创建基准参数 UDA_max_pnt_117 及 UDA_min_pnt_117。

② 单击“分析”对话框（二）中的 ✓ 按钮。

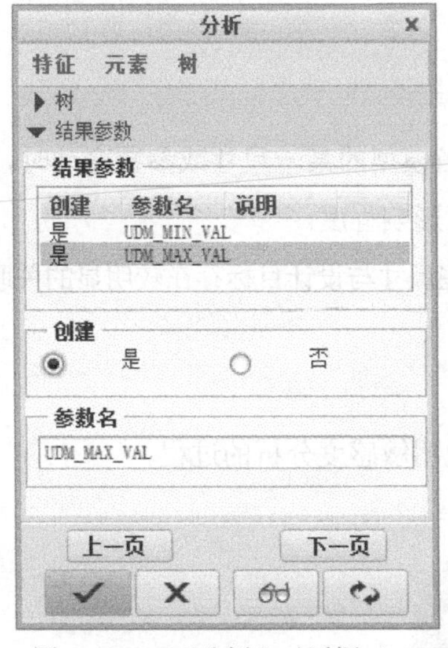

图 11.2.51 “分析”对话框（一）

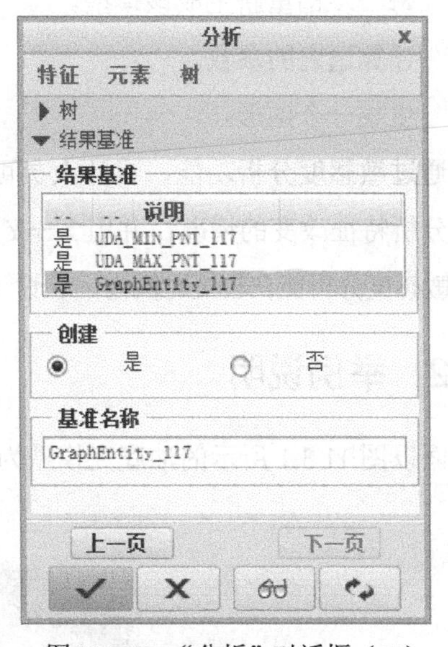

图 11.2.52 “分析”对话框（二）

11.2.9 运动分析——Motion Analysis

运动分析功能用来分析、度量组件运动时所产生的距离、角度的变化值。可将此测量结果建立为可用的参数，进而产生分析基准，并在模型树中显示出来。

组合件需完成运动副、运动驱动等设定方能进行运动分析，并且由于分析特征建立参数，例如距离、角度等，伴随运动过程计算出分析参数值，也能产生运动包络（Envelope）。

11.3 敏感度分析

11.3.1 概述

敏感度分析可以用来分析当模型尺寸或独立模型参数在指定范围内改变时，多种测量参数的变化情况，然后使每一个选定的参数得到一个图形，把参数值显示为尺寸函数。要获取敏感度分析，单击 分析 功能选项卡 设计研究 区域中的“敏感度分析”按钮。

要创建分析，需进行下列定义。

要改变的模型尺寸或参数。

- 尺寸值的改变范围。
- 步数（在范围内计算）。
- 作为分析特征的结果而创建的参数。

要生成敏感度分析，系统要进行下列操作。

- 在范围内改变选定的尺寸或参数。
- 每一步都重新生成该模型。
- 计算选定的参数。
- 生成一个图形。

通过敏感度分析功能，设计人员可以知道：当模型的某一尺寸或参数变动时，连带引起分析特征改变的情况，并用 X—Y 图形来显示影响程度。

敏感度分析能在较短时间内，让设计师知道哪些尺寸与设计目标存在较明显的关联性。

11.3.2 举例说明

下面以图 11.3.1 所示的油底壳模型为例，详细说明敏感度分析的过程。

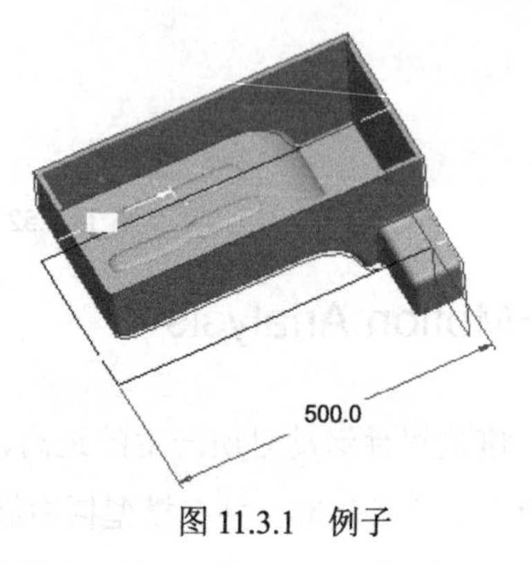

图 11.3.1 例子

Step1. 设置工作目录和打开文件。

（1）将工作目录设置至 D:\creo6.2\work\ch11.03。

（2）打开文件 oil_tank_sensitivity.prt。

Step2. 单击 分析 功能选项卡 设计研究 区域中的“敏感度分析”按钮，系统弹出图 11.3.2 所示的“敏感度”对话框。

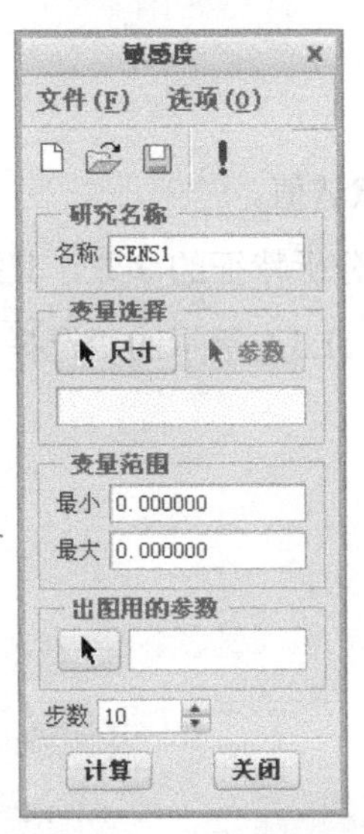

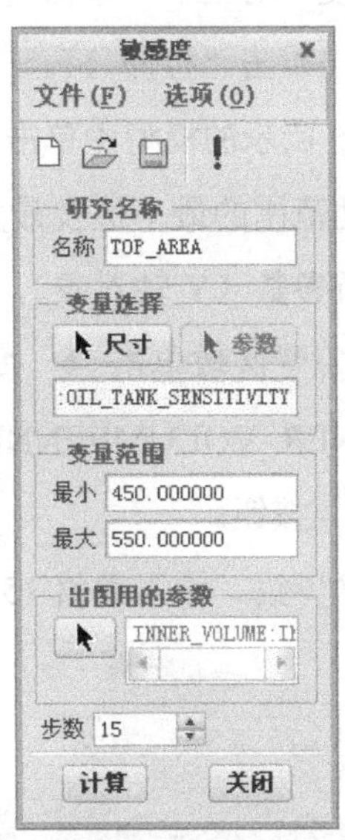

图 11.3.2 “敏感度”对话框

Step3. 在图 11.3.2 所示的“敏感度”对话框中进行如下操作。

（1） 设置研究首选项。选择“敏感度”对话框中的下拉菜单 选项(O) → 首选项(P)... 命令，系统弹出图 11.3.3 所示的“首选项”对话框，然后在该对话框中单击 确定 按钮。

注意： 如果选中 ☑ 用动画演示模型 复选框，则在计算每个数值时会看到模型的变化。

（2）设置研究的范围首选项。选择“敏感度”对话框中的下拉菜单 选项(O) → 默认范围(D)... 命令，系统弹出图 11.3.4 所示的“范围首选项”对话框，范围选项采用图 11.3.4 所示的 ◉ +/-百分比 方式（默认方式），然后在该对话框中单击 确定 按钮。

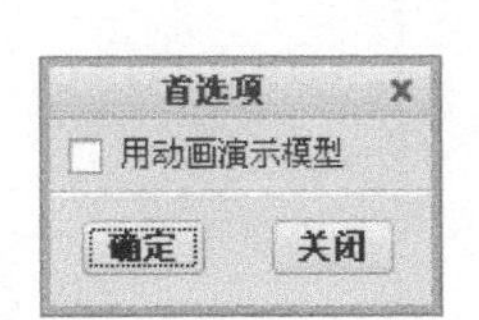

图 11.3.3 “首选项”对话框

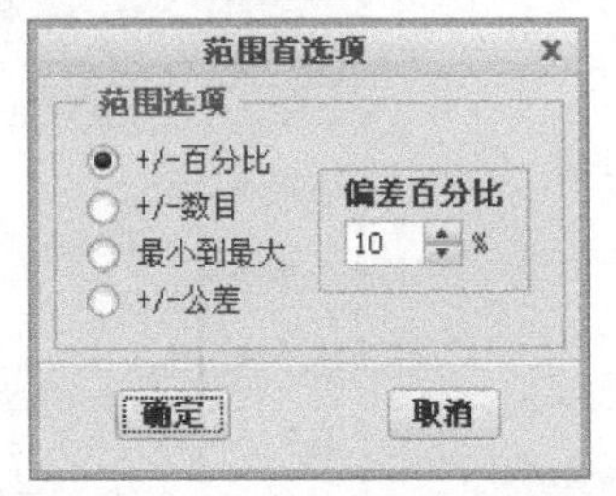

图 11.3.4 “范围首选项”对话框

图 11.3.4 所示的“范围首选项”对话框中各选项的含义如下。

- ◉ +/-百分比 单选项：以百分比的方式来表示范围。
- ◉ +/-数目 单选项：以数字的方式来表示范围。
- ◉ 最小到最大 单选项：以从最小到最大的方式来表示范围。
- ◉ +/-公差 单选项：以公差的方式来表示范围。

（3）输入分析特征的名称。在 名称 文本框中输入分析特征的名称 TOP_AREA。

（4）选取变量（X 轴对象），即从模型中选取要分析的可变尺寸或参数，其操作方法为：

① 在“敏感度”对话框中单击 变量选择 区域中的 尺寸 按钮。

② 在模型树中单击“拉伸 1”。

③ 在图 11.3.5 所示的模型中单击尺寸 500.0。

（5）输入变动范围的最小值及最大值。采用系统默认值。

（6）选取分析参数（Y 轴对象），即选取已建立的分析特征的参数，其操作方法为：

① 在 出图用的参数 区域单击 按钮，系统弹出图 11.3.6 所示的“选择参数”对话框，然后选取参数 INNER_VOLUME:INNER_VOLUME。

② 单击 确定 按钮。

（7）设置运算步数。输入数值 15，按 Enter 键。

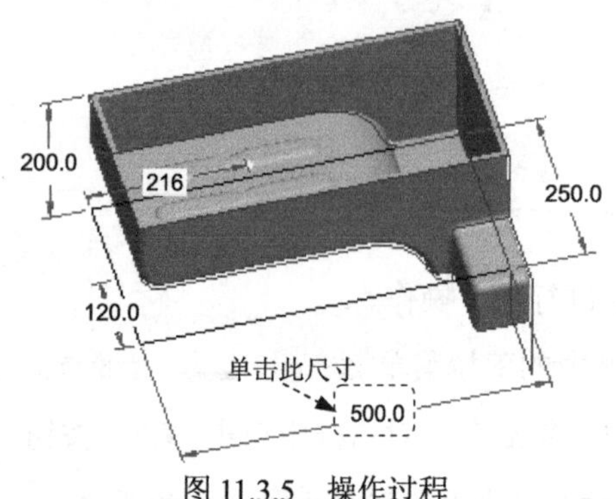

图 11.3.5 操作过程

图 11.3.6 “选择参数”对话框

Step4. 查看分析结果，在图 11.3.2 所示的“敏感度”对话框中进行如下操作。

（1）单击 计算 按钮，此时系统显示图 11.3.7 所示的敏感度曲线图。

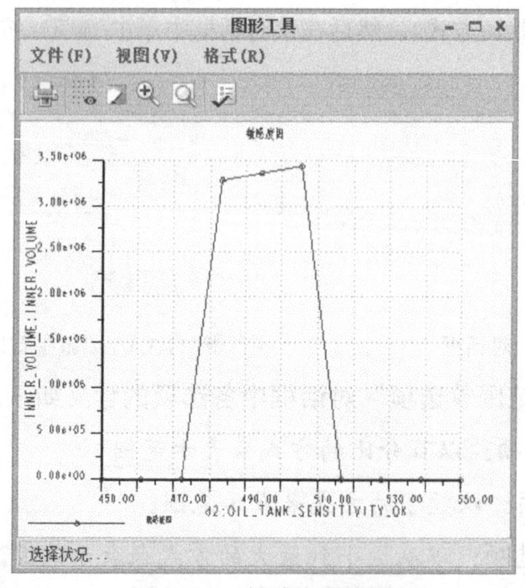

图 11.3.7 敏感度曲线图

说明：在系统计算完成之后，系统会弹出“输入错误”对话框。该对话框用以提示部分数值的参数计算失败，在这里单击 确定 按钮。

（2）单击 关闭 按钮。

11.4 可行性研究与最优化分析

11.4.1 概述

可行性研究与最优化分析的使用过程相似，必须确定出设计约束与设计变量，系统会寻找出可行的与最佳的解决方案。

但是，有一点要注意的是：使用可行性与最优化分析时，系统所寻求到的解答属局部解，也就是局部最大值/最小值。为避免发生局部解，多重目标设计研究则是更好的分析方法。

11.4.2 可行性研究

在可行性研究中，我们要进行下列属性的定义。

- 一组要改变的模型尺寸。
- 每一个尺寸的改变范围。
- 设计要满足的一组约束。

分析约束用使用参数（分析特征的结果）和常量值的等式或不等式来表示，即如下所示：length < 6.3 or distance = 11。

要执行可行性研究，系统将执行下列操作。

- 将会在满足所有约束的指定范围内查找一组尺寸值。
- 如果找到解决方案，则模型的显示将会改变，以显示按新的值修改的尺寸。

可以接受这些新的尺寸，也可以撤销改变并将模型返回到可行性研究之前的状态。在满足所有约束的可行性研究中可能有许多解决方案，系统将归结到一种解决方案。

下面以图 11.4.1 所示的曲柄模型为例进行说明，为了优化平衡，机轴零件的重心必须与它的旋转轴中心重合。虽然曲柄的旋转轴不能改变，但是其他设计条件能够改变，如曲柄的宽度。

我们执行可行性研究来论证将重心与旋转轴之间的距离设置为零是否可行。如果存在一个解决方案，那么就证明是可行的。

Step1. 设置工作目录和打开文件。

（1）将工作目录设置至 D:\creo6.2\work\ch11.04。

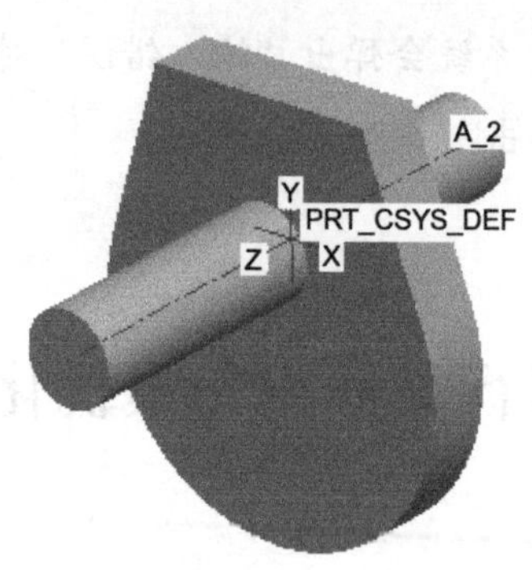

图 11.4.1　例子

（2）打开文件 bme_crank_feas.prt。

Step2. 在 分析 功能选项卡的 设计研究 区域中选择 → 可行性/优化 命令。系统弹出图 11.4.2 所示的“优化/可行性”对话框。

Step3. 在图 11.4.2 所示的“优化/可行性”对话框中进行如下操作。

（1）设置研究首选项。选择“优化/可行性”对话框中的下拉菜单 选项(O) → 首选项(P)... 命令，系统弹出图 11.4.3 所示的“首选项”对话框。

注意：该选项卡中各选项的含义如下。

- ☑目标 复选框：当计算完成后，用图形说明选定的图形参数和选择的约束之间的收敛性。
- ☑约束 复选框：在计算期间，用图形说明约束参数值。
- ☑变量 复选框：在计算期间，用图形说明变量值。

① 在 运行 选项卡中，收敛性和最大迭代次数采用图 11.4.4 所示的默认值。

注意：“运行”选项卡中各选项的含义如下。

- 收敛百分比：使用默认的收敛性标准或为其输入值。如果当前的参数值和先前的迭代之间的差值小于“收敛性 %”，则计算停止。这个值越小，计算所用的时间就越长，如果有可行的解决方案，那么计算的结果就会更精确。
- 最大迭代：使用默认的计算最大迭代次数或为其输入值。这个值越大，计算所用的时间越长，并且结果越有效。
- ☑用动画演示模型 复选框：模型中的动画随计算结果而改变。

② 在 方法 选项卡中，算法采用 ◉ GDP 方式（默认方式），如图 11.4.5 所示。

③ 单击 确定 按钮。

注意：“方法”选项卡中各选项的含义如下。

- ◉ GDP 单选项：用标准算法优化模型，使用当前模型条件作为起始点。
- ◉ MDS 单选项：用多目标设计研究算法来决定优化的最佳起始点。可在“最大迭代”（Max Iterations）字段中指定要计算的起始点个数。此种方式更容易在设

计参数和尺寸范围内找到整体最优设计。

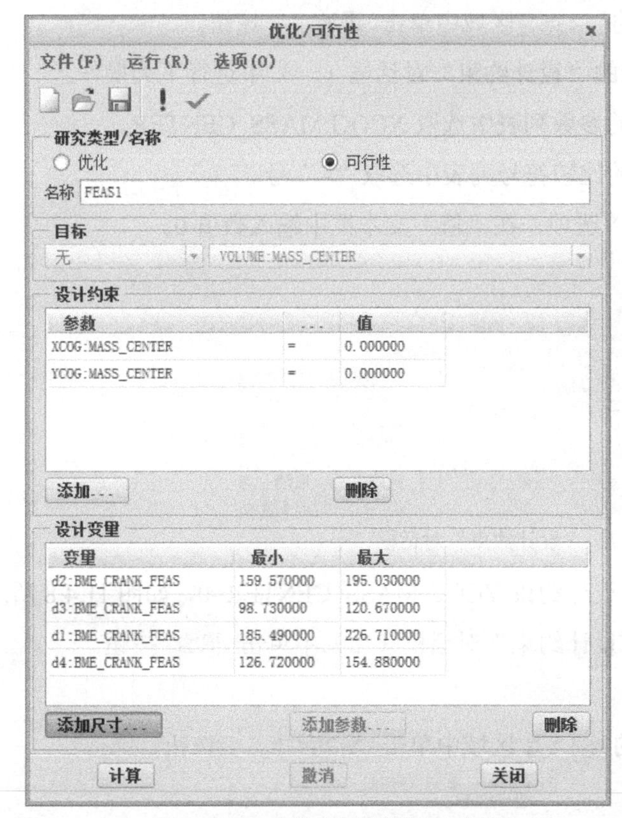

图 11.4.2　“优化/可行性”对话框

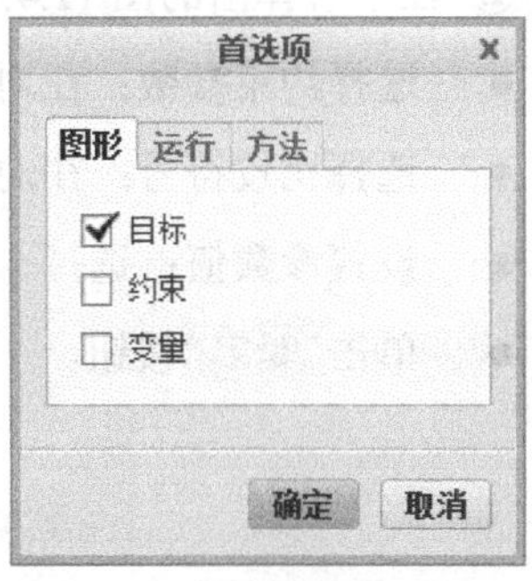

图 11.4.3　“首选项”对话框

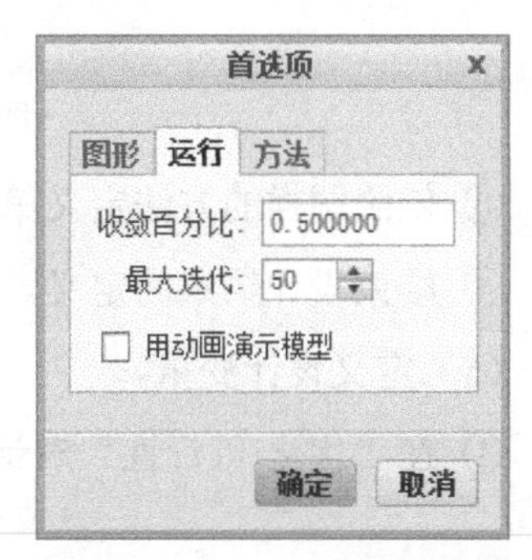

图 11.4.4　“运行”选项卡

（2）设置研究范围首选项。选择“优化/可行性”对话框中的下拉菜单 选项(O) → 默认范围(D)... 命令，系统弹出图 11.4.6 所示的“范围首选项”对话框。范围选项采用图 11.4.6 所示的 ◉ +/-百分比 方式（默认方式），然后单击 确定 按钮。

图 11.4.5　“方法”选项卡

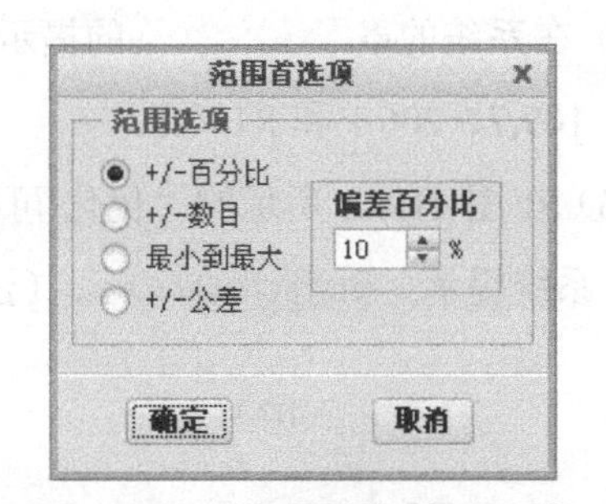

图 11.4.6　“范围首选项”对话框

（3）选择研究类型、输入研究名称。

① 在“优化/可行性”对话框的 研究类型/名称 区域中选中 ◉ 可行性 单选项。

② 在“优化/可行性”对话框的 研究类型/名称 区域中可输入可行性研究名称。本例采用默认名称 FEAS1。

（4）定义设计约束。

① 在“优化/可行性”对话框的设计约束区域中单击 添加... 按钮。

② 在系统弹出的图 11.4.7 所示的“设计约束”对话框（一）中进行下列操作。

- 选择约束参数：在对话框的参数列表中选取 XCOG:MASS_CENTER。
- 选择比较符号：在对话框的比较符号列表中选取“=”号。
- 设置参数值：选择 ◉设置 单选项，在“值”文本框中输入数值 0。
- 单击 确定 按钮。

图 11.4.7 “设计约束”对话框（一）

③ 依照同样的方法定义第二个设计约束 YCOG:MASS_CENTER=0，如图 11.4.8 所示。

④ 结束设计约束的定义。在“设计约束”对话框（二）中单击 取消 按钮。

（5）定义设计变量。

① 在“优化/可行性”对话框的设计变量区域中单击 添加尺寸... 按钮。

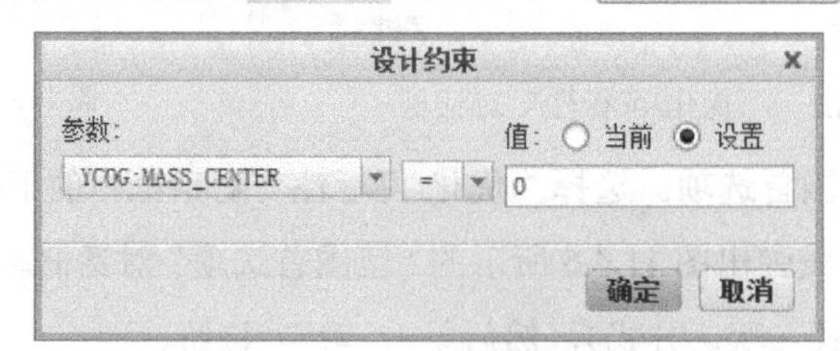

图 11.4.8 “设计约束”对话框（二）

② 在系统的➡选择特征或尺寸.的提示下，单击图 11.4.9 所示的拉伸特征，然后选择尺寸 177.3、109.7、206.1 和 R140.8。

（6）在图 11.4.2 所示的“优化/可行性”对话框中单击 计算 按钮，经过几秒的系统运算后，系统提示 • 未找到可行性解决方案.（**注意**：此时模型尺寸如图 11.4.10 所示）。

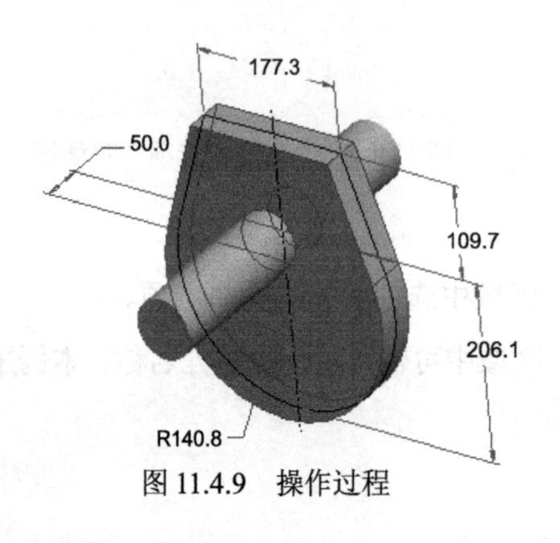

图 11.4.9 操作过程

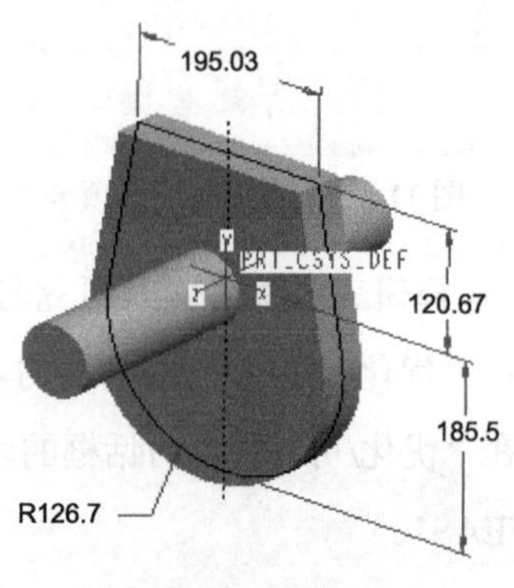

图 11.4.10 模型（一）

（7）修改变量范围值。比较图 11.4.9 和图 11.4.10 所示的两组尺寸，我们发现图中的尺寸已经达到了变量范围的最大值，因此，要找到可行的方案，就需将变量的最大值进行修改。将对话框中的 195.030000 改为 200.0，将 120.670000 改为 180.0。

（8）在“优化/可行性”对话框中再次单击 计算 按钮，经过几秒的系统运算后，系统提示 • 已找到可行解决方案。，此时模型尺寸如图 11.4.11 所示。

（9）要保存研究，请选择 文件(F) → 保存(S) 命令，在图 11.4.2 所示的“优化/可行性”对话框中单击 关闭 按钮。

（10）在系统弹出的图 11.4.12 所示的“确认模型更改”对话框中单击 确认 按钮。

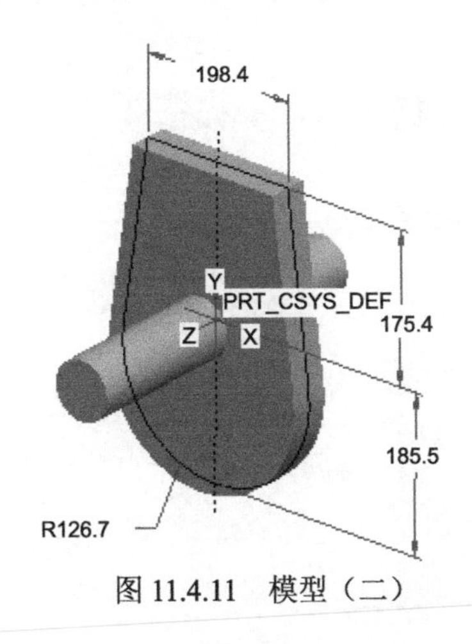

图 11.4.11 模型（二）

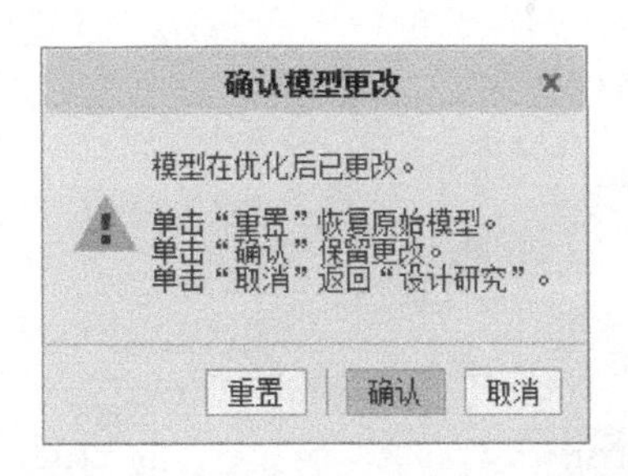

图 11.4.12 “确认模型更改”对话框

11.4.3 优化设计

优化设计用于解决在目标受到约束时的可行性问题，其目标是将特定的分析特征参数最小化和最大化，该约束是根据模型尺寸和其他分析特征参数的允许范围所指定的一组规则。如果给定这组约束时，目标存在一个解决方案，则模型可以得到优化并按新的配置改变。

图 11.4.13 所示模型的设计重点为：符合静态平衡，在不转动的时候以手动方式放置至任意位置都会固定，不会因重力而旋转。所以，重心需与旋转轴吻合，即两者距离应为零。另外，在保持重心在曲柄轴上的同时，要求曲柄的质量最小。

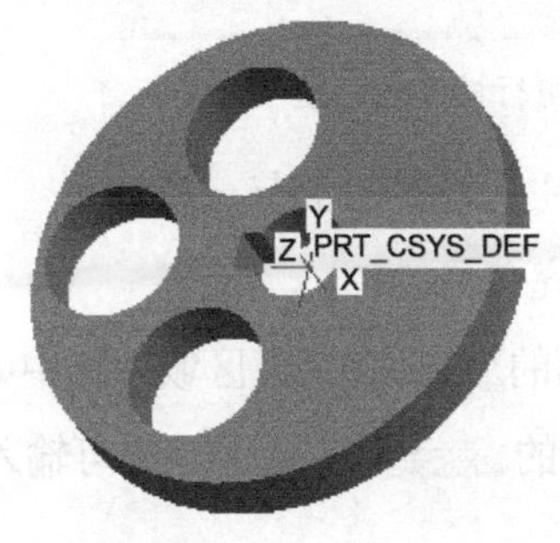

图 11.4.13 模型

Step1. 设置工作目录和打开文件。

（1）将工作目录设置至 D:\creo6.2\work\ch11.04。

（2）打开文件 bme_optim.prt。

Step2. 在 分析 功能选项卡的 设计研究 区域中选择 → 可行性/优化 命令。系统弹出图 11.4.14 所示的“优化/可行性”对话框。

Step3. 在“优化/可行性”对话框中进行如下操作。

（1）设置研究首选项。选择“优化/可行性”对话框中的下拉菜单 选项(O) → 首选项(P)... 命令，系统弹出图 11.4.15 所示的“首选项”对话框。在 图形 选项卡中取消选中 □ 目标 复选框，单击 确定 按钮。

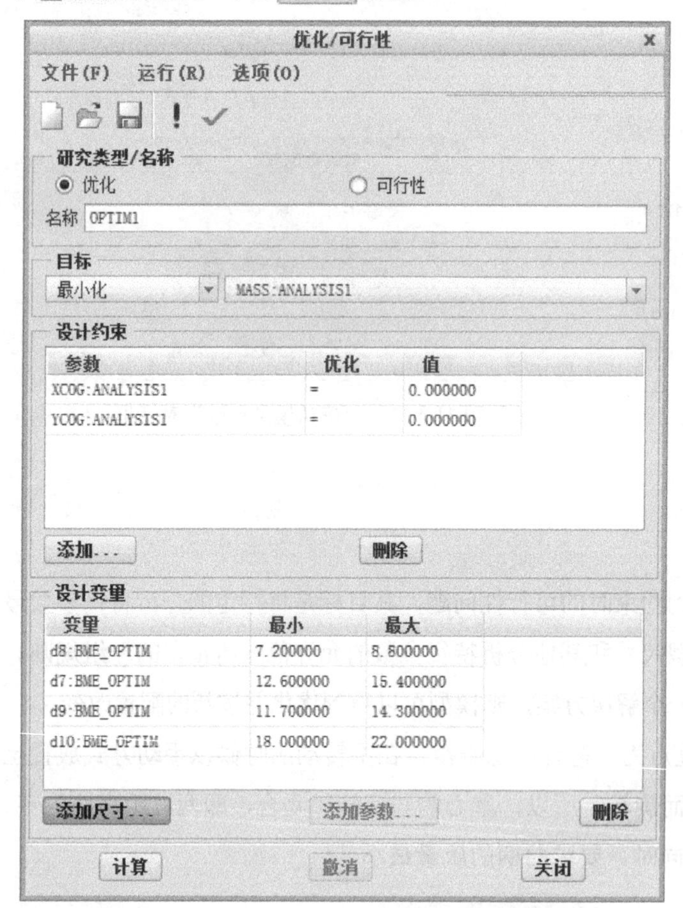

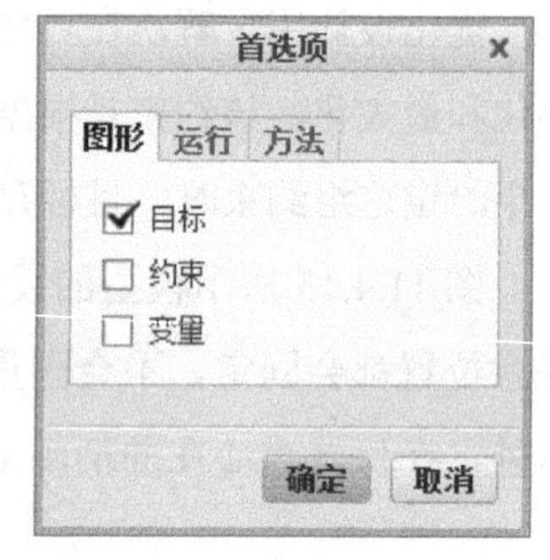

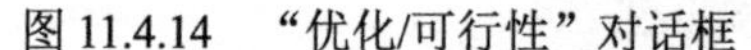
图 11.4.14 “优化/可行性”对话框

图 11.4.15 “首选项”对话框

（2）设置研究范围首选项（注：设置与上节一样）。

（3）选择研究类型，输入研究名称。

① 在“优化/可行性”对话框的 研究类型/名称 区域中选中 ◉ 优化 单选项。

② 在“优化/可行性”对话框的 研究类型/名称 区域中可输入可行性研究名称，本例采用默认名称 OPTIM1。

（4）定义优化目标。在“优化/可行性”对话框的目标区域中选取目标类型列表中的“最小化”，然后在要优化的参数列表中选取 MASS:ANALYSIS1。

（5）定义设计约束。

① 在“优化/可行性”对话框的设计约束区域中单击添加...按钮。

② 在系统弹出的“设计约束”对话框中进行下列操作。

- 选择约束参数：在对话框的参数列表中选取 XCOG:ANALYSIS1。
- 选择比较符号：在对话框的优化列表中选取“=”号。
- 设置参数值：选中◉设置单选项，在“值”文本框中输入数值 0。
- 单击确定按钮。

③ 用同样的方法定义设计约束 YCOG：ANALYSIS1=0。

④ 在“设计约束”对话框中单击取消按钮，结束设计约束的定义。

（6）定义设计变量。

① 在“优化/可行性”对话框的设计变量区域中单击添加尺寸...按钮。

② 在系统的➡选择特征或尺寸.的提示下，单击模型树中的拉伸特征 2，然后选取图 11.4.16 中的尺寸 8、Φ14、13 和 20。

（7）在图 11.4.14 所示的“优化/可行性”对话框中单击计算按钮，经过几秒的系统运算后，系统提示● 此零件优化成功.。此时模型尺寸如图 11.4.17 所示。

（8）要保存研究，请选择 文件(F) ➡ 保存(S) 命令。

（9）在图 11.4.14 所示的“优化/可行性”对话框中单击关闭按钮。

（10）在系统弹出的“确认模型更改”对话框中单击确认按钮。

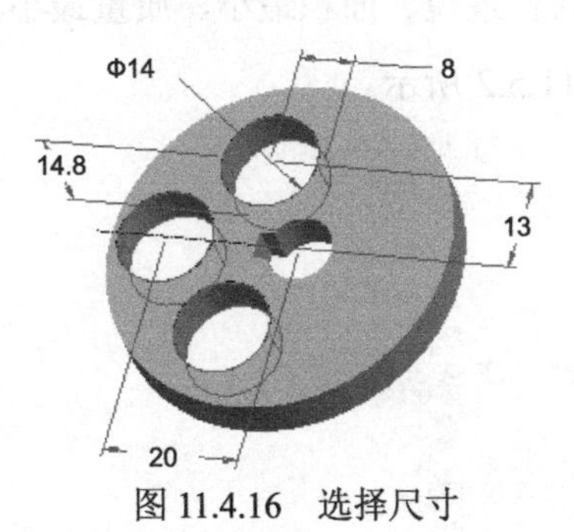

图 11.4.16 选择尺寸

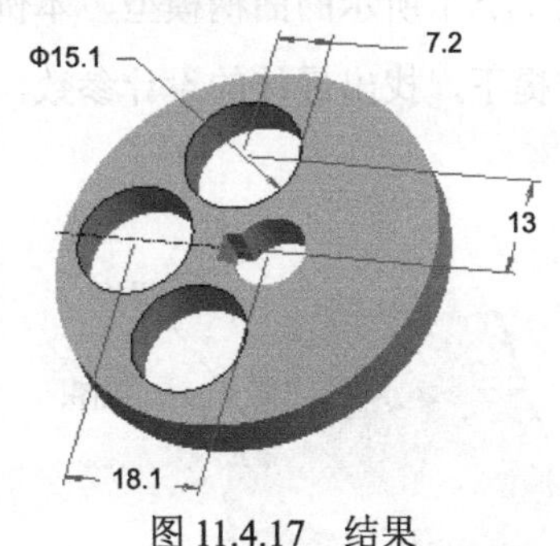

图 11.4.17 结果

11.5 多目标设计研究

11.5.1 概述

“多目标设计研究”可以查找满足多个设计目标的优化解决方案。例如，可以研究零件

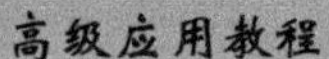

的可能形状，以将零件的质量和重心位置保持在所需范围内。

“多目标设计研究”可以实现下列功能。

- 帮助寻找最适合搜索优化解决方案的设计变量的优化范围。
- 寻找实际上可能是相互矛盾的多设计目标的解决方案。
- 如果存在多个优化解决方案，那么研究会提供出结果，以便选择首选解决方案。
- 可以展开取样设计目标的范围，或者使用不同方法分析试验中得到的数据来缩小该范围。

“多目标设计研究”由主表和衍生表按其分层顺序组成。初始时，研究可以检查允许设计变量改变的整个范围。最初调查的结果是主表，该表列出了所有的试验记录。然后通过创建衍生表来缩小研究的焦点，这样便可以用设计目标或设计变量约束值的子集来检查模型的行为。

可通过“表树”访问任何表，以检查其结果或通过改变其条件来编辑表。检查完所查找的表之后，在研究指示的设计范围内通过指定所引导的附加试验来展开主表。

可以用“保存”命令将研究保存到磁盘上，然后在返回到模型之后打开它。保存研究可以保存所有的表数据。

注意：系统将“表树”保存在模型内。如果不保存模型，则“表树”丢失，仅将具有主表的文本文件保存到硬盘。

11.5.2 举例说明

针对图 11.5.1 所示的曲柄模型，本例要使曲柄的周长最短、面积最小、质量最小，在这些目标前提下，找出最佳的设计参数。模型树如图 11.5.2 所示。

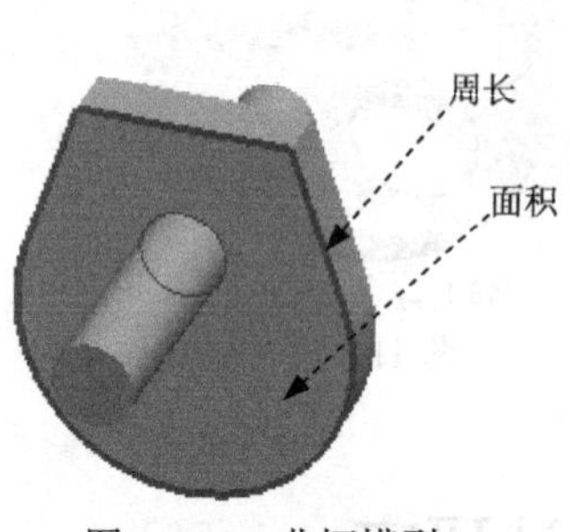

图 11.5.1 曲柄模型

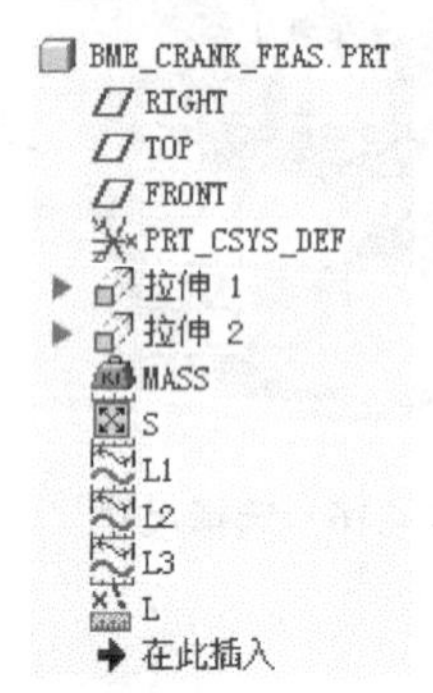

图 11.5.2 模型树

Step1. 设置工作目录和打开文件。

（1）将工作目录设置至 D:\creo6.2\work\ch11.05。

（2）打开文件 bme_crank_feas.prt。

Step2. 在 分析 功能选项卡的 设计研究 区域中选择 → 多目标设计研究 命令。系统弹出图 11.5.3 所示的“多目标设计研究”对话框。

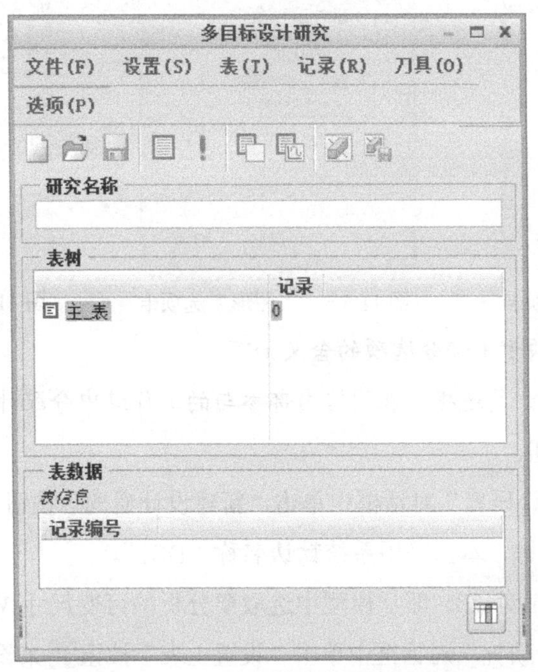

图 11.5.3 “多目标设计研究”对话框

Step3. 在图 11.5.3 所示的“多目标设计研究”对话框中进行如下操作。

（1）设置研究首选项。选择“多目标设计研究”对话框中的下拉菜单 选项(P) → 首选项(P)... 命令，系统弹出图 11.5.4 所示的“更新”选项卡。

① 在 更新 选项卡中，采用默认值。

注意：“更新”选项卡中各选项的含义如下。

- 更新速度：当展开主表时，在指定数量的试验后，定期更新该对话框“表树”窗口中的“记录”（Records）列。
- 自动保存速度：当展开主表时，在指定数量的新试验后定期自动保存 .pdl 文件。

② 在 图形 选项卡中采用默认选项，如图 11.5.5 所示。

注意：“图形”选项卡中各选项的含义如下。

- □ 研究后保留图形 复选框：在退出研究之后，图形窗口仍保持显示。
- ◉ 不更新图形 单选项：在展开主表之后，图形不更新。
- ◉ 展开后更新图形 单选项：在展开主表之后，更新图形。
- ◉ 动态更新图形 单选项：通过在“一般首选项”（General Preferences）对话框中设置“更新速度”（Update Rate）来定期更新图形。

③ 在 计算 选项卡中采用默认方式，如图 11.5.6 所示。

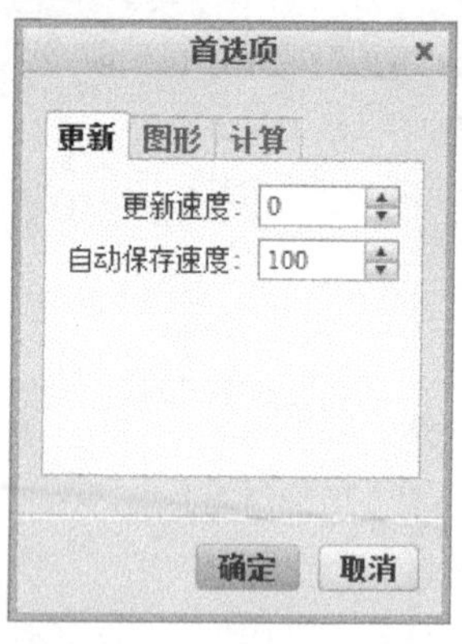

图 11.5.4 “更新”选项卡

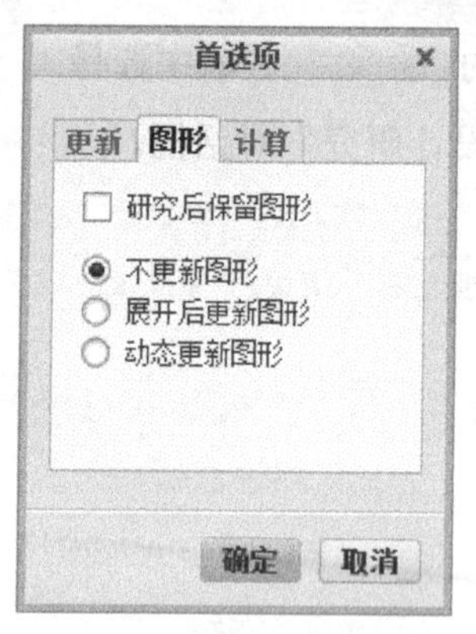

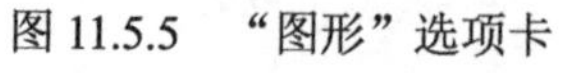

图 11.5.5 “图形”选项卡

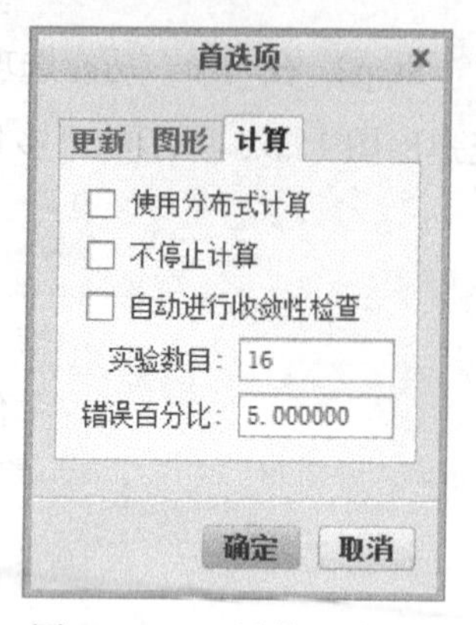

图 11.5.6 “计算”选项卡

注意：“计算”选项卡中部分选项的含义如下。

- 使用分布式计算 复选框：在网络内部参与的工作站中分配计算任务。

④ 单击 确定 按钮。

（2）在“多目标设计研究”对话框中单击“新建设计研究”按钮，在 研究名称 下面的文本框中输入研究的名称，本例采用系统默认名称“DS1”。

（3）选取变量（X 轴对象），即从模型中选取要分析的可变尺寸或参数，其操作方法为：

① 在“多目标设计研究”对话框中单击“设置主表”按钮来设置主表。

② 在系统弹出的“主表”对话框中单击 设计变量 区域中的“添加尺寸变量”按钮。

③ 在模型树中单击拉伸 1。

④ 在图 11.5.7 所示的模型中选取尺寸 177.3、109.7、206.1 和 R140.8。

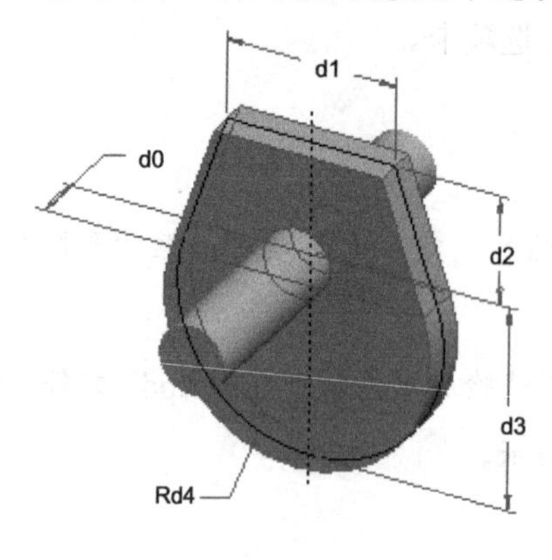

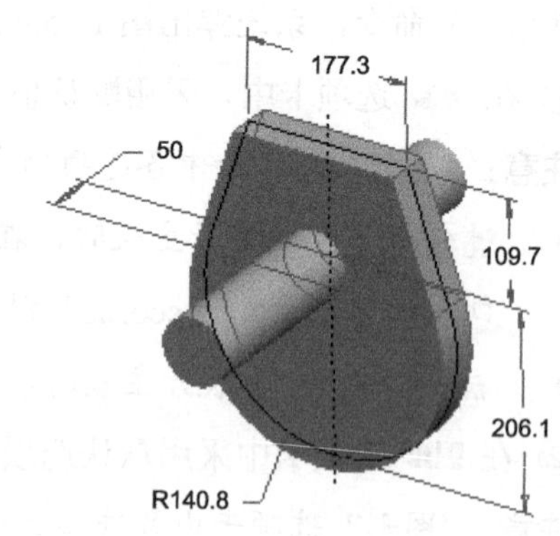

图 11.5.7 模型

（4）输入变动范围的最小值及最大值，采用系统默认值。

（5）选取设计目标（Y 轴对象），即选取已建立的分析特征的参数，其操作方法为：

① 在“主表”对话框中单击 设计目标 区域中的 选择目标 按钮。

② 在图 11.5.8 所示的“选择参数”对话框中选取 MASS:MASS、AREA:S 和 L:L。

③ 单击“选择参数”对话框中的 确定 按钮，形成的“主表”对话框如图 11.5.9 所示。

④ 单击“主表”对话框中的 确定 按钮。

图 11.5.8　“选择参数”对话框

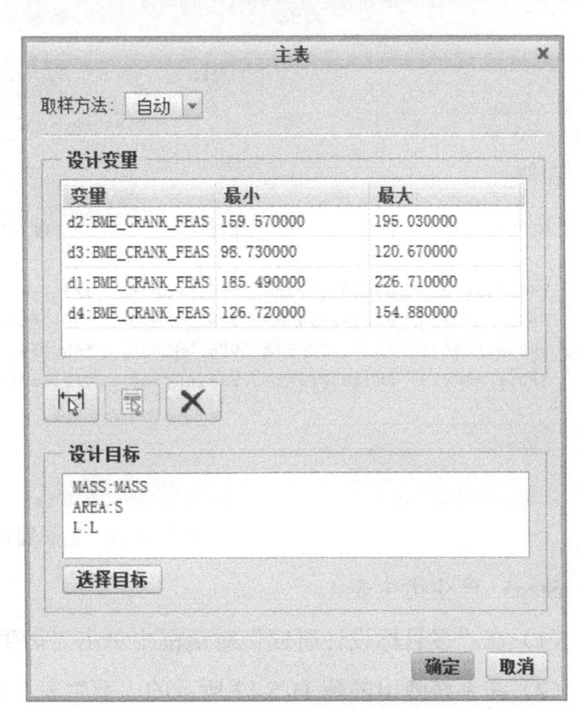

图 11.5.9　“主表”对话框

Step4. 查看实验结果。

（1）在“多目标设计研究”对话框中单击“计算主表”按钮 **!**。

（2）在系统提示 输入要生成的实验数: 后，输入实验次数 20，并按 Enter 键。

（3）经过系统运算，形成图 11.5.10 所示的表数据。

（4）选择 表(T) ➡ 显示数据(S) 命令，可显示详细数据信息，如图 11.5.11 所示。

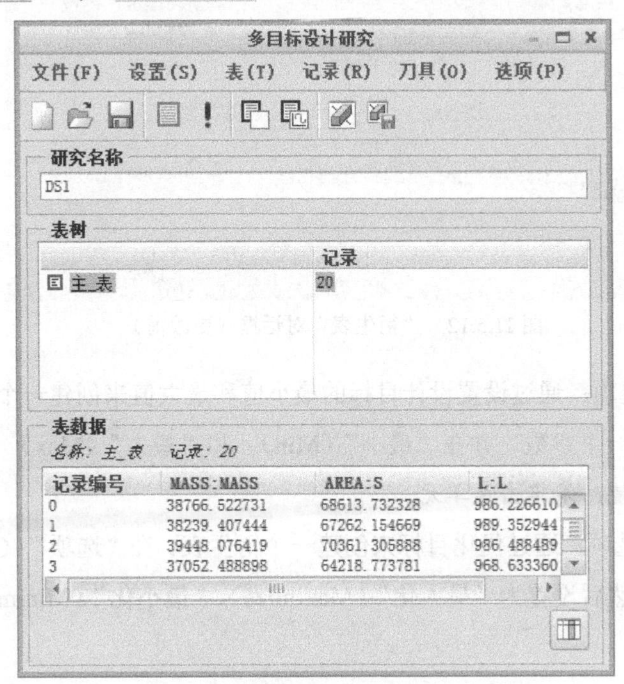

图 11.5.10　“多目标设计研究”对话框

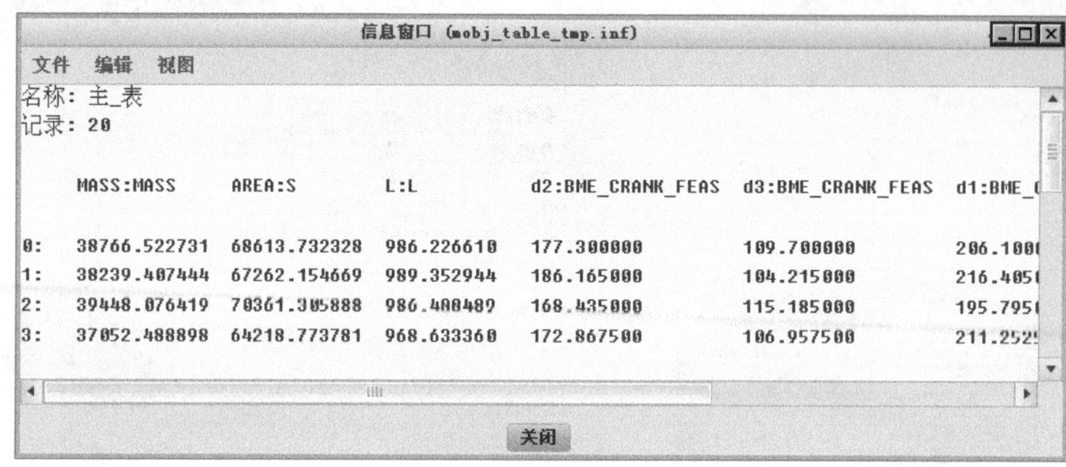

图 11.5.11 信息窗口

Step5. 产生衍生表 1。

（1）在“多目标设计研究”对话框中单击“衍生新表”按钮。

（2）在系统弹出的图 11.5.12 所示的“衍生表”对话框中选中 约束 单选项。

（3）将目标 MASS:MASS 的最小值调到 36000.0，最大值调整到 38000.0。

（4）输入表名 DER_TABLE1。“衍生表”对话框如图 11.5.13 所示。

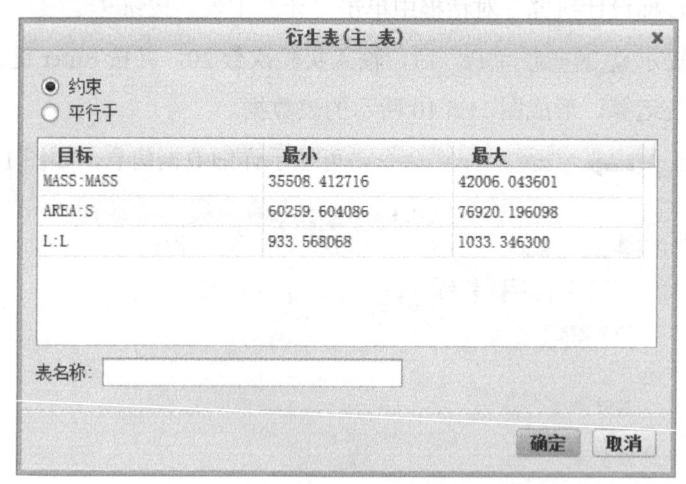

图 11.5.12 “衍生表”对话框（更改前）

- 约束 单选项：通过设置设计目标的最小值和最大值来创建一个衍生表。单击参数列表中的一个参数，并在“最小”（Min） 和“最大”（Max） 字段输入值。

注意：要编辑值，请单击该单元。

- 平行于 单选项：通过优化目标来创建一个衍生表。在“选项”（Options） 下单击某个单元，然后设置为“最大化”（Maximize）、“最小化”（Minimize） 或“排除”（Exclude）。

衍生表(主_表)

◉ 约束
○ 平行于

目标	最小	最大
MASS:MASS	36000.000000	38000.000000
AREA:S	60259.604086	76920.196098
L:L	933.568068	1033.346300

表名称：DER_TABLE1

确定 取消

图 11.5.13 “衍生表”对话框(更改后)

（5）单击“衍生表”对话框中的 确定 按钮。此时经过滤后形成的“表数据”如图 11.5.14 所示。

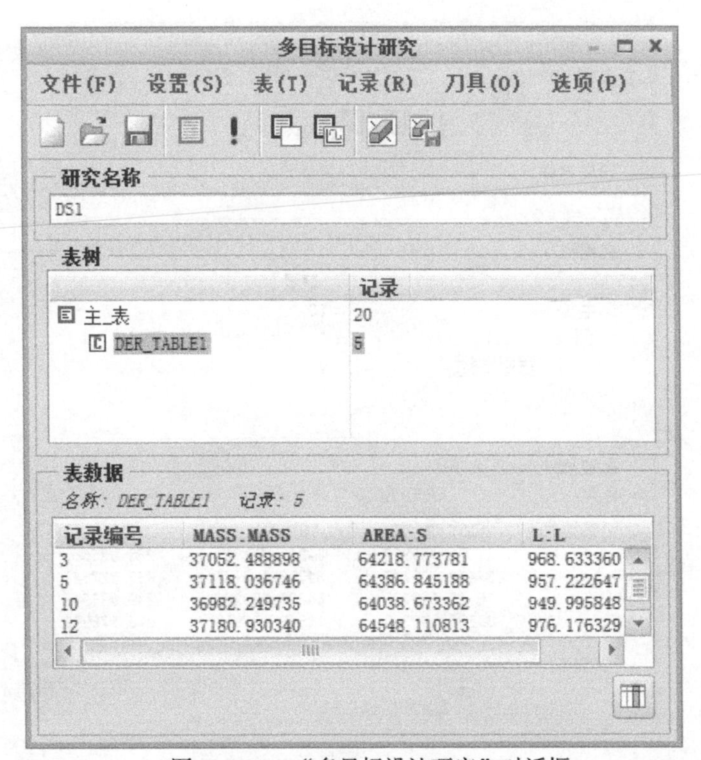

图 11.5.14 “多目标设计研究”对话框

Step6. 产生衍生表 2。采用与上步同样的方法，在衍生表 1 下产生衍生表 2，将目标 AREA:S 的最小值调到 64000.0，最大值调整到 65000.0，输入表名 DER_TABLE2。“衍生表”对话框如图 11.5.15 所示。

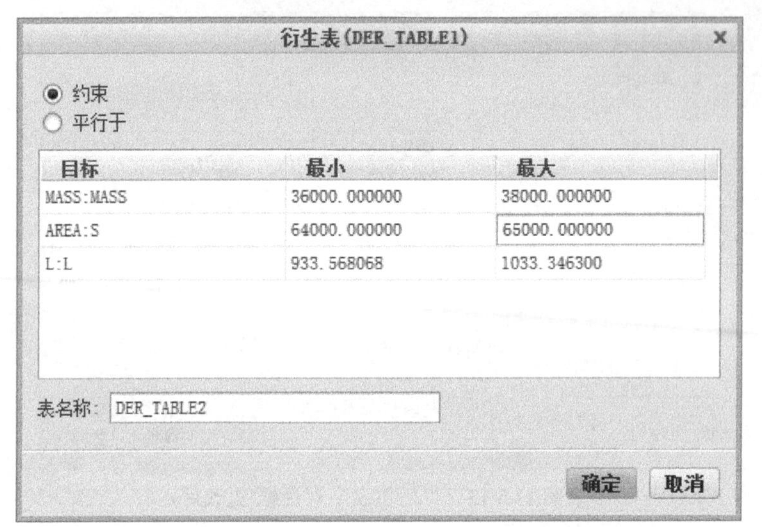

图 11.5.15 “衍生表”对话框

Step7. 单击对话框中的 **确定** 按钮，此时经过滤后形成的“表数据”如图 11.5.16 所示。

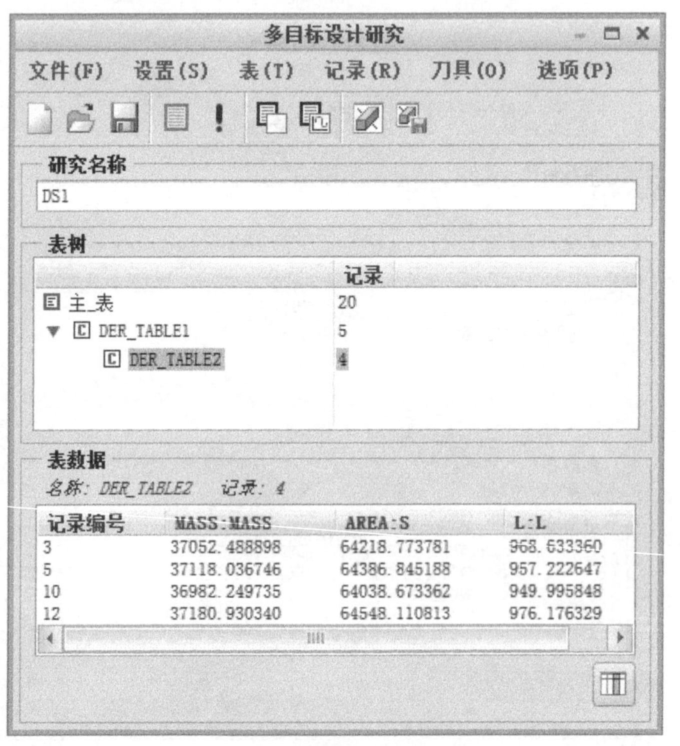

图 11.5.16 “多目标设计研究”对话框

Step8. 产生衍生表 3。采用与 Step5 同样的方法，在衍生表 2 下产生衍生表 3，将目标 L:L 的最小值调到 900.0，最大值调整到 950.0，输入表名 DER_TABLE3。“衍生表”对话框如图 11.5.17 所示。

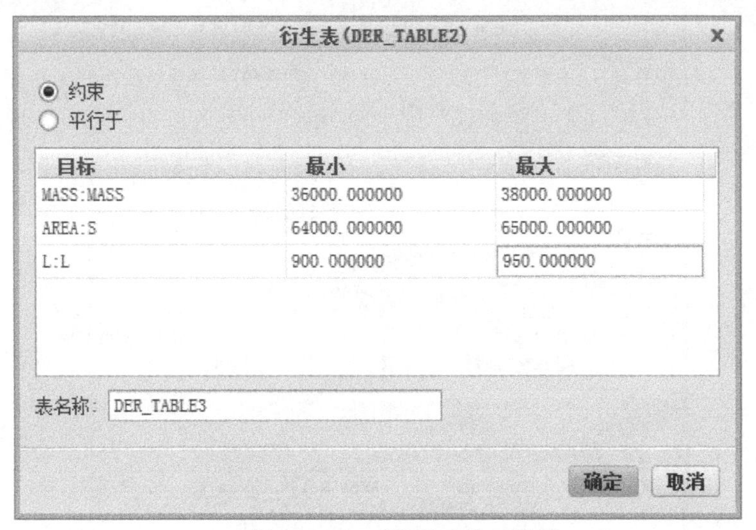

图 11.5.17 “衍生表”对话框

Step9. 单击“衍生表”对话框中的 确定 按钮，此时经过滤后形成的“表数据”如图 11.5.18 所示。

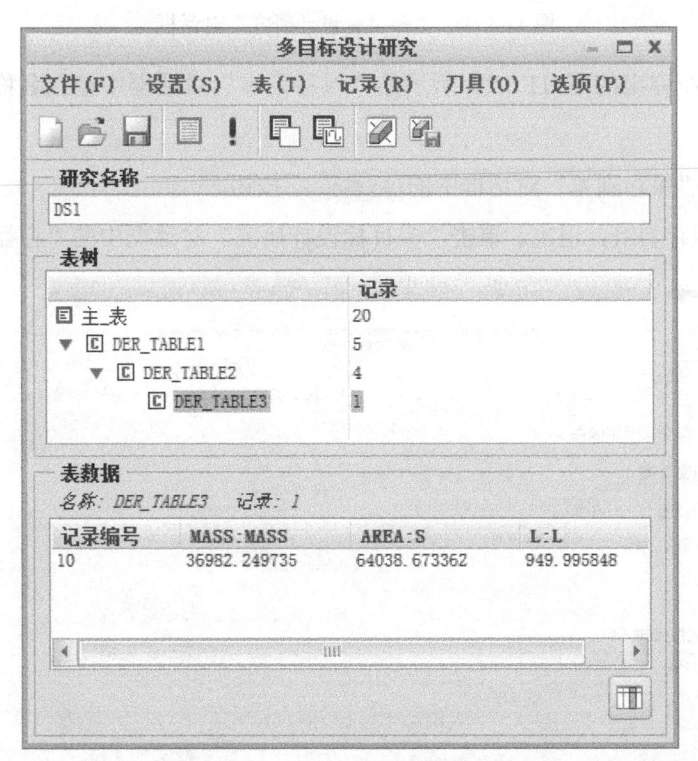

图 11.5.18 “多目标设计研究”对话框

Step10. 保存 10 号模型。

（1）在“多目标设计研究”对话框中的 表数据 区域选取表记录，如图 11.5.19 所示。

（2）单击“保存模型”按钮。

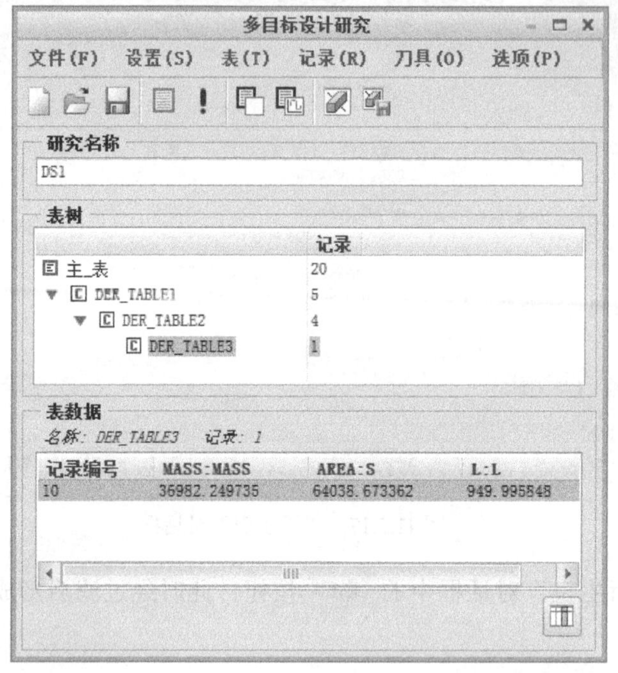

图 11.5.19 “多目标设计研究”对话框

（3）在系统弹出的图 11.5.20 所示的“保存副本”对话框中输入名称 BME_CRANK_FEAS_010。

（4）单击“保存副本”对话框中的 确定 按钮。

Step11. 保存 DS1，退出。单击“多目标设计研究”对话框中的“存盘”按钮，然后选择 文件(F) ➡ 退出(X) 命令。

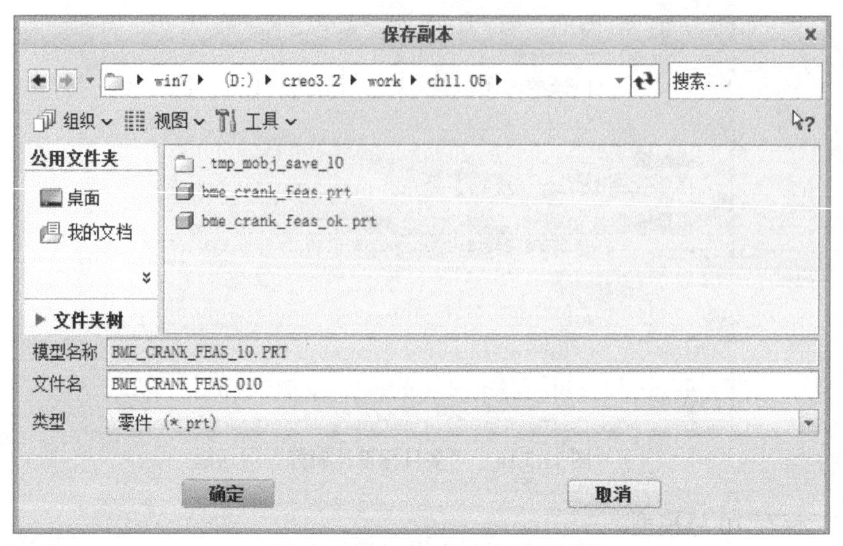

图 11.5.20 “保存副本”对话框

第 12 章 柔性建模模块

本章提要 柔性建模是一种非参数化的建模方式，建模时具有相当大的弹性，用户可以非常自由地修改选定的几何对象而不必在意先前存在的关系。柔性建模可以作为参数化建模的一个非常有用的辅助工具，它为用户提供了更高的设计灵活性和编辑效率，使用户对导入特征的编辑更加方便和快捷。

12.1 柔性建模基础

12.1.1 柔性建模用户界面

将工作目录设置至 D:\creo6.2\work\ch12.01，打开模型文件 charger_cover.prt，单击功能选项卡区域的 柔性建模 选项卡，系统进入柔性建模环境，如图 12.1.1 所示。

图 12.1.1 柔性建模模块用户界面

12.1.2　柔性建模功能概述

图 12.1.1 所示为“柔性建模”操控板，下面具体介绍操控板中各主要功能区域的作用。

1. “形状曲面选择”区域

图 12.1.2 所示的区域为“形状曲面选择”区域。该区域用于设置选择几何的规则，按照指定规则识别和选择所需曲面集。

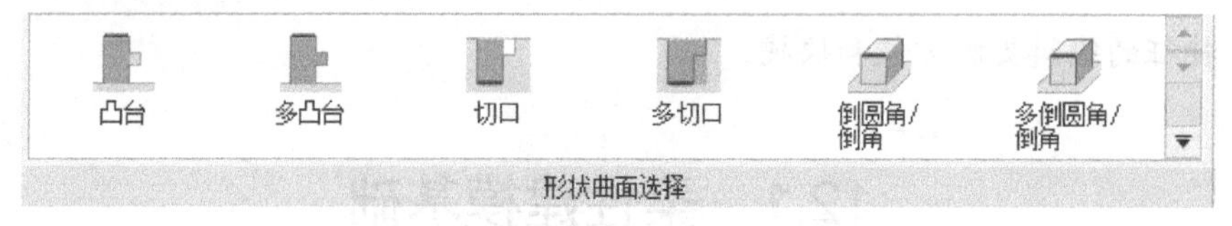

图 12.1.2　“形状曲面选择”区域

2. “搜索”区域

图 12.1.3 所示的区域为“搜索”区域。该区域提供了选取和搜索几何对象的工具。

3. “变换”区域

图 12.1.4 所示的区域为“变换”区域。该区域提供了柔性变换工具来修改几何对象。

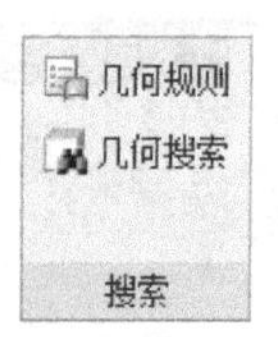

图 12.1.3　“搜索”区域

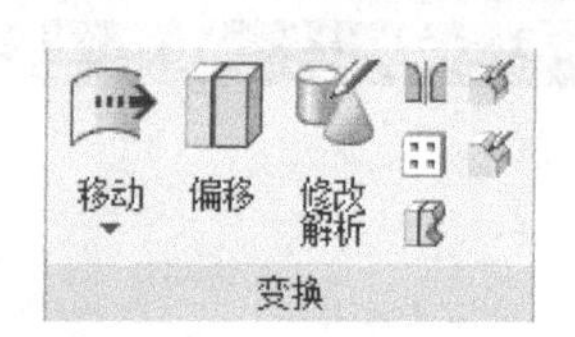

图 12.1.4　“变换”区域

4. “识别”区域

图 12.1.5 所示的区域为“识别”区域，该区域用来识别阵列和对称性，从而在修改一个成员时，所进行的修改可以传递到所有阵列成员或对称的几何对象中。

5. “编辑特征”区域

图 12.1.6 所示的区域为“编辑特征”区域。该区域用于编辑选定的几何对象或曲面。

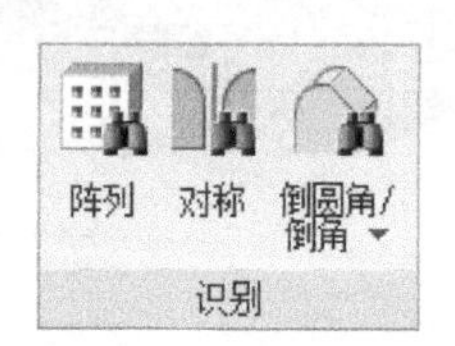

图 12.1.5　“识别”区域

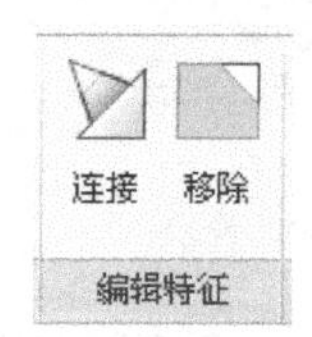

图 12.1.6　“编辑特征”区域

12.2　识别和选择

12.2.1　选择凸台类曲面

使用选择凸台类曲面命令，可以方便地选择凸台曲面。它包括两种方式的选择：一种是使用“凸台”命令来选择形成凸台的曲面；另外一种是使用“带有附属形状凸台”命令来选择形成凸台以及与其相交的附属曲面。下面以图12.2.1所示的例子来介绍选择凸台类曲面的操作方法。

Step1. 将工作目录设置至 D:\creo6.2\work\ch12.02。打开文件 pad_select_ex.prt。

Step2. 选择凸台曲面。选择图12.2.2所示的模型表面，单击 柔性建模 功能选项卡 形状曲面选择 区域中的“凸台”按钮，系统选中凸台曲面，结果如图12.2.3所示。

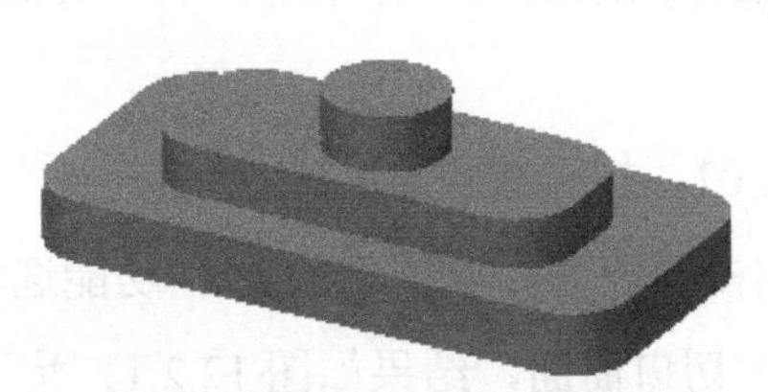

图12.2.1　打开模型文件

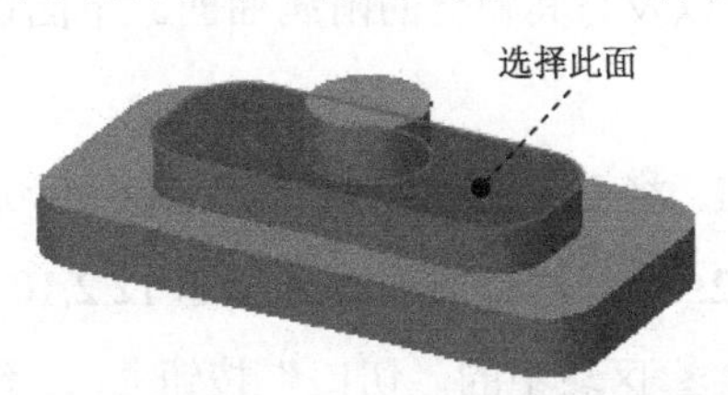

图12.2.2　选择曲面对象

Step3. 选择带有附属形状凸台曲面。重新选择图12.2.2所示的模型表面，单击 柔性建模 功能选项卡 形状曲面选择 区域中的“多凸台”按钮，系统选中凸台曲面，结果如图12.2.4所示。

图12.2.3　选择凸台曲面

图12.2.4　选择多凸台曲面

说明：使用“多凸台”命令来选择凸台曲面时，系统会自动选择比选定曲面小的凸台曲面而不会选择比该面大的凸台曲面。如果选择图12.2.5所示的模型表面，则系统选择结果如图12.2.6所示；如果选择图12.2.7所示的模型表面，则系统选择结果如图12.2.8所示。

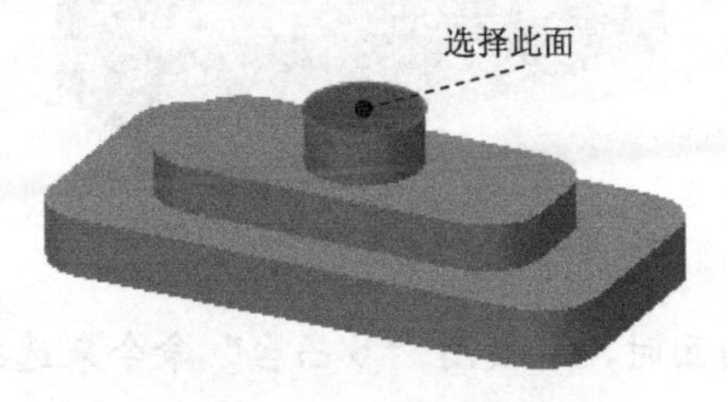

图12.2.5　选择曲面对象

图12.2.6　选择结果

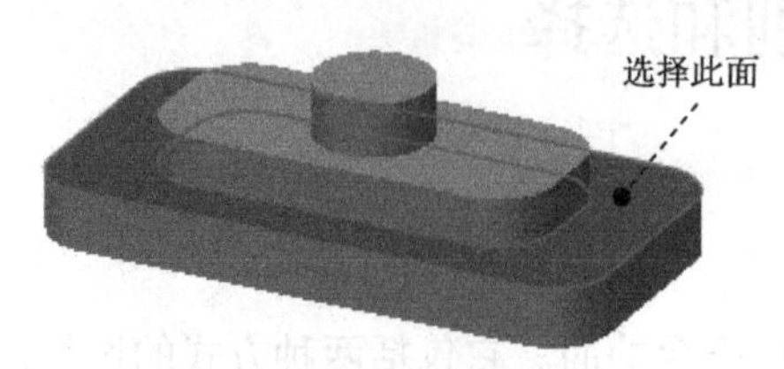

图 12.2.7　选择曲面对象

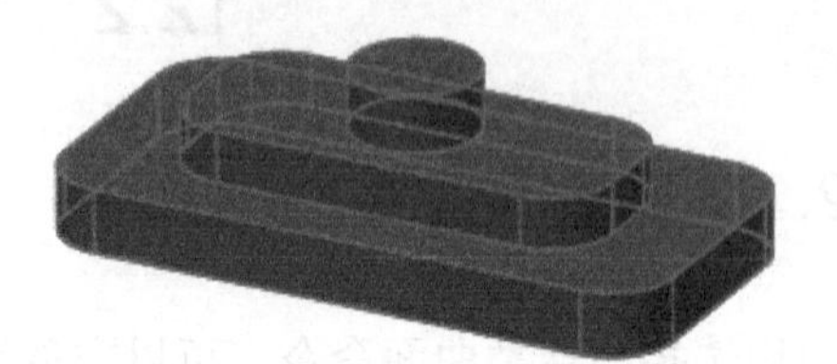

图 12.2.8　选择结果

12.2.2　选择切口类曲面

使用选择切口类曲面命令，可以方便地选择切口曲面，包括两种方式的选择：一种是使用“切口”命令 来选择形成切口的曲面；另外一种是使用“多切口”命令 来选择形成切口以及与其相交的附属曲面。下面以图 12.2.9 所示的例子介绍选择切口类曲面的操作方法。

Step1. 将工作目录设置至 D:\creo6.2\work\ch12.02。打开文件 cut_select_ex.prt。

Step2. 选择切口曲面。选择图 12.2.10 所示的模型表面，单击 柔性建模 功能选项卡 形状曲面选择 区域中的“切口”按钮 ，系统选中切口曲面，结果如图 12.2.11 所示。

图 12.2.9　打开模型文件

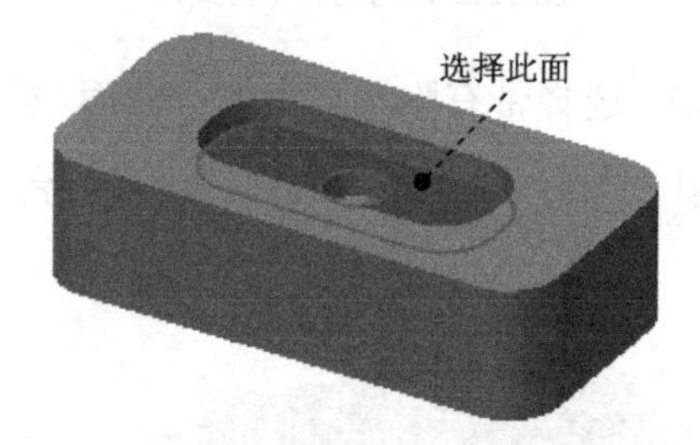

图 12.2.10　选择曲面对象

Step3. 选择多切口曲面。重新选择图 12.2.10 所示的模型表面，单击 柔性建模 功能选项卡 形状曲面选择 区域中的“多切口”按钮 ，系统选中多切口曲面，结果如图 12.2.12 所示。

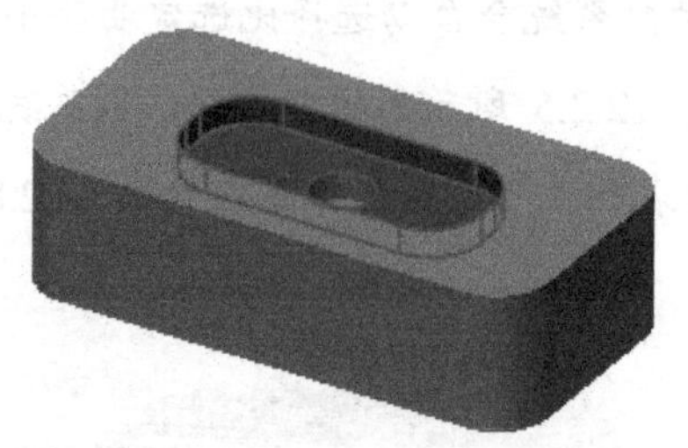

图 12.2.11　选择切口曲面

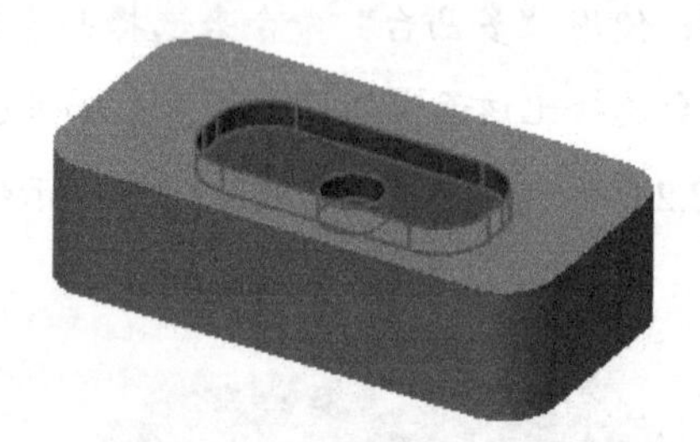

图 12.2.12　选择多切口曲面

说明：使用“多切口”命令来选择切口曲面时，和使用“多凸台”命令来选择凸台曲

面一样，系统会自动选择比选定曲面小的切口曲面而不会选择比该曲面大的切口曲面。

12.2.3 选择圆角类曲面

使用选择圆角类曲面命令，可以方便地选择圆角曲面，包括两种方式的选择：一种是使用“倒圆角/倒角”命令来选择形成倒圆角的曲面；另外一种是使用“多倒圆角/倒角”命令来选择形成倒圆角以及与其延伸过渡的相等半径的圆角曲面。下面以图 12.2.13 所示的例子介绍选择圆角类曲面的操作方法。

Step1. 将工作目录设置至 D:\creo6.2\work\ch12.02。打开文件 round_select_ex.prt。

Step2. 选择圆角曲面。选择图 12.2.14 所示的圆角表面，单击 柔性建模 功能选项卡 形状曲面选择 区域中的“倒圆角/倒角”按钮，系统选中圆角曲面，结果如图 12.2.15 所示。

图 12.2.13 打开模型文件

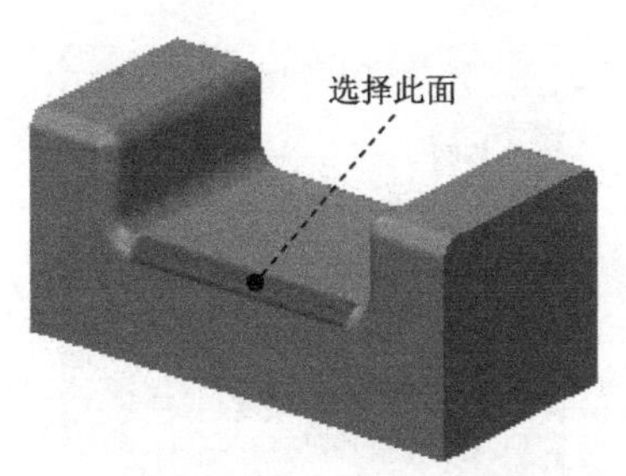

图 12.2.14 选择曲面对象

Step3. 选择多倒圆角/倒角曲面。重新选择图 12.2.15 所示的模型表面，单击 柔性建模 功能选项卡 形状曲面选择 区域中的“多倒圆角/倒角”按钮，系统选中多处圆角曲面，结果如图 12.2.16 所示。

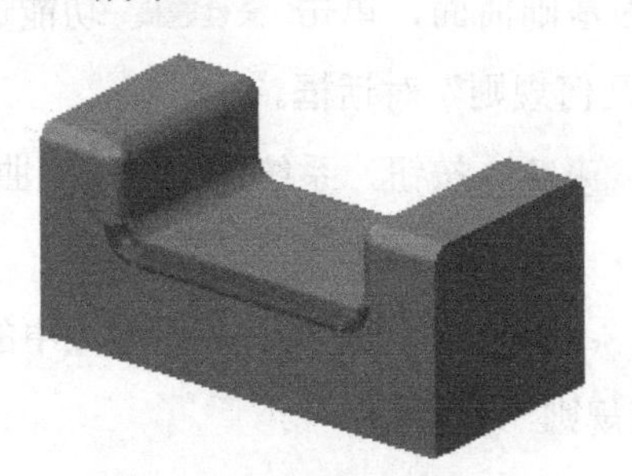

图 12.2.15 选择圆角曲面

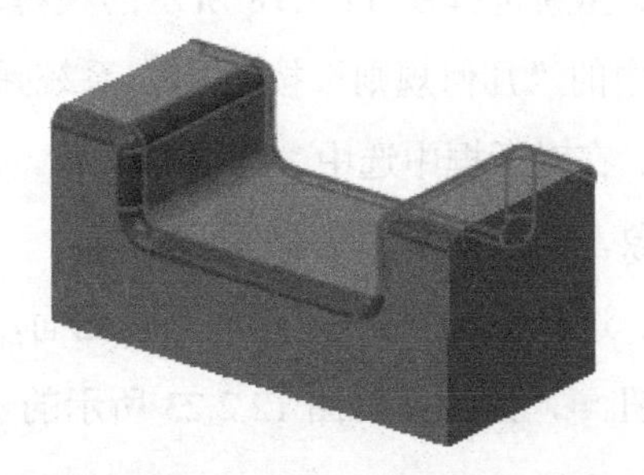

图 12.2.16 选择多倒圆角/倒角曲面

12.2.4 几何规则选取

在选择曲面对象时，除了以上介绍的三种常用方法之外，还可以使用“几何规则”命令来选择曲面对象，该种方式的选择是前面三种方法的补充。下面以图 12.2.17 所示的例子来介绍使用几何规则选取对象的操作方法。

Step1. 将工作目录设置至 D:\creo6.2\work\ch12.02。打开文件 law_select_ex.prt。

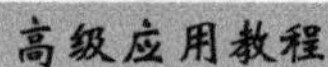

Step2. 选择图 12.2.18 所示的模型表面为基础曲面，单击 柔性建模 功能选项卡 搜索 区域中的“几何规则”按钮，系统弹出图 12.2.19 所示的“几何规则”对话框。

图 12.2.17　打开模型文件

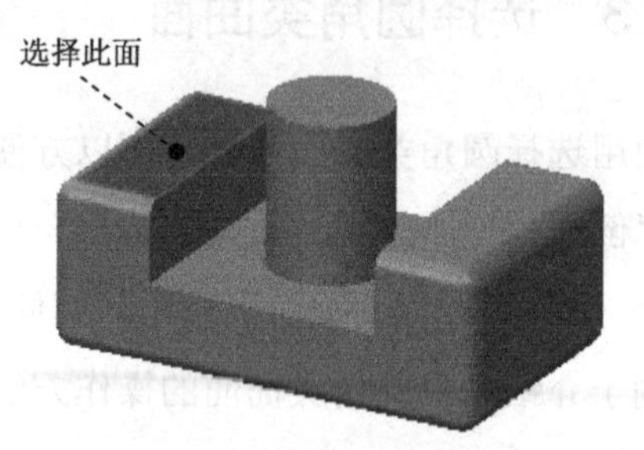

图 12.2.18　选择曲面对象

Step3. 在对话框中选中 ☑共面 复选框，单击 确定 按钮，系统选中与基础曲面共面的曲面对象，结果如图 12.2.20 所示。

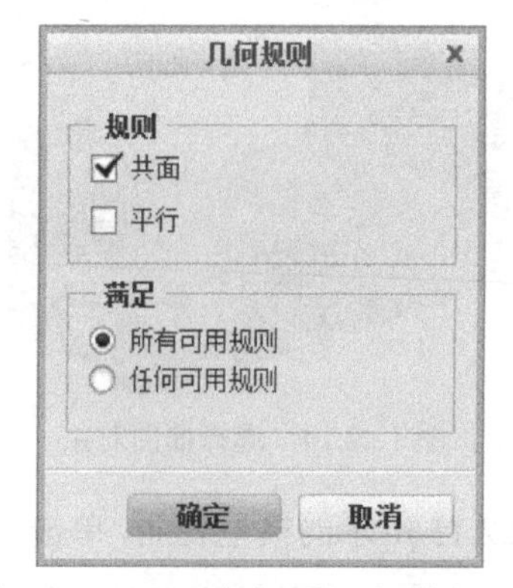

图 12.2.19　“几何规则”对话框（一）

图 12.2.20　选择共面曲面

Step4. 重新选择图 12.2.18 所示的模型表面为基础曲面，单击 柔性建模 功能选项卡 搜索 区域中的“几何规则”按钮，系统弹出“几何规则”对话框。

Step5. 在对话框中选中 ☑平行 复选框，单击 确定 按钮，系统选中与基础曲面平行的曲面对象，结果如图 12.2.21 所示。

Step6. 选择图 12.2.22 所示的圆角曲面，单击 柔性建模 功能选项卡 搜索 区域中的“几何规则”按钮，系统弹出图 12.2.23 所示的“几何规则”对话框。

图 12.2.21　选平行曲面

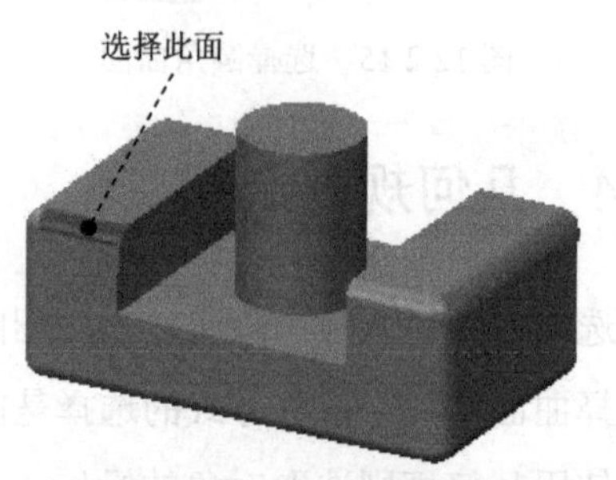

图 12.2.22　选择圆角曲面

Step7. 在对话框中选中 ☑同轴 复选框，单击 确定 按钮，系统选中与基础曲面同轴的圆角曲面对象，结果如图 12.2.24 所示。

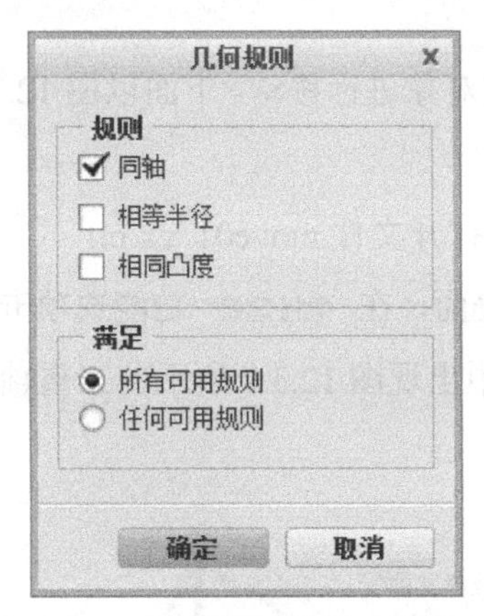

图 12.2.23　“几何规则”对话框（二）

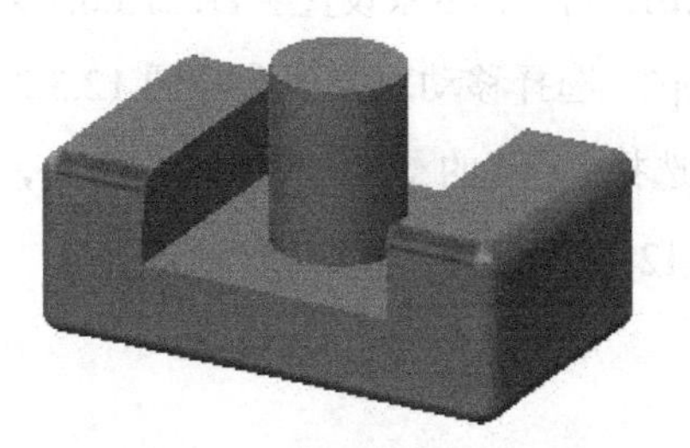

图 12.2.24　选同轴圆角曲面

Step8. 重新选择图 12.2.22 所示的圆角曲面，单击 柔性建模 功能选项卡 搜索 区域中的“几何规则”按钮，系统弹出“几何规则”对话框。

Step9. 在对话框中选中 ☑相等半径 复选框，单击 确定 按钮，系统选中与基础曲面等半径的圆角曲面对象，结果如图 12.2.25 所示。

Step10. 重新选择图 12.2.22 所示的圆角曲面，单击 柔性建模 功能选项卡 搜索 区域中的“几何规则”按钮，系统弹出“几何规则”对话框。

Step11. 在对话框中选中 ☑相同凸度 复选框，单击 确定 按钮，系统选中与基础曲面相同凸度的圆角曲面对象，结果如图 12.2.26 所示。

图 12.2.25　选择等半径圆角曲面

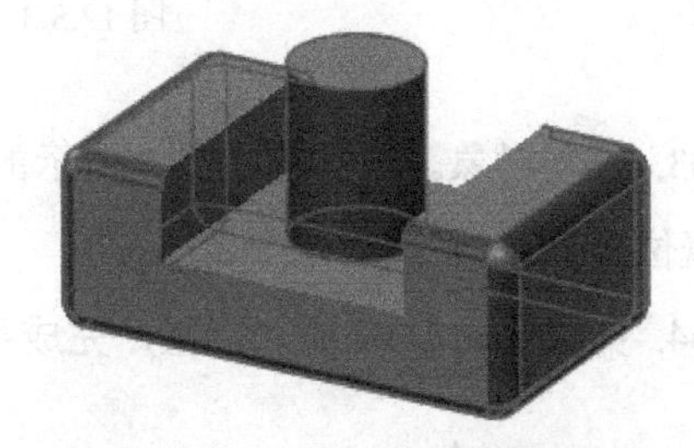

图 12.2.26　选择相同凸度圆角曲面

12.3 柔性变换

12.3.1 柔性移动

使用柔性移动工具可以将选定的几何对象移动到一个新的位置，也可将选定的几何对象移动到新位置的同时在原处保持原样创建选定几何对象的副本。柔性移动包括使用 3D 拖

动器移动、按尺寸移动和按约束移动三种方式。

1. 使用 3D 拖动器移动

使用 3D 拖动器移动就是使用三重轴坐标系对选定对象进行移动。下面以图 12.3.1 所示的例子介绍使用 3D 拖动器移动的操作方法。

Step1. 将工作目录设置至 D:\creo6.2\work\ch12.03。打开文件 move01_ex.prt。

Step2. 选择移动对象。选择图 12.3.2 所示的模型表面，在 柔性建模 功能选项卡的 变换 区域中选择 移动 下的 使用拖动器移动 命令，此时在模型中出现图 12.3.2 所示的三重轴，系统弹出图 12.3.3 所示的“移动”操控板。

图 12.3.1 打开模型文件

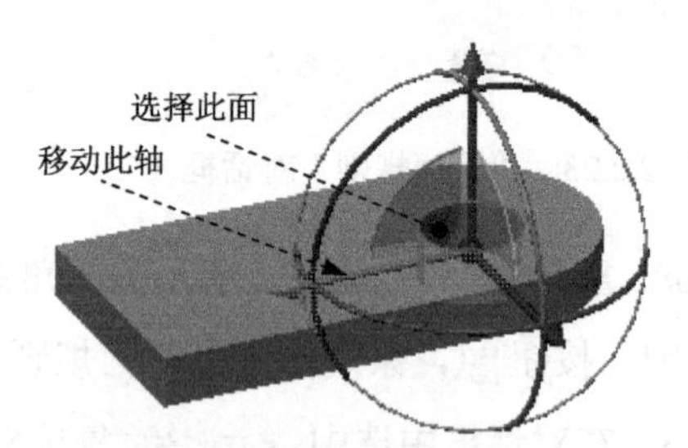

图 12.3.2 选择移动对象

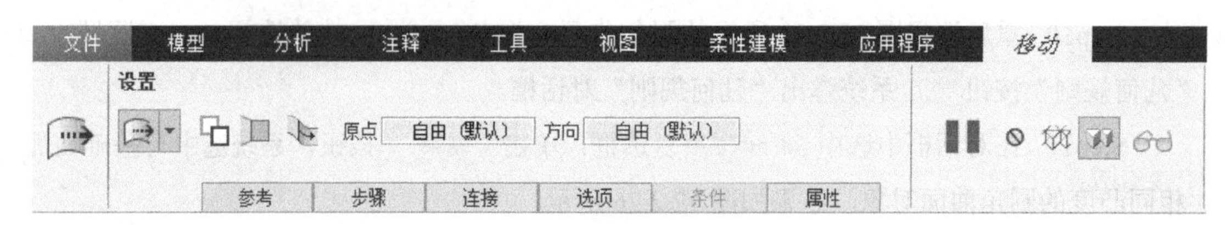

图 12.3.3 “移动”操控板

Step3. 移动对象。选择图 12.3.2 所示的坐标轴并沿轴向方向移动到图 12.3.4 所示的位置（大概位置）。

Step4. 完成移动。单击 ✔ 按钮，完成移动操作，结果如图 12.3.5 所示。

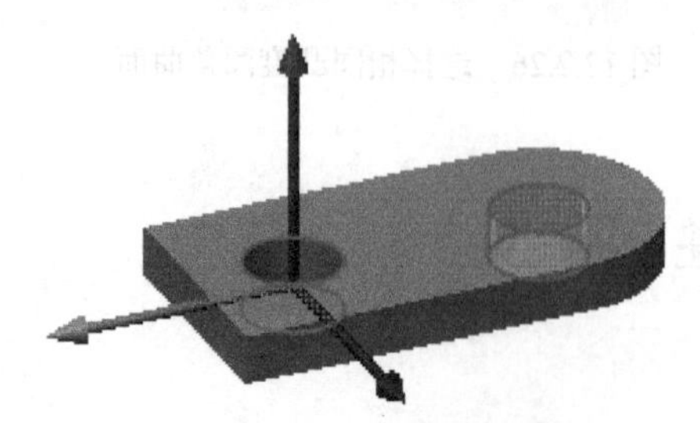

图 12.3.4 移动位置

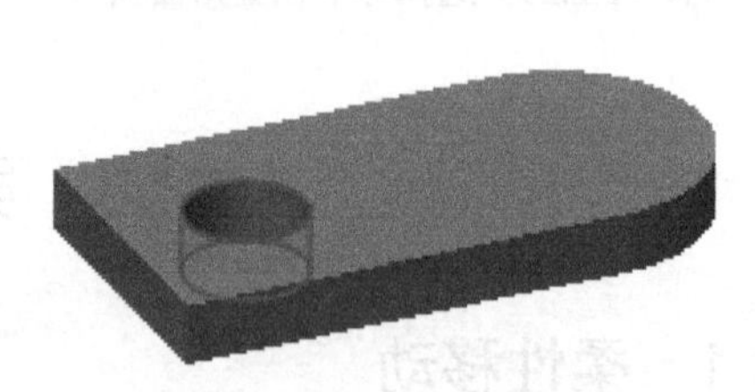

图 12.3.5 移动结果

说明：在“移动”操控板中按下“创建复制-移动特征”按钮，系统将保留移动的源特征，如图 12.3.6 所示。

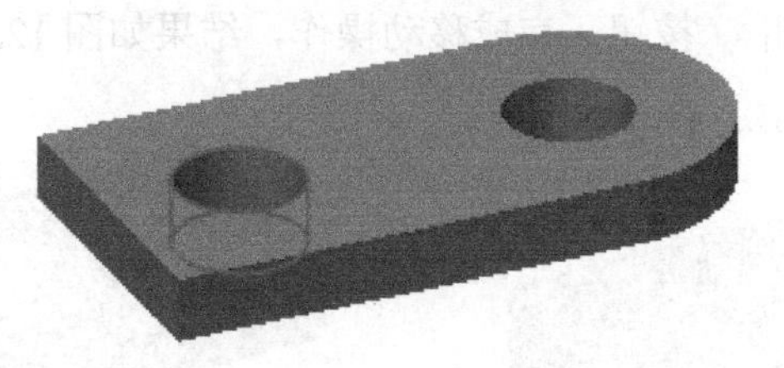

图 12.3.6 保留源特征

2. 按尺寸移动

按尺寸移动就是在移动几何和固定几何之间最多创建三个尺寸并对它们进行修改来定义移动。下面以图 12.3.7 所示的例子介绍按尺寸移动的操作方法。

Step1. 将工作目录设置至 D:\creo6.2\work\ch12.03。打开文件 move02_ex.prt。

Step2. 选择移动对象。选择图 12.3.8 所示的模型表面，单击 柔性建模 功能选项卡 形状曲面选择 区域中的“凸台”按钮，系统选中整个凸台表面为移动对象。

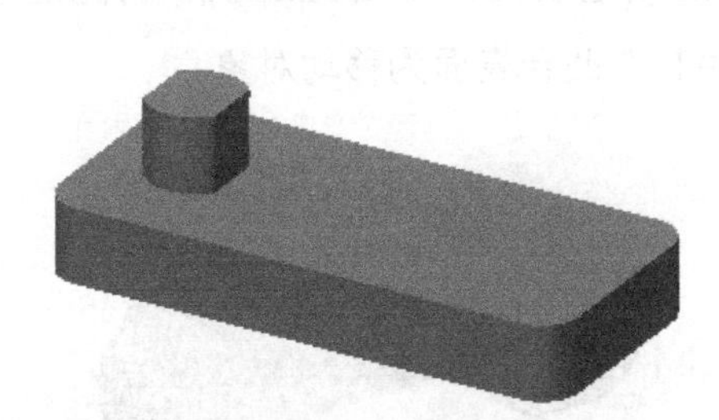

图 12.3.7 打开模型文件

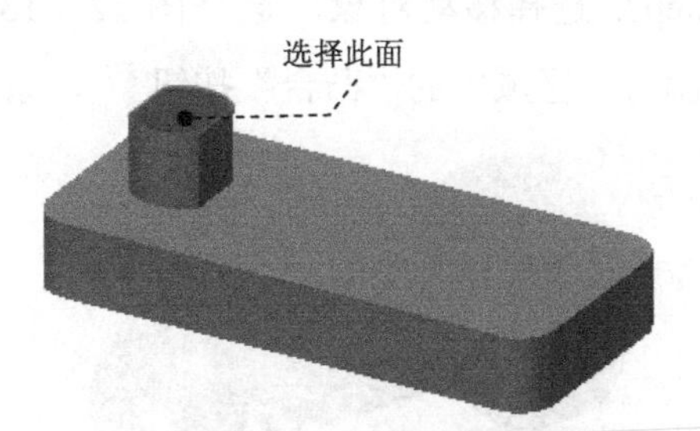

图 12.3.8 选择模型表面

Step3. 定义移动。在 柔性建模 功能选项卡的 变换 区域中选择 移动 下的 按尺寸移动 命令，系统弹出图 12.3.9 所示的“移动”操控板。

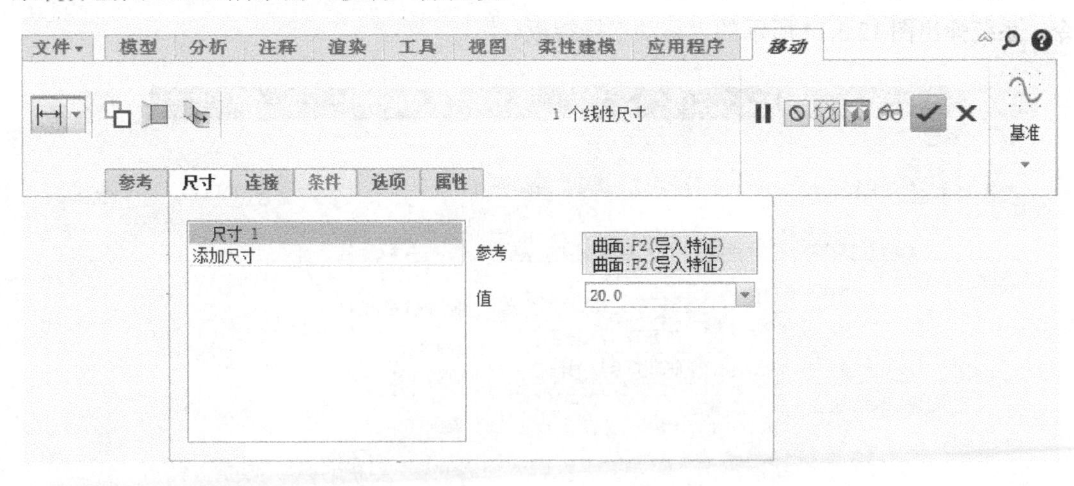

图 12.3.9 “移动”操控板

Step4. 定义移动参数。按住 Ctrl 键选择图 12.3.10 所示两个模型表面为尺寸参考，在操控板中单击 尺寸 选项卡，在系统弹出的界面的 值 文本框中输入移动距离值为 20.0，并按 Enter 键。

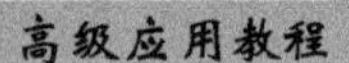

Step5. 完成移动。单击✓按钮，完成移动操作，结果如图 12.3.11 所示。

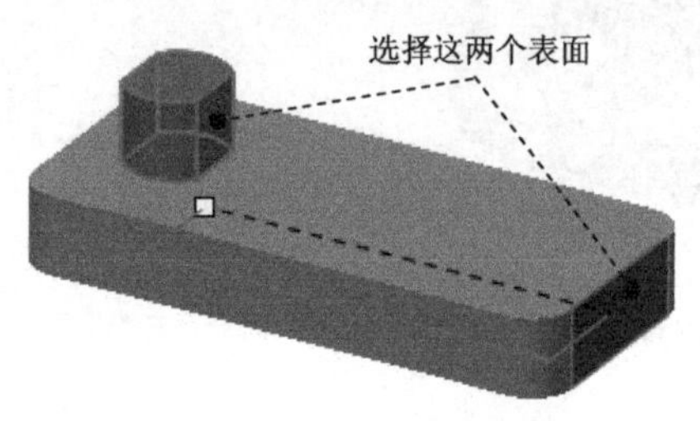

图 12.3.10　选择参考面

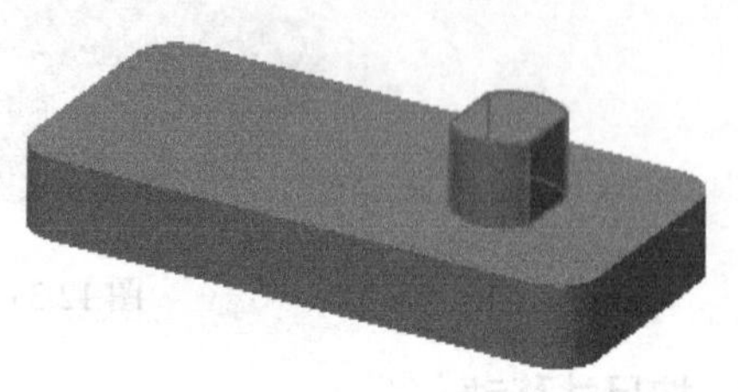

图 12.3.11　移动结果

3. 按约束移动

按约束移动就是在移动几何和固定几何之间定义一组装配约束来定义移动。注意：需要定义完全约束才能完成定义移动。下面以图 12.3.12 所示的例子介绍按约束移动的操作方法。

Step1. 将工作目录设置至 D:\creo6.2\work\ch12.03。打开文件 move03_ex.prt。

Step2. 选择移动对象。选择图 12.3.13 所示的模型表面，单击 柔性建模 功能选项卡 形状曲面选择 区域中的“凸台”按钮，系统选中整个凸台表面为移动对象。

图 12.3.12　打开模型文件

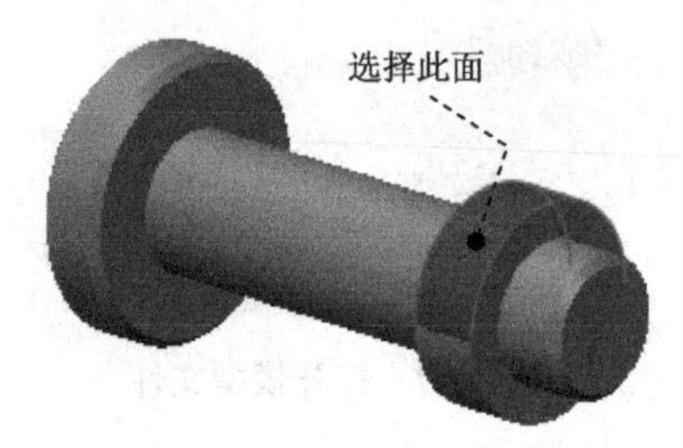

图 12.3.13　选择模型表面

Step3. 选择命令。在 柔性建模 功能选项卡的 变换 区域中选择 移动 下的 使用约束移动 命令，系统弹出图 12.3.14 所示的“移动”操控板。

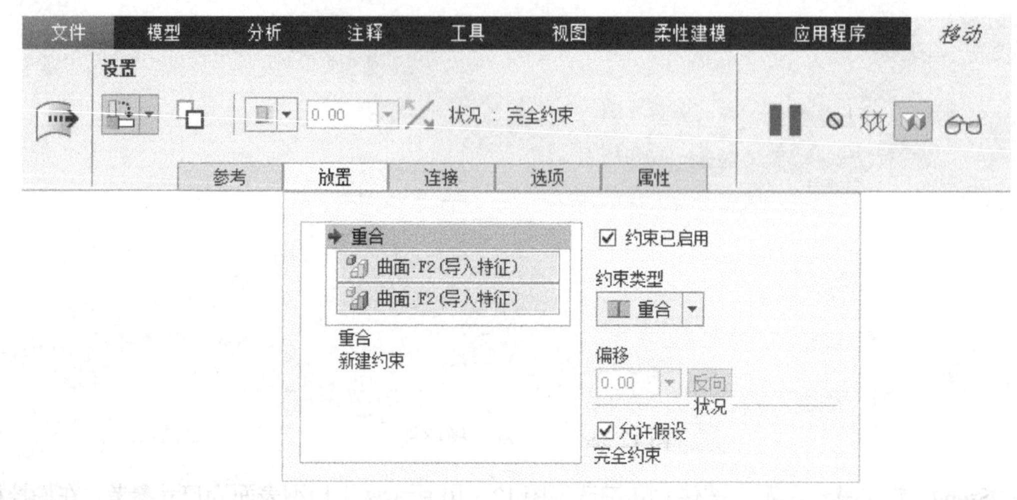

图 12.3.14　“移动”操控板

Step4. 定义移动约束。

（1）选择第一对约束参考。在“移动”操控板中单击 放置 选项卡，选择图 12.3.15 所示的两个圆柱面为参考，在 放置 界面的约束类型下拉列表中选择 重合选项。

（2）选择第二对约束参考。选择图 12.3.16 所示的两个模型表面为参考，在 放置 界面的约束类型下拉列表中选择 重合选项。

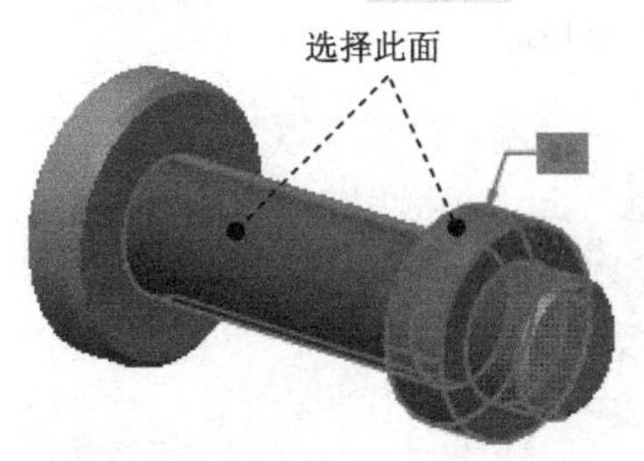

图 12.3.15 选择第一对约束参考

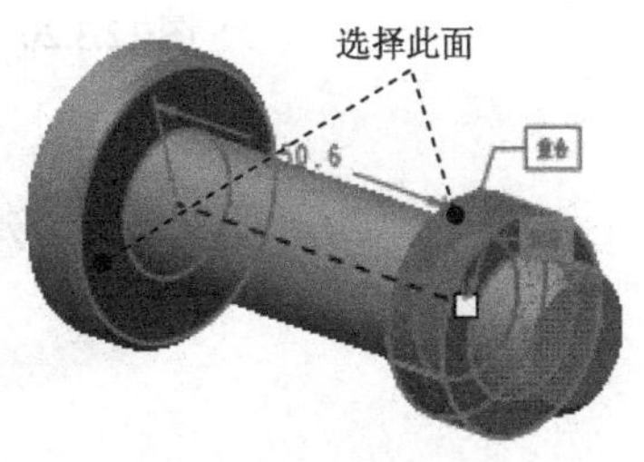

图 12.3.16 选择第二对约束参考

Step5. 完成移动。单击 按钮，完成移动操作，结果如图 12.3.17 所示。

图 12.3.17 移动结果

12.3.2 柔性偏移

使用“偏移”命令可以偏移选定的曲面对象。下面以图 12.3.18 所示的例子介绍柔性偏移的操作方法。

Step1. 将工作目录设置至 D:\creo6.2\work\ch12.03。打开文件 offset_ex.prt。

Step2. 选择偏移曲面。选择图 12.3.19 所示的模型表面，单击 柔性建模 功能选项卡 变换 区域中的“偏移”按钮，系统弹出图 12.3.20 所示的“偏移几何”操控板。

图 12.3.18 打开模型文件

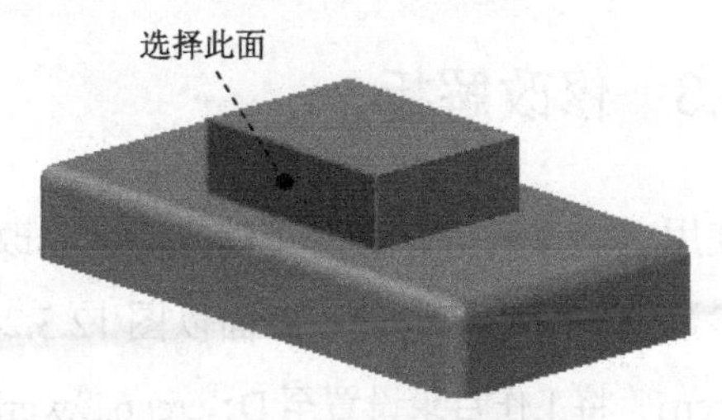

图 12.3.19 选择偏移曲面

Step3. 定义偏移参数。在“偏移几何”操控板的距离文本框中输入偏移距离值为 15.0。

Step4. 完成偏移。单击✔按钮，完成偏移操作，结果如图 12.3.21 所示。

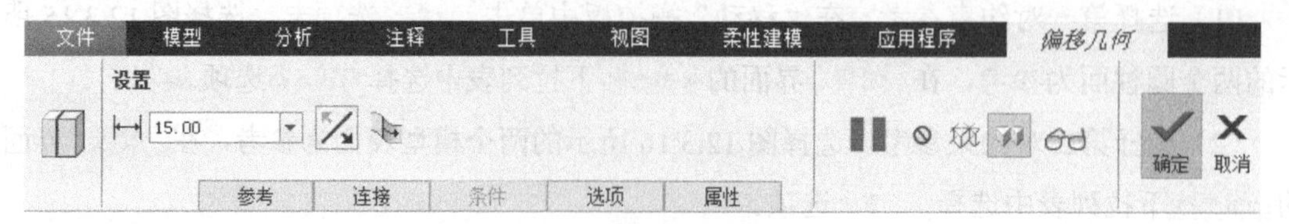

图 12.3.20 “偏移几何”操控板

图 12.3.21 偏移结果

说明：在图 12.3.22 所示的“偏移几何”操控板的 连接 选项卡中取消选中 □ 连接偏移几何 复选框，系统将创建分离的偏移几何对象，结果如图 12.3.23 所示。

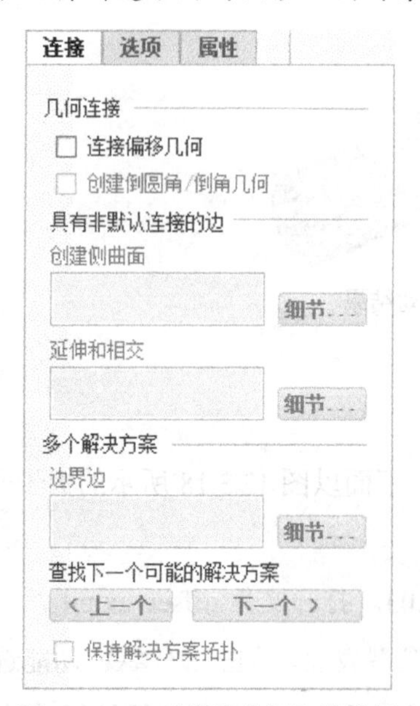

图 12.3.22 “偏移几何”操控板

图 12.3.23 偏移结果

12.3.3 修改解析

使用“修改解析”命令可以方便地修改各种圆弧曲面或圆锥曲面的半径值，使对这类对象参数的修改更加方便。下面以图 12.3.24 所示的例子介绍修改解析的操作方法。

Step1. 将工作目录设置至 D:\creo6.2\work\ch12.03。打开文件 modify_ex.prt。

Step2. 修改圆锥曲面角度。选择图 12.3.25 所示的圆锥曲面，单击 柔性建模 功能选项卡 变换 区域中的“修改解析”按钮，系统弹出图 12.3.26 所示的“修改解析曲面”操控板。在“修改解析曲面”操控板的角度文本框中输入角度值为10.0。结果如图12.3.27所示。

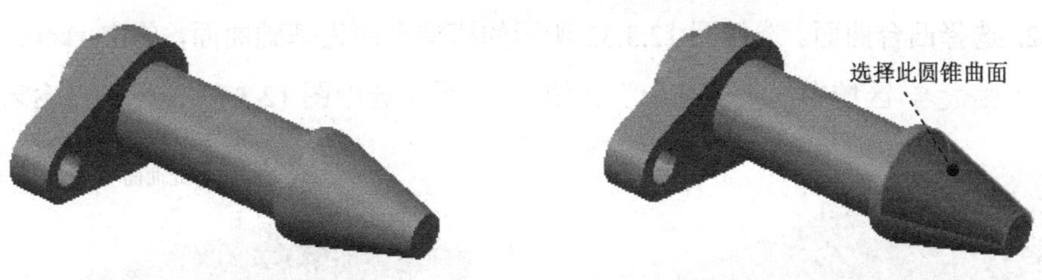

图12.3.24 打开模型文件　　图12.3.25 选择偏移曲面

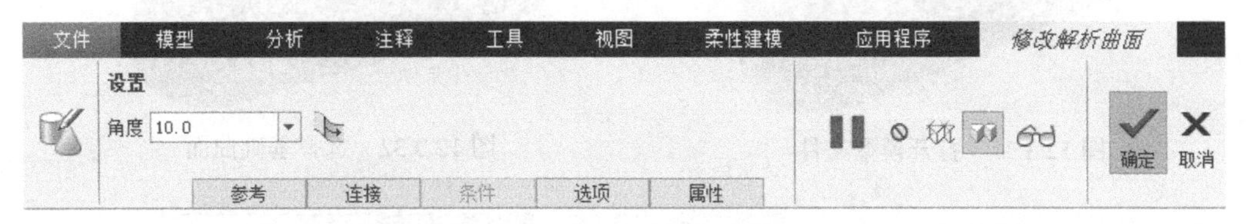

图12.3.26 “修改解析曲面”操控板（一）

Step3. 修改圆柱曲面半径。选择图12.3.28所示的圆柱曲面，单击 柔性建模 功能选项卡 变换 区域中的“修改解析”按钮，系统弹出图12.3.29所示的“修改解析曲面”操控板。在“修改解析曲面”操控板的半径文本框中输入半径值为13.0。结果如图12.3.30所示。

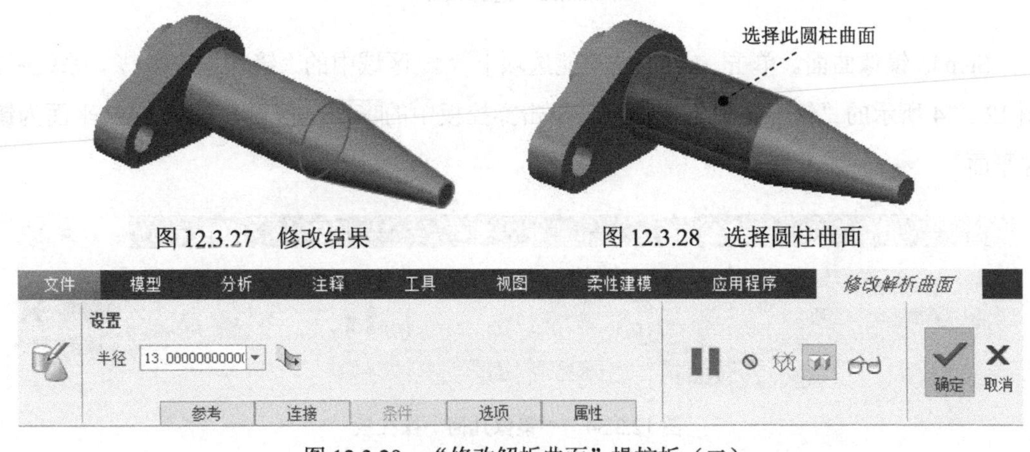

图12.3.27 修改结果　　图12.3.28 选择圆柱曲面

图12.3.29 “修改解析曲面”操控板（二）

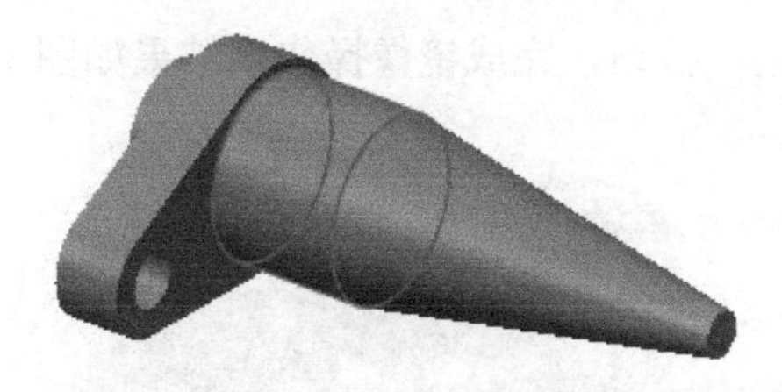

图12.3.30 修改结果

12.3.4 柔性镜像

使用柔性镜像可以镜像选定的几何对象，并可以根据要求设置几何连接选项。下面以

图 12.3.31 所示的例子介绍柔性镜像的操作方法。

Step1. 将工作目录设置至 D:\creo6.2\work\ch12.03。打开文件 mirror_ex.prt。

Step2. 选择凸台曲面。选择图 12.3.32 所示的模型表面为基础曲面，单击 柔性建模 功能选项卡 形状曲面选择 区域中的“多凸台”按钮，系统选中图 12.3.33 所示的凸台表面。

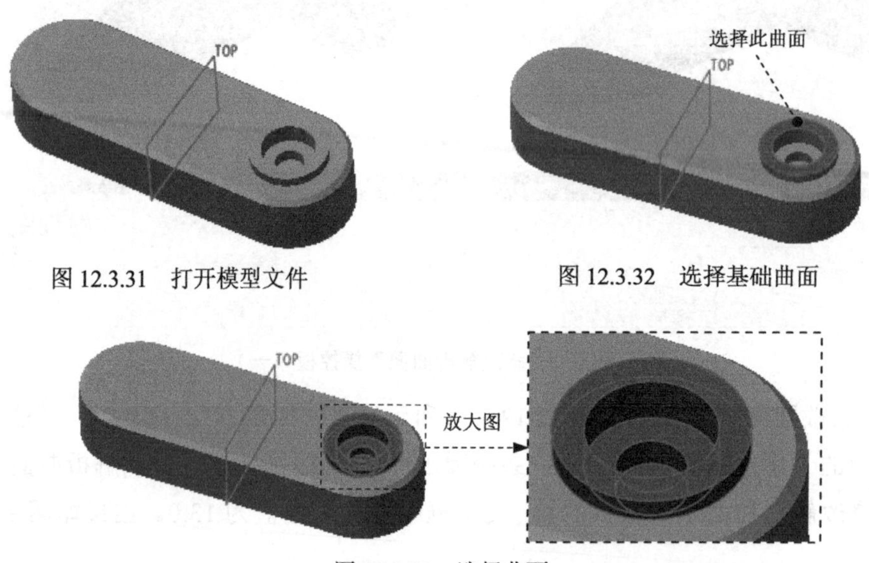

图 12.3.31　打开模型文件

图 12.3.32　选择基础曲面

图 12.3.33　选择曲面

Step3. 镜像曲面。单击 柔性建模 功能选项卡 变换 区域中的“镜像”按钮，系统弹出图 12.3.34 所示的“镜像几何”操控板，单击操控板中的 选择平面 区域，选择 TOP 平面为镜像平面。

图 12.3.34　“镜像几何”操控板

Step4. 完成镜像。单击 ✔ 按钮，完成镜像操作，结果如图 12.3.35 所示。

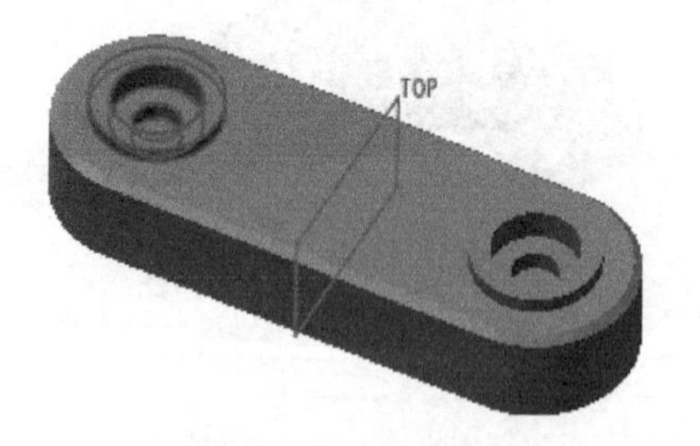

图 12.3.35　镜像结果

12.3.5 柔性替代

使用“替代”命令可以选择用不同的曲面替代选定要编辑的曲面。下面以图 12.3.36 所示的例子介绍替代的操作方法。

Step1. 将工作目录设置至 D:\creo6.2\work\ch12.03。打开文件 replace_ex.prt。

Step2. 选择要替换的曲面。选择图 12.3.37 所示的模型表面为要替换的曲面。

图 12.3.36 打开模型文件

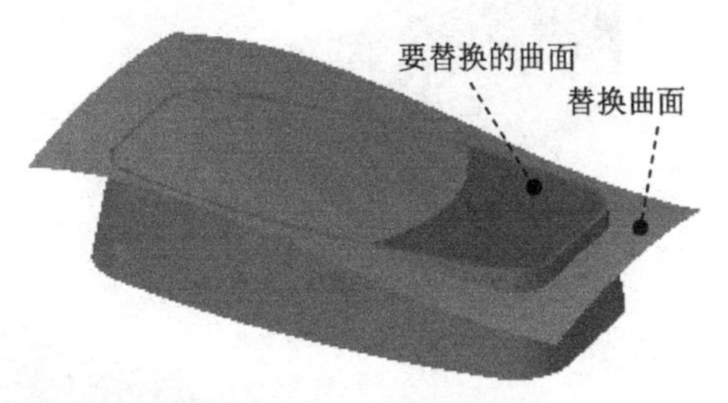

图 12.3.37 选择曲面

Step3. 选择替换曲面。单击 柔性建模 功能选项卡 变换 区域中的“替代”按钮，系统弹出图 12.3.38 所示的“替代”操控板，选择图 12.3.37 所示的曲面为替换曲面。

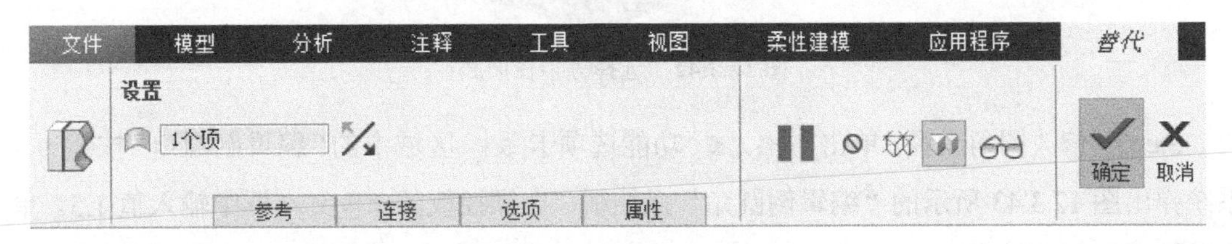

图 12.3.38 “替代”操控板

Step4. 完成替代。单击 ✔ 按钮，完成替代操作，结果如图 12.3.39 所示。

图 12.3.39 替代结果

12.3.6 编辑倒圆角

使用“编辑倒圆角”命令可以修改选择倒圆角半径或者移除倒圆角特征。下面以图 12.3.40 所示的例子介绍编辑倒圆角的操作方法。

Step1. 将工作目录设置至 D:\creo6.2\work\ch12.03。打开文件 round_edit_ex.prt。

Step2. 选择圆角曲面。选择图 12.3.41 所示的圆角曲面为基础曲面，单击 柔性建模 功能选项卡 搜索 区域中的“几何规则”按钮，系统弹出“几何规则”对话框。在对话框中选中 ☑相等半径 复选框，单击 确定 按钮，系统选中图 12.3.42 所示的圆角曲面对象。

图 12.3.40 打开模型文件

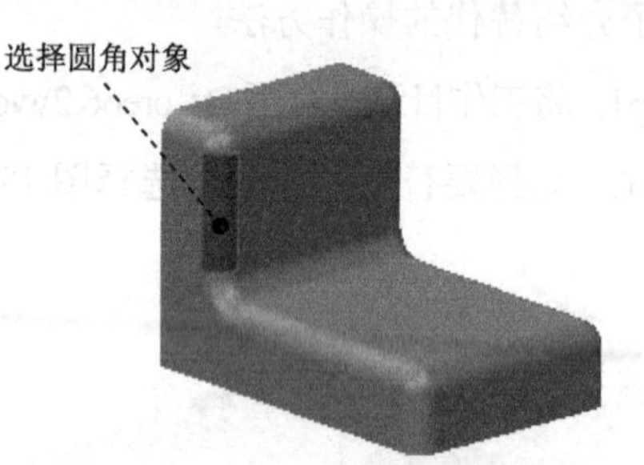

图 12.3.41 选择圆角对象

图 12.3.42 选择等半径曲面

Step3. 修改圆角半径。单击 柔性建模 功能选项卡 变换 区域中的“编辑倒圆角”按钮，系统弹出图 12.3.43 所示的“编辑倒圆角”操控板，在操控板的 半径 文本框中输入值 1.5。单击✔按钮，结果如图 12.3.44 所示。

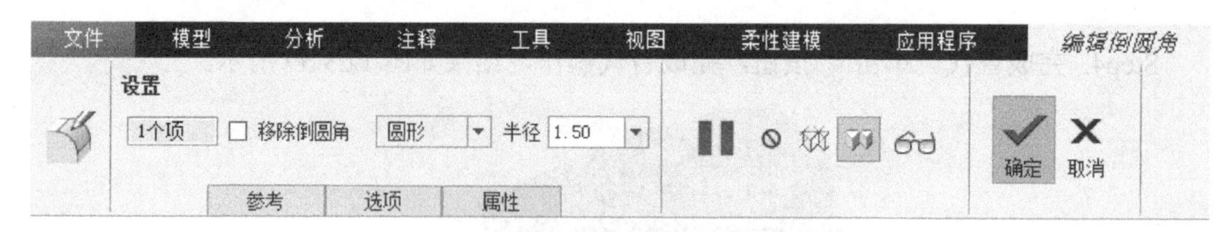

图 12.3.43 “编辑倒圆角”操控板

图 12.3.44 修改结果

Step4. 选择圆角曲面。选择图 12.3.45 所示的圆角曲面对象。

Step5. 移除圆角曲面。单击 柔性建模 功能选项卡 变换 区域中的“编辑倒圆角”按钮，系统弹出“编辑倒圆角”操控板，在操控板中选中 移除倒圆角 复选框，在图 12.3.46 所示的 选项 选项卡中选中 移除干涉倒圆角和倒角 复选框，单击 按钮，结果如图 12.3.47 所示。

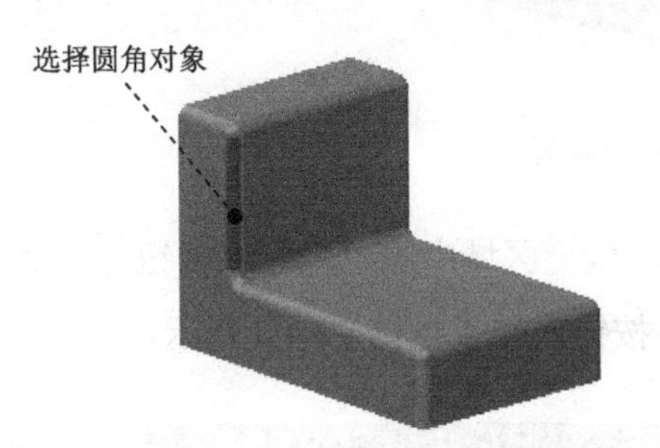

图 12.3.45　选择圆角对象

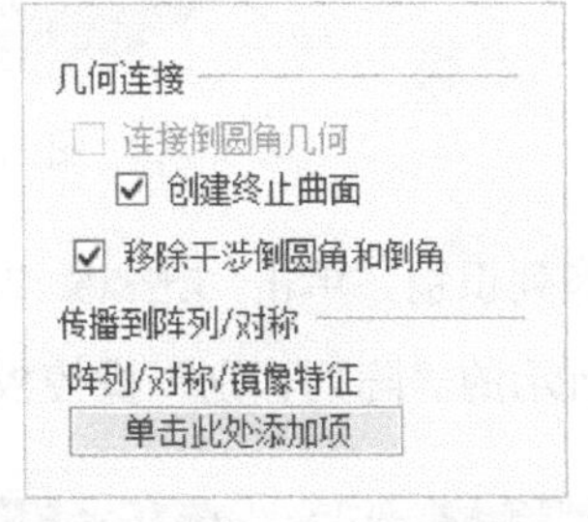

图 12.3.46　“选项”选项卡

图 12.3.47　修改结果

12.4　识　　别

12.4.1　阵列识别

使用“阵列识别”命令可以识别阵列中相似的对象，方便对其进行统一操作。下面以图 12.4.1 所示的例子介绍阵列识别的操作方法。

Step1. 将工作目录设置至 D:\creo6.2\work\ch12.04。打开文件 array_ex.prt。

Step2. 选择凸台曲面。选择图 12.4.2 所示的模型表面，单击 柔性建模 功能选项卡 形状曲面选择 区域中的“凸台”按钮，系统选中图 12.4.3 所示的凸台曲面。

图 12.4.1　打开模型文件

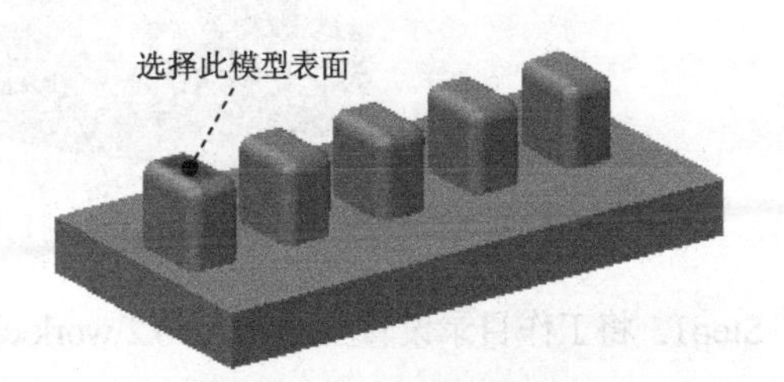

图 12.4.2　选择基础曲面

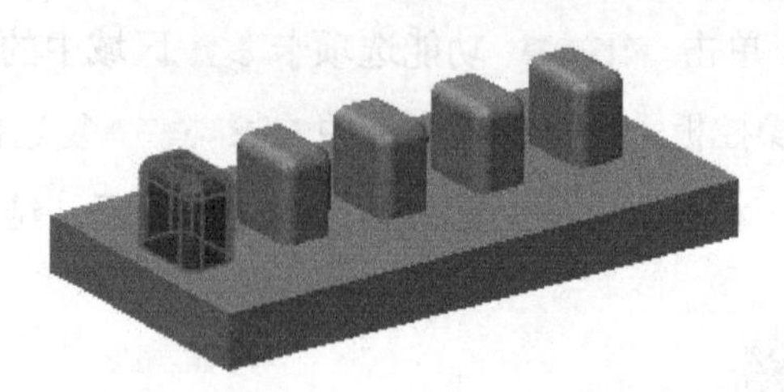

图 12.4.3　选择凸台曲面

Step3. 阵列识别。单击 柔性建模 功能选项卡 识别 区域中的“阵列”按钮，系统弹出图 12.4.4 所示的“阵列识别”操控板，单击✔按钮，结果如图 12.4.5 所示。

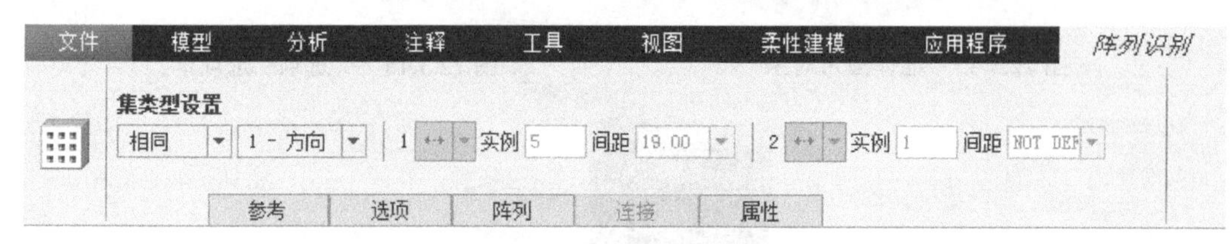

图 12.4.4　“阵列识别”操控板

图 12.4.5　识别结果

12.4.2　对称识别

使用“对称识别”命令，可以选择彼此互为镜像的两个曲面，然后找出镜像平面；也可以选择一个曲面和一个镜像平面，然后找出选定曲面的镜像，找出彼此互为镜像的相邻曲面，可以将其变成对称组的一部分。下面以图 12.4.6 所示的例子介绍对称识别的操作过程。

图 12.4.6　打开模型文件

Step1. 将工作目录设置至 D:\creo6.2\work\ch12.04。打开文件 symmetry_ex.prt。

Step2. 对称识别。单击 柔性建模 功能选项卡 识别 区域中的“对称”按钮，系统弹出图 12.4.7 所示的“对称识别”操控板。

图 12.4.7 “对称识别”操控板

Step3. 选择识别对象。按住 Ctrl 键，选择图 12.4.8 所示的模型表面和 TOP 基准平面。单击✓按钮，结果如图 12.4.9 所示。

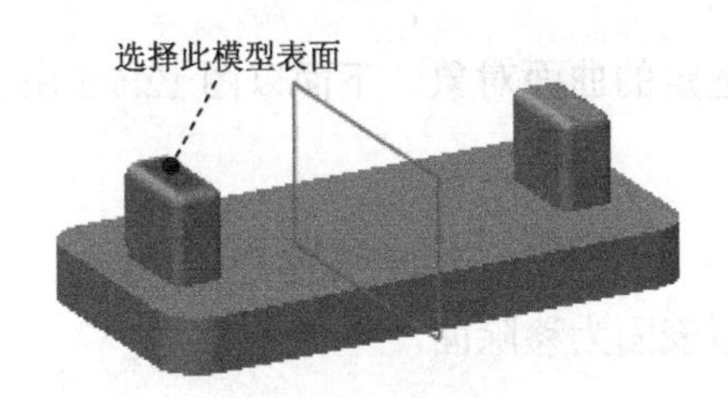

图 12.4.8 选择识别对象

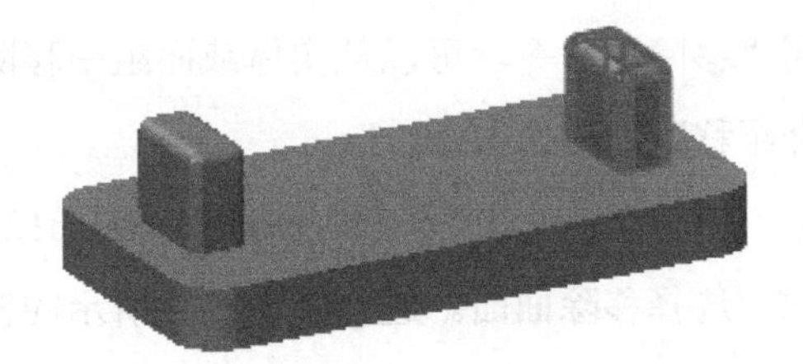

图 12.4.9 识别结果

12.5 编辑特征

12.5.1 连接

使用“连接”命令，可以用来修剪或延伸开放面组，直到可以连接到实体几何或选定面组。下面以图 12.5.1 所示的例子介绍连接的操作方法。

Step1. 将工作目录设置至 D:\creo6.2\work\ch12.05。打开文件 connect_ex.prt。

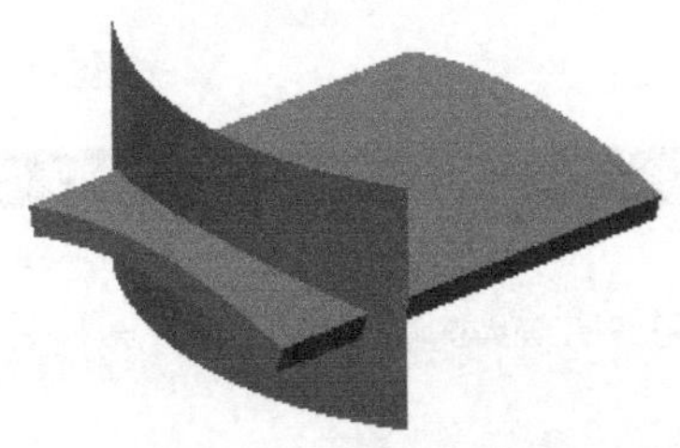

图 12.5.1 打开模型文件

Step2. 定义连接。单击 柔性建模 功能选项卡 编辑特征 区域中的“连接”按钮，系统弹出图 12.5.2 所示的“连接”操控板，选取图 12.5.3 所示的曲面，单击✓按钮，结果如图 12.5.4 所示。

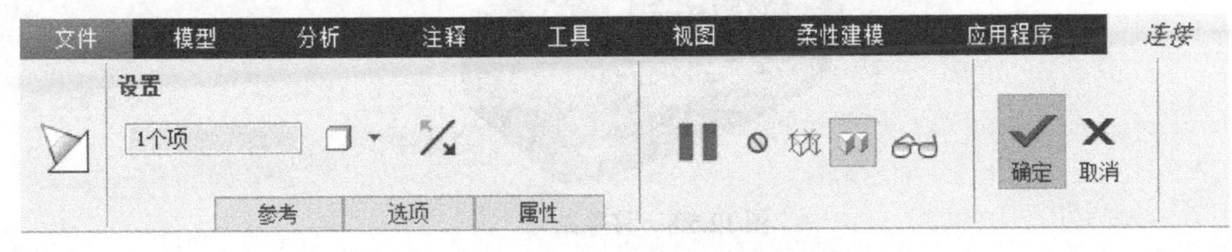

图 12.5.2 “连接”操控板

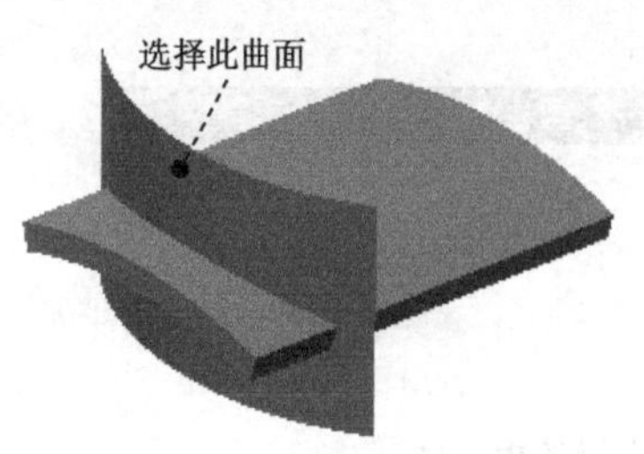

图 12.5.3　选择曲面对象

图 12.5.4　连接结果

12.5.2　移除

使用“移除”命令，可以从实体或面组中移除选定的曲面对象。下面以图 12.5.5 所示的例子介绍移除的操作方法。

Step1. 将工作目录设置至 D:\creo6.2\work\ch12.05。打开文件 remove_ex.prt。

Step2. 选择移除曲面。选择图 12.5.6 所示的模型表面为移除面。

图 12.5.5　打开模型文件

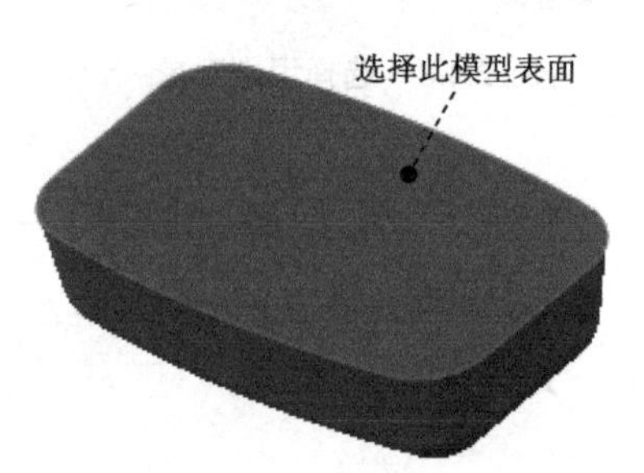

图 12.5.6　选择移除面

Step3. 定义移除。单击 柔性建模 功能选项卡 编辑特征 区域中的“移除”按钮，系统弹出图 12.5.7 所示的“移除曲面”操控板，在操控板中选中 ☑ 保持打开状态 复选框，单击✔按钮，结果如图 12.5.8 所示。

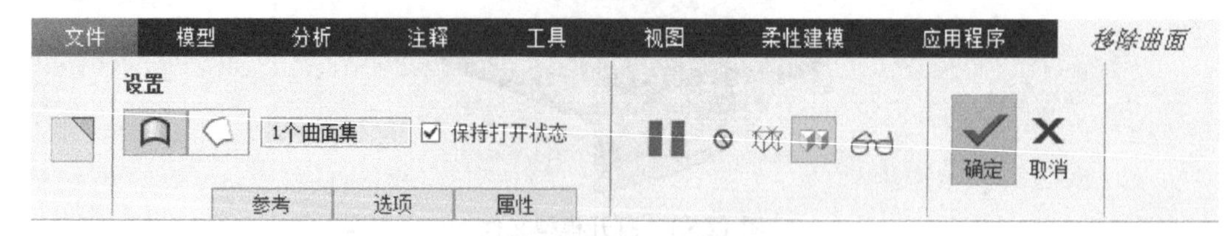

图 12.5.7　“移除曲面”操控板

图 12.5.8　移除结果

12.6　Creo 柔性建模实际应用

范例概述

本范例是一个柔性建模的实际应用，其建模思路是先打开 STP 格式的参考模型文件（图 12.6.1a），然后进入到柔性建模模块对参考模型进行柔性建模，最后在基础模块中对模型进行细节特征的设计，从而得到用户需要的零件模型（图 12.6.1b）。零件模型及模型树如图 12.6.1c 所示。

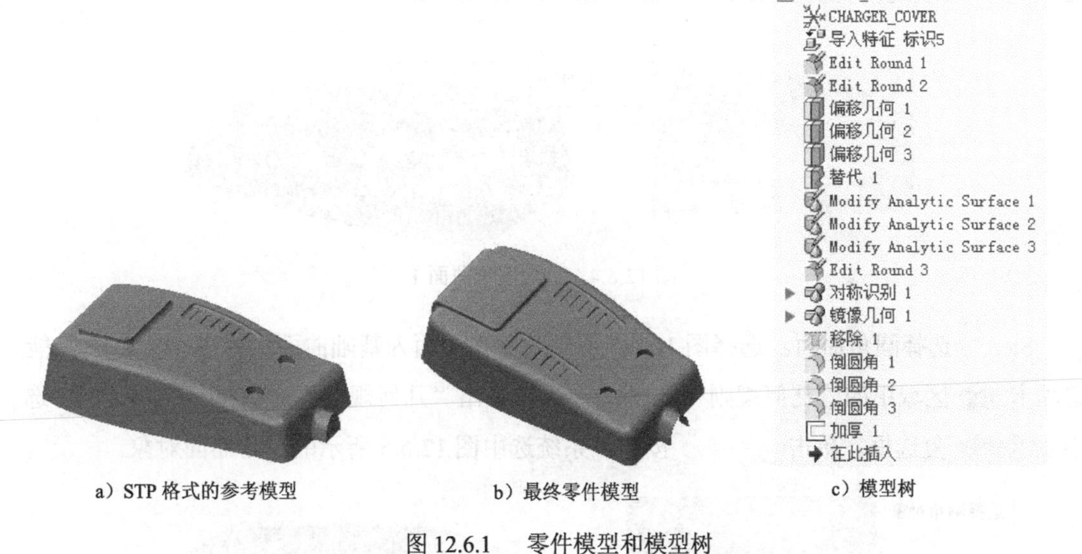

a）STP 格式的参考模型　　b）最终零件模型　　c）模型树

图 12.6.1　零件模型和模型树

Stage1．设置工作目录，打开参考模型文件

Step1. 将工作目录设置至 D:\creo6.2\work\ch12.06。

Step2. 打开参考模型文件 charger_cover.stp。

Stage2．使用柔性建模编辑参考模型

Step1. 选择圆角曲面。选择图 12.6.2 所示的圆角曲面为基础曲面，单击 柔性建模 功能选项卡 形状曲面选择 区域中的“多倒圆角/倒角”按钮，系统选中图 12.6.3 所示的圆角曲面对象。

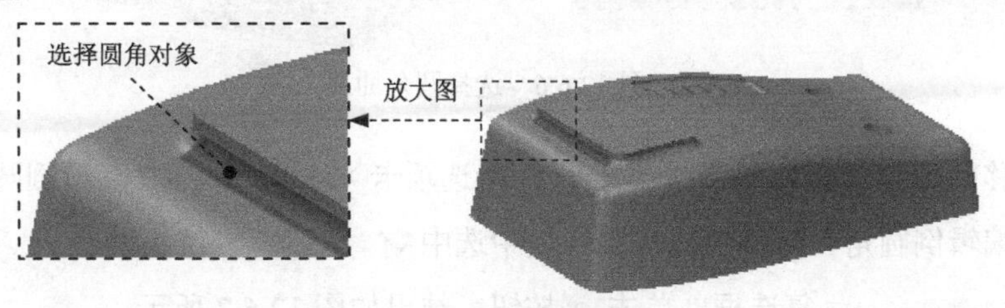

图 12.6.2　选择基础圆角曲面

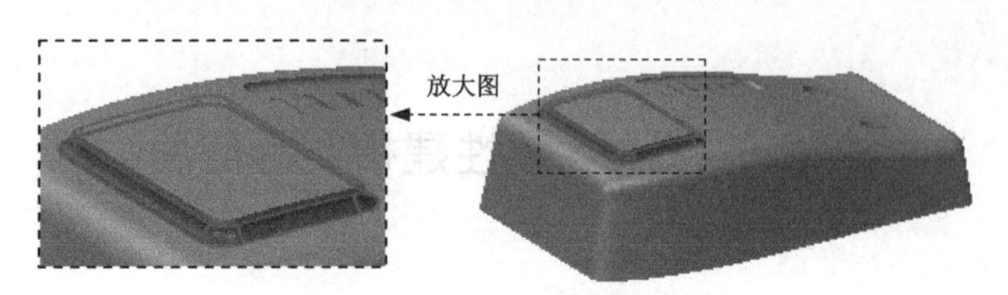

图 12.6.3　选择圆角曲面

Step2. 移除圆角曲面 1。单击 柔性建模 功能选项卡 变换 区域中的"编辑倒圆角"按钮，系统弹出"编辑倒圆角"操控板，在操控板中选中 移除倒圆角 复选框，在 选项 选项卡中选中 移除干涉倒圆角和倒角 复选框，单击 按钮，结果如图 12.6.4 所示。

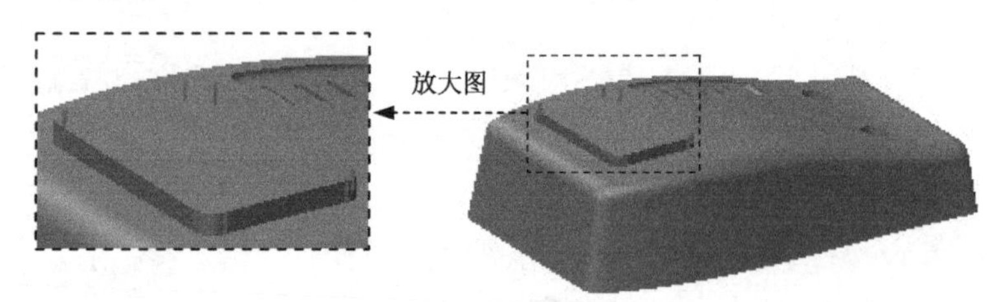

图 12.6.4　移除圆角曲面 1

Step3. 选择圆角曲面。选择图 12.6.5 所示的圆角曲面为基础曲面，单击 柔性建模 功能选项卡 搜索 区域中的"几何规则"按钮，系统弹出"几何规则"对话框。在对话框中选中 相等半径 复选框，单击 确定 按钮，系统选中图 12.6.6 所示的圆角曲面对象。

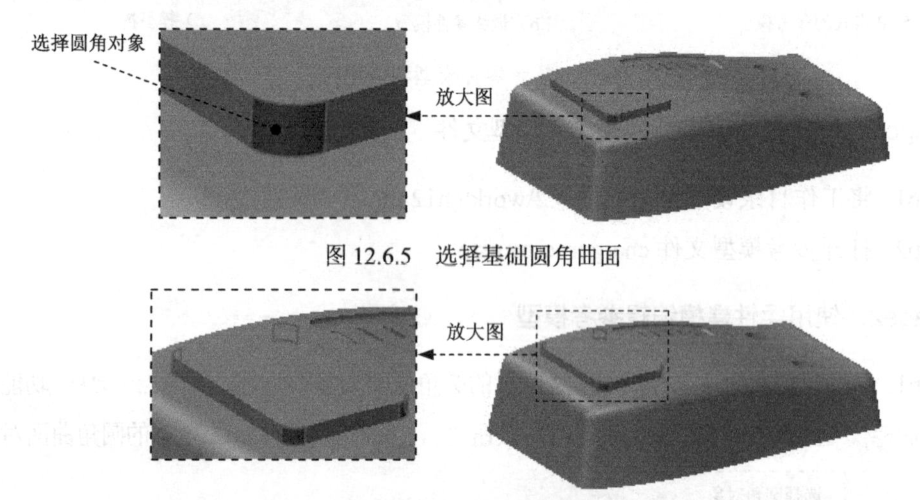

图 12.6.5　选择基础圆角曲面

图 12.6.6　选择圆角曲面

Step4. 移除圆角曲面 2。单击 柔性建模 功能选项卡 变换 区域中的"编辑倒圆角"按钮，系统弹出"编辑倒圆角"操控板，在操控板中选中 移除倒圆角 复选框，在 选项 选项卡中选中 移除干涉倒圆角和倒角 复选框，单击 按钮，结果如图 12.6.7 所示。

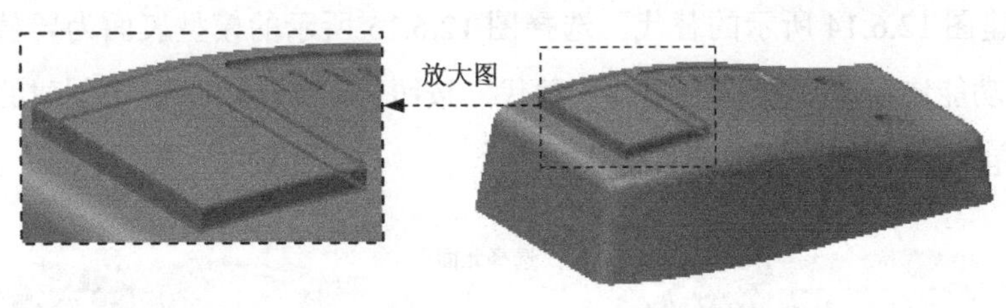

图 12.6.7 移除圆角曲面 2

Step5. 创建图 12.6.8 所示的偏移曲面 1。选择图 12.6.9 所示的模型表面，单击 柔性建模 功能选项卡 变换 区域中的“偏移”按钮，系统弹出“偏移几何”操控板，在“偏移几何”操控板的距离文本框中输入偏移距离值为 3.0；在 连接 选项卡中取消选中 □ 连接偏移几何 复选框，单击✔按钮，完成偏移曲面 1 的创建。

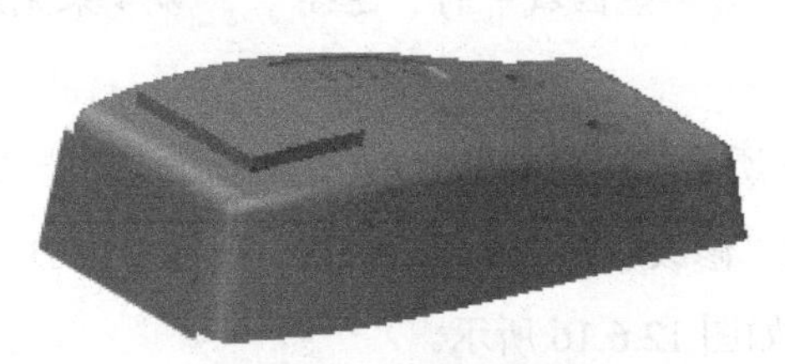

图 12.6.8 偏移曲面 1

图 12.6.9 选择偏移曲面

Step6. 创建图 12.6.10 所示的偏移曲面 2。选择图 12.6.11 所示的模型表面，单击 柔性建模 功能选项卡 变换 区域中的“偏移”按钮，系统弹出“偏移几何”操控板，在“偏移几何”操控板的距离文本框中输入偏移距离值为 13.0；单击✔按钮，完成偏移曲面 2 的创建。

图 12.6.10 偏移曲面 2

图 12.6.11 选择偏移曲面

Step7. 创建图 12.6.12 所示的偏移曲面 3。选择图 12.6.13 所示的模型表面，单击 柔性建模 功能选项卡 变换 区域中的“偏移”按钮，系统弹出“偏移几何”操控板，在“偏移几何”操控板的距离文本框中输入偏移距离值为 5.0；单击✔按钮，完成偏移曲面 3 的创建。

图 12.6.12 偏移曲面 3

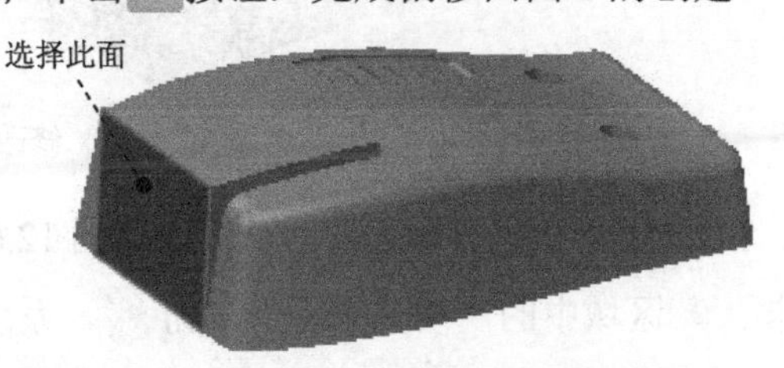

图 12.6.13 选择偏移曲面

Step8. 创建图 12.6.14 所示的替代。选择图 12.6.15 所示的模型表面为要替代的曲面。单击 柔性建模 功能选项卡 变换 区域中的“替代”按钮，选择 Step5 中创建的偏移曲面 1 为替代曲面，单击按钮，完成替代操作。

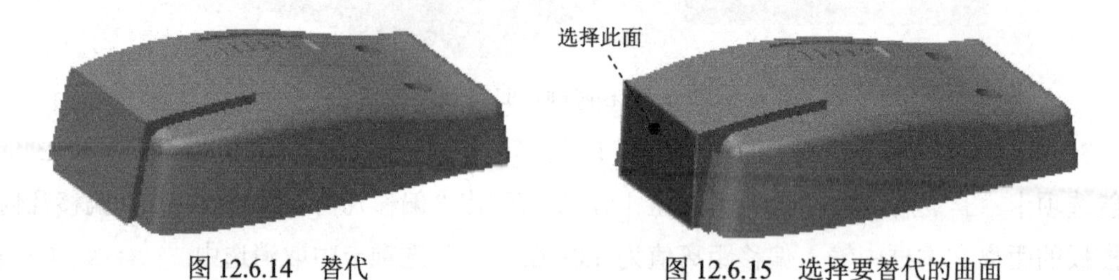

图 12.6.14 替代　　图 12.6.15 选择要替代的曲面

说明：此处还可以选择 柔性建模 功能选项卡 编辑特征 区域中的“连接” 命令来完成操作。

Step9. 修改圆柱曲面半径 1。选择图 12.6.16 所示的圆柱曲面，单击 柔性建模 功能选项卡 变换 区域中的“修改解析”按钮，系统弹出“修改解析曲面”操控板，在操控板的 半径 文本框中输入半径值为 2.5，单击按钮，结果如图 12.6.16 所示。

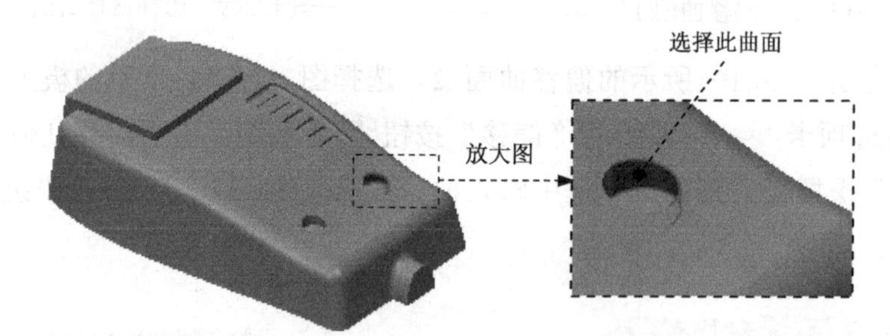

图 12.6.16 修改圆柱曲面半径 1

Step10. 修改圆柱曲面半径 2。参照 Step9 修改另外一处圆柱曲面半径值，结果如图 12.6.17 所示。

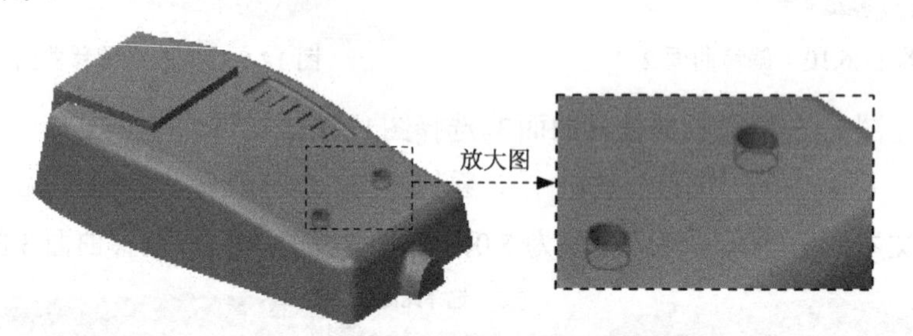

图 12.6.17 修改圆柱曲面半径 2

Step11. 修改圆柱曲面半径 3。选择图 12.6.18 所示的圆弧曲面，单击 柔性建模 功能选项卡 变换 区域中的“修改解析”按钮，系统弹出“修改解析曲面”操控板，在操控板的 半径 文本框中输入半径值为 17.0，单击按钮。

Step12. 选择圆角曲面。选择图 12.6.19 所示的圆角曲面为基础曲面，单击 柔性建模 功能选项卡 形状曲面选择 区域中的“多倒圆角/倒角”按钮，系统选中图 12.6.20 所示的圆角曲面对象。

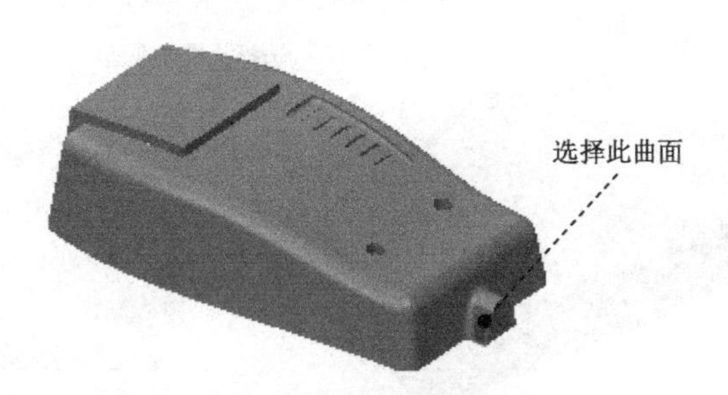

图 12.6.18 修改圆柱曲面半径 3

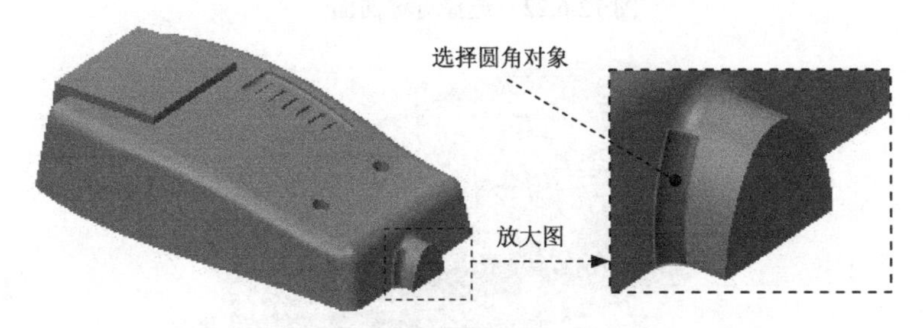

图 12.6.19 选择基础圆角曲面

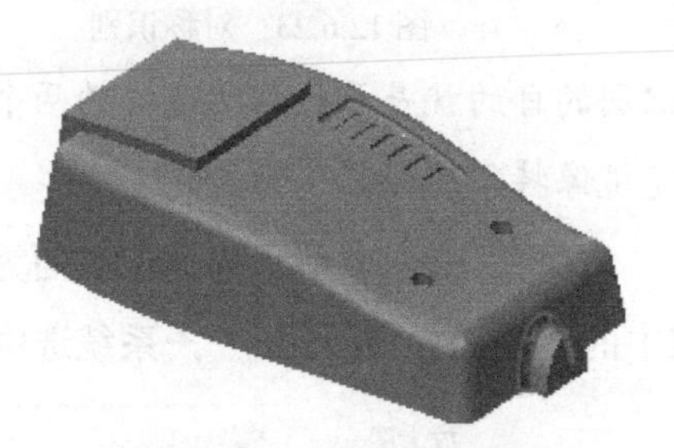

图 12.6.20 选择圆角曲面

Step13. 修改倒圆角半径。单击 柔性建模 功能选项卡 变换 区域中的“编辑倒圆角”按钮，系统弹出“编辑倒圆角”操控板，在操控板的 半径 文本框中输入半径值为 3.0，单击 ✓ 按钮，完成半径值的修改，结果如图 12.6.21 所示。

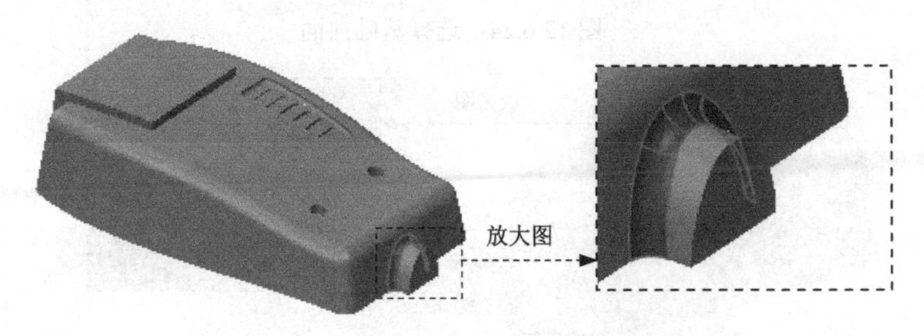

图 12.6.21 修改圆角半径

Step14. 对称识别。按住 Ctrl 键，选择图 12.6.22 所示的模型表面为对称曲面。单击 柔性建模 功能选项卡 识别 区域中的“对称”按钮，单击✓按钮，完成对称识别操作，结果如图 12.6.23 所示。

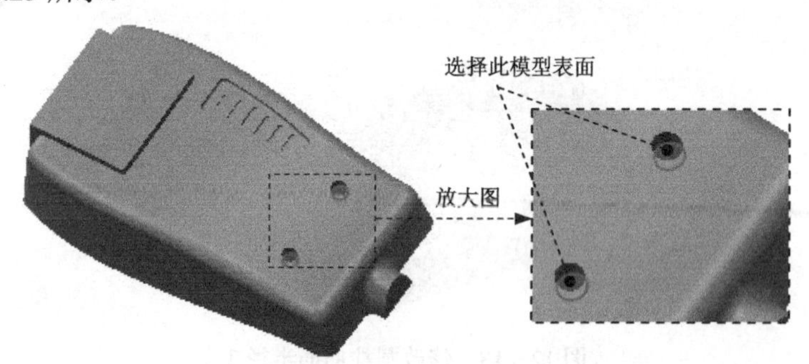

图 12.6.22 选择对称曲面

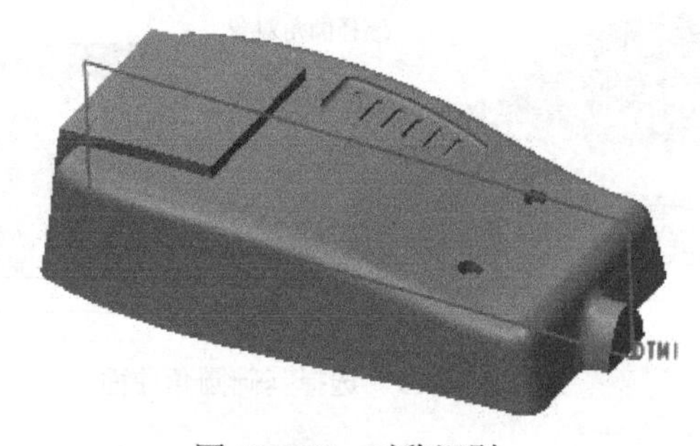

图 12.6.23 对称识别

说明：此处创建对称识别的目的就是要找到所选择的两个曲面的对称平面 DTM1，该基准平面可以作为后面创建镜像特征的镜像平面。

Step15. 选择切口曲面。选择图 12.6.24 所示的模型表面为基础曲面，单击 柔性建模 功能选项卡 形状曲面选择 区域中的“多切口”按钮，系统选中图 12.6.25 所示的切口曲面。

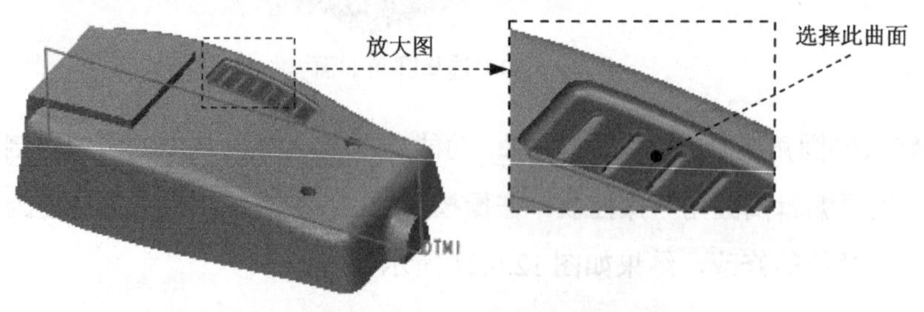

图 12.6.24 选择基础曲面

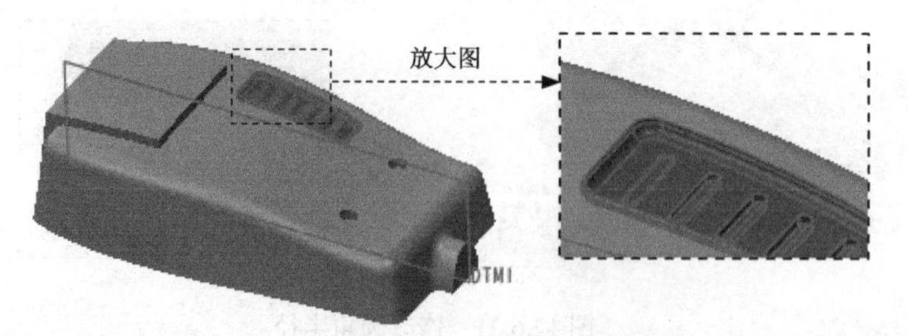

图 12.6.25 选择切口曲面

Step16. 创建图 12.6.26 所示的镜像。单击 柔性建模 功能选项卡 变换 区域中的“镜像”按钮，系统弹出“镜像几何”操控板，单击操控板中的 ● 单击此处添加项 区域，选择 Step14 创建的基准平面 DTM1 为镜像平面；单击 ✓ 按钮，完成镜像操作。

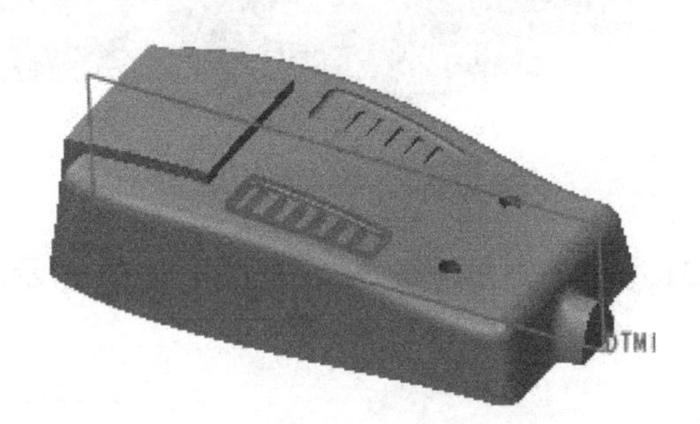

图 12.6.26 镜像

Step17. 创建图 12.6.27 所示的移除曲面。选择图 12.6.28 所示的模型表面为移除面，单击 柔性建模 功能选项卡 编辑特征 区域中的“移除”按钮，系统弹出“移除曲面”操控板，在操控板中选中 ☑ 保持打开状态 复选框，单击 ✓ 按钮，完成移除面操作。

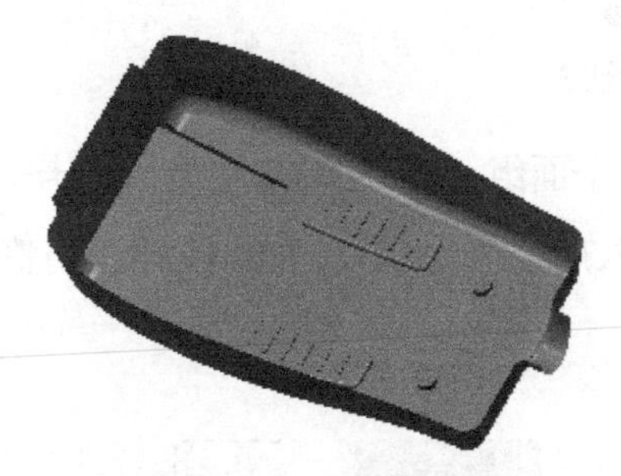

图 12.6.27 移除曲面

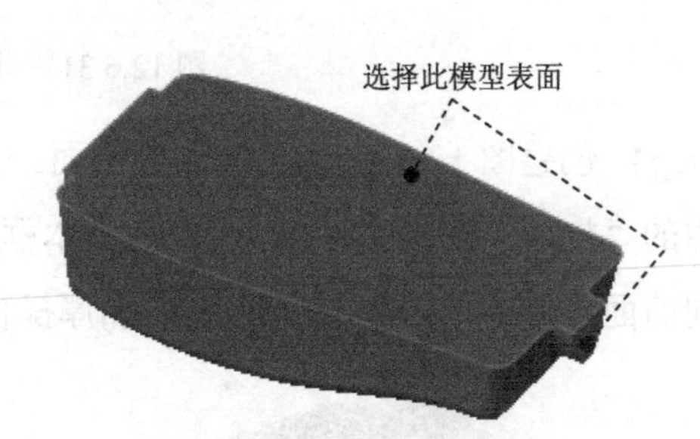

图 12.6.28 选择移除面

Stage3. 细节部分设计

Step1. 创建图 12.6.29b 所示的圆角特征 1。单击 模型 功能选项卡 工程 ▾ 区域中的 倒圆角 ▾ 按钮，选取图 12.6.29a 所示的边线，在操控板的圆角半径文本框中输入数值 7.0。

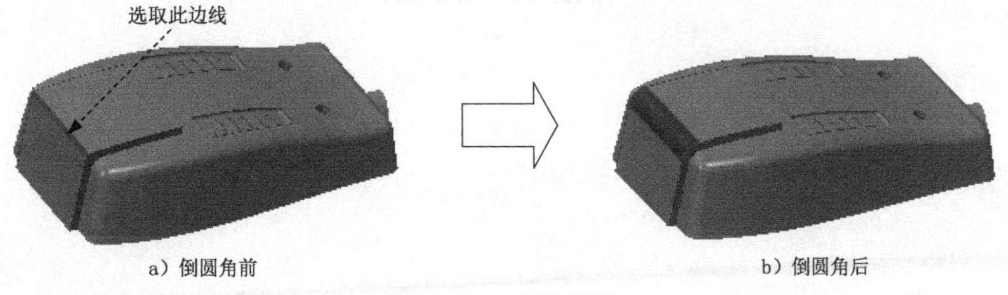

图 12.6.29 圆角特征 1

Step2. 创建图 12.6.30 所示的圆角特征 2。选取图 12.6.30 所示的边线，在操控板的圆角半径文本框中输入数值 3.0。

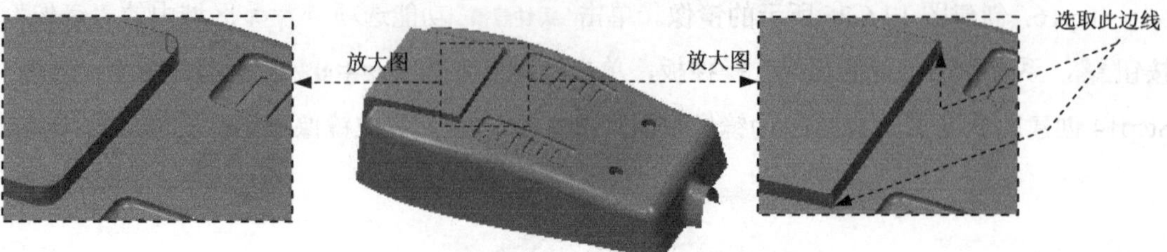

图 12.6.30　圆角特征 2

Step3. 创建图 12.6.31 所示的圆角特征 3。选取图 12.6.31 所示的边线，在操控板的圆角半径文本框中输入数值 1.0。

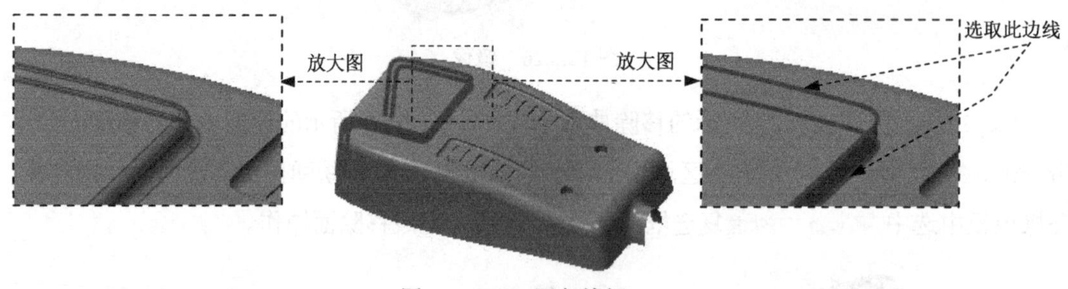

图 12.6.31　圆角特征 3

Step4. 创建图 12.6.32 所示的加厚曲面。选取整个面组，单击 模型 功能选项卡 编辑 ▾ 区域中的“加厚”按钮 加厚，在厚度文本框中输入厚度值为 0.5，单击 按钮调整加厚方向朝向曲面内侧，单击 ✓ 按钮，完成加厚操作。

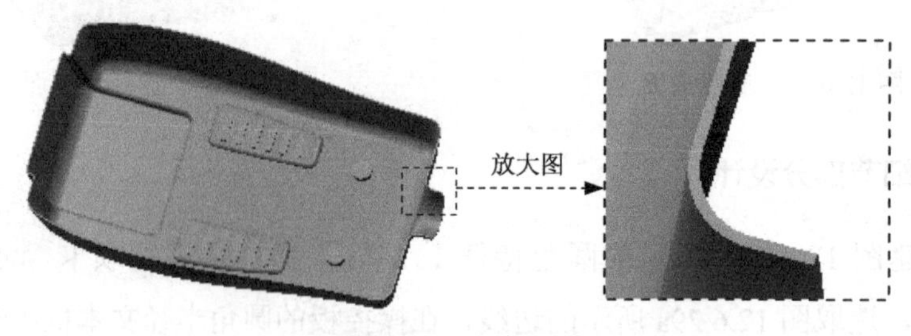

图 12.6.32　加厚曲面

读者意见反馈卡

尊敬的读者：

感谢您购买机械工业出版社出版的图书！

我们一直致力于CAD、CAPP、PDM、CAM和CAE等相关技术的跟踪，希望能将更多优秀作者的宝贵经验与技巧介绍给您。当然，我们的工作离不开您的支持。如果您在看完本书之后，有什么好的意见和建议，或是有一些感兴趣的技术话题，都可以直接与我联系。

策划编辑：丁锋

读者购书回馈活动：

活动一：本书随书光盘中含有该"读者意见反馈卡"的电子文档，请认真填写本反馈卡，并E-mail给我们。E-mail: 兆迪科技 zhanygjames@163.com，丁锋 fengfener@qq.com。

活动二：扫一扫右侧二维码，关注兆迪科技官方公众微信（或搜索公众号zhaodikeji），参与互动，也可进行答疑。

凡参加以上活动，即可获得兆迪科技免费奉送的价值48元的在线课程一门，同时有机会获得价值780元的精品在线课程。

书名：《Creo 6.0 高级应用教程》

1. 读者个人资料：

姓名：________性别：___年龄：____职业：________职务：________学历：______

专业：_______单位名称：__________________电话：__________手机：_________

邮寄地址：__________________________邮编：___________E-mail：____________

2. 影响您购买本书的因素（可以选择多项）：

□内容　□作者　□价格

□朋友推荐　□出版社品牌　□书评广告

□工作单位（就读学校）指定　□内容提要、前言或目录　□封面封底

□购买了本书所属丛书中的其他图书　□其他__________

3. 您对本书的总体感觉：

□很好　□一般　□不好

4. 您认为本书的语言文字水平：

□很好　□一般　□不好

5. 您认为本书的版式编排：

□很好　□一般　□不好

6. 您认为Creo其他哪些方面的内容是您所迫切需要的？

____

7. 其他哪些CAD/CAM/CAE方面的图书是您所需要的？

____

8. 您认为我们的图书在叙述方式、内容选择等方面还有哪些需要改进？

____